CCF计算机类专业研究生系列教材

图计算技术：
深入理解图计算架构、系统和应用

张宇　编著

机械工业出版社

图计算研发能力的核心是掌握各类图算法运行时的特征和挑战，在系统掌握基本图计算优化技术原理的基础上，进一步实现图计算硬件器、图计算系统和上层图应用。本书内容包括图计算概述、图计算编程与执行、图计算优化技术、图计算系统软件加速技术、图计算硬件加速技术、图计算性能评测，以及图计算发展趋势与展望 7 个部分，系统性地梳理图计算背景、图计算关键技术和发展趋势等知识。

　　本书主要用于给计算机科学与技术、集成电路等专业研究生提供图计算技术的教学和学术资源，也可以作为高级计算机系统结构、并行与分布式计算等研究生课程的补充教材，还适合相关科研人员和产业界工程师阅读，从而推动我国在图计算基础理论、关键技术，以及行业应用方面的发展，取得更有影响力的科研和应用成果。

图书在版编目（CIP）数据

图计算技术：深入理解图计算架构、系统和应用/张宇编著 .—北京：机械工业出版社，2023.8
CCF 计算机类专业研究生系列教材
ISBN 978-7-111-73405-5

I. ①图… 　Ⅱ. ①张… 　Ⅲ. ①计算机图形学 – 研究生 – 教材 　Ⅳ. ① TP391.411

中国国家版本馆 CIP 数据核字（2023）第 115828 号

机械工业出版社（北京市百万庄大街 22 号　邮政编码 100037）
策划编辑：韩　飞　　　　　　　　　　责任编辑：韩　飞
责任校对：张亚楠　刘雅娜　陈立辉　　封面设计：马若濛
责任印制：单爱军
北京联兴盛业印刷股份有限公司印刷
2023 年 10 月第 1 版第 1 次印刷
184mm×260mm · 28.5 印张 · 618 千字
标准书号：ISBN 978-7-111-73405-5
定价：95.00 元

电话服务　　　　　　　　　网络服务
客服电话：010-88361066　　机 工 官 网：www.cmpbook.com
　　　　　010-88379833　　机 工 官 博：weibo.com/cmp1952
　　　　　010-68326294　　金 书 网：www.golden-book.com
封底无防伪标均为盗版　　机工教育服务网：www.cmpedu.com

近年来，随着互联网的深入普及、"互联网+"的兴起、社会的数字化变革，以及经济的快速发展，表达关联关系的图数据规模正在爆炸式增长中。与此同时，在金融分析、电力系统运行、社会生活、国家安全监测等多个重要应用领域，关联数据分析的需求日益膨胀，导致图结构的数据规模也在不断增长。图计算技术因此快速发展，以高效从这些图数据中分析获取有用的信息。鉴于图计算重要的社会经济和学术研究价值，目前世界各国均对图计算展开了重要规划和科研布局。例如，美国国防高级研究计划局（DARPA）启动的 HIVE 项目研发图计算加速器。我国也相应启动了国家重点研发计划。未来，作为大数据处理和下一代人工智能的关键使能技术和赋能手段，图计算将担负起服务国家新基建和"数字中国"战略的重要使命，促进国家经济与社会的数字化转型、智能升级和融合创新。为此，很多科研机构和企业开始研究图计算技术。图计算因其所具有的数据规模大但局部性低、计算–访存比小、关联迭代过程复杂等特点，对以控制流体系结构为主的现代计算机系统带来了并行流水执行效率低、访存局部性低和内外存通道有限，以及锁同步的扩展性差等系列挑战。因此，图计算近年成为学术界和工业界研究的热点。为了解决通用架构面对大规模图计算的诸多问题，近年来围绕体系结构、运行时系统和编程环境，国内外科研人员均展开了广泛的基础研究和关键技术攻关，提出了一系列图计算加速器、硬件加速技术、图计算系统和优化技术，性能显著提升。然而，现实场景图计算大多具有动态变化、数据类型（如异质图、超图）多样、应用需求（如图查询、图遍历、图挖掘、图神经网络训练和推理）复杂等特征。这给图计算在基础理论、体系架构、系统软件关键技术方面提出了新的需求，带来了新的挑战。这亟须培养大量图计算相关技术研发人员，构筑面向图计算的软、硬协同一体化的计算机技术生态链，促进国家信息化行动的深入推进，增强各行业各领域大型复杂科学研究的创新能力，为社会经济和科技教育注入新动力。

然而，国内外缺乏专门全面讲解图计算的书籍。为了给研究生提供图计算技术的教育教学和学术资源，梳理图计算背景、图计算关键技术和发展趋势等知识，本书融入系统观教育理念，系统性地介绍图计算特征、挑战和优化技术的原理。本书首先着重介绍图计算背景和应用，通过图计算实例来具体解释如何存储图和编写图算法解决实际应用问题和解释图计算流程及运行时特征，同时解释图计算运行时特征带来的挑战；然后从图数据存储和更新、图计算并行编程模型、图预处理方法、图并行执行模型、图顶点状态同步策略、图计算负载均衡策略和图计算容错机制等方面对图计算优化技术的基本概念和理论、核心思想和技术，以及国内外研究的最新进展进行介绍；再以典型单机图计算系统、分布式图计算系统、基于 GPU 的图计算加速器、基于 FPGA 的图计算加速器、基于 ASIC 的图计算加速器、基于 PIM 的图计算加速器、基于 ReRAM 的图计算加速器等为例介绍如何利用前述图计算优化技术原理解决具体图计算应用场景面临的性能问题；接着介绍 Graph500、GreenGraph500 和 OGB 等国际权威图计算性能评测工具和一些相关特定优化技术；最后就图计算复杂多样化等发展趋势，分析现有图计算体系架构、系统软件和编程框架等方面所面临的挑战，并对图计算技术未来研究方向进行展望，形成图计算技术的基本内容与高级进阶内容，为我国图计算行业后备人才培养提供支撑，推动我国图计算生态成熟和图计算成果产业化及普及。

　　本书主要用于给计算机科学与技术、集成电路等专业研究生提供图计算技术的教学和学术资源，讲授课时不低于 32 学时，课程设计课时不低于 16 课时。本书也可以作为高级计算机系统结构、并行与分布式计算等研究生课程的补充教材，并配以课程设计，增强研究生的科研素养，推动我国在图计算基础理论、关键技术，以及行业应用方面的发展，取得更有影响力的科研成果。

　　本书由张宇编写完成，感谢赵进、黄浚、余辉、蒋晨昱、齐豪、尹伟行、王梓骁、谈安东、郭渝洛等同学参与了书稿资料整理工作。

　　图计算生态复杂，尚未有经典教材和教案可供选择，本书在内容上力求做到取材先进并反映技术发展现状，在内容的组织和表述上力求概念清晰准确、通俗易懂。本书内容仅是看待图计算的一个视角，难免偏颇。图计算生态还在蓬勃发展中，未来图计算技术会随着硬件体系结构演进而演进。由于作者水平所限，在编写过程中难免存在不当或遗漏之处，恳请读者批评指正，并积极反馈意见和建议，我们将在再版时吸纳，使本书逐步趋于完善。编著者邮箱：zhyu@ hust. edu. cn。

编著者

2023 年 3 月于武汉

CONTENTS ▸ **目 录**

第 3 章　图计算优化技术 ·· **127**

第 1 章　图计算概述

　　随着因特网的普及、"互联网+"的兴起、社会的数字化变革，以及经济的快速发展，用于表达事物之间关联关系的图数据规模正在爆炸式增长。2023 年 3 月，Facebook 最新发布的数据显示，其社交网络图顶点数量已经超过 30 亿、边数量已经超过 1 000 亿。由于图数据分析的需求不断涌现，图计算在金融分析、电力系统、社会生活、国家安全监测等多个重要领域都有应用。为了有效支持现实世界中广泛存在的图计算场景，图计算相关技术正飞速发展，以快速高效地从现实应用中的海量图数据中挖掘出有用信息。

1.1　图计算简介

　　图起源于 1736 年哥尼斯堡七桥问题，在 19 世纪中叶到 20 世纪中叶缓慢发展，出现了图染色、哈密尔顿等问题。为了解决这些问题，数学家们提出了图论。因为图能更自然、直观地表述数据之间的关联关系，是一种更符合人类思考方式的抽象表达。在此背景下，图有了大展身手的空间。20 世纪中叶至今快速发展，图计算技术也应运而生，用于分析图数据，从中挖掘出有价值的信息、知识和规律，为实际业务应用提供支持。

　　图数据由顶点和边组成，其中顶点代表图中的实体，而边则表示顶点之间的关系。图计算是一种专门用于处理图数据的计算机科学技术。它是一种用于分析图中顶点和边之间的关系，并从中提取有价值信息的方法。图计算通过对图数据的分析，可以揭示图中关联性、模式和结构等信息，从而从繁多冗杂的数据中抽取有用的信息。通常应用于大规模图数据分析，如社交网络分析、网络拓扑结构分析、金融风险分析等。例如，通过为购物者之间的关系建模，就能很快找到品味相似的用户，并为之推荐商品。或者在社交网络中，通过传播关系获取各种有用的关联信息。图计算技术还可用于社会、经济和国家安全领域的数据分析，以满足不断增长的关联数据分析需求。

　　图计算因其所具有的数据规模大但局部性低、计算-访存比小、关联迭代过程复杂等特点，对以控制流体系结构为主的现代计算机系统带来了并行流水执行效率低、访存局部性低和内外存通道有限，以及锁同步的扩展性差等系列挑战。因此，图计算近年成为学术界和工业界研究的热点。

1.1.1 图的基本概念

图是一种由顶点（vertices）和连接顶点的边（edges）构成的数据结构，$G=(V;E)$，其中 V 表示顶点集合，E 表示边的集合。$e=(v_i;v_j)$ 表示从顶点 v_i 到 v_j 的一条有向边。同时，每一个顶点与每一条边都有属于自己的属性值。不同的领域属性值可代表不同的含义。如社交网络中，顶点的属性值为个人的热度，而边的属性值则表示为有关联的两人之间的紧密程度。图可以是有向图，其中边具有方向；也可以是无向图，其中边没有方向。如图 1.1 所示，图可以是稠密图，其中顶点间存在大量的边；也可以是稀疏图，其中顶点间的边较少。图数据结构可以用于表示多种类型的关系，如社交关系、物理关系、互联网数据等。它们可以用于探索团队内部的关系、分析网络流量，也可以用于预测社会趋势和潜在市场。

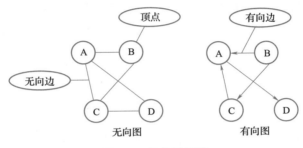

图 1.1　简单图示例

1.1.2 图遍历简介

图遍历是通过对图数据进行反复遍历和迭代处理，从而挖掘图数据中隐藏的重要信息。这类图算法的许多操作都建立在遍历操作的基础之上，并且通常关注于在图上执行线性代数类的计算操作。相比于传统计算模式，迭代图算法对关联关系型数据具有丰富、高效和敏捷的分析能力，并在实际生活中应用广泛，如重要度排名、视频推荐、路径规划等。

路径规划技术在很多领域都具有广泛的应用[1]。在高新科技领域的应用有：机器人的自主无碰行动、无人机的避障突防飞行、巡航导弹躲避雷达搜索和完成突防爆破任务等。在日常生活领域的应用有：GPS 导航、基于 GIS 系统的道路规划和城市道路网规划导航等。在决策管理领域的应用有：物流管理中的车辆问题（VRP）及类似的资源管理资源配置问题、通信技术领域的路由问题等。凡是可拓扑为点线网络的规划问题基本上都可以采用路径规划的方法解决。路径规划的核心就是算法的设计，路径规划算法目前已经得到了广泛的关注，从传统算法到后来的结合仿生学发展起来的算法，智能算法已经取得了巨大的进展。

根据对路径规划问题的分类，结合相应的路径规划算法。可分为离散域范围内的最短路径规划问题和连续域范围内的路径规划问题。离散域范围内的路径规划问题属于一维静态优化问题，相当于环境信息简化后的路线优化问题；而连续域范围内的路径规划问题则是连续性多维动态环境下的问题。

离散域范围有最短路径规划问题，如路由问题，它属于通信技术领域研究的重点。路由问题的主要功能是使数据信息顺利地从源顶点传送到目标顶点。根据设计需求，可在路径上设置不同的权重，定义路径参数。在网络拓扑结构中稳定高效地搜寻最优路径，快速聚合。实时地进行网络拥堵控制，根据具体情况进行动态路由选择。离散域范围还有遍历式最优路径问题。虚拟装配路径规划、旅行商问题（TSP），以及其衍生的各种车辆问题（VRP）和物流问题等都是这类问题。从最短路径规划的角度看，这一类问题的特点大同小异，都是在已知路径信息（顶点数，路径参数信息，拓扑结构等）情况下，从已知起始顶点到目标顶点的最优路径规划问题，路径信息多为静态信息，即使有信息变动，智能算法也有足够的能力进行及时的应变规划。

一般的连续域范围内路径规划问题，如机器人、飞行器等的动态路径规划问题，其一般步骤主要包括环境建模、路径搜索、路径平滑 3 个环节。

①环境建模。环境建模是路径规划的重要环节，目的是建立一个便于计算机进行路径规划所使用的环境模型，即将实际的物理空间抽象成算法能够处理的抽象空间，实现相互间的映射。

②路径搜索。路径搜索阶段是在环境模型的基础上应用相应算法寻找一条行走路径，使预定的性能函数获得最优值。

③路径平滑。通过相应算法搜索出的路径并不一定是一条运动体可以行走的可行路径，需要作进一步处理与平滑才能使其成为一条实际可行的路径。

连续域范围内的路径规划问题可以分为 3 类：即全局路径规划、局部路径规划和遍历式路径规划。对于连续域范围内全局路径规划的问题，从路径规划角度来看，这类问题都是已知环境信息，且环境信息为静态信息的情况下，如何在安全范围内避开障碍物找到到达目的地的最短路径问题。解决此类问题通常依靠智能算法与环境建模结合使用。连续域范围内的局部路径规划和全局路径规划应用领域基本相同，但它们在其应用领域内面对的环境不同，解决的问题也不同。局部路径规划面对的是动态的实时的环境信息，属于在线规划，对算法要求实时性好、高效、稳定，是目前研究的热点。连续域范围内的遍历式路径规划主要应用于清洁机器人、草坪修剪机、扫雷机器人、搜救机器人、矿藏探测器等。其特点是：机器人需用最短的路径去覆盖所工作区域的每个角落，要求最大的覆盖率和最小的重复率。解决此类问题需先进行环境建模，再利用神经网络算法、遗传算法、粒子群算法、蚁群算法等常用算法解决。

随着科学技术的不断发展，路径规划技术面对的环境将更为复杂多变。这就要求路径规划算法具有迅速响应复杂环境变化的能力。除了目前先进算法的改进，还要将图应用于路径规划领域。具体来说，通常会使用地图数据来构建图，将起点和终点作为图的两个顶点，并将道路或路径作为图的边。然后，通过运行 Dijkstra 或 A* 算法来找到最短路径或最优路径。在实际应用中，可能还需要考虑其他因素，如避免拥堵、考虑车辆类型等。因此，路径规划是一个复杂的问题，需要根据具体的场景进行定制化的算法设计和实现。

视频软件上视频数量的快速增长为用户找到他们感兴趣的内容提供了巨大的潜力。不幸的是，考虑到搜索视频的难度，视频库的规模也让发现新内容成为一项艰巨的任务。在视频推荐方面，Adsorption via Random Walks 算法[2] 提供了一个思路，该方法基于对整个用户视频图的分析，为用户提供个性化的视频建议。这种吸附算法提供了一个简单的方法，可以通过各种图表有效地传播偏好信息。例如，YouTube 拥有大量观看多个视频的用户，使用该数据计算的基本统计量之一是视频共同观看数。最简单的形式是，对于任何一对视频，共同观看数据给出了观看这两个视频的人数。在计算了所有视频集的统计数据后，有多种方法可以将其编码到图表中，如视频-视频共视图，它连接了相同用户最常观看的视频，还有用户-视频图。共同观看信息为视频推荐提供了简单的基础，通常用作基于项目的协作过滤系统。其简单系统可以构建如下：假设用户 U 观看了两个视频 J 和 K，从共同观看统计中，人们知道许多其他看过视频 J 的用户也看到了视频 L，M，N；类似地，对于视频 K，人们知道许多其他用户也看到了视频 N，O，P，Q。因此，可以基于他对 J 和 K 的观看来向 U 推荐视频，可以简单地将两个视频集合并为 (L，M，N，O，P，Q)。为了对推荐进行排名，可以查看一个视频的观看次数（这将推荐热门视频），或者每个视频的浏览量（这将推荐流行的视频，考虑到用户已经看过的内容），或者考虑每个视频被推荐给 U 的次数（注意，视频 N 被推荐了两次），或者这些启发式方法的任何组合。

在图 1.2 中，图 $G=(V,E,\omega)$，V 和 E 表示图的顶点和边集合，$\omega:E \rightarrow R$ 表示图边上的非负权函数。L 表示标签的集合，且假设子集 V_L，V 中的每个顶点 v 在标签集上都有一个概率分布 L_v，通常将 V_L 称为标记顶点的集合。对于每个顶点 $v \in V_L$，创建一个"阴影"顶点 $\tilde{v}$，它只有一个外邻居，即 v，通过权值为 1 的边 $(\tilde{v}, v)$ 连接。此外，对于每一个 $v \in V_L$，将标签分布 L_v 从 v 重新定位到 $\tilde{v}$，使 v 没有标签分布。设 $\tilde{V}$ 为阴影顶点集合，$\tilde{V} = \{ \tilde{v} \mid v \in V_L \}$。

算法 1.1：Adsorption-RW

输入：$G=(V,E,\omega)$，L, V_L，distinguished vertex v.

Let $\tilde{G}=(V \cup \tilde{V}, E \cup \{ (v, \tilde{v}) \mid v \in V_L \}, \omega)$.

Define $\omega(v, \tilde{v})=1$ for all $v \in V_L$.

done:=false

vertex:=v

while (not done) do:

   vertex:=pick-neighbor(v, E, ω)

     if (neighbor $\in \tilde{V}$)

        done:=true

end-while

u:=vertex

Output label according to L_u

图 1.2　基于 **Random Walks** 的 **Adsorption** 算法的伪代码

利用图数据来抽象各视频内容和视频之间的联系，可以方便地使用各种图算法进行处理。个性化推荐是在信息丰富环境下内容发现和信息检索的主要方法。在 YouTube 中，用户观看的内容中有 75% 来自 YouTube 的推荐。由于 YouTube 视频量的快速增长，为了满足用户个性化观看视频的需求，YouTube 通过分析用户与所观看视频之间的潜在关联关系，来做到对用户的精准视频投放。为了根据用户在网站上的活动向他们推荐个性化的视频集，首先是通过图来抽象用户和视频及它们之间的关系，再利用各种图算法（如连通分量算法和 Random Walks 算法）聚类和分类视频和用户。在这些图算法执行过程中，在带有分类标签（即顶点的状态信息）的图中，图顶点会将其状态信息转发给它们的邻居，而邻居又会继续将这些状态信息转发给它们的邻居。依此类推，所有图顶点都收集它们邻居的状态信息，然后又发送其最新状态信息给其邻居，直到满足收敛条件，获得所需的结果。

1.1.3　图挖掘简介

图挖掘作为数据挖掘的重要组成部分已经引起了学术和工业界的广泛关注。图挖掘是指利用图模型从海量数据中发现和提取有用知识和信息的过程，旨在发现图中特定的结构或模式[3]。图挖掘技术除了具有传统数据挖掘技术所具有的性质外，还具有数据对象关系复杂、数据表现形式丰富等特点，是处理复杂数据结构的理想工具。通过图挖掘来获取知识和信息已广泛应用于各种领域，如社会科学、生物信息学、化学信息学等。

在生物信息学方面，传统数据挖掘的主要目的是从结构化数据库中发现感兴趣属性模式。基于图的数据挖掘（graph-based data mining，GBDM）提供了新的原理和有效算法，用于挖掘嵌入在图数据库中的子结构模式。例如，通过图挖掘，可以使用一组函数作为关联模式的每个组件，并预测每个未知蛋白质的所有潜在函数的集合。由于蛋白质之间功能关系的复杂性，从蛋白质相互作用网络预测蛋白质功能具有挑战性。以前的大多数函数预测方法都依赖于已知蛋白质或连接路径的邻域。然而，由于相互作用蛋白的功能不一致，其准确性受到了限制。为解决这问题，科研工作者提出了一种通过识别蛋白质相互作用网络中功能关联的频繁模式来进行功能预测的新方法。具体来说，蛋白质执行的一组函数被分配给相应的顶点作为标签。然后将函数关联模式表示为标记子图。频繁标记子图挖掘算法有效地搜索网络中频繁出现的函数关联模式。它通过选择性连接一次迭代地将频繁模式的大小增加一个图顶点，并通过先验修剪简化网络。使用酵母蛋白质相互作用网络，提出的算法发现了 1 400 多个常见的功能关联模式。函数预测是通过将子图（包括未知蛋白质）与类似于它的频繁模式进行匹配来执行的。通过交叉验证，表明这个方法在预测精度方面比以前的基于链接的方法具有更好的性能。这种频繁功能关联模式可能成为系统水平上蛋白质功能行为的高级分析的基础。

蛋白质相互作用网络可以用无向、无加权图 $G(V,E)$ 来表示，其中 V 是蛋白质顶点的集合，E 是它们之间相互作用的边的集合。每个顶点 v_i 都标记了一组属性 t_i，表示蛋白质执行的功能。目标是检测函数集之间的链接模式，即功能关联模式。一个功能关联模式是指蛋白质相互作用网络中每个顶点上用一组功能标记的子图。因此，一个未标记的子图可以用几个不同的关联模式来描述，这些模式使用不同的顶点标签。一个 k 顶点模式 P_k 是指一个标记的 k 顶点子图，而 P_k 则是候选 k-顶点模式的集合。目标是搜索频繁出现的功能关联模式。频繁功能关联模式是指在蛋白质相互作用网络中经常出现的、每个顶点上用一组函数标记的子图。频繁模式的定义是，如果一个模式在一个图中至少

出现 σ 次，那么这个模式就是频繁的，其中 σ 是最小频率的阈值，也称为最小支持度。

如图 1.3 所示，使用简单的 5-顶点网络模式挖掘过程，并在顶点上标记函数集。这里用 2 作为最小频率阈值。候选 3-顶点模式集由两个频繁的 2-顶点模式的所有可能组合得到。

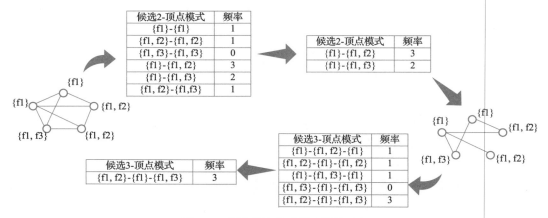

图 1.3　频繁函数关联模式挖掘过程

传统的机器学习技术适合处理由多维向量或序列表示的数据集，但不能处理具有结构性质的化学结构。为了解决这个问题，Frequent Sub-Structure-Based Approaches[3] 提出了一种基于子结构的分类算法，该算法的目标是开发一种分类计算技术，用于识别命中化合物，并且可以替代或补充生物检测技术。化合物分类技术的关键挑战之一在于化合物的性质与其化学结构密切相关。该方法的关键思想之一是将子结构发现过程与分类模型构建步骤解耦，并使用频繁子图发现算法来发现出现次数足够多的所有化学子结构。一旦识别了这些子结构的完整集合，就会基于它们来构建分类模型。这种方法的优点是，在构建分类模型的过程中，所有相关的子结构都是可用的，从而允许分类器智能地选择最具区分性的子结构。为了确保这种方法在计算上是可扩展的，使用新开发的高效频繁子图发现算法，结合积极的特征选择来减少建立和应用分类模型所需的时间。

FSG 算法是其中一种用于发现频繁子图的算法，它被应用于化合物分类问题中。该算法使用广度优先的方法来发现频繁子图，从小的频繁子图开始，逐步添加边来增加子图的大小。算法利用各种图顶点不变量来降低确定图的标号的复杂性，并建立频繁子图和候选子图的恒等式和总序，以实现冗余候选消除和向下闭包测试。这些技术使得 FSG 算法能够高效地发现出现在至少给定支持度的化合物子结构。使用 FSG 算法来发现频繁子图是化合物分类方法的第一步，这种方法将子结构发现过程与分类模型构建步骤分离开来，并使用频繁子图发现算法来发现出现足够多次的所有化学子结构。

在社会科学研究中，图挖掘技术可以用来分析网络中不同个体之间的关系和互动。例如，在社交网络中，可以使用图挖掘技术来识别社区和关键个体，分析不同社区之间的联系和信息流动，以及探究社交网络中的不同群体之间的相似性和差异性等。The web self-organizes 发现，尽管网络的本质是分散的、无组织的和异质的，但它是自组织的，因此链接结构允许高效地识别社区。此外，图挖掘技术还可以应用于其他领域，如生物学、金融、交通等，以分析复杂的关系网络和大规模数据。总之，图挖掘技术的应用领域非常广泛，可以帮助人们更好地理解和利用不同类型的数据和信息。

Web 可以被建模为一个图，其中网页是图的顶点，而超链接是图的边。利用图挖掘技术可以发现 Web 中的社区。具体地，可以将网络社区定义为网页的集合，使得每个成员页面在社区内具有比社区外更多的超链接（在任一方向上）。这意味着一个网页更倾向于与同一社区内的其他网页相连，而不是与社区外的网页相连。社区成员资格不仅取决于网页的出站超链接，还取决于网络上的所有其他超链接[6]。利用图挖掘技术可以自动识别出这些基于链接的社区，并且社区的成员通常与某个主题或领域相关联。这些社区可以帮助人们更好地理解 Web 上的信息架构，并且可以用于许多实际应用，如搜索引擎优化、广告定位和网络推荐。

根据网络拓扑中的社区结构定义，通常识别一个自然形成的社区结构是很难的，这是因为这个基本任务可以映射到一个 NP 完全图划分问题系列。然而，如果假设存在一个或多个子社区，那么这个问题可以被重新定义，即允许使用多项式时间算法有效地识别社区。而对于这个问题，最大流社区算法可以很好地扩展到研究整个网络图。

图 1.4 为一个简单的社区识别示例。最大流社区算法将从左子图中分离具有任意选择的源顶点 s 的两个子图，并从右子图中分离出顶点 t，删除 3 条虚线链接。与标准流量方法一样，所有社区成员必须至少有 50% 的链接在社区内；然而，可以使用额外的人工链接将阈值从 50% 更改为任何其他所需的阈值。因此，可以识别和研究不同规模和不同凝聚力水平的社区。

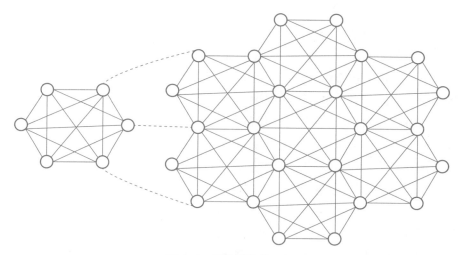

图 1.4 图挖掘简单示例

图 1.4 展示了一个图挖掘在网络社区识别的简单例子，选择一个或多个子社区结构来扮演源顶点的角色。本例要求连接到子社区结构位置的边的总和大于切割集的大小

（图中的虚线边），如果不满足这个限制，那么识别的过程将只识别社区的一个子集，最坏的情况是只有子社区结构被发现位于网络中。

仅基于 Web 链接结构的自组织，人们就能够有效地识别与主题高度相关的社区，其单个成员可能分布在 Web 图的非常大的区域中。由于这种方法完全脱离了基于文本的方法，识别出的社区可以用来推理有意义的文本规则并增强基于文本的方法。最大流社区算法的应用包括创建改进的搜索引擎、内容过滤和客观分析 Web 内容及 Web 上表示的社区之间的关系。这种分析也可能有助于增进人们对世界的理解。

1.1.4　图学习简介

图作为非欧几里得空间数据的典型代表可以表征万物之间的关联关系。但是由于图数据的不规则性，传统深度学习模型（设计用于处理欧几里得空间数据的模型，如图像、序列等）无法直接应用于图结构数据。为此，图神经网络（graph neural network，GNN）应运而生[4]。图神经网络对非欧式空间数据建立了深度学习框架，相比传统网络表示学习模型，它对图结构能够实施更加深层的信息聚合操作。图神经网络是专门设计的基于图结构数据的神经架构。GNN 通过聚合顶点邻居的表示及其自身的表示来迭代更新顶点表示，每一次迭代都会更新顶点表示。目前，图神经网络能够解决诸多深度学习任务，如顶点分类、链路预测、图聚类、图分类和推荐系统。

图结构数据存在于各个应用领域，如化学和生物信息学领域、图像和社交网络分析领域。为了在这些领域开发有监督的机器学习模型，需要利用图结构的丰富信息以及图顶点和边上的特征信息的方法。近年来，已经提出了许多使用图进行有监督的机器学习的方法，其中基于图内核的方法，以及最近使用图神经网络（GNN）的方法是目前较为主流的方法。

图内核方法通过预定义一组固定的特征来工作，并遵循两步特征提取和学习任务的方法。它们首先基于预定义的特征计算图的向量表示，如小子图、随机游走、邻域信息或反映成对图相似性的正半定核矩阵。然后，将得到的特征或核矩阵插入到支持向量机等学习算法中。因此，它们依赖于对图顶点或边上的特征向量进行设定。

与图内核方法不同，GNN 的提出摒弃了人为设定特征的过程。GNN 通过端到端的学习特征提取和下游任务来更好地适应手头的学习任务。GNN 将图结构数据输入到多层模型中（如图卷积层、全链接层和图注意力层），通过前向和反向传播不断训练，从而得到一个较为完整的图神经网络模型，并将其应用于推理任务中。GNN 最突出的任务之一是图分类或回归，即预测一组图的类标签或目标值，如化学分子的性质。由于 GNN 学习的是图顶点的向量表示或图顶点级表示，这个特性对于能否对图进行分类非常重要。因此，GNN 最近在基于图分类的应用领域中取得了成功，如制药药物研究、材料科学、过程工程和组合优化等领域。

由于 GNN 在建模图结构数据方面具有出色的表达能力，在自然语言处理、计算机视觉、推荐系统、药物发现等领域取得了巨大的成功。然而，GNN 的成功依赖于图结构数据的质量和可用性,而这些数据可能是不准确或不可用的。因此,图结构学习的目的是从数据中发现有用的图结构,这可以帮助人们实现链接预测。链接预测是 GNN 的一个重要应用之一,它通过预测图中两个顶点之间缺失或未来的链接来解决问题。因此,该技术与图结构学习有关,旨在从数据中发现有用的图结构,即链接。链接预测被广泛应用于社交网络、引文网络、生物网络、推荐系统和安全等领域。

传统的链路预测方法依赖于启发式图顶点相似度得分、图顶点的潜在嵌入或显式图顶点特征。根据其实现方法,传统的链接预测方法可以分为 3 类:启发式方法、潜在特征方法和基于内容的方法[4]。其中,启发式方法是通过计算位于网络观察图顶点和边结构的预定义图结构特征来预测链路。虽然在许多领域中都被证明是有效的,但是这些人为设定的图结构特征的表达能力有限——它们只能捕获所有可能结构模式的一小部分,并且不能表达不同网络下的一般图结构特征。因此,传统方法在预测复杂的网络中的链路时受到限制。

潜在特征方法计算顶点的潜在属性或表示,通常是通过分解从网络派生的特定矩阵来获得的,例如,邻接矩阵和拉普拉斯矩阵。这些图顶点的潜在特征无法直接被明确观察到,因此,它们必须通过优化从网络中计算。可以将潜在特征方法理解为从图结构中提取低维图顶点嵌入(embedding)。传统的矩阵分解方法使用图顶点嵌入之间的内积来预测链接。

启发式方法和潜在特征方法都面临冷启动问题。也就是说,当一个新图顶点加入网络时,启发式方法和潜在特征方法可能无法准确预测其链接,因为它与其他顶点没有或只有少数现有链接。在这种情况下,基于内容的方法可能会有所帮助。基于内容的方法利用与图顶点相关的显式内容特征进行链接预测,这在推荐系统中有着广泛的应用。例如,在引文网络中,词分布可以用作论文的内容特征。在社交网络中,用户的个人资料,例如,他们的人口统计信息和兴趣,可以用作他们的内容特征(但是,他们的邻居信息属于图结构特征,因为它是从图结构计算的)。然而,由于不利用图结构,基于内容的方法通常比启发式和潜在特征方法的性能更差。因此,它们通常与其他两种类型的方法一起使用来增强链接预测的准确率。

GNN 作为一种从图结构和图顶点/边特征联合学习的强大工具,与传统的链接预测方法相比,逐渐显示出其优势。GNN 方法利用其出色的图表示学习能力,以统一的方式将它们一起学习来组合图结构特征和内容特征。主要有两种基于 GNN 的链路预测范式:基于节点和子图的链路预测范式[4]。基于节点方法将 GNN 学习到的成对图顶点表示聚合为链接表示。基于子图的方法提取每个链接周围的局部子图,并使用 GNN 学习的子图表示作为链接表示。

将 GNN 用于链路预测最直接的方法是将 GNN 视为从局部邻域学习图顶点嵌入的归纳网络嵌入方法,然后将 GNN 的成对图顶点嵌入聚合起来构造链路表示,这些方法称为基于节点的方法。基于节点的方法的先驱工作是图自动编码器(GAE)。GAE 可为每个节点计算一个图顶点表示,然后进行预测链接。在知识图完成的背景下,关系图卷积神经网络（R-GCN）是一种具有代表性的基于节点的方法，它通过在消息传递过程中对不同的关系类型赋予不同的权重来考虑关系类型。

基于子图的方法提取每个目标链路周围的局部子图，并通过 GNN 学习子图表示来进行链路预测。SEAL 是基于子图方法的开创性工作，通过为每个链接提取强连通子图，旨在自动从网络中学习图结构特征。SEAL 首先为每个目标链路提取一个强连通子图进行预测，然后采用 GNN 的层级读出 GNN 来分类子图是否对应于链路存在。

基于节点的方法和基于子图的方法都是基于 GNN 学习目标链路周围的图结构特征。然而，基于子图的方法实际上比基于节点的方法具有更准确的链接表示能力，这是由于基于子图的方法对两个目标图顶点之间的关联关系进行了建模，基于节点的方法却独立地计算两个图顶点表示，而不考虑两个图顶点之间的相对位置和关联关系。

1.2 常见图算法

在实际需求中，图计算应用也正逐渐从常规二元场景向类型多样、结构多变、属性多维的方向进行转移。除常规图算法（如图遍历类）外，复杂图算法（如图挖掘类、图学习类）不断涌现，这些图算法在各个重要领域中发挥着举足轻重的作用。

1.2.1 图遍历类算法

图的遍历是指从图中的某一顶点出发，按照某种方法沿图中的边对图中的所有顶点都访问一遍，且仅仅只访问一次。依据遍历的顺序，最简单的图遍历方式有广度优先搜索（breadth-first search，BFS）和深度优先搜索（depth-first search，DFS）。由这些基本图的遍历衍生出许多其他图遍历类的算法（如 SSSP、Prim 算法等），它们可以通过对图数据的反复遍历和迭代，挖掘图数据中隐藏的重要信息（如重要度排名、最短路径和连通分量等）。它们通常在图上执行线性代数类的计算操作，往往处理深度都比较浅，但应用相当广泛，是许多复杂算法的原型。

1. 广度优先搜索算法

广度优先搜索算法（又称宽度优先遍历）是由 Moore 在研究寻找迷宫路径问题时提出的。广度优先搜索算法是最基础的图遍历算法之一。此算法是很多重要的图算法原型。Dijkstra 单源最短路径算法和 Prim 最小生成树算法都采用了广度优先搜索类似思想。广度优先搜索属于一种盲目遍历法，是一层一层地向下遍历从近到远的搜索过程，直到找到结果为止。

该算法的基本思想是：首先访问起始顶点 v，然后由 v 出发，依次访问 v 的各个未被访问过的邻接顶点 $w_1, w_2, \cdots, w_n$，然后再依次访问 $w_1, w_2, \cdots, w_n$ 的所有未被访问过的邻接顶点，再从这些访问过的顶点出发，再访问它们所有未被访问过的邻接顶点。以此类推，直到途中所有的顶点都被访问过为止。为了实现这种逐层的访问，算法必须借助一个辅助队列来实现。BFS 算法把图的每个顶点分为两个类别：visited 与 not visited，可用一个标记数组表示，这样标记的目的是防止出现死循环。算法的流程如图 1.5 所示。

BFS 算法步骤如下。

1）首先创建一个 visit［］数组和一个队列 q，并初始化数组和清空队列。用来判断顶点是否被访问过及让未访问过的点入队。

2）让起点 start 入队，并使该点的 visit 置 1。

3）执行搜索操作：

①取出队顶点 v 并访问；

②处理队头顶点 v 的所有邻接顶点；

③v 的邻接顶点中未被访问的压入队列并置其 visit 为 1。

4）继续重复执行步骤 3），直到队列为空。

BFS 是一种相对简单的图遍历算法，常用于求图中两点间的最短路径，以及求图中顶点的连通性等问题。同时，它也可以为图的其他遍历算法提供支持。BFS 的时间复杂度为 $O(V+E)$，其中 V 和 E 是图顶点数量和边数量。可见，BFS 算法的复杂度是由顶点数量和边数量决定。因此，当图的规模不断增加时，BFS 计算量也会相应增加。

2. 单源最短路径算法

路径查找（path finding）算法是建立在图遍历算法的基础上，它探索顶点之间的路径，从一个顶点开始，采用某种遍历顺序，直至到达目的顶点。这些算法用于识别图中的最优路由，

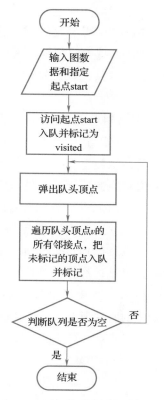

图 1.5　BFS 算法流程图

算法可以用于诸如物流规划、最低成本呼叫或 IP 路由，以及游戏模拟等领域。最短路径（shortest path）算法是计算一对顶点之间的最短（加权）路径。

单源最短路径（signal source shortest path，SSSP）是一种基本的图算法，它主要是为了解决图论中的一个经典问题，即如何找到在图结构中两个顶点之间的最短路径问题。在计算机网络、交通运输工程、通信工程等各种应用中，常常需要计算图中从某个源顶点到其余各顶点的最短路径或各顶点之间的最短路径。而这个优化问题在数学领域中被人广泛研究。因此，在图论中，最短路径算法比其他算法研究得更为透彻。关于单源最短路径的算法，目前最流行的经典算法是 Dijkstra 算法。具体来说，Dijkstra 算法首先找到从起始顶点到直接连接顶点的最小权重关系，它跟踪这些权重并移动到"最近"顶点。然后，它执行相同的计算，只不过权重的累积是从初始顶点开始算的。具体来说，它采用贪心算法的策略，可以计算非负权值图里的单源最短路径问题。初始时将源顶点以外所有顶点的距离值置为 ∞，源顶点的距离为 0。而后算法从源顶点开始，每次遍历都走最短的路径，并不断更新每个点到起点的最短距离。将获取到最短距离的顶点进行标记，下一次以此顶点获取其他顶点的最短路径，每次循环可以找到一个具有最短

距离的顶点，由此最多重复 n 次（n 为图中包含的顶点数），可以得到所有顶点的结果。

Dijkstra 算法采用了两个集合来存储图顶点，并声明一个数组 dist[ ] 来保存源点到各个顶点的最短距离。算法的主要思想是：顶点集合 V 被划分为两部分，集合 S 和 V-S 首先假定源点为 u，初始时 S 中仅含有源点 u，源点 u 的路径权重被赋为 0（即 dist[u]=0），若对于顶点 u 存在能直接到达的边 $\langle u,m \rangle$，则把 dist[m] 设为 k（k 为对应边 $\langle u,m \rangle$ 的路径权重），同时把所有其他（u 不能直接到达的）顶点的路径长度设为无穷大；然后，从数组 dist[ ] 选择最小值，则该值就是源点 s 到该值对应的顶点 v 的最短路径，并且把该点 v 加入到 S 中，之后需要看看新加入的顶点 v 是否可以到达其他顶点 w，并且通过检查该顶点 v 到达其他点 w 的路径长度是否比源点直接到达短（即存在 dist[w]>dist[v]+dist[v,w]），如果是，那么就替换这些顶点的 dist[w]；接着，又从数组 dist[ ] 中找出最小值，重复上述动作，直到 S 中包含了图的所有顶点。dist[ ] 就是从源点到所有其他顶点的最短路径长度。算法的流程如图 1.6 所示。

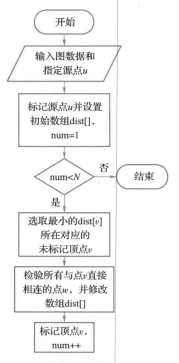

图 1.6　SSSP 算法流程图

SSSP 算法步骤如下。

1）先建立两个集合：用来存储已经找到的最短路径的节点即 S；用来存储未找到的最短路径的节点即 U。S 和 U 互补，$S \cup U = V$（所有节点），初始时 S 中仅含有源点 u，U 为集合 V-u。

2）若源顶点 u 与顶点 m 直接相连，则 dist[m] 等于权重，若源点 u 与顶点 m 不直接相连，则 dist[m]=∞，建立初始数组 dist[ ]。

3）选取最小 dist[v] 所对应的顶点 v 加入到 S 中，并将 v 从 U 中移除。基于找到的顶点 v，更新源点 u 到集合 U 中顶点的距离。

4）重复步骤 3），直到 U 为空。

Dijkstra 算法支持负权边，但不支持负权环，它的时间复杂度为 $O(n^2)$ 或 $O(E+V\log V)$。

3. 弱连通分量算法

在一个无向图 G 中，如果从顶点 v_i 到顶点 v_j 有路径，则称顶点 v_i 和顶点 v_j 是连通的。如果图中任意两个顶点都是连通的，则称图为连通图。无向图 G 的极大连通子图称为图 G 的连通分量（connected components，CC）。如果再向其中加入一个顶点，则该子图不连通。连通图的连通分量就是它本身；非连通图有两个以上的连通分量。

在有向图 G 中，将有向图的所有的有向边替换为无向边，所得到的图称为原图的基图。如果一个有向图的基图是连通图，则有向图是弱连通图。在有向图 $G=\langle V,E \rangle$ 中，设 G' 是 G 的子图，如果 G' 是强连通的（弱连通的）；对任意 $G'' \subseteq G$，若 $G' \subset G''$，则 G'' 不是强连通的（弱连通的）；那么称 G' 为 G 的强连通分量（弱连通分量），或称为极大强连通子图（极大弱连通子图）。（强、弱）连通分量的极大性特点，即任意增加一个顶点或一条边就不是（强、弱）连通的。

　　弱连通分量也就是忽略边的方向所对应的无向图的连通分量。因此求弱连通分量，可以把有向图化为无向图。通过对无向图进行遍历时，仅需一次调用搜索过程（DFS 或 BFS）就可以找到连通图。换言之，即从图中任一顶点出发，便可遍历到图中各个顶点。而对非连通图，则需多次调用搜索过程，并且每次调用得到的顶点访问序列恰为其各个连通分量中的顶点集，即可得到弱连通分量。如图 1.7 所示，对于左边的无向图，可以得到弱连通分量①和②。而对于有向图的弱连通分量寻找，可以将其转化为无向图后，同样可以得到弱连通分量。

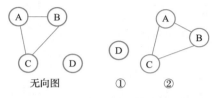

图 1.7　无向图及其弱连通分量

　　算法 CC(G) 的主要思想是一个利用 DFS 实现的连通分量算法，可以递归地求得无向图中的连通分量，属于图遍历类的算法。初始时为每个顶点分配不同的值 color 来表示顶点的颜色，而后对未被访问的顶点 v_0 进行 DFS 遍历，在 DFS 遍历过程中，将被访问到的顶点的颜色修改成与 v_0 相同的颜色。算法结束后，具有相同颜色的顶点即为同一个连通分量。

4. 强连通分量算法

　　强连通和弱连通的概念只在有向图中存在。在有向图 G 中，如果两个顶点 v_i 和 v_j 之间存在一条从 v_i 到 v_j 的有向路径，同时还有一条从 v_j 到 v_i 的有向路径，则称两个顶点强连通。如果有向图 G 的每两个顶点都强连通，称 G 是一个强连通图。有向图 G 的极大强连通子图，称为强连通分量。如果图中一个顶点没有和其他顶点强连通，这个顶点自己也是一个强连通分量。

　　（1）Kosaraju 算法

　　Kosaraju 算法基于以下思想：强连通分量一定是某种 DFS 形成的 DFS 树森林。这个算法可以说是最容易理解、最通用的算法，其比较关键的部分是同时应用了原图 G 和反图 GT。反图 GT 即所有边的方向与原图一一对应且相反，反图不会改变原图的强连通性。首先是先对原图 G 进行深度搜索形成森林或树；其次是任选一棵树对其进行深搜（注意这次深搜节点 A 能往子节点 B 走的要求是边 $A{\to}B$ 存在于反图 GT），能遍历到的顶点就是一个强连通分量。余下部分和原来的森林一起组成一个新的森林，继续上述操作直到所有顶点都被访问为止。

　　Kosaraju 算法步骤如下。

　　● 在有向图中，从某个顶点出发进行深度优先搜索，并按其所有邻接点的访问都完成（即出栈）的顺序将顶点排列起来。

　　● 在该有向图中，从最后完成访问的顶点出发，沿着以该顶点为源头以逆向的角度来继续进行深度优先搜索，若此次遍历不能访问到有向图中所有顶点，则从余下的顶点中最后完成访问的那个顶点出发，继续作逆向的深度优先搜索。依次类推，直至有向图中所有顶点都被访问到为止。

● 每一次逆向深度优先搜索所访问到的顶点集便是该有向图的一个强连通分量的顶点集，若仅作一次逆向深度优先搜索就能访问到图的所有顶点，则该有向图是强连通图。

如图 1.8 所示，从顶点 v_1 出发作深度优先搜索，在访问顶点 v_2 后，顶点 v_2 不存在未访问的邻接点从而从系统栈弹出，并进入栈 stack1，将 v_2 从栈顶弹出后，再从顶点 v_1 出发，在访问顶点 v_3, v_4 后，顶点 v_4 不存在未访问的邻接点从而从系统栈弹出，并进入栈 stack1。将 v_4 从栈顶弹出后，顶点 v_3 不存在未访问的邻接点从而从系统栈弹出，并进入栈 stack1，将 v_3 从栈顶弹出后，顶点 v_1 不存在未访问的邻接点从而从系统栈弹出，并进入栈

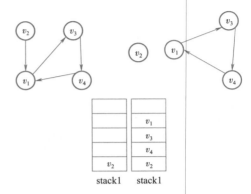

图 1.8　Kosaraju 算法例子

stack1。所以，得到系统栈出栈的顶点序列为 v_2, v_4, v_3, v_1。再从最后一个出栈的顶点 v_1 出发作逆向的深度优先搜索（逆着有向边的箭头方向），即在反图上按系统栈出栈的逆序进行 DFS。得到一个顶点集 $\{v_1, v_3, v_4\}$；再从顶点 v_2 出发作逆向的深度优先搜索，得到一个顶点集 $\{v_2\}$。这就是该有向图的两个强连通分量的顶点集。

Kosaraju 算法是基于对有向图及其逆图两次 DFS 的方法，其时间复杂度也是 $O(n+e)$。与下文提到的 Tarjan 算法相比，Kosaraju 算法可能会稍微更直观一些。但是 Tarjan 算法只用对原图进行一次 DFS，不用建立逆图，更简洁。在实际的测试中，Tarjan 算法的运行效率也比 Kosaraju 算法高 30% 左右。Kosaraju 虽然是线性的，但是需要两次 DFS，跟 Tarjan 算法和 Gabow 算法相比，这是一个劣势，但是 Kosaraju 算法有个神奇之处在于：计算之后的强连通分量编号的顺序，刚好是该有向图的一个拓扑排序！因此 Kosaraju 算法同时提供了一个计算有向图拓扑排序的线性算法。这个结果在一些应用中非常重要。

（2）Tarjan 算法

Tarjan 的思想是：强连通分量是 DFS 树中的子树。搜索时，任选一顶点开始进行深度优先搜索（若深度优先搜索结束后仍有未访问的节点，则从中任选一点再次进行。搜索过程中已访问的节点不再访问。搜索树的若干子树构成了图的强连通分量。把当前搜索树中未处理的节点加入一个堆栈，回溯时可以判断栈顶到栈中的节点是否为一个强连通分量。定义 DFN(u) 为节点 u 搜索的次序编号（时间戳），LOW(u) 为 u 或 u 的子树能够追溯到的最早的栈中节点的次序号。由定义可以得出，当 DFN(u) = LOW(u) 时，以 u 为根的搜索子树上所有节点是一个强连通分量。

如图 1.9 所示，从顶点 1 开始 DFS，把遍历到的顶点 1, 3, 2 依次加入栈中。搜索 2 的邻接点 1 时发现 1 已经访问且还在栈里面，更新 LOW[2] = DFN[1] = 1，回溯到顶点 3 并修改 LOW[3] = LOW[2] = 1。然后继续搜索 3 的邻接点 4 并将其加入栈，接着搜索

4 的邻接点 5，也把 5 加入栈中，搜索 5 的邻接点 4 时，4 已访问且在栈中，所以修改
LOW[5]＝DFN[4]＝4，回溯到顶点 4，LOW[4]＝LOW[5]＝4＝DFN[4]。如图 1.10 所
示。此时 LOW[4]＝DFN[4]，故开始出栈，直到顶点 4 出栈为止，得到一个强连通分
量。回溯到顶点 1 时，LOW[1]＝LOW[3]＝1＝DFN[1]。最后顶点 2,3,1 依次出栈，得
到另一个强连通分量。至此，算法结束。经过该算法，求出了图中全部的两个强连通
分量 {4,5}，{1,3,2}。可以发现，运行 Tarjan 算法的过程中，每个顶点都被访问了
一次，且只进出了一次堆栈，每条边也只被访问了一次，所以该算法的时间复杂度为
$O(V+E)$（V 为图顶点总数，E 为边总数）。

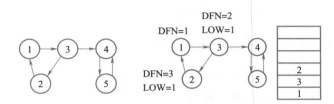

图 1.9　Tarjan 算法例子图-1

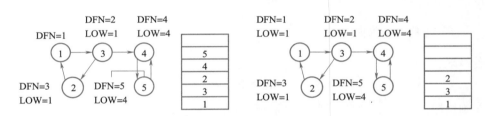

图 1.10　Tarjan 算法例子图-2

5. 网页排名算法 PageRank

　　PageRank 算法最初是作为计算互联网网页重要度的算法被提出的，基于网页链接分
析对关键词匹配搜索结果进行处理。它是定义在网页集合上的一个函数，它对每个网页
给出一个正实数值，表示网页的重要程度，PageRank 值越高，表示该网页越重要。如果
一个网页被很多网页链接则其 PageRank 值会相对较高，另一方面一个 PageRank 值很高
的网页链接到其他的网页，那么被链接的网页的 PageRank 值也会因此而提高。由于网
络中网页链接的相互指向，该分值的计算为一个迭代过程，最终网页根据所得分值进行
检索排序。实际应用中网页的数据主要以图的形式存在，PageRank 是找出图中顶点（网
页链接）的重要性。

　　PageRank 算法的基本思想是在有向图中定义一个随机游走模型，即一阶马尔可夫
链，描述随机游走者沿着有向图随机访问各个节点的行为。马尔可夫链，它由状态空间
$\mathrm{Val}(X)$ 和一个转移模型 T 定义，该模型对每个状态 $x \in \mathrm{Val}(X)$，定义了下一状态在
$\mathrm{Val}(X)$ 上的分布。更准确地说，对于每对状态 x 和 x'，转移模型 T 指定了从状态 x 到
状态 x' 的概率 $P(x \to x')$。这个转移概率都适用于任何时候处于状态 x 的链。满足马尔可
夫性质的马尔可夫链，称为齐次（一阶）马尔可夫链。所谓满足马尔可夫性质，是指当

一个随机过程在给定现在状态及所有过去状态情况下，其未来状态的条件概率分布仅依赖于现在状态；换句话说，在给定现在状态时，它与过去状态（即该过程的历史路径）是条件独立的，那么此随机过程即具有马尔可夫性质，即 $P(X_{t+1}=x \mid X_1 X_2,\cdots,X_t) = P(X_{t+1}=x \mid X_t)$。

随机游走的特点是一个节点到有向边连出的所有节点的转移概率相等，设一共有 n 个网页，则可以组织成一个 n 维矩阵，其中第 i 行 j 列的值表示用户从页面 j 转到页面 i 的概率，这样的一个矩阵叫作转移矩阵（transition matrix）。转移矩阵 $\boldsymbol{M}$ 表示为：

$$\boldsymbol{M}=\left[m_{ij}\right]_{n\times n}$$

m_{ij} 的取值根据页面的链接情况。如果节点 j 有 k 个有向边连出，并且节点 i 是其连出的一个节点，则 $m_{ij}=\dfrac{1}{k}$，否则 $m_{ij}=0,i,j=1,2,\cdots,n$。

随机游走在某个时刻 t 访问各个节点的概率分布就是马尔可夫链在时刻 t 的状态分布，可以用一个 n 维列向量 $\boldsymbol{R}^t$ 表示，那么在时刻 $t+1$ 访问各个节点的概率分布 $\boldsymbol{R}^{t+1}$ 满足：

$$\boldsymbol{R}^{t+1}=\boldsymbol{M}\boldsymbol{R}^t$$

由此，在时刻 $0,1,2,\cdots,t,\cdots$ 访问各个节点的概率分布为 $\boldsymbol{R}^0,\boldsymbol{M}\boldsymbol{R}^0,\boldsymbol{M}^2\boldsymbol{R}^0,\cdots,$ $\boldsymbol{M}^t\boldsymbol{R}^0,\cdots,\boldsymbol{R}^0$ 通常取值为向量 $\left[\dfrac{1}{n},\dfrac{1}{n},\cdots,\dfrac{1}{n}\right]^{\mathrm{T}}$。

若极限：

$$\lim_{t\to\infty}\boldsymbol{M}^t\boldsymbol{R}^0=\boldsymbol{R}$$

存在，则极限向量 $\boldsymbol{R}$ 满足马尔科夫链的平稳分布，即：

$$\boldsymbol{M}\boldsymbol{R}=\boldsymbol{R}$$

平稳分布 $\boldsymbol{R}$ 称为有向图的 PageRank。$\boldsymbol{R}$ 的各个分量为各个节点的 PageRank 值，即：

$$\boldsymbol{R}=\begin{bmatrix} R_1 \\ R_2 \\ \vdots \\ R_n \end{bmatrix}$$

其中，$R_i(i=1,2,\cdots,n)$。表示页面 i 的 PageRank 值。

PageRank 算法的迭代公式如下：

$$\boldsymbol{R}^k=d\boldsymbol{M}\boldsymbol{R}^{k-1}+\frac{1-d}{n}\left[1,1,1,\cdots,1\right]^{\mathrm{T}}$$

$\boldsymbol{R}^k$ 表示第 k 轮迭代中产生的 PageRank 向量，d 表示阻尼系数，满足 $0\leqslant d\leqslant 1$，$\boldsymbol{M}$ 是有向图 G 的转移矩阵，n 表示有向图 G 顶点数量。

Google 给每一个网页都赋予一个初始 PR，然后根据 PageRank 算法计算其 PR。事实上，根据以上公式进行的 PR 计算并不是仅仅一次就结束的，由于网页之间的相互链接，任一网页 PR 的变化，都会引起其他与之有链接关系的网页的 PR 的变化，因此，确定某网页的 PR，需要进行多次重复的计算。而在经过一定次数的重复计算之后，各网页的 PR 基本上达到稳定。PageRank 算法使所有网页的 PR 总和非常巧妙地达到了平衡，所有网页的 PR 总和在每一次计算后也是保持不变的。假设 Google 的索引页有 10 亿个，每页的初始 PR 都是 1，这些网页的 PR 总和则是 10 亿。在每次计算之后，无论个体网页的 PR 怎么变化，但是这些网页的 PR 总和始终保持 10 亿。

现有的 PageRank 存在两个问题。问题一：当有一些网页不指向任何网页时，即这些网页没有任何出链，这样按照上面的迭代方法计算不够准确，会导致所有的页面 PR 值最后收敛成 0。问题二：网页不存在指向其他网页的链接且存在指向自己的链接。根据不断迭代的结果会看到这使 PR 值转移到此网页，从而使其他网页的 PR 值为 0，这样整个网页排名就失去了本身的意义。

改进的思想：即假设选取下一个跳转页面时，既不选当前页面，也不选当前网页上的其他链接，而是以一定概率跳转到其他不相关网页。修正转移矩阵 M' 为：

$$M' = \beta M + (1-\beta)\frac{ee^{\mathrm{T}}}{n}$$

其中，β 为跟随出链打开网页的概率，一般设为 $0.8 \sim 0.9$，通常取 0.85。跳转到当前页面的概率为 β，那么跳转到其他页面的概率为 $(1-\beta)$。ee^{T} 为用 1 填满的 $n \times n$ 矩阵。这样，PageRank 算法的迭代公式如下：

$$M' = \beta M + (1-\beta)\frac{ee^{\mathrm{T}}}{n}$$

$$R^k = dM'R^{k-1} + \frac{1-d}{n}[1,1,1,\cdots,1]^{\mathrm{T}}$$

1.2.2　图挖掘类算法

图挖掘算法是一类用于从图数据中发现意义深刻的结构、关系或模式的算法。图挖掘算法通常利用图计算技术来完成图数据的预处理、特征提取、社团发现、关系预测、路径挖掘等任务，在多个领域发挥了重要作用，例如社交网络分析、互联网搜索、生物信息学、社区检测等。

1. k-clique listing 算法

给定图 G，如果其中有一个顶点数为 k 的完全子图，也就是其中任意两个顶点之间均存在边，就称之为 k-clique。在图中枚举所有的 k-clique 是一个基本的图挖掘算子，在社区检测和社会网络分析中应用广泛[5]。

现有的基于排序的 k-clique listing 算法主要存在两个缺陷：①列出所有的 k-clique 的算法开销非常大，特别是当 k 接近最大 clique 的大小（用 ω 表示）；②算法无法修剪无希望的搜索路径，因为在这些路径中找不到 k-clique。为了克服这些缺点，现有研究者基于贪婪图染色技术提出了一种新的启发式排序方法，称为颜色排序。假设图 G 可以使用 x 种颜色着色。然后，该算法使用贪婪着色算法为 G 中的每个顶点分配一个取自 $[1,\cdots,x]$ 的整数颜色值，以便没有两个相邻顶点具有相同的颜色值。之后，该算法根据顶点的颜色值以非递增的顺序对顶点进行排序（根据顶点标识打破联系）。这种总排序称为颜色排序，用 π_x 表示。设 $G' = (V', E')$，V' 被包含于 V，$E' = \{(u,v) \mid u\}$，v 属于 V'，（u, v）属于 E，G' 为 G 的诱导子图。设 G_x 是 π_x 诱导子图。显然，对于每个顶点 v 属于 G_x，v 的颜色值不小于其传出邻居的颜色值。颜色排序的一个显著特征是顶点的颜色值可用于修剪 k-clique 列表过程中没有希望的搜索路径。

图 1.11 显示了基于颜色排序的算法的伪代码。在算法中，首先调用贪婪染色算法对顶点进行有效着色（第 1 行），根据颜色值构造总排序（第 2 行）并生成 DAG（第 3 行），然后递归列出所有 k-cliques。算法能够使用颜色值来修剪没有希望的搜索路径。具体来说，在第 11 行中，当算法搜索一个颜色值［用 color(v) 表示］小于 l 的顶点 v 时，算法可以安全地修剪根植于 v 的搜索路径。原因如下：通过颜色排序启发式，v 的每个输出邻居的颜色值严格小于 color(v)（因为 v 的输出邻居的颜色值不能与 v 的颜色值相同）。由于 color(v) $< l$，所以 v 的所有输出邻居的颜色值严格小于 l。因此，v 没有 l 个不同颜色的出邻居，这表明 v 不能包含在任何 l-clique 中。注意，这样的修剪策略不仅提高了算法的性能，而且如果 k 的值接近最大 clique 的大小，它还使算法能够列出大的 k-clique，而传统的基于排序的算法不能用于列出大型 k-clique。

算法 1.2：基于颜色排序的算法

输入：An graph G and an integer k

输出：All k-cliques

```
1     color [1,···,n]←GreedyColoring (G)
2     Let G⃗ be a DAG generated by π;
3     ColorListClique (G⃗,∅,k);
4     Procedure ColorListClique (G⃗,R,l);
5     if l = 2 then
6             for each edge (u,v) in G⃗ do
7                     output a k-clique R∪{(u,v)};
8     else
9         for each node v ∈ G⃗ do
10            if color (v) < l then continue;
11            Let G⃗ᵥ be the subgraph of G⃗ induced by all v's out-going neighbors;
12            ColorListClique (G⃗ᵥ,R∪{v},l−1);
13    Procedure GreedyColoring (G);
14    Let π' be a total ordering on nodes; / * π' is an inverse degree ordering or an
      inverse degeneracy ordering * /;
15    flag(i)←−1 for i = 1,···,χ
16    for each node v ∈ π' in order do
17        for u ∈ Nᵥ(G) do
18            fflag (color(u))←v
19        k←min{i∣i>0,fflag(i)≠v}
20            color(v)←k
21    return color (v) for all v ∈ G
```

图 1.11　基于颜色排序的算法的伪代码

需要注意的是，在图 1.11 的算法中，贪婪染色过程按照固定的顶点顺序对顶点进行染色。当处理顶点 v 时，贪婪染色过程总是选择 v 的邻居没有使用的最小颜色值来染色 v（第 17~21 行）。显然，贪婪染色过程中使用的各种顶点顺序将生成不同的颜色顺序（第 15 行）。因此贪恋染色算法还是存在着复杂度较高的问题。为了解决这个问题，基于逆度排序（inverse degree ordering）和逆退化排序（inverse degeneracy ordering）的颜色排序相继被提出。基于这两种颜色排序的算法分别用 DegCol 和 DegenCol 表示。

基于度的颜色排序。此颜色排序通过以下步骤生成：首先，调用贪婪染色程序按照非递增的度顺序（根据顶点 ID 打破联系）为顶点着色；然后，以颜色值的非递增顺序对顶点进行排序（根据顶点 ID 打破联系）。与传统启发式排序不同，基于度的颜色排序生成的 DAG 中顶点的出度不能被 h-index 或图的简并度所限制。在这种情况下，只能得到输出度的一个微不足道的上界，即图 Δ 的最大度。因此，分析可知图 1.15 算法的最坏情况时间复杂度为 $O(km(\Delta/2)^{k-2})$。然而，在实践中，这种基于颜色排序的算法的运行时间可以大大低于实验中证实的最坏情况下的时间复杂度。原因如下：通过逆度排序，高阶顶点的颜色值可能较小，因此在基于度的颜色排序中，高阶顶点的排名往往较低。因此，在基于度的颜色排序生成的 DAG 中，高度顶点可能具有相对较小的出度。基于此，算法的实际消耗可以远低于最坏情况下的时间复杂度 $O(km(\Delta/2)^{k-2})$。

基于退化的颜色排序。除了逆度排序，还可以使用逆退化排序来为图 1.11 算法中的顶点着色。请注意，通过反转核心分解算法[5] 的顶点删除顺序，可以很容易地获得这种逆退化排序。这种方法生成的颜色排序被称为基于退化的颜色排序。

图 1.12 展示了贪婪染色过程以及基于退化的颜色排序。考虑图 1.12（a）中的图，排序（$v_5, v_4, v_3, v_2, v_1, v_8, v_6, v_7$）是逆退化排序，按照这种顺序，可以通过贪婪染色程序获得其对应的染色图。根据颜色值，不难推导出（$v_1, v_2, v_3, v_6, v_4, v_7, v_8, v_5$）是一个颜色排序。图 1.12（b）显示了通过这种颜色排序生成的 DAG。与基于度的颜色排序相似，在最坏的情况下，基于退化的颜色排序产生的 DAG 的最大出度为 Δ。因此，基于退化的颜色排序，图 1.11 算法的最坏情况时间复杂度为 $O(km(\Delta/2)^{k-2})$。但在实际操作中，算法的运行时间远低于实验验证的最坏情况时间复杂度。原因如下：通过逆退化排序，

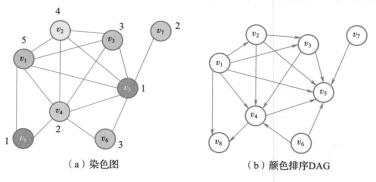

（a）染色图　　　　　　　　　（b）颜色排序DAG

图 1.12　贪婪染色过程以及基于退化的颜色排序的图示

具有较大核心数的顶点可以由较小的颜色值分配，从而在基于退化的颜色排序中具有较低的排名。因此，基于退化的颜色排序所产生的 DAG 可能与退化排序所产生的 DAG 相似，这表明图 1.11 算法的实时代价可以大大低于 $O(km(\Delta/2)^{k-2})$。此外，该算法还利用颜色值对无希望的搜索路径进行剪枝，避免无用计算。

优化的基于颜色排序的算法。文献 [5] 提出了一个简单而有效的策略来降低基于颜色排序的算法的最坏情况时间复杂度。首先根据退化顺序生成一个有向无环图 DAG，记为 $\vec{G}$。设 $N_v^+(\vec{G})$ 为 v 在 $\vec{G}$ 中的出站邻居集合，然后，对于每个 v，构造由 $N_v^+(\vec{G})$ 中的顶点诱导的原始无向 G 的子图 $G_v = (V_v, E_v)$ $(V_v = N_v^+(\vec{G}))$。之后，对于每个 $|V_v| \geq k-1$ 的 v，使用图 1.11 算法迭代列出 G_v 中所有 $k-1$ 的 clique。这种优化算法的伪代码如图 1.13 算法所示。优化后的基于度的颜色排序算法由 DDegCol 表示。该算法的一个重要特点是其最坏情况时间复杂度为 $O(km\delta^{k-2})$，这与基于退化排序的算法相同。

算法 1.3：优化的基于颜色排序的算法

输入：An graph G and an integer k
输出：All k-cliques
1   Let π be a degeneracy ordering;
2   Let $\vec{G}$ be a DAG generated by π;
3   Let $N_v^+(\vec{G})$ be the set of out-going neighbors of v;
4   Let $G_v = (V_v, E_v)$ be the subgraph of G induced by the nodes in $N_v^+(\vec{G})$;
5   for each $v \in G$ do
6   if $|V_v| \geq k-1$ then
7   Invoke Algorithm 3 on the subgraph G_v with parameter $k-1$

图 1.13   优化的基于颜色排序的算法的伪代码

优化的基于度排序的算法。上述优化策略也可用于降低基于度排序的算法的最坏情况时间复杂度。具体来说，不使用图 1.11 算法，而是使用基于度排序的算法在图 1.13 算法的第 7 行中列出 G_v 上的所有 $(k-1)$-cliques。这种优化的基于度排序的算法表示为 DDegree。可以分析得知，DDegree 的时间复杂度为 $O(km(\delta/2)^{k-2})$。

基于并行排序的算法。基于排序的算法包括顶点并行和边并行两种策略。在上文所述的所有基于排序的算法都可以使用顶点并行或边并行策略进行并行化。假设 $\vec{G}_v$ 是 $\vec{G}$ 的子图，由 v 的外向邻居引出。回想一下，在基于排序的算法中，每个顶点 v 的子图 $\vec{G}_v$ 可以独立处理。顶点并行策略并行处理所有这样的 G_v。然而，由于 k-cliques 可能不会均匀地分布在所有的 G_v 中，这就导致了不同 CPU 上的不平衡工作负载。这个缺点可以通过边并行策略得到缓解。设 (u,v) 是 G 中的一条边，$\vec{G}_{uv}$ 是由 u 和 v 的共同外向邻居所归纳出来的 $\vec{G}$ 的子图（由 $N_u^+(\vec{G}) \cap N_v^+(\vec{G})$ 所归纳出来的子图）。边并行策略并行处理所有 $\vec{G}_{uv}$。具体来说，边并行为所有 $\vec{G}_{uv}$ 并行调用 ListClique($\vec{G}_{uv}, \{u,v\}, k-2$) 过程（或

ColorListClique($\vec{G}_{uv}$,$\{u,v\}$,$k-2$）过程，用于基于颜色排序的算法）。由于 $\vec{G}_{uv}$ 一般比 $\vec{G}_v$ 小，因此边并行可以达到更高的并行度。

Turan-Shadow 算法。该算法是一种随机算法，记作 TuranSD，用于估计无向图中 k-cliques 的数量。该算法包含两个子过程：ShadowConstruction 和 Sampling，如图 1.14 所示。在 ShadowConstruction 过程中，算法基于经典的 Turan 定理[17]，构造了一个名为 Turan Shadow 的数据结构。具体地说，Turan 定理指出，对于任何图 G，如果 G 的密度 $(G)=m/\binom{|n|}{2}$，大于 $1-1/(k-1)$，则 G 包含一个 k-clique。对于给定整数 k，Turan Shadow 由一组对 (H,l) 组成，其中 $H\subseteq V$ 是顶点的子集，$l\leq k$ 是一个整数。对于每一对 $(H,l)\in S$，由 H 诱导的子图的密度 $\rho(G_H)$，大于所谓的 Turan 阈值 $1-1/(l-1)$。因此，根据 Turan 定理，对于一对 (H,l)，子图 G_H 必须包含 l-clique。细化过程的伪代码如图 1.14（第 1~12 行）所示。首先，算法设置 $T=\{(V,k)\}$，Turan Shadow $S=\varnothing$（第 2 行），然后，算法从 T 中迭代选取不满足 Turan 阈值的一对 (H,l)（第 3 行），利用这样一对 (H,l)，算法根据退化排序构造 H 的 DAG $\vec{G}_H$（第 4—5 行）。对于每个顶点 $v\in H$，算法在 $\vec{G}_H$（第 6 行）中创建一个出邻域 $N_v^+(\vec{G}_H)$。随后，算法构造了一个 $|H|$ 对 $\{(N_v^+(\vec{G}_H),l-1)\mid v\in H\}$ 的集合。对于任何满足 Turan 阈值的对 $(N_v^+(\vec{G}_H),l-1)$ 将进入 Turan Shadow S，否则将进入 T（第 7~11 行）。之后，算法从 T（第 12 行）中删除对 (H,l)，并在更新后的 T（第 3 行）上递归。ShadowConstruction 过程背后的思想是，它迭代地细化 T 中的对，直到所有对满足 Turan 阈值。基于 Turan Shadow S，Jain 和 Seshadhri 证明，对于一对 (H,l) 在 G 中的 k-clique 和 G_H 的 l-clique 之间存在一对一的映射，其中 G_H 是由 H 导出的子图。因此，计算 G 中 k-clique 的数量等价于计算 G_H 中每对 (H,l) 的 l-clique 总数。为此，一个简单的加权抽样程序足以估计 S 中的 l-clique 计数。这种采样过程的伪代码在图 1.14（第 13~21 行）中详细描述。此算法可以利用 $O(n\alpha^{k-1}+m)$ 时间和 $O(n\alpha^{k-2}+m)$ 空间以高概率获得 $1+\epsilon$ 近似值。

ERS 算法[5] 是由 Eden 等人提出。它是一种随机算法来近似 k-cliques 的数量。与 TuranSD 算法不同，ERS 基于查询模型，其中查询算法可以在图上随机执行 3 种查询：度查询（即查询顶点的度）、邻居查询（即查询顶点的邻居）和对查询（即查询两个顶点以确定它们是否形成一条边）。ERS 算法的总体思想如下。首先，ERS 从图中随机抽取一组顶点 S。设 C_k 为图中 k-clique 的个数，$c_k(v)$ 为附属于 v 的 k-clique 的个数，则算法对 C_k 的估计为 $n/(k|S|)\times\sum_{v\in S}c_k(v)$。注意，可以使用查询算法计算 $c_k(v)$。然而，对于一个随机 v，$c_k(v)$ 可能有很大的方差，导致估计量是不准确的。ERS 算法利用复杂的 clique 分配技术来减小方差。从理论上讲，Eden 等人证明了 ERS 可以以高概率实现 k-clique 数目的 $1+\epsilon$ 近似。ERS 算法的总时间复杂度为 $\tilde{O}(n/C_k^{1/k}+m^{k/2}/C_k)$，其中 O 的概念隐藏了一个 $\text{poly}(\log n)$ 项，算法的空间复杂度为 $O(m+n)$。当 $C_k\geq m^{k/2-1}$ 时，ERS 算法的时间复杂度与图的大小呈次线性关系。

算法 1.4：Turan-Shadow 算法

输入：An graph G and an integer k
输出：An estimation of the number k-cliques

1　　Procedure ShadowConstruction (G, k);
2　　$T \leftarrow \{(V, k)\}, S \leftarrow \varnothing$;
3　　while $\exists (H, l) \in T$ s.t. $\rho(H) \leqslant 1 - 1/(l-1)$ do
4　　　　Let G_H be the subgraph of G induced by H;
5　　　　$\vec{G}_H \leftarrow$ construct a DAG by the degeneracy ordering on G_H;
6　　　　Let $N_v^+(\vec{G}_H)$ be the set of out-going neighbors of v in $\vec{G}_H$;
7　　　　for each $u \in H$ do
8　　　　　　if $l \leqslant 2$ or $\rho(N_v^+(G_H)) > 1 - 1/(l-2)$ then
9　　　　　　　　$S \leftarrow S \cup \{(N_v^+(G_H), l-1)\}$
10　　　　　　else
11　　　　　　　　$T \leftarrow T \cup \{(N_v^+(G_H), l-1)\}$
12　　　　$T \leftarrow T \setminus \{(H, l)\}$
13　　Procedure Sampling (S);
14　　$w(H) \leftarrow \binom{|H|}{l}$ for each $(H, l) \in S$
15　　$p(H) \leftarrow W_H / \sum_{(H, l) \in S} w(H)$
16　　for $r = 1$ to t do
17　　　　Independently sample (H, l) from S based on the probability $p(H)$;
18　　　　$R \leftarrow$ randomly picking l nodes from H;
19　　　　if R forms a l-clique then $X_r \leftarrow 1$;
20　　　　else $X_r \leftarrow 0$;
21　　return $\dfrac{\sum_r X_r}{t} \sum_{(H, l) \in S} w(H)$

图 1.14　Turan-Shadow 算法的伪代码

关于特殊 k 值的算法。下面针对两个特殊的 k 值：$k=3$ 与 $k=\omega$（ω 是最大的 clique 大小）讨论两类最先进的 k-clique listing 算法。

1）triangle listing and counting 算法。显然，当 $k=3$ 时，k-clique 是三角形。目前最先进的三角列表算法是基于排序的算法，类似于图 1.13 算法。具体来说，该算法首先根据预定义的顶点排序（例如度排序和退化排序）将图的边从低排序顶点定向到高排序顶点。然后，对于 $u<v$ 的每条有向边 (u, v)，算法识别出集合 $N^+(u) \cap N^-(v)$ 中的每一个顶点 w，其中 $N^+(u)$ 表示 u 的出邻域集合，$N^-(v)$ 是 v 的入邻域集合。显然，顶点 u、v 和 w 形成了一个三角形。该算法每个三角形只列出一次，利用 $O(m+n)$ 个空间实现 $O(\alpha m)$ 个时间复杂度。

2）maximum clique search 算法。当 $k=\omega$ 时，现有的最大 clique 搜索算法也可以用于 k-clique listing。目前两种最先进的 maximum clique search 算法是 RDS[5] 和 MC-BRB[5]。

RDS 算法是一种分支定界算法。具体来说，RDS 首先将顶点排序为 $(v_1, v_2, \cdots, v_n)$。设 $S_i = \{v_i, v_{i+1}, \cdots, v_n\}$ 为 V 的子集，ω_i 为 S_i 诱导的子图 $G[S_i]$ 的最大 clique 的大小。显然，如果 $\omega_i = \omega_{i+1} + 1$，则 $G[S_i]$ 中的最大 clique 包含 v_i，否则 $\omega_i = \omega_{i+1}$。RDS 使用回溯递

归地计算 $\omega_n, \omega_{n-1}, \cdots, \omega_1$。RDS 的一个有趣的修剪规则是，如果发现一个 clique 的大小大于 t，那么当认为 v_i 成为第 $(j+1)$ 个候选顶点并且 $j+\omega_i \leqslant t$ 时，可以修剪搜索。很容易看出，RDS 使用 $O(m+n)$ 空间，在最坏情况下最多花费 $O(n \cdot 2^n)$ 时间，因为回溯过程的搜索空间以 $O(2^n)$ 为界。请注意，虽然 RDS 具有指数级的时间复杂度，但它通常在真实世界的稀疏图上非常有效。

MC-BRB 的关键思想是，它首先将最大 clique 问题转换为一组 k-clique 查找问题，每个问题都在一个自我网络上工作。然后，MC-BRB 应用一些智能减少技术来减少自我网络的大小，同时保留 k-clique 的存在。该算法采用缩减技术来有效地识别了 k-clique。与 RDS 类似，MC-BRB 在最坏情况下最多需要 $O(n2^n)$ 时间，使用 $O(m+n)$ 空间。MC-BRB 算法在稀疏图上的实际性能明显优于其他算法。

2. subgraph listing 算法

子图列表（subgraph listing）算法可以看作是子图匹配问题的一个特例，其中所有的顶点都具有相同的属性。子图匹配问题：对于数据图 G 和查询图 Q，检索与 Q 同构的 G 的所有子图。图匹配在标记图（labeled graph）上执行。设 $G=(V,E,T)$ 是一个图，其中 V 是顶点集，E 是边集，$T:V \rightarrow \Sigma^*$ 是一个标签函数，它为 V 中的每个顶点分配一个标签。直观上，子图模式匹配的目标是在一个大图中找到图模式的所有出现。定义子图查询和子图匹配问题如下。

定义 1.1（子图查询） 子图查询表示为 $q=(V_q,E_q,T_q)$，其中 $T_q:V \rightarrow \Sigma^*$ 表示 V_q 中每个顶点的标签约束。

定义 1.2（子图匹配问题） 对于图 G 和子图查询 q，子图匹配的目标是找到 G 中的每个子图 $g=(V_g,E_g)$，使得存在双射 $f:V_q \rightarrow V_g$ 满足 $\forall v \in V_q$，$T_q(v)=T_G(f(v))$ 以及 $\forall e=(u,v) \in E_q$，$(f(u),f(v)) \in E_g$，其中 $T_G(f(v))$ 表示 G 中顶点 $f(v)$ 的标签。

图 1.15 是一个子图匹配的简单例子：数据图 G 的每个顶点都有一个标签，使用在顶点后附加一个后缀的方式区分具有相同标签的顶点。因此，a_i 表示标签 a 的第 i 个顶点。子图查询如图 1.15（b）所示，查询结果为 (a_1,b_1,c_1,d_1) 和 (a_2,b_1,c_1,d_1)。

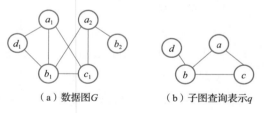

（a）数据图 G （b）子图查询表示 q

图 1.15　子图查询示例

比较具有代表性的图匹配方法可以分为以下 4 类。

● 无索引。一些早期的方法在不使用索引的情况下执行类似图匹配的任务。相应的算法[5] 具有超线性的复杂性，它们只适用于大小（顶点数）在 1K 尺度上的图。

● 边索引。为了支持对 RDF 数据的 SPARQL 查询，RDF-3X[5]，BitMat[5] 和许多其他方法在不同的边上创建索引。SPARQL 查询被分解为一组边，最终答案由多路连接生成。这种方法的问题是：过度使用代价高昂的连接操作，以及 SPARQL 只能表示子图查询的一个子集。

● 频繁子图索引。为了避免过多的连接，另一种方法是找到频繁的子图，或经常查询的子图，并对这些频繁的结构进行索引[5]。此类方法的问题是：查找频繁子图的成本非常高，大量频繁子图导致索引大小过大，以及不包含频繁子图的查询得不到很好的支持。

- 可达性/社区索引。一些研究者在图中索引了全局或局部可达性等信息。如 R-Join[6] 和 Distance-Join[6] 对他们的索引结构使用 2-hop 标记方案。对于有 n 个顶点和 m 条边的图，2-hop 标记方案的最佳大小为 $O(nm^{1/2})$，索引时间复杂度为 $O(n^4)$。对于每个顶点 v，GraphQL[6] 将半径 $r(v)$ 内的子图进行索引。同理，Zhao 等人将距离 $r(v)$ 内的顶点标签编码为签名，然后对签名进行索引。这种方法的空间要求是 $O(n \cdot d^r)$，其中 d 是每个顶点的平均度。为了支持基于 2-hop 方案的有效的顶点过滤，r 的值需要至少为 2。最坏情况下空间需求为 $O(n^2)$，构造索引的时间复杂度为 $O(n \cdot m)$。另一种方法，称为 GADDI[6]，为距离 L 内的每两个顶点创建索引，并满足提出的不等式属性。

Z. Sun[6] 提出了一种用于子图匹配的并行方法。该方法不需要图结构索引，其使用的唯一索引是将文本标签映射到图顶点 ID，索引具有线性大小和线性构造时间。这种方法的思路是使用图探索而非子结构连接。图探索最显著的好处在于：①不需要结构索引；②几乎不需要连接操作；③可以减少中间结果的大小。这些优点对于大规模图的查询处理是比较高效的。在大规模图中，构建和维护索引通常是开销比较大的操作。然而，图探索并不是一种轻松的方法。以下分析使用连接操作和图探索方法进行图匹配查询的优缺点。

使用连接操作进行子图匹配。子图匹配的标准方法通常如下。对于查询图 q，首先将其分解为一组更小的查询 $q_1, \cdots, q_k$。然后将分解后的查询发送给图引擎，该引擎将返回每个查询的结果。最后，结合它们的结果来回复原始的查询 q。基本原理是，分解后的查询可以由图引擎直接回复。当图引擎有一个对应于每个分解查询的索引条目时，就会出现这种情况。例如，假设已经索引了图中的每一条唯一边，我们将查询分解为多个边。然而，由于以下两个原因，这种方法的成本可能相当高：首先，连接操作成本很高；其次，大量的中间结果可能是不必要的。例如，图 1.16（a）中的查询将被分解为两个查询 (a, b) 和 (b, c) 并分别进行处理。假设对图 1.16（b）中的图执行此查询，使用 b 作为键，边 (b_1, c_1)、边 (b_1, c_2) 与 (a_1, b_1) 连接以产生正确的结果，但边 $(b_2, c_2), (b_3, c_2), \cdots, (b_k, c_2)$ 也会生成和处理。很明显，如果查询包含更多的边，问题将变得更加明显。

使用图探索进行子图匹配：通过图探索回复查询。从查询顶点 a 开始，通过一个将标签映射到顶点 ID 的简单索引找到 a_1，再对图进行探索，到达 b_1，满足部分查询 (a, b)，然后从 b_1 开始探索图，到达 c_1 和 c_2，满足部分查询 (b, c)，此时已经得到了结果，没有生成和连接大的中间结果。当然，如果从标记为 b 或 c 的顶点开始探索，可能仍然会得到一些无用的中间结果。但一般来说，除非是在最坏的情况下，否则不会生成那么多的连接操作。

然而，图探索方法也存在问题。首先，它的成本并不一定更低。如果图存储在关系数据库或键/值存储中，那么图探索本身就需要连接操作，可以在 Trinity 内存云上进行图探索来避免这个问题。其次，在某些情况下，简单的图探索可能比连接操作更昂贵。以图 1.16（c）中的图作为例子，每个 (a_i, b_j) 和 (b_j, c_k) 都是查询结果的一部分。使用连接操作来回复此查询的好处是，通过适当的散列和合并策略，可以批量连接子结构。使用简单图探索，需要逐个搜索每条路径以产生相同的结果集。再次，不是所有的查询都可以在不使用连接的情况下通过图探索来获取。要了解这一点，请考虑图 1.16（d）中的查询。假设从顶点 a 探索到 b，然后是 c 和 d。在顶点 d，需要检查看到的下一个 a 是否是开始时看到的 a。这相当于一个连接操作。此外，在某些情况下，连接方法和图探索方法的性能都很差。考虑在图 1.16（e）中的图 G_3 上执行查询 q_2。这里唯一的解是 (a_1, b_1, c_1, d_m)。但是，连接操作将产生大量无用的中间结果，图探索方法将遍历许多无效的路径。

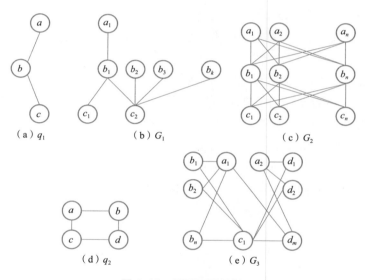

图 1.16　子图匹配示例

　　尽管简单图探索方法存在许多问题，但其潜在的优点——不使用结构索引回答子图查询——对于大规模数据的查询处理是比较高效的。Z. Sun 还开发了一种新的图探索方法，该方法最大限度地发挥了连接方法和简单图探索方法的优点，并避免了它们的缺点。具体来说，该方法将原始模式图分解为多个图访问基本单元（称为 STwigs），然后经过查询分解与 STwigs 排序后，依次处理有序的 STwigs 列表，最后通过 join 操作将 STwigs 的结果组装在一起。总而言之，这一方法使用连接方法作为查询计划的骨架，并使用探索方法在连接期间避免无用的候选者。Z. Sun 还将该方法进行了并行化处理。

　　下面再简单介绍下子图枚举，如图 1.17 所示。子图枚举在计算上具有很大的挑战。结果集的大小通常

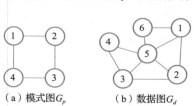

（a）模式图 G_p　　（b）数据图 G_d

图 1.17　子图枚举示例

与模式图中的顶点数成指数关系。集中处理算法逐一枚举子图实例，无法处理大型图。之后提出了几种基于流的方法来处理大型图，这些解决方案只能输出近似出现数，同构子图实例不可用。最近，针对 MapReduce[7] 上的子图列表问题，最新工作提出了并行解决方案。

● 集中处理算法。早期的大多数解决方案都是集中处理方法。N. Chiba 等人[8] 提出了一种简单的基于边搜索的策略，该策略导出了在 $O(\alpha(G) \cdot m)$ 时间内列出三角形、四边形和团的算法，其中 m 是 G 中的边数，$\alpha(G)$ 是 G 的荫度。之后现有的工作[9] 通过确保每个子图只找到一次，改进了集中式算法的性能。但是这些集中式算法逐一枚举子图，大规模图的开销过大。对于大规模图，也提出了一些有效的集中式方法[9]，但这些解决方案只关注特殊的模式图，即三角形。

● 数据流模型。为了处理海量图，基于数据流模型[10] 引入了几种方法。这些方法应用抽样、概率和统计技术来计算模式图的近似出现次数。它们对处理大规模图是有效的，然而，它们不能列出所有同构子图实例。此外，基于近似结果的工作可能导致不准确的结论。

● 并行算法。处理大规模图上的子图枚举的一种有效方法是并行计算。并行算法大多将模式图分解为小的模式图（边），提取每个小模式图的子图，最后连接中间结果，其性能受到高开销的连接运算符的限制。Afrati 等人[11] 引入了一种单映射归约方法来枚举子图实例。该解决方案使用有效的映射方案来分布数据图的边，并在每个缩减器处连接它们。Plantenga 等人[12] 在 MapReduce 框架内提出了一种 SGIA-MR 算法。该算法在多次迭代中基于预定义的边连接顺序找到结果，并表现出优异的可扩展性。然而，它们仍然需要昂贵的连接操作，并生成大量无效的中间结果。同时，数据的不平衡分布或较大的中间结果严重影响性能。因此，对大规模图的高效子图枚举仍亟须解决。

Yingxia Shao 等人[13] 设计了一种并行子图枚举框架 PSgL。PSgL 迭代地枚举子图实例，并以分治法的方式求解。该框架完全依赖于图的遍历，避免了显式的连接操作。同时提出了几种解决方案来平衡工作负载和减少中间结果的大小，例如随机分配策略、轮盘赌轮分配策略和工作负载感知分配策略。该框架避免了使用高开销的连接运算符，取得了不错的性能提升。

3. k-motif counting 算法

计算图中给定模式图的副本数量是基本的图挖掘原语之一，应用于网络分析、图分类、图聚类和生物学等研究。网络中频繁出现的局部连接子图，通常被称为 graphlet 或 motif。motif 的概念最初由 Milo[14] 提出，motif 旨在发现诸如"小世界现象"和"scale-free 网络"等复杂网络特征的背后的机理。假设网络是有向的，具有许多潜在的 N-node subgraph，motif 即与随机网络相比出现次数较多的 N-node subgraph 结构。在图挖掘和社交网络分析中，motif 计数问题是一个研究得很广泛的问题。基本流程为给定一个输入图，统计所有满足固定模式的连通子图的频率直到同构。事实上，motif 通常被视为"高阶边"，是真实世界网络的真正构建块，并提供了对图的本质的基本见解。计算图中给定 motif 的副本数量的问题有着悠久而丰富的历史，从三角形计数开始，演变为更大更复杂的 motif。整个框架的设计目的在于使挖掘变得容易，包括基于图数据库的系统，例如 Arabesque[14] 和 GraphSig[14]，或者独立的系统，例如 Fractal[14] 和 AutoMine[14]。

然而，随着 motif 的大小 k 的增大，motif 计数变得越来越难以处理。实际上，除了稀疏图中的 clique，精确计数只在 $k \le 5$ 时可行。克服这一障碍的一个自然的方法是放弃精确计数，而采用近似计数。在许多情况下，近似计数可以取代精确计数，例如，假设检验（确定一个图是否来自某个分布）或估计一个图的聚类系数（3 顶点 motif 中三角形的比例）。motif 计数最自然的方法是组合计数。然而，这种方法需要枚举以及计数大量子图。这些子图以 $n^{\Omega(k)}$ 增长。因此，该方法无法扩展到支持较大的 G 和 k 情况。事实上，即使是最先进的精确计数算法也仅适用于 $k \le 5$ 的情况。

组合计数局限性较大，除了组合计数外，采样也是一个具有吸引力的方法。其思想就是从 G 中随机采样，并估计它们的频率和计数。该方法的难点在于如何用一种有效的方式实现 graphlet 采样原语。第一种是基于马尔可夫链的通用 graphlet 采样技术[14]。这种方法原则上适用于所有 G 和 k，但实际上它只适用于 $k=4,5$ 的中等大小的图。当 $k=4$ 时，精确计数的一个主要改进是 Ahmed 等人[14] 提出的高效的组合方法，该方法能够处理的极限为 $n=148$M。而对于 $k=5$，ESCAPE[14] 通过利用图的分解以及主图的基于度的方向，可在多达 $n=4.8$M 个顶点上挖掘图。然而这些方法最多针对 $k=5$，扩展到 $k>5$ 只能采取近似方法。后来证明，在最坏的情况下，这种方法需要 $n^{\Omega(k)}$ 步才能生成一个无偏的 graphlet 样本，使其与蛮力枚举相当。另一方面，Bressan 等人[14] 表明使用 Alon 等人[14] 的颜色编码技术可以有效地对子图进行采样。颜色编码（color coding，CC）的思想是将 k 种颜色中的一种独立且均匀随机地分配给 G 的每个顶点。然后，通过动态规划，可以计算出 G 在时间 $O(E_G)$ 内跨越 k 个不同颜色（称它们为彩色的）的子树的数量，这给出了 G 中子树的实际数量的估计值。基于这个估计值，Alon 等人使用基于采样框架的颜色编码对子树的数量进行计数。具体来说，这个采样框架有两个组件。第一个组件是前面提到的动态规划的扩展版本，它构建了一个抽象的"urn"，其中包含 G 中所有树的代表性子种群，最多 k 个顶点（以下称为"k-treelets"）。第二部分是递归算法，它使用 urn 从 G 中抽取一个随机 k 树集，从而获得 k 顶点的一个随机连接子集（即一个 motif）。因此，可以分两步估计 graphlet 计数：构建阶段以及采样阶段。对于某些 $a>0$，构建阶段所需的时间复杂度和空间复杂度分别是 $O(a^k m)$ 和 $O(a^k n)$，其中 n 和 m 是 G 的顶点数和边数，采样通常需要一个很短的变化时间。CC 可以在中大型图上可靠且准确地计数 $k>5$ 的 motif，是目前 motif 计数问题中最先进的技术。

虽然 CC 是第一个能够在大图上连续计数 5 个以上顶点的 motif 的算法，但问题的难度仍然对它施加了一些限制。首先，CC 的构建阶段是需要资源的，特别是内存的使用，如前所述，内存的使用随着 k 呈指数增长，这限制了可伸缩性；其次，由于 CC 是随机均匀采样的，它的近似保证只是相加的。也就是说，使用 s 个样本，CC 只能检测到相对频率至少为 $1/s$ 的 graphlet，而所有其他的 graphlet 将无法被检测到或被严重错误估计。

由于在许多图中，几乎所有的 graphlet 都有极低的频率，CC 需要绘制一个不可接受的样本数量（不仅 CC 如此，任何均匀采样方法皆是如此）。为了克服上述 CC 的两个瓶颈，M. Bressan 与 S. Leucci 提出了两种 motif 计数算法。第一个是 Motivo，它用来计数 $k \leqslant$ 16 个顶点的 motif。第二种是 L8Motif（意味用于大图 8 顶点 motif 计数器），它针对 $k \leqslant$ 8 个顶点的 motif 进行了优化。特别地，L8Motif 只需使用普通的硬件便可以在具有数十亿条边的图上以出色的精度计数图案。Motivo 和 L8Motif 可以同时计算几乎所有的 graphlet，甚至是极其罕见的 graphlet。

CC 使得在具有数百万顶点的图的领域中推估子图计数的任务成为可能。基于 CC 的第一个分布式算法 ParSE[14] 被用于计算具有多达 2 000 万个顶点的图中 k 取值从 4 到 10 的不同的子图。CC 的分布式可扩展实现 SCALA[9] 允许将 1~2M 个顶点的图视为非诱导路径和树的数量。

4. k-frequent subgraph mining 算法

模式挖掘的最常见任务之一是频繁子图挖掘（frequent subgraph mining，FSM）。其基本流程为用户设置模式参数 minsup，之后查找图数据库中出现模式 minsup 的所有子图。包含模式的图的数量称为其 support。FSM 有多种应用，例如，分析化学分子的集合以找到常见的分子[15]，以及用于加速图索引[15]。

但是，在一组图中，发现所有频繁子图是一项艰巨的任务。为了有效地执行该任务，目前已经出现了各种数据结构和搜索策略[15]。然而，传统的 FSM 算法有一个重要的限制，即用户通常很难为 minsup 阈值选择合适的值。一方面，如果阈值设置得太低，几乎找不到模式，用户可能会错过有价值的信息。另一方面，如果阈值设置得太高，可能会发现数百万个模式，算法可能会有很长的执行时间，甚至耗尽内存或存储空间。由于用户通常只有有限的时间和存储空间来分析模式，因此他们通常对找到足够但又不太多的模式感兴趣。很难找到一个合适的 minsup 值来产生足够的模式，因为它取决于用户通常不知道的数据集特征。因此，许多用户将不断试错，使用不同的 minsup 值多次运行 FSM 算法，直到找到足够的模式，这是非常耗时的。

为了解决这个问题，Li 等人提出了 TGP 算法，其思想为直接找到图数据库中 k 个最频繁的闭子图，其中常数 k 由用户设置，而不是模式 minsup。对于这个问题，两个关键挑战是如何找到 top-k 模式以及如何确定模式是否闭合。TGP 中提出的解决方案是首先扫描数据库以计算每个输入图的所有子图的 DFS 代码，并将所有这些 DFS 代码组合成一个称为词法图模式网的庞大结构。在这种结构中，每个子图都连接到其直接超级图，这允许快速检查子图是否闭合。然后，TGP 开始使用该结构搜索前 k 个封闭子图，同时逐渐提高初始设置为 0 的内部 minsup 阈值。虽然，这种方法可以保证找到前 k 个封闭子图，但它在时间和内存方面效率很低，因为所有模式的 DFS 代码都必须计算并存储在内存中，而子图的数量可以随着图的大小呈指数增长。因此，TKG 无法在中等规模的数据集上运行。这种方法的优点是用户直观，因为可以直接指定要找到的模式的数量。

在此之后，一些近似算法被提出来降低开销。FS3[15] 算法可以通过采样找到 top-k

频繁子图挖掘问题的近似解。用户需要指定迭代次数、要查找的子图的固定大小 p，以及要查找的模式数 k。为了找到频繁模式，FS3 执行两阶段采样：①从数据库中采样一个图；②使用马尔可夫链蒙特卡罗方法对整个数据库中偏向于频繁子图的 p 大小子图进行采样。重复此过程直到达到最大迭代次数，并使用优先级队列结构来维护 k 个最佳（最频繁）采样子图的列表。这种方法的一个优点是非常快，因为它避免了计算子图同构，这是 FSM 中开销最小的操作之一。但一个重要的缺点是模式的支持度是近似计算的。因此，FS3 算法不仅可能由于采样而错过频繁或前 k 个模式，而且还可能返回不频繁的模式。此外，另一个严重的限制是用户必须设置固定的子图大小。设置此参数并不直观，将搜索限制在固定大小可能会导致丢失有用的模式。

kFSIM[15] 采用与 FS3 类似的采样方法，这也避免了子图同构检查，但可能会错误地计算模式的支持度。kFSIM 依靠一种称为 indF-req 的新方法来加速支撑计算并提高其精度。kFSIM 被设计用于处理称为诱导子图的受限类型的图，并且被证明在真实数据集上的准确性和运行时间方面优于 FS3。kFSIM 用于使用采样和窗口在流中查找前 k 个频繁的固定大小诱导子图。然而，它也是一种近似算法，不能保证结果的完整性和准确性。

为了适应大图中的频繁子图挖掘，M. Elseidy 等人提出了 GRAMI 算法，它重点考虑一个大图的单图设置。对于此设置，如果子图在图中至少出现 τ 次，则该子图是频繁的。许多现代应用程序都需要这样的上下文，包括社交网络和 PPI 网络。在复杂网络中，一组小图可以被视为单个图中的连接组件。在单个图中检测频繁子图更加复杂，因为相同子图的多个实例可能重叠。此外，它对计算的要求更高，因为复杂性在图的大小上呈指数级增长。评估图 G 中子图 S 频率的最直接方法是寻找 G 中 S 的同构。同构是 G 中 S 的精确匹配，将顶点、边和标签配对。

在单个图中挖掘频繁子图的典型方法是增长和存储方法，它执行以下步骤：①找到至少出现 τ 次的所有顶点并存储它们的所有出现；②扩展存储的表象构造更大的潜在频繁子图，评估它们的频率，并存储新的频繁子图的所有表象；③重复步骤②，直到找不到更频繁的子图。SIGRAM[15] 等现有方法使用这种增长和存储方法的变体。这些方法利用存储的外观来评估子图的频率。这种算法的主要瓶颈是每个子图的所有外观的创建和存储，出现的次数取决于图和子图的大小和属性，计算和存储可能非常大，导致增长和存储解决方案在实践中不可行。

GRAMI 采用了一种区别于增长和存储方法的新颖方法。首先，它只存储频繁子图的模式，这消除了增长和存储方法的局限性，并允许 GRAMI 挖掘大型图并支持低频阈值。此外，它采用了一种新颖的方法来评估子图的频率。更具体地说，GRAMI 将频率评估建模为约束满足问题（constraint satisfaction problem，CSP）。在每次迭代中，GRAMI 都会求解 CSP，直到找到足以评估子图频率的最小外观集，然后忽略所有剩余的外观。通过扩展子图重复该过程，直到找不到更频繁的子图。在最坏的情况下，求解 CSP 仍然需要指数时间。为了在实际应用中支持大型图，GRAMI 采用了启发式搜索和一系列显著提高性能的优化。更具体地说，GRAMI 引入了新颖的优化，这些优化包括修剪大部分搜索空间，优先考虑快速搜索并推迟慢速搜索，以及利用特殊的图类型和结构。通过避免详尽的外观枚举和使用建议的优化，GRAMI 支持比现有方法更大的图和更小的频率阈值。虽然 GRAMI 是串行解决方案，但使用更多资源的并行系统与之相比并不支持明显更大的图。为解决此问题，Qiao 等人提出用于单个大图中精确的 FSM 的算法[15]。

为了理解可伸缩性问题，Qiao 等人首先分析了 FSM 算法的表现。FSM 首先在输入图中搜索频繁边，这是最简单的频繁子图。对于每个这样的子图，都会生成所有可能的扩展，并且算法会计算它们的频率，递归地重复生成更大的候选子图，直到没有进一步的频繁子图被识别。FSM 很容易并行化：让主顶点生成一个候选子图池；每个可用的worker 接收一个候选子图并检查它是否频繁；结果被发送回 master。这个并行版本称为Baseline，通信成本低。

图 1.18 显示了 Baseline 与理想可伸缩性相比的强大可伸缩性[15]。可以看出，不管workers 的数量是多少，总响应时间几乎保持不变。直观上，FSM 生成候选子图的搜索树。树的形状是高度不规则的，决定子图是否频繁的计算成本在于子图之间差异很大。由于空间不规则，在 master 上的任务池有时是空的，因此一些 workers 可能处于空闲状态。此外，计算代价的可变性产生了游离的 worker，带来的结果是一个高度不平衡的系统。在该例子中，只有两个 worker 的利用率超过 35%，而大多数 worker 的利用率低于 0.2%。

一个可能的解决方案是使用任务内并行：每个候选子图的频率计算被划分为并行运行的子任务。这个版本称为 TaskDivision。对于上述实验，TaskDivision 实现了几乎完美的负载平衡，每个 worker 的利用率大约为 100%。然而，TaskDivision 的通信和同步的成本是巨大的，直接的修剪优化变得非常昂贵。如图 1.22 显示，TaskDivision 可能比 Baseline 慢一个数量级。

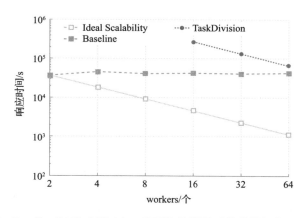

图 1.18　Baseline 和 TaskDivision 的可伸缩性强（推特数据集，$\tau = 160K$）

ScaleMine 的主要贡献是引入了由近似阶段和精确阶段组成的两阶段方法。首先，ScaleMine 执行了一种新颖的近似 FSM 算法，该算法使用采样来识别一组高概率频繁的子图，收集关于输入图的各种统计信息，以及建立模型预测每个子图频率计算任务的执行时间。近似相位是快速的，包括总计算成本的一小部分。在随后的精确阶段，Scale-Mine 实现了 Baseline 和 TaskDivision 的混合。主程序维护一个任务池，每个任务对应于一个候选子图的频率计算。可用的 worker 请求任务，计算频率并将结果返回给 master。与现有的方法相比，如果任务池运行不足，主程序将用在近似阶段识别的子图填充它，这意味着 workers 不会处于空闲状态。此外，在近似阶段识别的子图具有高概率的频繁性，因此，该算法可以尽早删除不频繁的子图，并且不会在搜索空间的错误区域浪费时间。对于每个任务，master 使用近似阶段构建的成本模型，模拟任务内并行的各种场景，并决定将昂贵的任务拆分为子任务是否值得，以提高负载平衡，同时减少响应时间。最后，在前一阶段收集的统计数据将供工作人员使用。频率计算可以映射到约束满足问题，其中约束检查的顺序影响执行成本。workers 使用这些统计数据来制订低成本的执行计划。ScaleMine 的输出是精确的解，近似阶段用于改善负载平衡，提供信息以更快地引导搜索到正确的解决方案，并确定任务内并行性有利的任务。

基于 Spark 的 SSiGraM[15] 是一种基于 Spark 并行的 FSM 算法。它的目的是解决 FSM 的两个计算挑战，并在所有分布式集群节点上进行并行子图扩展和子图求值。该算法还采用启发式搜索策略，采用负载均衡、搜索前剪枝和自顶向下剪枝 3 种优化方法进行支持度评估，显著提高了性能。研究者在 4 个不同图数据集上的实验结果表明，对于所有支持阈值较低的数据集，SSiGraM 都优于现有的 GraMi 算法。

1.2.3 图学习类算法

图学习算法是一类用于从图数据中学习模型的算法。这类算法通常利用图的结构和顶点之间的关系来学习模型，其目的是预测图中顶点之间的关系、推理图中隐藏的结构和社团结构、预测图中顶点的属性等。常见的图学习算法有图卷积网络、图生成网络、图聚类算法等。图学习算法广泛应用于社交网络分析、计算生物学、计算机视觉等领域。在介绍图卷积网络模型前，首先对将要用到的符号进行简要说明，并列举图卷积网络的一些预备知识。

- 向量与矩阵。本小节中通常用粗体大写字母表示矩阵；用粗体小写字母表示向量；用小写字母表示标量；对于矩阵索引，使用 $\boldsymbol{A}(i,j)$ 表示第 i 行与第 j 列交点处的项；用 $\boldsymbol{A}^{\mathrm{T}}$ 表示矩阵 $\boldsymbol{A}$ 的转置。

- 图与图信号。考察无向连通图 $G=\{V,E,\boldsymbol{A}\}$ 上的图卷积网络模型，该图由一组具有 $|V|=n$ 的顶点集合 V，一组具有 $|E|=m$ 的边集合 E 和邻接矩阵 $\boldsymbol{A}$ 组成。如果顶点 i 和顶点 j 之间有一条边，则 $\boldsymbol{A}(i,j)$ 表示这条边的权值；否则，$\boldsymbol{A}(i,j)=0$。对于未加权图，则设置 $\boldsymbol{A}(i,j)=1$。将 $\boldsymbol{A}$ 的度矩阵表示为对角矩阵 $\boldsymbol{D}$，其中 $\boldsymbol{D}(i,j)=\sum_{j=1}^{n}\boldsymbol{A}(i,j)$。则 $\boldsymbol{A}$ 的拉普拉斯矩阵记为 $\boldsymbol{L}=\boldsymbol{D}-\boldsymbol{A}$。对应的对称归一化拉普拉斯矩阵为 $\tilde{\boldsymbol{L}}=\boldsymbol{I}-\boldsymbol{D}^{-\frac{1}{2}}\boldsymbol{A}\boldsymbol{D}^{-\frac{1}{2}}$，其中 $\boldsymbol{I}$ 为单位矩阵。定义在顶点上的图信号表示为向量 $\boldsymbol{x}\in\mathbb{R}^{n}$，其中 $\boldsymbol{x}(i)$ 是顶点 i 上的

信号值。例如，顶点属性可以看作是图信号。用 $X \in \mathbb{R}^{n \times d}$ 为属性图的顶点属性矩阵，则 X 的列为图的 d 个信号。

● 图的傅里叶变换。一维信号 f 的经典傅里叶变换是由 $\hat{f}(\xi) = \langle f, e^{2\pi i \xi t} \rangle$ 计算的，其中 ξ 值是在谱域中的时序函数 $\hat{f}$ 的频率，复指数是拉普拉斯算子的本征函数。类似地，图拉普拉斯矩阵 L 是定义在图上的拉普拉斯算子。因此，L 的特征向量与其对应的特征值在一定频率下是复指数的模拟。注意，对称归一化拉普拉斯矩阵 $\tilde{L}$ 和随机游走转换矩阵也可以用作图的拉普拉斯算子。特别地，将 $\tilde{L}$ 的特征值分解表示为 $\tilde{L} = U \Lambda U^{\mathrm{T}}$，其中 U 的第 l 列是特征向量 u_l，$\Lambda(l, l)$ 是对应的特征值 λ_l，然后，可以计算图信号 x 的傅里叶变换为：

$$\hat{x}(\lambda_l) = \langle x, u_l \rangle = \sum_{i=1}^{n} x(i) u_l^*(i) \tag{1.1}$$

上面的方程在谱域表示顶点域定义的图信号。那么，逆图的傅里叶变换可以写成：

$$x(i) = \sum_{l=1}^{n} \hat{x}(\lambda_l) u_l(i) \tag{1.2}$$

● 图过滤。图滤波是对图信号进行局部化操作，类似于在时域或谱域的经典信号滤波，也可以在其顶点域或谱域对图信号进行定位。

1）频率滤波。经典信号的频率滤波通常表示为与滤波信号在时域内的卷积。然而，由于图的不规则结构（例如，不同的顶点具有不同数量的邻居），在顶点域中的图卷积并不像在时域中的经典信号卷积那样直接。注意，对于经典信号，时域内的卷积等价于两个信号的频谱表示间乘法的傅里叶反变换。因此，谱图卷积类似地定义为：

$$(x *_\mathcal{G} y)(i) = \sum_{l=1}^{n} \hat{x}(\lambda_l) \hat{y}(\lambda_l) u_l(i) \tag{1.3}$$

请注意，$\hat{x}(\lambda_l) \hat{y}(\lambda_l)$ 表示谱域中的滤波。因此，用滤波器 y 对信号 x 在图 G 上的频率滤波与式（1.3）完全相同，并进一步改写为：

$$x_{\mathrm{out}} = x *_\mathcal{G} y = U \begin{bmatrix} \hat{y}(\lambda_1) & & 0 \\ & \ddots & \\ 0 & & \hat{y}(\lambda_n) \end{bmatrix} U^{\mathrm{T}} x \tag{1.4}$$

2）顶点滤波。顶点域中信号 x 的图滤波通常定义为顶点邻域信号分量的线性组合。数学上，信号 x 在顶点 i 处的顶点滤波为：

$$x_{\mathrm{out}}(i) = w_{i,i} x(i) + \sum_{j \in \mathcal{N}(i,K)} w_{i,j} x(j) \tag{1.5}$$

其中，$\mathcal{N}(i, K)$ 表示图中顶点 i 的 K-hop 邻域，参数 $\{w_{i,j}\}$ 是用于组合的权重。可以证明，使用 K 多项式滤波器，可以从顶点滤波的角度解释频率滤波。

1. 图卷积神经网络算法

卷积神经网络（convolutional neural network，CNN）在许多计算机视觉和自然语言处理应用中取得了很好的性能。这种成功的一个关键原因是，CNN 模型可以高度利用某些类型数据的平稳性和组合性特征。特别是，由于图像的类似网格的性质，CNN 中的卷积层能够利用分层模式并提取图像的高级特征，以实现强大的表达能力。基本的 CNN 模型旨在学习一组固定大小的可训练局部滤波器，这些滤波器扫描图像中的每个像素并组合周围的像素。核心组件包括卷积和池化层，这些层可以用欧几里得或类似网格的结构对数据进行操作。

然而，图的非欧几里得特性（如不规则结构）使得图上的卷积和滤波不如图像上的定义明确。在过去几十年中，研究人员一直在研究如何对图进行卷积运算。一个主要的研究方向是从频谱角度定义图卷积，因此，图信号处理，如图滤波和图小波，吸引了许多研究兴趣。Shuman 等人全面概述了图信号处理，包括对图的常见操作和分析。简言之，谱图卷积是基于图傅里叶变换在谱域中定义的，图傅里叶变换类似于一维信号傅里叶变换。以这种方式，可以通过对两个傅里叶变换的图信号之间的乘法进行傅立叶逆变换来计算基于频谱的图卷积。另一方面，图卷积也可以在空间域（即顶点域）中定义为来自顶点邻域的顶点表示的聚合。这些运算的出现为图卷积网络（graph convolution network，GCN）打开了大门。

基于谱和基于空间的模型相比较而言，谱模型是图数据处理的理论基础，基于谱的模型作为针对图数据最早期的卷积网络在很多图相关的分析任务中取得了非常好的效果。通过设计新的图信号滤波器，理论上可以建立新的卷积神经网络。然而，由于效率、通用性和灵活性等问题，空间模型比谱模型更受欢迎。

- 效率性。基于谱的模型的计算量会随着图的大小快速增加，因为模型需要同时计算特征向量或者同时处理大图，这就使得模型很难对大图进行并行处理或缩放。基于空间的模型由于直接对图域的邻居顶点进行聚合，所以有潜力处理大图，方法是对一个 batch 数据计算而不是在整个图上计算。如果邻居顶点的数量增加，能够通过采样技术提高效率。

- 通用性。基于谱的模型假设图是固定的，因此对新的或者不同的图泛化性能很差。基于空间的模型在每个顶点上进行局部图卷积，权值可以很容易地在不同的位置和结构之间共享。

- 灵活性。基于谱的模型只适用于无向图，谱模型用于有向图的唯一方法是将有向图转换为无向图（因为没有有向图的拉普拉斯矩阵明确的定义）。基于空间的模型可以将输入合并到聚合函数中，所以在处理多源输入像是边特征上更灵活。

因此，近年来，基于空间的模型更受关注。在空域，用拓扑关系能更好地做运算；在谱域，用拉普拉斯矩阵的全部特征向量组成的那组正交基能更好地做运算。于是，图卷积神经网络也分为基于谱的方法和基于空间的方法。S. Zhang 等人认为基于谱的方法是从构造频率滤波开始的方法[4]。

著名的基于谱的图卷积网络是由 Bruna 等人首次提出的。受到经典 CNN 的启发，这个图上的深度模型包含了几个谱卷积层，它们以大小为 $n \times d_p$ 的向量 X^p 作为第 p 层的输入特征图，并通过以下方式输出大小为 $n \times d_{p+1}$ 的特征图 X^{p+1}：

$$X^{p+1}(:,j) = \sigma\left(\sum_{i=1}^{d_p} V \begin{bmatrix} (\boldsymbol{\theta}_{i,j}^p)(1) & & 0 \\ & \ddots & \\ 0 & & (\boldsymbol{\theta}_{i,j}^p)(n) \end{bmatrix} V^{\mathrm{T}} X^p(:,i)\right), \forall j = 1, \cdots, d_{p+1} \quad (1.6)$$

其中，$X^p(:,i)$、$(X^{p+1}(:,j))$ 分别是输入（输出）特征映射的第 $i(j)$ 维；$\boldsymbol{\theta}_{i,j}^p$ 表示 PTH 层滤波器的可学习参数向量。V 的每一列都是 L 的特征向量，$\sigma(\cdot)$ 是激活函数。然而，这种卷积结构存在几个问题。首先，特征向量矩阵 V 需要显式计算图拉普拉斯矩阵的特征值分解，因此存在 $O(n^3)$ 时间复杂度，这对于大规模图来说是不现实的。其次，虽然特征向量可以预先计算，但式（1.6）的时间复杂度仍然是 $O(n^2)$。再次，每一层有 $O(n)$ 个参数需要学习。此外，这些非参数滤波器不局限于顶点域。为了克服这些限制，Bruna 等人还提出使用特征值分解的 rank-r 近似。具体来说，他们使用 V 的前 r 个特征向量来携带图中最光滑的几何，从而将每个滤波器的参数数量减少到 $O(1)$。最后，如果图包含可以通过这样的 rank-r 分解来探索的聚类结构，那么过滤器可能是局部化的。在现有工作[4] 的基础上，Henaff 等人提出应用输入平滑核（例如样条），并使用相应的插值权值作为图谱卷积[4] 的滤波器参数。如论文[4] 中所述，可以在一定程度上实现顶点域的空间定位。然而，计算的复杂性和定位能力仍然阻碍了学习更好的图表示。

为了解决这些限制，Defferrard 等人提出了 ChebNet，在卷积层中使用 K-多项式滤波器来定位。这样的 K-多项式滤波器表示为：$\hat{y}(\lambda_l) = \sum_{k=1}^K \theta_k \lambda_l^k$。$K$-多项式滤波器通过整合 K-hop 邻域[4] 内的顶点特征，在顶点域实现了良好的定位，可训练参数的数量减少到 $O(K) = O(1)$。此外，为了进一步降低计算复杂度，采用 Chebyshev 多项式近似[4] 来计算谱图卷积。数学上，k 阶切比雪夫多项式 $T_k(x)$ 可以递归计算为 $T_k(x) = 2xT_{k-1}(x) - T_{k-2}(x)$，$T_0 = 1$，$T_1(x) = x$。Defferrard 等人通过 $\tilde{\lambda}_l = 2\dfrac{\lambda_l}{\lambda_{\max}} - 1$ 对滤波器进行归一化，使缩放的特征值位于 $[-1,1]$ 之内。因此，卷积层为：

$$X^{p+1}(:,j) = \sigma\left(\sum_{i=1}^{d_p} \sum_{k=0}^{K-1} (\boldsymbol{\theta}_{i,j}^p)(k+1) T_k(\tilde{L}) X^p(:,i)\right), \quad \forall j = 1, \cdots, d_{p+1} \quad (1.7)$$

其中，$\boldsymbol{\theta}_{i,j}^p$ 是输入特征映射的第 i 列和输出特征映射的第 j 列在 $-p$ 层的 k 维参数向量。Dhillon[4] 利用 Graclus 多级聚类方法设计了最大池化操作，有效地揭示了图的层次结构。

Kipf 等人提出的图卷积网络作为一种特殊的变体，针对的是图上的半监督顶点分类任务[4]。该模型将切比雪夫多项式截断为一阶，即式（1.7）中的 $K = 2$，并具体设置 $(\theta)_{i,j}(1) = -(\theta)_{i,j}(2) = \theta_{i,j}$。此外，由于 $\tilde{L}$ 的特征值在 $[0,2]$ 范围内，放宽 $\lambda_{\max} = 2$ 仍能保证 $-1 \leq \tilde{\lambda}_l \leq 1$，$\forall l = 1, \cdots, n$。这导出简化卷积层如下：

$$X^{p+1} = \sigma\left(\tilde{D}^{-\frac{1}{2}} \tilde{A} \tilde{D}^{-\frac{1}{2}} X^p \boldsymbol{\Theta}^p\right) \quad (1.8)$$

其中，$\tilde{A} = I + A$ 相当于在原图上增加自循环，$\tilde{D}$ 为 $\tilde{A}$ 的对角度矩阵，$\boldsymbol{\Theta}^p$ 为 $d_{p+1} \times d_p$ 参数矩阵。此外，式（1.8）与 Weisfeiler-Lehman 同构检验有密切关系。此外，由于式（1.8）本

质上相当于从它们的直接邻域聚集顶点表示，GCN 具有明确的顶点定位含义，因此通常被认为是弥合基于谱的方法和基于空间的方法之间的差距。然而，就大规模图的内存而言，训练过程可能代价高昂。此外，GCN 的转导干扰了泛化，使得学习同一图中未见顶点的表示和完全不同图中顶点的表示更加困难。

为了解决这些问题，FastGCN[4] 通过支持高效的小批量训练来改进原有的 GCN 模型。它首先假设输入图 G 是一个可能无限的图 G' 的诱导子图，使得 G 的顶点 V 是 G' 的顶点（记为 V'）在某个概率测量 P 下的 id 样本。这样，由式（1.8）表示的原始卷积层可以用蒙特卡罗采样来近似。在 layer-p 标记一些 id 样本，即 $u_1^p, \cdots, u_{t_p}^p$，则图卷积可估计为：

$$X^{p+1}(v, :) = \sigma\left(\frac{1}{t_p}\sum_{i=1}^{t_p}\tilde{A}(v, u_i^p)X^p(u_i^p, :)\Theta^p\right) \tag{1.9}$$

请注意，这个图卷积的蒙特卡罗估计量可能导致估计的高方差。为了减少方差，FastGCN 给定了方差，并求解顶点的重要抽样分布 P。此外，Chen 等人开发了基于控制变量的算法来近似 GCN 模型，并提出了一种有效的基于采样的随机算法来训练[4]。此外，Chen 等人从理论上证明了该算法在训练阶段不受采样大小影响的收敛性。Huang 等人开发了一种自适应分层采样方法来加速 GCN 模型[4] 的训练过程。他们首先以自顶向下的方式在图卷积网络中构建层，然后提出了一种分层采样器，以避免固定大小采样导致的邻域过度扩张。为了进一步减少方差，推导了显式的重要性抽样。

与上述基于 Chebyshev 多项式近似的模型被提出的同一时期，其他局部多项式滤波器及其对应的图卷积网络模型也被提出。例如，Levie 等人提出使用一种更复杂的近似方法，即 Cayley 多项式来近似滤波器[4]。CayleyNet 模型之所以被提出，是由于 Chebyshev 多项式中使用的拉普拉斯矩阵的特征值被缩放到波段 $[-1, 1]$，窄频段（即特征值集中在一个频率附近）很难被检测到。考虑到这种窄带特征经常出现在社区结构图中，ChebNet 在更广泛的图挖掘问题中具有有限的灵活性和性能。具体来说，K 阶 Cayley 滤波器有以下形式：

$$\hat{y}_{c,h}(\lambda_l) = c_0 + 2\mathrm{Re}\left\{\sum_{k=1}^{K}c_k(h\lambda_l - i)^j(h\lambda_l + i)^{-j}\right\} \tag{1.10}$$

其中，$c = [c_0, \cdots, c_K]$ 是要学习的参数，$h > 0$ 是用于扩大图频谱的谱缩放参数，使 Cayley 滤波器可以用于不同的频段。通过进一步使用 Jacobi 近似[4] 可以获得局部化特性和线性复杂度。此外，LanczosNet[4] 编码了图中自然存在的多尺度特征，突破了现有大多数模型在图卷积算子中包含指数图拉普拉斯算子以获取多尺度信息的计算瓶颈。具体来说，首先用 Lanczos 算法计算了矩阵 $\tilde{A}$ 的低秩逼近，使得矩阵 $\tilde{A} \approx VRV^T$，其中 $V = QB$，$Q \in \mathbb{R}^{n \times K}$ 包含前 K 个 Lanczos 向量，而 BRB^T 是三对角矩阵 T 的特征分解。这样，矩阵 $\tilde{A}$ 的 t 次幂可以简单地近似为 $\tilde{A}^t \approx VR^tV^T$。在此基础上，LanczosNet 中提出的谱滤波器公式为：

$$X^{p+1}(:, j) = [X^p(:, i), V\hat{R}(1)V^TX^p(:, i), \cdots, V\hat{R}(K-1)V^TX^p(:, i)]\Theta_{i,j} \tag{1.11}$$

其中，$\hat{\boldsymbol{R}}(k) = f_k([\boldsymbol{R}^0, \cdots, \boldsymbol{R}^{K-1}])$ 为对角矩阵，f_k 为多层感知器（MLP）。为了充分利用多尺度信息，上述谱滤波器被增加了短尺度参数和长尺度参数。Liao 等人[4] 还提出了基于顶点的表示学习的变体图神经网络，进一步加强了图学习顶点表示。除了基于傅里叶变换的光谱滤波器，Xu 等人还提出在图上使用光谱小波变换，这样结果模型可以改变不同尺度的图来捕获[4]。

此外，由于许多图结构是基于数据点之间的相似性是人为构建的（如 KNN 图），这些固定的图对于某些特定的任务可能没有最好的学习能力。为此，Li 等人提出了一种谱图卷积层，可以同时学习图拉普拉斯[4]。特别地，频谱图卷积层不是直接参数化滤波器系数，而是通过引入剩余拉普拉斯概念来参数化图拉普拉斯上的函数。然而，这种方法的主要缺点是不可避免的需要 $O(n^2)$ 复杂度。

由于谱图卷积依赖于拉普拉斯矩阵的特定本征函数，因此将在一个图上学习到的基于谱的图卷积网络模型转移到另一个本征函数不同的图上仍然是非平凡的。另一方面，根据顶点域的图滤波即式（1.5），图卷积也可以推广到顶点邻域内图信号的一些聚集。

接下来介绍空间图卷积网络，分为经典的基于 CNN 的模型、基于传播的模型和其他相关的通用框架。

- 基于经典 CNN 的空间图卷积网络。经典的基于网格状数据（如图像）的 CNN 模型在许多相关应用中都取得了巨大的成功，包括图像分类、目标检测、语义分割等。卷积架构所利用的网格状数据的基本属性包括：①每个像素的相邻像素数是固定的；②扫描图像的空间顺序是自然确定的，即从左到右和从上到下。然而，与图像不同的是，在任意的图数据中，相邻单元的数量和它们之间的空间顺序都不是固定的。

为了解决这些问题，一些直接在经典 CNN 的基础上构建图卷积网络的工作被提出。Niepert 等人提出通过从图中提取局部连接区域来解决上述挑战。提出的 PATCH-SAN 模型首先通过给定的图标记方法确定顶点排序，例如，基于中心的方法（如度、PageRank、中间度等），并选择固定长度的顶点序列。其次，为解决顶点邻域大小任意的问题，为每个顶点构造一个固定大小的邻域。最后，根据图标记程序对邻域图进行归一化，使结构角色相似的顶点被分配到相似的对应位置，然后使用经典 CNN 进行表示学习。然而，由于顶点的空间顺序是由给定的图标记方法决定的，通常仅基于图结构，Patch-SAN 缺乏学习的灵活性和更广泛应用的通用性。

与 Patch-SAN 根据结构信息对顶点进行排序不同，LGCN 模型[4] 结合结构信息和 p 层输入特征映射，将不规则图数据转化为类网格数据。特别地，对于 G 中的某个顶点 $u \in V$，将该顶点 u 的邻居的输入特征映射堆叠成一个矩阵 $\boldsymbol{M} \in \mathbb{R}^{|\mathcal{N}(u)| \times d_p}$，其中 $|\mathcal{N}(u)|$ 表示顶点 u 的 1-hop 邻居顶点数，对于 $\boldsymbol{M}$ 的每一列，保留前 r 个最大值，形成一个新的矩阵 $\tilde{\boldsymbol{M}} \in \mathbb{R}^{r \times d_p}$。通过这种简单的方法，输入的特征图和图的结构信息就可以转化为 1-D 网格数据 $\tilde{\boldsymbol{X}}_p \in \mathbb{R}^{n \times (r+1) \times d_p}$。然后，经典的 1-D CNN 可以应用于 $\tilde{\boldsymbol{X}}_p$ 并学习新的顶点表示 $\boldsymbol{X}^{p+1}$。请注意，LGCN 模型的研究者还提出了一种基于子图的训练方法来将模型缩放到大尺度图。

由于经典 CNN 中的卷积只能管理具有相同拓扑结构的数据，另一种将经典 CNN 扩展到图数据的方法是开发一种对欧几里得数据和非欧几里得数据都具有结构感知的卷积操作。Chang 等人首先建立了经典滤波器和单变量函数（即函数滤波器）之间的连接，然后将图结构建模为具有结构意识的广义函数滤波器[4]。由于这种结构感知卷积需要学习无限个参数，因此使用切比雪夫多项式作为近似。另一项工作[4]通过设计一组固定大小的可学习滤波器（例如，大小从 1 到 k）重新架构了经典的 CNN，并表明这些滤波器对图的拓扑结构是自适应的。

- 基于传播的空间图卷积网络[4]。基于传播的空间图卷积网络是通过传播和聚集顶点域中邻近顶点的顶点表示的空间图卷积。其中，第 p 层顶点 u 的图卷积设计为：

$$x^p_{\mathcal{N}(u)} = X^p(u,:) + \sum_{v \in \mathcal{N}(u)} X^p(v,:) \tag{1.12}$$

$$X^{p+1}(u,:) = \sigma(x^p_{\mathcal{N}(u)} \Theta^p_{|\mathcal{N}(u)|}) \tag{1.13}$$

其中，$\Theta^p_{|\mathcal{N}(u)|}$ 是与 $|\mathcal{N}(u)|$ 在 p 层具有相同阶的顶点的权值矩阵。然而，对于任意大的图，顶点度的唯一值的数量往往是一个非常大的数字。因此，每一层都有很多权重矩阵需要学习，可能会导致过拟合问题。

Atwood 等人提出了一种基于扩散的图卷积网络（DCNN），它通过图扩散过程[4]来唤起顶点表示的传播和聚集。k 阶扩散由 k 次幂跃迁矩阵 P^k 进行，其中 $P = D^{-1}A$。则扩散-卷积运算公式为：

$$Z(u,k,i) = \sigma\left(\Theta(k,i) \sum_{v=1}^n P^k(u,v) X(v,i)\right) \tag{1.14}$$

其中，$Z(u,k,i)$ 为基于 P^k 聚合的顶点 u 的第 i 个输出特征，选取非线性激活函数 $\sigma(\cdot)$ 作为双曲正切函数。假设考虑 K-hops 扩散，那么，转移矩阵的 K 次幂需要一个 $O(n^2K)$ 的计算复杂度，这对于大规模图来说是难以接受的。

Monti 等人通过设计一个全局补丁算子来集成顶点邻域内的信号，提出了一个名为 MoNet[4] 的通用图卷积网络框架。特别地，对于顶点 i 及其邻近顶点 $j \in \mathcal{N}(i)$，他们定义了一个 d 维伪坐标 $u(i,j)$，并将其馈入 P 个可学习核函数 $(w_1(u),\cdots,w_P(u))$。然后，patch 算子被表示为 $D_p(i) = \sum_{j \in \mathcal{N}(i)} w_P(u(i,j))x(j)$，$p = 1,\cdots,P$，其中 $x(j)$ 为顶点 j 处的信号值。空间域中的图卷积基于 patch 算子为：

$$(x *_s y)(i) = \sum_{l=1}^P g(p) D_p(i) x \tag{1.15}$$

结果表明，通过仔细选择 $u(i,j)$ 和核函数 $w_P(u)$，许多现有的图卷积网络模型可以被视为 MoNet 的一个具体情况。SplineCNN[4] 遵循相同的框架，即式（1.15），但使用不同的基于 B-splines 的卷积核。

对于带有边属性信息的图，滤波器的权值参数往往以顶点邻域内的特定边属性为条件。为了利用边属性，研究者借鉴动态滤波网络的思想，设计了边条件卷积（edge-conditioned convolution，ECC）操作。对于第 p 个 ECC 层顶点 v 和顶点 u 之间的边，使用对应的滤波器生成网络 $\boldsymbol{F}^p : \mathbb{R}^s \rightarrow \mathbb{R}^{d_{p+1} \times d_p}$ 生成边特定权值矩阵 $\boldsymbol{\Theta}^p_{v,u}$，卷积运算在数学上形式化为：

$$X^{p+1}(u,:) = \frac{1}{|\mathcal{N}(u)|} \sum_{v \in \mathcal{N}(u)} \boldsymbol{\Theta}^p_{v,u} X^p(v,:) + \boldsymbol{b}^p \qquad (1.16)$$

其中，$\boldsymbol{b}^p$ 是一个可学习偏差，过滤生成网络 $\boldsymbol{F}^p$ 由多层感知器实现。

　　此外，Hamilto[4] 等人提出了一种基于聚合的归纳表示学习模型 GraphSAGE。该算法的完整批处理版本很简单：对于一个顶点 u，GraphSAGE 中的卷积层通过一些可学习的聚合器聚合当前层中所有近邻顶点的表示向量，将顶点 u 的表示向量与其聚合的表示向量连接起来，然后将连接的向量输入到具有某种非线性激活函数 $\sigma(\cdot)$ 的全连接层，然后进行归一化步骤。形式上，GraphSAGE 中的第 p 个卷积层包含：

$$\boldsymbol{x}^p_{\mathcal{N}(u)} \leftarrow \text{AGGREGATE}_p(\{X^p(v,:), \forall v \in \mathcal{N}(u)\}) \qquad (1.17)$$

$$X^{p+1}(u,:) \leftarrow \sigma(\text{CONCAT}(X^p(u,:), \boldsymbol{x}^p_{\mathcal{N}(u)}) \boldsymbol{\Theta}^p) \qquad (1.18)$$

　　聚合器函数有几种选择，包括平均聚合器、LSTM 聚合器和池化聚合器。通过使用平均聚合器，式（1.17）可以简化为：

$$X^{p+1}(u,:) \leftarrow \sigma(\text{MEAN}(\{X^p(u,:)\} \cup \{X^p(v,:), \forall v \in \mathcal{N}(u)\}) \boldsymbol{\Theta}^p)$$

此外，池化聚合器的公式为：

$$\text{AGGREGATE}^{\text{pool}}_p = \max(\{\sigma(X^p(v,:) \boldsymbol{\Theta}^p + \boldsymbol{b}^p), \forall v \in \mathcal{N}(u)\})$$

　　为了进行小批量训练，Hamilto 等人还提供了一种变体，即对每个顶点统一采样固定大小的相邻顶点。本小节后面还将对 GraphSAGE 进行更进一步的介绍。

　　然而，随着图卷积模型的深入，顶点表示学习的性能往往会下降。实践证明，在 GCN 和 GraphSAGE 中，两层图卷积模型往往能达到最好的性能。GCN 中的卷积与拉普拉斯平滑有关[4]，卷积层的增多导致即使是来自不同聚类的顶点，也会导致难以区分的表示。Xu 等人从不同的角度分析了两种类型顶点的不同展开行为，包括类展开器核心部分的顶点和图的树部分的顶点，并表明相同的传播步数会导致不同的效果[4]。例如，对于核心部分中的顶点，其特征的影响传播得比树部分中的顶点快得多，因此这种快速平均导致顶点表示难以区分。为了缓解这一问题并使图卷积模型更深入，Xu 等人借鉴了计算机视觉中的残差网络的思想，提出了一种跳跃连接架构，称为跳跃知识网络。跳跃知识网络可以自适应地从不同的卷积层中选择聚合。换句话说，模型的最后一层可以有选择地独立地聚合每个顶点的中间表示。分层聚合器包括连接聚合器、最大池化聚合器和 LSTM-attention 聚合器。此外，跳跃知识网络模型允许与现有的其他图神经网络模型结合，如 GCN、GraphSAGE、GAT。

　　● 一般图神经网络。使用卷积聚合的图卷积网络是一般图神经网络的一种特殊类型。基于不同类型聚集的图神经网络的其他变体也存在，例如，门控图神经网络（gated graph neural networks，GGNN）和图注意力网络（graph attention networks，GAT）。下面简要介绍一些一般的图神经网络模型。

　　最早的图神经网络之一定义了参数化的局部转移函数 f 和局部输出函数 g，将

$X^0(u,:)$ 表示为顶点 u 的输入属性，将 E_u 表示为附加到顶点 u 的边的边属性，则局部转移函数和局部输出函数表示为：

$$H(u,:) = f(X^0(u,:), E_u, H(u,:), X^0(\mathcal{N}(u),:)) \qquad (1.19)$$

$$X(u,:) = g(X^0(u,:), H(u,:)) \qquad (1.20)$$

其中，$H(u,:)$，$X(u,:)$ 是顶点 u 的隐藏状态和输出表示。式（1.19）定义了图神经网络中聚合的一种一般形式。f 被限制为一个收缩映射以保证收敛。在此基础上，采用经典的迭代方法对隐藏状态进行更新。然而，以迭代的方式更新状态以获得稳定状态是低效和低效的。相比之下，SSE[4] 旨在以随机方式迭代学习顶点表示的稳态。具体来说，对于一个顶点 u，SSE 首先从 V 中采样一组顶点 $\tilde{V}$，并通过以下方法更新 T 次迭代的顶点表示，使其接近稳定：

$$X(u,:) \leftarrow (1-\alpha)X(u,:) + \alpha \mathcal{T}_\Theta[\{X(v,:), \forall v \in \mathcal{N}(u)\}] \qquad (1.21)$$

其中，顶点 $u \in \tilde{\mathcal{V}}$ 和 $\mathcal{T}_\Theta$ 是聚合函数，定义如下：

$$\mathcal{T}_\Theta[\{X(v,:), \forall v \in \mathcal{N}(u)\}] = \sigma\left(\left[X^0(u,:), \sum_{v \in \mathcal{N}(u)}[X(v,:), X^0(v,:)]\right]\Theta_2\right)\Theta_1$$

其中，$X_0(u,:)$ 表示顶点 u 的输入属性。

文献〔4〕中提出的消息传递神经网络（MPNN）概括了图神经网络的许多变体，如图卷积网络和门控图神经网络。MPNN 可以看作是一个两阶段模型，包括消息传递阶段和读取阶段。在消息传递阶段，模型对 p 个步骤进行顶点聚合，每个步骤都包含两个函数：消息函数和更新函数。

$$H^{p+1}(u,:) = \sum_{v \in \mathcal{N}(u)} M^p(X^p(u,:), X^p(v,:), e_{u,v}) \qquad (1.22)$$

$$X^{p+1}(u,:) = U^p(X^p(u,:), H^{p+1}(u,:)) \qquad (1.23)$$

其中，M^p、U^p 分别为第 p 步的消息函数和更新函数，$e_{u,v}$ 为边（u,v）的属性。然后读取阶段通过如下方式计算整个图的特征向量：

$$\hat{y} = R(\{X^p(u,:) \mid u \in \mathcal{V}\}) \qquad (1.24)$$

其中，R 表示读出函数。

此外，Xu 等人从理论上分析了现有的基于邻域聚合的图神经网络的表达能力[4]。他们基于图神经网络和 Weisfeiler-Lehman 图同构检验之间的密切关系，分析了现有的图神经网络的强大，并得出结论，现有的基于邻域聚合的图神经网络最多可以与一维 Weisfeiler-Lehman 同构检验一样强大。为了实现 Weisfeiler-Lehman 检验的同等表达能力，Xu 等人提出了一种简单的架构图同构网络（graph isomorphism network，GIN）。本小节后面还将详细介绍 GIN。

2. GraphSAGE 算法

GraphSAGE[16] 是一个经典的基于空域的算法，它从两个方面对传统的 GCN 做了改进：其一是在训练时，采样方式将 GCN 的全图采样优化到部分以顶点为中心的邻居抽样，这使得大规模图数据的分布式训练成为可能，并且使得网络可以学习没有见过的顶点，这也使得 GraphSAGE 可以做归纳学习（inductive learning）；其二是 Graph-SAGE 研究了若干种邻居聚合的方式，并通过实验和理论分析对比了不同聚合方式的优缺点。

GraphSAGE 的算法核心是将整张图的采样优化到当前邻居顶点的采样，因此可以从邻居采样和邻居聚合两个方面来对 GraphSAGE 进行解释。

在 GraphSAGE 之前的 GCN 模型中，都是采用的全图的训练方式，也就是说每一轮的迭代都要对全图的顶点进行更新，当图的规模很大时，这种训练方式很耗时甚至无法更新。GraphSAGE 基于 mini-batch 的思想提出了一个解决方案。它的流程大致分为以下 3 步。①对邻居进行随机采样，每一跳抽样的邻居数不多于 k 个。②生成目标顶点的 embedding：先聚合二跳邻居的特征，生成一跳邻居的 embedding，再聚合一跳的 embedding，生成目标顶点的 embedding。③将目标顶点的 embedding 输入全连接网络得到目标顶点的预测值。

GraphSAGE embedding generation 算法的伪代码如图 1.19 所示。初始化顶点嵌入，初值为顶点的特征向量（第 1 行）。对于第一层 for 循环，遍历图的深度，可以理解为神经网络的层数，循环 K 次聚合，第 k 次的循环代表聚合的是第 K 跳邻居，如 $K=1$ 代表目标顶点的相邻顶点，$K=2$ 代表相邻顶点的相邻顶点（第 2 行）。对于第二层 for 循环，是某一层图中的所有顶点，并聚合指定数量的邻居，$N(v)$ 代表在 v 的邻居中以固定 size 采样的顶点集合，即 GraphSAGE 中每一层的顶点邻居都是从上一层网络采样的，并不是所有邻居参与，并且采样的后的邻居的 size 是固定的（第 3 行）。从上一层神经网络中利用聚合函数聚合当前顶点邻居的特征（第 4 行）。其中，因为邻居没有顺序，聚合函数需要满足排序不变量的特性，即输入顺序不会影响函数结果，所以 GraphSAGE 对比采用了若干种邻居聚合的方式：①平均聚合，先对邻居 embedding 中每个维度取平均，然后与目标顶点 embedding 拼接后进行非线性转换；②归纳式聚合，直接对目标顶点和所

算法 1.5：GraphSAGE embedding generation(i. e. ,forward propagation)算法

输入：Graph $G(V,E)$;input features $\{\mathcal{X}_v, \forall v \in V\}$;depth K;weight matrices $W^k, \forall k \in \{1,\cdots,K\}$; non-linearity σ;differentiable aggregator functions $\text{AGGREGATE}_k, \forall k \in \{1,\cdots,K\}$; neighborhood function $N:v \to 2^V$

输出：Vector representations z_v for all $v \in V$

1    $h_v^0 \leftarrow \mathcal{X}_v, \forall v \in V$;
2   **for** $k=1,\cdots,K$ **do**
3   **for** $v \in V$ **do**
4          $h_{N(v)}^k \leftarrow \text{AGGREGATE}_k(\{h_u^{k-1}, \forall u \in N(v)\})$;
5          $h_v^k \leftarrow \sigma(W^k \cdot \text{CONCAT}(h_v^{k-1}, h_{N(v)}^k))$
6   **end**
7    $h_v^k \leftarrow h_v^k / \|h_v^k\|_2, \forall v \in V$
8   **end**
9    $z_v \leftarrow h_v^K, \forall v \in V$

图 1.19   GraphSAGE embedding generation 算法的伪代码

有邻居 emebdding 中每个维度取平均后再非线性转换；③LSTM 聚合，先对邻居随机排序，然后将随机的邻居序列 embedding 作为 LSTM 输入；④Pooling 聚合，先对每个邻居顶点上一层 embedding 进行非线性转换，等价单个全连接层，每一维度代表在某方面的表示，再按维度应用 max/mean pooling，捕获邻居集上在某方面的突出/综合的表现以此表示目标顶点 embedding。

处理之后，将当前顶点的特征和邻居特征拼接并经过一个全连接网络得到当前顶点的新特征（第 5 行）。对特征进行归一化，并通过 K 层 GCN 后进行输出，进行拟合（第 7 行到第 8 行）。

GraphSAGE 与一般 GCN 的不同在以下几个方面。

（1）利用的特征。与基于矩阵分解的嵌入方法不同，GraphSAGE 利用顶点特征（如文本属性、顶点配置信息、顶点度数）来学习泛化到未见顶点的嵌入函数。通过在学习算法中加入顶点特征，同时学习了每个顶点邻域的拓扑结构以及邻域内顶点特征的分布。不但专注于特征丰富的图表（如具有文本属性的引文数据、具有功能/分子标记的生物数据），而且还可以利用所有图表中存在的结构特征（如顶点度数）。因此，算法也可以应用于没有顶点特征的图。

（2）训练的目标。GraphSAGE 不是为每个顶点训练一个不同的嵌入向量，而是训练一组聚合器函数（这些函数学习从顶点的本地邻域聚合特征信息）。每个聚合器函数聚合来自远离给定顶点的不同跳数或搜索深度的信息。在测试或推理时，使用训练后的系统通过应用学习的聚合函数为完全看不见的顶点生成嵌入。

（3）监督方式。在之前生成顶点嵌入的工作之后，设计了一个无监督损失函数，允许在没有特定任务监督的情况下训练 GraphSAGE。其他实践还表明 GraphSAGE 也可以以完全监督的方式进行训练。

3. GIN 算法

以往的图神经网络在顶点分类、连接预测和图分类等许多任务中取得了优秀的性能，然而，这些 GNN 的设计主要基于经验直觉、启发式方法和实验试错法，对 GNN 的属性和局限性的理论认识很少，对 GNN 表征能力的形式化分析也很有限。于是，Xu 等人基于图神经网络和 Weisfeiler-Lehman 图同构检验之间的密切关系，分析了现有的图神经网络的强大，并得出结论，现有的基于邻域聚合的图神经网络最多可以与一维 Weisfeiler-Lehman 同构检验一样强大。为了实现 Weisfeiler-Lehman 检验的同等表达能力，Xu 等人提出了一种简单的架构图同构网络（graph isomorphism network，GIN）[17]。

在讨论 GIN 前，首先介绍 Weisfeiler-Lehman 检验。图同构问题所讨论的是两个图在拓扑上是否相同。这是一个具有挑战性的问题：目前还没有已知的多项式时间算法。除了一些极端情况，图同构的 Weisfeiler-Lehman（WL）检验是一种有效且计算效率高的检验，可以区分广泛的图类。它的一维形式，"朴素顶点细化"，类似于 GNN 中的邻居聚合。WL 检验的迭代定义如下：聚合顶点及其邻域的标签，并将聚合的标签散列为唯一的新标签。如果在某个迭代中两个图之间的顶点的标签不同，则该算法判定两个图是非同构的。

　　基于 WL 检验，Shervashidze 等人提出了度量图之间相似性的 WL 子树内核。内核使用在不同迭代的 WL 检验中顶点标签的计数作为图的特征向量。从直观上看，在 WL 检验的第 k 次迭代中，顶点的标签代表了一个以顶点为根的高度为 k 的子树结构。因此，WL 子树内核考虑的图特征本质上是图中不同根子树的计数。

　　可以用分析 GNN 表达能力的框架进行理解。如图 1.20 所描述的那样，GNN 递归地更新每个顶点的特征向量，以捕获其周围其他顶点的网络结构和特征，即其根子树结构。假设顶点输入特征来自可数空间。对于有限图，任何固定模型的更深层次的顶点特征向量也来自可数空间。为了简便起见，可以在 $\{a,b,c,\cdots\}$ 中为每个特征向量分配一个唯一的标签。然后，一组相邻顶点的特征向量形成一个多集：同一元素可以出现多次，因为不同顶点的特征向量可以相同。

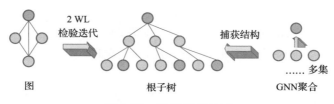

图 1.20　GNN 迭代过程

　　定义 1.3（多集）　多集是集合的一个广义概念，它允许其元素有多个实例。更正式地说，多集是一个二元组 $X=(S,m)$，其中 S 是 X 的底层集合，由它的不同元素组成，$m:S\rightarrow \mathbb{N}_{\geqslant 1}$ 给出元素的多重性。

　　为了研究 GNN 的表示能力，研究者分析了 GNN 何时将两个顶点映射到嵌入空间中的同一位置。直观地说，一个最强大的 GNN 将两个顶点映射到相同的位置，前提是它们在相应的顶点上具有相同的子树结构和相同的特征。由于子树结构是通过顶点邻域递归定义的，可以将分析简化为 GNN 是否将两个邻域（即两个多集）映射到相同的嵌入或表示。一个最强大的 GNN 永远不会将两个不同的邻域（即特征向量的多集）映射到相同的表示。这意味着它的聚合方案必须是单射的。因此，研究者将 GNN 的聚合方案抽象为它们的神经网络可以表示的多集上的一类函数，并分析它们是否能够表示单射多集函数。Xu 等人使用这个推理来开发图神经网络。

　　在理想情况下，一个最强大的 GNN 可以通过将不同的图结构映射到嵌入空间中的不同表示来区分它们。然而，这种将任意两个不同图映射到不同嵌入的能力意味着要解决具有挑战性的图同构问题。也就是说，我们希望同构图映射到相同的表示，而非同构图映射到不同的表示。通过一个稍弱的标准——Weisfeiler-Lehman（WL）图同构检验来描述 GNN 的表征能力，这是一种强大的启发式方法，在大多数情况下有着良好的运行效果。

　　引理 1.1　设 G_1 和 G_2 是任意两个非同构图。如果一个图神经网络 $\mathcal{A}:\mathcal{G}\rightarrow \mathbb{R}^d$ 将 G_1 和 G_2 映射到不同的嵌入点，WL 图同构检验也判定 G_1 和 G_2 不是同构的。

因此，任何基于聚合的 GNN 在区分不同图方面的功能最多与 WL 检验一样强大。下面的定理 1.1 表明，原则上存在像 WL 检验一样强大的 GNN：如果邻居聚集和图级读取函数是单射的，那么得到的 GNN 与 WL 检验一样强大。

定理 1.1 设 $\mathcal{A}: \mathcal{G} \to \mathbb{R}^d$ 为 GNN。在有足够数量的 GNN 层的情况下，$\mathcal{A}$ 将 Weisfeiler-Lehman 同构检验判定为非同构的任意图 G_1 和 G_2 映射到不同的嵌入，前提是满足以下条件：

（1）$\mathcal{A}$ 使用下式迭代地聚合和更新顶点特征

$$\boldsymbol{h}_v^{(k)} = \varphi\left(\boldsymbol{h}_v^{(k-1)}, f\left(\{\boldsymbol{h}_u^{(k-1)}: u \in \mathcal{N}(v)\}\right)\right) \tag{1.25}$$

其中，作用于多集的函数 f 和 φ 是单射的。

（2）$\mathcal{A}$ 的图级读出操作于顶点特征 $\{\boldsymbol{h}_v^{(k)}\}$ 的多集，是单射的

引理 1.2 假设输入特征空间 $\mathcal{X}$ 是可数的。设 $g^{(k)}$ 是由 GNN 的第 k 层参数化的函数，$k = 1, \cdots, L$，其中 $g^{(1)}$ 定义在有界大小的多集 $X \subset \mathcal{X}$ 上。$g^{(k)}$ 的范围，即顶点隐藏特征的空间 $\boldsymbol{h}_v^{(k)}$，对于所有 $k = 1, \cdots, L$ 也是可数的。

在这里，除了区分不同的图之外，GNN 的一个重要好处也值得讨论，即捕获图结构的相似性。注意，WL 检验中的顶点特征向量本质上是一个热编码，因此无法捕获子树之间的相似性。相反，满足定理 1.1 标准的 GNN 通过学习将子树嵌入到低维空间来推广 WL 检验。这使得 GNN 不仅能够区分不同的结构，而且能够学习将相似的图结构映射到相似的嵌入，并捕获图结构之间的依赖关系。捕获顶点标签的结构相似性被证明有助于泛化，特别是当子树在不同图中的共现稀疏或存在噪声边和顶点特征。

同构是理论计算机科学中的一个基本问题。即给定两个图 A、B，是否存在置换 π 使得 $\pi A = B\pi$，目前还没有算法能在多项式时间内解决。无论是图卷积模型还是图注意力模型，都是使用递归迭代的方式，对图中的顶点特征按照边的结构进行聚合来进行计算的。图同构网络（GIN）模型在此基础之上，对图神经网络提出了一个更高的合理性要求——同构性。即对同构图处理后的图特征应该相同，对非同构图处理后的图特征应该不同。

图同构网络（GIN）。 在开发了最强大 GNN 的条件之后，Xu 等人接下来开发了一个简单的架构，即图同构网络（GIN），该架构可证明满足定理 1.1 中的条件。该模型推广了 WL 检验，从而实现了 GNN 之间的最大辨别能力。为了对邻居聚合的单射多集函数进行建模，GIN 的作者们发展了"深度多集"理论，即用神经网络参数化通用多集函数。下面的引理指出，用聚合器可以表示多集合上的单射函数，事实上是通用函数。

引理 1.3 假设 $\mathcal{X}$ 是可数的。存在函数 $f: \mathcal{X} \to \mathbb{R}^n$，$h(X) = \sum_{x \in X} f(x)$ 对于每个有界大小的多集合 $X \subset \mathcal{X}$ 是唯一的。此外，对于某些函数 φ，任何多集函数 g 都可以分解为 $g(X) = \varphi\left(\sum_{x \in X} f(x)\right)$。

利用引理 1.3 中的通用多集合函数建模机制作为构建块，可以构思聚合方案，该方案可以表示顶点及其邻居的多集合上的通用函数，从而满足定理 1.1 中的单射性条件（1）。下面的推论在许多这样的聚合方案中提供了一个简单而具体的公式。

推论 1.1　　假设 χ 是可数的。存在函数 $f: \chi \to \mathbb{R}^n$ 使得对于无限多的选择，包括所有无理数 $h(c,X) = (1+\epsilon) \cdot f(c) + \sum_{x \in X} f(x)$ 对于每对 (c,X) 是唯一的，其中 $c \in \chi$ 和 $X \subset \chi$ 是有界大小的多集合。此外，对于某些函数 φ，这类对上的任何函数 g 都可以分解为 $g(c,X) = \varphi((1+\epsilon) \cdot f(c) + \sum_{x \in X} f(x))$。

由于普遍逼近定理，可以使用多层感知器（MLP）来建模和学习推论 1.1 中的 f 和 φ。在实践中，Xu 等人使用 MLP 建立了 $f^{(k+1)} \varphi(k)$ 模型，因为 MLP 可以表示函数的组成。在第一次迭代中，如果输入特征是一个热编码，那么在求和之前不需要 MLP，因为它们的求和本身是内射的。可以确定一个可学习的参数或一个固定的标量，然后，GIN 将顶点表示更新为：

$$h_v^{(k)} = \mathrm{MLP}^{(k)}((1+\epsilon^{(k)}) \cdot h_v^{(k-1)} + \sum_{u \in \mathcal{N}(v)} h_u^{(k-1)})$$

GIN 的图层读取。 GIN 学习的顶点嵌入可以直接用于顶点分类和链接预测等任务。对于图分类任务，Xu 等人提出了以下"读取"函数，给定单个顶点的嵌入，生成整个图的嵌入。图级读取的一个重要方面是，与子树结构相对应的顶点表示随着迭代次数的增加而变得更加精细和全局。足够的迭代次数是获得良好辨别能力的关键。然而，早期迭代中的特性有时会更好地概括。为了考虑所有结构信息，Xu 等人使用来自模型的所有深度/迭代的信息。通过类似于跳跃知识网络的架构来实现这一点。GIN 模型是从图神经网络的单射函数特性设计出来的。GIN 模型在图顶点邻居特征的每一跳聚合操作之后，又与自身的原始特征混合起来，并在最后使用可以拟合任意规则的全连接网络进行处理，使其具有单射特性。在特征混合的过程中，引入了一个可学习参数对自身特征进行调节，并将调节后的特征与聚合后的邻居特征进行相加。

4. GAT 算法

在许多基于序列的任务中，注意力机制几乎已成为事实上的标准[18]。注意机制的好处之一是它们允许处理可变大小的输入，专注于输入中最相关的部分来做出决策。当注意力机制用于计算单个序列的表示时，它通常被称为自注意力或内部注意力。与循环神经网络（RNN）或卷积一起，自注意力已被证明对机器阅读和学习句子表示等任务很有用。然而，文献［18］表明，自注意力不仅可以改进基于 RNN 或卷积的方法，而且足以构建强大的模型，在机器翻译任务上获得最先进的性能。

受这项工作的启发，Veličković 等人引入了一种基于注意力的架构来对图结构数据进行顶点分类[19]。这个想法是通过关注其邻居来计算图中每个顶点的隐藏表示，遵循自我关注策略。注意力架构有几个值得关注的特性：①操作是高效的，因为它可以跨顶点邻居对并行化；②通过给邻居指定任意权重，可以适用于不同度数的图顶点；③该模型直接适用于归纳学习问题，包括模型必须泛化到完全看不见的图的任务。图注意力网络（GAT）的作者从描述单个图注意层开始，作为其实验中使用的所有 GAT 架构中使用的唯一层。使用的特定注意力设置与 Bahdanau 等人的工作密切相关，但该框架对特定的注意力选择机制是不可知的。

该框架输入层是一组顶点特征，$\boldsymbol{h} = \{\vec{h}_1, \vec{h}_2, \cdots, \vec{h}_N\}$，$\vec{h}_i \in \mathbb{R}^F$，其中 N 是顶点数量，F 是每个顶点中的特征数量。该层产生一组新的顶点特征（具有可能不同的基数 F'），$\boldsymbol{h}' = \{\vec{h}'_1, \vec{h}'_2, \cdots, \vec{h}'_N\}$，$\vec{h}'_i \in \mathbb{R}^{F'}$ 作为其输出。

为了获得足够的表达能力来将输入特征转换为更高级别的特征，需要至少一个可学习的线性转换。为此，作为初始步骤，由权重矩阵 $\boldsymbol{W} \in \mathbb{R}^{F' \times F}$ 参数化的共享线性变换应用于每个顶点。然后，在顶点上进行自我注意，这是一种共同的注意机制 $a : \mathbb{R}^{F'} \times \mathbb{R}^{F'} \rightarrow \mathbb{R}$，计算注意力系数：

$$e_{ij} = a(\boldsymbol{W}\vec{h}_i, \boldsymbol{W}\vec{h}_j) \tag{1.26}$$

这表明顶点 j 的特征对顶点 i 的重要性。在其最一般的公式中，该模型允许每个顶点参与到其他顶点上，从而丢弃所有结构信息。通过执行掩蔽注意将图结构注入机制中，只计算顶点 $j \in \mathcal{N}_i$ 的 e_{ij}，其中 $\mathcal{N}_i$ 是图中顶点 i 的某个邻域。在 GAT 的所有的实验中，这些将是 i 的一阶近邻（包括 i）。为了使系数在不同顶点之间易于比较，GAT 使用 softmax 函数在 j 的所有选择中对其进行归一化：

$$\boldsymbol{\alpha}_{ij} = \text{softmax}_j(e_{ij}) = \frac{\exp(e_{ij})}{\sum\limits_{k \in \mathcal{N}_i} \exp(e_{ik})} \tag{1.27}$$

在 GAT 的实验中，注意力机制 a 是单层前馈神经网络，由权重向量 $\vec{a} \in \mathbb{R}^{2F'}$ 参数化，并应用 LeakyReLU 非线性（负输入斜率 $\alpha = 0.2$）。完全展开后，注意力机制计算的系数［如图 1.21（a）所示］可以表示为：

$$\boldsymbol{\alpha}_{ij} = \frac{\exp(\text{LeakyReLU}(\vec{a}^{\mathrm{T}}[\boldsymbol{W}\vec{h}_i \parallel \boldsymbol{W}\vec{h}_j]))}{\sum\limits_{k \in \mathcal{N}_i} \exp(\text{LeakyReLU}(\vec{a}^{\mathrm{T}}[\boldsymbol{W}\vec{h}_i \parallel \boldsymbol{W}\vec{h}_k]))} \tag{1.28}$$

其中，$\parallel$ 是连接操作。

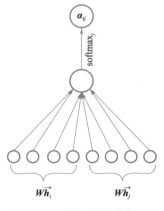

（a）GAT模型采用的注意力机制

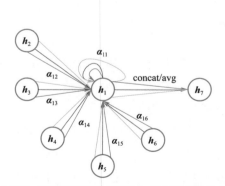

（b）顶点1在其邻域上的多头注意力（不同的箭头样式
和深浅表示独立的注意力计算）

图 1.21　GAT 架构

一旦获得注意力，归一化关注系数用于计算与其对应的特征的线性组合，以作为每个顶点的最终输出特征（在潜在地应用非线性之后，σ）：

$$\vec{h}_i' = \sigma\left(\sum_{j \in \mathcal{N}_i} \alpha_{ij} \boldsymbol{W} \vec{h}_j\right) \tag{1.29}$$

为了稳定自我注意力的学习过程，扩展当前的机制以使用多头注意力是有益的。具体而言，K 个独立的注意力机制执行式（1.29）的变换，然后将它们的特征连接起来，得到以下输出特征表示：

$$\vec{h}_i' = \underset{k=1}{\overset{K}{\|}} \sigma\left(\sum_{j \in \mathcal{N}_i} \alpha_{ij}^k \boldsymbol{W}^k \vec{h}_j\right) \tag{1.30}$$

其中，$\|$ 表示级联，α_{ij}^k 是由第 k 个注意机制（a^k）计算的归一化注意系数，$\boldsymbol{W}^k$ 是相应的输入线性变换的权重矩阵。注意，在此设置中，最终返回的输出 $\boldsymbol{h}'$ 将由每个顶点的 KF' 特征（而不是 F'）组成。特别的，如果对网络的最终（预测）层进行多头关注，串联不再合理，可以采用平均，并延迟应用最终非线性（通常是分类问题的柔性最大或逻辑 sigmoid），直到那时：

$$\vec{h}_i' = \sigma\left(\frac{1}{K} \sum_{k=1}^{K} \sum_{j \in \mathcal{N}_i} \alpha_{ij}^k \boldsymbol{W}^k \vec{h}_j\right) \tag{1.31}$$

多头图注意力层的聚合过程如图 1.21（b）所示。

可以生成一个利用稀疏矩阵运算的 GAT 层版本，将存储复杂性降低到顶点和边的数量的线性，并能够在更大的图数据集上执行 GAT 模型。然而，Xu 等人使用的张量操作框架仅支持 2 级张量的稀疏矩阵乘法，这限制了当前实现的层的批处理能力（尤其是对于具有多个图的数据集）。适当解决这一制约因素是未来工作的一个重要方向。根据图结构的规则性，GPU 在这些稀疏场景中可能无法提供与 CPU 相比的主要性能优势。还应注意，GAT 模型的"接受域"的大小受网络深度的上限（类似于 GCN 和类似模型）影响。然而，跳跃连接等技术可以很容易地应用于适当地延长深度。最后，跨所有图边的并行化，尤其是以分布式方式，可能会涉及大量冗余计算，因为在感兴趣的图中，邻域通常会高度重叠。

GCN 模型的缺陷在于：①对于同阶的邻域上分配给不同的邻居的权重是完全相同的（无法允许为邻居中的不同顶点指定不同的权重），这一点限制了模型对空间信息的相关性的捕捉能力；②GCN 结合临近顶点特征的方式和图的结构一一相关，这局限了训练所得模型在其他图结构上的泛化能力。

GAT 提出了用注意力机制对邻近顶点特征加权求和。邻近顶点特征的权重完全取决于顶点特征，独立于图结构。GAT 和 GCN 的核心区别在于如何收集并累和距离为 1 的邻居顶点的特征表示。图注意力模型 GAT 用注意力机制替代了 GCN 中固定的标准化操作。本质上，GAT 只是将原本 GCN 的标准化函数替换为使用注意力权重的邻居顶点特征聚合函数。

图结构数据常常含有噪声，意味着顶点与顶点之间的边有时不是那么可靠，邻居的相对重要性也有差异，GAT 在图算法中引入注意力机制，通过计算当前顶点与邻居的注意力系数，在聚合邻居的时候进行加权，使得图神经网络能够更加关注重要的顶点，以减少边噪声带来的影响。

1.3　图计算应用案例

图计算在许多领域有广泛的应用，主要分为图遍历应用、图挖掘应用和图学习应用。由于这 3 大类的算法在各个领域中发挥着重要的作用，使得图计算技术得以快速发展。

1.3.1　图遍历应用案例

1. 社交网络分析中的图遍历算法

"社会网络分析"（SNA）工具和方法论[20] 是 Garton 等人于 1996 年提出的，用来创建一幅描述知识网络的可视图。社会网络分析人员所探究的不仅是个人的特定属性，而是考虑社会行为者之间的关联关系和交换。分析人员研究那些能够创造并维持工作和社会关系的交换行为。所交换的资源多种多样，它们可以是有形的，如商品和服务；也可以是无形的，如影响力或社会支援。

正是由于计算成本的降低，社交媒体和在线社区等社交平台的兴起，也使得社交网络分析领域受到越来越多的关注。通过这些平台，人们可以方便地交换各种类型的信息和资源，并且这些平台记录了海量的社会行为数据，为社会网络分析提供了更多的研究素材。此外，随着机器学习和数据挖掘技术的不断发展，社会网络分析方法也得到了更深入的发展和应用。例如，利用机器学习算法，可以从大规模社会网络中挖掘出具有实际意义的社会关系和网络模式，从而推动社会科学、商业和政治等领域的发展。

图遍历算法在社交网络中通常用于影响力分析。社交影响力可以通过用户之间的社交活动体现出来，表现为用户的行为和思想等受他人影响发生改变的现象。在线社交网络影响力分析主要涉及 3 方面的内容：①影响力自身的识别，如何从繁杂的因素中鉴别影响力和相关要素的区别与联系，就成为首要问题；②社交影响力的度量，如何设计和选择既具有一定普适性又能充分发掘社交网络特性的度量方法，是该领域的核心问题之一；③社交影响力的动态传播。

社交影响力的相关因素包括影响力、同质性、互惠性等因素。社交影响力只有通过人们的社交互动才能体现出来，目前大部分研究都针对社交网络结构及其上的交互信息和用户行为特征进行量化和分析，因此可以把能对信息传播过程或他人行为产生影响的个体视为具有社交影响力。同质性指具有相似特征的个体倾向选择彼此作为朋友。仅从该点上就可以发现同质性和影响力具有较强的关联，这两者进行鉴别是社交影响力分析和建模的关键问题之一，二者最大的区别体现在动态效应上，即影响力需要更长时间的交互活动才能发挥线性效果。在社交网络中，影响力度量的主要任务是分析和预测用户社交影响力的大小和演化规律，为基于社交影响力的研究提供技术支持和理论依据。常用的影响力度量方法大致可以划分为基于网络拓扑结构、基于用户行为和基于交互信息的度量等类型。

（1）基于网络拓扑结构的度量分为顶点的度量和连接的度量

对顶点的度量使用的方法有以下 3 种。

①基于社交网络上最短路径的方法：紧密中心度和介数中心度，前者关心距离与传播速度，后者关心位置重要性和影响力。

②利用随机游走特征度量影响力：特征向量中心度[21]、Katz 中心度[22] 和 PageRank 度量[23]。

③局部聚集系数：聚集系数[24]（clustering coefficient）可以用来度量用户相之间形成社团的趋势的大小。局部聚集系数表示顶点、v_i 的任意两个邻居 v_j 和 v_k 之间产生联系的可能性。

顶点的度基本上就表示某顶点和邻居顶点之间的关联程度，而且基于顶点的度的方法表达的意义直观，计算代价小，但基于度的方法智能反映用户及其邻居之间的联系，是对用户局部影响力的度量，无法很好地衡量用户在整个社交网络中的影响力。相比基于度的方法，基于最短路径的方法能够从社交网络整体对用户影响力进行度量，但是它的计算复杂度比前者高，而且用户的影响力通过最短路径发挥作用是一种理想状态，在现实环境中很难实现。

对连接的度量是对两个用户相互之间影响程度的度量。

①两个顶点的邻居重叠程度越高，这两个顶点之间的关系越紧密，它们之间的影响力越强烈，可以利用 Jaccard 相似度、Overlap 相似度、Cosine 相似度计算。

②边介数（edge betweenness）也可通过统计网络中经过边的最短路径的总数量，度量边在网络中的重要程度。

（2）基于用户交互信息的度量方法

基于用户交互信息的度量方法包括基于交互信息内容的度量和基于话题信息的度量。首先是基于交互信息内容的度量：由于用户的社交影响力能够促进信息的传播，所以分析在线社交网络中信息内容的传播范围和时间，能够比较准确地反映用户的影响力。Bakshy 等人[25] 使用消息扩散产生的树结构计算和预测用户的影响力。除了信息传播范围，用户发布的信息在社交网络中流传的时间长短可以反映用户影响力的深远程度，也是衡量社交影响力的重要指标。Romero 等人[26] 同时分析了 Twitter 上的流行标签在传播范围和时间上的特点，发现不同标签的传播存在明显区别。他们把标签曝光次数和用户采用该标签的概率之间的关系称为标签的黏着性。其他研究成果表明，用户自身的属性（如活跃度、专注度等）也能对信息焕波过程和影响力的计算结构产生影响。

其次是基于话题信息的度量：将影响力分为隐性影响力（直接从话题内容和用户对话题的参与度构建用户和话题之间的联系）和显性影响力（用户之间通过好友申请或被关注等行为建立的社交网络拓扑结构作为模型输入）。Tang 等人[27] 研究了用户间基于话题的影响力问题定义了一种话题因子图 TFG。Cui 等人[28] 研究了信息条目与社交影响力的关系并据此设计了预测影响力的方法，最后用投影梯度矩阵因子分解法进行求解。Weng 等人[29] 使用两阶段策略：首先用文本分析的方法提取用户感兴趣的话题，从而建立起话题之间的关系；再使用 TwitterRank 算法分析了由话题相似度和网络结构两部分构成的用户影响力。这种策略能够改善话题敏感类算法的功能和预测精度。

2. 金融分析中的图遍历算法

早期的金融分析大多使用统计方法，用于评估企业、项目、预算和其他财务相关交易的过程，以确定它们的绩效和适用性。其用于评估经济趋势，制订财务政策，为商业活动制订长期计划，并确定投资项目或公司。对市场图的度分布的统计分析表明，幂律模型在金融网络中是有效的，这说明在生活的各个方面中出现的海量数据集的组织和演化遵循相似的规律和模式。同时，对市场图中的团和独立集的分析为金融分析提供了一种新的数据挖掘方法，这有助于投资者做出决策。在数据集极大的情况下，统计方法已不再适用，这时可把数据集表示为一个非常大的图，其中具有与其顶点和边相关的某些属性。研究这个图的结构对于理解它所代表的应用程序的结构特性至关重要。股票市场的复杂与多变就是其中典型的例子。对股票市场的分析需要注意以下几点[30]。

● 顶点的选取。在股票市场图中最常见的顶点是一只股票，也可以使用市场指数作为股票市场图的顶点。但是世界各地的股票市场都是异步的，创建以股票指数为顶点的股票市场图的主要难点在于：①不同的股票市场有不同的开盘和收盘时间；②不同市场用于交易的货币相互波动；③不同国家的法定假日和突发事件的差异。一种解决方法是以一周为单位，每小时对不匹配的异步数据最小化。在计算每周的相关性后，统计计算平均值作为该时间段的所有交易日的时间平均值。其他的方案包括使用频率较低的数据、从其他市场的非交易日对应的股票指数中删除观测值、用前一次和下一次观测值的平均值替换缺失的值和应用线性插值。除了股票和市场指数，交易者也可以被视为股票市场图的顶点，这时每个股票将又被表示成一个单独的图。

● 图过滤器。股票市场图基于不同的衡量标准，如相互关系或者股票对之间的距离。一般来说，这些图是非常密集的，甚至是每个股票对之间都有一条边的完整图。很大一部分的边可能含有冗余信息和噪声，这时需要提取能够组成网络骨架的重要边，因此可以将不同的图过滤技术应用于股票市场图。

（1）基于最小生成树的方法

最小生成树（MST）通过逐步连接图中的顶点来创建，其特征是顶点之间的距离最小。通过 MST 生成的子图中的每只股票都有最相关的连接，就可能从中提取层次结构。这有助于对股票市场进行理论描述，并寻找影响特定股票群体的经济因素。通过使用一致的动态条件相关而不是 Pearson 相关[31] 来构建网络，可以将 MST 扩展到动态生成树（DST）。当用于分析亚太地区的股票指数网络时，DST 会随着时间的推移而显著变小。MST 也可以作为基础，如果新的边可以提高后续性能，可以在此基础上再增加边。虽然MST 是一种功能强大的图过滤方法，但它也有一些局限性。主要的限制是没有环（cycles）和团（cliques），例如，同一类的 3 个股票是相互关联的，MST 却只会保留 3 条边中的两条，这会丢失一些重要的信息。

（2）基于平面最大滤波图（PMFG）的方法

PMFG 允许在有额外连接、环和团的情况下保持 MST 的滤波特性。PMFG 在 MST（$n-1$）的基础上保留额外 $3n-6$ 个边，是球面的拓扑三角剖分，允许有 3 个和 4 个元素的团，其中 PMFG 的计算复杂度为 $O(n^3)$。

（3）基于最大过滤三角图（TMFG）的方法

TMFG 可用于对基于相关性的股票市场图进行过滤，其使用三角测量，最大化与过滤后的网络保留的信息量相关的分数函数[32]。与 PMFG 相比，TMFG 的一个主要优点是降低了计算的复杂度，其计算复杂度为 $O(n^2)$。

TMFG 从一个 4 阶团开始，通过局部移动逐渐添加顶点。在每一步中，它都会优化一个评分函数，如边的权重之和，并搜索使评分最大限度增加的顶点。通过使用基于最佳配对的信息增量地更新缓存来降低复杂性，仅更新受移动影响的记录。缓存结构由两个向量组成：最大增益向量包含所有三角形面的剩余顶点的最大增益值，最佳顶点向量包含特定三角形面获得最大增益的顶点。总的来说，TMFG 可以保留与 PMFG 相同数量的信息，但计算复杂度较低。之后的股票市场分析模型还需要聚类操作，这属于图挖掘方法，将放在下一小节再详细阐述。

3. 电力系统分析中的图遍历算法

在过去的十年中，世界不同地区的电力系统遭遇了一系列的连锁故障和停电，从2003 年美国东北部的大停电到 2005 年新奥尔良的卡特里娜飓风、2006 年欧洲大停电、2011 年圣地亚哥和蒂华纳西南部大停电、2021 年得克萨斯州和 2022 年波多黎各的自然灾害等。这些大规模的停电迫使电力系统研究人员不再拘泥于系统的稳态性能，转而关注在全局和结构意义上的动态特性，避免大规模停电或者追求对电力系统的恢复。从电力系统的组成部分来看，它是由发电机、负载及其相关控制元件相互连接的网络。这些组件中的每一个都可以被认为是图的顶点，而物理上连接它们的传输线可以被认为是图的边。

对大规模停电事故的分析表明，单个或几个电力单位的故障并不会导致严重的事故，这些事故都涉及电力系统关键单位的连续断电。例如，1977 年纽约市大停电是由于52 分钟内 11 条输电线路中断造成的。美国联邦电力监管委员会（FERC）报告称，停电的原因之一是"未能意识到通往西部的关键互连实际上无法使用"。而 2011 年美国西南部停电的初始诱因是 500kV H-NG 线路的故障，随后引发了一系列事件，最终导致圣地亚哥停电。

在对电力系统的脆弱性评估方面，最初主要对其拓扑结构进行评估。提出的对脆弱性评价的指标有：①顶点度，指连接到总线上的线路数量；②中心性指数，指搜索给定元素的最短路径的数量，这种纯拓扑指标没有考虑电网的电学性质；③修正的中心性指数、测地线距离。

这些类指标用单个数字描述系统的脆弱性，并不能传递有意义的可操作信息，于是之后提出了一些能实际指向网络关键部分的算法。如 Werho 等人[33] 基于图论的网络流算法来识别源汇对（source-sink pair）之间最小的割集。如果包含在最小切割集中的边数逐渐减少，则表明所选源汇对之间存在结构弱点。Beiranvand 等人[34] 提出了一种新的拓扑排序算法来筛选相干割集（coherent cut-sets）。相干割集表示划分网络的边的集合，这样电力在所有边中都以相同的方向流动。然而，相干割集可能不是电力系统中的唯一瓶颈，因为可能存在电力流不是单向的割集。Bompard 等人[35] 利用功率传输分配因子（PTDFs）和输电线路容量筛选出关键突发事件。线路中断分布因子（LODFs）用于快速检测由多元素突发事件而形成的孤岛。

Reetam Sen Biswas 等人[36] 指出，关键互连并不一定只有单条线路，也可以由多条线路组成。在大型电力系统受到干扰，多个部件快速连续停电时，快速识别具有有限电力传输功率的传输互连至关重要。识别停电对这些关键互连（称为饱和割集）的影响对于采取正确的行动也非常重要。于是提出基于松弛图理论的网络分析工具评估一个偶发事件是否会在电网系统中产生饱和割集，算法在停电的影响下寻找因最大传输余量而饱和的割集。

1.3.2　图挖掘应用案例

图挖掘的应用案例非常广泛，以下是列举的几个常见的应用案例。

1. 社区检测中的图挖掘算法

计算机的快速发展使得真实网络的规模也大幅增长，其数据规模可达到数百万甚至数十亿个顶点。代表真实系统的图的最重要的特征之一是社区结构（community structure），或称为集群（clustering），指一组可能具有共同的属性或在图中扮演类似角色的顶点，这样的结构可以被认为是图中相对独立的区域，发挥类似的作用，例如，人体中的组织或器官。在社会学、生物学和计算机科学中，社区发现是非常重要的，因为在这些学科中系统通常用图来表示。

社区检测[37] 的具体应用举例如下。①将具有相似兴趣且地理位置接近的 Web 客户机社区化，由专用的镜像服务器提供服务，可以提高网络服务的性能。②在消费者和在线零售商的产品之间的购买关系网络中识别具有相似兴趣的客户集群，建立推荐系统来向消费者推送优惠信息等。③大型图的社区可以用来创建数据结构，以便有效地存储图数据，如路径搜索和导航查询。

另一方面，现实世界中大多数网络系统的组织通常是分层的。真实的网络通常是由社区组成的，包括较小的社区，而较小的社区又包括较小的社区，等等。例如，人体就是一个分层组织的例子：人体由器官组成，器官由组织组成，组织由细胞组成。因此，为了提高图挖掘中社区模块检测的效率，以满足真实应用场景的实时性需求，大量的研究工作被相继提出。下面介绍几种常见的图挖掘算法。

（1）图划分

图划分指将顶点划分为预定大小的几个组，并使得组之间的边的数量最小。在集群

（Clusters）之间边的数量称为切割大小（cut size）。图 1.22 给出了有 14 个顶点的图的最小等分问题解，其切割大小为 4。

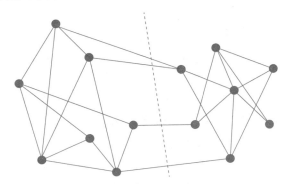

图 1.22　图划分例子，虚线表示所示图的最小等分问题的解

　　图划分是并行计算、电路划分与布局和许多串行算法设计中的一个基本问题。图划分问题的大多数变体都是 NP-hard 问题。所以有一些算法不追求最优解，而追求近似解，取得了不错的效果[38]。划分为两个以上的集群通常是通过迭代二分来实现的。加入集群大小相等的约束后该问题转为最小二等分，也是 NP-hard 问题。

　　Kernighan-Lin 算法[39] 是最早提出的图分割方法之一，动机是将电子电路划分到电路板上的问题：包含在不同电路板上的顶点需要用最少的连接数相互连接。算法的过程就是对利益函数 Q 的优化，它表示模块内部的边数和它们之间的边数之间的差值。起始点是图在预定义大小的两个集群中的初始分区，这样的初始分区可以是随机的，也可以根据图结构上的一些信息选定。然后，由相同数量顶点组成的子集在两组之间交换，使 Q 得到最大增加。子集可以由单个顶点组成。为了降低陷入局部极大值 Q 的可能性，该过程包括一些会使函数 Q 减少的顶点集交换。在一系列具有正增益和负增益的交换之后，选择 Q 值最大的分区并将其用作新一系列迭代的起点。Kernighan-Lin 算法只在每次迭代中执行恒定数量的交换，收敛速度非常快，时间复杂度为 $O(n^2 \log n)$（n 是顶点的数量）。

　　由 Ford 和 Fulkerson[40] 提出的最大流最小割定理（max-flow min-cut theorem）指出，图中任意两个顶点 s 和 t 之间的最小割，即将 s 从 t 拓扑上分离的任何边的最小子集，携带了可以在图中从 s 传输到 t 的最大流量。在这种情况下，每一条边可看作具有给定的承载能力（例如它们的重量）的水管，该定理可用于聚类算法中从最大流中确定最小割。例如，Flake 等人[41] 使用最大流来识别万维网图中的社区。Web 图是有向的。但是，为了易于计算的目的，Flake 等人将边视为无向的。具体来说，在 Web 图中，每个顶点表示一个社区，边的权重表示社区之间的连接强度。使用最大流算法计算该图的最大流，可以得到连接不同社区之间的最小割。最小割将图分成多个子图，每个子图对应一个社区。这个过程可以被迭代地执行，直到满足停止条件为止，例如，社区数量达到预定值或社区划分不再改变为止。其他的图划分方法还包括层次结构划分、几何算法和多层算法等。

（2）分层聚类（hierarchical clustering）

一般情况下，人们对图的社区结构知之甚少，不太可能知道图中集群的数量和顶点的关系，在这种情况下，使用图划分方法就需要假设划分的数量和大小，而这通常是不合理的。另一方面，图可能具有层次结构，小集群包含在大集群中，大集群又包含在更大集群中，如社交网络通常具有层次结构。在这种情况下，可以使用分层聚类算法[42]。分层聚类在社会网络分析、生物学、工程学、市场营销等领域非常常见。

任何分层聚类方法的起点都是定义顶点之间的相似性度量，选择度量后计算每对顶点的相似度，无论它们是否连通。在不断迭代后收敛时是一个 $n \times n$ 的相似矩阵 X。层次聚类方法旨在识别具有高度相似度的顶点组，可以分为两类：①聚合算法，其中，如果集群的相似性足够高，则迭代合并集群；②分割算法，通过去除连接相似度低的顶点的边来迭代地分割集群。这两类方法是相反的过程：聚类算法是自下而上的，从作为单独集群的顶点开始，并以作为唯一集群的图结束；分割算法是自上而下的。层次聚类的优点是它不需要对聚类的数量和大小有初步的了解。然而，它并没有提供一种方法来区分过程中获得的许多分区，并选择那些更好地代表图的团体结构的分区。该方法的结果取决于所采用的具体相似性度量。

（3）分区聚类（partitional clustering）

分区聚类是在图中寻找聚类的另一种常见方法。在这种方法中，集群的数量需要预先指定，记作 k。将顶点嵌入到度量空间中，对空间中点对之间定义一个距离度量，距离是顶点之间不相似度的度量。分区聚类的目标是划分 k 个集群中的顶点，以便根据点之间和点到质心的距离最大化或最小化给定的代价函数。下面列出了一些最常用的分区聚类函数。

● minimum k-clustering：其代价函数是集群的直径，即集群的两点之间的最大距离。这些点被分类使得 k 个集群的最大直径取得最小值。其思想是保持集群非常"紧凑"。

● k-clustering sum：与 minimum k-clustering 类似，但直径替换为聚类中所有点对之间的平均距离。

● k-center：对于每个集群 i，定义一个参考点 x_i 视作质心，并计算每个点到质心距离 d_i。选择集群和质心使得 d_i 取得最小值。

● k-median：与 k-center 类似，只是采用平均距离替代每个参考点到质心的最大距离。

分区聚类的局限性与图划分算法相同：必须在一开始就指定集群的数量，该方法无法推导出聚类的数量。

（4）谱聚类（spectral clustering）。

谱聚类包括所有利用矩阵的特征向量将集合划分为集群的方法和技术。具体地说，对象可以是度量空间中的点，或者是图的顶点。谱聚类包括将初始对象集转换为空间中的点集，其坐标是特征向量的元素，然后对点集进行聚类，如 k-means 聚类。已经可以基于相似矩阵直接对初始对象集进行聚类时，为什么还对通过特征向量获得的点进行聚类？原因是由特征向量引起的表示法的变化使得初始数据集的聚类属性更加明显。通过这种方式，谱聚类能够分离无法通过直接应用 k-means 聚类来解决的数据点，例如，点的凸集。Donath 和 Hoffmann[43] 首先使用了谱聚类的方法，用邻接矩阵的特征向量进行图划分。同年，Fiedler[44] 发现，从拉普拉斯矩阵的第二小特征值的特征向量，可以获得具有非常低切割尺寸的图的分割。

谱聚类与图划分密切相关。通过遵循类似于谱图划分的流程，简化版的比例切割和归一化切割的最小化可以转化为谱聚类问题。最小化测度可以用矩阵形式表示，得到与切割大小相似的表达式，索引向量通过其项的值来定义图的分组划分。图上的随机游走也与谱聚类有关。事实上，通过最小化聚类之间的边数（适当归一化的措施，例如，比率切割和归一化切割），可以使随机行走在聚类中花费更多的时间，并更少地从一个聚类移动到另一个聚类。

2. 股票市场分析中的图挖掘算法

检测社区或集群对于任何基于图的研究都是非常重要的，股票市场也不例外。聚类股票市场图可以帮助检索有意义的经济信息，还可以通过识别相关性较低的资产类别来帮助优化投资组合。下面介绍 5 种主要的股票市场图聚类技术。

（1）分层聚类

在前面介绍社区检测的时候已经提过，层次聚类技术通过递归合并顶点或聚类来揭示图的多层结构，被广泛应用于股票市场图中的聚类检测。在这种方法中，因为两个顶点之间距离是定义的，而且一个集群有多个顶点，所以需要定义两个集群之间相似度的计算方法。在单连接方法中，两个集群之间的距离是集群内任意两个顶点之间距离的最小值[45]。然而，单连接方法对异常值敏感，导致聚类大小具有很强的异质性[46]。在平均连接方法中，距离是集群内任意两个顶点之间距离的平均值。平均连接方法比单连接方法显示出更结构化的聚类。两个集群之间的距离定义为完全连接方法中集群内任意两个顶点之间距离的最大值。也可以将距离定义为两个集群合并导致的误差平方的增加，这种技术被称为 Ward 方法[47]。

（2）基于角色的聚类

可以根据股票市场图的连通性对顶点进行聚类。这种基于角色的聚类应用于顶点是单个交易者的图。通过对每个顶点计算其分数 z，分数高表示密集连接顶点，分数低表示稀疏连接顶点。如果 z 大于某个阈值，则该顶点可以被认为是股票市场图中的枢纽。如果 z 小于某一阈值，则可以将该顶点视为外围顶点，其他顶点可以视为连接顶点。

（3）信息图

信息图是一种在加权图中检测集群或社区结构的信息论方法，使用图上随机行走的概率流作为信息流的代理，并通过压缩概率流的描述将图分解为集群。将聚类问题等同于解决一个编码问题。关键的想法是创建一个将重要的结构与无关紧要的细顶分开的map。首先将图划分为两个描述级别。集群的名称（顶层）是唯一编码的，集群内的各个顶点的名称（底层）是重用的。编码的目的是使用一种编码方案，如霍夫曼编码。一且选择了编码方案，就需要一个模块分区运算符。算子通过最小化随机游走的期望描述长度，将 n 个顶点聚类为 M 个模块。

（4）有向气泡层次树

有向气泡层次树（directed bubble hierarchical tree，DBHT）是一种利用平面最大限度滤波图（PMFG）过滤图拓扑中隐藏的层次结构的聚类方法。DBHT 的一个显著优势是它不需要诸如集群的数量之类的先验信息。

由于 PMFG 滤波图中固有的平面性，一个循环（如 3-clique）可能是分离的或不分离的。在经过 PMFG 滤波的图中，每一个可能的 3-clique 都将得到一组由分离的 3-clique 相互连接的平面图。这些平面图称为气泡[48]。可以形成一个气泡树，其中每个顶点是一个气泡，每条边是一个分离的 3-clique。通过比较连接的 3-clique 与顶点之间的连接数，可以确定两个顶点之间的方向。边缘将指向与分离的 3-clique 连接较多的顶点。根据边缘的方向，可以有 3 种类型的气泡：①收敛气泡（所有边缘都是进来的），②发散气泡（所有边缘都是出去的），③通道气泡（包含向内和向外的边缘）。汇聚气泡被认为是集群的中心，任何直接连接到汇聚气泡的气泡都被认为是同一集群的成员。因此，可以得到一个非离散的集群。DBHT 可以比其他分层方法从更少的股票市场图中检索更多的信息。

（5）谱聚类

使用特征向量的元素作为坐标，将图转换为新的点集合。谱聚类的主要组成部分是拉普拉斯图（L），利用 L 的第二小特征值对应的特征向量的符号可以将一个图划分为两个集群。第二小的特征值可用于度量聚类的可分离性。第二小的特征值越高，表示该图就越不适合进一步聚类。得到了两个集群后可以通过重复的双分区得到更多的集群。设置一个阈值，如果第二小的特征值高于该阈值，则应该停止聚类。

3. 蛋白质结构家族分析中的图挖掘算法

在生物信息学中，寻找能够表征蛋白质结构家族的重复残留填充模式或空间基序是一个重要问题。蛋白质中反复出现的亚结构基序揭示了蛋白质结构和功能的重要信息。不同大小的常见结构片段具有固定的三维残基排列，这些残基可能对应于活性位点或其他功能相关特征，如 Prosite 模式[49]。以自动化和高效的方式识别这些空间基序可能对蛋白质分类、蛋白质功能预测和蛋白质折叠产生重大影响。

蛋白质结构已经在许多应用中使用图表示进行建模，包括活性位点集群、折叠集群、与热力学稳定性有关的芳香族集群的识别，以及蛋白质−蛋白质相互作用的分析。应用频繁子图挖掘来寻找一组蛋白质的共同模式是一项不平凡的任务，因为一组图的频繁子图的总数随着图大小的增加呈指数增长。例如，对于一个中等蛋白质数据集（大约100 个蛋白质，平均每个蛋白质有 200 个残基），频繁子图的总数可能非常高（远大于100 万）。由于子图同构测试的底层操作是 NP-complete 问题，因此最小化需要考虑的频繁子图的数量是至关重要的。Jun Huan[50] 等人提出了一种频繁子图挖掘算法应用于蛋白质三维结构的三图表示（CD、DT 和 AD 图），之后使用该算法来识别在 Structural Classification of Proteins（SCOP）数据集[51] 中发现给定结构家族蛋白质的共同子图。再将不同蛋白质中的子图计数用作二元分类任务的输入变量，以区分 SCOP 数据库中的两个蛋白质家族。采用支持向量机方法构建分类器，发现 AD 图显著减少了图表示的大小，但从这样的图中提取的特征产生了最高的分类精度。FSM 方法可以用于识别某个蛋白质家族的特定 packing motifs，实现快速和自动化的蛋白质解释。

4. 异常检测中的图挖掘算法

在互联网、物联网和通信技术不断发展的大背景下，信息的交互、分析、协同变得越来越普遍。生活中的网络更随处可见，如电话通联网络、交通运输网络、电力网络等。尤其随着社交网络的产生，人们有了更好的交流与协作平台，如微博、微信、QQ等。当人们享受网络带来的便捷性的同时，网络中的异常与欺诈行为也影响了社交网络的正常发展，如欺诈信息的传播、电信与信用卡欺诈、网络僵尸粉丝、购物网站恶意评价、网络扫描与网络入侵等。如何能够尽早并准确地检测到这些异常与欺诈行为，避免造成更多的危害变得尤为重要。区别于传统数据挖掘技术，面向图的异常检测技术因其普适性和高效性，受到了学术界和工业界的广泛关注。

图异常检测技术是图数据挖掘技术的一种，例如在社交网络中，将每个人作为一个点，人与人之间的互动关系是边，则在庞大的社交圈子中，不同人之间的互动联系就构成了庞大的社交关系图。在社交网络中，使用图异常检测技术可以识别网络中的异常账号、僵尸粉丝、广告推手等。在计算机网络访问图中，使用图数据挖掘技术可以找出潜在的攻击者或入侵者。面向图的异常检测可定义为：给定一个无权或有权的、静态的或动态的图数据模型，查找其中与大多数观测对象不一样的少量的边、顶点或子图。面向图的异常检测不仅需要考虑对象与对象之间的相似度，还需要考虑对象与对象之间的关系信息。例如，通过交易网络图分析哪些交易是欺诈交易、通过通信网络数据图分析恐怖分子之间的联系网络、通过用户-商品网络数据分析水军或恶意评价之间的关系、通过关注者-被关注者网络分析网络僵尸粉丝的攻击方向等。

（1）基于社团的方法

基于社团的方法主要思路是通过使用群体检测的方法，将距离比较近的顶点归为一个群体，并查找那些连接各个群体却不属于各个群体的顶点或者边，即，在网络中查找桥接顶点或者桥接边。

该类方法一般分为两个步骤：①通过给定的网络结构，利用顶点的相似性或空间邻近性确定顶点属于哪些群体；②查找群体的桥接顶点或者桥接边。

步骤①可以基于顶点的相似度，使用 k-means 聚类方法将顶点聚为 k 个类。该方法需要借助之前介绍过的相似度计算方法。步骤①也可以使用谱划分的方法，谱划分以谱图划分为理论基础，矩阵的谱就是矩阵的特征值和矩阵的特征向量，图划分问题转换成求解 Laplacian 矩阵的谱分解。算法的核心思想是：通过引入 Laplacican 矩阵，使用特征矩阵进行降维，再对低维的数据进行划分，极大地降低了运算量。

很多图划分方法是以最大化群组内部边数为目标的方法，往往忽视了两种顶点——hub 顶点和异常顶点，Xu 等人[52] 提出了网络结构聚类的算法 SCAN。SCAN 算法将网络中的顶点分成 3 种角色：一种是组内顶点，这些顶点属于某一些社团；另一种是桥接顶点，该类顶点并不属于某一个社团，它们把不同的社团加以连接；最后一种是异常顶点，该类顶点只与很少几个特定团体之间有连接。

（2）基于信任传播的方法

互联网上有不计其数的网页，用户信息获取的一个重要方式是通过搜索引擎。垃圾网页欺诈（Web spamming）是一种常用的攻击搜索引擎排序算法的行为。PageRank 和 HITS 算法认为：重要的网页指向的网页也是重要的网页，也就是说，实际上是通过页面之间的超链接传播网页的重要性。Gyöngyi 等人[53] 提出了针对垃圾网页的检测算法 TrustRank。该算法假设两个网页之间的链接表示两个网页的信任，例如网页 A 指向网页 B 表示网页 A 传递信任给网页 B。TrustRank 由于种子网页列表的设置会有一定的偏差，使得与种子网页相关的网页信任值高，不相关的信任值低。针对该问题，Wu 和 Goel[54] 提出了改进算法 Topical TrustRank，使用话题划分种子网页列表，并提出不同的话题信息值合并的方法。

（3）基于稠密子图的方法

稠密子图挖掘一直是图数据挖掘的热点。一般地，基于稠密子图异常检测的步骤是：首先查找网络中最稠密的 k 个子图，然后进行异常检测。该类异常检测的定义根据场景的不同其使用方法也不尽相同。例如，社交网络中的所有顶点应该都在一定的稠密子图中，没有在稠密子图中的少量顶点为异常顶点；而在用户-商品构成的二部图中，欺诈账户往往因为有较高的一致性评价从而形成了稠密子图，而此时，在最稠密子图中心的顶点往往是欺诈顶点。

传统的用于稠密子图检测的方法一般是使用子图平均度度量，Charikar[55] 提出使用子图的平均度定义子图的密度，对于一个无向图，定义子图的密度 $f(S)$ 为子图中边的个数与点的个数的比值，而稠密子图的问题则转化为计算函数 $f(S)$ 最大值的问题。求解该问题是一个线性规划问题，Charikar 给出了求解问题的精确算法。为了降低算法的复杂度，Charikar 提出了一种近似比为 2 的近似算法。已有的利用检测子图最大平均度密度的方法存在一定的偏差，往往使检测出的结果包含大量的正常用户，准确率较低，增加了后期人为判断的难度。针对这一问题，Liu 等人[56] 提出了 HoloScope 方法，基于"对比可疑度"的度量标准在 5 000 万条边的大图上，利用单机计算顶点进行异常检测。

● "对比可疑度"动态度量了异常用户和正常用户行为的对比性差异，包括连接拓扑、时间序列起伏、评分多样性等信息，有效地防止了对正常用户行为的误判。

● 该检测方法鲁棒，并从理论上给出了对欺诈者攻击时间的屏障下界，增加了欺诈的时间成本。

● 在仅利用拓扑结构和全部信息这两种实验条件下，该检测方法都比相应的基准方法在准确率上有较大的提升。

● 算法的时间复杂度与大图的边数近似地呈线性关系，具有应用于大规模数据分析的能力。

这些仅仅是图挖掘的一部分应用，实际上它的应用范围远不止这些。因此，图挖掘算法是一种非常实用的工具，能够提高效率并帮助人们更好地了解数据。

1.3.3　图学习应用案例

图学习是一种利用图结构和图上顶点的属性和关系信息进行学习的方法，在许多领域有着广泛的应用。下面介绍一些图学习算法的具体应用案例。

1. 推荐系统中的图学习算法

互联网信息服务不断扩展，为用户提供更多的信息服务，也加快数据规模的增长。互联网数据包括用户个人信息、浏览记录、消费历史、项目属性等数据，如果不对这些数据加以利用，会极大地浪费存储资源，造成"信息过载"问题。推荐系统技术能够挖掘数据隐含价值，协同用户数据和项目属性捕捉客户的需求，提供个性化信息服务。让用户获取所需要的信息，从而提高数据的有效利用率。推荐系统在缓解数据过载问题中发挥着重要作用，能够协助用户发现潜在的兴趣，缓解数据过量导致用户无法发现自己需要的信息。作为人工智能最成功的商业应用之一，它已经成为许多电子商务平台和多媒体平台的内核，个性化推荐服务能够帮助平台吸引用户的注意力，提高用户访问量。也可以为网络平台的发展提供源源不断的动力，其商业价值也引起工业界和学术界的关注。凭借图学习技术的强大表征能力，学习用户和项目的隐向量表示，挖掘用户的历史行为数据、商品的多样化数据和上下文场景信息，捕获用户潜在偏好，向用户生成更加精确的个性化推荐列表[4]。

传统推荐系统分为 3 类：基于内容的推荐（content based recommendation，CB）、基于协同过滤的推荐（collaborative filtering recommendation，CF）和混合推荐（hybrid recommendation）。基于内容的推荐算法根据用户的历史交互记录，构建与历史交互的物品关联性高的推荐物品集，实现对目标用户的推荐任务；基于协同过滤的推荐利用不同用户之间（不同物品之间）的相似性关系，对用户与物品的交互信息（点击、购买、评分等交互行为）进行筛选过滤，为目标用户推荐感兴趣的物品；混合推荐将不同推荐技术融入推荐系统中，避免单一推荐技术的缺陷。传统推荐系统中，相似性度量方法包括欧氏距离、余弦相似度、皮尔逊相关系数等。常用的模型方法包括矩阵分解（matrix factorization，MF）、概率矩阵分解（probabilistic matrix factorization，PMF）等。传统推荐系统简单易操作，可以快速地对用户与物品的交互信息建模，但存在数据稀疏问题，无法处理关系复杂的推荐以及缺乏可解释性[57]。

随着深度学习的兴起，深度神经网络被广泛地应用到推荐领域中，推荐系统中用户与商品之间的交互可以自然地适应图结构数据，图神经网络（GNN）在应用中备受关注。推荐系统在淘宝、亚马逊、Facebook、抖音等众多商业企业中具有巨大的价值，它是研究界和工业界最热门的话题之一。由于用户-物品交互、用户-用户交互和物品-物品相似度可以自然地形成图结构数据，各种图表示学习技术（如 GNN 方法、图结构学习、动态 GNN 等）可以为应用 GNN 开发有效、高效的现代推荐系统提供强大的算法基础。目前主流的互联网公司利用图学习算法构建知识图谱和推荐系统，将其应用于这些领域，可有效预测用户的行为和潜在关系。

因此，图学习方法已逐渐成为推荐领域内一种被广泛研究的新兴推荐范式，即基于图学习的推荐系统。当用户与物品的交互信息和用户与物品相关联的辅助信息被构建成图结构形式，再结合以随机游走、图表示学习和图神经网络为主要代表的图学习方法，即可捕获、学习和模拟用户与物品之间高阶的、复杂的关系，更加有效地学习用户的长期兴趣偏好和物品的特征属性，以提升推荐系统的推荐性能。

推荐系统用于推荐任务的关键数据为用户与物品之间的交互数据，而为了更好地捕捉用户的兴趣偏好和物品的属性特征，推荐任务也常使用与用户和物品相关的辅助信息，包括用户和物品的属性信息、用户之间的社交信息、物品之间的关联信息等，来增强用户和物品的特征表示。推荐任务使用的大部分数据本质上都可被视为图结构数据，用户交互信息可转换为用户与物品的交互二部图。用户和物品表示为交互图中的顶点，用户与物品之间的交互表示为交互图中的边。将用户和物品的属性信息与用户的交互图相结合，转换为带有属性的交互图，用户和物品的属性信息表示为图中的顶点属性。用户之间社交关系，即用户关注或分享链接给某个用户，可转换为用户信任关系图。用户与物品的属性信息也可以融入用户与物品的交互图中，组合成包含多个实体和多重关系的异构图，而在推荐任务中，常采用知识图谱的方式来表示多种实体之间的关系。基于图学习的方法在捕捉顶点之间间接的、高阶的、复杂的连接关系和整体图拓扑结构信息方面具有非常强大的建模能力。根据图学习方法中使用的用户与物品的信息类型，可将推荐系统主要分为基于交互信息的推荐系统（模型只考虑用户和物品的交互关系）和辅助信息增强的推荐系统（利用社交关系和知识图谱等辅助信息增强用户与物品的特征表示）。

基于交互信息的推荐系统通常仅考虑用户与物品之间的交互关系来实现对用户的兴趣偏好建模，其基于这样一个假设，即用户对物品的喜好不随时间发生改变，从而为目标用户提供反映该用户长期兴趣的静态物品推荐列表。基于交互信息的推荐系统利用图学习的方法，对用户的交互二部图以及用户与物品的顶点属性进行学习，以捕获用户和物品之间复杂的、高阶的和间接的交互关系，实现对用户与物品邻接矩阵的补全，利用补全的邻接矩阵来评估用户对交互的物品感兴趣的概率或者评分。基于图学习的方法使信息在用户与物品交互图上的顶点之间广泛传播，以丰富交互较少的用户和物品的信息，能够缓解数据稀疏性和冷启动问题。然而在交互图上，用户或物品之间可能不存在直接连接，消息需要通过多跳邻居顶点进行传播。因此，基于图学习方法在推荐领域如何高效地在用户或物品之间传播信息成为一个重大挑战。

社交网络的推荐系统主要考虑利用用户社交网络中的用户信任关系进一步挖掘用户兴趣偏好，缓解推荐任务中的数据稀疏性问题，从而有效地为目标用户推荐其感兴趣的物品。在真实的生活场景中，一个用户的兴趣爱好很可能会受他所信任的朋友的兴趣影响，即社交影响会在社交网络中传播和扩散。社交关系可以构建成一个关于用户之间的同构图，其中每个用户代表图中的一个顶点，两个用户之间存在信任关系会对应图上的一条边，即用户信任关系图 G_u。在 G_u 中可能存在隐式社交关系，即用户之间没有显式的信任交互，但他们却有潜在关系。在融入社交信息的推荐系统中，利用社交网络中信任的朋友的兴趣特点，来分析目标用户的喜好，从而更加有效地利用信任朋友的偏好来为目标用户推荐其感兴趣的物品，或者通过预测社交网络中可能存在的隐式社交链接，来向目标用户推荐有共同兴趣爱好的朋友。由于社交图也具有图结构属性，社交信息和用户与物品的交互信息可以自然而然地组合成由这两部分信息构成的异构图：一部分为用户与物品的交互图，另一部分为反映社会关系的社交图。此异构图中包含两种不同类型的信息（即交互信息和社交信息）。融入社交信息的推荐系统主要考虑利用目标用户所信任的朋友的影响来帮助模型更好地理解用户的兴趣偏好，但是对目标用户的偏好建模，一方面需要考虑如何利用目标用户信任的朋友的偏好信息来分析目标用户的喜好；另一方面需要考虑不同的朋友对目标用户产生的影响程度如何，这些问题都值得深入研究。因此，如何对目标用户的邻居产生的影响进行适当地建模是一个重大的问题。

2. 自然语言处理中的图学习算法

自然语言处理（natural language processing，NLP）和理解旨在从未格式化的文本中读取以完成不同的任务。虽然由深度神经网络学习的词嵌入被广泛使用，但文本片段的底层语言和语义结构在这些表示中仍无法充分利用。图是一种捕获不同文本片段（如实体、句子和文档）之间联系的自然方法。为了克服向量空间模型的限制，研究人员将深度学习模型与图结构表示结合起来，用于 NLP 和文本挖掘中的各种任务。这种组合有助于充分利用文本中的结构信息和深度神经网络的表示学习能力。

自然语言处理在现代社会的生活和商业中有着广泛的应用，包括：旨在将文本或语音从源语言翻译为另一种目标语言的机器翻译应用（如谷歌 translation、Yandex translate）；聊天机器人或虚拟助手，与人类代理进行在线聊天对话（如苹果 Siri、微软 Cortana、亚马逊 Alexa）；用于信息检索的搜索引擎（如谷歌、百度、Bing）；不同领域和应用中的问答（QA）和机器阅读理解（例如，搜索引擎中的开放域问答，医学问答）；知识图和本体，从多源提取和表示知识，以改进各种应用程序（如 DBpedia、谷歌知识图）；基于文本分析的电子商务推荐系统（如阿里巴巴和亚马逊的电子商务推荐）。因此，人工智能在自然语言处理领域的突破对商业来说意义重大。

自 2010 年以来，自然语言处理领域已经转向神经网络和深度学习，其中词嵌入技术如 Word2Vec 或 GloVe 被开发用于将单词表示为固定向量。此外，通过将文本表示为单词嵌入向量序列，不同的神经网络架构，如循环神经网络、长短期记忆（LSTM）网络或卷积神经网络被应用于建模文本。深度学习给自然语言处理带来了一场新的革命，极大地提高了各种任务的性能[57]。

自然语言处理领域中，篇章结构，句法甚至句子本身都以图数据的形式存在。因此，图神经网络引起学界广泛关注，并在自然语言处理的多个领域成功应用。以下两个关键的研究问题是自然语言处理的核心：如何以计算机可以阅读的格式表示自然语言文本，以及如何根据输入格式计算来理解输入文本片段。在自然语言处理发展的漫长历史中，研究者们对文本表示和建模的想法一直在不断发展。

首先，世界是由事物和事物之间的关系组成的，对不同事物之间的关系得出逻辑结论的能力，即所谓的关系推理，是人类和机器智能的核心。在自然语言处理中，理解人类语言还需要建模不同的文本片段并推理它们之间的关系。图提供了一种统一的格式来表示事物和事物之间的关系。通过将文本建模为图，可以描述不同文本的句法和语义结构，并对这些表示进行可解释的推理和推理。

其次，语言的结构本质上是组合的、等级的和灵活的。从语料库到文档、转述、句子、短语、单词，不同的文本片段构成了一个层次分明的语义结构，一个更高层次的语义单元（如句子）可以进一步分解成更细粒度的单元（如短语、单词）。人类语言的这种结构性质可以用树形来表征。此外，由于语言的灵活性，同样的意思可以用不同的句子来表达，例如主动语态和被动语态。然而，我们可以通过语义图统一不同句子的表示，如抽象意义表示（AMR），使自然语言处理模型更加健壮。

最后，图一直被广泛使用，并成为自然语言处理应用程序的重要组成部分，包括基于语法的机器翻译、基于知识图的问答、用于常识推理任务的抽象意义表示等。随着图神经网络研究的蓬勃发展，近年来将图神经网络与自然语言处理相结合的研究趋势也越来越蓬勃。此外，通过利用图的一般表示能力，可以将多模态信息（如图像或视频）纳入自然语言处理，集成不同的信号，建模世界上下文和动态，共同学习多任务。

自然语言处理中存在很多图结构。从句法结构、语义关系图、篇章关系结构。到实体和共指结构、关系结构和知识图谱，都是一般的图结构。一个句子内部的字、词相邻关系也构成图结构。形式上，图由顶点和边组成。下面以三类图结构为例，观察自然语言处理任务中相关的顶点和边，以便更具体地了解这些任务所对应的图。

- 第一类图结构是基于句子的语言结构。有研究表明，对关系提取、机器翻译和其他自然语言处理任务，句法、语义和篇章结构信息非常有用。因此，一种在句子上定义图结构的方法是把每个词当作顶点，并把句法依存关系、语义角色和篇章关系等顶点之间的连接当作边。可以在相邻单词之间添加多种类型的边，从而形成一种具有统一顶点类型但具有不同边类型的图。

- 第二类图结构是基于文档中的实体和共指关系连接构建的。对于机器阅读的任务，有研究表明，为了正确地回答问题，对参考文档中不同的句子进行推理可能是有必要的。一种为这种推理构建图结构的方法是把文档中提及的实体作为顶点，并把实体之间的共指连接作为边。另外，除了文本文档中的实体，知识图谱中的实体也可以使用图神经网络进行编码。

- 第三类图结构可以是结构预测任务中的图结构本身。具体来说，多个基准结构化预测模型给出的候选图结构可以使用图神经网络表示来进行重排序。这样的候选图结构可以由一个基线系统的 6 个最优的输出结构组成。当将这些结构整合在一起形成一个图时，可以提取其中有用的特征，以便从中进一步预测出正确的输出。

有一系列的工作利用图神经网络对上述几类任务中的图结构进行编码，从而更充分地得到相关表示，有效地解决相关问题，三种经典方法是：图循环网络、图卷积网络和图注意力网络。尽管文本输入通常表示为一系列标记，但有许多自然语言处理问题可以用图结构很好地表示。因此，图学习已经成为当今自然语言处理中处理各种任务的主要方法，特别是在大规模文本语料库上。例如，Meng Qu[57] 研究了在 Few-Shot Learning 环境下的关系提取，目的是通过在每个关系中使用几个标记示例进行训练来预测句子中一对实体之间的关系，其提出了一种新的贝叶斯元学习方法来有效地学习关系的原型向量的后验分布，其中原型向量的初始先验分布是用全局关系图上的图神经网络参数化的。此外，为了有效地优化原型向量的后验分布，Meng Qu 使用了随机梯度朗之万动力学（stochastic gradient Langevin dynamics），能够处理原型向量的不确定性。整个框架可以以端到端方式进行有效和高效的优化。

3. 程序分析中的图学习算法

程序分析是编程语言研究中一个被广泛研究的领域，取得了丰硕的成果。程序分析的目标是根据程序的行为确定程序的属性[57]。传统分析的目标是提供关于某些程序属性的形式化保证，例如，函数的输出总是满足某些条件，或者程序总是终止。为了提供这些保证，传统的程序分析依赖于严格的数学方法，这些方法可以确定性地、结论性地证明或否定关于程序行为的形式陈述。

然而，这些方法不能学习使用编码模式或概率性地处理代码中丰富且被编码员广泛使用的模糊信息。例如，当软件工程师遇到一个名为"counter"的变量时，在没有任何附加上下文的情况下，他将极有可能得出这个变量是一个枚举一些元素或事件的非负整数的结论。相比之下，正式的程序分析方法——没有额外的上下文——将保守地得出"counter"可以包含任何值的结论。

基于机器学习的程序分析可以提供这种人类才拥有的分析能力，以牺牲保证推测正确为代价，学习对模糊或部分信息进行推理。通过学习常见的编码模式，例如，命名约定和语法习惯，机器学习可以提供关于程序行为方面的分析与推理。对程序的图表示在程序分析中有着重要作用，其允许对程序的复杂结构进行推理。GNN 通过集成程序实体之间丰富的、确定性的关系和学习模糊编码模式的能力，可以有效地表示、学习和推理程序。

（1）程序的图表示

许多传统的程序分析方法都是在程序的图表示上表述的，例如语法树、控制流、数据流、程序依赖关系和调用图，每个图都提供了程序的不同视图。在高层次上，程序可以被认为是一组异质实体，它们通过各种各样的关系相互关联。该视图直接将程序映射到异构有向图 $G = (V, E)$，其中每个实体表示为一个顶点，每个类型关系 r 表示为一条边 $(v_i, r, v_j) \in E$。这种表示类似于知识库，但有两个重要区别：①顶点和边可以从源代码和其他程序工件中确定地提取；②每个程序或者代码段都有一个图。决定在程序的图表示中包含哪些实体和关系与任务相关，没有唯一的或被广泛接受的方法来将程序转换为图表示；不同的表示法在表达不同的程序属性、图表示的大小，以及生成它们所需的开销之间存在权衡。

（2）程序分析中的 GNN

因为对代码图表示的优势，很早就有将机器学习技术用于对程序图进行分析的尝试。一种方法是将图投影到另一种更简单的表示形式中，而使得机器学习方法可以接受它作为输入。这样的投影包括序列、树和路径。例如，Mir 等人[57] 对每个变量使用周围的指令序列进行编码，以预测其类型。基于序列的模型非常简单，具有良好的计算性能，但可能会错过捕获复杂结构模式（如数据和控制流）的机会。

另一个成功的方法是从树或图中提取路径。例如，Alon[57] 提取了抽象语法树中每两个终端顶点之间路径的样本，这类似于随机游走方法。这种方法可以捕获语法信息，并学习派生一些代码的语义信息。这些路径很容易提取，并提供了学习代码的有用特性。但是，它们是程序中实体和关系的有损投影，原则上 GNN 完全可以使用，而不需要经过有损投影的方式。

最后，将因子图，如条件随机场（CRF）直接作用于图，这种模型通常需要构造仅捕获相关关系的图。例如 Raychev 等人[57] 的工作捕获表达式和标识符名称之间的类型约束，虽然其模型准确地表示实体和关系，但它们通常需要手动的特征工程，并且不容易学习那些显式建模之外的“软”模式。

GNN 可以灵活地从丰富的模式中学习，并且易于将它们与其他神经网络组件结合起来。给定一个程序图表示，GNN 计算每个顶点的网络嵌入，用于下游任务。首先，每个实体顶点 v_i 被嵌入到向量表示 $\boldsymbol{n}_{v_i}$ 中。程序图的顶点中有丰富多样的信息，例如有意义的标识符名称（如 max_len）。为了利用每个标记和符号顶点中的信息，它的字符串表示被子标记化（如“max”和“len”）。每个初始顶点表示 $\boldsymbol{n}_{v_i}$ 是通过池化子标记的嵌入来计算的，对于语法顶点，其初始状态是顶点类型的嵌入。然后，任何可以处理有向异构图的 GNN 架构都可以用于计算网络嵌入。下面介绍程序分析中的一个具体例子。

动态类型语言中的类型预测。类型是编程语言中最成功的创新之一，类型注释是变量可以接受的有效值的显式规范。当检查程序类型时，可以得到一个正式的保证，即变量的值只接受带注释的类型的值。例如，如果一个变量有一个 int 注释，它必须包含整数，而不是字符串，浮点数等。此外，类型可以帮助编码员理解代码，并使自动补全和代码导航等软件工具更精确。然而，许多编程语言要么不得不决定放弃类型提供的保证，要么要求用户显式地提供类型注释。

为了克服这些限制，可以使用规范推理方法来预测合理的类型注释，并得到类型化代码的一些优点，这在带有部分上下文的代码（如网页中的一个独立代码片段）或可选类型语言的代码中将十分有效。在 Python 中提供一种可选的机制来定义类型注释，例如，注释 content：str 表明开发人员希望它只包含字符串值。然后，Raychev 等人提出类型检查器（如 mypy）通过概率推理，使得其他开发人员工具和代码编辑器可以使用这些注释。

对于操作显式类型的类型检查方法，需要用户提供注释。当没有注释时，类型检查可能无法发挥作用，也无法提供有关程序的任何保证。然而，这错过了从其他信息源（如变量名和注释）概率地推理程序类型的机会。具体地说，可以合理地假设 min_len 和 max_len 的名称和用法为整数类型，然后，可以使用这个"有根据的猜测"来对程序进行类型检查，并检索关于程序执行的一些保证。

这样的模型可以找到多种应用。例如，它们可以用于推荐系统，帮助开发注释代码库，可以帮助开发人员发现不正确的类型注释，或者允许编辑器基于预测的类型提供辅助功能（例如自动补全），或者可以提供程序的"模糊"类型检查。

（3）发展前景

将 GNN 用于程序分析是一个跨学科研究领域，将符号人工智能、编程语言研究和深度学习的思想与许多现实应用相结合。目的是构建分析，以帮助软件工程师构建和维护渗透到人们生活各个方面的软件。但是要实现这一目标，仍有许多未解决的挑战需要解决。

从程序分析和编程语言的角度来看，需要做大量的工作来连接该领域的专业知识和机器学习。什么样的程序分析学习对编码员有用？如何使用学习的组件来改进现有的程序分析？为了更好地表示与程序相关的概念，机器学习模型需要纳入哪些归纳偏差？在缺乏大量注释语料库的情况下，如何评估学习过的程序分析？目前的程序分析研究大多仅限于使用程序的形式结构，忽略了标识符和代码注释中的模糊信息，而能够更好地利用这些信息的研究可能会为跨许多应用领域的程序员提供新的和有效的方向。

如何将程序分析的形式化方面整合到学习过程中仍然是一个悬而未决的问题。大多数规范推理工作通常将形式分析视为单独的预处理或后处理步骤，更紧密地整合这两种观点将创造出更好、更健壮的工具。例如，研究在神经网络和 GNN 中整合约束、搜索和优化概念的更好方法，将允许更好地学习程序分析，从而更好地捕获程序属性。

以上这些只是图学习的一部分应用案例，随着技术的发展和需求的增加，图学习算法在许多领域的应用仍在不断增加。

1.4　本章小结

初提图计算，很多人会以为这是一种专门进行图像处理的技术。事实上，图计算中的"图"是针对"图结构数据"而言的，是一种以"图论"为基础的对现实世界一种"图"结构的抽象表达，以及在这种数据结构上的计算模式。

图数据结构很好地表达了数据之间的关联性，关联性计算是大数据计算的核心——通过获得数据的关联性，可以从噪声很多的海量数据中抽取有用的信息。图计算技术解决了传统的计算模式下关联查询效率低、成本高的问题，在问题域中对关系进行了完整的刻画，并且具有丰富、高效和敏捷的数据分析能力，其特征有如下 3 点。

1. 基于图抽象的数据模型

图计算系统将图结构化数据表示为属性图，它将用户定义的属性与每个顶点和边相关联。属性可以包括元数据（如用户简档和时间戳）和程序状态（如顶点的 PageRank 或相关的亲和度）。源自社交网络等自然现象的属性图通常具有高度偏斜的幂律度分布和比顶点更多的边数。

2. 图数据模型并行抽象

图的经典算法中，从 PageRank 到潜在因子分析算法都是基于相邻顶点和边的属性迭代地变换，这种局部迭代变换的常见模式形成了图并行抽象的基础。在图并行抽象中，用户定义的顶点程序同时为每个顶点实现，并通过消息或共享状态与相邻顶点程序交互。每个顶点程序都可以读取和修改其顶点属性，在某些情况下可以读取和修改相邻的顶点属性。

3. 图模型系统优化

对图数据模型进行抽象和对稀疏图模型结构进行限制，使一系列重要的系统得到了优化。例如 GraphLab 的 GAS 模型更偏向共享内存风格，允许用户的自定义函数访问当前顶点的整个邻域，可抽象成 Gather、Apply 和 Scatter 3 个阶段。GAS 模式的设计主要是为了适应点分割的图存储模式，从而避免 Pregel 模型对于邻域很多的顶点和需要处理的消息非常庞大时会发生假死或崩溃问题。

1.5　习题 1

1. 什么是图计算？
2. 请简要概述图遍历，图挖掘和图学习。
3. 请介绍图遍历的一种算法。
4. 请介绍图挖掘的一种算法。
5. 请介绍图学习的一种算法。
6. 图计算对处理大数据有哪些应用？

参考文献

[1]　JIN H, QI H, ZHAO J, et al. Software systems implementation and domain-specific architectures towards graph analytics[J/OL]. Intelligent Computing, [2023-04-17]. DOI:10. 34133/2022/9806758.

[2]　BALUJA S, SETH R, SIVAKUMAR D, et al. Video suggestion and discovery for youtube：Taking random walks through the view graph[C]//Proceedings of the 17th International Conference on World Wide Web. ACM, 2008.

[3]　唐德权,朱林立. 频繁子图挖掘算法研究[J]. 计算机工程, 2009, 35(9)：52-54.

[4]　ZHOU J, CUI G, HU S, et al. Graph neural networks：A review of methods and applications[J]. AI open, 2020, 1：57-81.

[5]　CHAKRABARTI D, FALOUTSOS C. Graph mining：Laws, generators, and algorithms[J]. ACM Computing Surveys（CSUR）, 2006, 38(1)：2-19.

[6] REHMAN S U, KHAN A U, FONG S. Graph mining: A survey of graph mining techniques[C]//Seventh International Conference on Digital Information Management (ICDIM 2012). IEEE, 2012: 88-92.

[7] DEAN J, GHEMAWAT S. MapReduce: Simplified data processing on large clusters[C]// Proceedings of the 6th Conference on Symposium on Opearting Systems Design & Implementation. Berkeley: USENIX, 2004: 6.

[8] CHIBA N, NISHIZEKI T. Arboricity and subgraph listing algorithms[J]. Siam Journal on Computing, 1985, 14(1):210-223.

[9] WERNICKE S. Efficient detection of network motifs[J]. IEEE/ACM Transactions on Computational Biology & Bioinformatics, 2006, 3:347-359.

[10] MUTHUKRISHNAN S. Data streams: Algorithms and applications[J]. Foundations and Trends in Theoretical Computer Science, 2003, 1(2).

[11] AFRATI F N, FOTAKIS D, ULLMAN J D. Enumerating subgraph instances using map-reduce[C]// Proceedings of the 2013 IEEE International Conference on Data Engineering. IEEE, 2013: 62-73.

[12] PLANTENGA T D. Inexact subgraph isomorphism in MapReduce[J]. Journal of Parallel and Distributed Computing, 2013, 73(2):164-175.

[13] SHAO Y, CUI B, CHEN L, et al. Parallel subgraph listing in a large-scale graph[C]//Proceedings of the 2014 ACM SIGMOD International Conference on Management of Data. ACM, 2014: 625-636.

[14] YU S, FENG Y, ZHANG D, et al. Motif discovery in networks: a survey[J]. Computer Science Review, 2020, 37: 100267.

[15] JIANG C, COENEN F, ZITO M. A survey of frequent subgraph mining algorithms[J]. The Knowledge Engineering Review, 2013, 28(1): 75-105.

[16] HAMILTON W, YING Z, LESKOVEC J. Inductive representation learning on large graphs[C]//Proceedings of the 31st International Conference on Neural Information Processing Systems. ACM, 2017: 1024-1034.

[17] XU K, HU W, LESKOVEC J, et al. How powerful are graph neural networks[J/OL]. arXiv preprint arXiv:1810. 00826, 2018.

[18] BAHDANAU D, CHO K, BENGIO Y. Neural machine translation by jointly learning to align and translate[J/OL]. arXiv preprint arXiv:1409. 0473, 2014.

[19] VELIČKOVIĆ P, CUCURULL G, CASANOVA A, et al. Graph Attention Networks[J/OL]. arXiv preprint arXiv:1710. 10903, 2023.

[20] WELLMAN B, SALAFF J, DIMITROVA D, et al. Computer networks as social networks: Collaborative work, telework, and virtual community[J]. Annual Review of Sociology, 1996, 22(1): 213-238.

[21] BONACICH P. Factoring and weighting approaches to status scores and clique identification[J]. Journal of Mathematical Sociology, 1972, 2(1): 113-120.

[22] KATZ L. A new status index derived from sociometric analysis[J]. Psychometrika, 1953, 18(1): 39-43.

[23] PAGE L, BRIN S, MOTWANI R, et al. The PageRank citation ranking: Bringing order to the web [R]. Stanford InfoLab, 1999.

[24] BONACICH P. Simultaneous group and individual centralities [J]. Social Networks, 1991, 13 (2): 155-168.

［25］ BAKSHY E, HOFMAN J M, MASON W A, et al. Everyone's an influencer: Quantifying influence on twitter[C]//Proceedings of the fourth ACM international conference on Web search and data mining. ACM, 2011: 65-74.

［26］ ROMERO D M, MEEDER B, KLEINBERG J. Differences in the mechanics of information diffusion across topics: Idioms, political hashtags, and complex contagion on twitter[C]//Proceedings of the 20th International Conference on World Wide Web. ACM, 2011: 695-704.

［27］ TANG J, SUN J, WANG C, et al. Social influence analysis in large-scale networks[C]//Proceedings of the 15th ACM SIGKDD International Conference on Knowledge Discovery and Data Mining. ACM, 2009: 807-816.

［28］ CUI P, WANG F, LIU S, et al. Who should share what? Item-level social influence prediction for users and posts ranking[C]//Proceedings of the 34th international ACM SIGIR Conference on Research and Development in Information Retrieval. ACM, 2011: 185-194.

［29］ WENG J, LIM E P, JIANG J, et al. Twitterrank: Finding topic-sensitive influential twitterers[C]// Proceedings of the third ACM international Conference on Web Search and Data Mining. ACM, 2010: 261-270.

［30］ SAHA S, GAO J, GERLACH R. A survey of the application of graph-based approaches in stock market analysis and prediction[J]. International Journal of Data Science and Analytics, 2022, 14(1): 1-15.

［31］ SENSOY A, TABAK B M. Dynamic spanning trees in stock market networks: The case of Asia-Pacific [J]. Physica A: Statistical Mechanics and its Applications, 2014, 414: 387-402.

［32］ ASTE T, SHAW W, DI MATTEO T. Correlation structure and dynamics in volatile markets[J]. New Journal of Physics, 2010, 12(8): 085009.

［33］ WERHO T, VITTAL V, KOLLURI S, et al. Power system connectivity monitoring using a graph theory network flow algorithm[J]. IEEE Transactions on Power Systems, 2016, 31(6): 4945-4952.

［34］ BEIRANVAND A, CUFFE P. A topological sorting approach to identify coherent cut-sets within power grids[J]. IEEE Transactions on Power Systems, 2019, 35(1): 721-730.

［35］ BOMPARD E, PONS E, WU D. Extended topological metrics for the analysis of power grid vulnerability [J]. IEEE Systems Journal, 2012, 6(3): 481-487.

［36］ DAVIS C M, OVERBYE T J. Multiple element contingency screening[J]. IEEE Transactions on Power Systems, 2010, 26(3): 1294-1301.

［37］ FORTUNATO S. Community detection in graphs[J]. Physics Reports, 2010, 486(3-5): 75-174.

［38］ POTHEN A. Graph partitioning algorithms with applications to scientific computing[J]. ICASE LaRC Interdisciplinary Series in Science and Engineering, 1997, 4: 323-368.

［39］ KERNIGHAN B W, LIN S. An efficient heuristic procedure for partitioning graphs[J]. The Bell System Technical Journal, 1970, 49(2): 291-307.

［40］ FORD L R, FULKERSON D R. Maximal flow through a network[J]. Canadian Journal of Mathematics, 1956, 8: 399-404.

［41］ FLAKE G W, LAWRENCE S, GILES C L. Efficient identification of web communities[C]//Proceedings of the sixth ACM SIGKDD International Conference on Knowledge Discovery and Data Mining. ACM, 2000: 150-160.

[42] HASTIE T, TIBSHIRANI R, FRIEDMAN J H, et al. The elements of statistical learning: Data mining, inference, and prediction[M]. New York: Springer, 2009.

[43] DONATH W E, HOFFMAN N A J. Lower bounds for the partitioning of graphs[J]. IBM Journal of Research and Development, 1973, 17(5): 420-425.

[44] FIEDLER M. Algebraic connectivity of graphs[J]. Czechoslovak Mathematical Journal, 1973, 23(2): 298-305.

[45] RAFFINOT T. Hierarchical clustering-based asset allocation[J]. The Journal of Portfolio Management, 2017, 44(2): 89-99.

[46] MUSMECI N, ASTE T, DI MATTEO T. Relation between financial market structure and the real economy: comparison between clustering methods[J]. PloS one, 2015, 10(3): e0116201.

[47] SUN X Q, SHEN H W, CHENG X Q. Trading network predicts stock price[J]. Scientific reports, 2014, 4(1): 3711.

[48] SONG W M, DI MATTEO T, ASTE T. Hierarchical information clustering by means of topologically embedded graphs[J]. PloS one, 2012, 7(3): e31929.

[49] HOFMANN K, BUCHER P, FALQUET L, et al. The PROSITE database, its status in 1999[J]. Nucleic Acids Research, 1999, 27(1): 215-219.

[50] HUAN J, WANG W, BANDYOPADHYAY D, et al. Mining protein family specific residue packing patterns from protein structure graphs[C]//Proceedings of the eighth Annual International Conference on Research in Computational Molecular Biology. Cham: Springer, 2004: 308-315.

[51] MURZIN A G, BRENNER S E, HUBBARD T, et al. SCOP: A structural classification of proteins database for the investigation of sequences and structures[J]. Journal of Molecular Biology, 1995, 247(4): 536-540.

[52] XU X, YURUK N, FENG Z, et al. Scan: A structural clustering algorithm for networks[C]//Proceedings of the 13th ACM SIGKDD International Conference on Knowledge Discovery and Data Mining. ACM, 2007: 824-833.

[53] GYÖNGYI Z, GARCIA-MOLINA H, PEDERSEN J. Combating web spam with trustrank[C]//Proceedings of the 30th International Conference on Very Large Data Bases (VLDB). ACM, 2004: 576-587.

[54] WU B, GOEL V, DAVISON B D. Topical trustrank: Using topicality to combat web spam[C]//Proceedings of the 15th International Conference on World Wide Web. ACM, 2006: 63-72.

[55] CHARIKAR M. Greedy approximation algorithms for finding dense components in a graph[C]//Proceedings of the Approximation Algorithms for Combinatorial Optimization: Third International Workshop, APPROX 2000. Heidelberg: Springer, 2003: 84-95.

[56] LIU S, HOOI B, FALOUTSOS C. Holoscope: Topology-and-spike aware fraud detection[C]//Proceedings of the 2017 ACM on Conference on Information and Knowledge Management. ACM, 2017: 1539-1548.

[57] WU Z, PAN S, CHEN F, et al. A comprehensive survey on graph neural networks[J]. IEEE Transactions on Neural Networks and Learning Systems, 2020, 32(1): 4-24.

随着计算技术的发展，常规的图存储模式无法适应越来越多样化的图算法实现。为了解决现实世界中出现的越来越多的问题，人们新提出了许多图的表示形式、存储结构和相关的图算法。

2.1　图数据存储和更新

在计算机上实现和优化图算法，首先需要有一种方法在计算机上描述图。而一般来说，各种算法的执行时间与该图的具体表示方法以及存储格式有关。本小节将介绍不同类型的图在计算机中的存储格式，并对比它们的优缺点。

2.1.1　静态图数据存储

静态图是一种不会随着时间变化而变化的图。假设 $G=(V,E)$ 是一个简单的有向图，$|V|=n$，$|E|=m$，并假设对于 V 中的各个顶点均给予编号 $1,2,3,\cdots,n$ 来表示，对于 E 中的各条边均给予编号 $1,2,3,\cdots,m$ 来表示。这里只讨论简单有向图的表示方法，对于多重边或无向图等情况，在讨论完毕简单有向图后再对它们补充一些说明。

1. 邻接矩阵表示法

邻接矩阵表示法就是将图以邻接矩阵（adjacency matrix）的形式存储在计算机中。图 $G=(V,E)$ 的邻接矩阵定义如下：

C 是一个 $n×n$ 的 0-1 矩阵，表现为：

$$C=(c_{ij})_{n×n}\in\{0,1\}^{n×n}$$

$$c_{ij}=\begin{cases}1,(i,j)\in E\\0,(i,j)\notin E\end{cases}$$

也就是说，邻接矩阵中，若两点之间有一条边，则其对应位置的元素为 1，否则为 0。同时，邻接矩阵还具有以下性质：

● 顶点 i 的入度为第 i 行中 1 的个数，顶点 i 的出度为第 i 列中 1 的个数，顶点 i 的总度数为两者之和（无向图顶点 i 的度为第 i 行中 1 的个数或第 i 列中 1 的个数，两者相等）；

● 有向图的邻接矩阵可能是不对称的（无向图的邻接矩阵一定是对称的且其对角线元素均为 0）；

- 使用邻接矩阵来表示图共需要 $n×n$ 个存储单元，对于无向图而言，由于其邻接矩阵是对称的，因此仅需存储上三角元素或下三角元素即可，只需要 $(n×n)/2$ 个存储单元。

能够看出，这种表示方法非常简单直接，但是由于其存储空间要求非常大，并且其中只有少数个非 0 元。如果所存储的图较为稀疏，会造成大量的存储空间浪费，增加之后算法中读取、查找等操作的时间。

如图 2.1 所示，左半部分为一个图的具体表示，右半部分为其邻接矩阵表示。

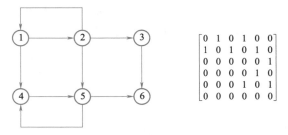

图 2.1　简单图（左）及其邻接矩阵表示（右）

同样，对于有权图的邻接矩阵表示法，定义如下

$$C = (c_{ij})_{n×n}$$

$$c_{ij} = \begin{cases} W_{ij}, & (i,j) \in E \\ \infty, & (i,j) \notin E \end{cases}$$

此时一条弧所对应的元素不再是 1，而是对应的权值，如果图中各条弧有多个权值，可以使用多个矩阵来表示这些权值。

使用邻接矩阵这种方法来表示图，可以很容易地确定图中任意两个顶点之间是否有边相连接。

2. 关联矩阵表示法

关联矩阵表示法是将图以关联矩阵（incidence matrix）的形式存储在计算机中。图 $G=(V,E)$ 的关联矩阵 C 如下定义的：C 是一个 $n×m$ 的矩阵，表示为：

$$C = (c_{ij})_{n×m} \in \{-1,0,1\}^{n×m},$$

$$c_{ij} = \begin{cases} 1, & \exists j \in V, k=(i,j) \in E \\ -1, & \exists j \in V, k=(j,i) \in E \\ 0, & \text{其他} \end{cases}$$

也就是说，在关联矩阵中，每行代表一个顶点，每列代表一条弧。如果一个顶点是一条边的起点，那么该顶点对应这条边的列为 1，如果一个顶点是一条边的终点，那么该顶点对应这条边的列为-1，否则该顶点对应这条边的列为 0。

对于简单的图而言，关联矩阵的每列都只有两个非 0 元素（分别为 1 和-1）。与邻接矩阵类似，这种表示方法也较为简单直接，但是由于整个关联矩阵需要占用 $n×m$ 个空间，而这些空间中只有 $2m$ 个非零元，若其表示的图较为稀疏，那么这种方法也会浪费大量的存储空间。但由于关联矩阵的性质可以满足许多其他工作中的需要，因此它在静态图存储中也是一个很重要的方法。

对于图 2.1，如果使用关联矩阵对其进行表示，且各边按照点的大小来进行排序，即（1，2），（1，4），（2，1），（2，3），（2，5），（3，6），（4，5），（5，4）和（5，6），则其关联矩阵表示为图 2.2 所示。

1	1	−1	0	0	0	0	0	0
−1	0	1	1	1	0	0	0	0
0	0	0	−1	0	1	0	0	0
0	−1	0	0	0	0	1	−1	0
0	0	0	0	−1	0	−1	1	1
0	0	0	0	0	−1	0	0	−1

图 2.2　关联矩阵

同样，对于带权图，也可以通过对关联矩阵进行扩展来表示。例如，若图中各边都拥有各自的权值，则可以额外使用一行来存储各边的权值，并将其添加到关联矩阵中。如果图中每条边有多个权值，操作类似，增加若干行来存储各边的各个权值，并将其添加到关联矩阵中。

3. 边表表示法

边表表示法将图以边表（edge array）的形式存储在计算机中。所谓图的边表，就是图的边集合中的所有有序对。边表示法直接列举出所有的边的起点和终点，对于图 $G=(V,E)$ 而言需要 $2m$ 个存储单元，在图较为稀疏时这种方式对空间的占用较少。

同样，对于带权图，即对于每条边上的每个权值，也需要使用相应的额外存储单元来进行表示。

对于图 2.1，假设边（1，2），（1，4），（2，1），（2，3），（2，5），（3，6），（4，5），（5，4）和（5，6）的权值分别为 10，1，8，5，2，1，5，7 和 9，则其边表表示如图 2.3 所示。

起点	1	1	2	2	2	3	4	5	5
终点	2	4	1	3	5	6	5	4	6
权值	10	1	8	5	2	1	5	7	9

图 2.3　边表

为了方便图算法进行检索，边表的存储顺序一般按照起点和终点的字典序进行存储，图 2.3 所示的边表就是按照这种顺序进行存储的。

4. 邻接表表示法

邻接表表示法将图以邻接表（adjacency lists）的形式存储在计算机中。所谓图的邻接表，就是图的所有顶点的邻接表的集合。对于每个顶点，它的邻接表就是它的所有出边。邻接表表示法也就是对图的每个顶点，用一个单向链表列出从该顶点出发的所有边，链表中每个单元对应一条出边。图的整个邻接表可以用一个指针数组来表示。

同样，对于带权图，会在每个链表顶点中额外开辟一个空间来存储每条边的权值。对于图 2.1，假设其权值同图 2.3，则其邻接表表示为图 2.4 所示。

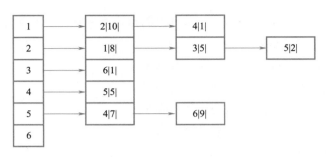

图 2.4　邻接表

这是一个 6 维的指针数组，每一维（图 2.4 中的每一行）对应一个顶点的邻接表，如第 1 行对应的是 1 号顶点的邻接表（即 1 号顶点的邻接表）。每个链表顶点中的第一个数据域表示的是该条边的另一个端点，第二个数据域表示对应边的权值，第三个数据域是一个指针，指向下一条边所在的链表顶点。如第 1 行中的"2"表示这条边的另一个端点是 2 号顶点［即这条边为 (1,2)］，"10"表示这条边的权值为 10。第 3 行表示 3 号顶点作为出发顶点的边有 (3,6)，其权值为 1。

对于有向图 $G=(V,E)$，一般用 $C(i)$ 来表示顶点 i 的邻接表，即顶点 i 的所有出边所构成的集合或链表。在上述例子中，$C(1)=\{2,4\}$，$C(4)=\{5\}$ 等。

5. 十字链表表示法

十字链表表示法就是将图以十字链表（orthogonal list）的形式存储在计算机中。所谓十字链表，可以看成是将有向图的邻接表和逆邻接表结合起来得到的。在十字链表中，对应于有向图中的每条边都有一个节点，对于每个顶点也都有一个节点。

用链表模拟矩阵的行，然后，再构造代表列的链表，将每一行中的元素顶点插入到对应的列中去。十字链表的逻辑结构就像是一个围棋棋盘，其中的非零元就是棋盘上的棋子。

十字链表中的每个顶点都有两个指针域，一个指向所在列的下一个元素，一个指向所在行的下一个元素。

图 2.1 使用十字链表法表示如图 2.5 所示。

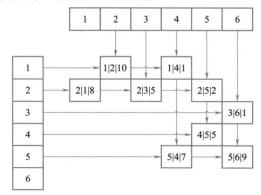

图 2.5　十字链表

采用十字链表表示法与采用邻接矩阵表示法对比，存储稠密图时与邻接矩阵性能差距不大，但是在存储稀疏图时，十字链表表示法可以达到高效的存取效果。

6. 邻接多重表表示法

邻接多重表（adjacent multiList）是无向图的一种存储方式。在此存储结构中，图的顶点信息存放在顶点数组中，数组元素有两个域：data 域，存放与顶点相关的信息；firstedge 域，指向一个单链表，此单链表存储所有依附于该顶点的边的信息。这些单链表的一个表节点对应一条边，表节点有六个域：mark 为标志域，用来标记该边是否被访问过；ivex 和 jvex 分别存放该边两个顶点在无向图中的位置；info 域存放该边相关的信息，实际上就是弧的权值，对于无向图，info 域可省略；ilink 指向下一条依附于顶点 ivex 的边对应的表节点；jlink 指向下一条依附于顶点 jvex 的边对应的表节点。

邻接多重表解决了无向图中的一条边需要存储两次的问题。若使用邻接表来对无向图进行存储，每条边的两个边顶点分别在以该边所依附的两个顶点为头顶点的链表中，这使得对图的一些操作变得复杂。例如，对已访问过的边进行标记，或删除图中的某一条边，都需要找到同一条边的两个顶点，因此在这类操作中，使用邻接多重表进行存储更为合适。

7. 星形表示法

星形（star）表示法的思想与邻接表表示法的思想有一定相似之处。它也是对从每个顶点出发的边进行记录，但是它没有采用单链表的形式来进行存储，而是使用一个单一的数组来表示。这个数组中首先存放顶点 1 所有的出边，之后再存放顶点 2 所有的出边，以此类推，最后存放顶点 n 的出边。对于每条边，都需要存放其起点、终点、权值等信息。在表中可以对任意顶点的所有边进行任意排列以给予每条边各自的编号。同时，为了快速检索到想要寻找的顶点的边的起点，还设置了一个数组来记录每个顶点出发的边的起始地址（即第一条出边的编号）。在这种方法中，可以快速检索从每个顶点出发的所有边，这种表示法称为向前星形（forward star）表示法。对图 2.1 所示的图（权值同图 2.4），则前向星形表示法如图 2.6 所示。

节点号	1	2	3	4	5	6	7
起始地址	1	3	6	7	8	10	10

边编号	1	2	3	4	5	6	7	8	9
起点	1	1	2	2	2	3	4	5	5
终点	2	4	1	3	5	6	6	4	6
权重	10	1	8	5	2	1	7	7	9

图 2.6 前向星形表示法

在数组起始地址中，其元素个数比顶点个数多 1（即 $n+1$），且一定有起始地址

（1）=1，起始地址（n+1）=m+1。对于顶点 i，其对应的边存放于边数组中的区间 [起始地址（i），起始地址（i+1）−1]，如果起始地址（i）=起始地址（i+1），说明该顶点没有出边。这种表示法与边表表示法也十分类似，图 2.6 中下方的表实际上相当于边表，只是在前向星形表示法中，边被编号后有序存放并增加一个数组来记录各顶点的出边的起始地址。

前向星形表示法可以快速检索各顶点的出边，而无法快速检索各顶点的入边。为了能够快速检索每个顶点的所有入边，可以采用反向星形（reverse star）表示法。同理，反向星形表示法就是一次存放每个顶点的入边，每条边也都存放其起点、终点、权值等各种信息。同样，为了能够快速检索每个顶点的入边，也设置了一个数组来记录每个顶点入边的起始地址。

如图 2.7 所示，图 2.1 所示的图（权值同图 2.4）也可以用反向星形表示法表示。

节点号	1	2	3	4	5	6	7
起始地址	1	2	3	4	6	8	10

边编号	1	2	3	4	5	6	7	8	9
终点	1	2	3	4	4	5	5	6	6
起点	2	1	2	1	5	2	4	3	5
权重	8	10	5	1	7	2	5	1	9

图 2.7　反向星形表示法

如果既希望快速检索每个顶点的所有出边，又希望快速查找每个顶点的所有入边，则可以综合前向和反向星形表示法。当然，同时存储两种表的信息是没有必要的，可以使用一个数组来记录一条边在两个表中的对应关系。

如图 2.8 所示，可以在前向星形表示法的基础上，再加上图 2.7 中的起始地址表的边编号对应数组来表示。这相当于一种紧凑的双向星形表示法。

正向编号	1	2	3	4	5	6	7	8	9
反向编号	2	4	1	3	6	8	7	5	9

图 2.8　双向星形表示法

对于图的表示法，有如下说明。

● 星形表示法和邻接表表示法在实际算法实现中都是经常采用的。星形表示法的优点是占用的存储空间较少，并且对那些不提供指针类型的语言（如 FORTRAN 语言等）也容易实现。邻接表表示法对那些提供指针类型的语言（如 C 语言等）较方便，主要是在邻接表表示法中增加或删除一条弧所需的计算工作量很少，而在星形表示法中所需的计算工作量较大［需要花费 $O(m)$ 的计算时间］。

- 当网络不是简单图，而是具有平行弧（即多重弧）时，显然此时邻接矩阵表示法是不能采用的。其他方法可以很方便地推广到可以处理平行弧的情形。
- 上述方法可以很方便地推广到可以处理无向图的情形，但由于无向图中边没有方向，因此可能需要做一些自然的修改。

例如，可以在计算机中只存储邻接矩阵的一半信息（如上三角部分），因为此时邻接矩阵是对称矩阵。无向图的关联矩阵只含有元素 0 和+1，而不含有−1，因为此时不区分边的起点和终点。又如，在邻接表和星形表示法中，每条边会被存储两次，而且反向星形表示显然是没有必要的。

8. coordinate（COO）

由于实际应用中的图往往都是稀疏图，采用上述直观的方法来存储图往往会造成极大的浪费，如稀疏图的邻接矩阵中大部分元素都为 0，无实际意义，因此需要考虑高效存储。COO 是一种相对简单的存储格式。

COO 格式是将矩阵中的非零元素以坐标的形式存储。如图 2.1 所示，可以采用两个长度为 x 的整数数组分别表示行列索引，并使用另外一个长度为 x 的实数数组来表示矩阵中的非零元素。其中 x 为矩阵中非零元素的个数。具体如图 2.9 所示。

Row	1	1	2	2	2	3	4	5	5
Column	2	4	1	3	5	6	5	4	6
Data	1	1	1	1	1	1	1	1	1

图 2.9　COO 格式

9. compressed sparse row（CSR）与 compressed sparse column（CSC）

CSR 格式是对 COO 格式的一种改进格式，这种格式要求矩阵元按行顺序存储，每一行中的元素可以乱序存储，如此一来，对于某一行元素，就不需要记录该行元素的行指标，只需要使用一个指针来指向每一行元素的起始位置即可。

具体来说，CSR 包含 3 个数组：Value，用于存储矩阵中的非零元素值；Col_index，第 i 个元素记录了 value$[i]$ 中的元素的列数；Index_pointer，第 i 个元素记录了第 i 行的指针。

图 2.1 用 CSR 表示如图 2.10 所示。

Index_pointer	1	3	6	7	8	10	10		
Col_index	2	4	1	3	5	6	5	4	6
Value	1	1	1	1	1	1	1	1	1

图 2.10　CSR 表示

同理，CSC 与 CSR 类似，但其是按照列来进行存储的。

CSC 包含 3 个数组：Value，用于存储矩阵中的非零元素值；Row_index，第 i 个元素记录了 value$[i]$ 中的元素的行数；Index_pointer，第 i 个元素记录了第 i 列的指针。

图 2.1 用 CSC 表示如图 2.11 所示。

Index_pointer	1	2	3	4	6	8	10		
Row_index	2	1	2	1	5	2	4	3	5
Value	1	1	1	1	1	1	1	1	1

图 2.11　CSC 表示

邻接矩阵支持快速的插入、删除、修改操作，这些操作在邻接矩阵上的时间复杂度都为 $O(1)$。但是需要大量的存储空间，空间复杂度为 $O(V^2)$。邻接表的空间复杂度为 $O(V+E)$，并且允许快速更新。但是由于内存不连续，导致低效的图遍历。CSR 能同时提供空间效率和快速遍历。因此，在静态图中，CSR 数据存储格式被工业界和学术界广泛应用。

2.1.2　动态图数据存储与更新

与静态图类似，动态图也是由顶点和边组成的数据结构，即 $G=(V,E)$。其中 G 是图，V 是图顶点的集合，E 是边的集合。每条边由一对顶点组成，表示二个顶点相连接。每个顶点和每条边都有自己的属性值，在不同的算法中含义不同。

但动态图是一个随时间变化而不断更新的图。图中顶点和边会随着时间的变化而发生插入和删除，以及顶点或边属性值的修改。对这种情况的处理一般需要 3 种高效的操作：图更新，图划分和图计算。动态图处理首先通过对顶点或边进行插入和删除操作以生成新图，然后基于这个新图执行图划分，最后基于划分好的图进行图计算以提取有用的信息。动态图与静态图的一个区别在于静态图的图结构不会发生变化，即没有动态图的图更新过程。此外，对于运行在分布式平台上的大规模动态图，还要考虑数据的实时划分。最后，由于动态图的图结构频繁变化，所以还需要大量的图计算。

动态图的处理主要有以下几个特点。

● 访存密集。图更新是对图顶点和边的插入、删除等。这都是对数据进行访存操作。图计算中大部分算法的访存-计算都比较高，导致图计算是访存瓶颈。

● 局部性差。在现实世界中，图的改变通常是随机的。这使得图更新对数据的访问是随机的，最终导致很差的访存局部性。图顶点之间的连接是随机的，这使得图计算时的数据访问通常也是随机的，导致大量的随机访存开销。

● 实时计算难。在图更新之后，图结构可能会随之发生改变。这可能导致之前的图处理结果不再适用于改变之后的新图，需要基于新图进行计算。在现实世界中，图更新非常频繁。这带来了大量的图计算开销。

● 数据存储难。图在更新的过程中，数据的大小和存放位置可能随之变化，导致现有的静态图的存储数据结构难以高效地存储动态图数据。这对动态图存储数据结构带来了巨大的挑战。

● 数据依赖高。图中顶点之间的边连接属性导致数据依赖。动态图的图结构是动态变化的，这使得动态图的分割和并行等操作非常困难。

动态图的数据是动态变化的，需要频繁的更新操作，导致大量的访存操作。并且动态图的数据更新是随机的，所以动态图更新的数据局部性差。随着现实中的图规模不断地增大，动态图更新的规模也随之增加。为了提高动态图更新的效率，需要大规模的并行处理。此外，动态图的数据存储格式不仅用于动态图更新，还用于动态图计算，所以动态图的数据存储格式还需要兼顾图计算的访存局部性。因此，动态图的数据存储格式要支持高效的访存操作、并行操作和考虑图计算的访存局部性。这给动态图数据存储格式的设计带来了巨大的挑战。

在静态图中被广泛应用的 CSR 数据存储格式并不适用动态图。对于 CSR 而言，更新的开销是非常大的。因为每次更新都需要在整个数组中移动图数据以匹配压缩格式。目前许多工作对动态图的数据存储格式进行了深入的研究。这些工作可以根据基本数据存储格式分为 4 类：基于邻接表的数据存储格式、基于 CSR 的数据存储格式、基于树的数据存储格式和混合数据结构的数据存储格式。

1. 基于邻接表的数据存储格式

在基于邻接表的动态图数据存储格式中，每个顶点都有一个与该顶点相邻的边集的集合。使用邻接表的数据存储格式可以高效地处理更新，因为顶点与顶点之间的数据互不影响，可以高度并行。动态图的邻接表表示只是在静态图的基础上进行一些修改，如 STINGER[1]、DISTINGER[2] 和 faimGraph[3] 中基于块的链表（linked lists of blocks）、cuSTINGER[4]、aimGraph[5] 和 LiveGraph[6] 中的数组（arrays）、RisGraph[7] 中的哈希表（hash table），以及混合数据结构，如图 2.12 所示。

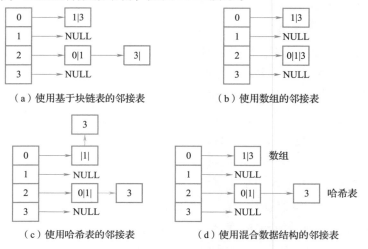

（a）使用基于块链表的邻接表　　（b）使用数组的邻接表

（c）使用哈希表的邻接表　　（d）使用混合数据结构的邻接表

图 2.12　不同的存储结构

STINGER 是一种用于动态图的高性能、可移植、可扩展的数据结构，能够用于处理动态问题。STINGER 的关键特征是对具有倾斜度分布的语义图的快速插入、删除和更新。该数据结构是基于块的邻接表的。通过不断添加额外的顶点和边块，顶点和边的数量可以随着时间的推移而增加。顶点和边都有类型，并且一个顶点可以有多个类型不同的关联边。给定顶点上的边存储在边块的链接列表中。一条边被表示为相邻顶点 ID、类型、权重和两个时间戳的元组。给定块中的所有边都具有相同的边类型。块包含元数据，如最低和最高时间戳以及块内有效边的高水位标记。并行性存在于数据结构的许多层次上。每个顶点都有自己的边块链表，可以从逻辑顶点数组（LVA）中访问。对于所有顶点各自的循环在这些链表上能够并行化。在一个边块中，可以在一个平行的循环中探索入射的边。边块的大小，以及因此要完成的并行工作的数量，是一个用户定义的参数。边类型数组（ETA）是一个辅助索引，它指向给定类型的所有边块。在诸如边并行的连接组件等算法中，这种对数据结构的额外访问模式允许在并行循环中探索所有边块。

STINGER 还提供了并行边遍历宏，它抽象了数据结构的复杂性，同时仍然允许编译器优化。例如，STINGER_PARALLEL_FORALL_EDGES_OF_VTX 宏接受一个 STINGER 数据结构指针和一个顶点 ID。在编写内部循环时，就像看一条边一样。边数据使用 STINGER_EDGE_TYPE 和 STINGER_EDGE_WEIGHT 等宏进行读取。还可以使用更复杂的遍历宏，以限制基于时间戳和边类型所看到的边。虽然大多数分析内核只会从数据结构中读取，但 STINGER 还能够响应新的和更新的边。提供了并行插入、删除、增加和修改边的功能。STINGER 还能够查询图中一个顶点的入度和出度，以及图中顶点和边的总数。

依赖于 STINGER 的应用程序通常会接收到持续不断的新边流和边更新。对新边信息快速反应的能力是 STINGER 的核心特征。当接收到边 $\langle u,v \rangle$ 上的更新时，必须首先搜索顶点 u 的所有边块，以寻找给定边类型的邻居 v。如果找到了边，则相应地更新权重和时间戳。如果没有找到该边，则必须找到空白空间或将空边块添加到邻接表中。STINGER 批量更新的操作如下：首先对批进行排序（通常一次 100 000 次边更新），这样将特定顶点上的所有边更新分组并与插入分开的删除组合在一起。对于批处理中的每个唯一顶点，至少有一个可以并行执行的工作项。删除在插入之前处理，可能为新边腾出空间。对特定顶点的更新是按顺序进行的，以避免同步。然而，在无标度图中，少量的顶点将面临大量更新，而大多数顶点将只有一次更新或根本没有更新。这种工作负载的不平衡限制了可以利用的并行性的数量，并迫使大多数线程等待少量的线程完成工作。为了解决这个问题，STINGER 跳过对边进行排序，并独立和并行地处理每个边插入。但是，处理同一顶点上的两个边更新导致必须使用适当同步处理的竞争条件。当将一条边插入一个顶点的邻接表时，有 3 种可能的情况。如果边已经存在，插入函数应该修改边的权重，并更新修改后的时间戳。如果该边不存在，则应在适当类型的边块中的第一个空白空间中插入一条新边。如果没有空白空间，则应该分配一个包含新边的新边块并添加到邻接表中。STINGER 的大致存储格式如图 2.13 所示。

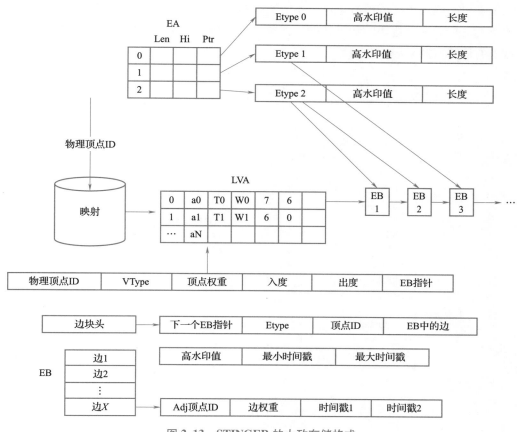

图 2.13　STINGER 的大致存储格式

　　DISTINGER 是 STINGER 的分布式版本，是一种分布式内存中的图表示，而不是一种通用的图系统。采用 DISTINGER 作为图存储的系统可以改进复制策略和故障转移机制等系统特性。与 STINGER 相比，DISTINGER 只引入了少量开销，每个从服务器需要自己的辅助数据结构来管理不同的块。而将一个大图使用分布式存储在许多不同的服务器上，首先需要对图进行划分。在具有最小边切割的最优图划分的近似方案上已经有了很多工作。然而，这些技术还不能正确地处理动态图：①图的结构可以不断变化，重新划分不仅难以确定，而且执行代价昂贵；②在大多数现实世界的图中，图数据中的各个顶点高度连接，以至于不存在最小化边切割的不相交分区；③复杂的划分方案往往对图或设置有约束。DISTINGER 采用一种基于哈希分区的方案，将逻辑顶点数组中的顶点分配给从服务器，并同时实现其与物理到逻辑映射模块。映射模块还保持［物理 ID，逻辑 ID］的键值对，以便可以在需要时搜索顶点。基于哈希的方法有几个关键的优点：①尽管它很简单，没有最小化边切割，但它仍然是最快的图划分方法；②它对大量的顶点更新很友好，因为它分配新的顶点，没有任何复杂的逻辑。如图 2.14 所示，该图通过主服务器中的扩展物理到逻辑映射模块映射并分发到集群中的从服务器，并且默认情况下，每个站点都在运行一个从服务器。对边类型数组进行分发主要有两个原因。首先，边类型数组索引某些边类型的所有边块。不需要执行昂贵的交叉从属同步和通信，因为边类型数组不支持对单个边块的随机访问。其次，分发边类型数组能够使用户通过利用从服务器上的计算资源来提高并行性。

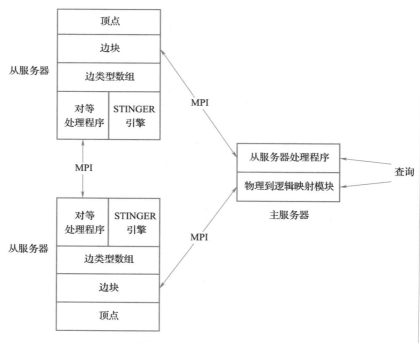

图 2.14　DISTINGER 架构

　　为了实现不同服务器之间的通信，以维护图的分区，DISTINGER 采用消息传递接口（MPI）作为顶点间通信的骨干。MPI 是可移植的，它支持距离器所需的点对点和集体传递。如图 2.14 所示，主服务器使用从服务器处理程序来与从服务器通信，而每个从服务器都有对等处理程序来管理从服务器之间的消息传递。使用 MPI 通过网络传递的消息比访问本地内存具有更高的延迟。为单个操作发送消息的效率很低，因为准备消息的成本很高。为了摊销通信成本，DISTINGER 开发了另一种通信模式：将针对同一从属服务器的消息批处理为单个消息。对于具有相同操作的消息，此设计还带来了减少要传递的数据总量的好处，因为该操作类型只需要在消息中指定一次。更重要的是，操作的批处理允许挖掘器充分利用 OpenMP 中的并行处理能力。

　　DISTINGER 利用重叠通信和计算的机会降低了距离器对网络带宽的敏感性。在低级别上，部署器使用 MPI 为大消息提供的非阻塞发送和接收原语。在高级别上，DISTINGER 修改了 STINGER 的执行顺序，以便使不违反一致性约束的计算解锁。例如，边更新操作可能需要发送一条消息，以更新存储在另一个从服务器上的目标顶点的内度数。当处理一系列边更新操作时，更新之前的边更新操作不应该阻止当前操作。此外，通过批量处理边更新流，能够重叠通信和计算的时间。

　　在 DISTINGER 中，一致性并不是其主要目标，容忍暂时的非一致性能够为并行算法提供性能提升的机会。DISTINGER 并不会通过严格按照一批更新的时间顺序来逐边进行更新使其始终保持一致性。但是，DISTINGER 也能够通过锁定和多版本控制来加强一致性控制。使用 DISTINGER 的一台主服务器和两台从服务器的数据存储如图 2.15 所示。

cuSTINGER 是 STINGER 在 GPU 上的扩展版本。在之前的研究中，边存储在边块中，其中每个块包含多个边。每个边都存储关联的属性，例如，最后一次修改该边的时间戳或其权重。这些都存储在一个结构体中，因此，边块是一个结构体数组。这种表示对于 CUDA 支持的 GPU 来说并不理想，因为这样可能会增加跨多个线程更新单个字段的内存请求的数量。CUDA 的一个更有效的内存访问模式是以连续的方式访问相同的字段。因此，在 cuSTINGER 中，将结构体数组替换为数组结构体，允

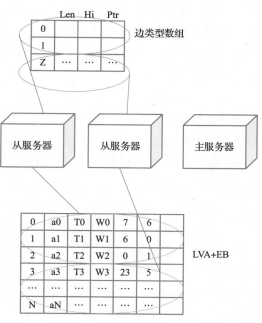

图 2.15　DISTINGER 存储格式

许减少内存请求的数量。这种对数据表示进行修改的另一个好处是，能够支持使用 cuSTINGER 的不同分配模式。

cuSTINGER 用每个顶点的边块列表替换为每个顶点的一个邻接数组。因为边块方法并不适用于 GPU 体系结构。首先，边块位于内存系统的不同位置，增加了内存访问的数量，降低缓存和预取的好处。此外，如果使用边块大小过小（从存储的角度来看是可取的），那么 GPU 的流多处理器将无法被充分利用，因为没有足够的工作来使 GPU 中的 warp 处于工作状态。为了克服这个工作利用问题，可以使用大型边块。然而，内存在 GPU 上是非常珍贵的资源，而大型边块又导致了低存储利用率。为了避免上述情况，cuSTINGER 为每个邻接表分配一个单个数组。这样做对于同一邻接表中的边具有更好的局部性，更高的内存利用率，并且只需要一个内存分配器（允许更简单的内存管理器）。

cuSTINGER 实现了一个高级内存管理器，它减少了对系统内存分配和释放函数的调用。具体来说，许多邻接表被分组到一个更大的连续内存块中。这种改进的内存管理器减少了初始化阶段的时间，减少了一个数量级。此外，对图的更新也会变得更快。

虽然 cuSTINGER 已经被设计用来为 GPU 开发动态图算法，但它也可以用于静态图算法。因此，cuSTINGER 允许选择比当前的应用程序更好的内存分配模型。cuSTINGER 具有静态图和动态图的内存分配模式。对于在静态图上运行的静态图算法，cuSTINGER 可以分配所需的确切内存数量——类似于 CSR 的内存需求称为精确模式。cuSTINGER 还具有动态图内存分配模式，权衡了存储利用率和更少调用系统内存分配功能的能力。

由于 GPU 的并行化和更复杂的内存管理，cuSTINGER 分离了插入和删除过程。通

过分离插入和删除操作，cuSTINGER 实际的更新实现很简单。

aimGraph 类似于 cuSTINGER，是一种新的动态图存储数据结构。aimGraph 用一个 GPU 内存分配来初始化系统，并将设备上尽可能多的可用内存分配给框架。所有下面的分配调用都是通过请求从一个简单的内存管理器在内部进行处理的。这个简单的内存管理器从 CPU 初始化（设置边模式、块大小、内核启动参数），然后放置在之前分配在设备上的大内存块的开始。它持有一个指向已分配的设备内存的开始和结束的指针，并存储所有必要的管理数据。使用这种自主内存管理方法，该框架可以直接促进 GPU 上的所有动态内存需求，并通过避免来自主机的单个分配调用，显著减少运行时开销。aim-Graph 的内存管理器遵循 CPU C/C++ 程序中传统内存管理方法。静态数据放置在底部，动态堆栈区域直接放置在静态数据之后，而堆栈上的临时数据从顶部增长。

aimGraph 在 GPU 上的内存管理器中分配了以下 3 个区域。

- 静态数据。与 cuSTINGER 类似，在当前的实现中，顶点的数量被认为是静态的。不支持从图中添加或删除顶点，因此在初始化时知道静态数据段的大小。在应用程序的开始位置，内存管理器和之后的顶点管理数据结构被放置在设备内存中。管理数据被设置为一个数组的结构，每个数组的大小为顶点个数和参数大小的乘积。参数通常包含内存索引、邻居数量、容量、权重、类型和锁。所有单独的数组都被对齐地放置在内存中，方便进行访问。

- 动态数据。静态数据段以块管理后的数据就是动态数据段，块的大小取决于应用程序和边数据的大小。每个块存储邻接数据，并使用最后 4 个字节来指示以下块的位置。对于仅存储目标顶点的简单邻接，64 个字节就足够了，对于语义图，块的大小更大，以使每个块容纳更多的顶点。边块中的最后一个元素总是指向下一个边块的索引。这使得这种方法成为链表和邻接数组的组合，并允许数组内顶点的内存局部性。同时，如果需要增加边，该策略避免了整个块的重新分配，因为可以通过在最后一个块的末尾更新索引来分配另一个块。这种方法也可以在将来转向更复杂的内存管理。

- 临时数据。在初始化阶段，为了更新图和运行在图上的算法，可能需要额外的临时数据。例如，这可以是边更新（由源和目标顶点数据组成）或包含每个顶点的三角形计数的数组，以计算图结构中的总体三角形计数。这些数据就像一个堆栈一样被管理。内存管理器持有一个指向已分配内存末端的堆栈指针，并可以将该内存共享给算法，或推送更新到图结构。通过这种方式，可以管理整个设备内存，而不考虑设备内存的托管内存部分和所需的临时数据之间的权衡，内存管理器只需要检查临时数据是否溢出到动态数据段中。

aimGraph 在应用程序开始时，一个图被解析为一个 CSR（压缩稀疏行）格式，预处理内核开始计算每个顶点的内存需求，详细计算邻居的数量、每个顶点的容量和块需求以能够并行计算。使用块需求和独占前缀和扫描，可以计算所有单个边块列表的总体内存偏移量。通过使用这些信息，初始化内核可以完全并行运行，而不发生死锁。CSR 格式转化到 aimGraph 格式，只有一条指令，且只由一个线程执行。

aimGraph 支持 3 种不同的边类型：简单边，权重边和语义边。不同的边类型使用模板类和方法实现，因为大多数功能独立于边本身的具体表示，只是修改功能，其功能的变化通过重载函数实现。选择更大的边类型也会增加基本块的大小，也能够通过增加基本块大小来让每个块能够容纳更多的边。

在 aimGraph 中，边更新需要顶点设置一个锁，以防止对邻接表、邻居和容量的并发读写，如图 2.16 的算法 2.1 所示。另一方面，如果当前的容量不能容纳新边的更新，那么访问内存管理器只需要进行一次原子内存访问来获得一个新的块。

算法 2.1：使用锁的边插入算法

输入：edge update batch

输出：Edges inserted into graph

     Edge updates put onto stack；

1   **while** lock acquired **do**

2   read neighbours & capacity；

3   **for** vertices v in adjacency **do**

4   **if** v == DELETIONMARKER ‖ index ⩾ neighbours **then**

5   remember index；

6   break；

7   **if** v == edge update **then**

8   found duplicate，ignore；

9   break；

10   advance in EdgeBlockList；

11   **if** !edgeInserted && !duplicateFound **then**

12   get memBlock from memManager；

13   update adjacency，index，capacity & neighbours；

14   **else if** !duplicateFound **then**

15   insert element at index；

16   release lock；

图 2.16　使用锁的边插入算法的伪代码

在 aimGraph 中，边删除的工作方式与边插入类似，主要的区别是不需要访问内存管理器，因为不需要新的内存，如图 2.17 的算法 2.2 所示。此外，不会将空块返回给内存管理器，而是在再次为同一顶点插入边时重用它们。这样就可以在删除期间完全避免访问内存管理器。

算法 2.2：使用锁的边删除算法

输入：edge update batch

输出：Edges deleted from graph

     Edge updates put onto stack；

     read capacity；

1   **for** vertices v in adjacency **do**

2   **if** v == edge update **then**

3   atomically update Adjacency & neighbours；

4   one thread decreases neighbours；

5   break；

6   advance in EdgeBlockList；

图 2.17　使用锁的边删除算法的伪代码

aimGraph 与 cuSTINGER 的性能对比如图 2.18 所示。

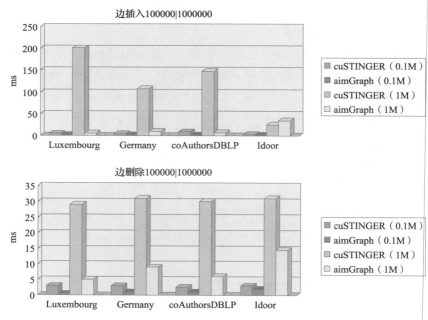

图 2.18   aimGraph 与 cuSTINGER 的性能对比

faimGraph 的核心思想是直接在 GPU 上执行所有内存管理，只需要分配大量内存，以避免与 CPU 之间的往返。这个块服务于图结构本身的所有内存需求，以及运行在图上的算法。在初始化期间，faimGraph 预先在 GPU 中准备这个块内存，如图 2.19 所示，以支持使用队列结构的动态分配和重新分配来跟踪 GPU 中未使用的内存。内存管理器用于跟踪单个内存部分和当前图的各种属性，如顶点/边的数量、空闲页面，以及未使用的顶点索引等。大部分内存用于顶点数据和边数据的页面的动态分配。这两个区域从内存区域的相反两侧生长，从而使顶点和边之间的比例不受限制。临时数据（更新或辅助数据结构）可以放置在堆栈中，堆栈后面是两个队列结构，用于回收已释放的顶点和边页面。由于完整的寻址方案使用相对索引，框架也可以从内存边界启动，因为在大多数情况下，重新初始化可以直接从旧的内存到新的内存，只是直接建立在设备上的两个内存上。如果内存资源更加稀缺，还可以从设备 CSR、主机 CSR 甚至主机传真图中以更高的成本重新初始化。

用于内存回收的核心实体是存储已释放的顶点索引和页面的索引队列。每当删除顶点或释放页面时，其索引将被传递各自的索引队列中。在资源分配期间，线程首先尝试从队列中弹出一个空闲元素，只有当它失败时，才会增加顶点或页面区域。使用这种方法，图中增长的变化不会像以前的方法那样影响所需的内存，因为图可以在特定区域增长，而在其他区域收缩。此外，这还使分配顶点和页面的时间复杂度为 $O(1)$。为了提高效率，可以使用基于数组的队列，它在索引的环形缓冲区上操作。这些队列必须支持来自数千个线程的并发访问和对空闲状态的有效查询。因此，faimGraph 为每个队列使用前置和反向指针以及填充计数器。线程首先访问填充计数器，以确定队列中是否有元素。只有这样，线程才会原子地移动指针以检索队列元素。由于队列中的条目是简单的索引，faimGraph 使用原子比较和交换向队列中插入或删除元素，同时使用空标记以避免写前读和读前写的危险。

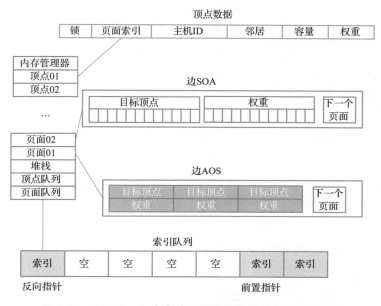

图 2.19　**faimGraph** 内存管理器管理的设备内存布局视图

faimGraph 中的顶点数据与 aimGraph 和 cuSTINGER 不同，aimGraph 和 cuSTINGER 均认为顶点数据是静态的。但是，动态图也有可能需要向图中添加或删除顶点。因此，faimGraph 配置了两种存储方法：①静态顶点管理可以遵循数组结构（structure of arrays）方法，这种方法可以使 GPU 内存访问更加有效，但是其使顶点和边数据无法动态分布；②动态顶点管理将顶点数据存储为一个动态增长的结构数组（arrays of structure），此数组中的单个结构可以通过顶点队列来释放和回收这些结构。根据图的类型，顶点可能需要不同的参数。由于内存管理没有确定到特定的顶点大小，因此每个顶点可以保存应用程序需要的尽可能多的参数。新的顶点的分配可以在 $O(1)$ 中实现，该过程首先查询顶点队列，从而重用从以前的交易中释放出来的索引。如果队列不包含任何可用的数据，faimGraph 只需获取顶点数组大小并通过原子操作来增加动态数组大小。删除一个顶点包括删除引用该顶点的所有边，并将其索引返回到顶点队列，以便以后重用。保持内存中所有顶点数据靠近另一个顶点数据的优点是可以使用简单的索引来引用顶点。此外，当按顺序存储顶点时，通过顶点进行迭代的算法会显示出有效的内存访问模式和更好的缓存行为。

分配单个顶点是合理的，因为不同顶点之间通常没有直接的共性，内存需求可以尽可能保持较低。这种策略对于边没有什么意义，因为通常有许多边来自同一顶点，这些边通常会按顺序迭代。因此，faimGraph 中的边数据被放置在固定大小的页面上，多个页面为每个顶点的边链表，以动态地调整邻接表的大小。这种方法可以看作是邻接表和邻接数组的组合，为页面内的边生成内存局部性。同时，如果需要增加或删除边，该策略通过简单地从链表中添加/删除一个页面，避免了整个邻接区域的重新分配。faimGraph 还可以通过向页面队列返回一个免费的页面索引，以便以后重用来释放页面。页面大小由分配和效率之间的权衡来确定。较小的页面能够获得一个更紧密的绑定，更接近一个顶点的实际邻接数，而较大的页面大小则可以更有效地遍历边。与此同时，页面大小过小也会增加指向下一页的指针数量（faimGraph 只需在每个页面上的最后 4 个字节作为指向下一个页面的指针）。因此，最合适的页面大小取决于应用程序，可以通过选择不同的页面大小来适应不同的场景。对于邻接数据本身，faimGraph 支持两种内存布局，根据图算法的遍历特性，两种布局均能在不同的算法下获得更好的性能。一方面，如果每条边需要多个属性，那么 AOS 方法可以提供更好的内存访问特性。另一方面，如果对单个属性进行查询，那么使用 SOA 是有利的。这些属性包括目标顶点（简单图）、权重（加权图）和时间戳（语义图）。对于简单的图，AOS 和 SOA 是相同的。

图结构通常通过内存中的索引来引用顶点，这减轻了查找顶点的查找过程。但是由于需要一个映射过程，即将 CPU 上的任意顶点标识符映射到 GPU 上的一个索引，因此增加了更新的成本。此外，删除顶点还必须通过删除引用所述顶点的所有条目来反映在邻接数据中。虽然边表现为页面的链接列表，但所有顶点都在同一个内存池中，需要并行更新以实现高性能。

边更新被认为是动态图的一种常用操作。faimGraph 增加了对多个协调线程的支持来改变邻接关系，这在扫描更大的邻接关系时效果更好。由于协调的线程需要通信，faimGraph 要么使用协作的线程块，要么使用 warp（在同一个 SIMD 单元上执行的线程组）。这种策略称为以更新为中心的方法，因为每个更新都被映射到单个的工作单元（线程/warp/块）。

为了在 GPU 上实现动态图结构插入、删除的快速更新，Awad 等人[8] 提出了一种基于哈希表的邻接表形式 Slab Hash。设计动态图数据结构的关键挑战是存储每个顶点的邻接表。Slab Hash 将图表示为每个顶点邻接表使用一个单独的数据结构，以及关联的句柄以达到这些邻接表来执行各种操作。哈希表表示的优点在于它支持高效操作，如图数据结构的基本操作查询。Slab Hash 的内存管理分为两部分，顶点字典内存和哈希表内存。顶点字典内存管理，定义了一个图所需要定义的顶点容量。顶点字典存储指向每个顶点的邻接表相连的哈希表指针。当插入超过顶点字典容量的顶点时，会增加顶点字典的容量后将其复制到一个新的内存位置，需要复制到每个哈希表的指针（包括指向新顶点关联哈希表的指针）。邻接哈希表内存管理，构造了一个哈希表需要选择和分配插入进程所需的桶（base slab）。在插入过程中，如果桶满了，则动态地为这个桶再分配一个新slab，该 slab 简单地连接到 list 的尾部。当执行顶点删除时，需要删除整个哈希表，Slab Hash 才会释放这个动态内存。Slab Hash 还为动态图的查询操作、边操作、顶点操作进行了特定的优化，使其在动态图存储中获取更高的效率。

　　哈希表虽然支持快速的索引，但是哈希表的创建、哈希冲突等存在大量的开销。为了减少这些开销，RisGraph[7] 提出了一种基于邻接表的混合数据存储格式，称为索引邻接表（indexed adjacency lists），其结构如图 2.20 所示。

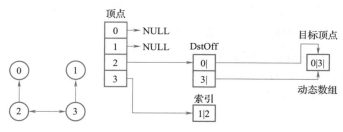

图 2.20　索引邻接表

　　对于每次更新的分析，图存储需要处理每个单独的更新，并提供一个更新的图，以便在短时间内进行有效的分析。使用数组来存储邻接列表可以支持更新，并提供接近压缩稀疏行的计算性能。LiveGraph 使用 bloom 过滤器，很好地支持细粒度的边插入，但在删除边时会在高度顶点上对边进行扫描。

　　索引邻接表结构使用数组来存储边以进行有效分析，并维护边的索引，以解决上述方法的缺点。在 RisGraph 中，每个顶点都有一个动态数组（数组满时的加倍容量）来存储其输出的边，包括目标顶点 id 和边数据。数组确保顶点的所有出边都连续存储。但是，为了完成细粒度的更新，数组会进行边查找。为了加速查找，RisGraph 为边维护 DstOff 的键值对，指示数组中的边位置。索引只为度大于阈值的顶点创建索引，通过过滤幂律图中的低度顶点，提供了内存消耗和查找性能之间的权衡。

　　RisGraph 使用哈希表作为默认索引，因为带有哈希表的数据结构为每次更新提供了平均的 $O(1)$ 个时间复杂度。此外，索引不会影响 RisGraph 的分析性能，因为图计算引擎可以直接访问邻接列表，而不涉及索引。

　　对于一条边的插入和删除，更新 RisGraph 图存储的平均延迟是几微秒。这是由于在 RisGraph 的数据结构中添加索引，该操作虽然需要的存储空间约为原始数据的 3.25 倍，但提供了巨大的查询加速。

　　以上的工作都关注于如何设计数据存储格式以提高动态图中边查找和更新的效率，没有事务和多版本的支持。LiveGraph[6] 同时支持事务性和实时分析的图存储系统，其关键设计目标是确保邻接表扫描是顺序的，也就是说，即使存在并发事务的情况下，邻接表也永远不需要随机访问。LiveGraph 将邻接表存储在一个事务边日志（transactional edge log，TEL）中，TEL 将多版本控制与顺序内存布局相结合。LiveGraph 的并发控制利用了 TEL 的与缓存对齐的时间戳和计数器，即使存在并发事务，也能够保留扫描的顺序性。TEL 同时允许顺序邻接表扫描和快速边插入。与图使用的一般结构不同，它具有纯顺序且可变的边存储。边在插入时只需要按照顺序存储在尾部有空插槽的连续块中即可，若它被填满，此时 TEL 会将其升级为更大的一个块。LiveGraph 的数据结构主要由顶点块（VB）和 TEL 组成。这些文件存储在一个由 LiveGraph 的内存分配器管理的大型内存映射文件中。这些块通过两个索引数组访问，一个顶点索引和一个边索引。对于顶点的更新相对少见，因此在顶点上，LiveGraph 使用标准的写时复制法，可以通过顶点的最新版本索引来找到该顶点的最新版本。而对于频繁更新的边，则使用 TEL 来进行存储，在每次更新时都将创建一个新的条目到 TEL 的尾部，该条目具有创建时间戳和无效时间戳，以指示其生命周期。对于新顶点，刚刚创建时，它的邻接表很小，当块满时，LiveGraph 将日志复制到当前大小两倍的空块中。LiveGraph 的数据结构如图 2.21 所示。

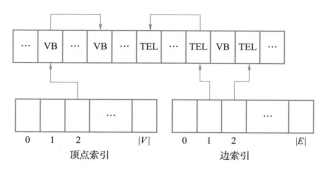

图 2.21　LiveGraph 的数据结构

在基于邻接表的数据存储格式中，基于块的链表虽然提高了空间局部性，但是遍历链表仍然需要随机访问。数组避免了遍历一个顶点的邻居的随机访问，但是搜索一条边最坏的情况需要遍历一个顶点的所有邻居。哈希的方法能快速定位一条边，但是哈希表的创建、哈希冲突，以及哈希的计算都存在开销。在混合数据结构存储 RisGraph 中，高度数顶点使用哈希索引，低度数顶点使用数组，在一定程度上减少了哈希的开销。基于邻接表的数据存储格式虽然支持快速更新，但是由于数据存储不连续，图遍历的效率低。

2. 基于 CSR 的数据存储格式

CSR 数据格式被广泛应用于静态图中，并使用 3 个数组表示稀疏图，分别是顶点数组、边数组和顶点属性数组。目前，基于 CSR 的数据存储格式多数与 PMA[9]（packed memory array）数据结构相结合，以支持快速的查询和更新，比如 APMA[9]、PCSR[10]、PPC-SR[11]、GPMA[12] 和 GraSu[13]。此外，基于 CSR 的动态图数据结构还有 LLAMA[15] 等。

PMA[9] 是一种数据结构，它在大小为 N 的数组中按照顺序维护 N 个元素的动态集。其通过在元素之间插入无效元素来使其在插入或删除时只需要移动少量元素。PMA 查找的时间复杂度为 $O(n\log n)$，插入和删除的时间复杂度为 $O(n\log^2 n)$。PMA 由一棵隐式完全二叉树组成。二叉树的叶子顶点大小为 $O(\log n)$（又称为段大小），并且叶子之间数据存储是连续的。二叉树的每个顶点都有一个上限和下限的密度（顶点中的数据除顶点中的空间）。当一个顶点的密度低于下限或者高于上限时，可以与邻居顶点一起重新分配数据以达到合理的密度。PMA 存储在数组中的数据之间存在空隙，所以在插入或删除时只需要移动少量元素，避免在每次插入或删除后更改整个数据结构。由于数据在内存或磁盘中按排序顺序物理存储，因此 PMA 与 CSR 类似，可用于支持极其高效的范围查询。PMA 存储格式如图 2.22 所示。

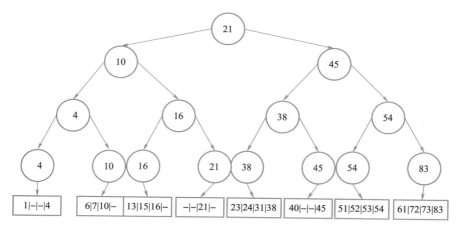

图 2.22　PMA 存储格式

在进行插入时，PMA 会通过均匀地间隔元素来进行重新平衡，而在自适应 PMA（adaptive packed memory array，APMA）[9] 中，会根据之前的插入不均匀地重新平衡元素，即在最近有插入元素的附近留下额外的空间，从而使其元素变动大部分成本来自重新平衡，而不是回收内存。

目前，很多基于 CSR 的数据存储结构与 PMA 相结合，并且在多种平台上都有实现。其中在 CPU 平台上的实现的工作有 PCSR 和 PPCSR；在 GPU 平台上的实现的工作有 GPMA；在 FPGA 平台上的实现的工作有 GraSu。

填充压缩稀疏行（PCSR）使用与 CSR 相同的顶点和边列表，但是对边列表使用 PMA 而不是数组。将边和顶点同时添加到图中，需要同时更新顶点和边列表。PCSR 使用一个 C++ 向量来存储顶点列表。顶点列表中的每个元素都存储指向边列表范围的开始和结束指针。边列表中的每个非空条目都包含目标顶点和边值。边列表中的每个顶点的范围在边列表中都有一个相应的哨点条目，该条目指向顶点列表中的源，用于更新顶点指针。在图 2.23 中展示了一个以 PCSR 格式存储的图的示例。顶点列表的大小为 $O(n)$，因为 PCSR 只为每个顶点存储两个指针。边 PMA 的大小是 $O(n+m)$，因为它为每条边和顶点存储一个条目。PMA 的大小为 $O(n)$，其中 n 为 PMA 中元素的数量。因此，PCSR 的总空间使用量为 $O(n+m)$，与标准 CSR 相同。

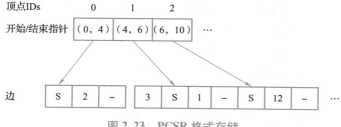

图 2.23　PCSR 格式存储

PCSR 通过使用指向顶点结构末端的指针扩展顶点数组的长度来添加顶点。然后，将哨点边添加到边结构中。在顶点结构的末端添加一个元素为 $O(1)$，向边结构添加一个元素为 $O(\lg2(n+m))$，因此添加顶点总时间复杂度为 $O(\lg2(n+m))$。

PCSR 添加一条边首先需要在顶点数组中找到该顶点，然后对该边数组的相关部分进行二分搜索，以按其目标索引的排序顺序插入该边。如果触发了一个再平衡，PCSR 会检查每一个移动的边，看看它是否为一个哨兵顶点。如果是，PCSR 用新位置更新顶点数组。在顶点结构中查找位置的时间复杂度为 $O(1)$，边数组相关部分的二分搜索时间复杂度为 $O(\lg(\deg(v)))$，插入的时间复杂度为 $O(\lg2(n+m))$，PCSR 添加边的总时间复杂度为 $O(\lg2(n+m))$。

PCSR 删除一条边与添加一条边相比是对称的。用二分搜索找到该边，然后将其从 PMA 中移除，并在必要时进行重新平衡。因此，运行的时间复杂度与添加边相同：$O(\lg2(n+m))$。

PCSR 删除顶点的操作较为复杂。首先，将边数组的开始指针和结束指针设置为 null。当未删除顶点的数量等于删除顶点的数量时，PCSR 还可以跟踪删除顶点的数量并重建整个结构。顶点只有在它所有的边都被删除后才能被删除。PCSR 需要在顶点结构中标记顶点，并从边结构中删除哨点。这需要的时间复杂度为 $O(\lg2(n+m))$。

为了维护带有 $O(n)$ 条目的顶点列表，PCSR 可以在每次被删除的顶点数超过顶点删除前的顶点数的一半时，简单地重建结构。PCSR 没有实现去除边和顶点，但它们的渐进性能是对称地添加边和顶点。

对于动态图的快速更新和快速范围查找，PMA 是一个很好的选择，因为它支持快速更新和缓存高效的范围查找。然而同时更新 PMA 会带来巨大的开销，因为可能需要重写整个结构。但是根据观察结果，PMA 非常适合并发更新，尽管偶尔需要重写整个结构。但是其大多数更新只写入结构的一小部分，且最坏的情况是具有高度并行和高缓存效率的。因此提出了 PPCSR，PPCSR 是 PCSR 的并行版本，是一种具有操作内和操作间并行和无死锁多对数跨操作的并行 PMA。相比 PMA，PPCSR 做了如下限制：①密度约束，为了确保并行的线程总是可以在不等待或阻塞的情况下插入，在 PMA 的叶子顶点上添加了更为严格的密度约束，以确保叶子顶点永远不会完全满；②左压缩属性，为了并行化锁定，强制 PMA 中顶点的左压缩属性，以便插入到一个区域而不会溢出到其他区域。PPCSR 并没有在 PMA 的叶子顶点中均匀分布元素，而是将它们连续地放在叶子顶点的开始处。扫描普通的 PMA 需要对每个顶点进行访问，确定其是否为空节点，而扫描具有左压缩属性的 PMA 减少了浪费的访问次数，将空单元格的数量从 $O(n)$ 减少到了 $O(n/\log n)$。PPCSR 操作内的并行性是指使用 work-span 模型加速 PMA 的数据重新分配内存的过程。在数据达到原申请的内存大小时，首先将数据重分配工作划分为多个互不依赖的工作子集，然后通过 fork-join 并行性来进行分治，从而加速数据重分配工作。PPCSR 操作间并行指的是使用共享内存的多写/多读模型支持同时进行多个更新操作。PPCSR 使用读写锁，并使用 lockorder 来避免发生死锁。

由于图分析通常涉及计算密集型操作，GPU 已经被广泛应用于加速处理。而在许多应用场景中，如社交网络、网络安全和欺诈检测，它们的图变化频繁，必须在 GPU 上重建图结构以合并更新。为了支持 GPU 上的动态图分析，需要解决两个问题：第一个问题是在 GPU 的设备内存中维护动态图存储，以实现有效的更新和计算；第二个问题是存储策略应该显示出其与现有 GPU 上的图分析算法的良好兼容性。GPU 上的图存储应考虑以下原则：①动态图存储应该有效地支持广泛的更新操作，包括插入、删除和修改，此外，它应该具有良好的局部性，以适应 GPU 的高度并行内存访问特性，以实现高内存效率；②物理存储策略应该支持通用的逻辑存储格式。基于 CPU 上的 PMA 的实现，GPMA 同时处理 GPU 上的一批插入。直观地说，GPMA 为一个线程分配一个插入，并使用基于锁的方法并发地为每个线程执行 PMA 算法，以确保一致性。更具体地说，插入的所有叶段都被预先识别，然后每个线程检查插入的段是否从下到上满足它们的阈值。对于每个特定的段，它以互斥的方式访问。

　　图 2.24 所示的算法 2.3 给出了 GPMA 并发插入算法的伪代码。突出显示了添加到原始 PMA 更新算法中的行，以实现 GPMA 的并发更新。如第 2 行所示，插入集中的所有条目都被迭代尝试，直到它们都完成为止。对于第 9 行所示的每个迭代，所有线程都从叶段开始，并以自下而上的方式尝试插入。如果一个特定的线程在第 11 行中的互斥竞争中失败，它将立即中止并等待下一次尝试。否则，它将检查当前段的密度。如果当前段不满足密度要求，它将在下一次循环迭代中尝试该父段（第 13~14 行）。一旦祖先段能够容纳插入，它将合并第 16 行中的新条目，并且该条目将从插入集中删除。随后，更新后的段将均匀地重新分配所有条目，进程将终止。

算法 2.3： GPMA 并发插入算法

```
1    procedure GPMAInsert(Insertions I)
2        while I is not empty do
3            parallel for i in I
4                Seg s BinarySearchLeafSegment(i)
5                TryInsert(s,i,I)
6            synchronize
7            release locks on all segments
8    procedure TryInsert(Seg s, Insertion i, Insertions I)
9        while s ≠ root do
10           synchronize
11           if fails to lock s then
12               return                    // insertion aborts
13           if (|s| + 1)/capacity(s) ≥ τ then
14               s <- parent segment of s
15           else
16               Merge(s,i)
17               re-dispatch entries in s evenly
18               remove i from I
19               return                    //insertion succeeds
20       double the space of the root segment
```

图 2.24　GPMA 并发插入算法的伪代码

虽然 GPMA 可以支持 GPU 上并发图更新，但仍存在着以下几个性能瓶颈。

1）GPMA 未合并的内存访问。每个线程必须从根段遍历树，以识别要更新的相应叶段。对于共享相同内存控制器（包括访问流水线和缓存）的一组 GPU 线程，内存访问将被取消合并，从而导致额外的 I/O 开销。

2）获取锁的原子操作。每个线程都需要获取锁才能执行更新。经常调用原子操作来获取锁将带来巨大的开销，特别是对于 GPU。

3）线程冲突。当一个段上的两个线程发生冲突时，其中一个必须中止并等待下一次尝试。如果更新发生在位于附近的段上，则 GPMA 将以低并行度结束。由于大多数现实世界的大型图具有幂律性质，线程冲突可能会加剧。

4）无法预测的线程工作负载。工作负载平衡是优化并发算法的另一个主要问题。GPMA 中每个线程的工作负载是不可预测的，因为不可能提前获得每个线程所遍历的最后一个非叶段且锁的互相竞争的结果是随机的。不可预测的性质引发了 GPMA 的工作负载不平衡问题。此外，线程在 GPU 上被分组为 warp。如果线程的工作负载很大，则同一 warp 的其余线程将空闲，无法重新调度。

基于如上的问题，文献［12］提出使用 GPMA+来消除上述的瓶颈。GPMA+不依赖于锁机制，并且同时实现了较高的线程利用率。现有的图算法可以像 GPMA 一样适用于 GPMA+。与单独处理每个更新的 GPMA 相比，GPMA+会根据所涉及的段并发地处理更新。它将复杂的更新模式分解为现有的并发 GPU 原语，以实现最大的并行性。GPMA+更新算法有 3 个主要组成部分：①更新首先按它们的键排序，然后分配到 GPU 线程，根据排序的顺序定位它们相应的叶段。②属于同一叶段的更新被分组以进行处理，而GPMA+以自下而上的方式逐级处理更新。③在任何特定的级别上，GPMA+都利用 GPU 原语来调用叶段更新的所有计算资源。

可以看出，GPMA 中未合并内存访问的问题是由组成部分①解决的，因为更新线程被提前排序，以实现类似的遍历路径。组成部分②完全避免了锁的使用，解决了原子操作和线程冲突的问题。最后，组成部分③利用 GPU 原语来实现所有 GPU 线程之间的工作负载平衡。

图 2.25 所示的算法 2.4 的 GPMA+插入过程中提出了 GPMA+的面向段插入的伪代码。插入项首先按第 2 行中的键进行排序，然后在第 3 行中识别相应的段。给定更新集U，GPMA+在第 4~15 行逐级更新段，直到所有更新都成功执行（第 11 行）。在每次迭代中，第 7 行中的统一插入将属于相同段的条目更新为唯一的段，即 S^*，并生成相应的索引集 I，用于快速访问位于 S^* 段中的更新条目。如第 19~20 行所示，统一段仅使用标准的 GPU 原语，即 runLenght 编码和排除扫描。编码通过将一个元素的运行合并到单个元素中来压缩输入数组，它还输出一个计数数组，表示每次运行的长度，为数组中的每个条目 e 计算 e 之前所有条目的总和。这两个原语是基于 GPU 的并行实现且非常高效，从而充分利用了大量的 GPU 核心。

在图处理中，FPGA 上的图算法已经得到广泛的研究，而基于 FPGA 的图更新加速器的设计仍然较少。作为动态图处理过程中的重要一环，图更新的效率至关重要。用传统的 FPGA 图加速器框架实现的图更新框架，顶点通常存储在片上的 BRAM 中，边数据存储在片外存储中（通常为 DRAM）。这种框架下，图更新的操作一般分为 3 步：①读取待更新的源顶点索引，从片外加载边表并存储到与图更新处理引擎相连的寄存器中；②将更新的边添加到边表中（或从中删除）；③将其写回到片外存储。这种架构使其性能受限于过多的片外通信。由于动态图更新只涉及一小部分顶点，具有空间相似性。因此，GraSU 提出了一种 FPGA 上的基于 PMA 的动态图数据存储格式来利用空间相似性进行快速图更新。GraSU 遵循 PMA 表示，在 GraSU 中，片上和片外的存储器都可以存储边数据。这会导致以下情况，段包含具有不同值级别的边，这使得数据组织极其困难。为了避免这种情况，GraSU 强制每个段只包含来自一个顶点的边。此外，传统的 PMA 格式在边阵列空间到达上限

	算法 2.4：GPMA+并发插入算法
1	**procedure** GpmaPlusInsertion(Updates U)
2	Sort(U)
3	Segs S BinarySearchLeafSegments(U)
4	**while** root segment is not reached **do**
5	Indices I←∅;
6	Segs S ∗←∅;
7	(S ∗ ,I) UniqueSegments(S)
8	**parallel for** s ∈ S ∗
9	TryInsert+(s,I,U)
10	**if** U = ∅; **then**
11	**return**
12	**parallel for** s ∈ S
13	**if** s does not contain any update **then**
14	remove s from S
15	s←parent segment of s
16	r double the space of the old root segment
17	TryInsert+(r,∅,U)
18	**function** UniqueSegments(Segs S)
19	(S ∗ ,Counts) RunLengthEncoding(S)
20	Indices I ExclusiveScan(Counts)
21	**return** (S ∗ ,I)
22	**procedure** TryInsert+(Seg s,Indices I,Updates U)
23	ns←CountSegment(s)
24	Us←CountUpdatesInSegment(s,I,U)
25	**if** (ns + |Us|)/capacity(s) < τ **then**
26	Merge(s,Us)
27	re-dispatch entries in s evenly
28	remove Us from U

图 2.25　GPMA+并发插入算法的伪代码

时，则会将其空间扩展一倍。但是，由于 FPGA 目前并不支持这种有效的动态内存分配，为了实现这一功能，GraSU 将芯片外内存预分配到许多空间中，并在必要时使用逻辑段空间来实现空间加倍。GraSU 的存储结构如图 2.26 所示。

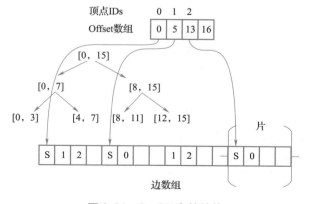

图 2.26　GraSU 存储结构

　　LLAMA 的实现是基于压缩稀疏行（CSR）实现，提出了一种多版本快照的 CSR 数据存储格式来增强这种表示以支持突变性和持久性，使其能够接受稳定的新数据流。当一个图第一次加载到 LLAMA 中时，它驻留在一个基本快照中，随后的每一个增量都将创建一个新的增量快照，其中包含新加载的顶点和边。因此，一个顶点的邻接表可以分布在多个快照中。LLAMA 中的图由多个边表组成，每个快照都有一个边表，每个边表存储连续的邻接表片段和将顶点 ID 映射到每个顶点结构的所有快照共享的单个顶点表。顶点表是一个大型的多版本化数组或 LAMA。默认情况下，LLAMA 只存储图的出边，这对大多数应用程序就足够了，用户也可以选择包含入边。通过复制间接数组来创建一个快照，要修改属于上一个快照的数据页面，首先需要对页面进行复制，更新间接数组以更改新页面。不同版本的顶点表可以拥有不同的大小。LLAMA 通过为快照创建一个更大的顶点表来向图中添加新的顶点。在磁盘中，LLAMA 默认将 16 个连续的快照存储在一个文件中，通过这样做，可以轻松地从已删除的快照中回收空间，同时保持文件的数量可管理。在进行数据加载时，LLAMA 按照快照 ID 的升序将数据加载到内存中。对于每个快照，LLAMA 从文件中映射适当的数据页，并构建内存中包含指向相应映射区域的指针的简介数组。使用元素的索引访问元素只需要访问两个指针。边列表是一个固定长度的 mmaped 数组，它包含连续存储的邻接表片段，每个片段都包含添加在给定快照的边。LLAMA 使用与其目标顶点对应的顶点 ID 表示成一条边。增量快照中的每个邻接表片段都有一个延续记录，该记录指向下一个片段。如果没有下一个片段，则指向 NULL。在删除顶点时，LLAMA 支持两种删除边的方法：默认情况下，LLAMA 通过将删除顶点 c 的整个邻接表写入一个带有 NULL 延续记录的新快照来删除边 u->v，这种方法时间高效，但是空间效率低；当删除过于频繁或删除的邻接表过大时，使用第一种方法会占用太多的空间，第二种方法使用删除顶点来代替。LLAMA 的存储结构如图 2.27 所示。

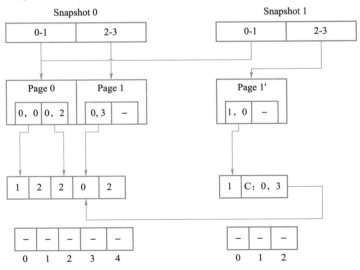

图 2.27　LLAMA 存储结构

因为 PMA 使用连续的数组存储边并且对数据进行排序，所以基于 CSR 的数据结构遍历图和查询的效率都比较高。但是由于所有的边共享一个数组，不同的更新之间可能会频繁冲突，所以难以支持高并发的快速更新。

3. 基于树的数据存储格式

基于树的数据存储格式使用树作为基本数据结构。这类数据结构通常使用一个搜索树以支持快速查询，并且在树的非叶子顶点或叶子顶点上做优化。基于树的动态图数据存储格式的主要工作有 Aspen[15]、TEGRA[16]、Teseo[17] 等。

原则上，纯函数树是对真实世界图动态特性的理想选择，因为它支持安全的并行性、轻量级的快照和查询的严格序列化性，而若直接使用它们进行图处理将导致严重的空间开销和较差的缓存局部性。Aspen 提出了 C 树，这是一种压缩的纯功能搜索的树数据结构，显著提高了纯功能树的空间使用和局部性。

C 树的主要思想是在树上应用一个分块方案，为每个树顶点存储多个元素。分块方案的元素集表示和某些元素头，存储在树。其余的元素存储在与每个树顶点关联的尾部中。为了确保在不同的树中提升相同的键，将使用哈希函数来选择提升哪些元素。C 树的一个重要目标是在提高空间和缓存性能的同时，保持与未压缩树相似的渐进代价界。

对于元素类型的元素，固定一个哈希函数，$h:K\rightarrow\{1,\cdots,N\}$，从一致随机的哈希函数族（$N$ 是足够大的范围）。设 b 是一个分块参数，一个控制分块粒度的常量。给定 n 个元素的集合 E，Aspen 首先计算头部的集合 $H(E)=\{e\in E\mid h(e)\bmod b=0\}$。对于每个 $e\in H(E)$，让它的尾部是 $t(e)=\{x\in E\mid e<x<下一个\ (H(E),e)\}$，其中下一个 $(H(E),$ $e)$ 返回 $H(E)$ 中大于 e 的下一个元素。最后，用键 $e\in H(E)$ 和相关的值 $t(e)$ 构建一个纯函数树。

然而，在 E 的最头部可能有一个没有关联的头，因此不是树的一部分。Aspen 将这个元素块称为前缀。Aspen 将一个尾部或一个前缀称为一个块。Aspen 将每个块表示为一个（可变长度）的元素数组。当元素是整数时，Aspen 可以使用差异编码来压缩每个块。整个 C 树数据结构由树的头部键和尾部值以及一个单一的（可能是空的）前缀组成。图 2.28 说明了纯函数树和 C 树的结构。

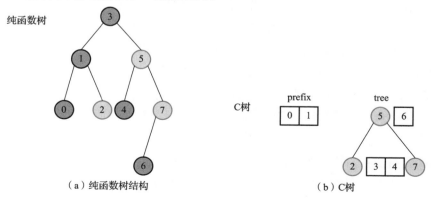

（a）纯函数树结构 （b）C树

图 2.28 纯函数树和 C 树的结构

　　C 树中块的期望大小为 b，因为每个元素在 h 下作为一个独立选择的头部，概率为 $1/b$。此外，这些块不太可能比 b 大得特别多，一个简单的计算表明，这些块的大小最多为 $O(b \cdot \log n)$，其中 n 是树中元素的数量。Aspen 选择为头的元素在任何包含它的 C 树中都是头，这一属性简化了 C 树上原语的实现。

　　考虑 C 树的布局与纯函数树的比较。预期的头数为 $O(n/b)$。因此，与分配 n 个树顶点的纯函数树相比，Aspen 减少了以 b 倍因子分配的树顶点的数量。由于每个树顶点都很大（在 Aspen 的实现中，每个树顶点至少是 32 个字节），减少顶点数量的 b 倍可以显著减少树的大小。

　　在纯函数树中，在最坏的情况下，访问每个元素都会导致缓存丢失，即使如果元素小于缓存行的大小也是如此。然而，在 C 树中，通过选择分块参数 b，以略大于缓存行大小（≈ 128），Aspen 可以在单个块中连续存储多个元素，并通过从块中读取的所有元素分摊缓存丢失的成本。此外该数据结构可以提供局部性的好处，因为适度的 b 值将确保读取除组成元素的所有 $O(1/b)$ 部分的头部将是连续加载的块。

　　在元素是整数的情况下，C 树数据结构可以利用元素按排序顺序存储在块中这一事实来进一步压缩数据结构。Aspen 对每个块应用一个不同的编码方案。给定一个包含 d 个整数的块，$\{I_1, \cdots, I_d\}$，Aspen 计算差异 $\{I_1, I_2 - I_1, \cdots, I_d - I_{d-1}\}$。然后使用字节码对这些差异进行编码。Aspen 应用了字节码，因为它们可以快速解码。

　　在常见的情况下，当 b 是一个常数时，每个块的大小都很小 $[O(\log n)]$。因此，尽管每个块都必须按顺序进行处理，但顺序解码的成本并不影响并行树方法的总体工作或深度。例如，映射 C 树中的所有元素，或找到一个特定的元素具有与纯函数树相同的渐进工作和最优 $[O(\log n)]$ 深度。为了使数据结构动态更新，在更新 C 树时还必须重新压缩块，这与解压缩块有类似的成本。

　　Aspen 只允许存储动态图的几个最新版本，并且不支持存储中间状态或更新先前查询的结果。而一些新兴的图应用程序在工作中需要支持高效的点对点分析——对图任意时间窗口进行查询的能力。TEGRA 提出了一种通用的、算法独立的增量迭代图并行计算模型。它利用了图并行计算通过对原始图进行迭代更改来进行演化。因此，图并行计算的迭代可以被看作是一个时间演化的图，其中快照是每次迭代结束时图的物化状态。在每个快照中，中间状态可以存储为顶点和边属性。由于时间间隔可以有效地存储和检索这些快照，因此可以通过对受影响的邻域调用图并行计算，以通用的方式执行增量计算。TEGRA 称这种模型为实体扩展增量计算（ICE）。

　　ICE 只对在每次迭代中受到更新影响的子图执行计算。为此，它需要找到在任何给定的迭代中应该参与计算的相关实体。为此，它使用存储时间间隔的方式，将计算分为以下 3 个阶段进行。

　　● 初始化阶段：当第一次在执行算法时，ICE 将顶点（以及算法需要时的边）的状态（使用保存 API）在图中存储为属性。每次迭代结束时，都会将一个图的快照添加到时间间隔中。该快照 ID 是使用图的唯一 ID、算法标识符和迭代号的组合来生成的。当要在一个新的快照上执行计算时，ICE 需要引导增量计算。直观地说，必须在引导时参与计算的子图由对图的更新和受更新影响的实体组成，例如，应该包含任何新添加的或更改的顶点。类似地，边修改要包含在计算中的源和/或目标顶点中。然而，仅凭受影响而发生变化的实体并不足以确保结果的正确性。这是因为在图并行执行中，图实体的状态依赖于来自其邻居的集体输入。因此，ICE 还必须包括受影响实体的一跳邻居，引导子图由受影响的实体及其一跳邻居组成。ICE 为此目的使用了扩展 API，图的计算将在这个引导子图上运行。

- 迭代阶段：在每次迭代中，ICE 需要找到正确的子图来执行计算。ICE 利用了图并行抽象的性质限制了迭代中更新的传播距离这一事实。直观地说，在任何迭代中可能具有不同状态的图实体将包含在 ICE 从上次迭代开始已经执行计算的子图中。因此，在初始化阶段之后，ICE 可以通过检查前一个迭代（使用差异）对子图的更改，并扩展到受影响实体的一跳邻域（使用扩展），在给定的迭代中找到新的子图。对于没有重新计算状态的顶点/边，ICE 只需从时间间隔中复制状态（使用合并）。

- 终止阶段：与初始化阶段相比，对图的修改可能会导致更多（或更少）的迭代次数。与普通的图并行计算不同，ICE 并不一定在子图收敛时停止。如果在初始执行的时间间隔中存储了更多的迭代，那么 ICE 需要检查是否必须复制图的未改变的部分。相反，如果子图没有收敛，并且没有相应的迭代，ICE 也需要继续进行迭代。ICE 的停止需要在子图已收敛并且没有实体需要从存储的快照中复制其状态。因此，ICE 不仅保证了增量执行的正确性，而且以图并行方式使得任何图算法能够增量执行。

实现时间抽象和 ICE 计算模型后，TEGRA 支持的存储还需要满足以下 3 个要求：①启用实时摄取更新，并使其在最短的时间分析；②支持空间的快照存储和中间计算状态；③快速检索和高效的操作存储时间。这些需求对于有效地支持时间演化图上的特别分析至关重要。但这又带来了许多问题，例如，禁止使用预处理。预处理通常被许多图处理系统所使用，以紧凑地表示图，并使计算效率更高。

TEGRA 利用持久的数据结构来构建一个分布式的、版本化的图状态存储。持久数据结构的关键思想是在修改时维护以前的数据版本，从而允许访问更早的版本。分布式图快照索引（DGSI）使用自适应基数树的持久性版本作为其数据结构。ART 提供了一些对图存储有用的属性，如有效的更新和范围扫描。持久性自适应基数树（PART）通过简单的路径复制向 ART 添加了持久性。为了构建 DGSI，TEGRA 在 Scala 中重新实现了 PART（以下简称 pART），并进行了一些修改以优化其进行图状态存储。TEGRA 还精心设计了 DGSI 的实现，以避免性能问题，例如，提供快速迭代器、避免不必要的小对象创建和在重写时优化路径复制。

TEGRA 使用两个 pART 数据结构来存储图：一个顶点树和一个边树。这些顶点可以由一个 64 位的整数键来标识。对于边，TEGRA 允许将任意键存储为字节数组。默认情况下，边键是由它们的源顶点和目标顶点，以及一个用于支持多条边之间的顶点对的附加短字段生成的。pART 支持前缀匹配，因此在这个键上使用匹配可以检索给定顶点的所有目标边。树中的叶子存储了指向任意属性的指针。TEGRA 创建了专门的 pART 版本，以避免在属性是原始类型时发生的解包/打包成本。

TEGRA 还支持几种图分区方案，以平衡负载和减少通信。为了在集群中的机器之间分布图，顶点被哈希分区，边也能够使用不同方法（例如，二维分区）进行分区。从逻辑上讲，在每个分区中，顶点树和边树都存储了一个子图。通过使用本地树，TEGRA 进一步摊销与修改图更新时的树相关的（已经很低的）成本。

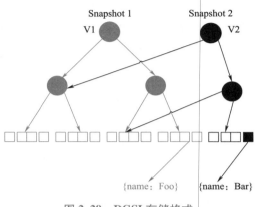

图 2.29　DGSI 存储格式

若要对图进行更新，TEGRA 需要将更新发送到正确的分区。在这里，TEGRA 在更新中的顶点/边上施加与原始图相同的分区。

DGSI 是一个版本化的图状态存储器，如图 2.29 所示。每个"版本"都对应于顶点中的一个根和分区中的边树——遍历根对中的树可以实现图快照。对于版本管理，DGSI 在每个分区中存储一个根目录和相应的"版本 ID"之间的映射。版本 ID 只是一个字节数组。

对于在版本上进行操作，DGSI 公开了两个受现有版本管理系统启发的低级原语：分支和提交。分支操作通过创建一个指向原始根的子项的新（短暂的）根，来创建图的新工作版本。用户在这个新创建的图上进行操作，而不担心冲突，因为根目录是他们独有的，在系统中不可见。在完成操作后，提交将通过把新的根目录添加到版本管理中来最终完成版本，并使系统中的其他用户也可以使用新版本。一旦对一个版本完成了提交，就只能通过"分支"该版本来进行修改。任何基于时间间隔的修改都会导致调用分支，并且在一定的时间间隔后保存 API 会调用提交。

Teseo 使用了树型索引作为主索引，受到 B＋树启发，Teseo 提出了一种名为 Fat Tree（胖树）的数据结构。如图 2.30 所示，胖树的内部顶点设计与 ART 树类似，是一种 Trie 树的变形以提高查询效率。叶子顶点使用前文提及的稀疏数组组织数据。胖树作为主索引能够更好地适应顺序访问模式。另外，为了更好地适应随机访问模式，Teseo 还使用了哈希表来提高随机点查找的效率。

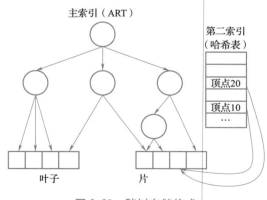

图 2.30　胖树存储格式

胖树的叶子顶点可能会产生上溢和下溢，不仅要对叶子顶点进行稀疏数组的重平衡操作，也需要和 B＋树一样进行相似的顶点合并和分裂。这些通常称为结构化操作（structural operations），结构化操作由后台的服务线程以异步的方式进行。基于树的数据存储格式虽然支持快速的更新，但是树数据结构的数据存储是不连续的。因此在查找和更新时，存在大量的随机访问。另外，为了更好地支持更新操作，叶子顶点中的块常常被分为两种形式，写优化（WOS）和读优化（ROS）。WOS 块的组织形式为与主索引类似的树型索引，两个指针提供查找和顺序扫描。ROS 块的组织形式与稀疏数组相似。WOS 块会被服务线程转换为 ROS 块。图 2.31 展示了叶子顶点中的 ROS 块和 WOS 块。

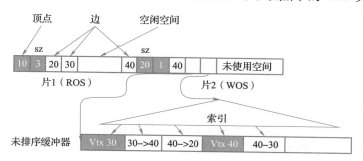

图 2.31　叶子顶点中的 ROS 块与 WOS 块

权重的存储相对于点边的存储较为简单。Teseo 假设权重是定长的，ROS 的权重按顺序存放在一个单独的块中。而在 WOS 块中，权重和边存储在一起。

Teseo 将顺序扫描使用只读事务实现，这类事务会获得传统的读锁存器。而对于读写事务，由于 Teseo 的锁存器不可重入（non-reentran）。所以读写事务只能获取乐观模式的锁存器以防止死锁。主索引胖树的每个内部顶点中都由锁存器以保证事务线程安全，叶子顶点同样由锁存器来保证线程安全。不同的是，对于服务线程和事务线程的并发中，需要考虑死锁的可能性，所以叶子顶点还需要添加对服务现场的锁存器。二级索引的哈希表使用了无锁实现，同样可以保证线程安全。Teseo 的 MVCC 实现与 Hyper 相似，使用原地更新，垃圾回收同样由服务线程负责。ROS 块中的多版本存储为单独区域，用指针关联原始数据项。图 2.31 展示了具体的布局。对于 WOS 下每个数据项的版本记录直接组织成链表。图 2.32 是 ROS 块的版本存储布局。

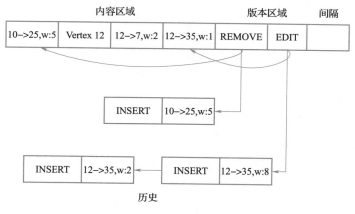

图 2.32　ROS 块的版本存储布局

4. 混合数据存储格式

与静态图不同，动态图不仅要考虑图的表示，还要考虑更新的顶点和边。此外，不同度数的顶点使用不同的数据结构，遍历和搜索的性能会各有不同。因此，使用单一的数据存储格式可能难以高效支持动态图。现有许多工作使用混合数据存储格式来存储动态图数据。混合数据存储格式通常使用多个数据存储格式进行存储，通常的划分方法有两种，分别是图表示和更新的边使用不同的数据存储格式以及以顶点的度数大小进行划分。其中前者主要工作有 GraphIn[18]、GraphOne[19] 等，后者主要工作有 DegAwareRHH[20]、Terrace[21] 等。

GraphIn 作为一个增量图处理框架，使用了一种新的称为增量收集应用分散（incremental-gather-apply-scatter，I-GAS）的编程模型，以一批序列增量处理连续的更新流（即边/顶点插入和/或删除）。GraphIn 采用混合数据结构，以边列表存储增量更新，以压缩矩阵格式存储图的静态版本。边列表允许更快的更新，而不会对增量计算的性能产生不利影响。压缩格式允许在整个静态版本上进行更快的并行计算。主要可以将其分为5 个阶段：静态图计算，不一致性图生成器，属性检查，增量 GAS 计算，合并图属性。

在静态图计算阶段中，静态图的计算遵循 GAS 编程模型，因此任何支持 GAS 的框架都可以用作静态引擎。同时还要负责元计算，用于增量逻辑。元计算涉及图属性的计算，如顶点父节点、顶点度等，这些是增量算法在 GraphIn 的后期阶段所需要的。

在不一致性图生成器阶段中，由于一个动态图的多个版本和快照之间，许多顶点的状态是随着时间的推移而保持不变的，因此它们的重新计算是冗余的。GraphIn 将不一致的顶点定义为在应用更新或更新批处理时，一个或多个属性受到影响的顶点。此阶段负责使用用户定义函数（UDF）构建不一致列表标记图表中不一致的部分。该 UDF 采用两个参数：更新批处理和用户定义的优先级。更新批处理由边或顶点插入和/或删除组成，在应用更新后，将从中构建一个不一致的顶点列表。这个不一致列表中的顶点被分配用户定义的优先级，默认情况下，所有不一致的顶点具有相同的优先级。这个阶段还可以选择构建一个用户定义的子图 G'，以供后面的阶段使用。默认情况下，G' 与原始图相同。

动态图分析的运行时间取决于算法和特定的更新选择。有一些类型的增量算法会导致图的大部分变得不一致，从而导致整个图需要进行重新计算。对于它们来说，增量处理相比静态重计算并没有任何性能优势，甚至可能由于与增量执行相关的开销而导致性能下降。为了处理这种情况，GraphIn 允许用户定义一种启发式方法，以确定何时使用一种计算形式而不是另一种。用户可以从一组预定义的图属性（例如顶点度）中进行选择，也可以定义自己的属性，这些属性会影响增量算法的运行时间。然后，框架将使用选定的属性，通过为每个更新批调用属性检查来决定是运行增量重计算还是静态重计算，这称为"基于属性的双路径执行"。属性检查接受 4 个参数：不一致性列表、属性列表、阈值向量和阈值分数。属性列表定义了考虑的图属性集。阈值向量为属性列表中的属性定义了一组阈值，如果超过（或低于）这些阈值，增量处理的性能将大幅降低。

最后，阈值分数定义了高于（或低于）相应属性阈值的不一致顶点的比例。

增量 GAS（即 I-GAS）阶段确保只增量地重新计算图中不一致的部分，而不是整个图。I-GAS 引擎识别演进图的两个连续版本之间的重叠，并通过只打开新的计算前沿来增量地处理图。在这里，用户实现了 I-GAS 程序以及 activate frontier( ) 和 update inconsistency list( ) 的 API，它们的原型是：activate frontier(G，inconsistency list)，update inconsistency list(G，inconsistencylist，frontier)。如图 2.33 算法所示，I-GAS 循环由 3 个基本步骤组成，这些步骤不断迭代，直到不一致列表变为空为止。它从一组不一致的顶点开始，调用 activate frontier( ) 来使用阶段 Ⅱ 中定义的顶点优先级激活或打开下一个计算边界，然后运行 I-GAS 程序。一个 I-GAS 程序由收集、应用和分散函数的增量版本组成。默认情况下，用于静态执行的 I-GAS 程序与 GAS 程序相同，但用户可以在必要时选择覆盖它。最后，利用新的计算前沿信息更新顶点不一致性列表。

算法 2.5：每个更新批处理的 I-GAS 循环计算

```
1    procedure IGAScomputation( , inconsistency_list)
2        while ( !inconsistency_list. isempty( ) ) do
3            frontier = activate_frontier( G', inconsistency_list) ;
4            IGAS( G' )
5            update_inconsistency_list( G', inconsistency_list, frontier) ;
```

图 2.33　每个更新批处理的 I-GAS 循环计算过程的伪代码

最后一个阶段负责合并更新的顶点属性信息，并将边插入到静态图的最新版本 G 中，从而生成下一个版本的图。一些增量算法必须在算法的每次迭代中同时容纳来自最新更新批处理的插入和删除。在进行下一个更新批之前，必须将这些更新应用到 G。其他算法，通常是那些在图中计算半局部化属性的算法，只需要考虑删除。还有一些算法，其中每个增量迭代都不依赖于前批中的插入或删除，这通常是只利用局部属性的算法。基于上述算法的考虑，GraphIn 支持 3 种模式的合并：全合并，部分合并和不合并。全合并即插入和删除与静态图 G 合并；部分合并使删除和插入二者之一的操作与 G 合并，这样框架推迟了对原始图应用其余更新；不合并更新批中的插入和删除都不会与 G 合并，框架会延迟应用插入和删除。

与 GraphIn 类似，GraphOne 也使用了两种存储结构来对动态图进行存储，但 GraphOne 使用了两种互补的图存储格式——边列表和邻接列表，并使用双版本控制来将图计算与更新解耦。同时，GraphOne 将数据存储从分析系统中抽象出来，以解决与通用图数据存储相关的问题。其系统与当前其他图分析系统的比较如图 2.34 所示。

具体来说，GraphOne 中邻接存储区以邻接列表的格式保持较旧的数据，由一个顶点数组，每个顶点的边列表和一个多版本化的度数组组成。顶点数组包含每个顶点的 flag 和指向边数组的第一个和最后一个块的指针。添加一个新顶点是通过在每个顶点 flag 中设置一个特殊的位。顶点的删除将在同一 flag 中设置另一个位，并将其所有边作为已删除边添加到边日志中。边列表包含邻居列表中每个顶点的边，可能包含很多小的边块，

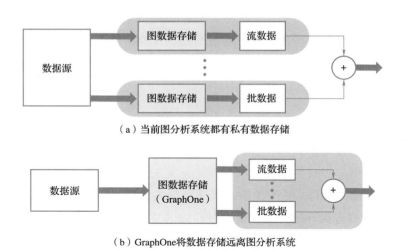

（a）当前图分析系统都有私有数据存储

（b）GraphOne将数据存储远离图分析系统

图 2.34 GraphOne 与当前其他图分析系统的比较

每个边块包含一个块中的边的计数和指向下一个块的内存指针。一个边的添加总是发生在每个顶点边列表的末尾，需要分配一个连接到最后一个块的新边块。删除边时则不需要释放删除的边块，从而使删除不会破坏之前计算的收敛性。度数组包含每个顶点的相邻边数据结构来支持多版本的邻接表，因为来自旧的邻接存储快照的度数组可以识别从最新边列表访问的边。GraphOne 利用这个属性定制结构，以提供快照功能。GraphOne 中的度数组也是多版本化的，以支持邻接存储快照。它保留每个顶点的添加和删除边数的总数，这两个计数有助于获得有效的相邻边。当为一个顶点添加或删除边时，将在每个版本的度数组中为该顶点添加一个新的项。顶点数组与度数组分离，有利于实现邻接表的多版本控制，因为与旧快照对应的度数组顶点将被释放和回收，并不影响其他数据结构。快照列表是一个快照对象的链接列表，用于管理每个版本上的边日志和邻接存储之间的关系。每个顶点包含一个对创建邻接列表快照的边日志的绝对偏移量，以及一个引用计数，以使用此邻接表来获取快照。

GraphOne 数据管理面临的关键问题是最小化非归档边的大小、提供原子更新、数据排序和旧快照的清理。顶点和边的添加和删除以及边权值的修改都被认为是原子更新。GraphOne 的数据管理由 4 个阶段组成：日志记录、归档、持久和压缩。客户端线程发送更新，记录到边日志是在同一线程上下文中同步发生的。归档阶段使用多个工作线程将未归档的边移动到邻接存储，其中一个线程承担主线程的角色，称为归档线程。持久阶段发生在一个单独的线程中，而压缩是多线程的，但发生得晚得多。当未归档边的数量超过一个阈值（称为归档阈值）时，客户端线程将唤醒归档线程和持久线程，以启动归档和持久阶段。

GraphOne 还提出了一种新的数据抽象 GraphView，可以在两个不同粒度的数据摄取（称为数据可见性）上访问数据，从而可以在只有少量数据复制的情况下并发执行不同类型的实时图分析。GraphView 数据抽象通过嵌入数据可见性选项隐藏了混合存储的复杂性，并通过提供 API 简化了数据访问。静态视图适用于批量分析和查询，而流视图适用于流处理。例如，对未归档边的访问在边级粒度上为分析提供了数据可见性。多个视图可以在任何时候共存，而不会产生太多内存开销，因为视图数据由相同的邻接存储和未归档的边组成。

GraphIn 和 GraphOne 将图表示和更新的边分别使用不同的数据结构存储，一定程度上弥补了各自的缺陷。但是一个理想的数据结构应取决于图算法的访问模式和进行更新的成本。如果顶点的度数较低，那么简单的数据结构（例如数组）会产生最少的间接访存并支持高效的遍历和更新。但是，如果顶点的度数较高，则可能更适合复杂的数据结构，例如具有更好搜索和更新性能的哈希表和树。因此，基于顶点度数的划分策略将会是一个很好的方案。目前，基于顶点度数的划分策略的主要工作有 DegAwareRHH、Terrace 等。

DegAwareRHH，这是一种高性能的动态图数据存储，旨在通过利用具有高数据局部性的紧凑散列表来扩展到存储大型无尺度图。DegAwareRHH 还能够扩展到多个进程和分布式内存，并使用新兴的大数据高性能计算系统，在大的无尺度图上进行动态图构建。

为了最小化访问 NVRAM 的次数，避免页面丢失，DegAwareRHH 选择了局部性和紧凑性较强的罗宾汉哈希[22]（Robin Hood hashing，RHH）。RHH 是一种开放寻址哈希。在进行元素插入时，为了维持表中所有元素的平均探测距离较小，RHH 在将新元素插入到散列表的某个位置时，若现有元素探测距离小于或等于新元素的探测距离，RHH 便会尝试移动一个现有元素。当进行元素删除时，并不是简单地删除该元素的所有数据并向前移动后续元素，而是通过设置一个墓碑标志，使该元素被删除的同时保持现有的探测距离。这样一来可以降低在插入或删除元素时的移动元素的成本，但这样会在完成多次删除后，使平均距离变大。为了防止这种情况，DegAwareRHH 定期进行重新散列，删除已删除元素，减少活跃元素的探测距离。

DegAwareRHH 基于使用罗宾汉哈希的邻接表数据结构模型用来管理无标度图（有许多低度顶点和少数非常高的顶点）。DegAwareRHH 通过顶点类型将使用两种不同的数据结构：对于中高度数的顶点，由于其定位一个特定边的代价很高，因此为了快速定位特定边，对边列表使用哈希表来有效的处理插入并保持访问局部性；对于度数低的顶点，所有顶点的边数据使用一个哈希表来存储，以降低低度数顶点的一些高开销操作的成本。当哈希表接近满时，它的性能会迅速降低，为了防止这种情况，当不包括墓碑的元素超过其容量的 90% 时，将哈希表的容量加倍。

DegAwareRHH 的示例如图 2.35 所示。根据源顶点的程度，边存储在两种类型的表中：低次表和中高次表。低次表将边存储在一个紧凑的表中，即直接使用罗宾汉哈希。中高次表由顶点表和边块组成。顶点表存储源顶点的信息，如源顶点的 ID 和顶点属性数据。邻接边存储在边块中，顶点表保存指向边块的指针。为了用常数时间定位特定的边，还对边块使用罗宾汉哈希。在当前的实现中，仅为每个元素分配了 1 字节的额外空间来构建一个罗宾汉哈希表（7 位用于探测距离，1 位用于目标标志）。

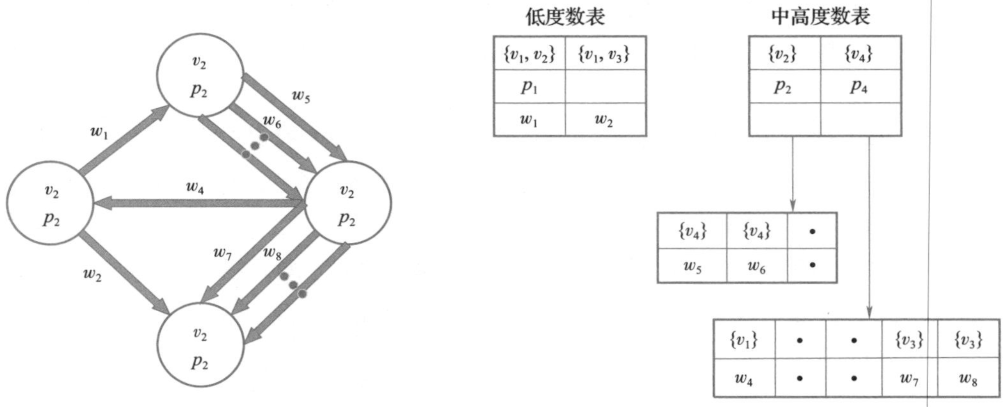

低度数表

$\{v_1, v_2\}$	$\{v_1, v_3\}$
p_1	
w_1	w_2

中高度数表

$\{v_2\}$	$\{v_4\}$
p_2	p_4

$\{v_4\}$	$\{v_4\}$	·
w_5	w_6	

$\{v_1\}$	·	·	$\{v_3\}$	$\{v_3\}$
w_4	·	·	w_7	w_8

图 2.35 DegAwareRHH 的示例

分布式内存中 DegAwareRHH 通过 MPI 实现来存储分布式图。采用分布式异步访问队列作为 DegAwareRHH 的驱动程序。访问者队列框架提供了并行性，并通过异步通信在 MPI 上创建了一个数据驱动的计算流。所有访问者都是异步传输、调度和执行的。在构建图之前，首先需要确定顶点的分配策略——哪个进程负责给定的顶点。为了确定一个新的边请求 eid 的所有者进程，由一个操作和一个源、目标对组成，使用一致哈希。顶点的所有者进程计算如下：hash(eid. source) mod P，其中 P 为进程数，所有进程使用相同的哈希函数。由于这种策略，任何进程都可以在常数时间内确定给定顶点的所有者，从而确定任何边的目标位置。每个进程独立地读取图构造请求（插入/删除），并将它们依次传递给访问者队列。如果访问者队列是源顶点的所有者，它会立即将请求应用到本地图存储中；但是，如果顶点的所有者是一个远程进程，它会将请求推入其本地消息队列（包装在访问者对象中），并在队列满时使用异步通信发送给访问者。每个进程定期检查其接收队列，并将接收到的访问者作为对本地存储的访问来执行，即将图构造请求应用到本地进程中。

与 DegAwareRHH 类似，Terrace 使用了分层数据结构设计，根据顶点的度，在不同的数据结构中存储一个顶点的邻居。Terrace 设计的第一个原则是，基于顺序维护的数组和基于树的数据结构提供了不同的保证，并在可更新性和遍历成本方面表现出交叉点。为外部内存模型设计的树（如 B 树）可以快速更新并实现渐近最优成本以列出所有元素，但访问内存的顺序是随机的。相比之下，有序的类数组结构的插入成本比树低，但支持快速遍历，因为它们连续地存储在内存中。在实际应用中，树状结构和数组结构的更新性能存在一个交叉点，这取决于结构中元素的数量。因此，顶点的邻居结构的选择应该取决于顶点的度。

Terrace 设计的第二个原则是顶点应该共享连续的基于数组的局部结构，但前提是它们的度不是太高。在顶点之间共享一个类似数组的结构可以避免在遍历边时切换顶点时缓存丢失。然而，如果顶点具有很高的度，节省缓存缺失的效果可以忽略不计，因为遍历所有边的成本占主导地位。此外，在顶点之间共享数据结构可以用改进的局部性换取较慢的更新速度，因为更新成本取决于结构的总大小。将高度点存储在类似数组的结构中会减慢结构中所有顶点的更新速度。因此，高度顶点应该将它们的邻居存储在单独的逐顶点数据结构中，这样它们就不会影响更新小次顶点的成本。高度顶点更适合基于树的结构，因为它们需要更好的渐进更新保证。

由于连续数据结构的好处取决于使用它的顶点的程度，Terrace 建议将顶点邻居存储在基于顶点程度的类数组或类树结构中。Terrace 提出了一种分层设计，在共享的基于数组的结构中存储中度数顶点的邻居，在基于树的结构中存储高度数顶点的邻居。在基于数组的结构中存储中度数顶点的邻居可以改善遍历期间的缓存局部性。Terrace 限定了数组结构中任何顶点所能拥有的最大度数，因此数组结构的总大小是有界的。相比之下，在树结构中存储高度数顶点的邻居可以确保更新这些顶点不会限制整个系统的更新吞吐量。

除了根据顶点度在不同的数据结构中存储邻居外，一种自然的优化方法是在适当的位置存储一些邻居，因为访问邻居需要访问至少一条缓存行来查找指向下一个数据结构的指针。将每个顶点的邻居存储在一个错位的数据结构中会破坏图查询和更新时的局部性。相反，在同一条缓存行上存储一些邻居可以避免访问单独的数据结构而导致缓存丢失。

这种多层次的结构使得 Terrace 能够根据顶点的度动态地划分顶点，并适应底层图。Terrace 基于顶点的度数，将其分为 3 类顶点，即低度数顶点、中度数顶点和高度数顶点，并分别存储在 3 种数据结构中：排序的数组，基于 PMA 的数据存储格式和 B 树。低度数顶点存储在一个排序的数组中，并为每个顶点分配缓存行大小倍数的空间，减少甚至避免了缓存不命中。中度数顶点的存储格式是基于 PMA 的，PMA 中所有顶点的邻居都存储在连续的内存位置中，因此能够支持缓存高效地遍历，类似于 CSR 中的边列表。而在这种格式中存储高度数顶点，会导致更新速度变慢。因此，高度数的顶点将它们的邻居存储在 B 树中，这种数据结构可以快速进行修改，并具有最小的空间开销和良好的扫描性能，以确保更新这些顶点的操作不会成为整个系统更新吞吐量的瓶颈。其存储格式如图 2.36 所示。

如图 2.36 所示是一个存储在 Terrace 中的图的例子。如果一个顶点有相当高的度，它的边可以存储在多个数据结构层，在 Terrace 中，任何顶点的邻居最多只能存储在两层中。每个顶点在第一层中都有一个顶点块。然而，每个顶点块只能存储少量的邻居。如果一个顶点的邻居不适合它的顶点块，它剩余的邻居存储在 PMA 或 B 树级别。Terrace 对不同层次上的每个顶点保持全局域顺序，即位置邻域始终是有序的，并且最大的位置邻域小于 PMA 或 B 树中的最小邻域。混合数据存储格式使用了多种数据存储格式，一定程度上可以互相弥补各自的缺陷。但是多种数据存储格式的合并或者之间的转换存在开销。

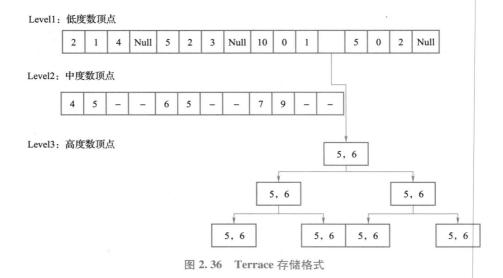

图 2.36 Terrace 存储格式

2.2 图计算编程示例

本节将按不同类型介绍一些常用的图计算算法，并展示它们的典型应用场景和编程示例。

2.2.1 图遍历类算法编程示例

1. 广度优先搜索（BFS）算法

如 1.2.1 节所述，BFS 是一种盲目搜索法，从图中的顶点 v 出发，首先访问起始顶点 v，接着由 v 出发，依次访问 v 的各个未访问过的邻接节点 $w_1, w_2, \cdots, w_i$，将它们看作活跃顶点，然后再依次访问活跃顶点 $w_1, w_2, \cdots, w_i$ 中的所有未被访问过的邻接节点。再从这些访问过的节点出发按如上所述的方法进行下一轮的迭代，访问它们所有未被访问过的邻接节点。如此执行，直到一轮迭代中不产生新的活跃顶点，迭代结束。

为了进一步阐述 BFS 算法的原理，本节介绍在 Ligra 系统实现 BFS 算法的伪代码[23]。Ligra 是单机图处理框架，可以让图遍历算法编写起来更加简单。关于 Ligra 系统的更多特性，本书将在 4.2.1 小节中详细说明。在这里先介绍 Ligra 系统基本编程的 API，方便之后对算法的讲解。

Ligra 系统提出了顶点子集 vertexSubset、点映射 VERTEXMAP 和边映射 EDGEMAP 概念。对于图 $G = (V, E)$，顶点子集 vertexSubset 是顶点集合 V 的一部分；VERTEXMAP 处理子集中的顶点，把用户自定义的函数应用到每个顶点上；EDGEMAP 处理边的子集，这些边的源顶点是顶点子集 vertexSubset 中的顶点，并且会根据 vertexSubset 的大小自适应地调整稀疏或稠密模式。

Ligra 基本接口如下：

1. SIZE(U:vertexSubset):$\mathbb{N}$.

SIZE 返回顶点子集 vertexSubset 的大小。

2. EDGEMAP(G:graph,

     U:vertexSubset,

     F:(vertex×vertex)→bool,

     C:vertex→bool):vertexSubset

EDGEMAP 对所有源顶点在顶点子集 U 且目标顶点满足条件 C 的边应用用户定义函数 F。即对于所有活跃边集 $E_a = \{(u,v) \in E \mid u \in U \wedge C(v) = \text{true}\}$ 上的边应用函数 F。EDGEMAP 最终返回的值是一个顶点子集：$\text{Out} = \{v \mid (u,v) \in E_a \wedge F(u,v) = \text{true}\}$.

用户定义函数 F 可以并行运行，因此在编写时需要注意并行的正确性。函数 C 在与顶点相关的值只需要更新一次（如广度优先搜索）的算法中很有用。如果不需要，可以使用默认函数 Ctrue，它总是返回 true。

3. VERTEXMAP(U:vertexSubset,

      F:vertex→bool):vertexSubset

VERTEXMAP 将用户定义函数 F 应用到顶点子集 U 中的每个顶点，同样，函数 F 可以并行运行。它的返回值也是一个顶点子集：$\text{Out} = \{u \in U \mid F(u) = \text{true}\}$。

在 Ligra 系统下的 BFS 算法如图 2.37 所示，它基于上述的顶点映射与边映射。Frontier 表示顶点子集，初始时只包含了源顶点 v。首先执行 EDGEMAP 函数，将函数 UPDATE 应用在 frontier 中满足 COND 条件的顶点。UPDATE（如第 2~3 行所示）执行一个原子操作 CAS(loc,oldV,newV)：当存储在 loc 位置上的值与 oldV 相等，它就会将新的值 newV 存储在 loc 位置上并返回 true，反之它不会更改 loc 上的值并返回 false。在这里它能保证并行正确性的同时自动更新每个顶点的访问状态。函数 COND（如第 4~5 行）根据当前顶点的 Parents 值是否为 1 来判断顶点是否已经被访问。通过不断迭代地访问每个未被访问顶点以及其邻居顶点，直到顶点子集中不产生新的顶点，使得算法最终达到收敛状态。

算法 2.6：BFS

输入：图 $G = \{V, E\}$,指定源顶点 v

输出：图广度优先遍历后的结果 Parents

1   Parents = $\{-1,-1,-1,\cdots,-1\}$;//−1 表示顶点未被访问

2   **procedure** UPDATE(s,d)

3   **return** (CAS(&Parents[d],−1,s));//更新 Parents[d]的值

4   **procedure** COND(i)

5   **return** (Parents[i] == −1);

6   **procedure** BFS(G,v)

7   Parents[v] = v;

8   Frontier = {v};//顶点子集初始时只包含源顶点

9   **while**(size(Frontier) > 0) **do**

10   Frontier = EDGEMAP(Frontier,UPDATE,COND);

11   **return** Parents;

图 2.37 Ligra 系统下的 BFS 算法的伪代码

2. 单源最短路径（SSSP）算法

单源最短路径问题，是对于给定源顶点 v_0 到图 G 上其他顶点的最短距离的问题。它属于图遍历类算法。Dijkstra 算法是典型的 SSSP 算法，它采用贪心算法的策略，可以计算非负权值图里的单源最短路径问题，算法流程如 1.2.1 节所述。

Ligra 系统下的 Dijkstra 算法伪代码[23] 如图 2.38 所示。

算法 2.7：SSSP 算法（Dijkstra 算法）

输入：带权图，边权值向量，指定源顶点
输出：图所有顶点与的距离向量 Dist

```
1     Dist = {∞, ∞, …, ∞};
2     Flag = {0,0,…,0};
3     procedure COND(v)
4         return Flag[v] == -1;
5     procedure SSSPUpdate(S,d,w)
6         if (WriteMin(&Dist[d], Dist[s]+W[s,d])) then
7             return 1;
8         return 0;
9     procedure Dijkstra(G,w,s)
10        Dist[s] = 0;
11        Flag[s] = 1;
12        Frontier = {s};
13        Round = 0;
14        while (round<|V|) do
15            round = round+1;
16            Frontier = EDGEMAP(G,Frontier,SSSPUpdate,COND);
17            candidate = VERTEXMAP(V,COND);
18            //在候补子集中找到当前距离最短的顶点
19            r = FindMinDist(candidate);
20            Flag[r] = 1;
21            Frontier = {r};
22        return Dist;
```

图 2.38　Ligra 系统下的 SSSP 算法（Dijkstra 算法）伪代码

初始时，除源顶点外所有顶点的距离设为 ∞。Flag 表示顶点是否找到了最短路径，初始时除了源顶点外所有顶点均设为 0。顶点子集每次只处理一个顶点，初始时选择源顶点 s。EDGEMAP 传递的函数 SSSPUpdate 如第 5~8 行所示，而第 14~20 行的 while 循环每一轮可以确定一个顶点离源顶点 s 的最短距离。原子操作 WriteMin(x,y)，将当前位置 x 上的值和 y 值中的更小值写入位置 x 中。在算法中，SSSPUpdate 将以当前顶点为中介，判断其邻居是否以该顶点为中介后能得到更短的路径，如果存在更短路径，则更新其邻居的值，以此找到更短的路径。之后维护另一个顶点子集 candidate，它包含所有 Flag=0 中的顶点，执行 FindMinDist 在 candidate 中找到当前迭代轮次中具有最短路径的顶点 r。由此找到了一个顶点的最短路径，并为它标记 Flag=1，并在之后的迭代中将顶点 r 加入 Frontier 中。循环 $|V|-1$ 次后结束，并得到了图中所有顶点与源顶点 s 的最短距离向量 Dist。

　　在非带权图中，单源最短路径问题也可以用广度优先搜索的方法来解决。SSSP 算法借助 BFS 的思想，在每轮迭代过程中，如果当前顶点 v 访问的邻接顶点 u 的权值大于顶点 v 的权值和它们之间的边权值的和，那么算法修改顶点 u 的权值，并将它被置为活跃状态，如此反复迭代，直到不产生新的活跃顶点，算法结束。

　　基于上述 BFS 思想的 SSSP 算法在 Ligra 系统上的伪代码如图 2.39 所示[23]。初始时，除源顶点外所有顶点的权值设为 ∞，从源顶点开始处理。SSSPUpdate 传递 EDGEMAP 如第 2~5 行所示。WriteMin(x, y) 执行原子操作，将位置 x 上的值与 y 值中更小的值传入回位置 x，当位置 x 上的值发生改变时，返回 true，反之返回 false。在一轮迭代中，当前顶点的邻居从该顶点出发发现了更短的路径，那么该邻居的权值发生变化，并加入到 frontier 中。当 frontier 为空时，迭代收敛，算法结束，得到了图中所有顶点与源顶点的最短距离。

算法 2.8：SSSP（基于 BFS 思想）

输入：带权图,边权值向量,指定源顶点
输出：图所有顶点与的距离向量 Dist
1　　Dist = $\{\infty, \infty, \cdots, \infty\}$；；
2　　**procedure** SSSPUpdate(s, d, w)
3　　　　**if** (WriteMin(&Dist[d], Dist[s] +w[s, d])) **then**
4　　　　　　**return** 1；
5　　　　**return** 0；
6　　**procedure** SSSP(G, w, s)
7　　　　Dist[s] = 0；
8　　　　frontier = $\{s\}$；//初始时顶点子集仅包含源顶点
9　　　　**while** (SIZE(frontier) $\neq 0$) **do**
10　　　　　　frontier = EDGEMAP$(G, frontier, SSSPUpdate, C_{true})$；
11　　　　**return** Dist；

图 2.39　Ligra 系统下 SSSP（基于 BFS 思想）算法的伪代码

3. 连通分量（CC）算法

　　连通分量（connected component，CC）代表无向图内所有顶点都相互连接的最大的子图。连通分量可以根据给图编号的方式来表示，为每个顶点赋一个编号值，在同一个连通分量的顶点具有相同的编号值。CC 算法可以通过简单的图遍历如 DFS、BFS 来实现，当从一个顶点 v 遍历到顶点 u 时，如果顶点 v 的编号值小于顶点 u 的编号值，此时就可以把顶点 v 的编号值赋给顶点 u。

　　此处不具体区分强连通与弱连通分量，仅介绍 CC 算法在 Ligra 系统上的伪代码，如图 2.40 所示。初始时，根据顶点的序号生成每个顶点的 ID。除了 IDs 外算法中还包含了另一个向量 prevIDs，它用于检查在给定迭代中顶点是否已经在 frontier 上。EDGEMAP 传递的算法 CCUpdate 如第 3~7 行所示。第 5 行上的 WriteMin(x, y) 会执行原子操作，它将位置 x 上的值与 y 值进行比较，并将更小的值存储到位置 x 上。当 x 上的值发生改变时返回 true，反之返回 false。第 6 行中算法将迭代中 ID 发生改变了的顶点放置在 frontier 上。为了每次迭代中同步 prevIDs 和 IDs，算法将 COPY 函数传递给 VERTEXMAP。第 13~15 行中的 while 循环会一直执行直到 IDs 和 prevIDs 相同为止。如此，到算法结束时，在同一连通分量中的顶点在 IDs 中存储相同的值。

算法 2.9：CC

输入：无向图
输出：根据连通分量划分的顶点编号 IDs
1   IDs = {0, ⋯, |V|−1};
2   prevIDs = {0, ⋯, |V|−1};
3   **procedure** CCUpdate(s, d)
4   origID = IDs[d];
5   **if** (WriteMin(&IDs[d], IDs[s])) **then**
6   **return** (origID == prevIDs[d]);
7   **return** 0;
8   **procedure** COPY(i)
9   prevIDs[i] = IDs[i];
10   **return** 1;
11   **procedure** CC(G)
12   frontier = {0, ⋯, |V|−1}; //初始时，处理的顶点子集包含所有顶点
13   **while** (SIZE(Frontier) ≠ 0) **do**
14   Frontier = VERTEXMAP(Frontier, COPY);
15   Frontier = EDGEMAP(G, Frontier, CCUpdate, C_{true});
16   **return** IDs;

图 2.40　Ligra 系统下 CC 算法的伪代码

4. 网页排名（PageRank）算法

PageRank 是一种基于图论的算法，将互联网作为一个图，互联网上的网页视为一个顶点，将网页超链接视作边，将网页按重要性进行排序。PageRank 算法通过输出概率分布来体现某人随机地点击某个网页的概率。在初次计算前，总概率将被均分到每个网页上，使得每个网页被访问的概率都是相同的。接下来在重复多次的计算（即迭代）中，算法将不断调整各网页的 PageRank 值，使得其越来越接近最终的理论值。其详细计算步骤如 1.2.1 节所述。

PageRank 算法每一轮迭代会处理图中的所有顶点。根据迭代公式计算每一轮的 PageRank 向量。当迭代在有限轮次中计算达到收敛，则可以得到 PageRank 向量 **R**，根据向量 **R** 的分量得出各页面的重要度排名。

PageRank 算法在 Ligra 系统上的伪代码如图 2.41 所示[23]。采用增量计算模型，初始顶点的 PR 值是 $\frac{1}{|V|}$。EDGEMAP 中执行的 PRUpdate 如第 5~7 行所示。AtomicIncrement(x, y) 实现一个原子操作，它将位置 x 上的值与 y 相加，并将结果存储在位置 x 上。VERTEXMAP 处理 EDGEMAP 执行后的结果，如第 9~13 行所示，加入阻尼系数计算 p_{next} 值，计算迭代各个顶点之间的差值 diff，将 p_{curr} 重置。error 是各顶点 diff 的总和，当 error 小于预先设置的收敛常数 ε 时，迭代结束，返回 PageRank 向量。

算法 2.10： PageRank

输入： 有向图, 阻尼因子, 收敛常数
输出： PageRank 向量

1　　$p_{curr} = \{1/|V|, 1/|V|, \cdots, 1/|V|\}$；
2　　$p_{next} = \{0, 0, \cdots, 0\}$；
3　　diff = $\{\}$；
4　　**procedure** PRUpdate( )
5　　　　AtomicIncrement($\&p_{next}[d], p_{curr}[s]/outdegree[s]$)；
6　　**return** 1；
7　　**procedure** PRLocalCompute( )
8　　　　$p_{next}[i] = (d * p_{next}[i]) + (1-d)/|V|$；
9　　　　diff[i] = $|p_{next}[i] - p_{curr}[i]|$；
10　　　$p_{curr}[i] = 0$；
11　　　**return** 1；
12　　**procedure** PageRank( )
13　　　frontier = $\{0, 1, 2, \cdots, |V|-1\}$；//初始时, 处理的顶点子集包含所有顶点
14　　　error = ∞；
15　　　**while** (error > e) **do**
16　　　　frontierEDGEMAP(, frontier, PRUpdate, C_{true})；
17　　　　frontier = VERTEXMAP(frontier, PRLocalCompute)；
18　　　　error = sum of diff entries；
19　　　　SWAP(p_{curr}, p_{next})；
20　　　R = p_{curr}；
21　　　**return** R；

图 2.41　**Ligra 系统下 PageRank 算法的伪代码**

2.2.2　图挖掘类算法编程示例

图挖掘是利用图模型从海量数据中发现和提取有用知识和信息的过程，是数据挖掘的重要组成部分。图挖掘通常从初始化操作根据一些初始条件选择一组候选子图，然后递归地对每个子图进行更新操作。这些子图可能会进行增长（添加邻居顶点）、收缩（修剪一些部分）、分裂（分成更多的子图）、删除或报告（即子图是否匹配）。通常，更新的计算具有较高的复杂度，并且密切依赖中间子图。

图挖掘问题涉及在给定的输入图中找到感兴趣的子图。以 P 表示模式图（即感兴趣的图结构），G 表示输入图，以 M 表示一个匹配——它是 G 的子图，且与 P 同构。

根据在 M 中提取 G 中的顶点和边的方式，有两种匹配：顶点诱导匹配和边诱导匹配。边诱导匹配是 G 中所有与 P 同构的子图；顶点诱导匹配是 G 中与 P 同构且同时包含 G 中与 M 中的顶点相关的所有边。

由于子结构对称（例如，一个三角形结构在旋转时看起来是相同的），G 的同一子图可以导致多个不同的匹配，每个匹配都与模式 P 的顶点存在一对一的映射，这些匹配是彼此的自同构。规范匹配是一组自同构匹配的唯一代表，需要通过从 G 中的每一组自同构匹配中选择规范匹配来确保唯一性。

Peregrine 是一个模式感知的图挖掘系统[24]，在 Peregrine 中，图挖掘任务直接用子图结构（即图模式）表示，模式感知编程模型允许声明（静态和动态生成）模式、修改

模式，并对运行时探索的匹配执行用户定义的操作。Peregrine 允许通过抽象出底层运行时细节来简洁地表达挖掘程序，并且只关注要探索的子结构。

图 2.42 展示了 Peregrine 直接表示、构造和修改图模式的 API 程序。模式可以通过第 1 行的 loadPatterns 静态构造并加载，也可以通过第 2~8 行动态构造。第 2~3 行分别生成了可以由一定数量的边和顶点诱导的所有唯一模式。第 4~6 行生成特殊的常用模式。第 7~8 行以一组图模式作为输入，将其中一个模式扩展到一条边或一个顶点，返回扩展后的新模式。第 9~16 行展示了 Pattern 类的结构，它提供了一个标准接口来访问和修改模式的图结构。

```
1    Set<Pattern> loadPatterns( String filename);
2    Set<Pattern> generateAllEdgeInduced( Int size);
3    Set<Pattern> generateAllVertexInduced( Int size);
4    Pattern generateClique( Int size);
5    Pattern generateStar( Int size);
6    Pattern generateChain( Int size);
7    Set<Pattern> extendByEdge( Set<Pattern> patterns);
8    Set<Pattern> extendByVertex( Set<Pattern> patterns);
9    Class Pattern{
10       Set<Vertex> getNeighbors( Vertex u);
11       Label getLabel( Vertex u);
12       Void addEdge( Vertex src, Vertex dst);
13       Void addAntiEdge( Vertex src, Vertex dst);
14       Void removeEdge( Vertex src, Vertex dst);
15       …
16   }
```

图 2.42　Peregrine 编程示例

Peregrine 在此之上又引入了两个新的抽象概念，反边（anti-edges）和反顶点（anti-vertex）：反边强制匹配中两个顶点之间严格断开连接，确保匹配中的两个顶点在数据图中没有边；反顶点捕获匹配中顶点之间严格缺乏共同邻居。这些抽象允许用户轻松地表达对要挖掘的模式的高级结构约束，允许用户直接操作模式，并在 Peregrine 上对模式的分析以"模式程序"的形式表达。通过直接表达感兴趣的模式，Peregrine 分析模式并计算探索计划，该计划稍后用于指导数据图中的探索。具体来说，首先对模式进行分析，以消除其内部的对称性，从而避免在探索过程中进行昂贵的正则性检查；然后，模式被简化为它的核心子结构，允许使用简单的图遍历和邻接表交集操作来识别匹配，而无须执行显式的同构检查。

图 2.43 展示了 Peregrine 计算探索计划的算法伪代码，可结合图 2.44 的例子进行详细说明，该计划指导数据图探索，以确保生成的匹配是唯一的。为了避免非规范匹配，通过对顶点强制部分排序来打破模式 P 的对称性（如第 2 行所示）。在图 2.44 的例子中，获取部分顺序是 $u_1<u_3$ 以及 $u_2<u_4$。

算法 2.11：generatePlan

输入：模式 P
输出：探索计划 ExplorationPlan
1   **procedure** generatePlan(P)
2   partialOrders = breakSymmetries(P);
3   vc = minConnectedVertexCover(P);
4   pc = vertexInducedSubgraph(vc, P);
5   matchingOrders = computeMatchingOrders(pc, partialOrders);
6   ExplorationPlan = (pc, partialOrders, matchingOrders);
7   **return** ExplorationPlan;

图 2.43　Peregrine 计算探索计划算法的伪代码

接下来计算 P 的核心（即 pc 值）。如第 3~4 行所示，它是最小连通顶点覆盖所诱导的子图。在本例中，pc 是由 u_2 和 u_4 诱导得到的子图。为简化匹配 pc 的问题，生成匹配顺序来指导数据图中的探索。匹配顺序是表示 pc 的有序视图的图。匹配顺序的顶点是完全有序的，可以通过遍历 ID 升序的顶点来匹配 pc。

通过枚举 pc 中满足部分排序的所有顶点序列来计算匹配顺序，并为每个序列创建 pc 的副本，其中每个顶点的 ID 被重新映射到它在序列中的位置。之后舍弃重复的匹配顺序。对于图 2.44 的示例模式，其核心子结构只有一个有效的顶点序列 $\{u_2, u_4\}$，因此只能获得一个匹配顺序。根据部分顺序，对于给定的 pc 可能有多个匹配顺序，称第 i 个匹配顺序为 p_{Mi}。之后为匹配 pc，只需要匹配它的匹配顺序 p_{Mi} 即可。每个有效的顶点序列匹配 p_{Mi} 可以产生一个匹配 pc。在本例中，$\{v_2, v_3\}$，会转化为 pc 的匹配，它满足 $p_{M1} \longrightarrow v_2 \to w_1 \to u_1$，$v_3 \to w_2 \to u_2$。

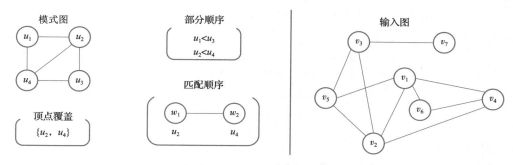

图 2.44 图挖掘模式和输入图样例

Peregrine 中的挖掘是通过从每个顶点开始匹配模式并调用用户函数来处理这些模式从而实现的。图 2.45 展示了 Peregrine 挖掘任务的处理过程。每个挖掘任务都有一个起始顶点和图 2.43 算法中生成的探索计划（包括匹配顺序、部分顺序、模式核心 pc）。从起始顶点开始按照匹配顺序递归匹配顶点。在每个递归级别，一个数据顶点匹配到一

算法 2.12：match

输入：图 G，模式 P，用户定义函数 F
输出：匹配结果

```
1    procedure matchFrom（M,P,F,matchingOrder,partialOrder,i）
2        if（i>|V（pc）|）do
3            completeMatch（M,P,F,partialOrders,1）；
4        else do
5            for（v in getExtensionCandidates（matchingOrder,partialOrder,i））do
6                matchFrom（M + v,P,F,matchingOrder,partialOrders,i+1）；
7    procedure match（G,P,F）
8        （pc,partialOrder,matchingOrders）= generatePlan（P）；
9        parallel for（v in G）do
10           for（matchingOrder in matchingOrders）do
11               matchFrom（{v},P,F,matchingOrder,partialOrders,1）；
```

图 2.45 Peregrine 挖掘任务的伪代码

个匹配顺序顶点。一旦匹配顺序完全匹配，它将转换为 pc 的匹配。每个完成的匹配都传递给用户定义的回调进行进一步处理。接下来将展示一些图挖掘常见问题在 Peregrine 系统上的编程示例，它们的编程模型大致可以分为 3 个步骤：①模式选择；②模式匹配；③聚合。

1. 主题计数算法

主题指所有连接的、未被标记的图模式。主题计数（motif counting）算法涉及计算所有主题在图中出现的次数，直到达到一定的大小，在 Peregrine 系统的伪代码如图 2.46 所示，它采用顶点诱导的方式产生模式（如第 3 行所示），并在之后计算图中出现的次数，并返回该结果。

算法 2.13：motif counting

输入：图 G
输出：各主题模式在图中出现的次数 result

```
1    DataGraph G = loadDataGraph( "input. graph" ) ;
2    procedure MotifCounting( G )
3        Set<Pattern> patterns = generateAllVertexInduced( size ) ;
4        Map<Pattern , Int> result = count( G , patterns ) ;
5        return result ;
```

图 2.46　motif counting 算法的伪代码

2. 频繁子图挖掘算法

频繁子图是在图数据集中出现的频数不低于给定阈值的子图。频繁子图挖掘（frequent subgraph mining，FSM）算法的目的就是在图中挖掘出频繁子图，如图 2.47 所示。

算法 2.14：FSM

输入：带有标签的图 G
输出：频繁子图 results

```
1    procedure updateSupport( m )
2        mapPattern( m. getDomain( ) ) ;
3    procedure isFrequent( p , d )
4        return ( d[ p ]. support( ) > = threold ) ;
5    DataGraph G = loadDataGraph( "labeldInput. graph" ) ;
6    procedure FSM( G )
7        Set<Pattern> patterns = generateAllVertexInduced( size ) ;
8        Map<Pattern , Int> result = count( G , patterns ) ;
9        while patterns not empty do
10           Map<Pattern , Domain> results = match( G , patterns , updateSupport ) ;
11           Set<Pattern> frequentPatterns = results. filter( isFrequent ). keys( ) ;
12           patterns = extendByEdge( frequentPatterns ) ;
13       return results ;
```

图 2.47　频繁子图挖掘算法的伪代码

如图 2.47 算法第 7 行所示，频繁子图挖掘程序采用边诱导匹配，首先从大小为 2 的未标记模式出发，发现频繁的标记模式。之后如第 8~11 行所示，算法迭代地扩展带有未标记顶点的频繁标记模式，以发现尺寸更大的频繁标记模式。其中传递 isFrequent（如第 3~4 行所示）会判断子图支持度，并由此过滤掉非频繁的标记模式。并在之后通过边来扩展当前的频繁模式（如第 11 行所示）。

3. 完全图计数算法

k-clique 是一个具有 k 个顶点的完全连通图。完全图计数（clique counting）问题涉及计算图 G 中 k-clique 的个数。该算法如图 2.48 所示，算法生成顶点大小为 k 的 clique（如第 3 行所示）作为所选的模式，并在之后计算该模式在图 G 中出现的次数（如第 4 行所示）。

算法 2.15：clique counting

输入：图 G,顶点数 k
输出：图 G 中 k-clique 的数量 result
1   DataGraph G = loadDataGraph("input. graph");
2   **procedure** CliqueCounting(G,k)
3   Pattern p = generateClique(k);
4   result = count(G,p);
5   **return** result;

图 2.48　完全图计数算法的伪代码

4. 模式匹配算法

模式匹配（pattern matching）算法将模式 p 与图 G 进行匹配，并将匹配的结果使用用户定义的函数输出。模式匹配算法在 Peregrine 系统上的编程示例如图 2.49 所示。算法根据 Peregrine 提供的 API 加载输入的图和模式（如第 1~2 行所示），算法执行过程中调用图 2.45 所示的匹配算法，进行模式的匹配。第 3~4 行是用户定义的输出函数，在匹配中将匹配的结果输出。

算法 2.16：pattern matching

输入：图 G,模式 p
输出：图 G 与模式 p 的匹配结果
1   DataGraph G = loadDataGraph("input. graph");
2   Pattern p = loadPattern("pattern. txt");
3   **procedure** output(m)
4   write(m);
5   **procedure** PatternMatching(G,p)
6   match(G,p,output);

图 2.49　模式匹配算法的伪代码

上述的几类程序首先通过动态生成或从外部源加载来表示模式，之后使用 Peregrine 引擎来查找并处理这些模式的匹配。模式匹配过程中调用用户定义的函数〔如 updateSupport( )、output( )、found( ) 等〕来执行所需的分析。

2.2.3　图神经网络算法编程示例

图神经网络（graph neural networks，GNN）是指使用神经网络来学习图结构数据，通过在图中的顶点和边上指定一定的策略，GNN 将图结构数据转化为规范而标准的表示，并输入到多种不同的神经网络中进行训练，在顶点分类、边信息传播和图聚类等任务上取得优良的效果。

1. 图卷积网络算法

图卷积网络[25]（graph convolutional networks，GCN）是 GNN 的代表算法，其核心逻辑是借助图结构迭代顶点特征。对于每个节点都要考虑其所有邻居以及其自身所包含的特征信息，将卷积操作从传统数据推广到图数据，而图结构的卷积操作定义为将一个顶点周围的邻居按不同的权重叠加起来。

图卷积网络的核心公式如下：

$$H^{(l+1)} = \sigma(\tilde{D}^{-\frac{1}{2}}\tilde{A}\tilde{D}^{-\frac{1}{2}}H^{(l)}W^{(l)})$$

其中：

- H 代表每次迭代的特征矩阵；
- $\tilde{A} = A + I_N$ 表示无向图 G 的邻接矩阵 A 加上自连接（I_N 是单位矩阵）；
- $\tilde{D}$ 是 $\tilde{A}$ 的度矩阵，$\tilde{D}_{ii} = \sum_j \tilde{A}_{ij}$；
- W 是迭代的参数矩阵；
- σ 是非线性激活函数。

GCN 使用 tensorflow 实现的核心代码片段如图 2.50 所示[28]。

```
1    #迭代 H 矩阵
2    h = GraphConvolution(n_hidden, activation = activation, dropout_rate = dropout_rate, l2_reg = l2_reg)([h, Adj])
3    #定义卷积层
4    class GraphConvolution(Layer):
5        def __init__(self, units,
6                 activation = tf.nn.relu, dropout_rate = 0.5,
7                 use_bias = True, l2_reg = 0, feature_less = False,
8                 seed = 1024, ** kwargs):
9            ...
10       def build(self, input_shapes):
11           ...
12           #定义 W 矩阵
13           self.kernel = self.add_weight(shape = (input_dim, self.units),
14                        initializer = glorot_uniform(
15                        seed = self.seed),
16                        regularizer = l2(self.l2_reg),
17                        name = 'kernel',)
18           ...
19       def call(self, inputs, training = None, ** kwargs):
20           features, A = inputs
21           features = self.dropout(features, training = training)
22           output = tf.matmul(tf.matmul(
23               A, features), self.kernel) #A * H * W
24           if self.use_bias:
25               output += self.bias
26           act = self.activation(output)
27           return act
```

图 2.50 GCN 核心代码片段

其中，循环执行 GraphConvolution 迭代 H 矩阵（如第 1~2 行）。如第 19~27 行卷积层调用代码部分中 features 对应 H 矩阵，self.kernel 对应 W 矩阵，第 3 行中执行 $A*H*W$ 的矩阵乘操作，实现卷积层的计算。

2. 图注意力网络算法

图注意力网络[26]（graph attention networks，GAT）将注意力（attention）机制引入到基于空间域的图神经网络中，通过一跳邻居节点的表征来更新节点的特征。注意力是指顶点邻居对于顶点的重要性的量化，它不满足对称性，即顶点 i 对顶点 j 的注意力与顶点 j 对顶点 i 的注意力是不一样的。其算法流程如下。

GAT 层的输入：一组节点特征 $h = \{\vec{h_1}, \vec{h_2}, \cdots, \vec{h_N}, \vec{h_i} \in \mathbb{R}^F\}$，其中 N 表示节点的数量，F 是每个节点的特征数量。

GAT 层的输出：一组新的节点特征 $h' = \{\vec{h_1'}, \vec{h_2'}, \cdots, \vec{h_N'}, \vec{h_i'} \in \mathbb{R}^{F'}\}$，$h'$ 可能有与 h 不同的特征基数 F'。

对所有节点训练一个共享权重矩阵 $W = \mathbb{R}^{F*F'}$，表示输入的 F 个特征与输出的 F' 个特征之间的关系，起到映射的作用，得到了每个邻居节点的权重。之后将节点 i 和节点 j 的特征分别使用 W 映射，并将结果向量拼接，使用前馈神经网络 $\vec{a}^T$ 将拼接向量映射到实数上，通过负斜率为 0.2（即 $\alpha = 0.2$）的 LeakyReLU 非线性激活，经过归一化后得到最终的注意力系数。计算公式如下：

$$e_{ij} = \text{LeakyReLU}(\vec{a}^T[\,W\vec{h_i} \parallel W\vec{h_j}\,])$$

$$\alpha_{ij} = \text{softmax}_j(e_{ij}) = \frac{\exp(e_{ij})}{\sum\limits_{k \in N_i} \exp(e_{ik})}$$

其中，e_{ij} 表示节点 j 的特征对顶点 i 的重要性。$\parallel$ 表示向量拼接。α_{ij} 是归一化后的注意力系数。之后即可对邻居加权求和，得到顶点 i 的输出特征：

$$h_i' = \sigma\left(\sum_{j \in N_i} \alpha_{ij} W\vec{h_j}\right)$$

为了使自注意力能够稳定地表示节点，GAT 引入了多头注意力（multi-head attention）机制来提高模型的表征能力。对于中间层输出特征，使用 K 个 W 计算自注意力，然后将注意力头得到的结果拼接得到输出向量，对于最终的结果则是对各个注意力头的输出向量采用平均的策略。

$$\vec{h_i'} = \mathop{\parallel}\limits_{k=1}^{K} \sigma\left(\sum_{j \in N_i} \alpha_{ij}^k W^k \vec{h_j}\right)$$

α_{ij}^k 表示第 k 个注意力机制计算得到的归一化注意力系数，W^k 是相应输入线性变换的权重矩阵。

GAT 算法在 tensorflow 实现的核心代码以及计算的相应注释如图 2.51 所示[28]。

如图 2.51 代码第 6~11 行所示，GAT 算法计算特征组合，并将结果进行拼接。之后 tf.nnleaky_relu 通过负斜率为 0.2（即 $\alpha = 0.2$）的 LeakyReLU 非线性激活（如第 12 行所示），经过 softmax 函数归一化后得到最终的注意力系数（如第 15~16 行所示）。

3. GraphSAGE 算法

GraphSAGE[27]（graph sample and aggregate）是一种能够利用顶点属性信息高效产生位置顶点嵌入信息的一种归纳式学习的框架。核心思想是通过学习一个对邻居顶点进行聚合表示的函数来产生目标顶点的嵌入向量。算法的运行可以分为以下 3 步骤。

```
1    X, A = inputs
2    X = self. in_dropout( X)
3    features = tf. matmul( X, self. weight, )
4    features = tf. reshape(
5              features, [ -1, self. head_num, self. att_embedding_size] )
6    attn_for_self = tf. reduce_sum(
7    features  *  self. att_self_weight, axis = -1, keep_dims = True) #计算
8    attn_for_neighs = tf. reduce_sum(
9    features  *  self. att_neighs_weight, axis = -1, keep_dims = True) #计算
10   dense = tf. transpose(
11        attn_for_self, [1,0,2] ) + tf. transpose( attn_for_neighs, [1,2,0] ) #拼接
12   dense = tf. nn. leaky_relu( dense, alpha = 0. 2) #添加非线性
13   mask = -10e9  *  ( 1. 0 - A)
14   dense += tf. expand_dims( mask, axis = 0)
15   self. normalized_att_scores = tf. nn. softmax(
16        dense, dim = -1, ) # 应用 softmax 获取注意力系数
17   features = self. feat_dropout( features, )
18   self. normalized_att_scores = self. att_dropout(
19        self. normalized_att_scores)
20   result = tf. matmul( self. normalized_att_scores,
21        tf. transpose( features, [1,0,2] ) ) #线性组合邻居特征
22   result = tf. transpose( result, [1,0,2] )
23   if self. use_bias:
24        result += self. bias_weight
25   if self. reduction == " concat" :
26        result = tf. concat(
27             tf. split( result, self. head_num, axis = 1), axis = -1)
28        result = tf. squeeze( result, axis = 1)
29   else:
30        result = tf. reduce_mean( result, axis = 1)
31   return result
```

图 2.51　GAT 核心代码片段

1）对图中每个顶点的邻居顶点进行采样。

2）根据聚合函数聚合邻居顶点蕴含的信息。聚合函数的选取一般要求满足对称性。

3）得到图中各顶点的向量表示供下游使用。

GraphSAGE 的聚合函数选取 MEAN aggregator：

$$h_v^k \leftarrow \sigma(W \cdot \mathrm{MEAN}(\{ h_v^{k-1} \} \cup \{ h_u^{k-1}, \forall u \in N(v) \}))$$

将目标顶点和邻居顶点的第 $k-1$ 层向量拼接起来，然后对向量的每个维度进行求均值操作，将得到的结果做一次非线性变换产生目标顶点第 k 层表示向量。MEAN aggregator 的 tensorflow 代码如图 2.52 所示。

图 2.52 中，对于第 k 层的 aggregator，features 为第 $k-1$ 层所有顶点的向量表示矩阵，node 和 neighbours 分别为采样得到的顶点集合及其对应的邻接点集合。首先通过 embedding_lookup 操作获取得到顶点和邻接点的第 $k-1$ 层的向量表示（如第 2~3 行所示）。然后通过 concat 将他们拼接成一个（batch_size，1+neighbour_size，embeding_size）的张量

（如第 4 行所示），使用 reduce_mean 对每个维度求均值得到一个（batch_size，embedding_size）的张量（如第 5 行所示）。最后经过一次非线性变换得到 output（如第 6 行所示），即所有顶点的第 k 层的表示向量。

```
1    features , node , neighbours = inputs
2    node_feat = tf. nn. embedding_lookup( features , node )
3    neigh_feat = tf. nn. embedding_lookup( features , neighbours )
4    concat_feat = tf. concat([ neigh_feat , node_feat ] , axis = 1 )
5    concat_mean = tf. reduce_mean( concat_feat , axis = 1 , keep_dims = False )
6    output = tf. matmul( concat_mean , self. neigh_weights )
7    if self. use_bias :
8        output += self. bias
9    if self. activation :
10       output = self. activation( output )
```

图 2.52　MEAN aggregator 实现代码

实现 GraphSAGE 方法的代码如图 2.53 所示[28]。

```
1    def GraphSAGE( feature_dim , neighbor_num , n_hidden , n_classes , use_bias = True , activation = tf. nn. relu ,
2            aggregator_type = ' mean' , dropout_rate = 0. 0 , l2_reg = 0 ) :
3        features = Input( shape = ( feature_dim , ) )
4        node_input = Input( shape = ( 1 , ) , dtype = tf. int32 )
5        neighbor_input = [ Input( shape = ( 1 , ) , dtype = tf. int32 ) for l in neighbor_num ]
6        h = features
7        for i in range( 0 , len( neighbor_num ) ) :
8            if i > 0 :
9                feature_dim = n_hidden
10           if i == len( neighbor_num ) - 1 :
11               activation = tf. nn. softmax
12               n_hidden = n_classes
13           h = aggregator( units = n_hidden , input_dim = feature_dim , activation = activation , l2_reg = l2_reg ,
     use_bias = use_bias , dropout_rate = dropout_rate , neigh_max = neighbor_num[ i ] , aggregator = aggregator_type )( [ h ,
     node_input , neighbor_input[ i ] ] )
14           output = h
15           input_list = [ features , node_input ] + neighbor_input
16           model = Model( input_list , outputs = output )
17           return model
```

图 2.53　GraphSAGE 方法实现代码片段

　　其中，GraphSAGE 中输入的参数 feature_dim 表示顶点属性特征向量的维度，neighbor_num 是一个 list 表示每一层抽样的邻居顶点的数量，n_hidden 为聚合函数内部非线性变换时的参数矩阵的维度，n_classes 表示预测的类别的数量，aggregator_type 为使用的聚合函数的类别。

　　在图 2.53 代码第 7~15 行采样邻居顶点，第 13 行对其所有的邻居顶点调用 MEAN aggregator 函数进行信息聚合。

2.3　图计算运行时特征和挑战

图计算主要分为图遍历、图挖掘和图学习，本节将分别介绍图遍历运行时、图挖掘运行时、图学习训练和推理运行时的特征及挑战。

2.3.1　图遍历运行时特征及挑战

图遍历类算法主要分为两种典型的遍历模式，分别是广度优先搜索（BFS）和深度优先搜索（DFS）。BFS 能够提供巨大的并行性，但由于中间子图的数目呈指数级增长，会受到内存消耗的影响。DFS 减小了中间子图的大小，但由于数据依赖性，难以并行化，并且由于内存访问不规则，局部性较差。

另一方面，图数据处理问题具有以下固有特征，使得它们与当前的计算问题解决方法不太匹配，下列的几类性质对图数据的高效处理和并行性带来了许多挑战[30]。

- 数据驱动计算。图计算通常完全是数据驱动的。图算法所执行的计算是由图的顶点和边（顶点和链接）结构决定的，而不是直接用代码表示。因此，基于计算划分的并行性很难表达，因为算法中的计算结构是未知的。

- 非结构化问题。图数据通常是非结构化和高度不规则的。与基于图的计算结构并行化问题遇到的困难类似，图数据的不规则结构使得通过划分问题数据来提取并行性变得困难。由于数据分区不当而导致的计算负载不平衡，可伸缩性可能受到很大限制。

- 局部性差。图表示实体之间的关系，而且这些关系可能是不规则的和非结构化的，使得计算和数据访问模式往往没有太多的局部性。对于来自数据分析的图表尤其如此。当代处理器的性能是基于对局部性的利用。因此，即使在串行机器上，图算法也很难获得高性能。

- 数据访问计算比高。图算法通常基于探索图的结构，而不是在图数据上执行大量的计算。因此，与科学计算应用程序相比，数据访问与计算的比例更高。由于这些访问往往具有少量的可利用的局部性，因此运行时可能会被等待内存的获取所支配。

如当前的高性能 Cache 替换策略都不能很好地捕捉图处理的特性，效果有限，导致图处理过程中大量的时间都用在了等待 DRAM 访问上。DRRIP[32] 提供抗扫描和抗抖动。SHiP 使用签名来预测对应用程序数据的重新引用。两个 SHiP 的变体[37] SHiP-PC 和 SHiP-mem，分别跟踪 PC 和内存地址的替换。Hawkeye[35] 将 Belady 的 MIN 替换策略基于访问历史，根据过去的访问是否会命中缓存来预测未来的重新引用。P-OPT 的研究统计了以上策略在一组大型图 PageRank 应用上的 LLC 每千条指令的缺失（misses-per-kilo-instructions，MPKI）情况[34]。与 LRU 相比，这些先进的策略并没有大幅减少漏失。所有策略的 LLC 缺失率都在 60%~70%。这些策略性能不佳是因为图处理应用程序不符合他们的假设。简单策略（LRU 和 DRRIP）不学习依赖于图结构的不规则访问模式。SHiP-PC 和 Hawkeye 使用 PC 来预测引用，假设指令的所有访问都具有相同的重用属性。

SHiP-Mem 使用内存地址预测重新引用，假设对一个地址范围的所有访问都具有相同的重用属性。即使有无限的存储空间来跟踪各个缓存行，理想的 SHiP-Mem 实现与 LRU 相比也没有什么改进，这表明图工作负载没有静态重用属性。

图计算中的依赖关系对当前的处理带来了很多影响，不同的图计算应用也有不同的依赖关系，也导致了不同的图计算应用在同样的框架下运行效率不一的问题。如 MIS 算法、K-core 算法等具有一种环载依赖关系（loop-carried dependency）[29]，这种依赖关系指的是在循环中遍历顶点的邻居时，算法根据该顶点之前的邻居的状态决定中止还是继续。具体来说，假设顶点 v 有两个邻居 u_1，u_2。首先处理 u_1，假如 u_1 满足了算法规定的条件，则 u_2 就不用再被处理。这样的 u_1，u_2 之间存在环载依赖。对于具有环载依赖关系的图计算应用，在分布式系统中，如果 u_1，u_2 分布在不同的机器中，它们被并行处理时，由于 u_2 不知道处理 u_1 后的状态，u_2 也会被处理，然而 u_2 的处理是没有必要的，这样就产生了冗余的计算和通信。影响了分布式图处理系统的性能。因此，对于不同的图计算应用，需要具体分析它们依赖关系的特点。为提高图处理的性能，需要工程师在设计算法和硬件架构时克服上述性质带来的挑战。

2.3.2　图挖掘运行时特征及挑战

图挖掘运行时主要有着以下几个特征及挑战。

● 在现实世界的许多场景中，图挖掘问题的规模非常大，因为往往需要处理数百万甚至数十亿个顶点和边。这些图数据集通常是高度稠密的，包含大量的噪声、异常值和缺失值，使得分析和挖掘变得非常具有挑战性。此外，图数据也经常处于动态变化的状态，需要定期更新和重建，因此，为了有效地处理这些图数据，需要大量的计算和存储资源，以及高效的算法和工具。图挖掘可以被表示为一系列的操作集合，这些操作是图挖掘问题的访存瓶颈。

● 在图挖掘中，子图同构测试和修剪搜索空间等操作是非常常见的。这些操作需要对整个图进行多次遍历，对每个子图进行比对和匹配，这样的操作耗时很长。同时，为了存储中间结果，需要占用大量的存储空间。特别是当处理的图非常庞大时，这个问题会变得尤为突出。因此，图挖掘需要解决这些问题，以提高效率和减少存储空间的占用。

相比传统数据，图挖掘在顶点维度和边的维度都展示了大量的随机访问，需要迭代扩展每个子图（初始化为输入图的一个顶点），通过访问其子图的不规则相邻顶点及其关联边，不仅对顶点，而且对边进行大量的随机访问。在这种情况下，处理传统数据的应用和系统不必多说，就连许多图加速器在处理图挖掘应用时也会产生性能和能源效率方面的显著下降。面向遍历类图算法的图处理加速器通常将大多数随机访问的数据保存在片上存储器中，以避免片外通信，然而这种方式往往不能有效地处理图挖掘应用程序。首先，输入图的大小很容易超过千兆字节，将所有随机访问的顶点和边数据装入有限的片上内存是不切实际的。其次，由于可能生成超过万亿级的子图，图挖掘可以比图处理有更多的随机访问。即使可以将图数据切片以将每个切片放入片上存储器中，大量的片外通信也会导致性能下降[36]。

另一方面，并非所有图挖掘中的随机内存访问都是相同的。这是由现实世界中图分布的幂律特性、图挖掘应用程序的扩展共性共同决定的。图挖掘中产生的多数随机内存请求来自于在处理现实世界的图时访问一小部分有价值的数据（顶点和边），表现出显著的扩展局部性。图 2.54[36] 展示了这种扩展局部性。

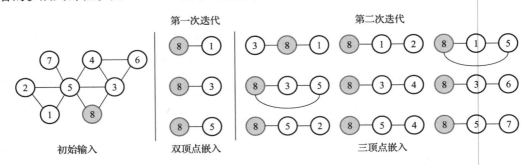

图 2.54　图挖掘扩展局部性例子

选择顶点 8 作为初始嵌入，仅考虑其顶点访问以进行说明。初始图有 8 个顶点，12 条边。顶点 8 有 3 条边。在第一次迭代中，顶点 8 扩展了 3 个双顶点嵌入。假设嵌入中的每个顶点都可以发出一个内存访问请求，而顶点 8 将被访问 3 次，其访问频率是 $\frac{3}{12 \times 2} \times 100\% = 12.5\%$。在第二次迭代中，顶点 8 将会被访问 9 次，其访问频率是 $\frac{9}{22 \times 3} \times 100\% \approx 13.6\%$。可以看到，随着迭代轮次的增加，顶点 8 的访问将会越来越频繁。

在处理利用这种扩展局部性时也会面临许多的挑战。首先，准确地识别有价值的数据并非易事，这些数据可能与顶点的度及其多跳邻居复杂地关联在一起，顶点和边的访问频率与当前的顶点的度相关，也与运行时未来的邻居的度密切相关。一个与高度数顶点相连的低度数顶点也可能会被频繁访问。其次，图挖掘中大量的中间结果也对内存带宽施加巨大的压力，并极大地限制了计算的并行性。

2.3.3　图学习训练和推理运行时特征及挑战

当前的图神经网络研究存在如下特征和挑战[33]。

● 模型深度[31]。深度学习模型的成功在于神经网络的架构。但根据一些研究发现，无限多的层将表示汇聚到一个点。因此深入神经网络层是否仍然是学习图数据的更好选择也成了一个问题。当加入深度神经网络时，越来越多的层提供了更好的性能。但 GNN 为浅层结构，其最大层数为三层。一些实验表明，添加更多的层会导致结果的过度平滑，也可以说是收敛于同一点。它会过度平滑结果，在一定数量的层之后产生的结果就不会再发生改变。

● 可扩展性。每当扩展或聚类图的时候，图的完整性就会被破坏。扩展时，顶点可能会丢弃其重要邻居。聚类时，图可能会删除不同的结构模式。如何在不牺牲完整性的情况下管理可扩展性是一个挑战。

- 动态性。图具有不断变化或动态的性质，顶点和边会不断变化。它们可能在某个时候出现，在另一个时候消失。有时顶点会根据时间和环境而变化。如以交通场景作为学习对象，交通场景随时间变化很大，顶点和边一直在发生变化。每次都需要一个新的图卷积来适应变化的图的动态性。尽管 STGNN 部分地处理了图的动态性，但需要注意如何处理不断变化的空间关系。

- 异质性。大多数 GNN 处理的是同质图。目前的研究下 GNN 无法处理异构图数据，因为它可能包含不同类型的顶点和边，或者可能包含不同的特征，例如，文本和图像。因此，必须开发一种方法来处理这种异构数据。

- 非结构化场景。GNN 已经在不同场景中有各种应用，但还是没有一种从原始数据生成图的适当方法。例如，图像数据，一些研究利用 CNN 获取特征，然后将其解码以形成超级像素作为顶点，而一些研究直接利用对象检测顶点。在文本数据等情况下，一些工作使用句法树来使用句法图，而另一些工作可以适应完全连接的图。

总之，图学习的训练和推理过程需要面对多种挑战，例如，图数据的异质性、大规模图数据的处理、嵌入学习的难度、非欧几里得空间中的推理，以及缺失数据和噪声的处理等问题。针对这些挑战，需要开发新的算法和技术，并不断优化模型的性能和效果。

2.4　本章小结

本章主要介绍了静态图和动态图的一些存储结构及其优劣，同时对图遍历、图挖掘、图学习的编程示例进行了概述，最后对这些图算法的特征及挑战进行了总结。

2.5　习题 2

1. 某图的邻接矩阵如下表所示，将其表示为图。

$$
\begin{bmatrix}
0 & 2 & 0 & 1 & 0 & 0 \\
1 & 0 & 4 & 0 & 1 & 3 \\
0 & 0 & 0 & 0 & 0 & 1 \\
4 & 0 & 0 & 0 & 1 & 0 \\
0 & 0 & 0 & 7 & 0 & 1 \\
0 & 5 & 0 & 0 & 2 & 0
\end{bmatrix}
$$

2. 将 1 中的图用邻接表进行表示。

3. 将 1 中的图用边表进行表示。

4. 将 1 中的图用关联矩阵进行表示。

5. 将 1 中的图用十字链表进行表示。

6. 将 1 中的图用 COO 进行表示。

7. 将 1 中的图用 CSR 进行表示。

8. 列举 3 种基于邻接表的动态图存储方式。

9. 请简述 cuSTINGER 与 STINGER 的区别。

10. 列举 3 种基于 CSR 的动态图存储方式。

11. 请简述 PCSR 与 CSR 的区别。

12. 列举 3 种基于树的动态图存储方式。

13. 请简述 Aspen 中的 C-tree 的优点。

14. 简述图遍历类算法的特点，并列举几种典型的图遍历类算法。

15. 简述图挖掘类算法的特点，并列举几种典型的图挖掘类算法。

16. 简述图学习类算法的特点，并列举几种典型的图学习类算法。

17. 写出 DFS 算法在 Ligra 上实现的伪代码。

18. 在无向图选取源顶点，现在需要获取所有顶点相对于顶点的深度。写出在 Ligra 系统上实现该算法的伪代码。

参考文献

[1]   EDIGER D, MCCOLL R, RIEDY J, et al. Stinger：High performance data structure for streaming graphs［C］//Proceedings of the IEEE Conference on High Performance Extreme Computing, 2012：1-5.

[2]   FENG G, MENG X, AMMAR K. Distinger：A distributed graph data structure for massive dynamic graph processing［C］//Proceedings of the 2015 IEEE International Conference on Big Data, 2015：1814-1822.

[3]   WINTER M, MLAKAR D, ZAYER R, et al. FaimGraph：High performance management of fully-dynamic graphs under tight memory constraints on the GPU［C］//Proceedings of the 2018 International Conference for High Performance Computing, Networking, Storage and Analysis, 2018：754-766.

[4]   GREEN O, BADER D A. cuSTINGER：Supporting dynamic graph algorithms for GPUs［C］// Proceedings of the 2016 IEEE High Performance Extreme Computing Conference, 2016：1-6.

[5]   WINTER M, ZAYER R, STEINBERGER M. Autonomous, independent management of dynamic graphs on gpus［C］//Proceedings of the 2017 IEEE High Performance Extreme Computing Conference, 2017：1-7.

[6]   ZHU X, FENG G, SERAFINI M, et al. LiveGraph：a transactional graph storage system with purely sequential adjacency list scans［J］. Proceedings of the VLDB Endowment. 2020, 13：1020-1034.

[7]   FENG G, MA Z, LI D, et al. RisGraph：A Real-Time Streaming System for Evolving Graphs to Support Sub-millisecond Per-update Analysis at Millions Ops/s［C］//Proceedings of the 2021 International Conference on Management of Data, 2021：513-527.

[8]   AWAD M A, ASHKIANI S, PORUMBESCU S D, et al. Dynamic Graphs on the GPU［C］//Proceed-

ings of the 2020 IEEE International Parallel and Distributed Processing Symposium, 2020: 739-748.

[9]　BENDER M A, HU H. An adaptive packedmemory array[J]. ACM Transactions on Database Systems. 2007, 32: 26-es.

[10]　WHEATMAN B, XU H. Packed compressed sparse row: A dynamic graph representation[C]//Proceedings of the 2018 IEEE High Performance extreme Computing Conference, 2018: 1-7.

[11]　WHEATMAN B, XU H. A Parallel Packed Memory Array to Store Dynamic Graphs[C]// Proceedings of the 2021 Workshop on Algorithm Engineering and Experiments, 2021: 31-45.

[12]　SHA M, LI Y, HE B, et al. Accelerating dynamic graph analytics on GPUs[J]. Proceedings of the VLDB Endowment. 2017, 11:107-120.

[13]　WANG Q, ZHENG L, HUANG Y, et al. GraSU: A fast graph update library for FPGA-based dynamic graph processing[C]//Proceedings of the 2021 ACM/SIGDA International Symposium on Field-Programmable Gate Arrays, 2021: 149-159.

[14]　MACKO P, MARATHE V J, MARGO D W, et al. Llama: Efficient graph analytics using large multiversioned arrays[C]//Proceedings of the IEEE 31st International Conference on Data Engineering, 2015: 363-374.

[15]　DHULIPALA L, BLELLOCH G E, SHUN J. Low-latency graph streaming using compressed purelyfunctional trees[C]//Proceedings of the 40th ACM SIGPLAN conference on programming language design and implementation, 2019: 918-934.

[16]　IYER A P, PU Q, PATEL K, et al. TEGRA: Efficient ad-hoc analytics on evolving graphs[C]//Proceedings of the 18th USENIX Symposium on Networked Systems Design and Implementation, 2021: 337-355.

[17]　DE LEO D, BONCZ P. Teseo and the analysis of structural dynamic graphs[J]. Proceedings of the VLDB Endowment, 2021, 14: 1053-1066.

[18]　SENGUPTA D, SUNDARAM N, ZHU X, et al. GraphIn: An online high performance incremental graph processing framework[C]//Proceedings of the European Conference on Parallel Processing. Cham: Springer, 2016: 319-333.

[19]　KUMAR P, HUANG H H. GraphOne: A data store for real-time analytics on evolving graphs[J]. ACM Transactions on Storage, 2020, 15: 1-40.

[20]　IWABUCHI K, SALLINEN S, PEARCE R, et al. Towards a distributed large-scale dynamic graph data store[C]//Proceedings of the 2016 IEEE International Parallel and Distributed Processing Symposium Workshops. IEEE, 2016: 892-901.

[21]　PANDEY P, WHEATMAN B, XU H, et al. Terrace: A hierarchical graph container for skewed dynamic graphs [C]//Proceedings of the 2021 International Conference on Management of Data, 2021: 1372-1385.

[22]　CELIS P, LARSON P A, MUNRO J I. Robin hood hashing[C]//Proceedings of the 26th Annual Symposium on Foundations of Computer Science. IEEE, 1985: 281-288.

[23]　SHUN J, BLELLOCH G E. Ligra: A lightweight graph processing framework for shared memory[C]// Proceedings of the 18th ACM SIGPLAN Symposium on Principles and Practice of Parallel Programming. 2013: 135-146.

［24］ JAMSHIDI K, MAHADASA R, VORA K. Peregrine: A pattern-aware graph mining system［C］//Proceedings of the Fifteenth European Conference on Computer Systems. 2020: 1-16.

［25］ KIPF T N, WELLING M. Semi-supervised classification with graph convolutional networks［J］. arXiv preprint arXiv: 1609. 02907, 2016.

［26］ VELIČKOVIĆ P, CUCURULL G, CASANOVA A, et al. Graph attention networks［J］. arXiv preprint arXiv: 1710. 10903, 2017.

［27］ HAMILTON W, YING Z, LESKOVEC J. Inductive representation learning on large graphs［J］. Advances in Neural Information Processing Systems, 2017, 30.

［28］ SHEN W C. Graph Neural Network［EB/OL］. Gitbub, ［2023-04-10］.

［29］ ZHUO Y, CHEN J, LUO Q, et al. SympleGraph: Distributed graph processing with precise loop-carried dependency guarantee［C］//Proceedings of the 41st ACM SIGPLAN Conference on Programming Language Design and Implementation. 2020: 592-607.

［30］ LUMSDAINE A, GREGOR D, HENDRICKSON B, et al. Challenges in parallel graph processing［J］. Parallel Processing Letters, 2007, 17(01): 5-20.

［31］ WU Z, PAN S, CHEN F, et al. A comprehensive survey on graph neural networks［J］. IEEE Transactions on Neural Networks and Learning Systems, 2020, 32(1): 4-24.

［32］ JALEEL A, THEOBALD K B, STEELY JR S C, et al. High performance cache replacement using re-reference interval prediction (DRRIP)［J］. ACM SIGARCH Computer Architecture News, 2010, 38(3): 60-71.

［33］ GUPTA A, MATTA P, PANT B. Graph neural network: Current state of art, challenges and applications［J］. Materials Today: Proceedings, 2021, 46: 10927-10932.

［34］ BALAJI V, CRAGO N, JALEEL A, et al. P-opt: Practical optimal cache replacement for graph analytics［C］//2021 IEEE International Symposium on High-Performance Computer Architecture (HPCA). IEEE, 2021: 668-681.

［35］ JAIN A, LIN C. Back to the future: Leveraging Belady´s algorithm for improved cache replacement［J］. ACM SIGARCH Computer Architecture News, 2016, 44(3): 78-89.

［36］ YAO P, ZHENG L, ZENG Z, et al. A locality-aware energy-efficient accelerator for graph mining applications［C］//2020 53rd Annual IEEE/ACM International Symposium on Microarchitecture (MICRO). IEEE, 2020: 895-907.

［37］ WU C J, JALEEL A, HASENPLAUGH W, et al. SHiP: Signature-based hit predictor for high performance caching［C］//Proceedings of the 44th Annual IEEE/ACM International Symposium on Microarchitecture. 2011: 430-441.

3.1　主流的并行编程模型

3.1.1　图遍历并行编程模型

图计算并行编程模型是指在多个处理单元上同时执行图计算任务的编程模型，它可以提高图计算的效率和可扩展性，但也带来一些挑战，如数据划分、通信同步、负载均衡等。目前，主流的图计算并行编程模型有以下几种。

- 以顶点为中心（vertex-centric）的编程模型。这种模型将每个顶点视为一个独立的计算单元，每个顶点可以读取和更新自己和相邻顶点的状态，并通过消息传递与其他顶点通信。这种模型简单易用，但也存在一些缺点，如通信开销大、负载不均衡等。代表性的系统有 Pregel[1]、Giraph[2] 等。

- 以边为中心（edge-centric）的编程模型。这种模型将每条边视为一个独立的计算单元，每条边可以读取和更新两端顶点的状态，并通过消息传递与其他边通信。这种模型可以减少通信开销，提高负载均衡，但也存在一些缺点，如编程复杂度高、内存消耗大等。代表性的系统有 GraphLab[3]、PowerGraph[4] 等。

- 以子图为中心（subgraph-centric）的编程模型：这种模型将整个图划分为若干个子图，并将每个子图视为一个独立的计算单元，每个子图可以读取和更新自己内部和外部的顶点和边的状态，并通过消息传递与其他子图通信。这种模型可以支持更复杂和灵活的计算场景，但也存在一些缺点，如划分策略难以确定、同步机制复杂等。代表性的系统有 GraphX[5]、Gemini[6] 等。本节将分别介绍这些常见的图计算并行编程模型，并分析它们的优缺点。

1. 以顶点为中心的编程模型

Google 公司在 2010 年发表的 Pregel 中提出了 TLAV（think like a vertex）编程模型，以解决图计算系统的扩展性和并行性问题。在此之前，分布式并行计算大多采用 MapReduce 模型。该模型需要将图切分为多个子图，并在每轮迭代中重新加载和存储子图，造成大量的 I/O 开销和网络传输开销。其次，MapReduce 模型需要将整个图作为输入和输出，而不是只关注活跃顶点或边，造成大量的冗余计算和存储开销。此外，MapReduce 模型需要在每轮迭代中进行全局同步（barrier synchronization），而不是只同步局部状态或消息，从而造成大量的等待时间和通信开销；而以顶点为中心的编程模型可以更自然地表达图计算任务，可以更灵活地支持不同的图计算场景，如动态图、流式图、增量更新等，并且只需要在每轮迭代中传递少量的消息，从而更高效地处理图数据。

TLAV 的核心思想是以图数据中的单个点为计算范围，考虑每个点上的计算以及相邻点之间的消息传递过程。这样，各点之间可以实现相互独立的计算，实现细粒度的并行计算。最初，TLAV 是建立在同步并行计算（bulk synchronous parallel，BSP）模型之上（如图 3.1 所示），即通过屏障（barrier）来保证各超级步之间的信息传递，从而避免了数据竞争和死锁。此外，TLAV 也支持异步执行模型，每个点的更新值可以在当前的超步中立即可见，从而加快算法的收敛速度，但也会带来数据竞争和一致性问题。

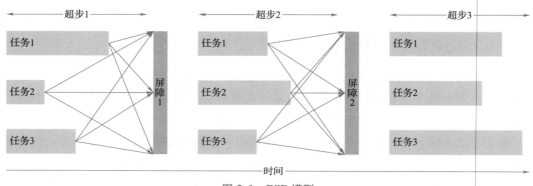

图 3.1　BSP 模型

以顶点为中心的模型处理图数据时，通常需要采取 3 种操作：收取信息，更新信息和分发信息，如图 3.2 所示。

图 3.2　以顶点为中心的模型处理图数据的 3 种操作

其中，收取信息操作主要是顶点获取所有邻接点更新的状态信息，并为点的状态更新做准备。更新信息操作是顶点根据收取邻接点的状态信息来更新自身的状态。最后是分发信息操作：顶点把更新的状态信息通过边传送出去。

根据编程实现上述操作的方式不同，以点为中心的编程模型被分为一阶段编程模型、二阶段编程模型和三阶段编程模型。

一阶段编程模型中，用户定义单个目标函数来实现上述的 3 种操作。比如 Pregel 系统，它要求用户定义处理点的 Compute() 函数，在该函数中，每个点需要首先获取邻接点更新的状态信息，然后根据收取的信息更新自身的状态，最后将更新后的状态信息传送出去，如图 3.3 所示。采用一阶段编程模型的典型系统有 Pregel 和 GPS[7] 等。

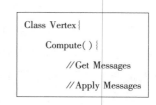

图 3.3　Compute () 编程模型

二阶段编程模型中最具有代表性的模型是 scatter-gather 编程模型，如图 3.4 所示，该模型定义 vertex_scatter( ) 和 vertex_gather( ) 两个函数来实现这 3 种操作。其中，vertex_scatter( ) 函数将顶点的状态信息发送出去；而 vertex_gather( ) 函数则收集邻居顶点的状态信息并更新自身的状态。其输入对象为图数据中的点，终止条件为所有的点不再产生更新。此外，scatter-combine 模型、gather-apply 模型也属于二阶段编程模型的范畴，采用二阶段编程模型的典型系统有 Flink Gelly、GraphChi[8] 等。

```
vertex_scatter(vertex v)
send updates over outgoing edges of v
vertex_gather(vertex v)
apply updates from inbound edges of v
while not done
```

图 3.4 **scatter-gather** 编程模型

三阶段编程模型通过使用 3 个函数来分别实现上述 3 种操作，其典型代表为 GAS（gather-apply-scatter）模型，如图 3.5 所示。在该模型中，每个点首先在 vertex_gather( ) 函数中聚集其所有邻居点的状态信息；然后，在 vertex_apply( ) 函数中根据收集的状态信息更新自身的状态；最后，使用 vertex_gather( ) 函数将更新的状态信息传送出去。采用三阶段编程模型的典型系统有 PowerGraph[9]、Power-Lyra[10] 等。

```
vertex_gather(vertex v)
    accumulate updates from inbound edges of v
vertex_apply(vertex v)
    apply accumulator of v
vertex _scatter(vertex v)
    send updates over outgoing edges of v
while not done
    for all vertices v that have updates
        vertex_gather(v)
    for all vertices v that have updates
        vertex_apply(v)
    for all vertices v that need to scatter updates
        vertex_scatter(v)
```

图 3.5 **gather-apply-scatter** 编程模型

以顶点为中心的并行编程模型具有许多优点，如普适性，大多数图算法都可以通过套用这种模型进行计算；并行性，可以利用多线程和多台机器进行并行计算；可靠性，每个顶点只与自己及其出边相关，因此不会出现数据冲突，保证了计算的可靠性；容错性，在分布式计算环境中，当一台机器发生故障的时候，可以将其计算任务分配给其他可用的机器，以保证计算的顺利进行；选择性调度，该模型只对与活跃顶点有关的边进行调度，减少了对数据的遍历和 I/O 开销。然而，以顶点为中心的编程模型也存在一些缺点：在访问顶点数据和边数据过程中存在大量的随机访存操作，而由于现代计算机体系结构的特点，随机访存往往比顺序访存的性能低，这将导致较大的时间开销；此外，在实现以顶点为中心的编程模型前，通常需要对原始的图数据进行排序等预处理操作，因此增加了总体的时间开销。

2. 以边为中心的编程模型

为了解决以顶点为中心模型中涉及的大量随机访问和排序预处理等问题，以边为中心的计算模型被提出。如图 3.6 所示，该模型首先遍历图中的 e_1，e_2，e_3 等边，然后将各边对应的起始顶点数据散播到更新列表中，如有向边 e_1 对应起点 v_1。接着遍历更新列表，修改相应终点的值。此过程一直迭代，直至没有边的值需要更新时结束。这种计算模型称为以边为中心的分散/聚集（scatter-gather，SG）迭代模型，即以边为中心的编程模型。

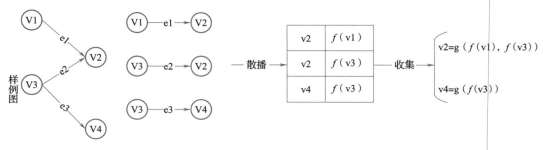

图 3.6 以边为中心的编程模型

以边为中心的编程模型，是一种通过更新顶点值来实现有向图计算的方法，相比以顶点为中心的编程模型，它的程序输入要更加宽松，只需要输入一个无序的有向边集合即可。在计算过程中，算法会遍历所有有向边，根据其起点的值，将需要对其终点进行的修改保存到更新列表，之后，会遍历更新列表，将修改更新到对应的顶点，以边为中心的编程模型将大量的边数据和更新数据的访问从随机访问变成了顺序读取，从而减少了由内存随机存取带来的时间开销，算法终止条件是某一轮遍历边的计算中没有需要更新的数据，即边遍历之后，更新队列为空时，程序输出根据应用程序的需求输出相应的值。图 3.7 给出了 X-Stream[11] 提出的以边为中心的 scatter-gather 模型实例，其函数输入不再是图顶点，而是图中的边。在该模型中，它遍历所有边，将源顶点的最新信息通过边传送出去以更新目的顶点。

如上所述，相比于以顶点为中心的编程模型，以边为中心的模型具有以下优点。

● 顺序访问带宽高。该模型将对图中边数据的随机内存访问转换成顺序访问，如图 3.8 所示，通常对于存储设备而言（包括缓存、内存、磁盘和 SSD），顺序访问的带宽要远大于随机访问的带宽，所以大大减少了由内存随机存取带来的时间开销。

● 更高的并行度。在以顶点为中心的模型中，每个顶点的计算需要等待其所有邻居顶点的计算完成，才能进行下一步计算。而在以边为中心的模型中，可以同时对边的两个端点进行计算，从而提高了并行度，可以更好地利用现代多核处理器和集群系统的计算能力。

● 更好的负载均衡。在以顶点为中心的模型中，不同顶点的计算复杂度可能不同，导致计算任务在不同的处理器之间无法平衡分配。而在以边为中心的模型中，边的数量通常比顶点的数量要大得多，从而使负载均衡更容易实现。

```
edge_scatter( edgev)
    snd updates over e
update_gather( update u)
    apply updatesu to u. destination\
while not done
    for all edges e
        edge_scatter( e)
    for all updates u
        update_gather( u)
```

图 3.7 以边为中心的 scatter-gather 模型实例

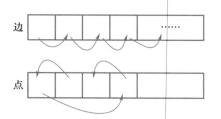

图 3.8 以边为中心模型的访存情况

● 更少的通信开销。在以顶点为中心的模型中，由于需要在计算之间传输顶点的状态信息，因此通信开销较大。而在以边为中心的模型中，通常只需要传输与边相关的信息，从而降低了通信开销。

● 支持流处理。流处理指的是按照顺序对系统输入的每个数据项进行操作，而这种模型可以非常方便地将不规则的有向边集以流的形式从外存传入内存进行处理，从而提升了系统的处理能力。

同时，以边为中心的编程模型也存在以下不足。

● 通用性受限。以边为中心的模型虽然能很好地支持基于流的图分析，但它的通用性存在一定的限制。例如，在随机游走的算法中，首先需要了解一个顶点的所有外邻顶点，然后进行随机选择，而这在该模型中很难实现。

● 计算的复杂度较高。在以边为中心的模型中，某些计算需要访问所有与顶点相关的边，这可能导致计算复杂度较高。例如，计算一个顶点的度数（即与其相连的边数）需要遍历所有与该顶点相关的边。

● 内存使用较大。在以边为中心的模型中，需要存储每条边的信息，因此需要更多的内存空间。此外，由于边的数量通常比顶点的数量要大得多，因此内存使用可能会成为一个瓶颈。

● 数据访问模式不连续。在以边为中心的模型中，由于边的数量通常比顶点的数量要大得多，因此访问数据的模式不连续，可能导致缓存效率较低。这可能会导致性能瓶颈，尤其是对于大规模数据集。

● 需要不同的算法和数据结构。由于处理边的方式可能需要不同的算法和数据结构，因此需要更多的算法设计和实现工作。此外，一些现有的图算法可能难以适应以边为中心的模型。

3. 以子图为中心的编程模型

以顶点或边为中心的细粒度编程模型，其状态信息在每个超步内只能传播一跳，这使得某些特殊算法无法高效地运行，例如，Salihoglu S[12] 尝试在 UK-2005 和 SK-2005 数据集上运行的强连通分量（strongly connected components，SCC）算法，结果收敛速度非常缓慢。为了解决细粒度模型的局限性，以子图为中心（subgraph-centric），或者称为以块为中心（block-centric）的模型提供了比以顶点为中心的模型更低层次的抽象，将整个子图设置为并行计算的单元，以减少冗余通信并加快以顶点为中心的程序收敛。Giraph++[21] 最近引入了这种抽象，并在后续工作中被采用和优化。

以子图为中心的模型的主要思想在于把每个子图看成是输入图中的一个子集，而不是无关联的顶点。在以顶点为中心的模型中，顶点只能访问它的直接邻居的信息，而在以子图为中心的模型中，信息可以在同一子图中的所有顶点之间自由传播，这样可以显著减少通信量，加快收敛速度。在应用用户定义函数时，图计算模型将整个子图作为一个并行单元。与以顶点为中心的模型不同，这里的消息交换只发生在子图之间，从而降低了通信成本。子图中的顶点可以是内部的或边界的。内部顶点与其值、相邻边，以及所接收的消息关联，而边界顶点仅有其值的本地副本；主值位于其作为内部顶点的子图中。例如，在图 3.9 中，左右两边上方子图中的顶点 1 和 2 是内部顶点，而顶点 3 和 4 是边界顶点；而左右两边下方子图中，顶点 3 和 4 是内部顶点，顶点 1 则是边界顶点。内部顶点之间的消息交换是即时的，但是向边界顶点发送消息则需要网络传输。

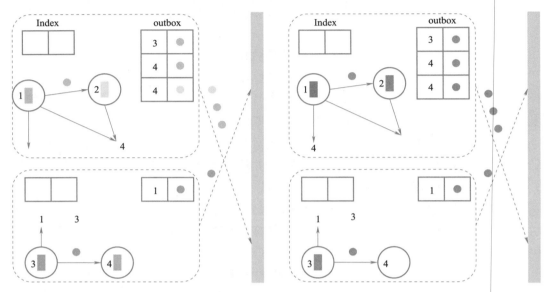

图 3.9　以子图为中心的模型中的两次迭代图（每个虚线框代表一个单独的物理子图，虚线箭头代表通信）

图 3.10 展示了以子图为中心的模型的伪代码。

上述模型首先将原图划分成不同的子图，然后在每个子图中迭代更新所有的点，直至该子图收敛，最后，将更新后的子图状态信息传递给其他子图。block_update( ) 函数处理的对象为子图整体，当子图中的点不再发生变化时，则终止迭代更新。

以子图为中心的模型将以顶点为中心的模型的视图扩展到子图，其优势在于可以很好地应用于需要顶点信息而不

```
compute( vertex v)
    update all vertices of subgraph
block_update( subgraph subg)
    while not done
        for all vertices v that have updates
            compute( vertex v)
            apply updates from inbound edges of subgraph
    while not done
        for all subgraphs subg that have updates
            block_update( subg)
```

图 3.10　以子图为中心的模型的伪代码

是顶点的直接外邻域信息的应用程序。但是，这种模型的性能有赖于子图的质量。当以子图为中心时，如果使用的图划分技术能够构建连接良好的子图，并且将子图之间的边切割最小化，那么以子图为中心的实现很可能比以顶点为中心的实现需要更少的通信，同时值传播算法的收敛需要更少的超步。

以连通分量算法为例，如图 3.11 所示为一个链图示例，若以顶点为中心，每超步只有最小值传播一步，则需要与最大图直径加 1 一样多的超步才能收敛，如图 3.12 所示；

而以子图为中心，则可以在子图内异步传播，将链划分为两个相连的子图，只需要两个超步即可收敛，如图 3.13 所示。但是，如果图的子图不好，几乎没有什么优势，甚至可能与以顶点为中心的执行相比都没有任何性能优势。因此，用户必须仔细考虑预处理成本，因为这可能会影响作业的总执行时间。

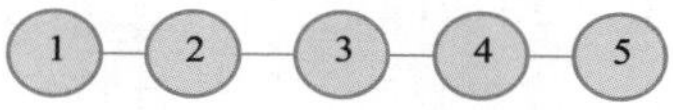

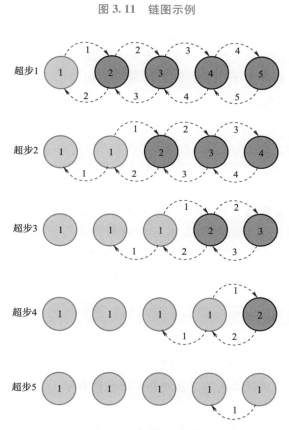

图 3.11　链图示例

图 3.12　以顶点为中心的模型中通过标签传播实现的连通分量算法图
（最小值在 5 个超步后传播到链尾）

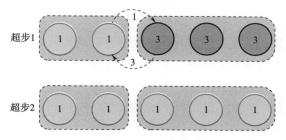

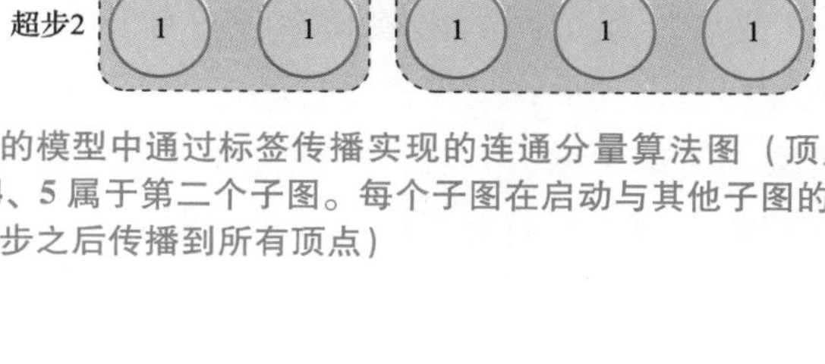

图 3.13　以子图为中心的模型中通过标签传播实现的连通分量算法图（顶点 1 和 2 属于第一个子图，顶点 3、4、5 属于第二个子图。每个子图在启动与其他子图的通信之前异步收敛，最小值在两个超步之后传播到所有顶点）

以子图为中心的模型也存在一些缺点。首先，用户必须从"像一个顶点一样思考"转换为以子图为基础的思考。为了解释它们的算法，用户需要理解一个子图代表什么，以及如何区分内部顶点和边界顶点的行为。该模型允许对计算和通信进行更多的控制，但同时也向用户暴露了更底层的特性，这种抽象的丢失可能导致程序错误或难以理解。其次，在计算过程中会产生负载不均衡问题：在以子图为中心的模型中，如果划分不当，某些子图可能比其他子图更大或更复杂，导致计算负载不均衡。这可能会导致一些顶点空闲，而其他顶点负载过重，影响整体计算性能。最后，也存在数据传输量和内存占用较大的问题：在以子图为中心的模型中，需要在不同的顶点之间传输子图数据，这可能导致数据传输量较大，尤其是对于大规模图数据，数据传输可能成为一个性能瓶颈；在以子图为中心的模型中，还需要存储每个子图的信息，因此需要更多的内存空间，由于子图的数量可能非常大，内存使用也可能会成为一个瓶颈。

3.1.2　图挖掘并行编程模型

图挖掘并行编程模型主要是为了提高图挖掘算法的运行效率和易编程性。现有的图挖掘算法都是在输入图 G 中搜索满足算法条件的子图。寻找子图的过程可以用搜索树来模拟，其中每个顶点都是一个子图，$k+1$ 层的子图是由 k 层的子图拓展而来的。基于搜索树的模型，主要的编程模型可以被分为两类：一类是模式不感知（pattern-oblivious）[13] 编程模型；另一类是模式感知（pattern-aware）[14] 编程模型。它们的主要区分在于算法或系统是否会考虑顶点和边的任何特定样式或结构。下面详细介绍这两种并行编程模式。

1. 模式不感知编程模型

模式不感知编程模型采用以嵌入为中心（embedding-centric）的方法来解决图挖掘问题。主要是建立一个搜索树来表示中间嵌入（非叶顶点）和最终嵌入（叶顶点）。对于中间嵌入，采用了剪枝技术来防止重复和不必要的探索。对于最终嵌入，使用昂贵的同构测试来确定它们是否与模式同构。

具体来说，给定一个带有标记顶点和边的不可变输入图 G，模式不感知编程模型的重点是枚举满足某些用户指定标准的所有模式。通过在输入数据集 G 中列出其匹配项或嵌入项，然后过滤掉无关的项来计算给定的模式 p。通常需要子图同构检查算法来确定与嵌入集中的模式是否匹配，也需要图自同构检查来消除重复嵌入。

其中，寻找嵌入是顶点或边诱导的连通图模式。这些问题有几个变体。输入数据集可以包括多个图的集合或单个大型图。模式的嵌入包括从模式 p 到输入图 G 的与模式 p 的同构模式。然而，在不精确匹配中，人们可以寻求不精确或近似的同构（基于编辑距离、标签成本等概念），或者提取子图的出现频率分布满足某个给定数量的顶点。与图挖掘相关的还有图匹配问题，其中查询模式 q 是固定的，必须检索输入图 G 中的所有匹配。图匹配的解决方案通常使用索引方法，它预先计算一组路径或频繁子图，并使用它们来促进快速匹配和检索。图挖掘通常都包含匹配问题，因为必须枚举模式并找到它们的匹配。此外，对单输入图设置的任何解决方案都适用于多图数据集的情况。

图 3.14 给出模式不感知编程模型的伪代码，以及如何自动化探索图和扩展嵌入的过程。其中集合 I 是初始的子图集合，并且集合 I 中包含初始的模式 p。两个定义的函数是由用户来指定：即一个过滤函数 Φ 和一个过程函数 F。为了寻找到特定模式 p，刚开始通过生成一组候选嵌入 C 开始探索，这是通过扩展 I 中的嵌入获得的。通过 e 添加一个入射边或顶点来计算候选，最终得到符合模式 p 的结果集合。

```
Foreach e in I such that α(e) do
    add β(e) to set O;
C←set of all extensions of e obtained by adding one incident edge / neighboring vertex;
Foreach e' in C do
    if Φ(e') and there exists no e" in F automorphic to e'
    then
        add π(e') to O
        add e' to F
Return F, O
```

图 3.14 模式不感知编程模型的伪代码

具体来说，在第一个探索步骤中，只包含一个特殊的未被定义的初始嵌入，其扩展 C 由 G 的所有边或顶点组成，这取决于探索的类型。应用程序可以在初始化期间决定基于边的展开还是基于顶点的展开。在计算候选之后，过滤函数 Φ 检查每个候选 e'，并返回一个布尔值，指示是否需要处理 e'。如果 Φ 返回 true，过程函数 π 将 e' 作为输入，并输出一组用户定义的值。默认情况下，e' 随后被添加到集合 F。在探测步骤结束后，在下一步骤开始之前，I 被设置为等于 F。当集合 F 在步骤结束时为空时，计算终止。

2. 模式感知编程模型

现有的模式不感知图挖掘系统为解决图挖掘问题付出了巨大努力，并取得了显著的性能提升。但是，它们仍然存在子图同构测试和修剪搜索空间的开销大的问题。为了解决这些问题，模式感知编程模型[14] 被提出。

模式感知编程模型分析模式的结构并生成匹配顺序[15] 和对称顺序[16] 以消除同构测试和重复枚举。用于挖掘具有 4 个顶点的有尾三角形模式的模式感知算法如图 3.15 所示。

匹配顺序。匹配顺序是图挖掘时模式中顶点的搜索顺序。例如，在图 3.15 中，有尾三角形模式的匹配顺序为 $\{u_0, u_1, u_2, u_3\}$，说明仅当 $i>j$ 时，u_i 是 u_j 的祖先并且 u_i 在 u_j 之前搜索。图 3.15 中的全蓝色子图可以使用匹配顺序进行修剪，因为输入图不包含匹配顺序要在下一步中探索的顶点。例如，子图 $\{u_0, u_1\} = \{4,1\}$ 扩展模式中的下一个顶点 u_2，它是 u_0 和 u_1 的公共邻居。由于输入图中 $N(4)$ 和 $N(1)$ 的交集是空的，所以子图 $\{4,1\}$ 没有满足匹配顺序的分支，可以剪枝。更重要的是，使用匹配顺序可以避免在搜索树的叶子上进行同构测试，因为最终的嵌入总是匹配模式。

对称顺序。虽然采用匹配顺序可以消除同构测试和剪枝搜索空间，但是由于模式中顶点的对称性，图匹配算法会多次探索某一个子图。如图 3.15 所示，模式中 u_0 和 u_1 是对称的，子图 {2,3} 和 {3,2} 在搜索树的第 1 层是相同的子图，也称为自同构。为了消除这种相同嵌入的重复枚举，打破对称（symmetry breaking）方法在模式的顶点之间建立对称顺序。例如，采用对称顺序 $u_0 > u_1$ 来修剪搜索空间并确保唯一性。具体来说，图 3.15 中的全灰色子图被对称顺序 $u_0 > u_1$ 剪枝。例如，子图 {2,3} 是子图 {3,2} 的自同构，所以被剪枝。可以看出，模式感知的编程模型是寻找用户定义的特定结构或样式，更适合部署在硬件加速器，通过硬件定制化来进一步加快图挖掘算法效率。

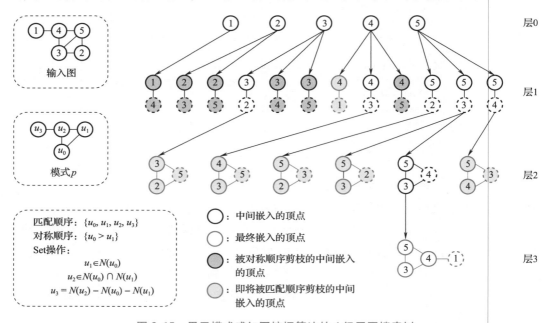

图 3.15　用于模式感知图挖掘算法的 4 级子图搜索树

3.1.3　图学习并行编程模型

现有的图学习支持的编程如消息传递和本地数据流编程，它们都存在一些问题。例如，共享一个通用的全图张量中心范式，它们的运算符的粒度是以高维张量为依据的。为了访问邻居的特征，用户使用消息/散射操作显式或隐式地创建边张量，并且必须仔细跟踪维度，以在正确的维度上进行归约操作。例如，消息传递系统将图卷积分为两个阶段：消息和归约，用户将消息创建为边张量，并使用张量聚合操作进行聚合。但是传统的基于全图张量中心范式的编程模式，更适合于传统的神经网络模型，不太适配于图学习模型的训练与推理。为此，现有的研究提出了专注于图学习的并行编程模型。下面详细介绍图学习并行编程模型。

1. SAGA-NN

现有的图计算系统通过顶点编程模型和特定图优化接口可以很自然地表达迭代图算法，例如，PageRank、BFS 和社区检测算法。但是，现有的图计算编程抽象很难表达神经网络操作（例如反向传播操作），并且也缺乏 DNN 执行中有效的表达能力，例如，张量抽象、自动微分和数据流编程模型。为了解决这个问题，北京大学图学习研究团队提出 SAGA-NN（scatter-applyedge-gather-applyvertex with neural networks）并行编程模型，从而更加适配图学习的训练和推理。SAGA-NN 借鉴了 GAS 编程模型，将图计算编程思想和传统的神经网络编程思想进行融合，同时结合两个编程思想特征。

具体来说，SAGA-NN 编程模型结合了数据流和顶点编程，在 GNN 的一层表达递归并行计算。如图 3.16 所示，SAGA 将前向传播分为 4 个阶段：Scatter、ApplyEdge、Gather 和 ApplyVertex。SAGA 分别为 ApplyEdge 和 ApplyVertex 提供了两个用户定义函数（UDF），供用户在边和顶点上声明神经网络计算。ApplyEdge 函数定义了每条边上的计算，将边和 p 作为输入，其中边指的是边数据，p 包含 GNN 模型的可学习参数。每个边是表示由边连接的源顶点和目标顶点的关联数据以及边关联数据（例如，边权重）的张量［src，dest，data］的元组。此函数可用于应用并输出与边相关的中间张量数据。

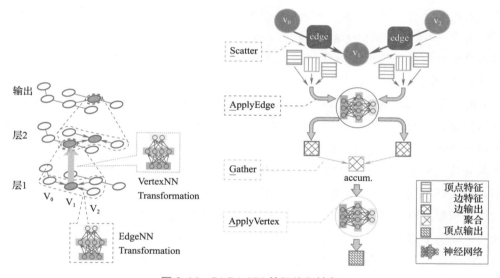

图 3.16　SAGA-NN 并行编程抽象

ApplyVertex 函数定义顶点上的计算，该函数将顶点张量数据顶点、顶点聚合 accum 和可学习参数 p 作为输入，并在应用神经网络模型后返回新的顶点数据。SAGA-NN 抽象建立在数据流框架上，因此用户可以通过连接底层框架提供的数学运算（例如，add、tanh、sigmoid）来符号化地定 UDF 中的数据流图。

其他两个阶段，即"Scatter"和"Gather"，执行数据传播并准备数据收集，将其作为输入提供给 ApplyEdge 和 ApplyVertex。它们由系统隐式触发和执行。因为如果提供这些函数，这些函数与传播过程高度耦合，传播过程的计算通过不规则的图结构流动，并且很难表示为优化的数据流，用户将不得不实现 UDF 的相应派生函数，这是一个严重的负担。遵循相同的原则，它提供了一组默认值，包括 sum、max 和串联操作，具体可以通过设置 Gather. accumulator 来选择。

2. 面向图学习的以顶点为中心并行编程模型

现有的图学习并行编程模型在编程抽象上表达能力很强，并且还提供了 TM（tensor materialization）优化和 GSpMM（general sparse matrix multiplication）优化。其中 TM 优化表现为：在每个阶段中，使用后端深度学习系统的运算符（如 matmul、leakyRelu）进行计算。而 GSpMM 优化表现为：通过添加/减少/乘以/除以源顶点和边特征或将顶点特征复制到边来计算消息，通过求和/最大值/最小值/平均值等聚合方式将消息作为目标顶点上的特征进行聚合。然而，它们在图学习的编程抽象和执行上存在两方面缺点。首先是编程抽象方面，尽管现有的图学习并行编程模型（例如，DGL 的图抽象和 NeuGraph 的 SAGA-NN 模型）表达能力很强大，但是用户必须将顶点为中心的模式转换为整个图和粗粒度张量编程，并学习一组低级别的张量操作（例如，在 GraphLearn 和 Euler 中）或特定领域的 API。其次在图学习执行方面，TM 优化会导致内存消耗高，在 GPU 内存层次结构中存在频繁的数据移动。并且 GSpMM 优化只涵盖有限的运算符组合，并提供不令人满意的性能。为此，香港科技大学团队提出面向图学习的以顶点为中心并行编程模型（vertex-centric programming for graph neural networks），用户能够轻松编程和学习图学习模型和动态生成和编译以顶点为核心的用户自定义函数（user-definition function，UDF）的快速高效内核。

面向图学习的以顶点为中心的编程模型，其灵感来自 Pregel 的顶点为中心模型[1]，用于编程分布式图算法，如 PageRank。该编程模型的目标是更自然的 GNN 编程，以便简化用户的学习和编程难度。面向图学习的以顶点为中心的编程模型，主要采用顶点中心计算的形式来表征图顶点之间的聚合和更新过程，即通过聚集其邻居的特征来计算中心顶点的特征。如图 3.17 所示，主流的图学习模型（如 GCN 和 GAT）通过以顶点为中心的编程模型可以表示为针对每个顶点 u，通过遍历顶点 u 的邻居以聚合 u 及其邻居顶点的特征向量来得到 u 的中间特征向量。对于 GCN 而言，其关键的核心操作采用面向图学习的以顶点为中心的编程模型可以仅用一行代码来简洁地实现。更重要的是，用户可以更加轻松地实现图学习模型，并可以直接通过检查其实现来学习图学习模型。

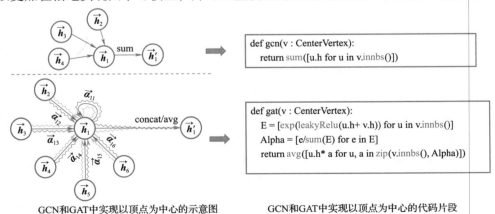

GCN和GAT中实现以顶点为中心的示意图　　　GCN和GAT中实现以顶点为中心的代码片段

图 3.17　面向图学习的以顶点为中心编程模型示例

　　面向图学习的以顶点为中心的编程模型还提供了一些特定的 API 接口来进一步简化图学习的模型搭建、训练和推理。如图 3.18 所示，API 只包括编译解码器以及顶点和边的属性，因为用户可以在代码中简单地使用 Python 语法。通过这个简单的 API，可以实现 PYG 和 DGL 支持的大多数的图学习模型。

	Attribute	Explanation
	Compile	Vertex-centric decorator
v	innbs inedges Key_name	List of in-neighbors List of in-edges Value of vertex features
e	src dist type Key_name	src vertex dist vertex Edge type Value of edges features

图 3.18　面向图学习的以顶点为中心的编程模型 API

3.2　图预处理方法

3.2.1　图划分策略

　　在对图进行并行计算时，常常会面临图划分（graph partition）的问题，即将一个完整的图划分为若干子图，以便通过分布式系统来加快对图的计算过程。既然图划分的初衷是为图计算加速，那么如何确定尽可能优秀的图划分策略，从而显著地提升图计算的效率就成了一个值得探讨的话题。

　　图划分是一种通过最大化负载均衡和最小化切割，将图切割成不同子图的技术。在分布式图计算系统中，图划分是其中的一个核心内容。结合了图划分技术的计算系统能够解决图挖掘、图学习领域的诸多问题。图划分策略主要在最大化负载均衡程度和最小化切割两个方面影响着图计算的效率，人们希望的是各个分区的负载尽可能的平衡，并且切割图的过程中产生的位于分区间的顶点或者边尽可能地少。

　　为了方便理解，对于负载均衡，可以设想一下：假如分区的负载极不平衡，数据量倾斜严重，高负载分区需要较长的时间来完成本轮迭代的任务，而早早完成任务的低负载分区需要等待其他分区全部完成任务后才能开启下一轮迭代，这就较大地增加了图计算的时间开销。对于最小化切割，也可以假设被"切割开"的顶点或者边的数量很大，它们位于分区之间，与邻居进行通信需要跨机器进行，这就带来了较大的通信开销。因此，最大化负载均衡和最小化切割是图划分的两个优化方向。然而，对这两个目标同时优化是一个 NP-hard 问题[1]，所以通常情况下希望优化负载均衡的同时尽可能保证最小化切割。

按照对图数据切分方式的不同，可以分为顶点划分[17]、边划分[18] 和混合划分[19] 这 3 种划分方式。顶点划分是将图的顶点集划分为若干部分，每个顶点及其相关信息存放在对应的子图中，而划分过程中可能会产生割边，即此边的两个顶点位于不同的子图。在这种划分方式中，每个计算节点都负责处理一部分顶点，并且只需要访问与这些顶点相关的边。顶点划分通常适用于计算需求比较均衡的图处理任务，因为它可以减少通信开销，并提高计算效率。如图 3.19 所示，右边的图顶点被划分成 3 个部分，即子图 1，2 和 3。其中，子图 1 包含顶点 1 和 2，子图 2 包含顶点 3，子图 3 包含顶点 4 和 5。边（2→3）和边（2→4）是按顶点划分后产生的割边。

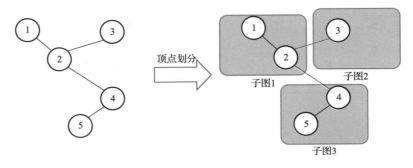

图 3.19　顶点划分示意图

对于遵循幂律分布的图，一小部分顶点可能具有相当多的边。如果采用点划分策略可能会产生大量的割边并造成负载不均衡的现象，此时就需要用边划分来解决这些问题[11]。

边划分则是将图的边集划分为若干部分，每条边及其相关信息存放在对应的子图中。边划分将图中的边分配给不同的计算节点进行处理。在这种划分方式中，每个计算节点都负责处理一部分边，并且需要访问与这些边相关的顶点。边划分通常适用于需要跨越多个计算节点进行的图算法，例如，最短路径计算。同样地，划分过程中可能会产生割点，即此点在多个子图中均存在。无论是割边还是割点，它们的数量越大，图计算的通信开销就越大。如图 3.20 所示，右边的图顶点按照边划分方式，被划分成 3 个子图，子图 1 包含边（1→2），子图 2 包含边（2→3），子图 3 包含边（2→4）和边（4→5）。其中，顶点 2 是按边划分后产生的割点。

混合划分（hybrid partitioning）是一种同时按照顶点和边进行划分的方式。与顶点划分和边划分不同，混合划分通常需要在顶点和边之间进行平衡调整，以便更好地平衡计算和通信负载。其主要思想是将图中的顶点和边分配到不同的计算节点上进行处理，以便减少通信开销和提高计算效率。在混合划分中，每个计算节点通常处理一部分顶点和一部分边，并且需要通过网络进行通信和同步。因此，混合划分需要考虑计算负载、通信负载和网络拓扑结构等因素，以便得到最优的划分结果。

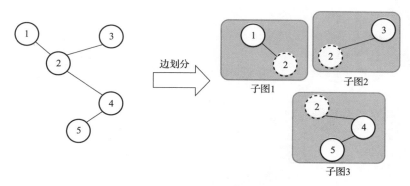

图 3.20　边划分示意图

在混合划分中，可以使用多种算法来实现图的划分。例如，可以使用基于元启发式的贪心算法（METIS）来对图进行划分。METIS 算法使用图的结构信息和计算节点的资源信息来决定每个顶点和边的分配方式，并且可以得到比较好的划分效果。此外，混合划分还可以与其他划分方式进行结合，能更好地满足不同的应用需求。例如，可以将混合划分与块划分结合使用，能更好地处理超大规模图数据。总之，混合划分是一种重要的图数据划分方式，可以在不同的计算环境和应用场景下发挥重要作用。通过合理地进行混合划分，可以提高图处理的效率和性能，从而更好地满足大规模图数据处理的需求。

顶点划分、边划分和混合划分又可以按照划分的内存开销进一步分为静态图划分方法和动态图划分方法[20]。静态图划分方法也称内存方法，它一次性地将图数据全部装载到内存，然后根据图的全局信息来进行划分，因此这种方法获得的分区质量更高，然而由于内存的限制，大规模图数据往往无法采用这种划分方法。动态图划分方法也称流式方法，它依次加载顶点或者边，实时地将它们划分给指定的子图。动态图划分方法非常快且内存开销很小，但也导致划分的质量较差。此外还有综合了上述两种方法的动静态切换方法，和适应真实世界动态变化的图。下面选取一些具有代表性的图划分策略进行介绍。

1. 静态图顶点划分策略

METIS[17] 是一种多层次的划分策略，它包含 3 个阶段：粗化、初始划分和细化。如图 3.21 所示，在粗化阶段，将输入图的选定顶点压缩成一个粗图，再将输出图作为下一轮粗化的输入，直至图足够小。初始划分阶段将粗化后的图划分为若干子图。细化阶段将分割后的图映射到原始的图结构。METIS 能够保证各个子图的负载均衡性，然而由于需要对整个图进行遍历和粗化，存在着内存消耗大和划分效率低的问题。

具体来说，它包含 4 个核心步骤：首先是将图划分为若干块，每个块包含相等数量的顶点；其次是将每个块递归划分为若干子块，直到达到所需划分大小；然后是将顶点移动到其他块中，以获得更好的划分结果；最后是使用一系列优化技术来进一步改进划分质量和效率。

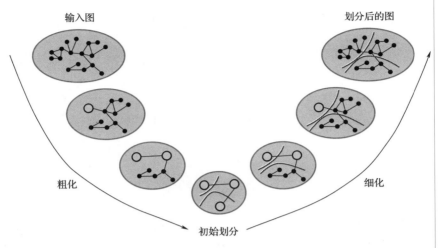

图 3.21　METIS 划分策略示意图

2. 静态边划分策略

邻居扩展（neighbor expansion，NE）[18] 边分割方法是最先进的边划分策略，它基于图中邻域的局部性进行划分，具有边扩展和边分配两个阶段。NE 划分的主要思想是将图中的顶点划分到不同的计算节点上，以便最小化跨节点通信和最大化局部计算。在邻居扩展划分中，首先从一个或多个随机顶点开始，逐步扩展到周围的邻居顶点，并将这些顶点分配给同一计算节点。邻居扩展划分包括 4 个步骤：首先是选取初始顶点，即选择一个或多个随机顶点作为初始顶点；其次是扩展邻居顶点，即将与初始顶点相邻的顶点添加到该计算节点中，并重复此过程直到达到所需的顶点数量；然后是分配计算节点，即将所选顶点分配到同一计算节点中，以便在本地处理这些顶点，最小化跨节点通信；最后，从其他未分配的节点中选择新的初始节点，并重复以上步骤，直到所有顶点都被分配到某个计算节点中为止。

具体来说，NE 策略采用迭代的方法进行划分，为了构建分区，NE 会首先构造核心顶点集 C 和边界顶点集 B。边集 B 会不断扩展，同时其中的一些顶点会不断加入到核心集 C 中。将位于边界外的相邻顶点称为外部邻居，每次迭代时选取外部邻居最少的顶点加入核心集，这样能够保证分配邻居边的最大化。邻居扩展划分的优点是它不需要预先知道计算节点数量，也不需要对图进行预处理。它只需要选择几个初始节点并从那里开始扩展，直到所有顶点都被分配到某个计算节点中为止。邻居扩展划分在处理较大的图时也比较高效，因为它可以在本地处理大部分顶点，最小化跨节点通信。但邻居扩展划分也存在一些缺点，例如，它可能会导致某些计算节点负载不均衡，因为随机选择的初始节点可能会导致某些计算节点包含大量的顶点，而其他计算节点只包含少量的顶点。此外，邻居扩展划分通常需要进行后处理来平衡负载，并且可能需要进行多次迭代以获得更好的划分结果。

3. 动态顶点划分策略

基于随机哈希的顶点划分访存（random hash vertex cut，RHVC）[22] 是将顶点通过一个给定的哈希函数映射到不同子图的划分策略。一个最简单的例子就是给所有顶点编号，并用编号对一个给定的数 k 取余，余数相同的顶点被划分到相同的子图中。RHVC 的优势是不需要了解图结构就能够高效划分，并且能够拓展到边划分策略中，但是较大的随机性会导致子图的局部性较差，且会产生较多的割边。与其他划分策略相比，RHVC 具有较低的时间和空间复杂度，并且可以很好地处理不均匀的图结构。

RHVC 的基本思想是通过哈希函数将图的顶点随机分配给不同的处理节点。具体来说，它包括 4 个步骤：首先是将图的顶点和边随机分配到计算节点上；其次是通过哈希函数将顶点随机分配到不同的处理节点上，通常采用的哈希函数为 MurmurHash；然后在每个计算节点上，通过哈希函数将边分配给连接其两个端点的处理顶点；最后为了保证图的连通性，需要将分配到不同处理顶点上的顶点连接起来。具体来说，每个处理顶点需要将其拥有的顶点中的一个端点发送给其他处理顶点，以构建边界。重复上述步骤，直到划分结果达到预期的质量。

与其他的动态顶点划分策略相比，RHVC 的优点在于其可以避免不均匀的边分布问题。此外，RHVC 还可以提供更好的负载均衡，因为每个处理节点都包含相同数量的顶点。然而，与 RHEC 类似，RHVC 的哈希函数也可能会影响划分结果的质量。线性确定性贪婪划分（linear deterministic greedy partitioning，LDGP）[20] 是一种动态图顶点划分算法，主要用于将大型图划分为多个子图以进行并行计算。与其他划分策略相比，LDGP 具有较高的划分质量和较低的时间和空间复杂度。

LDGP 的基本思想是基于贪心算法，通过计算每个节点对于不同处理器的贡献值，选择具有最大贡献值的顶点将其放置在一个处理器中。LDGP 包括 4 个步骤：首先将图的顶点和边随机分配到处理器上；其次是贡献值计算，即计算每个顶点对于不同处理器的贡献值，其中顶点的贡献值表示将该顶点移动到其他处理器时能够减少的边数；然后是顶点移动，即选择具有最大贡献值的顶点将其移动到另一个处理器中，并更新其他顶点的贡献值；最后是循环迭代，即重复执行上述步骤，直到划分结果达到预期的质量。与其他贪心算法相比，LDGP 的特点在于它是线性时间的，因此可以应用于非常大的图中。此外，LDGP 还可以提供较高的划分质量和较低的通信开销，因为它仅在每个迭代中移动一个顶点。然而，LDGP 可能会受到图结构的影响，因为它只考虑了每个顶点的贡献值而没有考虑节点之间的依赖关系。

4. 在线边划分策略

基于度的哈希（degree based hashing，DBH）[23] 策略通过顶点的度来分配边。对于遵循幂律分布的图来说，维持低度顶点的局部性是相对容易的，然而高度顶点关联的边较多，将所有边全部分配到一个子图是不太可能的，因此该策略尽可能地保持低度顶点的局部性。对于一条边 e 的两个顶点，计算并选择度较小的顶点，将顶点的编号计算哈希函数，得到的结果就是 e 分配到的子图 ID。该策略同时利用了顶点度的信息和随机哈希的特征，具有局部性好和效率高的优势。

DBH 算法主要通过顶点度数来进行哈希，并将哈希结果映射到处理器上，以实现高质量的图划分。其基本思想是将顶点根据其度数值映射到处理器上，这样可以保证在不同处理器之间分布相对均匀，同时最大限度地保留图的局部性质。DBH 包括 4 个核心步骤：首先将图顶点随机分配到处理器上；然后计算每个顶点的度数值；紧接着将每个顶点的度数值与一个随机数进行哈希运算，得到顶点的哈希值；最后将哈希值映射到处理器上，并选择与该哈希值相同的处理器，将顶点分配到该处理器上。重复执行上述步骤，直到划分结果达到预期的质量。与其他哈希算法相比，DBH 的特点在于它基于顶点度数来进行哈希，因此可以使顶点在不同处理器之间分布相对均匀，同时最大限度地保留图的局部性质。此外，DBH 还可以提供较高的划分质量和较低的通信开销，因为它使用了哈希表来存储顶点和处理器之间的映射关系。

3.2.2　图数据重排策略

在对大规模图计算之前，还有一个十分必要的预处理过程，那就是图数据重排。图数据重排是一种对图数据的布局进行优化的技术，它并不改变图的结构，而是根据图的内在结构来修改图数据的排列，以使得经常连续访问的数据彼此相近。修改后的布局拥有更好的局部性，能够提升图计算模型执行效率。图作为一种数据结构，它的组织形式不像数组和矩阵那样规则，例如，相邻的两个顶点在物理上可能相差很远，而在图计算的过程中经常会连续访问相邻的顶点，这就带来了较大的访问随机性。

此外，现实世界的图常常遵循幂律分布，也就是一小部分顶点关联着大量的边，而大部分顶点只关联着少量的边[23]。例如，在社交网络图中，一个名人的社交关系十分复杂，而大多数普通人的社交关系则相对简单。关联着大量的边的顶点称为"热点"，关联着少量边的顶点称为"冷点"。"热点"在图中是随机出现的，但分布却并不均匀，通常"热点"会倾向于聚集在一起，称为图的局部性，图的局部性对 Cache 行为的影响可以理解为 Cache 局部性[7]。Cache 局部性又分为空间局部性和时间局部性两类。对于一组"热点"来说，如果它们频繁被访问，就显示出了较好的时间局部性，如果它们被存储在相邻的空间因而能够被连续地读写，就显示出了较好的空间局部性。

除了 Cache 效率外，图的不规则性也影响着分布式图计算的效率。3.2.1 小节介绍了划分子图时常会产生负载不均衡的问题，一些子图包含较多的顶点或者边，因而往往需要更密集的计算。除了采用负载更均衡的划分策略外，合适的数据重排策略也能够减少图的这种不规则性带来的低效问题。

图数据的布局对图计算模型的效率有着不可忽视的影响。如图 3.22（a）所示是一个数据重排前的图，它的顶点 ID 分布是随机的。假设一个图算法要检查顶点与其邻居的关系，需要依次访问该顶点和它的邻居顶点，每次读写只能够加载 3 个顶点的信息，那么当依次检查顶点 0 和顶点 1 时，顶点的访问顺序为 0-2-4-1-2-3。除了顶点 2 之外其他顶点均只访问一次，时间局部性是较差的，访问的顶点需要两次读写，空间局部性也不好。如果通过一个简单的数据重排策略，为相邻的顶点赋予连续的 ID，如图 3.22（b）所示，仍依次检查顶点 0 和顶点 1，这时顶点的访问顺序变成了 0-1-2-1-0-2。顶点 0、顶点 1、顶点 2 被重复访问，说明时间局部性较好，3 个顶点只需要一次读写就可以访问，空间局部性也很好。

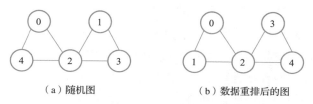

（a）随机图　　　　　　　　　　（b）数据重排后的图

图 3.22　一个简单图数据重排前后示意图

　　下面对几种优秀的图数据重排策略进行介绍，这些重排策略的目标相近，都是寻找一个近似最优的顶点 ID 排列顺序，从而提高图的局部性。Gorder[24] 充分利用图的内部结构，使图计算的效率显著提升。拥有相同邻居的顶点被赋予连续的 ID，如此一来，相邻的图数据能够同时加载到 Cache 中，在连续处理顶点时能被高效利用。然而 Gorder 的数据重排的时间开销却非常大，如果图计算应用需要几分钟的时间就能执行完毕，那么 Gorder 在数据重排这一预处理环节就要花费几个小时的时间。正是因为过高的时间开销，Gorder 几乎不可能成为图数据重排的首选策略，尤其是图不断变化时。因为 Gorder 较大的开销，促使人们考虑更为轻量级的图数据重排策略。

　　Sorting 策略是最直观的基于度的重排方法，如图 3.23（b）所示，它将顶点按度的大小降序排列，即度越大的顶点 ID 越小。Sorting 策略虽然能够使度比较大的"热点"位于相邻的位置，但是会打乱顶点的相对位置，且会导致严重的负载不均衡问题，因此会对并行图计算系统的整体性能造成较大的影响。

　　基于频率的聚类（frequency based clustering，FBC）[25] 策略如图 3.23（c）所示。该策略仅对"热点"应用上述的 Sorting 策略而保持其他顶点的相对位置不动，因此也称为 Hub Sorting。FBC 将顶点根据它们在图中的频率分组，并尝试将相邻的组分配给同一个处理器，以减少通信开销和提高并行性能。具体来说，FBC 的步骤如下：首先是对每个顶点计算其在图中的频率，即与之相连的边的数量；其次是将顶点按照频率分组，使得每个组中包含相同数量的顶点；紧接着根据组之间的连接关系构建一个无向图，其中每个顶点表示一个组，边表示两个组中的顶点之间存在连接关系；然后使用图分区算法（如 METIS）对该无向图进行划分，将相邻的组分配给同一个处理器；最后将属于同一组的顶点分配给同一个处理器。FBC 的优点是能够有效地减少通信开销和提高并行性能，特别是对于那些拥有许多孤立顶点或者高度聚集的图。

　　中心聚类（hub clustering，HC）[26] 策略是 FBC 的一个变体，如图 3.23（d）所示，它将"热点"和"冷点"分别划分到两个内存空间中而保持每个空间内顶点的相对位置不变。HC 既将"热点"聚集到相邻的位置，又保留了"热点"彼此的原始相对位置，在提高图的局部性和降低负载不均衡间达到了一个巧妙的平衡。

该算法的核心思想是将图中的顶点分成中心顶点和外围顶点两类。中心顶点是度数比较大的顶点，而外围顶点则是度数比较小的顶点。具体实现过程为：首先将每个顶点看成一个初始的子图；其次是根据顶点的度数选择一定数量的中心顶点，并将这些顶点分配到不同的子图中；紧接着对于剩余的顶点，将每个顶点分配到与其距离最近的中心顶点所在的子图中，距离可以使用不同的度量方式，如顶点之间的最短路径、欧几里得距离等；然后不断迭代聚类过程，直到达到预设的迭代次数或者子图数量达到设定的上限；最后将所有子图按照规则进行合并，生成最终的图划分结果。

相比于其他静态图划分算法，HC 算法的优点是能够处理稠密图和稀疏图，并且划分出的子图大小相对较小，便于并行计算。该算法的缺点是在处理大规模图时会出现效率较低的情况，因为在聚类过程中需要计算顶点之间的距离，并且每次迭代都需要将所有顶点重新分配到子图中。

基于度的分区（degree based grouping，DBG）[22] 策略如图 3.23（e）所示。该策略以粗粒度的方式将顶点按度划分到不同的区间中，然后将这些区间按照度降序排列，并保持区间内顶点的相对位置不变。DBG 策略可以看成是 Sorting 策略和 HC 策略的结合，同样在寻求局部性和负载均衡的平衡间表现出色。

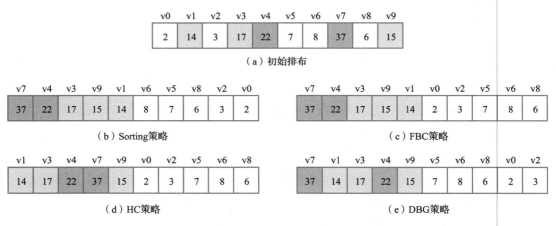

图 3.23　几种经典的图数据重排策略示意图

Corder[27] 是一种具有缓存感知的图数据重排策略，它通过改变图数据在内存中的存储布局，使得图的遍历和访问更加高效。这种技术的核心思想是利用 CPU 缓存的局部性原理，将常用的图数据存放在 CPU 缓存中，以减少内存访问的延迟和增加缓存的命中率。该策略首先将图划分为若干子图，然后在主存中基于交换的方法将"热点"均匀地排布在各子图中来满足负载均衡，最后在 Cache 中再将"热点"与"冷点"分开从而提高局部性。

3.3　图并行执行模型

图并行执行模型是指将大规模图计算任务分割成多个子任务，然后将这些子任务分配给多个计算节点进行并行执行的计算模型。在这种模型中，每个计算节点都会处理一部分子任务，并在必要时与其他计算节点进行通信和数据交换。在图并行执行模型中，通常会将图划分为多个子图，每个计算节点负责处理一个或多个子图的计算任务。子图的划分通常是基于图的拓扑结构进行的，以确保每个子图包含尽可能少的顶点和边之间的交叉边界。这有助于减少不同计算节点之间的通信和数据交换量。在执行计算任务时，每个计算节点会执行一些特定的图算法或者操作，例如，PageRank、SSSP、Graph-SAGE 等，以计算出一部分子图的结果。然后，这些结果会被传输到其他计算节点，以便它们可以继续执行下一轮计算任务。

除了基本的图算法和操作之外，一些图并行执行框架还提供了一些高级功能，例如，自适应子图划分、负载均衡、数据重用、异步执行等。这些功能可以进一步提高并行执行的效率和性能。常见的图并行执行框架包括 Pregel、Hadoop[28] 等。近年来，由于图神经网络的发展，一些新的图并行执行框架也被提出，如 DGL[29] 和 PyTorch Geometric[30] 等。这些框架提供了图神经网络模型的高效实现，并在大规模图数据上获得了很好的性能。

3.3.1　图并行执行基本概念

同步并行计算（bulk synchronous parallel，BSP）模型的创始人是英国著名的计算机科学家 Viliant，他希望像冯·诺伊曼体系结构那样，架起计算机程序语言和体系结构间的桥梁，故又称为桥模型（bridge model）。该模型使用了 3 个属性描述：模块（components）、选路器（router）和同步路障器执行时间。BSP 模型的基础概念包括以下几项。

● Processors：并行计算进程，它对应到集群中的多个节点，每个节点可以有多个 Processor。

● Local Computation：即单个 Processor 的计算，每个 Processor 都会切分一些节点作计算。

● Communication：即 Processor 之间的通信。接触的图计算往往需要做些递归或是使用全局变量，在 BSP 模型中，对图顶点的访问分布到了不同的 Processor 中，并且往往哪怕是关系紧密具有局部聚类特点的顶点也未必会分布到同个 Processor 或同一个集群节点上，所有需要用到的数据都需要通过 Processor 之间的消息传递来实现同步。

● 屏障同步（barrier synchronization）：即每一次同步都是一个超步的完成和下一个超步的开始。

- 超步（superstep）：这是 BSP 的一次计算迭代，拿图的广度优先遍历来举例，从起始节点每往前一层对应一个超步。

- Master：任务结束，一个作业可以选出一个 Proceessor 作为 Master，每个 Processor 每完成一个 Superstep 都向 Master 反馈完成情况，Master 在 N 个 Superstep 之后发现所有 Processor 都没有计算可做了，便通知所有 Processor 结束并退出任务。

3.3.2 主流的图并行执行模型

1. Pregel 并行执行模型

Pregel 是 2010 年 Google 发表的关于大规模图计算的论文，在内部已经大量部署。对后续的图计算有较深远的影响。Pregel 是一种基于 BSP 模型实现的并行图处理系统。Pregel 的计算由一系列的迭代组成，每步迭代叫一个超步。在一个超步中，框架为每一个顶点并行执行用户的自定义函数，该函数描述了一个顶点 v 在一个超步 S 中需要执行的操作。函数有顶点信息 v 和超步 S 信息，可以读取 $S-1$ 步发送过来的信息，并且可以发送信息给其他顶点，这些信息会在 $S+1$ 步收到。在 Pregel 计算框架中，一个大型图会被划分成许多个分区，每个分区都包含了一部分顶点以及以其为起点的边。一个顶点应该被分配到哪个分区上，是由一个函数决定的，系统默认函数为 hash（ID）mod N，其中，N 为所有分区总数，ID 是这个顶点的标识符；当然，用户也可以自己定义这个函数。这样，无论在哪台机器上，都可以简单根据顶点 ID 判断出该顶点属于哪个分区，即使该顶点可能已经不存在了。

在理想的情况下，一个 Pregel 用户程序的执行过程如下。

1）选择集群中的多台机器执行图计算任务，有一台机器会被选为 Master，其他机器作为 Worker。

2）Master 把一个图分成多个分区，并把分区分配到多个 Worker。一个 Worker 会领到一个或多个分区，每个 Worker 知道所有其他 Worker 所分配到的分区情况。

3）Master 会把用户输入划分成多个部分。然后，Master 会为每个 Worker 分配用户输入的一部分。如果一个 Worker 从输入内容中加载到的顶点，刚好是自己所分配到的分区中的顶点，就会立即更新相应的数据结构。否则，该 Worker 会根据加载到的顶点的 ID，把它发送到其所属的分区所在的 Worker 上。当所有的输入都被加载后，图中的所有顶点都会被标记为"活跃"状态。

4）Master 向每个 Worker 发送指令，Worker 收到指令后，开始运行一个超步。当一个超步中的所有工作都完成后，Worker 会通知 Master，并把自己在下一个超步还处于"活跃"状态的顶点的数量报告给 Master。上述步骤会被不断重复，直到所有顶点都不再活跃并且系统中不会有任何消息在传输，这时，执行过程才会结束。

5）计算过程结束后，Master 会给所有的 Worker 发送指令，通知每个 Worker 对自己的计算结果进行持久化存储。

Worker 功能。Worker 在内存中保存它的这一部分图的数据。数据包含顶点 ID 到顶点状态的映射。顶点状态包含它的当前值，出边的列表，包含输入信息的队列和确定顶点是否处于活跃状态的标识。出边的列表中每个元素包含目的顶点和边的值。当 Worker 执行超级步时，它依次为每个活跃顶点执行 compute 方法，传递相关信息。因为性能的原因，活跃顶点的标识和输入信息队列分开存储。并且，当前的 Worker 会存储两份活跃顶点信息和输入信息队列。一份是给当前超步用，一份给下一超步用。如果顶点 v 收到信息，那么 v 会变成活跃的顶点，不管其当前状态是否活跃。当 compute( ) 请求给其他顶点发送信息时，先判断目标顶点是否是在同一个 Worker 里。如果是，则直接放到目标顶点的输入信息队列里。如果是远程 Worker，则放到一个缓冲区里，如果缓冲区写入的数据达到一定阈值，则异步的写到远程 Worker 里。

Master 功能。Master 主要负责协调 Workers 的活跃。每个 Worker 在向 Master 注册时，分配一个唯一的标识。Master 维护一个活跃的 Worker 列表，包含 Worker 的标识、它的地址信息、负责哪一部分图计算信息。Master 的数据量和分区的数量相关，和顶点、边的数量无关，所以 Master 可以为很大的图做协调计算。大部分 Master 操作，包括输入、输出、计算、保存检查点、从检查点恢复，都在屏障（barriers）处结束。Master 发送同样的请求到各 Worker，并且等待 Worker 响应。如果 Worker 失败，Master 则进入恢复模式。如果屏障同步成功，Master 进入下一个阶段，例如，在计算过程中，Master 会增加全局超步编号，并且进入下一超步。Master 还保存关于计算过程的统计信息，和图的状态信息，如图的大小，顶点的出度分布，活跃顶点的数量，最近超级步的运行时间和发送的信息量。为了用户监控，Master 运行一个 HTTP 服务用于显示这些信息。

Aggregator 功能。Aggregator 通过计算汇聚函数，把用户函数输出的值，合并为一个全局的值。每一个 Worker 有 Aggregator 实例的集合，Aggregator 实例用它的类型名和实例名标识。当 Worker 在执行一个超级步时，会合并 Aggregator 的所有数据为一个本地数据。在超级步计算结束时，把本地数据发给 Master，然后合并成一个全局数据。Master 在下一个超步开始前，把全局数据发送给所有 Worker。Pregel 是为稀疏图设计的，主要是沿着边进行通信。尽管已经非常谨慎的支持高扇出、高扇入的信息流，但是当绝大部分顶点都和其他的大部分顶点进行通信时，性能会下降。一些类似的算法可以用 Combiner、Aggregator，或者修改图来编写 Pregel 友好的算法。

2. Hadoop 并行执行模型

Hadoop 是通用的跨大型计算机的大型数据集分布式处理模型。Hadoop 框架包括以下 4 个模块：①Hadoop Common，是其他 Hadoop 模块所需的 Java 库和实用程序，这些库提供文件系统和操作系统级抽象，并包含启动 Hadoop 所需的必要 Java 文件和脚本；②Hadoop YARN，是作业调度和集群资源管理的框架；③Hadoop 分布式文件系统（HDFS），提供对应用程序数据的高吞吐量访问的分布式文件系统；④Hadoop MapReduce，是基于 YARN 的大型数据集并行处理系统。

（1）HDFS

整个 Hadoop 的体系结构主要是通过 HDFS（Hadoop 分布式文件系统）来实现对分

布式存储的底层支持，并通过 MR 来实现对分布式并行任务处理的程序支持。它用于存储和管理大规模数据集。它可以在大量的机器上并行存储和处理数据，并提供了高可靠性和容错性。

（2）MapReduce

Hadoop 采用 MapReduce 处理大规模数据集的并行计算。它将计算任务划分为 Map 和 Reduce 两个阶段，并将数据自动分发到不同的计算节点上进行处理，最后将结果进行合并输出。

（3）YARN（yet another resource negotiator）

YARN 是一个资源管理器，用于协调和管理集群中的资源。它将计算任务分配给不同的计算节点，并监控计算节点的状态，以确保任务的高效完成。

Hadoop 的并行执行框架可以轻松地扩展到数千台计算机，以处理 PB 级别的数据。同时，还具备高可靠性和灵活性的优点。但同时也存在着响应时间慢、不适合低延迟场景和复杂性高的问题。

3. DGL 并行执行模型

DGL（deep graph library）是一个开源的深度图神经网络（DGN）库，旨在简化 DGN 模型的开发和扩展。它提供了一组灵活的 API，使用户可以轻松地定义、训练和部署图学习模型。在 DGL 中，图被表示为顶点和边的集合，顶点和边都可以有属性。在模型中，用户可以指定每个顶点和边的计算函数，以及如何将它们组合在一起来执行前向传递和反向传递。DGL 提供了多种并行执行框架，以实现高效的 DGN 模型训练和推理。DGL 的并行执行框架包含以下几个部分。

（1）图划分（graph partitioning）

图划分是一种将图分割成小的子图的技术。通过将大图划分为多个小图，可以使计算在多个计算机之间并行执行。DGL 提供了多种图划分算法，包括 METIS、Random 等。这些算法将图划分为多个子图，使得每个子图可以在不同的计算机上并行计算。

（2）分布式训练（distributed training）

分布式训练是一种将计算任务分发到多个计算机上并行执行的技术。在 DGL 中，使用分布式训练可以加速模型的训练过程，使得训练时间可以缩短。DGL 提供了多种分布式训练技术，包括 Data Parallelism、Model Parallelism 和 Hybrid Parallelism 等。在这些技术中，数据并行是最常用的一种技术，它将数据分发到多个计算机上，每个计算机计算一部分数据，然后将计算结果汇总。

（3）并行推理（parallel inference）

并行推理是一种将计算任务分发到多个计算机上并行执行的技术。在 DGL 中，使用并行推理可以加速模型的推理过程，使得推理时间可以缩短。DGL 提供了多种并行推理技术，包括 Batch Parallelism 和 Graph Parallelism 等。在这些技术中，Batch Parallelism 是最常用的一种技术，它将多个数据样本分发到多个计算节点上并行计算，然后将计算结果汇总。

总的来说，DGL 提供了一组灵活的 API 和多种并行执行框架，用户可以轻松地开发和扩展图学习模型。这些框架可以提高模型的训练和推理效率，使得图学习模型可以处理更大规模的图数据。

4. PyG 并行执行模型

PyG（PyTorch geometric）是一个基于 PyTorch 的图神经网络库，它支持图表示学习和图神经网络的建模、训练和推理。它提供了高度可定制化的模型和训练流程，并支持对大规模图数据的并行处理。

PyG 中的并行处理主要是基于 PyTorch 中的数据并行模块。PyG 支持使用多个 GPU 对图神经网络进行并行训练，这种并行处理方式称为数据并行。在数据并行中，每个 GPU 拥有相同的模型副本和数据子集，同时对不同的数据子集进行训练。在每个训练步骤结束后，所有 GPU 的梯度将被收集、聚合并传递给主设备（通常是第一个 GPU），以更新模型的权重。此外，PyG 还支持使用 PyTorch 分布式数据并行模块进行并行训练。在分布式数据并行中，不同的计算节点拥有不同的数据子集和模型副本，并在训练过程中相互交换模型参数和梯度信息。PyG 支持多种分布式并行模式，包括单机多卡（单机多 GPU）、多机多卡（多机多 GPU）和多机多卡多节点（多机多 GPU 多计算节点）。

除了模型训练的并行处理，PyG 还支持使用多线程或多进程对数据进行并行预处理。这种并行处理方式可以加快数据的读取和转换，从而提高训练的效率。在多线程或多进程中，不同的线程或进程可以并行地读取和转换不同的数据样本，然后将它们传递给模型进行训练。总之，PyG 通过结合 PyTorch 的数据并行和分布式并行模块，提供了高效的并行处理能力，用户可以更快地训练大规模的图神经网络模型，并处理大规模的图数据。

3.4　图顶点状态同步策略

3.4.1　同步/异步状态传递机制

同步执行模式在两次相邻的迭代之间，存在屏障（barrier）的限制，所有任务均完成该步的工作之后，才可以启动下一次迭代计算。同步模式下使用两个位图来相应地识别当前和下一次迭代中的活跃顶点。当消息激活顶点时，位图会更新。迭代后，所有消息都已处理完毕，并且每个 Worker 中的两个位图被翻转。

对于异步执行模式，这里有一个全局优先级（如 FIFO）队列调度活跃顶点。每个 Worker 线程都有一个本地待处理队列来保存停滞的活跃顶点，这可能会等待来自相邻顶点的消息的响应。当有空余的线程被空出来的时候，这个空余的线程会从 Active Queue 中拿取活跃顶点，然后在当前流水线的队列中执行顶点程序，分别经过 Gather、Apply、Scatter 阶段。在 Scatter 阶段的时候会激活邻居顶点，将激活的邻居顶点放回入 Active

Queue 队列中去。

同步执行模式的优势。①批量发送消息，大大提高网络利用率。由于消息被批量发送，同步模式更加适合于消息通信量大的算法（I/O 敏感型），并且每个顶点上的计算是轻量级的。②由于每个迭代计算中的消息传递和状态更新是同步的，因此可以对计算进行分布式处理，实现计算的并行执行。③由于每次迭代计算是基于前一次迭代计算的结果进行的，所以在计算过程中如果某个节点出现故障，则可以通过重复执行迭代计算来恢复该节点的状态和易于理解与实现。

同步执行模式的不足。①在大多数图算法中，同步模式存在迭代计算收敛不对称的缺点。这意味着大多数顶点会很快地收敛在少部分的迭代后。然而存在一些顶点收敛速率很慢，需要很多轮的迭代计算。②同步模式不适用于一些图处理算法。例如，图着色算法旨在使用最少的颜色将不同的颜色分配给相邻的顶点，在贪心策略的执行过程中，所有的顶点同时选择最小的颜色。因为具有相同颜色的相邻顶点将根据之前相同的颜色同时来回地选取相同的颜色。

异步执行模式的优势。①异步模式能够加速程序的收敛。并且它十分适合 CPU 敏感型的算法。②有些图处理算法只适合异步模式。③在异步执行模式下，系统可以并发地执行多个任务，而无须等待先前的任务完成。这样可以最大限度地利用系统资源，提高系统的吞吐量和资源利用率。④异步执行模式下，系统可以立即响应事件，而无须等待先前的任务完成。这样可以显著缩短系统的响应时间，提高用户体验。⑤异步执行模式可以轻松地处理大规模任务并发，而无须为每个任务分配一个线程或进程。这样可以减少系统开销，提高效率。⑥异步执行模式下，系统可以轻松地扩展到多个节点和多个处理器上，而无须重新设计系统架构。此外，异步执行模式可以更好地处理系统中出现的错误和异常，从而提高系统的容错性和可靠性。

异步执行模式的不足。①异步模式存在顶点锁竞争开销。对于相邻顶点来说，异步模式通过分开调用 Gather、Apply、Scatter 阶段来避免数据竞争，也就是说其中某个顶点程序会被锁住，需要等待相邻顶点某个阶段执行完成。②复杂性：异步执行模式需要更加复杂的编程模型和调试方法，因为异步任务之间的依赖关系需要仔细管理。在异步执行模式下，用户必须处理回调函数、事件循环等概念，这可能会导致代码更加复杂和难以维护。③异步执行模式中的多个任务可能会共享相同的资源，如共享内存或网络连接。如果没有正确处理竞争条件，这可能导致不可预测的结果和不一致的行为。④异步执行模式中，如果没有正确处理资源的释放，可能会导致内存泄漏的问题。由于异步任务通常以非阻塞的方式运行，程序员必须特别注意释放资源的时机和方式。⑤由于异步执行模式中的任务是非阻塞的，因此在调试时很难确定任务的执行状态和顺序，这可能会导致调试时间更长。

3.4.2　Pull/Push 状态同步机制

在 Push 模式中，信息由当前活跃图顶点流向邻居顶点，即当前活跃图顶点完成计算并产生相应的数据信息后，数据信息按照出边传输到相应邻居顶点。在内存资源充足的条件下，该工作模式允许各个计算节点高效并发地对图顶点进行处理，但是该模式需要消息产生后立刻发送到目的顶点，并要目的顶点对消息进行存储，增加了系统对内存的需求。目前，GPS[7]、Giraph[2]、Hama[31] 和 MOCGraph[32] 等系统支持 Push 模式。图 3.24 展示了 Push 模式下 PageRank 算法的伪代码：顶点 v 在某次迭代运算中，首先获取上次迭代收到的存储在本地的消息；然后，利用这些消息计算更新 PageRank 值，并主动向其邻居顶点发送消息，即其 PageRank 值与其出度的商；最后，如果迭代达到了最大迭代次数，则将自己的状态设置为非活跃。

在 Pull 模式中，信息由邻居顶点流向当前活跃图顶点，即当前活跃图顶点在计算过程中需要数据信息时会按照入边向其邻居顶点请求数据。在 Pull 模式下，因为图顶点请求到数据后会立刻参与计算并释放对应的消息，所以可以避免存储大量的消息，减少系统对内存的需求。然而在消息传递方式下使用 Pull 模式时，因图顶点向其邻居请求数据时需首先将自己的 ID 发送给对方，然后才能获取到需要的数据，增加了额外的通信请求开销；在共享内存模式下使用 Pull 机制时，虽然图顶点可以直接读取相应的请求数据，但是因 ghost 顶点的引入，系统对内存的需求会增加。使用 Pull 模式的系统主要包括 Chronos[33] 和 PowerGraph[4] 等。图 3.25 展示了 Pull 模式下 PageRank 算法的伪代码：图顶点 v 在进行迭代运算时，首先需要向其邻居顶点发送数据请求；邻居顶点在收到请求后，将消息（邻居顶点的 PageRank 值与其出度的商）发送给顶点 v；随后，计算并更新自己的 PageRank 值，顶点 v 在计算完成后不需要向其邻居顶点广播消息，只需设置相应 flag 通知邻居顶点其值已经更新；最后判断是否达到了最大迭代次数，如果是，则将顶点 v 的状态设置为非活跃。

```
Vertex. compute ( ) {
Messages msgs = getRecMsg ( );
double sum = 0. 0;
for ( Message m: msgs. iterator ( ))
    sum = sum + m. getValue);
double newVal =
    0. 15/getNumVertices ( ) + 0. 85 * sum;
setValue( newVal);
for ( Edge e: getOutEdges ( ) . iterator( ))
    sendMsgTo( e. Target),
getValue( ) / getOutDegree( ));
    if ( getNumSupersteps) > maxNum)
        voteToHalt);
}
```

图 3.24 基于 Push 模式的 PageRank 算法的伪代码

```
Vertex. pullRes ( dvertex v) {
if ( getResFlag( ) is True)
get the edge e = ( u, v); //u is svertex
    sendMsgTo( e. Target),
        getValue( ) / getOutDegree( ));
}
Vertex. update ( ) {
Messages msgs = getRecMsg ( );
double sum = 0. 0;
for ( Message m: msgs. iterator( ))
    sum = sum + m. getValue);
double newVal =
    0. 15/getNumVertices ( ) + 0. 85+sum;
setValue( newVal);
if ( getNumSupersteps( ) > maxNum)
    voteToHalt);
else
    setResFlag( );
}
```

图 3.25 基于 Pull 模式的 PageRank 算法的伪代码

在 Push 模式中，大多数消息保存在内存里，由于每一个源顶点在一个超步中只会被访问一次，因此执行效率高。当图数据增大，消息容量变得很大时，此时内存已经装不下庞大的消息，因此这些消息会被存到磁盘里。由于写数据的随机性，消息的数据访问局部性差。在 Pull 模式中，接收方可以不用读写消息，因为消息生成后传到接收方立刻会被销毁。但一个源顶点会被其邻居顶点请求多次，随着图容量的增长，I/O 开销依然不小。特别是当迭代的过程中，消息的数量下降时，开销甚至会超过 Push 模式。因此，HybridGraph[34] 采用混合式的同步策略可以结合 Push/Pull 的优点，对于当前的图状态选择最佳的同步模式。混合一致性模型有两个主要组成部分：全局一致性管理器和本地一致性管理器。全局一致性管理器负责维护整个图的一致性，它使用 Pull 机制来实现这一目标。本地一致性管理器负责维护顶点内的一致性，它使用 Push 机制来实现这一目标。

全局一致性管理器周期性地询问图中的其他顶点的状态，并根据询问结果更新其自身的状态。全局一致性管理器还向图中的其他顶点传播更新，这允许全局一致性管理器在存在网络分区和其他故障的情况下维护整个图的一致性。本地一致性管理器从图中的其他顶点接收更新，并相应地更新自己的状态。本地一致性管理器还会将更新 Push 到图中的其他顶点。这使得本地一致性管理器可以在存在高速更新和图结构变化的情况下维护顶点内的一致性。混合一致性模型使用版本号、时间戳和哈希值的组合来确定数据的最新版本。这使得该模型可以处理冲突，并在存在并发更新的情况下确保一致性。

3.4.3　通信优化策略

在图计算系统中，通信优化机制是非常重要的，因为图计算通常需要大量的数据交换和通信操作。下面介绍几种常见的通信优化机制。

1. 基于消息传递机制

基于消息传递机制的系统因不需要其他额外机制就可以保证数据的一致性，且具有优良的可扩展性，因此被大多数的同步图处理系统采用，例如，GPS[7]、Giraph[2]、Hama[31]、Pregel[1] 等。在此类系统中，图顶点在计算过程中会根据运算逻辑产生相应的消息并发送到目的顶点。如果目的顶点和源顶点位于同一台机器上，则直接将该消息放到相应图顶点的消息队列中；否则，将该消息放置到消息发送缓冲池中等待发送。每当有消息添加到消息发送缓冲池后，计算节点都会检查该缓冲池的大小是否达到了特定阈值，如果是，则调用相应的发送接口将池中消息批量发送出去。当目的计算节点接收到消息后，会根据消息目的 ID 将其加入到对应图顶点的消息队列中。在消息的发送过程中，系统会使用批量发送的方式来优化网络通信。

2. 数据分区与数据压缩

数据分区是一种将图数据分解为多个子图的技术，可以降低通信量和加速计算。在数据分区中，将图数据划分为不同的分区，并将每个分区分配给不同的处理器或节点。这样，在计算过程中，每个节点只需要访问和处理本地的数据分区，从而避免了跨节点的通信开销。在采用良好的分区之后，可以通过消息压缩技术进一步减少跨节点的通信量。消息压缩是一种将通信消息进行压缩以减少通信量的技术。在图计算中，节点之间通过消息传递进行通信，而消息的数量可能非常庞大，这会给通信带宽和延迟带来较大的压力。因此，采用消息压缩技术，可以将消息压缩成较小的大小，从而减少通信量。

3. 精简消息与异步通信

精简消息是一种通过去除冗余信息来减少通信量的技术。在图计算中，每个顶点需要向邻居顶点发送大量的消息，这些消息可能包含大量相同的信息。精简消息技术可以将重复的信息进行合并，从而减少通信量和通信开销。异步通信是一种不需要等待接收方响应的通信方式。在图计算中，异步通信可以进一步在精简消息优化上提高通信效率，因为发送方不需要等待接收方的响应即可继续进行本地计算。这种技术可以充分利用顶点之间的带宽和计算资源，从而提高通信效率。

4. 顶点计算和消息传递的重叠

顶点计算和消息传递的重叠是一种通过在顶点计算和消息传递之间插入空闲时间来提高通信效率的技术。在异步执行模式中，顶点可以在等待其他顶点的消息时继续进行本地计算。这种技术可以充分利用空闲时间，从而提高通信效率。

5. 通信线程池

通信线程池是一种通过复用线程来减少线程创建和销毁开销的技术。在图计算中，通信线程池可以在异步通信中复用线程，从而避免了频繁地创建和销毁线程，提高了系统的吞吐量和效率。

3.4.4 图数据缓存策略

在基于共享内存进行通信的分布式图处理系统中，每个图顶点的数据以共享变量的方式存储在计算节点上，当某活跃图顶点在计算过程中需要其他顶点数据时，可以直接按照相应的内存地址进行读取。在分布式环境中，因每个计算节点都有自己独立的内存地址且需要保持数据的一致性，所以使得共享内存的通信方式实现起来变得较为困难。

为有效地管理集群中各个计算节点的内存地址，微软公司推出的分布式图计算框架Trinity[35] 设计了一套有效的集群内存管理方案。该方案将集群内每个计算节点的内存组织成一个巨大的虚拟内存空间，并按照一定模式给每个存储单元一个 64 位的存储空间地址，存储在集群内的任意图顶点都可以使用该存储空间地址访问虚拟内存空间中的任意单元，从而使得集群共享内存通信在形式上与单机环境类似。

GraphLab 系统为被远程访问的图顶点设置了本地 ghost 顶点，并在该 ghost 顶点中保存与原顶点相同的数据信息。当其他顶点需要访问远程图顶点时，可以通过本地的内存操作访问 ghost 顶点获取到同样的数据。在 GraphLab 中，ghost 顶点和原顶点的数据一致性是通过 pipelined distributed locking 保证的。如图 3.26 所示，GraphLab 将原始图加载到两个不同机器上，并使用共享内存通信。在 GraphLab 加载完数据后，检测到顶点 B 的邻居顶点 D 位于另一个计算节点上，便会在 B 所在的计算节点上创建与 D 对应的一个 ghost 顶点 D′，出于同样原因，会创建 E′和 B′两个 ghost 顶点，顶点 D 和顶点 D′通过相应的机制保持数据一致，当 B 需要 D 的数据时，可以直接读取位于本地的 D′ 对应的内存变量。

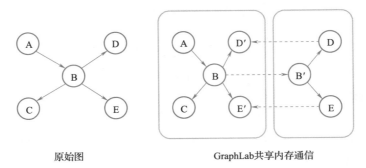

原始图   GraphLab共享内存通信

图 3.26   GraphLab 共享内存通信

PowerGraph 系统同样采用了共享内存的机制来进行通信。PowerGraph 系统将图数据按照顶点切分的方式分布在不同计算节点上。当某一图顶点需要读取被切分顶点数据时，只需要读取位于本地的 ghost 图顶点数据即可。PowerGraph 通过 Chandy-Misra locking 机制来保证 ghost 顶点和原顶点之间的数据一致性。如图 3.27 所示，因为 B1 和 B2 两顶点数据是一致的，所以当 E 顶点需要读取 B 顶点数据时，只需要读取本地 B1 顶点的数据即可。在 Spark 上开发的专门用于图计算的 GraphX 系统也使用与 PowerGraph 类似的共享内存通信方式。

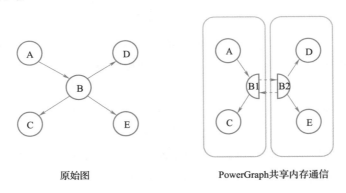

原始图   PowerGraph共享内存通信

图 3.27   PowerGraph 共享内存通信

采用共享内存通信方式的系统，虽然需要通过网络通信与额外机制来保证分布在不同机器上主从顶点数据的一致性，但相对于采用消息传递机制的系统来说，网络负载大为减小。但是一致性机制的引入，在带来通信优势的同时也严重影响了系统的可扩展性，随着集群中计算节点和图分区的增多，系统需要耗费更多的时间和计算资源来维护执行一致性机制。另外，像 GraphLab 这类系统，为实现共享内存通信而引进 ghost 顶点，会增加内存的开销，当图数据规模巨大且系统内存资源紧张时，部分图顶点将被迫转移到磁盘上，从而会引起频繁的磁盘访问，严重影响系统的性能。

3.5　图计算负载均衡策略

3.5.1　负载均衡简介

负载均衡策略是一种计算机技术，用以在计算机服务器集群、计算机网络连接、CPU、GPU、磁盘驱动器或者其他资源中分配负载，以达到优化资源使用、提高应用吞吐率、降低应用反应时间，以及避免单顶点过载的目的。而广义的负载均衡策略算法一般分为静态和动态两种。

1. 静态的负载均衡算法

静态的负载均衡算法不需要考虑处理任务的处理状态，直接分发给计算单元进行处理，代表算法有以下几种。

（1）轮询调度算法

轮询（round-robin，RR）是一种调度算法，被广泛应用于操作系统和计算机网络中。它基于时间片轮询策略，每个任务被分配一个固定的时间片，这个时间片内该任务能占用 CPU 资源执行，超时后将被暂停并等待下一次调度。在图计算中，轮询调度算法可以用于分配不同的计算任务到多个计算节点上执行，从而实现负载均衡。基于轮询的调度算法会将计算任务按照顺序分配到可用的计算节点中，并在节点之间循环调度。具体来说，当每个计算节点的计算任务完成后，调度算法会将下一个任务分配到该节点上。轮询调度算法的优点是可以有效地实现负载均衡，而且具有简单、易于实现的特点。但是，当计算任务的大小或计算节点的数量不均衡时，轮询调度算法可能会导致一些节点负载过度，而其他节点处于空闲状态，从而影响整体的计算效率。此外，由于每个任务在完成之前都必须等待其时间片，因此可能会导致计算节点上的资源浪费。

（2）随机请求算法

随机请求（random）算法是一种简单的负载均衡算法，它被广泛用于分布式系统中的各种负载分配操作。在图计算系统中，随机请求算法也可以用于优化图分区中的边分配策略，以减少计算节点之间的通信量。随机请求算法的主要思想是将请求随机发送到所有可用的计算节点上，以平衡工作负载和减少通信量。在图计算中，随机请求算法可以将每条边随机分配到可用的计算节点中，并在节点之间随机调度。当计算节点完成其任务并返回结果时，通信优化算法会将下一个请求分配到该节点上。随机请求算法的优点是可以有效地平衡工作负载，从而提高系统的性能。同时，由于该算法具有简单、易于实现的特点，因此适用于大规模分布式计算系统。然而，由于该算法是基于随机分配策略的，因此无法保证每个计算节点处理的请求数量相同。

（3）基于哈希的算法

基于哈希的算法是一种常用的请求调度算法，它将请求哈希为一组桶，然后根据桶的负载情况将请求分配到不同的服务器上。在图计算系统中，通常使用基于顶点的哈希

（node-based hashing）或基于边的哈希（edge-based hashing）。基于顶点的哈希算法是将节点 ID 哈希到一组桶中，然后将所有连接到该顶点的边分配给该顶点所在的服务器。这种算法的优点是保证同一顶点的所有边都在同一个服务器上，可以有效减少跨服务器通信的开销。缺点是可能会导致不同服务器上节点数量不平衡，进而导致不同服务器负载不平衡。基于边的哈希算法是将边 ID 哈希到一组桶中，然后将每个桶中的所有边分配给不同的服务器。这种算法的优点是保证同一个边的两个顶点在同一个服务器上，避免了跨服务器通信的开销。缺点是可能会导致同一顶点的边被分配到不同的服务器上，进而导致不同服务器负载不平衡。

（4）基于加权的算法

不同计算节点的算力往往会不一样，基于加权的算法的思想是根据不同计算节点的算力分配不同的权重，计算节点的权重总和为 sum，然后在 1 到 sum 之间随机选择一个数 R，之后遍历整个计算节点集合，统计遍历计算节点的权重之和，如果大于等于 R，就停止遍历，选择遇到的计算节点进行任务分配。加权算法的优点是简单易懂，可以根据不同的需求灵活调整请求的权重值，从而实现不同的调度策略。缺点是在计算每个请求的选中概率时，需要遍历所有请求，计算量较大，可能会影响系统性能。此外，权重值的分配也需要谨慎考虑，不当的权重分配可能会导致某些请求被过度调度，而其他请求被忽略。

2. 动态的负载均衡算法

动态的负载均衡算法往往会考虑计算单元的状态信息，以计算单元的实时负载状态来决定任务分配，代表算法有以下几种。

（1）最少连接数算法

最少连接数算法的思想是根据后端计算节点当前的连接情况，动态地选取当前连接数最少的计算节点来处理任务。连接数可以代表服务器当前的负载情况，具体来说，当一个请求被调度到某台服务器时，其连接数加 1；而当连接数终止或者超时，其连接数减 1。连接数最少的计算节点会优先任务请求，当执行分发策略时，系统会根据在某一个特定的时间点下计算节点的最新连接数来判断是否执行客户端请求。而在下一个时间点时计算节点的连接数一般都会发生相应的变化，对应的请求处理也会做相应的调整。

（2）最快响应速度算法

最快响应速度算法的思想是根据计算节点的响应请求时间，动态地调整每一个计算节点的权重，将响应速度快的计算节点分配更多的计算任务，响应速度慢的计算节点分配更少的计算任务。该方法比最小连接数算法的负载均衡策略控制的粒度要更细，动态调整也更加灵敏，但是该算法复杂度较高，因为每次都需要计算请求的响应速度。

（3）工作量窃取算法

工作量窃取算法是一种用于多线程/多处理器环境下的任务调度策略。它的基本思想是让空闲的线程从其他线程的工作队列中窃取任务来执行，从而使得工作负载分布更加均衡。具体来说，每个线程都有一个自己的工作队列（或称为任务队列），该队列中存放着待执行的任务。当线程执行完自己队列中的所有任务后，它可以从其他线程的队列中窃取一些任务来执行。这种窃取通常是从队列的末尾进行的，因为这些任务是最新加入队列的，也是最可能还没有被执行的任务。通过这种方式，工作窃取算法可以让线程之间更加平衡地执行任务，从而提高系统的并发性能。同时，由于每个线程都有自己的工作队列，因此线程之间的竞争非常小，可以有效地减少锁等同步机制的使用，进一步提高并发性能。

3. 专门面向图计算的负载均衡算法

目前，无论是单机的图计算系统还是分布式的图计算系统，都会面临负载不均衡的问题。对于单机的图计算系统来说，往往会用到 CPU 和 GPU 这些具有多个核心的处理器进行海量的大数据处理，对于每一个处理单元来说，其计算负载可能不一样，这很有可能会导致整个图计算应用的性能受到较大影响，因此对于单机的图计算系统，需要对CPU 和 GPU 的处理过程采用负载均衡策略。而对于分布式图计算系统来说，主流的分布式图计算框架都是分布式内存图计算系统，即将图数据加载到分布式集群的内存中进行计算，集群规模越大，其计算性能也就越好。分布式的应用部署在集群中，往往会面临负载不均衡的问题，即集群中多节点的计算负载可能会不一致，这会对分布式图计算的计算效率产生较大影响，因此对于分布式图计算系统，往往需要在多顶点间采用负载均衡策略。

下面两小节将分别介绍单机图计算系统与分布式图计算系统中的负载均衡策略。

3.5.2　单机负载均衡策略

1. 单机图计算系统的负载均衡方法 VEBO

依赖 CPU 的并行图计算系统往往面临着负载不均衡的问题，因为它们使用简单的恒定时间或线性时间算法将工作分配给线程，忽略了图的偏斜互联结构带来的问题，这些负载不平衡的问题主要是由于几个具有很高度数的顶点造成的某个线程的负载远远超过其他线程的负载量。顶点和边平衡排序（vertex and edge balanced ordering，VEBO）[36]算法能够解决共享内存的单机图计算系统中的负载均衡的问题，这种跨线程分布图处理的新算法能够利用图划分，并以线性时间作为图的大小的函数，以对数时间作为分区数的函数运行。VEOB 的负载均衡的思想是，通过同时平衡边的数量和每个分区的不同目标顶点的数量使得每个分区具有相同的计算负载，同时最小化图分区的计算复杂性，这些优化目标可以在线性时间内实现。

具体来说，VEBO 算法由以下 3 个阶段组成。在第一阶段，VEBO 按照入度递减的顺序分配入度不为零的顶点。这是分两步执行的，以维护可能存在于原始顶点 ID 中的空间局部性。首先，使用多处理器调度启发式确定应为每个分区分配多少个顶点。然后根据它们增加的原始 ID 放置所需数量的顶点。这在每个分区中实现了近乎相等的边数和入度分布。在第二阶段，放置度数为零的顶点，这些顶点不影响边数的平衡，因此可以遵行类似第一阶段的两步方法：首先用多处理器调度启发式确定每个分区要分配的度数为零的顶点的个数，然后进行放置，保证每个分区中度数为零的顶点个数相同。另外如果在第一阶段没有完全实现顶点数量的平衡，则可以通过放置零度顶点来纠正顶点数量不平衡的问题。在第三阶段，对所有顶点进行重新排序，并为顶点分配新的序号，使每个分区都由连续的顶点 ID 组成。这对于在图计算的过程中保留空间局部性和 NUMA 局部性很重要。

如图 3.28 所示是一个简单的例子，左图是划分和重排序之前的原始图，右图是使用 VEBO 的方法划分和重排序之后的图。这种实际的重新排序有利于空间局部性，经过划分后，每个分区有 7 个入边和 3 个目标顶点（顶点 0，1，2 与顶点 3，4，5 分别属于两个分区），使得后续计算趋于平衡。

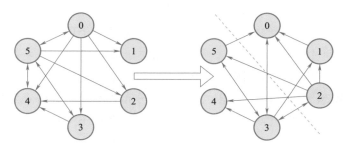

图 3.28　VEBO 算法划分样例

VEBO 的方法与 3 种共享内存图处理系统（Ligra[37]、Polymer[38] 和 GraphGrind[39]）相比，实现了更加出色的负载均衡，在 8 个算法和 7 个图数据集上的平均性能比 Ligra 提高了 1.09 倍，比 Polymer 提高了 1.41 倍，比 GraphGrind 提高了 1.65 倍。

2. 图计算系统 GraphScope 中的负载均衡策略

GraphScope[40] 是阿里巴巴集团开发的一个开源、易用的图计算平台，支持丰富和灵活的编程模型，并支持丰富的计算类型任务。GraphScope 底层使用了 GRAPE，GRAPE 能够复用现有的单机顺序算法代码，将串行的图算法并行化。而 GRAPE 中的核心实现是 libgrape-lite，其为一个 C++的开源实现，并且作为 GraphScope 的图分析引擎，为 GraphScope 提供迭代式图分析的能力。近年来 GPU 的发展迅猛，因此为了对 libgrape-lite 进行加速，在 libgrape-lite 的基础上添加了 GPU 加速，即 libgrape-lite-gpu。相比于 CPU，GPU 有 100 多倍或更高的读写带宽，更多的核，而图算法中的不规则计算往往与 GPU 的单指令多线程（SIMT）架构不匹配，这种不规则的计算会导致负载严重不均衡，而 libgrape-lite-gpu 针对这个问题提供了以下 4 种不同的负载均衡策略。

（1）TWC 策略

TWC 指线程（thread），线程束（wrap）和线程组（CTA）。对于 Nvidia GPU 来说，一个线程束是一组以 lock-step 方式工作的线程，而线程组是由多个线程束构成的线程块。TWC 方法将当前迭代活跃的顶点集根据其出度分为低度、中度和高度顶点，然后将这些顶点分别映射到线程、线程束和线程组去处理。

（2）WM 策略

WM 策略主要针对一组线程束（warp）内的负载不均衡现象。线程束将载入固定数量的顶点作为一个批次来处理，并将其邻居载入到 GPU 的共享内存中，直到其所有的邻居都被处理完才处理下一个批次。每个线程在的边上进行二分搜索，以找到该边属于哪个顶点。

（3）CM 策略

CM 策略和 WM 策略类似，主要针对一个线程组（CTA）内负载不均衡的问题。线程组同样需要载入固定数量的顶点作为一个批次并把它们的邻居顶点加载到共享内存中。与 WM 相比，CM 需要使用一个更大范围的二分搜索来获得该边的顶点，并且线程也需要显式地同步。

（4）STRICT 策略

STRICT 是开销最高的负载均衡方法，它确保 GPU 中每一个线程都处理相同数量的边。该策略强迫每个线程组保持相等数量的边，因此需要使用额外的预处理来对需要处理的边进行分块，且某些顶点的边会被划分到不同的线程组上，在更新时需要使用原子操作来保证一致性。

这 4 种负载均衡策略是 GPU 内部的负载均衡策略，在 GPU 之间，GraphScope 借用了 NVLINK 进行 GPU 之间的负载均衡。NVLINK[51] 是 NVIDIA 提出的 GPU 之间的调速链接，最大的带宽能够达到 300GB/s。使用这种高带宽低时延的链接，就可以做到 GPU 之间的工作量窃取，以达到负载均衡的目的。GraphScope 使得 GPU 图处理框架的性能在一些算法上从秒级降到了毫秒级，且拥有良好的扩展性。

3. 图卷积网络加速器 AWB-GCN 中的负载均衡策略

图卷积网络（GCN）也是图计算技术的一种，GCN 可以有效地从图数据结构中学习，并在许多关键应用中显示出优势。同样的，图卷积网络同样面临着负载均衡问题。AWB-GCN[41] 是 GCN 的第一个基于 FPGA 的加速器设计，它依赖于硬件自动调整来实现稀疏矩阵计算的负载均衡，它使用了 3 种基于硬件的负载均衡策略：动态分布平滑、远程切换和无效行重映射。并且，AWB-GCN 加速器能够持续监控稀疏图模式，动态调整大量处理元素时的工作负载分配，并在收敛后重用理想配置，解决了负载不均衡的问题。

（1）动态分布平滑策略

在计算操作，如 SPMM 等矩阵乘法操作开始时，矩阵每行会在处理单元（processing element，PE）之间均匀分布，而后的每一轮计算过程，都会通过平均邻居之间的工作量来使得分布尽量平滑。这种方式能够通过跟踪任务队列（task queue）中待处理任务数量来监控在计算进行时的 PE 利用率等信息，并且不断将具有更多待处理任务的 PE 工作转移到它们的空闲邻居上进行。在邻居的选择上，会在直接邻居、2 跳邻居和 3 跳邻居之间选择，这受到芯片面积和设计复杂性的限制。

（2）远程切换策略

远程切换过程部分或者完全地交换过载的 PE 和空闲的 PE 之间的工作负载。每一轮都会有一个切换分数，该切换分数基于每轮 PE 利用率，并由自动调谐器在运行时确定。在计算过程中，有些稀疏矩阵在每轮处理过程中被重复使用，因此前几轮生成的切换策略在后几轮处理中很有效。加速器会记住每轮使用的切换策略，并根据下一轮获得的利用率信息逐步优化它们，这样经过几轮调整后，就能够得到最匹配稀疏结构的切换策略，并用于剩余轮次，实现较好的 PE 利用率。

（3）无效行重映射

如果观察到一行仍然包含太多元素且无法通过前两个负载均衡策略进行负载均衡，则将其指定为无效行。AWB-GCN 加速器通过在远程交换硬件中构建行重新映射支持来解决无效行聚集的问题。通过行重映射，无效行被分配给负载最轻的 PE。行重新映射是根据每轮结束时的需求触发的，自动调谐器计算最过载和最空闲的 PE 之间的利用率差距，并确定它们的差距是否太大以至于远程切换无法处理。如果是，则执行行重映射。本轮过载的 PE 的工作负载在下一轮（临时）切换到 Super-PE。在下一轮的处理过程中，Super-PE 计算每行非零的数量，并找到包含最多非零的无效行。在后面的一轮中，每个恶意行的工作负载被划分并分配给一组由 Super-PE 控制的 Labor-PE。恶意行重新映射到 Labor-PE 后，Labor-PE 原有的工作负载仍然可以通过远程切换与最空闲的 PE 进行交换，如果发现一个 Labor-PE 本身有无效行，无效行重映射会先将其工作负载映射到 Master-PE，然后分布式重映射无效行回 Labor-PE，通过将无效行静态地重新映射到某些 PE 而不是动态地映射到随机的 PE，部分结果的聚合将变得硬件高效。如果未触发行重映射，Super-PE 和 Labor-PE 将作为常规 PE 进行工作。因此，无效行重映射技术使自动调谐器可以找到最佳的工作负载分布并实现高利用率。

AWB-GCN 所提出的负载均衡方法依靠硬件灵活性来实现性能自动调整，而面积和延迟开销可忽略不计。在使用带有 5 个 GCN 数据集的英特尔 FPGA D5005 加速卡的情况下，AWB-GCN 的性能与 high-end CPU、GPU 和其他先前工作相比，平均可以实现 3255 倍、80.3 倍和 5.1 倍的加速，并且将 PE 利用率平均显著提高 7.7 倍，这说明其负载均衡策略有效。

4. 图神经网络框架 Seastar 中的负载均衡策略

Seastar[42] 为了解决实际图数据中存在的高入度顶点问题，采用了结合数据本地化执行策略和动态负载均衡的顶点并行策略。在进行特征并行时，将一个特征向量分配到一个 block 的线程上，可以使得内存获取连续达成 SIMT 执行。当特征维度较小，每个 block 上线程数相应减小则会导致硬件利用率低，block 上的线程数大于特征维度则会空载，因而需要进行与特征维度相适应的线程分配。固定 block size，增加一个分组维度，一个组可以与其他组共用一个 block，也可以占用多个 block。为了实现数据本地化，Seastar 为每个顶点分配一个分组实现并行，顶点邻边上的计算则是串行，这样在数据本地化上更好，只需载入一次目的顶点的特征，在聚合时则将每条边的结果累计更新而不需要进行结果同步。不同顶点的入度不同，顶点并行时则会导致负载不均，为了实现负载均衡，Seastar 根据顶点入度进行了动态的配置，先根据顶点的入度对顶点进行排序，这一步可以在数据处理时完成，入度相近的顶点计算负载相近，被分配到一个 block，此外高入度的顶点计算时间长优先启动，可以覆盖低入度顶点的时间。

3.5.3　分布式负载均衡策略

图数据的划分是所有分布式图计算系统的核心。图计算系统 Gemini[6] 采用了一种十分简单的划分方法：将顶点集进行块式划分，将这些块分配给各个顶点，然后让每个顶点的拥有者（即相应顶点）维护相应的出边/入边。在这种划分方法中，Gemini 采用了一种混合划分顶点和划分边的策略，让每个顶点分配的顶点数和边数的加权和尽可能相近。解决了按顶点数均衡可能导致边数失衡，而让边数均衡时顶点数又会有潜在的较大差异带来的计算效率下降的问题。除了在顶点间进行负载均衡，Gemini 也在顶点内通过细粒度的块式划分结合工作量窃取的方式，使得多核间的负载尽可能均衡。如果仅采用块式划分策略，对于较小的分区及对于每个顶点度数差异较大的图来说，调整参数实现内核间负载平衡的灵活性较小。

利用不可用于顶点间负载平衡的共享内存，Gemini 采用细粒度的工作窃取调度程序进行内部顶点和边的处理。虽然 pre-socket 的边处理工作以跨所有内核的局部感知平衡方式作为起点进行了初步分区，但每个线程在 OpenMP 并行区域期间仅获取一小部分要处理的顶点（信号/槽）。同样，由于 Gemini 基于块的分区方案，这种改进保留了连续处理，并促进了高效的缓存利用和消息批处理。每个内核只需要一个计数器来标记当前 mini-chunk 的起始偏移量，跨线程共享并通过原子操作访问。在 Gemini 中，mini-chunk 大小的默认 64 个顶点，每个线程首先尝试完成自己分区中 per-core 的工作，然后开始从其他线程的分区中窃取 mini-chunks。与从一开始就精细交错的 mini-chunk 分布相比，这种工作量窃取的方式通过利用缓存预取增强了内存访问。此外，这种方式也延迟了对共享的 per-core 计数器的原子添加到整个计算的末尾所涉及的竞争。

3.6　图计算容错机制

图计算被应用于分析海量的图数据。在实际应用中，单机往往无法满足图计算作业的存储与计算需求，因此使用分布式图计算逐渐成为主流趋势。然而，随着问题规模的增加，分布式图计算处理的图数据日益庞大，执行时间不断增加，机器规模也在不断扩张。这使得机器故障的概率大大增加，由此带来的图计算故障发生频率高、传播速度快、影响较大，对图计算的性能、可扩展性，以及图计算结果的正确性产生了威胁。

目前，大多数具有容错机制的图计算系统仍然使用传统的基于检查点方法的容错机制。在计算期间，系统定期将运行时的状态保存到某个可靠的全局存储（如分布式文件系统）上的检查点中。当图计算集群中某些机器崩溃时，系统会从上一个检查点中重新加载之前的计算状态，并从该状态开始继续计算。然而，由于检查点需要保存在慢速持久的存储设备中，并从中重新加载；同时，在恢复过程中，即使只有一个顶点出现故障，也需要全体顶点回退到离当前故障最近的检查点所保存的状态重新计算，这让图计算在故障时重新恢复所需开销与成本较大。此外，由于检查点方法需要每隔一定时间便记录图计算的当前状态，这也使得分布式图计算系统在没有故障时也会产生额外的开销。因此，尽管现有的大多数系统都具备容错支持，但默认情况下，这些容错支持在运行期间是禁用的[43]。此外，一些较为先进的高性能图计算系统如 D-Galois 和 Gemini 并不解决容错问题，而是最大限度减少无故障执行的开销，并在发生故障时重新启动应用程序。

在分布式图计算系统中，如何对分布式图计算作业和系统进行有效容错，使其在实际应用场景下能够保持稳定的性能是亟待解决的问题；同时，随着分布式图计算作业处理的数据日益庞大，其对容错机制的性能开销、恢复效率等提出了更高的要求。本节将首先对容错相关的概念与定义进行介绍；然后介绍传统的检查点容错机制，并对其优化方案进行讨论；还会对图计算容错的其他技术进行介绍，如基于日志的容错、利用分布式顶点中的副本进行容错等方式，并将这些技术与检查点进行对比，讨论它们的优势与局限。

分布式图计算作业由输入、计算过程与输出构成。图计算的输入往往是一个由顶点、边及其各自权值构成的有向图或无向图；图计算的计算过程可以被描述为一个基于用户定义的计算函数（user defined function，UDF）在图上多次迭代直至到达终止条件（如迭代收敛）的过程；图计算的输出则根据作业情况而定，可以是更新后的图、顶点及其值的集合或统计数字等。以 PageRank 作业为例，输入为一个顶点带有 rank 值的有向图；用户定义的计算函数为每个顶点接收其入边方向邻居顶点传来的 rank 值后更新自身 rank 值，再沿出边方向向邻居顶点发送更新后的 rank 值；作业的计算过程是在每个迭代中使图中每个顶点均执行上述函数，然后多次迭代直至图中所有顶点的 rank 值更新幅度均小于某一阈值后，迭代收敛，计算过程结束；输出为图中所有顶点及其更新后的 rank 值。上述过程可以建模为一个由图中顶点值和边值构成的全局状态的演变过程。在同步调度机制中，作业基于当前全局状态在一个超步内对全部的顶点或边完成值的更新，随后进入下一个全局状态；在异步调度机制中，作业基于当前全局状态往往仅能依据具体的调度策略对一部分的顶点或边完成更新，进入到下一个全局状态。容错中的失效恢复就是对全局状态进行"修复"的过程。

在对图计算中各种作业与容错机制进行详细介绍前，首先对图计算中的各种状态进行定义。图中顶点和其邻边的值（记为该顶点的标签）在某一刻构成的全体称为全局状态。如果用 S_k 表示在迭代中的第 k 个全局状态，v 表示图中的某一顶点，那么向量 $S_k(v)$ 则表示在全局状态 S_k 下该顶点 v 的标签。记 S_i 为初始状态，S_f 为最终状态。图中顶点和边的所有可取值的笛卡儿积所构成的状态空间记为全部状态集合 S；对于 S_m 与 $S_n \in S$，如果在对顶点使用操作符后 S_m 的状态改变为 S_n，则称 S_m 为 S_n 的前驱状态，S_n

为 S_m 的后继状态。作业从初始状态 S_i 开始正常执行所能到达的所有状态的集合记为全局一致状态集合 S_{GC}；如果从某一状态 S_v 开始迭代能够到达最终状态 S_f，则称这样的状态为有效状态，有效状态全体构成有效状态集合 S_V[44]。显然，有以下包含关系：

$$S_{GC} \subseteq S_V \subseteq S \tag{1}$$

对于以上所描述的状态类型与状态集合间转换与包含关系如图 3.29 所示。

故障（fault）是软件或硬件中被激活缺陷的最低级别抽象，错误（error）是指故障导致的系统内部状态的改变或丢失，失效（failure）则是指由于错误导致的系统行为与预期行为之间的偏差[45]。外部观察者观察到系统行为的偏差后，如未得到计算结果或得到了错误的计算结果之后，对系统失效原因进行猜想假设。根据假设的失效原因的不同，从复杂到简单，失效可被分为拜占庭失效（Byzantine failure）、性能失效（performance failure）、遗漏失效（omission failure）、崩溃失效（crash failure）和故障停止失效（fail-stop failure）。

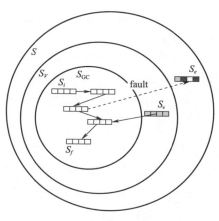

图 3.29 状态类型与状态集

在分布式图计算中，拜占庭失效的原因可以是任意错误，包括顶点内部状态出错、传输数据损坏或网络路由错误等。性能失效的原因是集群中某计算节点 M_i 未按时从其他顶点收到所需消息。而遗漏失效的原因则是该顶点 M_i 根本未从其他顶点收到所需的消息。崩溃失效则进一步简化，即该顶点 M_i 未从某个其他顶点 M_j 收到所需消息的原因是后者 M_j 崩溃。而故障停止失效则是假设了当集群中顶点 M_j 崩溃时，其他顶点均知道其崩溃了，它强调了故障不会造成错误的系统状态改变，体现在两个方面：一是在顶点 M_j 崩溃前，故障的发生未导致其遗漏需发送的消息或发送错误的消息；二是在顶点 M_j 崩溃后，其他顶点未在缺少部分消息的情况下继续运算，从而产生错误的作业状态。在故障停止失效中，系统只会丢失部分内部状态，而所有幸存的内部状态均是正确的。在分布式图计算作业中，故障停止失效被进一步细分，从复杂到简单，可以分为级联失效（cascading failure）、多点失效（multi-node failure）和单点失效（single-node failure）。其中，单点失效是指同一时间只有一个顶点崩溃；多点失效则是指同时存在多个顶点崩溃；而级联失效则是指在对崩溃顶点的状态进行恢复的过程中，集群中又有顶点崩溃了。容错机制的实现难度与失效的复杂度通常是正相关的，并且能够处理复杂失效的容错机制往往也能够处理较简单的失效。因此，可处理的最复杂失效类型成为衡量面向分布式图计算作业容错机制质量的重要指标。

面向分布式图计算作业的容错机制通常是针对预期的失效类型来设计相应状态冗余方法和失效恢复方法，通常包括 3 个组件：状态冗余、失效检测和失效恢复。当作业正常运行时，一方面，状态冗余组件对作业全局状态即正常状态进行冗余保存，生成冗余状态，并定期地对其进行更新；另一方面，失效检测组件也定期地对作业的运行状态进行检测。当检测到失效发生时，作业全局状态即成为失效状态，同时，失效恢复组件被启用。失效恢复组件利用失效状态和冗余状态对作业进行恢复，当恢复成功后，作业全局状态即成为正常状态。

下面将依照容错机制是否使用了状态冗余方法分别介绍有状态的容错机制与无状态的容错机制。

3.6.1　有状态的容错机制

根据作业运行时产生的天然冗余、作业本身的鲁棒性等因素的不同，有状态的容错机制大致可以归结为 3 类：检查点（checkpointing）、日志（logging）、复制（replication）。此外这些方法也可以结合使用，减少系统容错带来的开销。

1. 基于检查点的容错

检查点是指在程序运行的特定位置保存用于故障恢复的必要状态信息的过程。在面向分布式图计算作业的容错机制中，根据保存快照一致性的不同，基于检查点的容错可以分为全局一致检查点容错和局部一致检查点容错。

（1）全局一致检查点容错

对于同步调度机制的图计算，在作业正常运行时，按照预先指定的超步间隔，保存系统全局一致快照到可靠存储中，包括顶点和边的值、顶点发送的消息，以及图的拓扑结构等。而在失效恢复时，重启或新启动的顶点加载最新的快照数据，幸存顶点也一同回滚并加载相应的全局一致快照，作业恢复至从最近保存的全局一致状态开始运行。如图 3.30 所示。

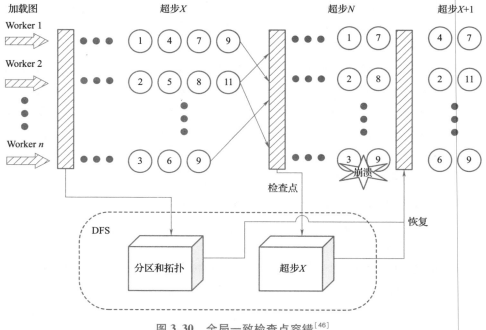

图 3.30　全局一致检查点容错[46]

而异步调度机制由于没有全局同步栅帮助容错机制获取全局一致快照，一般以一定的时间间隔挂起所有计算节点同步保存全局一致快照，或是基于 Chandy-Lamport 异步保存的方法获得全局一致快照。

下面列举传统的检查点机制存在的一些问题并给出相应对策。

在一些迭代较快的图计算作业如 PageRank 作业中，大多数顶点在前 10 轮的迭代过程中就基本收敛，后续的迭代运算仅有少量顶点参与。这使得之前基于固定间隔的检查点技术可能会导致失效恢复的开销小于一次快照保存的开销，这对系统的整体性能来说显然并不划算。对于这种问题，有以下两种解决方法。

- 基于作业运行时信息动态调整快照保存间隔的检查点容错机制。在采用同步调度机制的分布式图计算框架中，作业计算过程被全局同步栅分割成一个超步序列。在作业正常运行时，Master 顶点分别收集并记录每次超步的计算时长和每次检查点的快照写入保存时长，并在每次进入新的超步后，比较自最新快照至当前迭代的累积计算时长和历史快照的平均保存时长（用于估计当前快照的保存时长），当前者大于后者时，认为此后若是发生失效，则其失效恢复的开销将大于保存一次快照的开销，Master 顶点指示 Worker 顶点保存全局一致快照；否则不保存。这种方法能够较大幅度提高作业在使用容错机制时正常运行的性能，而代价仅为失效恢复时间稍微延长[47]。

- 调整检查点保存快照的大小，当计算负载变小时，降低检查点保存快照的开销。当作业中参与运算的顶点规模小于一定阈值时，检查点操作时不再保存包含所有顶点状态的全量快照，而是保存仅发生改变的顶点状态的增量快照；在失效恢复阶段，加载最新的全量快照和之后的所有增量快照进行合并，并基于合并后的快照状态继续恢复作业状态并继续计算。最终，该增量检查点容错机制由于要对全量快照和增量快照进行合并，导致失效恢复效率降低，但增量快照减少了检查点的性能开销，作业的整体性能大幅提升[48]。

在同步调度的图计算系统中，每次检查点操作会在当前迭代开始前保存每个顶点的状态。该状态包括顶点值、顶点的临接表，以及每个顶点收到的消息。其中，消息的数量是与图中边的数量正相关，并且，由于边的数量通常远远大于顶点数量，因此在检查点操作时保存消息会极大地占用磁盘 I/O 和网络通信资源，严重影响作业的正常执行性能。针对这一问题，研究者提出了一种轻量级的检查点（light weight check point，LWCP）[49] 方法，利用 MPI-3 标准中的弹性扩展（user-level failure mitigation，ULFM）在不改变以顶点为中心的编程模型的情况下将顶点更新和消息生成进行逻辑解耦，发现新生成的消息可以依赖于更新后的顶点值计算得出，而不依赖于顶点之前收到的消息，因而在保存快照时只需要保存顶点值及其激活状态，这便很大程度上缩小了快照的体积。由于作业运行过程中的失效频率一般小于检查点的操作频率，因而相比于该方法提高的作业无故障执行性能，所牺牲的部分作业恢复效率是可以接受的。

（2）局部一致检查点容错

上述全局一致检查点容错与基于同步调度机制的图计算作业是契合的。而基于异步调度机制的图计算作业的计算过程本质上是非确定性的——即使是从同一个全局一致状态开始计算，结果通常也会存在些许差异，这降低了失效恢复中作业恢复至最近全局一致快照的必要性；而且全局一致检查点需要集群中各计算节点将快照在同一时间段内保存至可靠存储中，这增加了峰值带宽利用率，容易造成网络争用和性能下降。

对于以上问题，可以采用一种基于局部一致快照进行异步保存和失效恢复的方法[50]。首先，异步调度机制对读写依赖的放松导致分布式图计算作业无须保持全局一致性而只需保持渐进式读取（progressive reads，PR）一致性即可保证结果的正确。于是，在正常执行过程中，由各计算节点自身决定保存内部状态的时机，这减少了同时保存的快照数量，从而减少了网络争用。同时，由于局部一致快照顶点内状态一致而顶点间状态不一致的特点，Master 顶点需要依据快照间的依赖关系保存 PR 顺序，用于在多点失效情况下决定失效顶点逐次恢复的顺序。该方法减少了对作业正常运行造成的性能开销，并且在失效恢复阶段，该方法可以实现受限恢复，幸存顶点不用回滚。然而，该方法的容错质量较全局一致检查点容错方法有所降低，仅能支持自稳定作业、近似作业和局部可矫正作业，不能支持全局可矫正作业和全局一致作业。

2. 基于日志的容错

虽然检查点重启恢复能够处理任何顶点故障，但它存在恢复延迟高的问题。原因是双重的。首先，检查点重启恢复基于最近的检查点重新执行整个图上的缺失计算，这些计算原本同时驻留在失效和健康的计算节点上。这会导致计算成本和通信成本提高，包括加载整个检查点、执行重新计算和在恢复期间在所有计算节点之间传递消息。其次，当恢复过程中发生进一步的故障时，以前的故障导致的计算丢失可能已经部分恢复。然而，检查点重启恢复会忘记所有这些部分完成的计算，将每个计算节点回滚到最近的检查点，并在此后重播计算。这就消除了渐进执行恢复的可能性。为了实现快速故障恢复，可以使用日志记录机制对检查点容错进行扩展。同时，使用以下新的恢复方案，通过封装 3 个特性来扩展性能[51]。

（1）检查点与日志结合

该方法的核心思想是将重计算限制在原来位于失效顶点中的子图上。图计算是迭代进行的，在迭代过程中，每个计算节点检查其驻留顶点，并依次执行以顶点为中心的计算。在一次迭代中对顶点的计算通常以计算得到的顶点值和从上一次迭代中接收到的消息作为输入。因此，为了恢复失败的顶点，在重新计算丢失的迭代时，需要请求所有的顶点向失败的顶点重新发送消息。为此，除了全局检查点外，规定每个计算节点在执行期间的每次迭代结束时本地记录其发送的消息。通过增加带有日志记录的检查点重启恢复，能够表明重计算仅限于失败的顶点，健康的顶点负责重新发送日志消息而不需要重新计算。

（2）并行恢复

当恢复开始时，在计算节点的子集 S 上重新分配原来位于失败顶点中的子图来并行化恢复过程。通常情况下，S 的大小被设置为远大于失败顶点的数量来衡量性能。当 S 覆盖所有可用顶点时，虽然可以最小化计算开销，但通信开销可能会增加。因此，在实际应用中，对失败子图进行较好的重新划分，通过同时考虑计算开销和通信开销来减少整体恢复时间。

（3）优化

如何找到使得恢复时间最短的失败子图重新划分方法是一个值得研究的问题。可以证明，该问题的复杂性是 NP-完全的。一些研究者提出了一种综合考虑了计算和通信成本、可启发式地快速遍历生成综合成本"最小"的重调度方案的算法：在失效恢复期间，Master 基于收集到的数据和启发式算法快速生成重调度方法，并基于此，管理失效恢复过程。最终，采用快速并行受限恢复方法的日志容错机制结合检查点容错机制，相比单独的检查点容错技术在恢复速度上提升了 12~30 倍，但同时，日志的 I/O 也给系统正常运行带来了较大的性能开销；并行恢复方法相比重启或新启顶点的恢复方法，在恢复效率上也有大幅提高，但在系统正常运行阶段，收集统计数据的行为也给作业性能带来一定的影响。

因此日志记录机制虽然在基于以顶点为中心的编程模型和消息传递通信机制的分布式图计算作业中实现受限恢复是十分自然的，但并不适用于基于数据流通信机制的分布式图计算作业。

3. 基于复制的容错

复制（replication）是指多个任务副本（task replicas）同时运行在不同的资源上以保证任务运行成功的方法。研究者发现，在现有的分布式图计算框架中，由于图分区，尤其是基于边切割或基于顶点切割的图切分方法，导致系统中存在大量天然的顶点副本。此外，有些图计算作业仅需要近似准确的结果，且图数据中度越大的顶点一般对图计算作业的结果贡献越大，而图分区对计算和通信负载均衡的内在要求导致度越大的顶点其副本越多，从而越不容易在失效后完全丢失状态，进而降低了对结果准确度的影响[52]。上述因素为被动复制容错机制替代检查点容错机制提供了充足的动机和条件。于是，有研究者提出了仅利用幸存顶点上的副本恢复失效顶点的方法。首先对失效顶点上存在天然副本的边界顶点进行恢复，而对没有副本的内部顶点则重新初始化，并且在GAS 模型中，Scatter 阶段失效顶点内更新的状态丢失了，需要执行局部的 Scatter 操作同步状态。最终，由于该方法未在作业正常运行期间做任何额外的容错准备，所以其正常运行期间带来的性能开销为 0；而在失效恢复上，由于仅利用幸存的状态直接重构失效顶点的状态，并且局部的 Scatter 操作所需要的时间也远小于一个完整超步的时间，所以失效恢复所需的时间极短。但是，当同时失效顶点数增多时，一方面，后恢复运行时间可能随之增长，另一方面，结果的准确度也可能随之降低，所以，该容错方法仅能对多点失效和级联失效提供有限的支持。

在实际应用中，很多图数据集和图算法中，图顶点中没有天然副本的仅占一小部分，并且还有一部分是"自私顶点"（selfish vertex），这些"自私顶点"在图拓扑结构上体现为没有出边，在计算过程中体现为不参与其他任何顶点的计算更新。因此，仅需要为很小一部分没有天然副本的非"自私顶点"创建额外的容错副本即可。因此，有研究者通过扩展消息传递机制，在正常运行的每个超步对顶点和其副本（包括天然副本和容错副本）间状态进行同步；并且在每次全局同步栅前后进行快速失效检测，若失效，则通过分布在多个幸存顶点上的副本并行地恢复丢失的顶点状态[53]。最终，该方法相对全局一致检查点方法在正常运行期间带来的性能开销显著减少，仅消耗了少量内存和通信；在失效恢复阶段，由于失效顶点上的顶点副本分布在不同的幸存顶点上，所以通过多个幸存顶点并行地重构失效顶点的状态也极为快速。但是，该方法仅能支持指定数量的多点失效，并且随着指定数量的增加，内存和通信开销也会增加。

3.6.2 无状态的容错机制

3.6.1 小节所介绍的容错方法均使用了状态冗余的方法。然而，有研究者注意到，在一些图作业中，将整个计算的状态恢复到故障发生前的状态是不必要的，只要从一个最终会产生正确结果的状态继续计算就足够了。也就是说，并非一定要把故障的作业恢复至全局一致状态，采取一定的方案让作业继续计算至有效状态，后续的迭代仍能使得计算到达最终状态（最终状态指作业结果正确且满足结束条件）。

研究者将图计算算法分类为自稳定图算法（self-stabilizing graph algorithms）、局部校正图算法（locally-correcting graph algorithms）、全局校正图算法（globally-correcting graph algorithms）、全局一致图算法（globally-consistent graph algorithms），并提出了名为 Phoenix 的弹性基板用于图计算中的故障恢复[52]。下面分别介绍以上 4 种图算法并给出它们在故障时的恢复方法。

（1）自稳定图算法

在图算法中，如果所有状态均为有效状态，即 $S_{GC} \subseteq S_V = S$，则称该算法为自稳定算法。例如，随机梯度下降算法、Pull 式图着色算法等，这些算法中，顶点的标签在计算开始时被初始化为随机值，无论这些值如何设置，算法最终都会收敛。因此，每个状态都是有效的，在共享内存情况下检测到数据损坏错误时不需要对状态进行修正。

为了说明 Phoenix 框架如何处理自稳定算法，算法 3.1 给出了无向或对称图的贪婪图染色。每个顶点都有一个标签来表示其随机初始化的颜色。顶点和颜色按照某种排序函数进行排序。算法分轮次执行。在每一轮中，每个顶点选择上一轮中任何一个较小的邻居没有选择的最小颜色。当颜色赋值在一轮中不发生变化时，算法终止。将图 3.31 中顶点进行染色，图 3.32 为图 3.31 中的图在每一轮算法执行后可能出现的状态转移情况。在图 3.32 中，颜色被编码为整数。假设执行时，在第四轮检测到故障。为了恢复，Phoenix API 将使用程序员提供的函数（算法 3.2）将每个失败主机上的顶点代理的颜色初始化为随机颜色，然后继续算法执行，并在三轮后收敛。由于该算法中的任何一个状态均为有效状态，因此可以通过这种方式得到计算的正确结果。

算法 3.1：贪婪图染色(自稳定)算法

输入：Partition $G_h = (V_h, E_h)$ of graph $G = (V, E)$
输出：A set of colors $s(v)$ $\forall v \in V$
1　　Let $t(v)$ $\forall v \in V$ be a set of temporary colors
2　　**Function Init**(v, s):
3　　　　$s(v) = $ random color
4　　**foreach** $v \in V_h$ **do**
5　　　　**Init**(v, s)
6　　**repeat**
7　　**foreach** $v \in V_h$ **do**
8　　　　$t(v) = s(v)$
9　　**foreach** $v \in V_h$ **do**
10　　　　**foreach** $u \in adj(v)$ **and** $u < v$ **do**
11　　　　　　$nc = nc \cup \{t(u)\}$
12　　　　$s(v) = $ smallest c such that $c \notin nc$
13　　　　**while Runtime. Sync**$(s) == $Failed **do**
14　　　　　　**Phoenix. Recover**$(Init, s)$
15　　**until** $\forall v \in V, s(v) = t(v)$;

算法 3.2：自稳定算法中的 Phoenix API

1　　**Function Recover**$(Init, s)$:
2　　　　**if** $h \in$ failed hosts H_f **then**
3　　　　　　**foreach** $v \in V_h$ **do**
4　　　　　　　　**Init**(v, s)

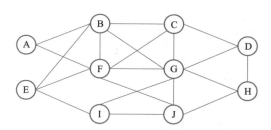

图 3.31　对该图进行贪婪图染色

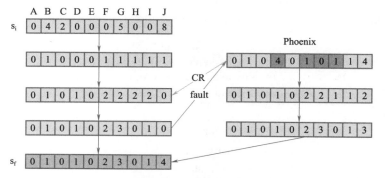

图 3.32　正常执行的贪婪图染色算法与故障时使用 Phoenix 恢复状态变化

（2）局部校正图算法

局部校正图算法表述为：有效状态集合是全局一致状态集合的真超集和所有状态集合的真子集。此外，每个顶点 v 都有一组有效值 L_v，有效状态集合 S_V 是这些集合的笛卡儿积。即，$S_{GC} \subset S_V \subset S$，$S_V = L_1 \cdot L_2 \cdot \cdots \cdot L_N$。例如，广度优先搜索算法（BFS）、单源最短路径（SSSP）等均属于局部校正图算法。

使用数据驱动的广度优先搜索算法，如算法 3.3 所示，来解释 Phoenix 框架如何处理局部校正算法。每个顶点都有一个表示其与源顶点距离的标签，该标签对源顶点初始化为 0，对其他顶点初始化为 ∞。该算法以轮为单位执行，在每一轮中，松弛算子应用于 BFS 前沿上的顶点，由工作列表跟踪。最初，只有源顶点在工作列表中。如果邻居的距离在松弛时发生变化，则将其添加到下一轮工作列表中。当任意主机上的工作列表中没有顶点时，算法终止。假设第三轮时出现故障，为了恢复，Phoenix API 使用给定的函数初始化故障主机上代理的标签并更新工作列表（算法 3.4）。具体做法为，将故障的顶点标签值重新初始化为 ∞，在接下来的迭代计算中，这些顶点的状态将由其相邻的幸存顶点以及已恢复顶点进行恢复。对于所有的局部修正算法，状态现在是有效的，因为顶点的初始标签是一个有效值，且工作列表确保所有丢失的值最终将被恢复。图 3.33 和图 3.34 展示了这一个过程。

算法 3.3：广度优先搜索（局部校正）算法

输入：Partition $G_h = (V_h, E_h)$ of graph $G = (V, E)$
输出：Source v_s
Output：A set of distances $s(v)$ $\forall v \in V$

```
1    Function InitW(v, s, Wn):
2        if v == vs then
3            s(v) = 0; Wn = Wn ∪ {v}
4        else
5            s(v) = ∞
6    foreach v ∈ Vh do
7        InitW(v, s, Wn)
8    repeat
9        Wo = Wn; Wn = ∅
10       foreach v ∈ Wo do
11           foreach u ∈ outgoing_adj(v) do
12               if s(u) > s(v)+1 then
13                   s(u) = s(v)+1; Wn = Wn ∪ {u}
14           while Runtime.SyncW(s, Wn) == Failed do
15               Phoenix.Recover(InitW, s, Wn)
16   until global_termination;
```

算法 3.4：局部校正算法中的 Phoenix API

```
1    Function Recover(InitW, s, Wn):
2        if h ∈ failed hosts Hf then
3            foreach v ∈ Vh do
4                InitW(v, s)
```

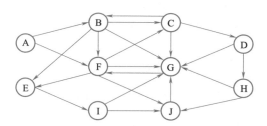

图 3.33　使用广度优先搜索算法遍历该图

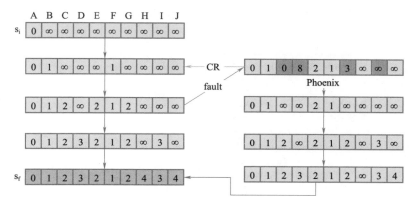

图 3.34　正常运行下的广度优先搜索算法与故障时使用 Phoenix 恢复状态变化

（3）全局校正图算法

在全局校正图算法中，有效状态不同于全局一致状态，也不同于所有状态的集合，但与前一种情况不同的是，状态的有效性依赖于所有顶点标签上的某种全局条件，不能退化为单个顶点标签有效值的笛卡儿积。这些算法通常比它们的等效局部校正算法更有效。例如，基于残差的数据驱动的 PageRank、数据驱动的 k-core 等算法，在这些算法中，顶点的标签不仅依赖于其邻居顶点的当前标签，还依赖于这些标签的历史或变化。因此，为了从共享内存的数据损坏错误中恢复，重新初始化每个损坏顶点的标签是不够的。对损坏的顶点重新初始化后，所有顶点只需使用当前邻居顶点的标签即可重新计算其标签。这恢复了一个有效的状态，工作高效的算法将从该状态到达最终状态。

为了说明 Phoenix 框架是如何处理全局校正图算法的，使用程度递减的、数据驱动的 k-core 算法，如算法 3.5 所示。k-core 问题是寻找一个无向或对称图中每个顶点度至少为 k 的子图。大多数 k-core 算法通过移除图中少于 k 个邻居的顶点来执行，因为这些顶点不能成为 k-core 的一部分。这些顶点的移除降低了其他顶点的度，可能会使更多的顶点从图中移除。由于显式地从图中删除顶点和边是昂贵的，实现过程通常只是将一个顶点标记为失效，并减少其邻居的度。因此，每个顶点有两个标签，一个标志和一个度，分别表示顶点是否失效或正常，以及它与图中其他失效顶点的边数。工作列表维护当前失效的顶点。算法分轮次执行。在每一轮中，工作列表中的每个顶点如果度小于 k，则将自己标记为失效，否则将自己添加到下一轮的工作列表中。当一个顶点被标记为失效时，它会减少其近邻的度。当任意主机上一轮都没有顶点被标记为失效时，算法终止。

为了给出该算法的故障恢复策略，首先注意到状态是有效的，当且仅当每个顶点的度等于它到当前存活顶点的边数，且所有当前存活顶点都在工作列表中。在算法执行过程中，只有当一个顶点的邻居（其标志）从活着变为死亡时，该顶点的度才会更新。因此，当一个顶点丢失时，重新初始化其标志和度并不能使状态恢复到有效状态：所有顶点的度需要根据当前存活的顶点重新计算。为此，需要新的函数重新初始化一个健康顶点的度，并只使用其邻居（算法 3.5 中，ReInitW 和 ReComputeW）的当前标志（失效或正常）重新计算节点的度。

算法 3.5：数据驱动的 k-core（全局校正）算法

输入：Partition $G_h = (V_h, E_h)$ of graph $G = (V, E)$

输入：k

输出：A set of flags and degrees $s(v) \forall v \in V$

```
1    Function DecrementDegree(v, s):
2        foreach u ∈ outgoing_adj(v) do
3            s(u).degree = s(u).degree − 1
4    Function ReInitW(v, s, Wₙ):
5            s(v).degree = |outgoing_adj(v)|
6            Wₙ = Wₙ ∪ {v}
7    Function InitW(v, s, Wₙ):
8        s(v).flag = True
9        ReInitW(v, s, Wₙ)
10   Function ComputeW(v, s, Wₙ):
11       if s(v).degree < k then
12           s(v).flag = False
13           DecrementDegree(v, s)
14       else
15           Wₙ = Wₙ ∪ {v}
16   Function ReComputeW(v, s, Wₙ):
17       if s(v).flag = False then
18           DecrementDegree(v, s)
19       else
20           Wₙ = Wₙ ∪ {v}
21   foreach v ∈ Vₕ do
22       InitW(v, s, Wₙ)
23   repeat
24       Wₒ = Wₙ; Wₙ = ∅
25       foreach v ∈ Wₒ do
26           ComputeW(v, s, Wₙ)
27       while Runtime.SyncW(s, Wₙ) == Failed do
28           Phoenix.Recover(InitW,
                 ReInitW, ReComputeW, s, Wₙ)
29   until global_termination;
```

算法 3.6：全局校正算法中的 Phoenix API
1　　**Function Recover**(**InitW** , **ReInitW** , **ReComputeW** , **s** , **Wn**)：
2　　　　**if** h ∈ failed hosts H$_f$ **then**
3　　　　　　**foreach** v ∈ V$_h$ **do**
4　　　　　　　　**InitW**(v , s , W$_n$)
5　　　　**else**
6　　　　　　**foreach** v ∈ V$_h$ **do**
7　　　　　　　　**ReInitW**(v , s , W$_n$)
8　　　　if **Runtime**. **SyncW**(s , W$_n$) == Failed **then**
9　　　　　　**return**
10　　　W$_o$ = W$_n$; W$_n$ = ∅
11　　　**foreach** v ∈ W$_o$ **do**
12　　　　　**ReComputeW**(v , s , W$_n$)

图 3.36 给出了图 3.35 中每一轮执行后的状态转移情况。考虑两轮后检测一个故障。检查点机制将状态恢复到第一轮结束时的状态。相比之下，Phoenix API 将失效主机上顶点的标志和度都重置为初始值，而只将健康主机上顶点的度重置为初始值。两者的所有顶点都加入工作列表之后，所有死亡顶点降低其外邻顶点度，所有正常顶点加入工作列表，之后系统将状态恢复到有效状态（算法 3.6）。然后算法执行一轮后收敛。

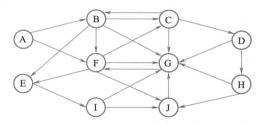

图 3.35　使用 *k-core* 算法找出图中的一个各顶点度不小于 4 的子图

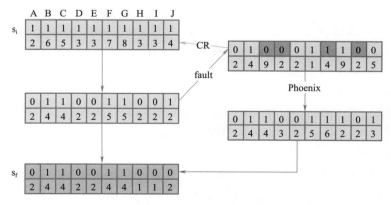

图 3.36　正常运行下的 *k-core* 算法及其在故障后恢复时的状态变化

（4）全局一致图算法

在全局一致图算法中，只有全局一致的状态才是有效状态，即 $S_{GC} = S_V \subset S$。恢复这种图算法的故障需要全局一致的快照。在这种情况下，Phoenix 框架可以与传统的检查点一起使用。

3.7　本章小结

本章主要介绍了图计算的优化技术，对图计算并行编程模型、预处理方法和图并行执行模型进行了全面的介绍，同时对图顶点状态的同步策略、图计算负载均衡策略和图计算容错机制的一些基础概念以及常用的优化策略进行了更深入的总结和探讨。

3.8　习题 3

1. 试分析 3.1.1 节所提到的 3 种图遍历并行编程模型各自的特点。
2. 试分析 3.1.2 节提到的两种图挖掘并行编程模型的异同。
3. 在进行图计算前有哪些图预处理方法？它们分别能解决什么问题？
4. 试介绍一下图学习并行执行模型。
5. 同步状态传递机制与异步状态传递机制有什么区别？
6. 什么是 Pull/Push 状态同步机制？
7. 试介绍一种单机负载均衡策略。
8. 什么是有状态的图计算容错机制？

参考文献

［1］ MALEWICZ G, AUSTERN M H, BIK A, et al. Pregel：A system for large-scale graph processing［C］//Proceedings of the International Conference on Management of Data. ACM, 2010：1-15.

［2］ SAKR S, ORAKZAI F M, ABDELAZIZ I, et al. Large-scale graph processing using Apache Giraph［M］. Cham：Springer International Publishing, 2016：1-9.

［3］ LOW Y. GraphLab：A distributed abstraction for large scale machine learning［D］. Berkeley：University of California, 2013.

［4］ GONZALEZ J E, LOW Y, GU H, et al. PowerGraph：Distributed graph-parallel computation on natural graphs［C］//Proceedings of the 10th USENIX Symposium on Operating Systems Design and Implementation. 2012：17-30.

［5］ GONZALEZ J E, XIN R S, DAVE A, et al. GraphX：Graph processing in a distributed dataflow framework［C］//Proceedings of the 11th USENIX Symposium on Operating Systems Design and Implementation. 2014：599-613.

［6］ ZHU X, CHEN W, ZHENG W, et al. Gemini：A computation-centric distributed graph processing system［C］//Proceedings of the 13th USENIX Symposium on Operating Systems Design and Implementation. 2016, 16：301-316.

［7］ SALIHOGLU S, WIDOM J. GPS：A graph processing system［C］//Proceedings of the 25th International-al Conference on Scientific and Statistical Database Management. 2013：1-22.

［8］ KYROLA A, BLELLOCH G, GUESTRIN C. GraphChi：Large-scale graph computation on just a PC ［C］//Proceedings of the 10th USENIX Symposium on Operating Systems Design and Implementation. 2012：31-46.

［9］ GONZALEZ J E, LOW Y, GU H, et al. PowerGraph：Distributed graph-parallel computation on natural graphs［C］//Proceedings of the 10th USENIX Symposium on Operating Systems Design and Implementa-tion. 2012：17-30.

［10］ CHEN R, SHI J, CHEN Y, et al. PowerLyra：Differentiated graph computation and partitioning on skewed graphs［J］. ACM Transactions on Parallel Computing, 2019, 5(3)：1-39.

［11］ ROY A, MIHAILOVIC I, ZWAENEPOEL W. X-stream：Edge-centric graph processing using streaming partitions［C］//Proceedings of the Twenty-Fourth ACM Symposium on Operating Systems Principles. 2013：472-488.

［12］ SALIHOGLU S, WIDOM J. Optimizing graph algorithms on pregel-like systems［J］. Proceedings of the VLDB Endowment, 2014, 7(7)：577-588.

［13］ TEIXEIRA C H C, FONSECA A J, SERAFINI M, et al. Arabesque：A system for distributed graph mining［C］//Proceedings of the 25th Symposium on Operating Systems Principles. 2015：425-440.

［14］ CHEN Q, TIAN B, GAO M. FINGERS：Exploiting fine-grained parallelism in graph mining accelerators ［C］//Proceedings of the 27th ACM International Conference on Architectural Support for Programming Languages and Operating Systems. ACM, 2022：43-55.

［15］ JAMSHIDI K, MAHADASA R, VORA K. Peregrine：A pattern-aware graph mining system［C］//Pro-ceedings of the Fifteenth European Conference on Computer Systems. 2020：1-16.

［16］ MAWHIRTER D, REINEHR S, HOLMES C, et al. Graphzero：Breaking symmetry for efficient graph mining［J］. arXiv preprint arXiv：1911. 12877, 2019.

［17］ KARYPIS G, KUMAR V. A fast and high quality multilevel scheme for partitioning irregular graphs ［J］. SIAM Journal On Scientific Computing, 1998, 20：359-392.

［18］ ZHANG C, WEI F, LIU Q, et al. Graph edge partitioning via neighborhood heuristic［C］//Proceedings of the 23rd ACM SIGKDD International Conference on Knowledge Discovery and Data Mining. ACM, 2017：605-614.

［19］ BUI T N, MOON B R. Genetic algorithm and graph partitioning［J］. IEEE Transactions on Computers, 1996, 45(7)：841-855.

［20］ STANTON I, KLIOT G. Streaming graph partitioning for large distributed graphs［C］//Proceedings of the 18th ACM SIGKDD International Conference on Knowledge Discovery and Data Mining. ACM, 2012：1222-1230.

［21］ TIAN Y, BALMIN A, CORSTEN S A, et al. From think like a vertex to think like a graph［J］. Pro-ceedings of the VLDB Endowment, 2013, 7(3)：193-204.

［22］ XIE C, YAN L, LI W J, et al. Distributed power-law graph computing：Theoretical and empirical analy-sis［J］. Advances in Neural Information Processing Systems, 2014：14-27.

［23］ FALOUTSOS M, FALOUTSOS P, FALOUTSOS C. On power-law relationships of the internet topology

［J］. ACM SIGCOMM Computer Communication Review, 1999, 29(4): 251-262.

［24］ WEI H, YU J X, LU C, et al. Speedup graph processing by graph ordering［C］//Proceedings of the 2016 International Conference on Management of Data. ACM, 2016: 1813-1828.

［25］ ZHANG Y, KIRIANSKY V, MENDIS C, et al. Making caches work for graph analytics［C］//Proceedings of the 2017 IEEE International Conference on Big Data. IEEE, 2017: 293-302.

［26］ BALAJI V, LUCIA B. When is graph reordering an optimization? studying the effect of lightweight graph reordering across applications and input graphs［C］//2018 IEEE International Symposium on Workload Characterization. IEEE, 2018: 203-214.

［27］ CHEN Y A, CHUNG Y C. Workload balancing via graph reordering on multicore systems［J］. IEEE Transactions on Parallel and Distributed Systems, 2021, 33(5): 1231-1245.

［28］ SHVACHKO K, KUANG H, RADIA S, et al. The hadoop distributed file system［C］//2010 IEEE 26th Symposium on Mass Storage Systems and Technologies (MSST). IEEE, 2010: 1-10.

［29］ WANG M Y. Deep graph library: Towards efficient and scalable deep learning on graphs［C］//Proceedings of the ICLR Workshop on Representation Learning on Graphs and Manifolds. 2019: 1-13.

［30］ FEY M, LENSSEN J E. Fast graph representation learning with PyTorch Geometric［J］. arXiv preprint arXiv:1903.02428, 2019.

［31］ APACHE. Apache Hama［EB/OL］. Apache Software Foundation, ［2023-04-11］.

［32］ ZHOU C, GAO J, SUN B, et al. MOCGraph:Scalable distributed graph processing using message online computing［J］. Proceedings of the VLDB Endowment, 2014, 8(4): 377-388.

［33］ HAN W, MIAO Y, LI K, et al. Chronos: A graph engine for temporal graph analysis［C］//Proceedings of the 9th European Conference on Computer Systems. ACM, 2014: 1-4.

［34］ WANG Z, GU Y, BAO Y, et al. Hybrid pulling/pushing for I/O-efficient distributed and iterative graph computing［C］//Proceedings of the 2016 International Conference on Management of Data. ACM, 2016: 479-494.

［35］ SHAO B, WANG H, LI Y. Trinity: A distributed graph engine on a memory cloud［C］//Proceedings of the ACM SIGMOD on Management of Data. ACM, 2013: 505-516.

［36］ SUN J, VANDIERENDONCK H, NIKOLOPOULOS D S. VEBO: A vertex- and edge-balanced ordering heuristic to load balance parallel graph processing［J］. arXiv preprint arXiv:1806.06576, 2018.

［37］ SHUN J, BLELLOCH G E. Ligra: A lightweight graph processing framework for shared memory［C］//ACM SIGPLAN Symposium on Principles and Practice of Parallel Programming. ACM, 2013.

［38］ ZHANG K, CHEN R, CHEN H. NUMA-aware graph-structured analytics［C］//Proceedings of the 20th ACM SIGPLAN Symposium on Principles and Practice of Parallel Programming. ACM, 2015: 183-193.

［39］ SUN J, VANDIERENDONCK H, NIKOLOPOULOS D S. GraphGrind: Addressing load imbalance of graph partitioning［C］//Proceedings of the International Conference on Supercomputing. 2017: 1-10.

［40］ XU J B, BAI Z N, FAN W F, et al. GraphScope［J］. Proceedings of the VLDB Endowment, 2021, 14(12):2879-2892.

［41］ GENG T, LI A, SHI R, et al. AWB-GCN: A graph convolutional network accelerator with runtime workload rebalancing［C］//Proceedings of the 2020 53rd Annual IEEE/ACM International Symposium on Microarchitecture. 2020: 922-936.

［42］　WU Y, MA K, CAI Z, et al. Seastar：Vertex-centric programming for graph neural networks［C］//Proceedings of the Sixteenth European Conference on Computer Systems. 2021：359-375.

［43］　GONZALEZ J E, XIN R S, DAVE A, et al. Graphx：Graph processing in a distributed dataflow framework［C］//Proceedings of the 11th USENIX Symposium on Operating Systems Design and Implementation. 2014：599-613.

［44］　DATHATHRI R, GILL G, HOANG L, et al. Phoenix：A substrate for resilient distributed graph analytics［C］//Proceedings of the Twenty-Fourth International Conference on Architectural Support for Programming Languages and Operating Systems. 2019：615-630.

［45］　AVIZIENIS A, LAPRIE J C, RANDELL B, et al. Basic concepts and taxonomy of dependable and secure computing［J］. IEEE Transactions on Dependable and Secure Computing, 2004, 1(1)：11-33.

［46］　张程博，李影，贾统. 面向分布式图计算作业的容错技术研究综述［J］. 软件学报，2021, 32(7)：2078-2102.

［47］　WANG Z, GU Y, BAO Y, et al. An I/O-efficient and adaptive fault-tolerant framework for distributed graph computations［J］. Distributed and Parallel Databases, 2017, 35：177-196.

［48］　BI Y, JIANG S Y, WANG Z G, et al. A multi-level fault tolerance mechanism for disk-resident pregel-like systems［J］. Journal of Computer Research and Development, 2016, 53(11)：2530-2541.

［49］　YAN D, CHENG J, CHEN H, et al. Lightweight fault tolerance in pregel-like systems［C］//Proceedings of the 48th International Conference on Parallel Processing. 2019：1-10.

［50］　VORA K, TIAN C, GUPTA R, et al. Coral：Confined recovery in distributed asynchronous graph processing［J］. ACM SIGARCH Computer Architecture News, 2017, 45(1)：223-236.

［51］　LU W, SHEN Y, WANG T, et al. Fast failure recovery in vertex-centric distributed graph processing systems［J］. IEEE Transactions on Knowledge and Data Engineering, 2018, 31(4)：733-746.

［52］　PUNDIR M, LESLIE L M, GUPTA I, et al. Zorro：Zero-cost reactive failure recovery in distributed graph processing［C］//Proceedings of the Sixth ACM Symposium on Cloud Computing. ACM, 2015：195-208.

［53］　WANG P, ZHANG K, CHEN R, et al. Replication-based fault-tolerance for large-scale graph processing［C］//2014 44th Annual IEEE/IFIP International Conference on Dependable Systems and Networks. IEEE, 2014：562-573.

第4章　图计算系统软件加速技术

4.1　图计算系统软件加速技术背景

图计算系统是专门处理图结构数据并对其进行针对性优化的计算系统。传统的图论和图算法领域着重研究图问题的算法复杂度和现实规模的图算法问题。但由于大数据时代图数据呈指数级增长以及图计算广泛应用，对图计算硬件加速的需求也日益增长。在当前的大数据分析领域，需要处理的图数据规模往往高达数十亿，同时图数据的结构也十分复杂，使得传统计算系统难以高效地处理这些数据。因此，需要设计支持大规模、高效图计算的系统以应对上述挑战。现有主流图处理系统将图数据全部缓存到内存中，并利用快速的内存访问进行高效处理，在计算一致性和正确性方面表现良好。

然而，将图数据全部缓存到内存中会对图计算的存储系统提出很大的挑战。首先，处理真实世界中的大型图数据非常复杂且耗时。这是因为顶点遍历的不规则性会造成访存局部性差，从而限制了运行速度。其次，内存中执行的算法通常是简单而大规模的，对内存带宽的要求也在逐步提高。然而，通用的内存终究是有限的，难以应对越来越大规模的图计算任务。

为了解决图存储难题，大量研究工作被提出。外存图处理系统利用大容量低成本的外存解决图存储问题，并设计高效的处理系统，使得内存和磁盘之间可以进行高效交互，从而实现对大规模图任务的处理。另外，分布式图计算系统可以在分布式集群环境中运行整个系统，并将所有图数据加载到内存中，还可以根据任务需求动态调整负载，从而支持任意规模的图。再就是，通过设计基于中央处理单元（CPU）、图处理单元（GPU）、现场可编程门阵列（field-programmable gate array，FPGA）、专用集成电路（application-specific integrated circuit，ASIC）和存内处理架构（processing-in-memory，PIM）的专用图计算加速结构都可以提高图处理速度和能效。

为了进一步学习和了解图计算系统软件加速技术，本章将详细介绍目前主流的图计算系统软件，并按照单机、分布式和GPU对图4.1所示的图计算系统进行分类阐述。

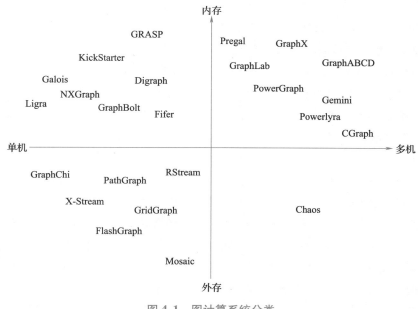

图 4.1　图计算系统分类

4.2　单机图计算系统

4.2.1　单机内存图计算系统

单机内存图计算是指利用一台单机（计算机）的内存资源，对大规模图数据进行高效处理的方法。传统的分布式图计算方法需要使用多台计算机协同处理图数据，而单机内存图计算则将整个图数据加载到一台计算机的内存中，利用计算机的高速缓存和内存等硬件资源，实现高效的图计算算法。单机内存图计算方法常用的算法包括 PageRank、SSSP、Connected Components、Triangle Counting 等。这些算法通常采用迭代计算的方式，每次迭代都会更新图顶点的状态，并对顶点进行重新计算，直至达到一定的收敛条件为止。通过利用单机内存中的计算资源，这些算法可以在较短的时间内处理大规模的图数据，且容易实现并行计算，提高了计算效率。

单机内存图计算方法的应用范围广泛，包括社交网络分析、网络流量分析、图像处理、自然语言处理等领域。例如，在社交网络分析中，可以利用单机内存图计算方法分析社交网络中顶点之间的联系和关系，识别社交网络中的社区结构、热门话题等信息，从而实现更加精准的推荐和广告投放等功能。在网络流量分析中，可以利用单机内存图计算方法分析网络中的流量、拓扑结构和攻击等问题，以实现更加安全和高效的网络管理。

近年来，随着内存技术的不断发展，单机内存图计算的性能和扩展性不断提高。例如，采用了基于压缩的存储方案可以有效降低内存消耗和加速计算速度；同时，基于分布式内存的图计算框架也可以在单机内存中实现分布式图计算，提高了计算的并行性和可扩展性。这些技术的发展也促进了大规模图数据处理领域的发展，使得单机内存图计算成为处理大规模图数据的重要方法之一。

虽然分布式图处理系统因其优异的可扩展性而能够处理大型图数据，但在提高系统处理效率方面仍然存在许多挑战。其中，图划分是一个关键问题，由于图数据具有强耦合性，不合理的数据分片会导致机器之间的负载不均衡和大量的网络通信。同时，图算法的多轮迭代特性会进一步放大数据分片不合理的影响，严重影响整个系统的运行效率。为了提高系统性能，需要平衡集群中顶点的负载均衡和顶点之间的通信量，但这是一个 NP 困难问题。分布式系统还需要解决集群顶点管理和系统容错等分布式相关问题，这些问题将极大地影响系统性能。此外，分布式环境的搭建、分布式程序的编码和集群管理对开发人员提出了更高的要求，而且程序的调试和优化也相对困难。随着存储技术的不断发展，当前的多核单顶点共享内存系统已经可以支持超过 TB 的内存，从而可以容纳数千亿条边的图。因此，最近一些大图计算的研究人员转向单机大图计算方向，并取得许多优秀成果，如最早提出的 GraphChi[1]，另外还有 X-Stream[2]、MMap[3]、MapGraph[4]、FlashGraph[5]、TurboGraph[6]、GridGraph[7]、NX-Graph[8]、KickStarter[9]、GraphBolt[10]、DiGraph[11] 等。和分布式系统相比，单顶点共享内存系统的优势如下：①分布式系统的数据分散在空间上不同位置的服务器上，使用数据会产生很大的通信代价，单顶点系统则无须付出这部分开销；②在内存中存储数据，可以极大地节省磁盘 I/O 消耗；③对于编程者来说，单顶点共享内存系统的编程要比分布式系统更加简单。

1. Ligra

Ligra[12] 是 2013 年在 PPoPP 提出的一个基于共享内存的轻量级单机图计算系统。其核心思想是根据执行过程中活跃顶点子集的大小、顶点出入度等特征，自动在 Push 和 Pull 计算模式之间切换，可以有效加快图计算特别是图遍历算法的收敛。

在 Ligra 诞生的 2013 年，单台服务器内存资源已经足以支持在内存中处理百亿条边级别的图数据。并且相比于分布式集群，单服务器上能够实现更优的单核性能和更高的可靠性。针对共享内存可能会导致的"线程竞争"问题，Ligra 提出了一个 CAS（compare-and-swap）接口，用原子操作的方式解决"竞争"。Ligra 支持两种数据类型：图类型和顶点子集类型。除了构造函数和大小查询之外，接口提供了两个函数：一个是对顶点的映射（VERTEXMAP），另一个是对边的映射（EDGEMAP）。其中，VERTEXMAP 可以用于映射原始顶点集的子集，从而增强它对图遍历算法的适用性，这个特性也使它可以将适用范围扩展到所有需要处理点子集。此外 EDGEMAP 还通过 VERTEXMAP 配合布尔函数的方式，进一步实现边子集映射。Ligra 的创新之处在于，同时支持两种边遍历方式的切换。在 Push 模式中，子集中的顶点以一种稀疏的方式表示，即点的 ID 数组，大小为子集大小，根据顶点的度数以并行或者串行的方式循环处理子集中每个顶点的出边执行定义的操作；在 Pull 模式中，整个图的所有点以一个比特数组的方式表示，数组大小为原始点集大小，子集中的点对应的位置设为 1，其他位置为 0，对原始点集中的所有点，如果其源点在子集中，则执行定义操作。

　　Ligra 的编程接口：图 4.2 展示了使用 Ligra 实现 BFS 的伪代码，Ligra 定义了一个顶点的子集类型 vertexSubset 来存放活跃点集，每轮迭代只对这个子集进行处理，根据计算会生成新的子集，中间生成的不同 vertexSubset 可以被保留以便重复使用。VERTEXMAP 函数对输入子集中的所有顶点执行用户定义的函数，返回一个新的子集；EDGEMAP 函数根据输入子集大小和点的出度启发式地选择执行 EDGEMAPSparse 函数或 EDGEMAPDense 函数。EDGEMAPSparse 函数按照 Push 模式执行，并行处理子集中的每个顶点，使用 F(u,ngh) 作用于点的所有出边，这个过程也是并行的，函数最后返回一个稀疏形式表示的新子集，复杂度相当于对子集中的顶点计算其出度之和；EDGEMAPDense 函数按照 Pull 模式执行，并行处理原始点集中的所有点，对源顶点在活跃顶点集中的边顺序的使用 F(ngh,v) 函数，直到 C(u) 返回负值，最终返回一个密集形式表示的新子集。

算法 4.1： BFS in Ligra

Parents = {−1,⋯,−1} #initialized to all −1's

Procedure UPDATE (s,d)
　　return(CAS(&Parents [d], −1, s))

Procedure COND(i)
　　return(Parents [i] = −1)

Procedure BFS (G,r)#r is the root
　　Parents [r] = r
　　Frontier = {r} #vertexSubset initialized to contain only r
　　while (SIZE (Frontier) ≠ 0) do
　　　　Frontier = EDGEMAP (G,Frontier,UPDATE,COND);

图 4.2　在 Ligra 上实现 BFS 的伪代码

　　Ligra 的提出是为了解决当时图计算领域存在的局部性差、访存-计算比高、计算并行度变化大、资源争用负载不均衡等问题。它也被证明具有很高的运行时效率、空间利用率，以及编程效率。不过 Ligra 不支持基于修改输入图的算法，只能对图做静态处理，限制了处理效率。后续研究中，研究人员又将图压缩技术集成到 Ligra 中，提出了改进系统 Ligra+[13]。与原始 Ligra 系统相比，它减少了空间使用，从而可以在有限内存预算下处理更大的图，同时提高并行性能。

　　2. Galois

　　Galois[14] 单机图计算系统在 SOSP'13 上被提出，它是对已有的同名系统 Galois[15] 的扩展设计。旧 Galois 图计算系统的核心思想是在数据驱动（data-driven）的计算模式下，充分发挥自主调度（autonomous scheduling）的优势。而新 Galois 设计了一个基于机器拓扑感知的任务调度器和优先级任务调度器，并提供了相应的扩展库和运行时系统，同时支持多种编程接口。

Galois 指出，传统的以点为中心的计算模型通常采用协调调度策略，虽然能够满足处理一般性的图分析任务的要求，但在执行高性能图分析任务时效率不高，而基于数据驱动的自主调度则能够实现更好的性能。Galois 总结出图计算执行过程具有一些特点：首先，作用于活跃点的 operator 有 Push 和 Pull 两种执行方式，可以修改图的属性值或结构；其次，operator 作用范围的设置有两种，一种是固定的，另一种则是根据计算过程的数据动态生成，前者简单，后者更具挑战，但也更高效；最后，任务调度策略可以采用自主调度或者协调调度，前者根据任务优先级异步执行，后者需要每一轮同步等待才能继续执行。通常，数据驱动的执行模式和自主调度策略的性能比其他方式更好，但需要有相应的优先级设置和细粒度调度以实现负载均衡。Galois 为此设计了一个机器拓扑感知的调度器和优先级任务调度器，以及一个扩展库和运行时系统，支持上述图计算特性。

Galois 调度器的核心是基于机器拓扑感知的任务调度，当应用没有设置特定优先级时，它会使用并发包装载任务，这些任务是无序且可并行执行的，可以插入新任务也可以请求内部任务。具体过程如图 4.3 所示，每个计算核心都有一个 chunk 结构，它是一个环状缓冲区，可以容纳 8~64（具体数量由用户在编译时确定）个任务，计算核心可以用它插入新任务或获取任务工作。Galois 的调度分级如下，一个 bag 并发包中有多个 package 列表，每个 package 列表记录一组 chunk 数据结构，如果某个计算核心的 chunk 已满，就会从 package 中插入任务到其他 chunk，如果 chunk 为空，就会从 package 中查找其他 chunk 的任务，如果 package 也为空，就去另一个 package 查找。

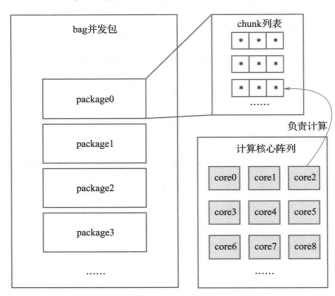

图 4.3　Galois 并发包结构示意图

Galois 提出了 obim 优先级调度器，将机器拓扑感知任务调度策略与任务具有优先级的情况结合。obim 包含一系列并发包，每个包中放置同等优先级的任务，一个包中的任

务可以以任意顺序并发执行，不同包之间的任务则需要按优先级执行。如图 4.4 所示，
图中包含 3 个包，分别存放任务 1、3、7，全局维护一
个操作日志记录全局包活跃；每个线程维护一个本地
包映射，缓存全局包结构，记录日志点。当线程需要
插入和获取任务时，首先到本地查找特定优先级的包，
若无，从全局获取最新结构，若仍无，则创建新优先
级的包，同步全局和本地包和日志。所有线程共享当
前处理任务的优先级，提高任务获取效率，保证任务
的执行顺序。

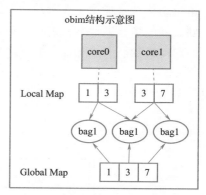

图 4.4　Galois obim 优先级调度
器结构示意图

　　Galois 还提供了一套扩展库和运行时系统来支持其
任务调度策略，包括内存分配机制、拓扑感知的同步
机制和代码优化机制。用户能够通过 Galois 灵活丰富
的编程接口尽可能简单地实现复杂的功能。Galois 作为一个一般性的图计算编程框架，
除了自身提供的基于任务调度策略的执行模式之外，还可以支持其他图计算系统的 API，
例如，GraphLab[16] 的以顶点为中心程序执行模式，PowerGraph[17] 的 GAS 执行模式，
GraphChi 用外存计算的手段，Ligra 的 Push 和 Pull 切换策略，以及将核外计算和 Push/
Pull 结合执行的模式。

　　Galois 提供了一系列扩展库和运行时系统来支持其任务调度策略，包括内存分配管
理、拓扑感知的同步机制，以及代码优化机制。用户可以通过 Galois 提供的编程接口，
简单高效地实现复杂的功能。此外，Galois 还兼容多种类型的图计算系统，例如，Gra-
phLab[16]、PowerGraph[17]、GraphChi[1] 等，以及其他结合核外计算和 Push/Pull 结合执
行的模式。

3. NXGraph

　　NXGraph[8] 是 2016 年在 ICDE 上提出的单机高效图计算系统，它的主要贡献是：首
先是提出了基于目的顶点排序的子块（destination-sorted sub-shard，DSSS）结构来存储
图。该结构将顶点和边划分为区间和子碎片，以保证数据访问的局部性，并保持细粒度
的调度。通过根据目的顶点对每个分片内的边进行排序，以减少不同线程之间的写冲
突，并实现高度并行性。其次是提出了 3 种更新策略：单阶段更新（SPU）、双阶段更新
（DPU）和混合阶段更新（MPU）。NXGraph 可以根据图的大小和可用的内存资源，为不
同的图问题自适应地选择最快的策略，以充分利用内存空间，减少数据传输量。这 3 种
策略都利用了精简的磁盘访问模式。

　　（1）NXGraph 图表示

　　NXGraph 将顶点划分为 P 个不相邻的分区，每个分区的顶点属性数据采用单独的文
件保存，同时每个分区关联一个 shard。根据边的目的顶点 ID 所属区间划分为 P 个
shard，每个 shard 中的边再根据边的源顶点 ID 划分为 P 个 sub-shard，从而得到 $P \times P$ 的
二维 sub-shard 结构。考虑到原始图中的顶点下标可能是稀疏不连续的，NXGraph 在预处

理过程中完成原始顶点下标和顶点 ID 的映射，其中预处理过程在整个 NXGraph 系统的系统结构位置如图 4.5 所示，得到连续的顶点 ID 并消除了访问不存在顶点的可能，且存储区间的顶点属性时只需存储顶点属性和这个区间起始顶点的偏移位置，减少了访问顶点属性数据的时间和保存区间的顶点属性数据的存储空间。

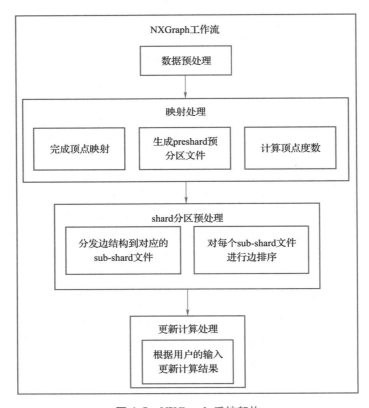

图 4.5　NXGraph 系统架构

sub-shard 中的边按目的顶点 ID 排序，采用邻接表形式存储，这样一方面实现边结构压缩存储，减少遍历 sub-shard 时的 I/O 传送量；另一方面可细粒度并行计算同一个 sub-shard，每个线程处理多个不同目的顶点的邻接表，不会引起写冲突，且在一定程度上缓解了均等划分顶点区间造成的边数不均衡问题。另外，对同一目的顶点的源顶点 ID 排序，这样可更好利用 CPU 缓存的层次，并保证了读写操作的空间局部性和时间局部性。相比于 GridGraph 系统有更好的 CPU 缓存命中率，也不需要忍受 Venus 系统维持 v-shard 值的一致性带来的开销。

（2）NXGraph 预处理算法

预处理分为两个阶段：度数生成阶段（degreeing）和边块结构生成阶段（sharding）。度数生成阶段主要负责三件事：完成顶点下标到顶点 ID 的相互映射、统计顶点的入度出度信息和生成 preshard 文件。顶点下标映射到顶点 ID 解决了顶点下标可能稀疏不连续问题，优化后续的顶点属性数据文件存储格式，顶点数据文件只需要存储顶点属性数据和每个区间的起始顶点 ID。通过将原始图文件中采用顶点下标描述的边结构替换为采用顶点 ID 描述的边结构并将其写入到 preshard 文件，其中边的存储顺序保持一致，为后续的 sharding 阶段提供基础。边块结构生成阶段相对复杂，分为两个过程：preshard 分发过程和归并 sub-shard 过程。preshard 分发过程将 preshard 文件均分给多个线程，每个线程将分配到的图结构数据分发到 $P \times P$ 个临时 sub-shard 文件中。

（3）NXGraph 的更新策略

NXGraph 提出了 3 种更新策略：SPU、DPU 和 MPU。其中 SPU 在内存中保存两份区间顶点属性数据，性能最好，但计算过程需要的内存也最大；当图的顶点数据远大于可用内存大小时，此时采用 DPU 更新策略，DPU 是完全基于磁盘的更新策略，该更新策略 I/O 传送量最大，比 SPU 慢 2~3 倍；为了权衡内存需求和更新性能，MPU 结合了 SPU 和 DPU 两者特点，适用于图数据集无法全部载入到内存中的场景，载入部分区间顶点数据到内存中，这部分区间采用 SPU 更新计算，对于保存在磁盘中区间则采用 DPU 更新计算。

SPU 在内存中存储两份区间顶点属性数据，一份用来保存上一次迭代的顶点属性数据，另一份用来保存当前迭代的顶点属性数据，在当前迭代结束时，采用乒乓操作（ping-pong）交换这两份数据。如果还有内存剩余，在计算之前载入一些 sub-shard，从而在迭代计算过程中无须多次载入这些 sub-shard，可进一步减少 I/O 传送量，其中，为了避免目的区间的写冲突，以及最大化 sub-shard 之间的并行，SPU 采用按行执行更新。SPU 更新策略的 I/O 传送量是最小的，更新的顶点数据均保持在内存中，迭代结束时回写到磁盘中，使得 SPU 性能在 3 种更新策略中最好。

DPU 完全基于磁盘，区间的顶点属性数据只有在需要访问时才载入到内存中。顾名思义，DPU 存在两个阶段：ToHub 阶段和 FromHub 阶段，ToHub 阶段使用上次迭代得到的区间属性值结合 sub-shard 结构数据计算得到当前迭代过程的中间结果，为了保存计算更新的中间结果，每个 sub-shard 关联一个保存中间结果的 hub 文件，将当前迭代过程计算的中间结果数据按照<目的顶点 ID，属性值>形式写到对应的 hub 文件中；FromHub 阶段则聚合 ToHub 阶段保存的中间结果得到最终的结果，并保存为当前迭代的区间顶点属性新值。

为了权衡计算所需内存大小以及计算性能，MPU 结合了 SPU 和 DPU 两种更新策略特点。因为顶点数据需要被访问多次，而边数据则只需要访问一次，所以 MPU 尽可能地缓存顶点数据到内存中。采用 SPU 计算更新已经缓存到内存的区间顶点数据，采用 DPU 更新策略计算更新其他保存到磁盘中的区间。在初始化完所有区间的状态后，采用 SPU 更新策略计算更新保存在内存的前 Q 个区间。对于后（$P \sim Q$）个区间作源区间时，当目的区间是前 Q 个区间，采用 SPU 更新策略计算更新，当目的区间属于后（$P \sim Q$）区间时，则采用 DPU 更新策略计算，按行遍历时执行 ToHub 阶段，将计算的中间结果写到 hub 文件中。按行遍历完毕后，再按列计算更新，当源区间为前 Q 个区间时，直接更新，当源区间为后（$P \sim Q$）区间时，执行 DPU 更新策略的 FromHub 阶段，聚合 To-

Hub 阶段保存的中间结果，得到当前迭代的更新值，并保存到顶点属性文件中。

NXGraph 是一个高效的图计算系统，它能够在单台机器上处理 Web 级别的图，通过充分利用主内存、CPU 缓存位置和并行性，减少磁盘了 I/O 的数量，性能优于 GraphChi、TurboGraph、VENUS 和 GridGraph。不过 NXGraph 并不支持流图处理，应用场景受限。

4. KickStarter

KickStarter[9] 最初于 2017 年在 ACM SIGARCH Computer Architecture News 上提出，旨在通过采用剪枝方法对流图（streaming processing graph）进行快速精确计算。它扩展了增量计算的适用范围，从特定单调图算法扩展到一般单调图算法的应用范围。它可以修剪受删除边影响的顶点子集的近似值，修剪后的近似值保证正确性，使计算能够产生正确的结果并迅速收敛。

动态变换的图通常被表示为流图，对于流图的处理通常采用增量计算的方式。增量计算会利用上次迭代得到的近似值来推测本次的精确值，从而能更快达到收敛状态。但是要保证增量计算取得正确的结果，需要满足一个隐含前提：即如果图发生更新，更新后顶点的中间值相较初始值而言更接近实际结果。KickStarter 观察到，如果图算法执行单调计算（如，SSSP、BFS、Clique、标签传播算法等），则此假设始终适用于严格增长的图，因为添加新边会保留中间值所在的现有图结构计算。但是如果通过边删除来改变图，则图结构的变化可能会破坏单调性并使所维护的中间值无效，如图 4.6 所示。而实际应用中，对流图进行边添加和删除的情况并不少见。例如，社交网络图上的产品推荐或有影响力的用户跟踪等分析通常是在图状态的滑动窗口上执行的，这可能涉及添加和删除多个边。作为另一个例子，时空道路网络具有时间相关的边权重。改变边上权重通常被建模为删除边，然后添加具有不同权重的相同边。如何在不断删除边的情况下正确有效地处理图是一个重要问题。

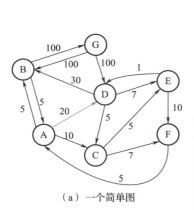

（a）一个简单图

A	B	C	D	E	F	G
∞	20	10	20	7	7	20
A→D删除						
∞	20	10	20	7	7	20
正确结果						
∞	5	10	5	5	7	5

（b）删除A→D后使用中间结果进行计算

A	B	C	D	E	F	G
∞	20	10	20	7	7	20
A→D删除						
∞	20	10	0	7	7	20
∞	20	10	0	5	7	20
∞	20	10	20	5	7	20
∞	20	10	20	7	7	20

（c）使用D的初始值进行计算，更改后的值标成颜色

图 4.6　增量算法因为图结构发生改变而得到错误结果

KickStarter 是一种快速精确计算流图的剪枝方法，它可以在删除边时为一小部分顶点计算出安全和有用的近似值（即修剪的近似值）。它的关键思想是识别那些（直接或间接）受到边的删除影响的值，并在这些值被送入后续计算之前对其进行调整。一个直接的方法是对被删除的边的目标顶点进行标记，并将标记传播到图的其他部分。所有被标记的顶点的值都被重置（到初始值）以确保正确性。但是尽管标记保证了正确性，由于它不知道中间结果是如何动态计算的，一般方法的执行是保守的，通常会过度标记顶点，以至于只留下一小部分顶点的可用近似值。为了克服这个缺点，KickStarter 描述了正在计算的数值之间的依赖关系，并在计算过程中主动跟踪它们。在许多单调算法中，KickStarter 观察到顶点的值通常是从一条传入的边中选择的。也就是说，顶点的更新函数本质上是一个选择函数，它比较所有传入边的值（使用最大、最小或其他类型的比较），并选择其中一个作为顶点的计算值。这一观察结果适用于所有已知的单调算法。这一特点表明，顶点的当前值只取决于一个单一的内邻的值，从而导致更简单的依赖，可以有效地跟踪。

（1）KickStarter 工作流

给定一个图 $G=(V,E)$，假设 $A_G = a_0, a_1, \cdots, a_{n-1}$ 是 V 中所有顶点的值的近似集合，即对于每个 $v_i \in V$，都有一个 $a_i \in A_G$，且 $|A| = |V|$。对于一个迭代的流式图算法 S，一个可恢复的近似 A_G^S 是一种可以通过 S 计算 G 的最终正确解的近似。一个可恢复的近似简单例子是初始顶点值的集合，即处理开始时的值。请注意，由于流图算法的异步性质，在计算的任何时刻，可能存在多个可恢复的近似，每个近似对应一条不同的执行路径，最终收敛到相同的正确结果。

对于单调流图算法（如 SSWP），在边添加的情况下维护的近似值始终是可恢复的。因此，当进行查询时，在边添加之前的近似值上运行计算始终会生成正确的结果。然而，当进行边删除时，删除点之前的近似值可能是不可恢复的。因此，为了生成可恢复的近似值，KickStarter 添加了一个修剪阶段。在这个阶段中，通过识别和调整不安全的顶点值来修剪主循环中的当前近似值。然后将修剪后的近似值提供给分支循环以执行。查询被回答后，分支循环的结果被反馈回主循环作为新的近似值，以加速回答后续查询。

（2）动态识别近似值

KickStarter 支持两种修剪方法。第一种方法使用标记机制，利用检测算法来识别可能受到边删除影响的顶点集合 S。对于 S 中的顶点，它们的近似值被修剪并重置为初始值（例如，对于 SSSP 是一个无穷大值，对于 SSWP 则是 0）。这种方法通过保守地标记可能受到影响的值来保证安全性。但是，保守的修剪使得最终的近似值与正确结果相差较大。第二种方法中，KickStarter 在线跟踪顶点之间的动态依赖关系（哪个顶点的值和给定顶点的值的计算之间存在依赖），随着计算的进行不断更新。尽管跟踪会增加运行时开销，但它能够识别出一组规模更小、因此更准确的受影响顶点 S。此外，由于大多数顶点不受边删除影响且其近似值仍然有效，所以修剪使用这些值来计算出近似值，这些近似值更接近于 S 中顶点的最终值。

5. GraphBolt

GraphBolt[10] 是 2019 年在 EuroSys 上提出的针对流式图的依赖性驱动的同步处理图计算系统。它的创新之处在于开发了一种依赖性驱动的流式图处理技术。该方法结合了依赖驱动的增量处理，在保证同步处理语义的同时，最大限度地减少了图更新时的冗余计算。

流图处理系统的核心是通过增量算法，对发生改变后的动态图结构进行计算，从而得到最新的图快照的最终结果。增量算法的目的是通过重复使用在图结构发生改变之前已经计算过的结果来尽量减少冗余计算。虽然增量处理使系统反应更灵敏，但直接重复使用中间值往往会导致算法产生不正确的结果。如图 4.7 所示，在给定图 G 上运行迭代图算法，从初始的值 I 开始迭代计算，直至达到收敛状态生成结果 R_G，这个过程是直观且正确的。但是如果在计算的过程中图发生突变，那么最终的收敛计算结果也会发散。GraphBolt 把突变前的图记为 G，突变后的图记为 G_m。我们期待最终的收敛结果是 R_{G_m}，即满足突变图 G_m 的依赖关系，但是实际上收敛值为 $R_?$。因为采用了增量计算的方式，在突变发生前这部分的计算结果满足 G 的依赖关系，但是不满足突变图 G_m 的关系。突变发生后的计算结果满足突变图 G_m 的依赖关系，

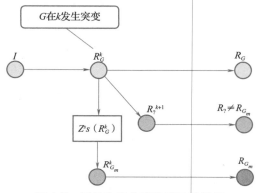

图 4.7 图结构发生突变后导致增量计算的结果出错

但是不满足原图 G 的依赖关系。前后依赖关系不一致，因此为了正确地使用增量方式处理流图，需要在突变时对此时的迭代结果进行"依赖转换"，也就是对突变前的这部分中间值进行增量计算，使他们也满足正确的依赖关系，再利用这个中间值代入后续计算，就可以得到正确的计算结果。

GraphBolt 开发了一种依赖性驱动的流图处理技术，在保证同步处理语义的同时，最大限度地减少了图结构发生改变时的冗余计算。为此，首先按照同步处理语义的定义，对连续迭代的数值之间的依赖关系进行了描述，然后随着迭代的进行跟踪这些依赖关系。之后，当图结构发生变化时，逐个迭代完善所捕获的依赖关系，以逐步产生最终结果。基于上述依赖关系驱动的细化策略，GraphBolt 可以增量地处理流图并保证同步屏障（BSP）语义。

为了确保 GraphBolt 的增量处理具有良好的扩展性和高性能，它包含了几个关键的优化。GraphBolt 将需要追踪的依赖信息量从 $O(E)$ 减少到 $O(V)$，其中 E 是图的总边数，V 是图的总顶点数。方法是将依赖信息转化为驻留在顶点上的聚合值，并利用输入图的结构来推导所需的依赖关系。它还结合了修剪机制，保守地修剪要跟踪的依赖信息，当图结构发生变化时，不会引起额外的分析（例如反向传播）。最后，GraphBolt 包含了计算感知的混合执行，当依赖信息因修剪而不可用时，它在依赖驱动的细化策略和传统的增量计算之间动态切换。一些分析算法，如机器学习和数据挖掘（MLDM）算法，利用复杂的聚

合，很难根据图的突变来更新。为了支持超越传统遍历算法的广泛的图算法，GraphBolt
提供了一个通用的增量编程模型，允许分解复杂的聚合以纳入增量值变化。

4.2.2　单机外存图计算系统

1. GraphChi

GraphChi[1] 于 2012 年在 OSDI 提出，是早期的单机图计算系统之一。它创造性地提出
了并行滑动窗口算法（parallel sliding windows-algorithm，PSW），较好地解决了数据及图结
构驱动的计算、无结构化、局部性差和高访存计算比这 4 个大图计算的难题。GraphChi 将
图的顶点划分成 P 个不相邻的区间（interval），每个区间关联一个 shard，每个 shard 存储
了相应顶点区间的所有入边，并按照源点 ID 升序存储。更新计算过程中需要载入当前顶点
区间的入边和出边，故需保证每个 shard 均可完整的载入到内存中。GraphChi 采用以顶点
为中心的异步执行模型，PSW 算法结合 interval-shard 存储结构解决了计算过程中带来的大
量随机 I/O。如图 4.8 所示，PSW 算法分为 3 个阶段：①子图加载，每次计算更新一个区
间的顶点属性前，需要在内存中构建出当前更新区间顶点集的完整子图，子图的所有入边
包含在当前更新区间关联的 shard 中，子图的出边散落在其他 $P-1$ 个 shard 中，每个 shard
按源顶点 ID 升序存储，一共需要 P 次随机读操作；②并行更新顶点和边值，PSW 对每个
顶点并行调用用户定义的更新函数（update-function），在区间中存在边相连的相邻顶点
（critical vertex）强制顺序更新，保证一致性，其他顶点并行更新，保证了每次执行得到相
同的结果；③将更新值回写到磁盘，将当前更新的边结构和顶点数据回写到磁盘，实现对
下一个区间更新可见，当前区间关联的 shard 包含了子图的所有入边，故全部写回到磁盘，
其他 shard 只需回写子图的出边部分，一共需要 P 次随机写操作。

算法 4.2：并行滑动窗口（PSW）

```
for each iteration do
    shards1]←InitializeShards( P)
    for interval←1 to P do
    /*Load subgraph for interval. Note that the edge values are stored as pointers to the loaded file blocks. */
        subgraph←LoadSubgraph（interval)
        parallel for each vertex ∈ subgraph verter do
        /*Execufe user-defined update function，which can modify the values of the edges */
            UDF_updateVertex（vertex)
        End
        /*Update memory-shard to disk */
        shards[interval]. UpdateFully()
        /*Update sliding windows on disk */
        for s∈1,…,P,s≠interval do
            shards [s]. UpdateLastWindowToDisk()
        end
    end
end
```

图 4.8　PSW 伪代码

虽然相比于基于磁盘的分布式图引擎，GraphChi 性能优越，但是 Wook-Shinhan 等人认为还存在以下问题：①I/O 传送量较大，更新计算时需要构建完整的子图，更新一个区间需 P 次随机读写操作，局部访问支持不是很好；②有限的并行，同一个区间的相邻顶点需要顺序更新，限制了并行性；③CPU 和 I/O 间的并行不充分，PSW 需载入构建完整子图后执行更新计算，全部更新结束才回写更新数据。因此 Wook-Shinhan 等人提出了 TurboGraph[6] 系统，充分利用 FlashSSD 的 I/O 并行和多核处理器的并行，同时尽可能的实现 I/O 和 CPU 之间的并行。

2. X-Stream

X-Stream[2] 是 2013 年在 SOSP 提出的一个在单一共享内存机器上处理内存图和核外图的系统。它的创新之处在于：①使用以边为中心而不是以顶点为中心的模型实现；②处理的边列表不会产生随机访问。这种设计的动机是，所有存储介质（主存储器、固态硬盘和磁盘）的顺序带宽都大大超过了随机访问带宽。由于图结构幂律分布的特点，图计算系统在遍历边时缺乏局部性，这导致图计算应用的性能受限。X-Stream[2] 选择与 PowerGraph[17] 系统类似的处理方式，即在顶点中保存状态值，并使用了 scatter-gather 编程模型。这个模型的计算结构是一个循环，每次循环由一个散射阶段和一个聚集阶段组成，计算时会在所有顶点上进行迭代。模型中的散射函数和聚集函数由用户根据具体应用指定，其中散射函数负责传播顶点状态给邻居，聚集函数则用来积累来自邻居的更新以重新计算顶点状态。这种编程模型虽然简单，但足以满足各种图算法，已经成为图计算系统的流行接口。图 4.9 展示了以顶点为中心的 scatter-gather 编程模型的伪代码。

```
vertex_scatter ( vertex v )
     send updates over outgoing edges of v
vertex_gather ( vertex v )
     apply updates from inbound edges of v
while not done
     for all vertices v that need to scatter updates
          vertex_scatter ( y )
     for all vertices v that have updates
          vertex_gather ( v )
```

图 4.9　以顶点为中心的 scatter-gather 编程模型伪代码

不管是对于内存图还是核外（out-of-core）图，公认的（也是直观的）扩展图处理规模方法都是：按照起始顶点对图的边进行排序，并在排序后的边列表上建立一个索引。在执行随机访问时，通过索引来定位与顶点相连的边。这种设计蕴含了顺序访问和随机访问之间的权衡：倾向于通过索引进行少量的随机访问以定位与活跃顶点相连的边，而不是流式传输大量（可能）不相关的边并拾取那些与活跃顶点相连的边。X-Stream 正是通过对这种权衡的精心设计，实现了较高性能。X-Stream 首先证明了顺序访问的带宽远大于随机访问，并基于此建立了一个纯粹基于从存储中获取数据流的图处理系统，它以边为中心建立 scatter-gather 编程模型，散射和聚集阶段都在边上迭代更新，而不是在顶点上，如图 4.10 所示。这种以边为中

```
edge_scatter ( edgev )
     snd updates over e
update_gather ( update u )
     apply updatesu to u. destination \
while not done
     for all edges e
          edge_scatter ( e )
     for all updates u
          update_gather ( u )
```

图 4.10　以边为中心的 scatter-gather 编程模型伪代码

心的方法完全避免了对边集的随机访问，而是将它们从存储中流出来。对于具有边集比顶点集大得多的共同特性的图，对边和更新的访问主导了处理成本，因此，与随机访问相比，流式访问边往往是有利的。然而，这样做的代价是对顶点集的随机访问。为此 X-Stream 使用流式分区来减轻这一成本：首先对顶点集进行分区，使每个分区都适合于高速内存（CPU 缓存用于内存中的图，主内存用于核心外的图）；再对边的集合进行分区，使边与它们的源顶点出现在同一个分区中，并一次性处理一个分区的图。具体来说，首先读取它的顶点集，然后从存储中流向边集。这种方法的一个积极结果是，不需要对边列表进行排序，因此不会产生其他系统中的预处理延迟。

3. PathGraph

PathGraph[18] 最早于 2014 年在 SC 会议提出，它提出了一种用于改进具有数十亿条边的图的迭代图计算的系统。它的创新之处在于使用以路径为中心的方案代替以顶点或者边为中心的方案，并在存储和计算两个层面进行定制优化，解决了大规模迭代图计算缺乏访问局部性和缺乏存储效率的问题。现有方案缓存未命中率高，内存和辅助存储的访问局部性差。这主要是由于两个因素：首先，图的存储结构通常无法捕获顶点和边之间基于拓扑的相关性；其次，现有的图分区方法，例如随机边分区或基于顶点的散列分区，往往会将图的连接组件分解为许多小的不连接部分，这会导致局部性极差，并导致每个分区之间的大量通信迭代图计算算法的迭代。此外现有的图处理系统通过顶点或边对图进行基于随机散列的分区。然而随机散列分区通常会根据顶点或边产生"平衡"分区，但这种平衡分区会导致原始图的组件断开连接，导致访问局部性差，进而导致计算工作量不平衡。

PathGraph 开发了一个以路径为中心的图处理系统，用于在具有数十亿条边的大型图上进行快速迭代计算。它在存储层和计算层都探索了如何实现以路径为中心的模型。如图 4.11 所示，在计算层，PathGraph 首先执行以路径为中心的图划分以获得路径划分。然后它提供了两种表达图计算的主要方法：以路径为中心的散射操作和以路径为中心的聚集操作，它们都从边遍历树中获取一组路径，并产生一组局部更新的输入路径集的局部顶点。以路径为中心的散射/聚集模型允许 PathGraph 在树分区级别并行迭代计算，并对每个树分区中的顶点执行顺序局部更新以提高收敛速度。此外，为了在树分区级别的并行线程之间提供均衡的工作负载，引入了基于任务队列的多个窃取点的概念，以允许从任务队列中的多个点窃取工作。在存储层，将同一边遍历树的路径聚类并存储在一起，同时平衡每个路径分区块的数据大小。这种以路径为中心的存储布局可以显著改善访问局部性，因为大多数迭代图计算都沿着路径进行。相比之下，现有的以顶点为中心或以边为中心的方法将图划分并存储到一组分片（分区块）中，每个分片存储顶点及其传出（前向）边，如 X-Stream 中的顶点或具有它们的顶点传入（反向）边，如 Graph-Chi。因此，在将分片上传到内存时，有可能在计算中未使用某些顶点及其边，从而导致数据访问无效或访问局部性差。除了使用基于树的分区集合来为大图建模以改进迭代计算算法的内存和磁盘局部性之外，GraphChi 还设计了使用增量压缩的紧凑存储，并按

DFS 顺序基于树的分区存储图。通过将高度相关的路径聚集在一起，进一步最大化顺序访问并最小化存储介质上的随机访问。

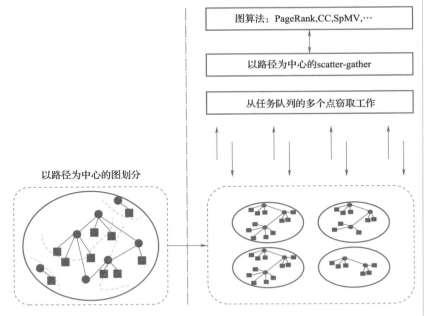

图 4.11　PathGraph 架构

性能方面，PathGraph 在内存图和核外图上的许多图算法，性能都优于当时的 GraphChi 和 X-Stream 两个系统。PathGraph 不仅实现了更好的数据平衡和负载平衡，而且随着线程数目的增长，也显示出比两个系统更好的加速比。

4. FlashGraph

FlashGraph[5] 是 2015 年在 FAST 上提出的半外存图计算系统，其将顶点数据全部存放于内存中，将边数据以邻接表形式存放于固态硬盘（SSD）上，并且专门设计了面向 SSD 阵列的用户态文件系统来管理外存 I/O，利用 SSD 随机访问能力很强的特点，尽可能地避免无效 I/O 来完成图计算任务。

FlashGraph 作为一个半外存的图处理引擎，达到或超过了内存引擎的性能，并允许图问题扩展到半外存的容量，如图 4.12 所示。半外存在 RAM 中保持算法顶点状态，在存储中保持边列表。半外部存储器模型避免了向 SSD 写入数据。只对顶点使用内存可以提高图引擎的可扩展性，可扩展性是 35 倍以上。FlashGraph 使用一个固态硬盘（SSD）阵列来实现高吞吐量和低延迟的存储，与基于磁盘的引擎不同，FlashGraph 支持对边列表的选择性访问。虽然固态硬盘可以提供高的 IOPS，但仍然存在许多挑战：SSD 的吞吐量比 DRAM 低一个数量级，而 I/O 延迟则慢多个数量级；而且，I/O 的性能是极其不均匀的，需要进行本地化；最后，高速 I/O 消耗了许多 CPU 周期，干扰了图处理。

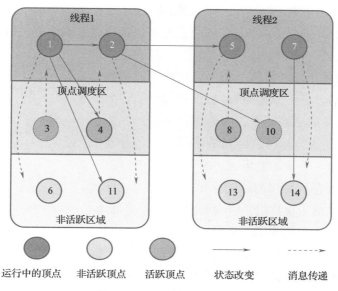

图 4.12　FlashGraph 架构

FlashGraph 建立在一个名为 SAFS 的用户空间 SSD 文件系统之上，以克服 SSD 外存计算带来的技术挑战。集合式文件系统（SAFS）为现代 NUMA 多处理器的极端并行性重构了 I/O 调度、数据放置和数据缓存。轻量级的 SAFS 缓存使 FlashGraph 能够适应具有不同缓存命中率的图应用。将 FlashGraph 与 SAFS 的异步用户任务 I/O 接口集成，以减少访问页面缓存中的数据和内存消耗的开销，以及计算与 I/O 的重叠。FlashGraph 谨慎地发出 I/O 请求，以最大限度地提高具有不同 I/O 特性的图算法的性能。它通过只访问应用程序要求的边列表和使用紧凑的外部内存数据结构来减少 I/O。它重新安排了 SSD 上的 I/O 访问，以增加 SAFS 页面缓存中的缓存点击率。它保守地合并了 I/O 请求，以增加 I/O 吞吐量，并减少 I/O 的 CPU 开销。半外存的 FlashGraph 在各种产生不同访问模式的算法上取得了与其内存版本和 Galois（一个高性能的内存图引擎，具有低级别的API）相当的性能。在半外存模式下，FlashGraph 明显优于 PowerGraph（一个流行的分布式内存图引擎）。

5. GridGraph

GridGraph[7] 是 2015 年在 USENIX ATC 提出的使用 2 级分层分区在单台机器上进行大规模图处理的图计算系统。GridGraph 在预处理中使用第一个细粒度的分区，将图分解成一维分区的顶点块和二维分区的边块。第二个粗粒度级别的分区则在运行时应用。通过一种新颖的双滑动窗口方法，GridGraph 可以流化边并应用即时的顶点更新，从而减少计算所需的 I/O 量。

GridGraph 的格子划分方式将顶点划分到 P 个相等大小的子点集（chunk），每个子顶点集包含一段连续的顶点，顶点属性数据是一种属性采用一个文件存储。边则划分到 $P×P$ 个边块文件，划分的规则为：源顶点 ID 决定边块的行号，目的顶点 ID 决定边块的列号，每个边块单独存储到一个文件。如图 4.13 所示，GridGraph 的计算模型是遍历-更新模型（stream-apply processing model），既可以按照顶点为中心进行计算，也可以按照边为中心进行计算。

图 4.13 的算法中，F 是一个用户可选提供的函数，用来判断顶点是否活跃，从而可以跳过不活跃顶点的计算，Fv 是用户定义的更新函数，因为当前是局部更新，所以累加这两个函数的返回值得到最终的结果。遍历-更新模型是一个块一个块的遍历边，通过选择 P 使得每个子顶点集可以保存到最快的存储层次，保证了计算的局部性。针对二维的边块数组，GridGraph 提出双重滑动的计算模式，一般面向列滑动，这样仅需访问一次边数据，还可实现边块的选择性调度，跳过不活跃边块的更

算法 4.3：遍历-更新模型
Function STREAMVERTICES（Fv，F）
Sum = 0
For each vertex do
if F（vertex）then
Sum+ = Fv（edge）
end if
end for
return Sum
end function

图 4.13　GridGraph 伪代码

新计算。首先按列更新，从上到下依次读取每个格子的边结构数据，并加载该格子对应的入边缘顶点属性，计算更新当前迭代的局部更新值，当一列的边块均计算完毕，聚合所有的局部更新值得到当前迭代值。此时窗口按列滑动，继续计算更新下一个子点集，直到所有的子点集更新完毕。同时为了进一步减少大的子点集划分数带来的 I/O 传送量，对 disk-base 模式在运行期将采用一次粗粒度的逻辑划分。

6. Mosaic

Mosaic[19] 是 2017 年在 EuroSys 上提出的一种核外图处理引擎，它将单个异构机器的图计算处理能力扩展到了一万亿条边级。它的创新之处在于：①提出了一种创新的局部性优化、空间高效的图数据结构——Hilbert Ordered Tiles；②提出了一种混合计算和执行模型，以可扩展的方式有效地执行以顶点为中心的操作（在主机处理器上）和以边为中心的操作（在协处理器上）。

Mosaic 提出了一种新颖的数据结构：tile（图块），如图 4.14 所示，将一个图分解成不相交的边集，每个边集代表图的一个子图，称为 tile（图块）。tile 的格式包括以下两个元素：①每个 tile 的索引（存储为元数据），索引是一个数组，它将局部顶点标识符（数组的索引）映射到全局顶点标识符，根据图的大小，索引的大小可以为 4 或 8 个字节；②边集，按目标顶点排序（为加权图标记权重），边存储用边列表或压缩稀疏行（CSR）表示，每个顶点标识符使用 2 个字节。Mosaic 在边列表或压缩稀疏行两种表示法之间切换，使整体图的块尺寸更小。

使用 tile 抽象的优点有两个：①每个 tile 都是一个独立的边处理单元——因此称为局部图——它在执行期间不需要全局共享状态；②构造 tile 时可以通过对目标顶点的关联边排序，使内存写入具有固有的局部性。通过简单的循环调度，可以将 tile 平均分配给每个协处理器，从而实现简单的一级负载平衡方案。此外，可以按照 Hilbert 顺序枚举所有图块以获得更好的局部性。

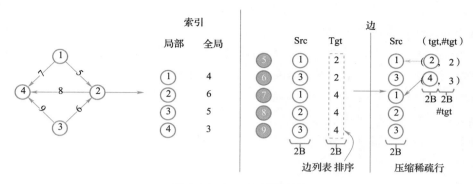

图 4.14　Mosaic 数据结构

很多现有的流行图处理算法都采用"像顶点一样思考"的抽象，Mosaic 将这种抽象扩展到异构架构，从而在一台机器上实现万亿级图分析。特别是，它使用多个协处理器（即 Xeon Phis）提供的大量内核来执行计算密集型边处理以及来自 NVMe 设备的 I/O 操作。同时，Mosaic 将使用具有更快单核性能的主机处理器专用于同步任务，即全局图上以顶点为中心的操作。Mosaic 提供了一个类似于流行的 gather-apply-scatter（GAS）模型的 API。GAS 模型被扩展为 pull-reduce-apply（PRA）模型，引入了 reduce 操作以适应 Mosaic 正在运行的异构架构。

Mosaic 中 PRA 模型编写图算法的基本 API 如下。

1）Pull(e)：对于每条边（u,v）（在加权图的情况下连同权重），Pull(e）通过对源值应用特定于算法的函数来计算边 e 的结果顶点 u 和相关数据，如入度或出度。对于 PageRank 算法，首先提取源顶点的影响（状态值除以其出度），然后通过添加到前一个状态来收集目标顶点状态的结果。

2）Reduce(v_1,v_2)：给定同一顶点的两个值，Reduce（）将两个结果合并为一个输出。此函数由协处理器上的边处理器以及主机上的全局缩减器调用。它对下一次迭代的新值进行操作，而不是将当前值用作 Pull(e）的输入。对于 PageRank 算法，reduce 函数只是将两个值相加，汇总对两个顶点的影响。

3）Apply(v)：在减少对全局数组的所有局部更新之后，Apply（）在数组中的每个顶点状态上运行，实质上允许图算法执行非关联操作。主机上的全局减速器在每次迭代结束时运行此函数。对于 PageRank 算法，此步骤规范化了（因子 α）顶点状态（对传入顶点的所有影响的总和）。

Mosaic 的 PRA 模型旨在实现混合计算模型：以边为中心的操作［即 Pull（）］在协处理器上执行，以顶点为中心的操作［即 Apply（）］在主机处理器上执行。聚合中间结果在两个实体上完成［即 Reduce（）］。这种分离迎合了特定实体的优势：虽然主机处理器具有更快的单核性能和更大的缓存，但内核数量很少。因此，它适用于执行周期相当多的操作［即同步操作，如 Apply（）］。相反，协处理器具有更多的内核，具有更小的缓存和更低的时钟速度，而适用于大规模并行计算（即处理边）。

①以边为中心的操作。在这种混合计算模型中，协处理器执行以边为中心的操作；每个核心通过在每个边上执行 Pull（）一次处理一个图块，使用 Reduce（）在本地累积结果以减少通过 PCIe 发送的数据量，并将结果发送回主机处理器上的全局 reducer。

②以顶点为中心的操作。在 Mosaic 中，顶点操作在主机处理器上执行。Mosaic 通过 Reduce（）更新全局顶点数组，合并局部和全局顶点状态。在每次迭代结束时，Apply（）允许对全局顶点数组执行非关联操作。

当前的实现遵循顶点状态的同步更新，如果采用不更改当前编程抽象的异步更新模型会很简单。

7. RStream

RStream[20] 是 2018 年在 OSDI 上提出的一个利用磁盘来存储中间数据的单机、核外图挖掘系统。它的创新之处在于：①采用新的 GRAS 编程模型，该模型结合使用 GAS 和关系代数来支持各种挖掘算法；②构建了一个使用元组流有效地实现关系代数的运行时引擎。

聚集–应用–散射（gather-apply-scatter，GAS）是一个强大的编程模型，它支持具有明确定义的终止语义的迭代图处理，在现有计算系统中被广泛使用。关系（R）操作则能够将较小规模的结构组成一个大的结构，使开发者能够直接对挖掘算法进行编程。为了使具有或不具有静态已知结构模式算法的编程变得容易，RStream 将关系代数添加到 GAS 中，提出了一个新的编程模型——GRAS。如图 4.15 所示，该模型将顶点集、边集和更新集视为关系表，以更好地适应关系语义。具体的，RStream 首先进行散射操作以生成更新表。与 X-Stream 类似，顶点表在执行阶段被加载到内存中；同时对应边表采用洗牌的方式进行更新。然后在每个流分区的更新表和边表上执行用户定义的操作。用户可以自定义关系阶段所属的类型和数量。每个关系阶段产生

图 4.15　GRAS 编程模型

一组新的更新表。这些更新表将被作为聚集–应用阶段的输入，以计算每个顶点的新的图状态值。新的图状态值在一个迭代结束时被保存到顶点表中。

RStream 的元组流想法受到了一些先前工作（例如，图计算系统 X-Stream）的启发，并在其基础上进行了详尽巧妙的设计。具体来说：①在预处理时，将顶点划分为逻辑区间，自动确定流式分区的数量以保证每个流式分区的边表不超过内存容量，同时提高内存利用率；②实现连接操作时，将边表加载到内存中，并从每个流式分区的更新表中以元组形式流式传输。RStream 对更新表和边表执行顺序磁盘访问，对加载的边数据执行随机内存访问；③通过自同构检查去除冗余，由于不同的线程在处理过程中可以达到相同的元组，所以需要识别并过滤掉这样的元组，RStream 采用了 Arabesque 中使用的嵌入规范性的思想，只选择一个元组并将其选为"规范"，然后运行元组规范性检查以验证

是否可以修剪元组；④通过同构检查进行模式聚合，对于挖掘算法，需要对元组进行聚合以计算结束时每个不同形状（即结构模式）的数量，RStream 采用 Arabesque 的聚合思想，第一步使用可以有效计算的快速模式来执行粗粒度模式聚合，而第二步将第一步的输入结果作为输入，将它们转换为规范模式，在此基础上进行细粒度聚合。聚合在所有流分区中进行两阶段 MapReduce 计算：第一阶段针对快速模式，第二阶段针对规范形式。

　　RStream 是第一个利用磁盘支持来存储中间数据的单机、核外挖掘系统。虽然它的可伸缩性不如内存资源丰富的分布式系统，但是对于只有有限计算资源的用户来说，RStream 确实是一个更好的选择，因为它的磁盘需求更容易满足，而且它可以扩展到足够大的真实图。不过，RStream 还是局限于静态图应用，一般在不重新启动计算的情况下不处理图更新，因此，不能用于交互式挖掘任务。

4.3　分布式图计算系统

　　分布式系统具有高性能、高拓展性等特点，适合计算处理大图数据。目前图计算领域较为主流的分布式图处理系统主要有两类，一类是以 MapReduce[21] 模型为核心的 MapReduce 图计算框架，另一类是基于 BSP[22] 模型的图并行计算框架。第二类图计算系统将图数据全部加载到集群中的内存中计算，理论上随着集群规模的增大其计算性能和内存容量都线性增大，能处理的图数据也按线性扩大。然而，由于图划分会直接影响分布式图计算系统的性能，再加上集群网络总带宽的限制，所以整体性能和所能处理的图规模也存在一定的缺陷。

　　本节将分布式图计算系统分为分布式内存图处理系统和分布式外存图处理系统。分布式内存图处理系统中，图数据被分割成多个子图，并存储在不同计算节点的内存中。通过在节点间交换信息，分布式内存图处理系统可以并行处理大量任务，从而大大提高计算性能和处理能力。分布式外存图处理系统是一种针对大规模图数据处理需求而设计的计算框架，主要用于解决内存容量限制下的大规模图计算问题。在这种系统中，图数据被分割并存储在多个计算节点的外部存储设备（如硬盘或 SSD）中。通过高效的数据加载和存储策略，分布式外存图处理系统可以在内存受限的环境下处理超大规模图数据。

4.3.1　分布式内存图处理系统

1. Pregel

　　Pregel[23] 是 Google 公司于 2010 年在 SIGMOD 上提出的大规模图计算系统，它是图计算领域的开山之作，是首个采用 BSP 计算模型的分布式内存图计算系统。它的开源实现 Giraph，在 Facebook 内部进行了大规模的部署与应用。

　　Pregel 采用同步并行（bulk synchronous parallel，BSP）的计算模型，它的计算是由

一系列的迭代（Super-Steps 超步）组成。在每一个超步内，框架会为每个顶点调用用户顶点的函数（顶点函数），概念上是并行的。函数指明单个顶点 v 和单个超步 S 的行为。从 $S-1$ 步中传给顶点 v 的消息可以被读取，也可以发送消息给其他顶点，则这个消息会在 $S+1$ 步中收到，也可以修改顶点 v 及其出边的状态。消息通常沿着顶点的出边传送，但也可能会发送到任何被指定的顶点。Pregel 采用以顶点为中心的编程方法类似 MapReduce，用户只关注本地操作，独立地处理每个项目，系统组合这些操作从而达到处理大规模数据集的目的。这种模型的设计也适合分布式环境，即在任一个超步中不需要特意指明一种机制去检测执行的顺序，因为所有的通信都是从超步 S 推向超步 $S+1$ 的。这种同步模型使得在实现算法时更容易推理程序语义，并且确保了 Pregel 本质上没有异步系统中常见的死锁和数据竞争现象。原则上，Pregel 程序的性能应该与异步系统的性能相当。因为典型的图顶点比机器多，所以能够平衡机器负载，以便超步之间的同步不会增加过多的延迟。

Pregel 执行过程如下，首先输入一个有向图，其中每一个顶点都有一个唯一标识（用字符串表示），此外每一个顶点还包含一个用户定义的可修改对象，代表顶点的值（value）。有向边和边的起始顶点存在一起，每个边都有一个用户定义的值和目的顶点的标识符。一个典型的 Pregel 计算过程包括：①当图被初始化时的图数据输入；②一些被全局同步点分割开的超级步，这些超级步执行迭代计算，直到计算结束，如图 4.16 所示；③计算结束时的结果输出。具体来说，在每一次迭代（超步）中，每个活跃顶点（active vertex）会执行 compute( ) 函数，在这个函数中，该点读取在前一次迭代中其邻点发送的消息，通过这些消息计算自己新的状态，再将自己最新的状态通过出边发送给其邻点（邻点将会在下一次迭代中收到这些消息），然后该点会进入不活跃状态（inactive）。当不活跃的点（inactive vertex）在下一轮收到消息时，就会重新处于活跃状态。当所有活跃的点执行完 compute( ) 函数之后，当前

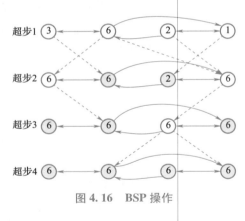

图 4.16　BSP 操作

迭代结束，并且进入到下一次迭代。如果系统当中所有的点都处于不活跃状态，并且没有任何新的消息，算法结束。

Pregel 是最早一批适用于大规模图计算的模型，在性能、可扩展性和容错方面满足了具有十亿规模边的图的处理。它为用户提供了丰富的 API 接口，足以满足大量图算法应用。不过它不能随意地修改 API，没有更多考虑兼容性。

2. GraphLab

GraphLab 是 2010 年 CMU 的 Select 实验室提出的针对分布式系统，面向机器学习并行流处理的开源图计算框架。它通过紧凑地表达具有稀疏计算依赖性的异步迭代算法来改进 MapReduce 等抽象，同时确保数据一致性并实现高度并行性能。与现有的并行抽象

不同，GraphLab 支持结构化数据依赖的表示、迭代计算和灵活的调度。

随着图计算处理规模的日益增加，分布式计算的趋势愈加流行。GraphLab 对现有的并行计算框架进行了以下深入分析。

- MapReduce 只有在算法非常并行并且可以分解为大量独立计算时才能发挥最佳性能，当数据中存在计算依赖性时，MapReduce 抽象就会失败。例如，MapReduce 可用于从大量图像集合中提取特征，但不能表示依赖于小重叠图像子集的计算。这一关键限制使得很难表示在结构化模型上运行的算法。

- 在 DAG 抽象中，并行计算被表示为有向无环图，数据沿着顶点之间的边流动，虽然 DAG 抽象允许丰富的计算依赖性，但它并不自然地表达迭代算法，因为数据流图的结构取决于迭代次数（因此必须在运行程序之前知道），此外 DAG 抽象也不能表达动态优先计算。

- Systolic 将 DAG 框架扩展到迭代设置，Systolic 抽象强制将计算分解为小的原子组件，组件之间的通信有限。Systolic 抽象使用有向图 $G = (V, E)$，它不一定是非循环的。其中每个顶点代表一个处理器，每条边代表一个通信链路。在单次迭代中，每个处理器从入边读取所有传入消息，执行一些计算，并将消息写入出边。在每次迭代之间执行屏障同步，确保所有处理器同步计算和通信。虽然 Systolic 框架可以表达迭代计算，但它无法表达机器学习算法中使用的各种更新操作。

通过分析以上并行框架的缺点，GraphLab 并行计算框架如图 4.17 所示，它充分考虑了机器学习问题中的稀疏数据依赖性和异步迭代计算，实现了低级抽象和高级抽象之间的平衡。与许多低级抽象（如 MPI、PThreads）不同，GraphLab 通过数据图提供高级数据表示并通过可配置的一致性模型自动维护数据一致性保证，从而使用户免受同步、数据竞争和死锁的复杂性。与许多高级抽象（即 MapReduce）不同，GraphLab 可以使用数据图表达复杂的计算依赖关系，并提供复杂的调度原语，可以表达具有动态调度的迭代并行算法。

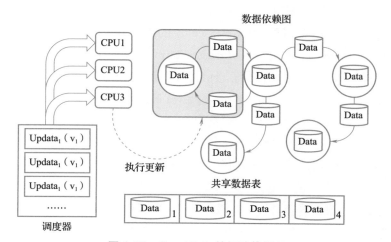

图 4.17　GraphLab 并行计算框架

与 Pregel 等同步数据推送的 BSP 模型不同，GraphLab 使用异步的 GAS 模型来实现大图分布式并行计算。GraphLab 使用共享内存（shared memory）的方式来实现以点为中心的计算模式，在这种方式下，每个点可以直接读取和修改其邻点和邻边的值。在 GraphLab 上实现算法时，用户需要实现符合算法要求的 GAS 函数，在算法执行时，图的每个点都会执行该函数。在聚集阶段，每个执行 GAS 函数的活跃点从其邻点和邻边获取数据，然后使用这些值来计算自己的更新值，这里计算操作必须满足交换律和结合律。在应用阶段，活跃点将原来的旧值更新为计算得到的新值。在散射阶段，活跃的点会通过邻边激活对应的邻点。在 GraphLab 中使用一个全局的调度器，各个工作顶点通过从该调度器获取活跃的点来进行计算，这些正在被计算的点也可能会将其邻点调入调度器中。最后当调度器中没有任何可调度的点时，算法终止。这种调度器的使用使得 GraphLab 同时支持算法的异步调度执行和同步调度执行。

在同步执行（synchronous execution）计算模式下，每个点或者边的更新不能马上被当前迭代中接下来的计算感知到，直到当前迭代结束时，在下一次迭代当中才能读取到更新的值。异步执行（asynchronous execution）与同步执行不同，点或者边的更新能够马上被接下来的计算所感知并使用到，这种计算模式可以使得如 PageRank 等算法收敛速度更快，但也同时会导致数据竞争，从而产生额外的计算开销。另外，在分布式系统中，这种模式会产生随机的信息传递，因而也会产生较大的通信开销。一般来说，对于计算密集型的算法（如 BP）来说，更适合使用异步计算的模式。

GraphLab 弥补了已有并行计算框架无法表达复杂的计算依赖关系、无法提供复杂的调度原语、无法表达具有动态调度的迭代并行算法等缺点，实现了数据一致性和高并行性之间的平衡。同时它也支持结构化数据依赖的表示、迭代计算和灵活的调度，取得了较好的性能表现。

3. PowerGraph

PowerGraph 是 2012 在 OSDI 提出的针对自然图的分布式并行图计算系统，它的创新之处在于提出了基于"顶点切割"（vertex-cut）的图划分思想，通过在不同机器上创建顶点的多个副本（replica），以主-从（master-mirror）副本间的同步来替代传统的沿着边传递消息的通信模式，有效地减少了通信量和由度数较高顶点导致的负载不均衡。后续的很多分布式图计算系统如 GraphX、PowerLyra 等均沿用了 PowerGraph 的处理模型。

PowerGraph 在 GraphLab 的基础上对符合幂律分布（power-law）的自然图改进计算性能，是目前主流图计算系统里效率最高的。这受益于以下 3 个因素。

①切点法划分图数据，传统的图划分方法以顶点为划分单元，顶点和所属的边放在一起；顶点分割则以边为划分单元，一个顶点的边可以归属到不同的分区（partition）。显然，后者的粒度更细，更容易解决负载均衡方面的问题；对应的一个劣势是顶点的状态需要在不同分区上进行复制（replication），占用的内存空间相对更大。

②利用 GAS 编程模型增加细粒度并发性，如图 4.18 所示，当图数据被分割后进入不同计算节点进行计算的时候，不同副本之间通过 GAS 模型进行同步。该过程分为三个

阶段：聚集阶段的工作主要发生在各个计算顶点，搜集这个计算顶点图数据中某个顶点的相邻边和顶点的数据进行计算（例如在 PageRank 算法中计算某个顶点相邻的顶点的数量）；应用阶段的主要工作是将各个顶点计算得到的数据（例如，在 PageRank 算法中各计算顶点计算出来的同一顶点的相邻顶点数）统一发送到某一个计算顶点，由这个计算顶点对图的顶点的数据进行汇总求和计算，这样就得到这个图顶点的所有相邻顶点总数；散射阶段的主要工作是将中心计算顶点计算的图顶点的所有相邻顶点总数发送更新给各个计算顶点，这些收到更新信息的顶点将会更新本计算顶点中与这个图顶点相邻的顶点以及边的相关数据。

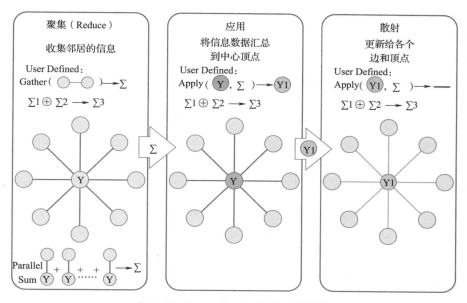

图 4.18　PowerGraph GAS 编程模型

　　③对中间结果使用增量缓存（delta cache）减少计算量，对于每一个节点，引擎自身有一个 au 的缓存值，而且在每一轮结束后，针对当前顶点的更新偏移会被直接加到其邻居顶点上。也就是在下一轮的计算中，邻居顶点不用做聚集（上一轮顺便做了，这也是共享状态模型的好处）。

　　现实世界里的图大部分都是幂律图，少数的点吸纳了绝大部分的边，导致很差的并行性。此外在分布式环境中，幂律图也很难分区。PowerGraph 利用了顶点程序的结构，明确地将计算因素放在边而不是顶点上从而实现了更大的并行性，减少了网络通信和存储成本，并为分布式图放置提供了一种新的方法。

　　4. GraphX

　　GraphX[24] 是 2014 年在 OSDI 上提出的一个构建在 Apache Spark（一种广泛使用的分布式数据流系统）之上的弹性分布式图计算框架。GraphX 利用了分布式数据流框架的优势，为用户提供了一种熟悉的可组合图抽象，使用灵活，接口丰富，具有低成本的容错能力。同时 GraphX 将专用于图处理的优化操作重铸为分布式系统上的连接优化和视图维护，取得了和专用图系统同样的高性能。

现有的图计算系统分为通用系统和专用系统两大类。通用分布式数据流框架，如 MapReduce、Spark，公开了丰富的数据流运算符（如 map、reduce、group-by、join），非常适合用于分析非结构化和表格数据，并被广泛采用。然而，使用数据流运算符直接实现迭代图算法可能具有挑战性，通常需要多个阶段的复杂连接。此外，分布式数据流框架中定义的通用链接和聚合策略没有利用迭代图算法中的通用模式和结构，因此错过了重要的优化机会。而专用分布式数据流框架，如 Pregel、PowerGraph 等，通过公开由图特定优化支持的专门抽象，可以自然地表达和有效地执行迭代图算法，性能通常比 Hadoop、MapReduce 等通用分布式数据流框架好几个数量级。虽然这些系统可以实现较好的优化，但是系统复杂性较高，可移植性差，难以获得大规模应用。随着图处理系统与数据流系统的进步，单个系统已经能够处理整个分析流水线，GraphX 通过识别图计算中的基本数据流模式并将图处理系统中的优化重铸为数据流优化，具体描述如下。

GraphX 支持 Pregel 和 GraphLab 的计算模型，并且拓展了 Spark 中的弹性分布数据集（resilient distributed dataset，RDD），引入了弹性分布图（resilient distributed graph，RDG），这种结构可以支持许多图操作，因此现有的大多数图算法都可以使用系统中提供的基本操作算子（如 join、map 和 group-by）来实现，并且实现十分简单，如图 4.19 所示。为了利用 Spark 中这种算子操作，GraphX 重构了新的 vertex-cut 图划分方法，将图划分成水平分区的顶点和边的集合。GraphX 的性能比直接使用分布式数据流框架好一个数量级，稍差于 GraphLab。GraphX 提供了一个熟悉的可组合图抽象，足以表达现有的图 API，但只能使用少数基本数据流操作符来实现。为了实现与专用图系统的性能平衡，GraphX 将图特定的优化重新分配为分布式连接优化和材料化视图维护。通过利用分布式数据流框架的进步，GraphX 为图处理带来了低成本的容错能力。

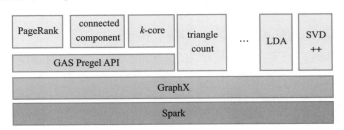

图 4.19 GraphX 架构

GraphX 建立在通用分布式数据流系统上，提供了丰富的图抽象和计算支持，具有易编程性。同时 GraphX 将分布式连接和物化视图优化，使通用分布式数据流框架能够以与专用图系统同等的性能执行图计算。

5. PowerLyra

PowerLyra[25] 图计算系统于 2015 年在 EuroSys 上提出，并获得了"最佳论文奖"，随后该作者又于 2019 年发表了扩展版本。PowerLyra 系统的关键思想是采用混合计算模型，区分高度顶点和低度顶点，并针对不同类型采用不同计算策略。实际应用中的自然图具有幂律分布的特点，现有的图并行系统通常使用"一刀切"的设计，统一处理所有顶点，这要么是明显的负载不平衡和高度顶点的高争用，要么是即使低度顶点也会产生高的通信成本和内存消耗。PowerLyra 认为，自然图中的倾斜分布也要求区分高度顶点和低度顶点的处理，如图 4.20 所示。PowerLyra 对低度顶点使用 Pregel/graphlab 类计算模型，最大限度地减少计算、通信和同步开销，对高度顶点使用 PowerGraph 类计算模型，减少负载不平衡、争用和内存压力。PowerLyra 遵循 GAS 模型接口，可以无缝地支持各种图算法。

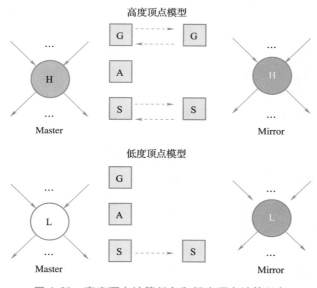

图 4.20　高度顶点计算任务和低度顶点计算任务

　　PowerLyra 遵循 PowerGraph 的 GAS 编程接口，可以无缝地支持在同步和异步执行模式下运行的现有图算法。在内部，PowerLyra 区分了对低度和高度顶点的处理。它对低度顶点采用集中计算，以避免频繁的通信，只对高度顶点分配计算，以平衡工作负荷。为了有效地划分倾斜图，PowerLyra 采用平衡的 p-way 混合切割算法来划分倾斜图的不同类型顶点。随机的（即基于哈希的）混合切割将低度顶点连同其边均匀地分配给机器（如边切割），将高度顶点的边均匀地分配给机器（如顶点切割）。此外，PowerLyra 的作者进一步提供了一个贪婪的启发式方法来改善倾斜图中低度顶点的分区。最后，PowerLyra 通过建立在混合切割（hybrid-cut）之上的有局部感知的数据布局优化，缓解了通信阶段线程之间的低位置性和高干扰。它以预处理时间的少量增加换取图计算过程中的明显加速。

　　现有图并行系统对幂律图的处理不佳，PowerLyra 支持对低度和高度顶点的差异化计算，以及在不牺牲通用性的情况下用最少的信息进行自适应通信。并提出一个带有启发式的混合切割算法，提供更有效的分区和计算，以及一个有位置意识的数据布局优化，实现了较好的处理效果。

6. GraphMat

GraphMat[26] 是 2015 年在 VLDB 上提出的针对大规模图的，旨在不影响易编程性的情况下提高图分析框架性能的图计算系统。它的创新之处在于采用"以顶点为中心"的编程模型以确保易编程性，同时将顶点程序映射到广义稀疏矩阵向量乘法的运算中，使图算法在享受矩阵后端的高性能的同时兼有顶点编程的生产力优势。

图编程框架有多种不同的编程模型：顶点编程（"像顶点一样思考"）、矩阵操作（"图是稀疏矩阵"）、任务模型（"顶点/边更新可以建模为任务"）、声明式编程（"图操作可以是写成数据记录程序"），以及特定领域的语言（"图处理需要它自己的语言"）。在所有这些模型中，顶点编程易于使用，可以高效地编写图程序，并且有大量不同框架的应用支持，因而非常流行。但同时顶点编程缺乏强大的数学模型，难以分析程序行为或优化后端性能。矩阵模型基于坚实的数学基础，即图遍历计算被建模为半环上的操作，它的一个典型应用——CombBLAS 是一个可扩展的分布式内存并行图库，提供一组专门针对图分析的线性代数原语。虽然此模型非常适合推理和执行优化，但它被认为难以编程。一些图计算（如三角形计数）很难有效地表达为纯矩阵运算，从而导致运行时间长和内存消耗增加。

此外，在高性能计算领域，稀疏矩阵广泛用于物理过程的模拟和建模。稀疏矩阵向量乘法（SPMV）是用于线性求解器和特征求解器等运算的关键内核。已经执行了各种优化来提高单个和多个顶点上的 SPMV 性能。不过 SPMV 虽然性能很好，可编程性却很差，要实现好的计算性能需要复杂的编程。GraphMat 总结各种编程模式的优劣，目标是结合顶点编程的易用性和稀疏矩阵乘法的高性能。下面将从广义 SPMV 的概念和实现，以及从如何将顶点程序映射到广义 SPMV 两部分展开介绍。

通过重载 SPMV 的乘法和加法运算，可以将广义的稀疏矩阵向量算法用于多种图算法，其具体步骤如图 4.21 所示。

算法 4.4：广义 SPMV

function SPMV（Graph G，Sparse Vector x，PROCESS_MESSAGE，REDUCE）

    y←new Sparse Vector（）

    for j in G^T.column_indices do

        if j is present in x then

            for k in G^T.column do

                result←PROCESS_MESSAGE（X_j，G.edge_value(k,j)，

    G.getVertexProperty(k)）

                y_k←REDUCE（y_k，result）

    return y

图 4.21　广义的稀疏矩阵向量算法的伪代码

假设图邻接矩阵的转置 G^T 以压缩稀疏列（CSC）格式存储，通过遍历 G^T 中的非零列来实现 SPMV。如果对于特定列 j 在稀疏向量中的位置 j 处具有对应的非零值，则处理该列中的元素并将值累加到输出向量 y 中。与其他基于矩阵的框架相比，GraphMat 的主

要优势在于用户可以轻松编写具有顶点程序抽象的不同图程序。对于其他基于矩阵的框架，如 CombBLAS，用户定义的处理消息的函数（相当于 GraphMat 的 PROCESS MESSAGE）只能访问消息本身和接收它的边的值。这对许多算法尤其是协同过滤和三角形计数限制性很大。在 GraphMat 中，消息处理函数除了可以访问消息和边值外，还可以访问接收消息的顶点的属性数据，这使得使用 GraphMat 编写不同的图算法变得非常容易。虽然可以在使用 CombBLAS 的消息处理期间从技术上实现顶点数据访问，但它涉及对 CombBLAS 维护的内部数据结构的非平凡访问，增加了基于纯矩阵的抽象的编码复杂性。例如，对于三角形计数，CombBLAS 中的一个直接实现使用矩阵-矩阵乘法，这会导致运行时间长和内存消耗高。GraphMat 中的三角形计数简化为两个顶点程序。第一个顶点程序创建图的邻接列表（这是一个简单的顶点程序，其中每个顶点发送它的 ID，最后在其本地状态中存储所有传入邻居 ID 的列表）。第二个顶点程序，每个顶点简单地将这个列表发送给所有邻居，每个顶点将每个传入列表与自己的列表相交以找到三角形。

GraphMat 的核心思想是将顶点程序映射到广义 SPMV，具体如图 4.22 所示，虽然不同顶点程序的语义可能略有不同，但它们在可表达性方面都是等价的。

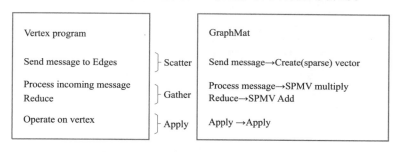

图 4.22　将顶点程序映射到广义 SPMV

在典型的顶点程序中，每个顶点都具有与迭代更新相关联的状态。每次迭代都从"活跃"顶点（即顶点状态在上一次迭代中进行了更新）的子集开始，然后将它们的当前状态（或它们当前状态的函数）广播到它们的相邻顶点。邻居顶点接收此类"消息"并将它们精简为单个值，精简后的值用于更新顶点的当前状态。在本轮迭代中更改状态的顶点会在下一次迭代中变为活跃状态。迭代过程会持续进行直到所有顶点都达到收敛状态或者迭代达到一定次数（用户指定的终止标准）。GraphMat 遵循同步并行（BSP）模型，即每次迭代都可以被认为是一个超步。

用户在 GraphMat 中为图程序指定以下内容——每个顶点都具有已初始化的用户定义属性数据（基于所使用的算法），且一组顶点被标记为活跃的。用户定义函数 Send Message() 读取顶点数据并生成消息对象（为每个活跃顶点完成），Process Message() 读取消息对象、消息到达的边数据和目标顶点数据并生成该边的已处理消息。Reduce() 通常是一个交换函数，它接收顶点的已处理消息并生成单个约简值。Apply() 读取减少的值并修改其顶点数据（为接收消息的每个顶点完成）。可以调用 Send Message() 以沿入边和/或出边散布。该模型足以有效地表达大量不同的图算法，在 Process Message() 中

添加对目标顶点数据的访问使得三角形计数和协同过滤等算法比传统的基于矩阵的框架
（如 CombBLAS）更容易表达。

如图 4.23 显示了 GraphMat 使用用户定义函数执行的单源最短路径示例。计算从源顶
点 A 到所有顶点的最短路径，在给定的迭代中，在活跃顶点上使用 Send Message（）函数生
成一个稀疏向量。该消息是到目前为止计算的到该顶点的最短距离。Process Message（）将
此消息添加到边长，而 Reduce（）执行最小操作。Process Message（）和 Reduce（）共同构
成一个稀疏矩阵稀疏向量乘法运算，分别用加法代替传统的 SPMV 乘法运算，用 min 代替
SPMV 加法运算。

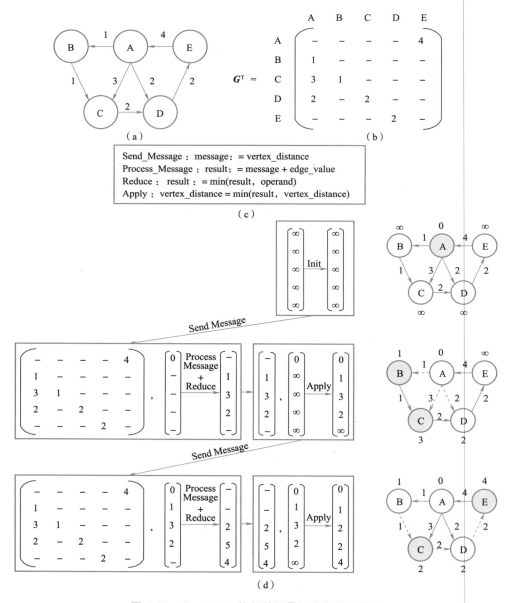

图 4.23　GraphMat 执行单源最短路径编程模型

GraphMat 利用顶点编程前端和优化的矩阵后端来弥合生产力与性能之间的差距。与其他优化框架（如 GraphLab、CombBLAS 和 Galois）相比，GraphMat 表现出 1.2~7 倍的性能提升，此外还可以在多核上更好地扩展，从而带来更好的集群利用率。采用 Graph-Mat 编程方式生成代码，在提高用户可用性的同时，性能平均只比原生的手动优化代码低 1.2 倍，整体效率得到提升。

7. Gemini

Gemini[27] 是 2016 年在 OSDI 上提出的一个以计算为核心优化目标的分布式图计算系统。它指出现有的分布式系统为了实现可扩展性而牺牲了性能，提出要在高效性的基础上实现可扩展性，它的核心设计是：双模式计算引擎。

图计算根据信息的流动方向有两种典型的处理模式：推动（Push）模式和拉动（Pull）模式。使用推动模式时，每个参与计算的顶点沿着出边传递消息；而拉动模式则相反，让所有顶点沿着入边从邻接顶点获取消息。两种模式各有利弊：推动模式可以实现选择性调度（selective scheduling），从而在从活跃顶点出发的边较少时跳过那些不需要参与计算的边，不利之处则是需要用锁或原子操作来保证并发环境下数据修改的正确性，引入了额外的开销；拉动模式的优势在于数据的修改没有竞争，而对应的劣势则是必须查看所有边，即使很多时候大多数边并不参与计算。Gemini 将这种双模式计算引擎从单机的共享内存扩展到了分布式环境中。进一步将两种模式下的计算过程都细分成发送端和接收端两个部分，从而将分布式系统的通信从计算中剥离出来。

图数据的划分是所有分布式图计算系统的核心。然而，已有的划分方法主要关注负载均衡和通信代价，往往忽视了因此产生的系统复杂度和对计算效率的影响。Gemini 采用了一种十分简单的划分方法：将顶点集进行块式划分，将这些块分配给各个顶点，然后让每个顶点的拥有者（即相应顶点）维护相应的出边/入边。图 4.24 展示了有向图划分给两个顶点的结果：10 个顶点中的 0~4 分配给左边的顶点，5~9 分配给右边的顶点。图中的白色顶点表示拥有的顶点（即主备份），黑色顶点则为镜像备份。这种划分方式看似简单，但是应用在很多现实世界的图上却格外有效。这是由于很多图数据本身蕴含了局部性，而块式划分很好地保留了这些特征。块式划分的另一大优点是极小的分布式开销。其他划分方法依据策略的不同极有可能将连续的顶点划分到不同顶点上，通常需要在各个顶点上维护映射表，将每个顶点负责的顶点编号从较为分散的大区间映射到紧凑的小区间内。块式划分则由于所有顶点负责的均是连续的一块顶点，从而免去了顶点编号转换的开销。块式划分由于块内顶点的连续性，还可以自然地"递归"应用到更细粒度上。例如，现有的多处理器通常呈现非一致内存访问效应（non-uniform memory access），尽管共享所有的内存，但是处理器访问不同区域的内存会有不同的延迟和带宽，对于各个处理器而言，有本地内存和远程内存的区别。因此，Gemini 在每个顶点的多路处理器间继续进行块式划分，可以有效减少远程内存的访问比例。

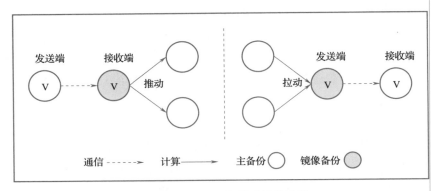

图 4.24　Gemini 双模式计算引擎

8. CGraph

CGraph 是 2018 年在 ACM Transactions on Storage 上提出的用于并发迭代图处理作业的分布式存储和处理系统。它的创新之处在于观察到并行处理的并发迭代图处理作业（concurrent iterative graph processing，CGP）之间存在时间/空间相似性，它使用了以数据为中心的 LTP（load-trigger-pushing）模型，搭配了一些优化技术，降低了分布式系统的开销。

并发迭代图处理中，图结构数据占据了大部分的内存消耗，顶点状态数据则较少。图结构数据通常被多个 CGP 作业共享，然而在现有的图计算系统中，不同作业会沿着不同的图路径重复处理共享图，导致很低的吞吐量和很高的数据开销。由于这样的局限，虽然总体上并行处理性能表现优于序列处理。但是随着作业数量的增加，每个作业的平均执行时间被延长。不过 CGP 作业之间的一些相似性具有优化潜力。例如空间相似性，每轮迭代中不同的作业各自访问的数据中有很多交集。如果能整合对共享图结构的访问，并将共享数据的单个副本存储在缓存中，以同时为多个 CGP 作业提供服务，将大大减少并行任务开销。再例如时间相似性，共享的图结构可能被多个作业在很多的时间间隔内重复访问。如果在加载图分区时能考虑分区的使用频率等时间性特征，能降低缓存成本，减少数据的换入换出。

上述的两个相似性揭示了现存的方案存在许多不必要的开销，也为改进提供了可行的方向。CGraph 使用了以下 3 个关键技术来利用相似性优化性能，如图 4.25 所示。①使用以数据为中心的模型，将图结构数据与同作业关联的顶点的状态解耦，并将分布式平台每个顶点上的共享图结构分区流式传输到缓存中，与触发相关的 CGP 作业并发地以一种新颖的同步方式按照共同的顺序处理它们。然后，它使 CGP 作业在缓存/主内存中共享一份图结构数据，并且对这些数据的多次访问也可以由多个 CGP 作业分摊。②采用一种新颖的通信方案，根据这些作业的通信分布特点，以更规律、分批的方式进行这些作业的通信，从而降低 CGP 作业的通信成本。③基于连续迭代的分区之间存在负载分布的高度相似性这一事实，针对分布式平台上的 CGP 作业采用了有效的增量负载平衡策略。此外，为了在进化图上高效执行 CGP 作业，还提出并在 CGraph 上实现了一种新颖的图重新分区方案，以持续确保数据局部性。

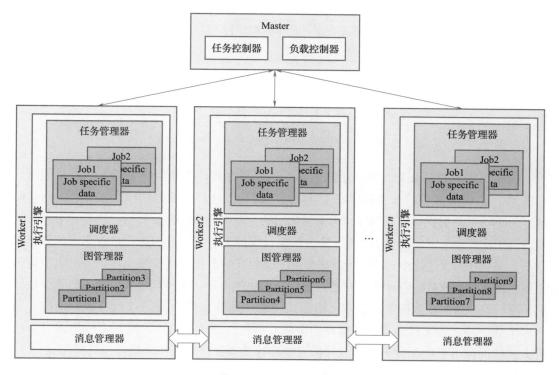

图 4.25　CGraph 架构

CGraph 发现 CGP 作业中存在大量冗余数据访问，由此总结出了时空相关性。然后提出了一种新颖的分布式存储和处理系统，以允许多个 CGP 作业通过利用观察到的数据访问相关性来有效地分摊数据访问成本以获得更高的吞吐量。实验结果表明，CGraph 系统相对于最先进的分布式系统显著提高了 CGP 作业的吞吐量。

9. GraphABCD

GraphABCD 是魏少军等人[28] 于 2020 年在 ISCA 上提出的针对大规模图进行图分析的异步分布式图计算系统。它的创新之处在于提出了分块坐标下降方法，充分利用可重构阵列的空间并行性，提高收敛速度，降低协调、同步开销，相比传统方法具有显著优势。

当前，大规模图计算是重要且具有挑战性的任务。图算法执行所需要的总时间受到单次迭代的执行时间和算法所需要的迭代次数的共同影响。现有的工作大多关注单次迭代的执行时间，采用不同图计算框架面向特定计算架构（CPU、GPU、FPGA、CGRA等，如图 4.26 所示），或者结合不同平台的优点组成异构系统对多种图计算算法进行了性能优化。而针对第二个优化路径——减少迭代次数，现有方案要么利用经验知识来优化收敛速度，要么以个案的方式进行专门优化。所以实现一种系统的方法来分析和优化迭代图算法的收敛速度势在必行。

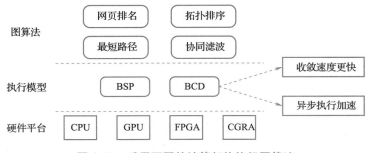

图 4.26 采用不同的计算架构执行图算法

GraphABCD 可以很好地解决上述问题。这是因为其具有异步块坐标下降的异构图分析框架，由 CPU 和硬件加速器组成，可以同时优化图计算算法的迭代次数和单次迭代时间。GraphABCD 将图计算问题转化为最优化问题，首次将最优化分析的分块坐标下降方法引入到图计算框架中。在分块坐标下降方法执行模型下，图算法的迭代过程不再依赖全局同步，而是在每次迭代中选择一个或多个由子图构成的数据块，按照坐标下降的方法进行更新，直至算法收敛。GraphABCD 通过分析数据块的大小、选择顺序和更新方法等分块坐标下降模型参数对收敛速度的影响，能够系统地优化算法收敛所需迭代次数；同时，由于多个数据块之间无须同步，可实现异步并发执行。此外，通过将图计算框架以异步执行方式扩展到可重构芯片上，借助异构可重构计算资源，降低单次迭代执行时间。

GraphABCD 的核心是块坐标下降（block coordinate descent，BCD）算法，正是通过它，GraphABCD 才能够系统地讨论图算法的收敛特性以及实现快速算法收敛的权衡。块坐标下降是一种解决优化问题的迭代算法。在 BCD 中，顶点 x 被分解为 s 个块变量 $x_1, \cdots, x_s$。所以第 k 次迭代中的向量 x 是 $x_k = [x_{k_1}, x_{k_2}, \cdots, x_{k_s}]^T$。在迭代 k 中，除了选定的块 x_i^k（第 i 个块）之外，所有块的值都是固定的。该算法只更新属于块 i 的变量：

$$x_i^{k+1} = x_i^k + \alpha_{ik} d_i^k$$

其中，α_{ik} 是步长，d_i^k 是下降方向。请注意，上述块变量个数 s 和选定的块 x_i^k 是可参数化的。BCD 的不同配置会导致不同的收敛速度和权衡。接下来从如何将 BCD 算法应用于图算法、BCD 算法的配置参数，以及如何确定 BCD 算法的配置参数权衡策略这 3 部分展开介绍。

1）如何将 BCD 算法应用于图算法。为了将 BCD（专为解决优化问题而设计）应用于图算法（专为解决图问题而设计），有两个问题需要解决：①如何将优化问题中的变量映射到图域？②不同图问题的优化目标和更新函数是什么？

问题 1 的答案是每个顶点的值对应优化问题中的一个变量。由于现在的图表非常大。它们通常被划分为子图，以充分利用现代计算机系统中的内存层次结构或进行核心处理。图 4.27（a）显示了一种常见的图划分方式，其中顶点值数组被划分为几个块（区间）。邻接矩阵也根据它们的目标顶点被分割成相同数量的块。这样，在分区图上执行迭代算法的 BCD 过程如图 4.27（b）所示。图算法首先根据一些规则选择一个块 ID。

然后它获取相应的顶点块和邻接矩阵块（边块），更新函数接受输入。最后，该函数生成当前块的新顶点值（同时保持其他块的值不变）并将它们存储回内存。

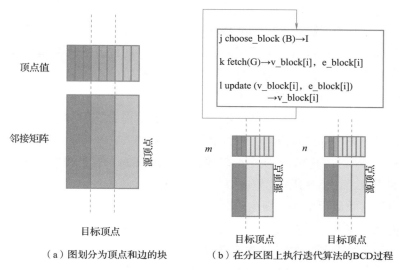

（a）图划分为顶点和边的块　　　（b）在分区图上执行迭代算法的BCD过程

图 4.27　GraphABCD 的系统架构

2）BCD 算法的配置参数。BCD 算法有 3 种类型的配置参数供用户指定，以便在收敛速度和执行效率之间进行权衡，分别是块大小、块选择方法和块更新方法。这 3 个选项被归类为算法设计选项，它们的配置会影响迭代次数。

● 块大小描述了多少个顶点被分配到一个块中。它的取值范围为 $[1, |V|]$。块大小为 $|V|$ 表示只有一个 block，那就是全梯度下降：每个顶点存储暂定更新，直到所有顶点都完成从邻居读取数据，然后所有顶点同步提交更新，这种方法通常称为批量同步并行（BSP）或雅可比式迭代算法。另一种极端情况是块大小为 1，意味着在每次迭代中只选择 1 个顶点进行更新，更新立即对其他顶点可见。位于两个极端中间的选择是块大小 $n(1<n<|V|)$，这通常被称为 Gauss-Seidel 迭代算法。

● 块选择方法（调度策略）定义了在每次迭代中选择块执行 BCD 的策略 [图 4.27（b）中的 choose_block 函数]。可以根据预定义的固定顺序（循环）或动态更新的顺序（优先级）来选择块。

循环调度是最简单的实现方式。它根据固定顺序（如块 ID）重复选择要更新的块。循环调度的内存访问是可预测的，因此可以执行块的预取。优先级调度根据动态维护的优先级选择块。优先级的定义可能因不同的调度算法而异。例如，Δ-步进调度是专门为单源最短路径（SSSP）设计的，其优先级定义为每个顶点桶的深度。更通用的选择方法考虑了高阶信息，例如目标函数的梯度和 Hessian 矩阵。无论哪种方式，优先级调度通过利用比循环调度更多的全局信息更快地收敛。

● 块更新方法指定图算法使用的迭代更新函数 [如图 4.27（b）中的更新函数]。更具体地说，它定义了步长 α_{ik} 和方向 d_i^k。坐标下降方向 d_i^k 可以通过梯度、牛顿等方法确定。梯度下降是最直接的方法，d_i^k 是沿负梯度 $-\nabla F(x_k)$ 的目标函数，步长 α_{ik} 要么是固定的，要么是通过穷举线搜索获得的。大多数图算法都采用固定步长和梯度下降的组合来降低更新成本。

3）当考虑在计算机系统上实施 BCD 算法时，如果选择最快的收敛配置实现了最少的迭代次数，选择的复杂性可能会降低每次迭代的运行时间，从而降低整体性能。而倘若放宽块大小和块选择方法的选择，反而可以通过牺牲收敛速度来提高每次迭代的运行时间。两项配置的具体权衡如下。

①较大的块大小虽然意味着较慢的收敛，因为更新提交到内存的频率较低，但由于批处理，往往具有更明确的顶点间并行性和内存局部性。它还将频繁的每顶点细粒度同步（当块大小为 1 时）简化为大块之间较少的粗粒度协调。对于冲突解决或随机内存访问开销较大的系统，建议使用较大的块大小。

②优先级调度收敛得更快，因为包含了更高阶的全局信息。然而，该方案需要在工作人员之间进行更多的全局协调以提取信息，这可能会导致高度异构的分布式系统严重停滞。此外，对于大规模问题，计算和维护每个块优先级会导致复杂的逻辑和控制流程。如果使用分散系统或更规则的控制流是首选，则可以采用循环调度来惩罚恶化的收敛速度。因此，选择最佳算法设计方案应同时考虑 BCD 理论和系统特性。

总的来说，GraphABCD 引入了迭代图算法的块坐标下降算法，可以有效提高图计算任务的收敛速度。GraphABCD 具有无障碍和无锁异步执行的特点，使计算能够扩展到异构分布式平台。GraphABCD 的优先级调度、内存子系统设计和混合执行进一步利用了异构系统。在原型上进行的实验表明，GraphABCD 在收敛速度和执行时间方面比最先进的框架 GraphMat 实现了 4.8 倍和 2.0 倍的平均加速。

4.3.2　分布式外存图处理系统

集群的规模会由于场地、资金等因素的限制导致无法无限扩展，因此，对于一些超大规模的图，或是顶点数有限的小集群，有时必须使用多机外存的资源才能完成相应的处理任务。

Chaos[29] 是 2015 年在 SOSP 上提出的分布式核外图计算系统，旨在用商业集群处理超大规模（边数量为万亿级别）图计算问题，如图 4.28 所示。Chaos 研究了如何将基于二级存储的图处理系统扩展到多台机器上，以增加图计算可以处理的图规模，并通过在不同机器上并行访问二级存储来提高其性能。将图处理扩展到多台机器的常见方法是首先对图进行静态分区，然后将每个分区放在单独的机器上，在那里进行该分区的图计算。分区的目的是实现负载平衡，以最大限度地提高并行性，并实现局部性，以最大限度地减少网络通信。实现高质量的分区以达到这两个目标是很耗时的，特别是对于核外的图。最佳分区是 NP-hard 问题，即使是近似的算法也可能需要相当长的运行时间。而且，静态分区不能应对后来图结构的变化或计算过程中访问模式的变化。

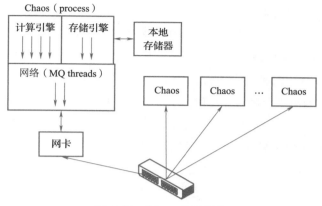

图 4.28　Chaos 系统架构

Chaos 采取了一种创新性的方法来扩展图处理系统上的二级存储。首先，Chaos 没有执行复杂的分区步骤来实现负载平衡和定位，而是执行了一个非常简单的初始分区来实现顺序存储访问。它通过使用 X-Stream 引入的流式分区的一个变体来实现这一点。其次，Chaos 不是将每个分区的数据放在一台机器上，而是将所有图数据（顶点、边和更新过程中产生的中间数据）均匀地随机分布在所有的二级存储设备上。数据被存储在足够大的块中，以保持存储访问的顺序性。然后，由于不同的分区可能有非常不同的边和更新数量，因此需要每个分区包含不同的工作负载。Chaos 允许一台以上的机器在同一个分区上工作，并使用工作负载窃取策略来平衡计算节点之间的负载。这 3 个部分共同构成了一个高效的实现，实现了顺序性、I/O 负载平衡和计算负载平衡，同时避免了由于精心分区而导致的冗长的预处理。

Chaos 通过聚合存储实现了对一万亿条边的图的处理，这是小型集群上图处理系统的一个新的里程碑。就容量而言，它可以与那些来自高性能计算社区和非常大的组织的图放在超级计算机上或大型集群的主存储器中相媲美。因此，Chaos 能够在相当适度的硬件上处理非常大的图。Chaos 的作者还研究了产生良好扩展性的条件，即足够的网络带宽是关键，一旦有了足够的网络带宽，性能就会随着可用的存储带宽或多或少地得到线性改善。

综上所述，Chaos 在 X-Stream 的基础上，将基于二级存储的图处理系统扩展到多台机器。它由计算子系统和存储子系统组成。它通过廉价的分区方案实现了对二级存储的顺序访问，从而缩短了预处理时间，并通过工作窃取来保证负载均衡。但是 Chaos 存在设计缺陷，系统的横向扩展会成为瓶颈，同时计算子系统和存储子系统的分离增加了系统的复杂性，最终导致不可忍受的通信开销。

4.4　基于 GPU 的图计算系统加速技术

4.4.1　GPU 背景介绍

图形处理器（graphics processing unit，GPU），是指计算机、游戏机和一些移动设备上专门执行绘图运算工作的微处理器。1999 年，英伟达（NVIDIA）公司在发布 GeForce 256 绘图处理芯片时，首次提出了 GPU 的概念。在个人计算机刚刚开始发展的阶段，图像计算任务通常由 CPU 承担，而显示控制器只是将其显示出来。从 1991 年的 S3 86C911 开始，图形硬件加速时代开始，计算机开始使用图形卡对 2D、3D 的图形图像计算进行加速。GPU 的出现，减轻了 CPU 的负担，将 CPU 从图形绘制的重复计算中解放出来。目前，GPU 已经广泛应用于游戏、深度学习、高性能计算等诸多领域。

传统的 CPU 内核数量较少，专为通用计算而设计，而 GPU 是一种特殊的处理器，它的控制单元和缓存相较于 CPU 来说较少，将芯片的大部分面积都分给计算单元，所以可以集成数千个计算核心，因而可以提供比 CPU 更强的并行计算能力。

同时，GPU 的内存带宽较高，能达到每秒数百 GB，比同等级 CPU 高近一个数量级。但是，相比于计算机可扩展的内存，或者说主存，GPU 的内存容量显得较小，使其在处理上百 GB 的数据时会面临一些问题。

在 NVIDIA 公司的费米（Fermi）架构中，如图 4.29 所示，存在着多个流式多处理器（streaming multiprocessing，SM），而每个 SM 中又存在着两个线程束（warp），每个 warp 中有 16 个核心（又称为线程），即每个 SM 中包含 32 个处理核心。每一个核心中包含一个 FPU 和 ALU，分别执行浮点运算和整形运算。

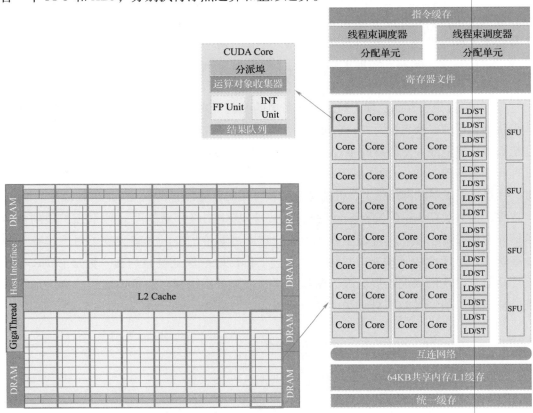

图 4.29　费米架构[30]

如图 4.30 所示，GPU 有多种内存结构，大致可以分为两类：片上（on-chip）内存以及片下（off-chip）内存。从逻辑上来看，片上内存包括寄存器、共享内存、常量内存（constant memory）和纹理内存（texture memory）。片下内存包括全局内存、本地内存、常量内存和纹理内存。其中本地、常量以及纹理内存在物理上都是全局内存的一部分。全局内存也叫显存，是一个动态随机存储器（dynamic random access memory，DRAM），它的容量最大，同时速度最慢。每个线程拥有自己的寄存器，速度很快，但是容量较小。一旦线程耗尽了其寄存器，那么它就会将数据放到本地内存（local memory）中。因为本地内存是全局内存的一部分，速度就会很慢。共享内存速度也很快，由 SM 控制，分配给线程块（block）使用。一个线程块中的所有线程都可以通过共享内存来高速地通信。常量内存以及纹理内存都是只读的，用来存储需要频繁访问的数据。虽然这两个内存都在全局内存中，但是它们在片上有相应的缓存，也能达到较快访问速度。GPU 多重内存架构保证了其内存的高带宽。

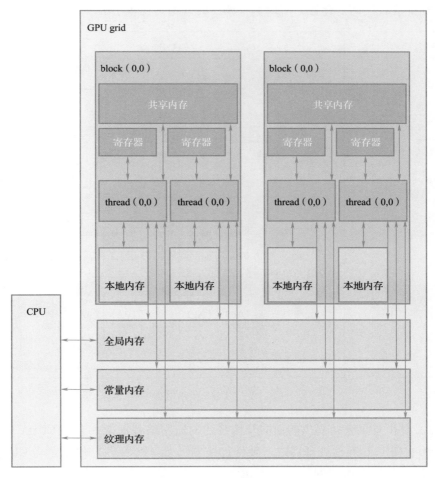

图 4.30　GPU 内存结构

CUDA 是当前最流行的通用 GPU（general-purpose on graphics processing units，GPG-PU）编程框架，如图 4.31 所示于 2006 年 11 月由 NVIDIA 公司提出。经过十几年的发展，CUDA 拥有丰富的编程库，易于程序员使用，在科学计算、生物、金融等领域应用广泛。但是 CUDA 只能在 NVIDIA 公司的 GPU 上使用。在 CUDA 中，每一个核函数（kernel）称作一个 grid，每个 grid 会分为一个或多个 CTA（cooperative thread array）（又称为 block）。每个 CTA 都会被分配到一个 SM 中，同一个 grid 的不同 CTA 可能会被分配到不同的 SM 中执行，但是每个 CTA 必须在同一个 SM 中执行。SM 会为其中的每个 CTA 分配共享内存，供 CTA 内部的线程使用，所以每个 CTA 内部的线程可以通过共享内存来进行交互，但是 CTA 之间的交互只能通过速度较慢的全局内存来进行。warp 是 GPU 执行指令的最小单位，每个 warp 中的所有线程要执行相同的指令，但是这些线程所需的数据可能不同。SM 中的线程束调度器（warp scheduler）负责各个 warp 的调度工作，当一个 warp 需要等待时（例如访问延迟较大的主存），调度器会调度其他 warp 执行，GPU 中每个线程都有自己的寄存器，所以这种调度的开销是比较小的。

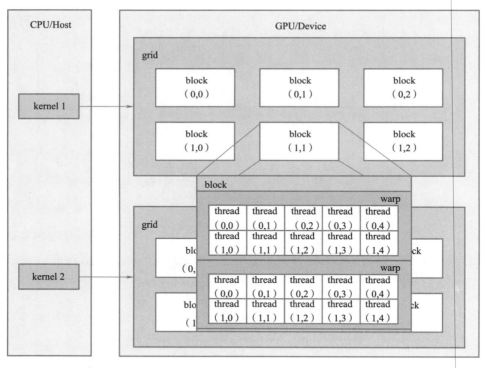

图 4.31　CUDA 编程框架

OpenCL 是由苹果公司提出的面向异构系统的通用编程框架。它比 CUDA 更加通用，可以在 CPU、GPU 和其他处理器或者硬件加速器（如 FPGA 等）使用。与 CUDA 类似，OpenCL 也提供了许多通用的接口，例如内存管理、设备管理、错误检查等。程序员可以通过这些接口来控制相关设备的工作。

OpenCL 将计算系统视为由许多计算设备组成，每个计算设备包括多个计算单元，每个计算单元又由多个处理元素组成。与 CUDA 的内存架构不同的是，OpenCL 定义了四种类型的内存：全局内存（global memory）可以被所有处理元素访问，延迟较高；常量内存（constant memory）容量小、速度快，但是只有 CPU 可以写入，其他设备只能读取；本地内存（local memory）由一组处理元素共享；最后的私有内存（private memory）是每个处理元素共享的高速片上内存。

图计算具有高并发的特点，以顶点为中心和以边为中心的图计算编程模型都隐藏着大量的并行语义，因此都能够有效地通过 GPU 来进行并行加速。同时，图计算属于数据密集型应用，经常需要处理数十 GB 的数据，所以 GPU 的高带宽也是一个明显的优势。尽管有这些优势，但是用 GPU 来加速大规模图计算仍然面临着以下诸多挑战。

- 图计算是典型的不规则应用。它的内存访问模式具有间接性、数据依赖等特点，所以无法充分利用 GPU 的高带宽以及高并行性。
- GPU 内存大小的限制，使得经常需要将数据从主存中向 GPU 内存中移动，而这会导致额外的开销，同时使 GPU 扩展到大图上时面临着内存空间不足等问题。
- 现实中的图大多是幂律分布（power-law）的，各个顶点的度数分布不均匀，所以在图算法中，负载均衡问题也需要格外注意。
- 由于 GPU 的硬件架构特点，它不适合处理图计算中的条件分支语义（if-else 等），所以有时无法充分利用 GPU 的单指令多线程（single instruction multiple threads, SIMT）带来的高并行性，极大降低 GPU 性能。

为了解决以上的问题，出现很多相关的研究及系统，大致分为 GPU 存内图计算系统、单机 CPU-GPU 异构图计算系统、单机多 GPU 图计算系统和多机 GPU 图计算系统这四类。

4.4.2 GPU 存内图计算系统

1. 基于 GPU 的 BFS

图遍历算法一直是图计算中的一个重要算法，同时也是很多其他图算法的基础。广度优先搜索（BFS）是图遍历的经典算法，也是一种典型的内存访问和工作负载既不均衡又依赖于数据的并行算法，如图 4.32 和表 4.1 所示。Merrill 等人[31] 提出了一个基于GPU 的并行 BFS 算法。并行的 BFS 大体上分为两步：①遍历顶点的边，将正在遍历的顶点边界（vertex-frontier）扩展为边边界（edge-frontier）；②通过状态检查和过滤等方法，将已经访问过以及重复添加的顶点剔除，收缩成新的顶点边界，供下次迭代使用。

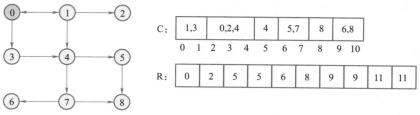

图 4.32　一个稀疏图、它的 CSR 表示，从顶点 v_0 开始的 BFS 迭代

表 4.1　BFS 从顶点 v_0 开始遍历流程示例

BFS 迭代次数	顶点边界	边边界
1	{0}	{1,3}
2	{1,3}	{0,2,4,4}
3	{2,4}	{5,7}
4	{5,7}	{6,8,8}
5	{6,8}	{}

（1）邻居顶点收集（neighbor-gathering）

解决在 GPU 并行计算过程中的负载不均衡问题，可以引入一种细粒度的并行邻接表扩展方法。顺序收集的方法为每个线程分配一个顶点，各个线程获取其处理顶点对应的邻居。如图 4.33 所示，线程 t_0、t_1、t_2、t_3 所处理的顶点分别有 2、1、0、3 个邻居。很显然，在各个顶点的度分布不均匀的情况下，这种方法会导致同一个 warp 中不同线程的负载不均衡。

图 4.33　顺序收集

基于 warp 的粗粒度收集方法允许线程对其所在 warp 的控制权进行竞争，竞争成功的线程可以使用整个 warp 的资源来处理其所分配的顶点，处理完以后其他线程继续竞争，如图 4.34 所示。这种方法一定程度上可以减少负载不均衡问题，但是很多时候一个顶点的邻居数目是少于一个 warp 中的线程数目的，这样就会产生性能未充分利用的问题。同时，有时候不同 warp 中线程被分配顶点的总度数相差较大，又会产生 warp 之间的负载不均衡。

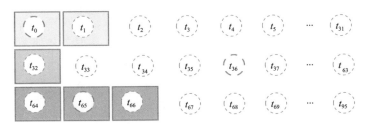

图 4.34　基于 warp 的粗粒度收集

基于扫描的细粒度收集方法允许一个 CTA 中的线程共享一个列索引偏移量数组，并生成相应的共享收集向量（shared gather vector），如图 4.35 所示。这个向量的内容对应于分配给该 CTA 的顶点的邻接表，然后利用整个 CTA 对于相应的顶点进行处理：每个线程从共享向量中取出一条边进行处理。这样一来，线程间的负载不均衡就不会被昂贵的全局内存访问放大。但是，这种方法也可能出现共享数组无法充分利用的问题，例如某个顶点的邻居数据过大，几乎占满了整个共享向量，其他线程对应的邻接表就无法被处理。

图 4.35　基于扫描的细粒度收集

（2）CTA+warp+scan

将基于扫描（scan）的细粒度以及基于 CTA 和 warp 的粗粒度的任务分配策略结合起来。基于 CTA 的策略与基于 warp 的粗粒度收集策略类似，只是线程将会争夺整个 CTA 的控制权。首先将顶点分配一个线程，那些顶点的邻接表大于 CTA（中的线程个数）的线程，会竞争 CTA，使用整个 CTA 来处理其顶点的邻接表；那些邻接表比 CTA 小，但是比 warp 大的，会竞争 warp；而对于那些比 warp 还要小的邻接表，则使用 scan，将线程对应的邻接表整合到共享内存中来共同处理。这种混合策略能有效地克服单独一种方法的不足，从而在多种图算法中都达到较好的负载均衡效果。

（3）状态查找（status-lookup）

在产生下次迭代所需的顶点集合时，为了避免之前已经访问过的顶点重复访问，需要一个状态码来标识每个顶点是否已经被访问。采取位掩码的方法，将状态码的大小从每个顶点 32bit 减少到了 1bit，有效提高了缓存效率，减少内存访问量，从而提升性能。

（4）并发发现（concurrent discovery）

在并行遍历边时，有可能不同顶点的边连接到同一个目标顶点，因为 GPU 并行机制的原因，所有访问同一个顶点状态的线程都会得到相同的值，即有某个线程已经对该顶点进行过处理，但是因为是在同一次迭代中，其他线程访问该顶点的状态时仍然得到未访问的结果，从而导致对同一个顶点的多次重复计算，浪费资源和性能。为了解决这种假阴性（false-negative）问题，可以采用以下两种方案。

• warp 筛选（warp culling）。warp 中的线程利用哈希函数将顶点与共享内存中的位置关联起来，每一个顶点对应一个位置。当一个线程要检查其邻居顶点时，首先尝试将其线程 ID 放到对应的共享内存中，如果该位置已经有其他线程 ID，则代表该顶点已经被其他线程处理，可以安全地剔除出去。

• 历史筛选（history culling）。这种方法是 warp 筛选的一种补充。该方法在共享内存中维护最近检查的顶点标识符的缓冲，如果一个线程发现其所处理顶点的邻居之前已经被记录时，那么它就认为这个邻居已经被处理过了，可以剔除。

通过同时使用这两种方法，能够将冗余计算降低到 5%，大大提高算法性能。

（5）多 GPU 并行

该算法还支持多个 GPU 的系统。通过将图分割为大小相等的、互不相交的子集，在主程序的协调下，分别对不同 GPU 调用相应处理函数，并且设置跨 GPU 的屏障（barrier），来保证 GPU 之间的同步。

该算法利用前缀和来代替原子的读-修改-写（read-modify-write）操作，来执行多线程并行写入。利用混合的任务负载方式，细粒度地在线程之间分配任务，达到较好的负载均衡效果。并通过一些其他的优化方法如位掩码等来实现基于 GPU 的高效并行 BFS 算法。

2. 基于 GPU 的 SSSP 框架

单源最短路径（SSSP）算法是一种寻找给定顶点到图中所有其他顶点最短路径的算法，是图计算的经典算法，在很多图类型中都有实际的应用，例如路网、社会网络等。传统的计算单源最短路径的算法是迪杰斯特拉算法（Dijkstra's algorithm）。对于有 v 个顶点以及 e 条边的图，利用斐波那契堆（Fibonacci heap）或者松弛堆（relaxed heap），能够达到 $O(vlogv+e)$ 的时间复杂度[32]。但是，传统的 Dijkstra 算法是串行执行的，它每次从优先队列中取一个顶点执行，计算其邻居到源点的距离，所以无法直接将其应用到高并行的 GPU 架构中。另一种可并行计算的算法是贝尔曼-福特（Bellman-ford）算法。与 Dijkstra 算法每次只计算一个最短的顶点不同，该算法每次计算所有顶点，更新对应顶点邻居的距离。在最坏情况下，需要执行 v 次迭代，每次需要检查 e 条边，故时间复杂度为 $O(ev)$。这种算法适用于直径较小、在较少迭代次数中就能收敛的图，并且该算法还支持权重为负数的边。Dijkstra 算法时间复杂度低但是无法并行，贝尔曼-福特算法天然适用于并行但是复杂度较高。为了在 GPU 上能高效并行地计算 SSSP，文献［33］提出时间复杂度接近迪杰斯特拉算法的并行算法。大多数图算法由 3 个方面组成：首先是存储顶点和边的数据结构，其次是访问顶点的图遍历方法以及顶点的处理顺序。下面介绍该算法中的各个组成部分。

（1）数据结构

该算法与上面的 BFS 算法类似，也是使用的压缩稀疏行（compressed sparse row，CSR）。这是一种图计算中常用的数据结构，不存储邻接矩阵中的 0 元素，空间利用率较高，同时被许多库使用，有利于数据重用。

（2）图遍历方法

这里所说的图遍历方法主要是指为了达到负载均衡的工作负载的分配方法。上面提到的 BFS 算法中使用的 CTA+warp+scan 的方法虽然能提高性能，但是也有其不足之处。首先，任务分配为 3 个独立的阶段，失去了各个阶段之间的并行性，从而降低了整体的并行度。其次，在最后 scan 阶段，在生成共享向量的时候，线程需要串行地将各自的邻接表整合到内存中，此时其他线程需要等待，造成资源浪费。

在经过多种方法的性能评估后，该算法采用了一种负载均衡的分割方法。这种方法将数量相同的边分给每一个 CTA(block)，CTA 中的线程从中取出一条边然后进行运算，保证了 CTA 之间和线程之间的负载均衡。并且采用排序的方法来快速找到 CTA 之间在边表上起点和终点的交点来达到边表分割的目的。

（3）顶点的处理

传统的贝尔曼-福特算法每次迭代需要对所有的顶点进行计算，对于那些在一次迭代中没有更新的顶点也要计算，这样无疑是对资源的较大浪费。一种简单的改进策略是每次只计算有更新的顶点。在进行第一次迭代时，只有源点是活跃顶点，然后检查活跃顶点对应的边，计算其邻居顶点值。如果邻居的新值比原来的要小，则这个邻居成为下次迭代的活跃顶点，将其插入下次迭代的处理队列中，直到所有的顶点都收敛。因为各个顶点是并行处理的，所以可能出现同一个顶点多次被加入队列的情况（平均度数较高的图尤其严重），虽然在计算最小路径时这种重复对结果的正确性没有影响（原子操作保证了一定是最小值被写入），但是重复计算还是会造成性能的降低。所以需要对顶点进行去重操作。

可以让所有顶点将其队列 index 竞争写入到一个共享的查找表中，每个顶点应该写入到一个固定位置，所以所有顶点 ID 相同的将会竞争同一个顶点，但是只有一个会成功写入。然后所有顶点再读取其中的内容，如果和自己的相同则保留，若不同则代表已经有其他线程竞争成功，自己的相应顶点需要被剔除。这种方法生成下次迭代所需顶点队列的开销较小，但是每次迭代需要访问较多的边。文献［33］中也提出了一种给顶点赋优先级，然后根据优先级不同来先后处理顶点的方法。

（4）near-far 集合

这种方法设置一个距离阈值 t 和增量 Δ，将距离值小于 t 的顶点放到 near 集合中，那些大于 t 的放到 far 集合中。每次计算 near 中的顶点，并将计算得到的结果根据距离值不同再次分到两个集合中。当 near 集合中的顶点计算完毕时，将阈值加上增量 Δ，产生一个新的阈值 t，然后根据新的 t 将 far 集合中的顶点再次分为 near 和 far 两个集合，重新执行之前的步骤直到收敛。在重新划分集合时，far 中可能包含重复的或者已经被 near 计算过的顶点，需要将这些顶点剔除。这种方法在每次迭代中进行顶点的分类，需要额外的开销，但是会减少边的访问数量，总体上能达到比前面方法更好的效果。

3. Tigr

为了解决基于 GPU 的图计算效率低下等问题，之前的研究要么改变图编程抽象，要么根据 GPU 底层的线程执行模型来对算法进行特定优化。前者需要设计与维护图处理框架；而后者与底层体系结构结合紧密，无法适应 GPU 架构的快速发展。基于此，Tigr 提出了一种图数据转换框架[34]，将图按照顶点的度数进行分割，从而将不规则的图数据转化为较为规则的数据，同时保证各种图算法结果的准确性，从根源上解决图的不规则问题，从而提高 GPU 的利用率。

（1）分割转换

为了减少图数据顶点度的不规则性，可以考虑将度数较高的顶点分割成多个度数较低的顶点组成的集合。在（基于 Push 的）以顶点为中心的编程模型中，值的传播是通过出边来进行的，所以 Tigr 在这种算法中更关心顶点的出度。

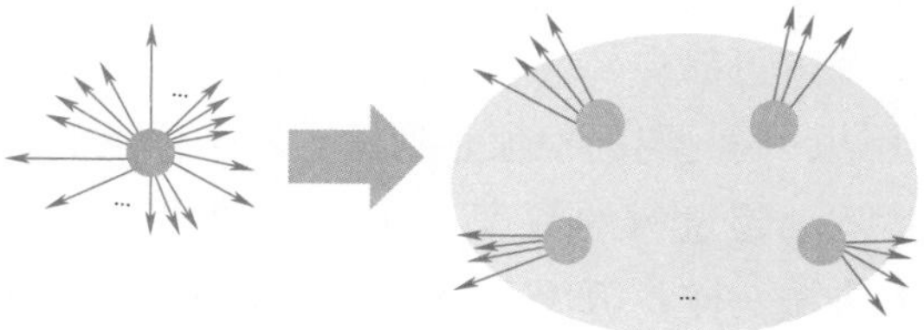

预先指定度数阈值 K，将出度大于 K 的顶点称为高度顶点（high-degree node）。如图 4.36 所示，Tigr 将高度顶点分割为一系列的顶点，并将原顶点的出边根据阈值

图 4.36　图的分割转换

K 均匀地分给这些顶点。对于新顶点之间的连接和原顶点的入边，有以下几种不同的处理策略。

- 基于团的连接：如图 4.37（a）所示，内部新的顶点之间互相连接，每个顶点都连接到其他顶点，会使每个顶点的度数增加 D/K（原顶点的度为 D，被分成 D/K 个新顶点），原顶点的入边被随机分配给新的顶点。这种方法增加较多的额外边，导致较高的空间开销。

- 基于环的连接：如图 4.37（b）所示，顶点之间以环的形式连接，每个顶点只与一个顶点相连，入边同样地随机分配。这种方法能显著减少边的数量，但是会增加内部顶点之间的距离，降低数据传播的效率，影响算法的收敛速度。

- 基于星形的连接：如图 4.37（c）所示，引入一个额外的顶点，通过它连接到所有其他的顶点，同时也将入边分配给它。这种方法会引入较少的额外边，同时入边数据的传播距离也相对较短，是一种相对理想的连接方法。但是仍然可能会出现中心顶点度数较大的问题（中心顶点的度数 D/K 可能大于 K）。

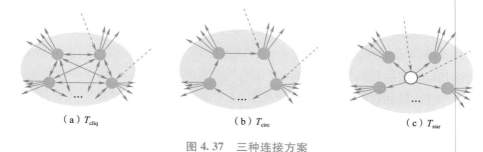

（a）T_{cliq} 　　　　　　　（b）T_{circ} 　　　　　　　（c）T_{star}

图 4.37　三种连接方案

因此，Tigr 提出了一种度数均匀的树形结构（uniform-degree tree，UDT），算法伪代码如图 4.38 所示。

对于所有高度顶点，UDT 会为每 K 个邻居创建一个新的顶点，并将新顶点入队（此时总顶点数减少了 $K-1$）。重复执行，直到队列中的顶点数小于等于 K。最后将队列中的所有顶点都与原顶点（根顶点）相连。这样一来，这些顶点之间是一种树形结构，原顶点就是树的根顶点，而且每个顶点的度数都不高于 K。同时原顶点的入边仍然保留（在原顶点上）。UDT 构建的树保证每一个入边都有（且仅有）一条路径达到任意一个出边，同时树的根顶点到任意一个顶点的路径长度不会超过树的深度（$O(\log_K D)$）。与其他分割方法一样，UDT 会增加图的大小，但是其带来的规则化的好处要足以抵消这些开销。

算法 4.5：UDT 的转换
1　**if** degree(v)>K **then**
2　　　q = new_queue( )
3　　　**for** each v_n from v's neighbors **do**
4　　　　　q. add(vn)
5　　　　　v. remove_neighbor(v_n)
6　　　**end for**
7　　　**while** q. size( )>K **do**
8　　　　　v_n = new_node( )
9　　　　　**for** I = 1.. K **do**
10　　　　　　v_n. add_neighbor (q. pop( ))
11　　　　　**end for**
12　　　　　q. push(v_n)
13　　　**end while**
14　　　S = q. size( )
15　　　**for** i = 1.. S **do**
16　　　　　v. add_neighbor(q. pop( ))
17　　　**end for**
18　**end if**

图 4.38　UDT 的转换伪代码

（2）UDT 的正确性

UDT 会改变图的结构，在这种情况下，图算法会产生与原来图结构相同的结果吗？如果不能，该如何强制其产生同样的结果呢？接下来讨论 UDT 保留的图属性，然后可以根据图算法对图属性的要求来判断 UDT 是否能在这种算法上产生正确的结果。

- UDT 会保留图的连通性，即在原图中连通的顶点在 UDT 改造后的图中仍然是连通的。因为在将高度顶点分割后，原顶点的入边还在原顶点上，而出边则被分配到其他顶点（或原顶点）上。而从树的根顶点出发能到达任意其他顶点，所以图的连通性保持不变。这样一来连通分量（connected compoents，CC）算法能保证同样的结果。

- UDT 可以给新引入的边增加权重来保证顶点之间的距离不变。例如可以将树中的边的权重赋为 0，这样一来 UDT 重新构建的图中任意两个顶点之间的距离和原来图中相对应距离可以保持一致。显然 UDT 能保证像单源最短路径等根据边的距离的算法结果的正确性。由于广度优先搜索是 SSSP 中所有边权为 1 的特例，所以也能正常工作。同样的，UDT 还能将新加入的边权值赋为无穷大，来保证单源最宽路径（singe-source widest path，SSWP）算法结果的正确性。因为这个算法只依赖于一条路径上的权重最小的边。

- UDT 可以保证原始图中所有顶点的入度和出度保持不变。因为一个高度顶点新生成的顶点集作为一个整体，对外不会增加入边和出边。所以在基于 Push 和 Pull 的算法中，UDT 都能保证结果的正确性。总体来说，UDT 可以保证基于连接的、基于路径的和基于度的图算法的正确性，包括 CC、SSSP、SSWP、BC、BFS 和 PR 等。而对于那些需要分析顶点之间连接关系的图算法，如图着色问题（GC）、三角形计数问题（TC）等，UDT 可能就无法胜任了。

（3）虚拟图转换

对不规则图数据进行物理上的转换需要额外的时间与空间开销。此外，由于分裂会导致数据传播的路径变长，转换后的图可能需要更多迭代次数才能达到收敛。为了解决这些问题，Tigr 在原始图（物理层）之上添加一个虚拟层，只在虚拟层上执行分割转换，而保留原始图的完整性，称为虚拟分割转换（virtual split transformation）。这种方法能在降低图的不规则性的同时避免物理图分割的额外开销。

Tigr 在虚拟层与物理层之间建立顶点（边）的映射，编程模型在虚拟层上对顶点进行处理和调度，而数据的传播实际上是在物理层进行的，这对编程模型是隐藏的。虽然物理顶点被拆分为多个虚拟顶点，但是这些虚拟顶点的值都存储在相同的内存位置，即原始物理顶点值所在的位置（多个虚拟顶点值保存一个值），这允许所属同一个物理顶点的虚拟顶点自动同步它们的值。

（4）针对 GPU 架构的优化

数据局部性对 GPU 的性能有很大的影响。Tigr 将虚拟顶点按线程分配处理，由于每个顶点的数据在 CSR 格式中是连续存储的，所以从单线程的角度来看，图算法数据的访问具有良好的局部性。但是如本节开头所述，GPU 的处理是按照 warp 来进行的，每一个 warp 包含多个线程，它们共用一块共享内存。所以从 warp 的角度来看，线程的数据访问不是顺序的。如图 4.39 所示，顶点 2 被分为两个虚拟顶点，它们所对应的边分别是从索引 3 和 6 开始的，这种不连续的访问会损害数据的局部性。

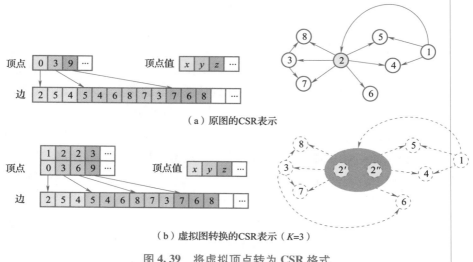

图 4.39　将虚拟顶点转为 CSR 格式

Tigr 采用一种内存访问优化策略——边数组聚合（edge-array coalescing）来解决虚拟分割转换中可能存在的损害数据局部性的问题。在给顶点分配边时，与常用的顺序分配不同，Tigr 采用跨步的方式分配，步长和偏移量分别是该虚拟顶点族（从一个原始顶点生成的所有虚拟顶点属于一个虚拟顶点族）中顶点个数和顶点的 ID。如图 4.40 所示，第一个顶点（2′）被分配了 0、2、4 号边（即顶点 5、6、7）。这样一来，如果同一个虚拟顶点簇中的顶点被分配到同一个 warp 中处理（这是很可能的，因为它们的顶点是连续存储的），那么加载一条边就会将同一个 warp 的其他线程所需的边也加载进去，加快了内存访问。

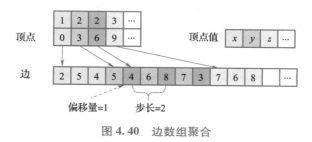

图 4.40　边数组聚合

4. GNNadvisor

作为基于图的深度学习的新兴趋势，图神经网络（GNN）以其生成高质量顶点特征向量（嵌入，embedding）的能力而著称。然而，现有的通用的 GNN 实现不足以跟上不断发展的 GNN 架构、不断增加的图规模和多样化的顶点嵌入维度。为此，Yuke Wang 等人[35] 提出一种自适应的高效运行时系统 GNNAdvisor，用于在 GPU 平台上加速各种 GNN 工作负载。首先，GNNAdvisor 从 GNN 模型和输入图中探索并识别了几个与性能相关的特征，并将它们作为 GNN 加速的新驱动力。其次，GNNAdvisor 实现了一种新颖高效的 2D 工作负载管理，以提高不同应用设置下的 GPU 利用率和性能。并且，GNNAdvisor 根据 GPU 内存结构和 GNN 工作负载的特点来协调 GNN 的执行，从而利用 GPU 内存层次结构进行加速。此外，为了实现自动运行时优化，GNNAdvisor 还包含了一个轻量级的分析模型，以进行有效的设计参数搜索。

GNNAdvisor 利用 Pytorch 作为前端，以提高可编程性并简化用户实现。在底层，GN-NAdvisor 使用 C++和 CUDA 构建，并通过使用 Pytorch Wrapper 与 Pytorch 框架集成。它可以被视为一种新型的 Pytorch 操作符，具有一组内核优化和运行时支持，能够与 Py-torch 框架中的现有操作符无缝合作。数据使用 Pytorch 编写的数据加载器加载，并作为张量传递给 GNNAdvisor，以便在 GPU 上进行计算。一旦 GNNAdvisor 在 GPU 上完成其计算，它将把数据张量传回原始 Pytorch 框架进行进一步处理。

如图 4.41 所示，GNNAdvisor 由几个关键组件组成，以方便 GNN 的优化和在 GPU 上的执行。首先，GNNAdvisor 引入了一个输入加载器和提取器来利用输入级信息，这些信息可以指导系统级优化。其次，GNNAdvisor 包含一个由解析建模组成的决策器，用于自动选择运行时参数，以减少设计优化中的人工工作；还包含一个轻量级的顶点重新编号例程，以改善图结构的局部性。最后，GNNAdvisor 集成了一个内核和运行时 Crafter 来定制参数化的 GNN 内核和 CUDA 运行时环境，其中包括一个有效的 2D 工作负载管理（同时考虑了邻居顶点数量和顶点嵌入维度）和一组 GNN 专用的内存优化。

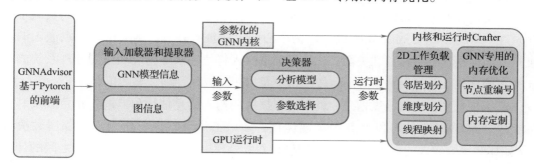

图 4.41 GNNAdvisor 概述

（1）GNN 的输入分析

不同 GNN 应用的设置倾向于不同的优化选择，因此 GNN 的输入信息可以指导系统优化，Yuke Wang 等人探讨了两类 GNN 输入信息潜在的性能优势，并在 GNNAdvisor 中进行了相应实现。第一种是顶点的度数可以影响 GNN 在 GPU 上的负载均衡策略的选择。第二种是顶点的特征向量可以进一步利用特征并行来加速特征向量的聚合与更新。

（2）GNN 模型信息

GNN 更新阶段遵循相对固定的计算模式，而 GNN 聚合阶段表现出较高的多样性。GNN 的主流聚合方法可以分为以下两类。

第一种是仅使用邻居顶点嵌入的聚合（如 sum 和 min），如图卷积网络（GCN）。对于具有这种类型聚合的 GNN，常见的做法是在每个 GNN 层聚合（从邻居顶点嵌入收集信息）之前，在更新阶段降低顶点嵌入维度（例如，将顶点嵌入矩阵与权重矩阵相乘），从而在很大程度上减少聚合期间的数据移动。在这种情况下，提高内存局部性将更加有益，因为可以将更多的顶点嵌入缓存在速度较快的内存中（例如 GPU 的 L1 缓存），以利用性能优势。

第二种是将特殊的边特征（例如，通过组合源顶点和目标顶点计算的权重和边向量）应用于每个邻居顶点的聚合，如图同构网络（GIN）。这种类型的 GNN 必须在大型全维度顶点上嵌入工作，以计算顶点聚合处的特殊边特征。在这种情况下，较小的快速内存（例如 SM 中的共享内存）不足以利用内存局部性。然而，考虑到工作负载可以在更多并发线程之间共享以提高整体吞吐量，改进计算并行化（例如，沿着嵌入维度划分工作负载）将更有帮助。

假设有隐藏维度为 16 的 GCN 和 GIN，输入数据集的顶点嵌入维度为 128。在 GCN 的情况下，将首先对顶点嵌入进行顶点更新，因此，在聚合时，只需要对隐藏维度为 16 的顶点进行聚合。在 GIN 情况下，必须对 128 维的顶点进行邻居聚合，然后进行顶点更新，以将顶点嵌入从 128 维线性转换到 16 维。这种聚合差异还会导致不同的优化策略，其中 GCN 更适合在小型顶点嵌入上进行更多的内存优化，而 GIN 更适合在大型顶点嵌入上进行更多的计算并行性。所以，系统级的优化应该考虑到 GNN 的聚合类型，而 GNNAdvisor 内置的 GNN 模型特性解析器获得 GNN 应用的具体聚合类型。

（3）图信息输入

现实世界的图通常遵循幂律分布，这种分布已经导致了传统图处理系统的负载不均衡。在 GNN 聚合中，如果执行以顶点为中心的工作负载划分，则会由于顶点嵌入的维度更高而加剧这种工作负载失衡。此外，顶点嵌入将使一些最初应用于图处理系统的基于缓存的优化无效，因为缓存通常较小，不足以用其嵌入容纳足够的顶点。

有了顶点度和嵌入维度信息，就可以根据这些输入信息估计顶点的工作负载及其具体组成，而 GNN 也就可以在其中实现优化。如果工作负载主要由顶点的邻居数决定（例如那些度数较大的顶点），可以定制设计并发处理更多邻居，以提高邻居之间的计算并行性。另一方面，如果工作负载由顶点嵌入大小（例如高维顶点嵌入）主导，则可以考虑沿顶点嵌入维度来提高计算并行性。顶点的度和嵌入维度信息可以根据加载的图结构和顶点嵌入向量来获取，且 GNNAdvisor 正是基于这些信息来管理 GNN 的工作负载。

图团体（graph community）。图团体是现实世界图的一个关键特征，它描述了一小群顶点倾向于保持"强"组内连接（即它们之间拥有许多边），同时与图的其余部分保持"弱"连接（更少的边）。许多图处理系统采用现有的以顶点为中心的聚合，其中每个顶点首先加载其邻居，然后独立进行聚合。当每个邻居都是轻量级的标量属性时，该策略可以实现很高的计算并行性。在这种情况下，并行加载的好处将抵消重复加载某些共享邻居的缺点。然而，在顶点嵌入规模较大的 GNN 计算中，这种以顶点为中心的加载将增加许多不必要的内存访问，因为重复加载邻居的开销占主导地位，无法被每个顶点的并行性抵消。随着嵌入维度的增加，这种负载冗余会加剧。另一方面，通过考虑现实世界图的团结构，可以很好地减少对这些"共同"邻居的重复数据加载。

这个想法听起来不错，但要在 GPU 上实现却不那么容易。现有的利用图团体的方法主要针对并行线程数量有限以及每个线程的缓存在 MB 级的 CPU 平台，它们的主要目标是利用每个线程的数据局部性。另一方面，GPU 配备了大量的并行线程和每个线程 KB 级缓存，因此利用 GPU 上的 L1 缓存有效挖掘线程间的数据局部性是利用图团体的关键。具体来说，首先要获得图团体，然后将这种局部性从输入级别映射到底层 GPU 内核。从硬件层面来看，ID 接近的线程更有可能共享内存和计算资源，从而提高了数据的空间和时间局部性。

（4）2D 工作负载管理

由于每个顶点都由一个高维特征向量（即嵌入）表示，GNN 在图计算中采用了一个独特的空间。GNN 工作负载主要在两个维度上增长：邻居的数量和嵌入维度的大小。GNNAdvisor 集成了为 GNN 定制的输入驱动的参数化 2D 工作负载管理，包括 3 种技术：粗粒度的邻居划分、细粒度的维度划分和基于 warp 的线程对齐。

● 粗粒度的邻居划分（coarse-grained neighbor partitioning，CNP）。粗粒度的邻居划分是一种针对 GPU 上 GNN 计算的新型负载均衡技术，它旨在解决顶点间负载不均衡和原子操作冗余的挑战。具体来说，基于 CSR 格式，CNP 首先将顶点的邻居分解为一组大小相等的邻居组，并将每个邻居组（neighbor group，NG）的聚合负载作为调度的基本负载单元。图 4.42 举例说明了无向图及其对应的邻居划分结果。将顶点 0 的邻居划分为 2 个邻居组（NG-0 和 NG-1），组大小预先确定为 2。顶点 1 的邻居（顶点 3 和顶点 5）被 NG-2 覆盖，顶点 2 的邻居分布在 NG-{3,4,5} 之间。为了支持邻居组，GNNAdvisor 还引入了邻居划分模块（neighbor-partitioning module）和邻居划分图存储器（neighbor-partitioning graph store）两个组件。前者是一个构建在图加载器之上的轻量级模块，用于将 CSR 格式的数据划分为大小相等的组。

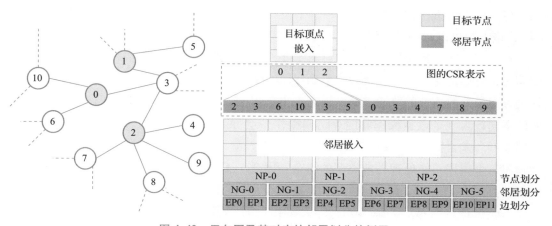

图 4.42 无向图及其对应的邻居划分的例子

与更粗粒度的以顶点为中心划分的聚合算法相比，基于邻居划分的聚合算法在很大程度上缓解了负载单元大小的不规则性，提高了 GPU 的占用率和吞吐率。另一方面，与更细粒度的以边为中心的划分相比，邻居划分策略可以避免管理许多微小工作负载单元的开销，这些开销可能在许多方面损害性能，如调度开销和过多的同步。最后，GN-NAdvisor 引入了一个性能相关的参数——邻居组大小（neighbor-group size，ngs），用于设计参数化和性能调优。邻居划分策略在单个邻居顶点的粗粒度级别上工作，它可以在很大程度上缓解低维环境下的负载不平衡问题。

- 细粒度的维度划分（fine-grained dimension partitioning，FDP）。GNN 与传统图算法的区别在于它对顶点嵌入的计算。为了探索该维度上潜在的加速并行性，GNNAdvisor 利用细粒度的维度划分来进一步分配邻居组的工作负载，以提高聚合性能。如图 4.43 所示，原始邻居组的工作负载平均分布到 11 个连续的线程，其中每个线程沿着一个维度独立地管理聚合。如果维度大于工作线程的数量，则需要更多的迭代才能完成聚合。

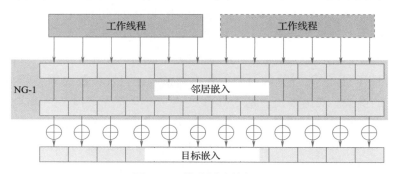

图 4.43　维度划分的例子

使用维度划分主要有以下两个原因。首先，它可以适应更多样化的嵌入维度的大小范围。可以增加并发维度 worker 的数量，或者允许更多的迭代来灵活地处理维度变化。这对于模型结构日益复杂和嵌入维度大小不同的现代 GNN 来说至关重要。其次，它引入了另一个与性能相关的参数——用于设计定制的工作线程数量（dimension-worker，dw），该参数可以帮助平衡线程级并行和单线程效率（即每个线程的计算量）。

- 基于 warp 的线程对齐。虽然 CNP 和 FDP 解决了如何在逻辑上平衡 GNN 工作负载的问题，但如何将这些工作负载映射到底层 GPU 硬件以高效执行仍未解决。一个简单的解决方案是分配连续的线程来并发地处理来自不同邻居组的工作负载。但是这些线程之间的不同行为（如数据操作和内存访问操作）会导致线程发散（divergence）以及 GPU 利用率低。来自同一个 warp 的线程以单指令多线程（SIMT）的方式进行，并且 warp 调度程序每个周期只能处理一种类型的指令。因此，不同的线程必须等待轮到它们执行的时间，直到 SM 的 warp 调度器发出相应的指令。

为应对这一挑战，Yuke Wang 等人提出一种与邻居和维度划分协调的 warp 对齐（warp-aligned）的线程映射，以系统地利用平衡工作负载的性能优势。如图 4.44（b）所示，每个 warp 将独立地管理来自一个邻居组的聚合工作。因此，不同邻居组（如 NG-0～NG-5）的执行可以很好地并行化，而不会导致线程发散。使用基于 warp 的线程对齐有以下几个优点。首先，可以使线程间的同步最小化。同时相同 warp 的线程在同一个邻居组的不同维度上工作，因此这些线程访问全局内存或共享内存时不会发生冲突。其次，单个 warp 的工作负载减少，不同 warp 之间的工作负载更加均衡。因此，warp 调度器可以灵活地管理更多的小 warp，以提高整体的并行性。考虑到聚合过程中每个 warp 不可避免的全局内存访问，通过增加 warp 的数量可以提高 SM 占用率以隐藏延迟。第三，可以合并内存访问：来自同一 warp 的具有连续 ID 的线程将访问全局内存中的连续内存地址以进行顶点嵌入。因此，与连续线程映射相比 [图 4.44（c）]，warp 对齐的线程映射可以将来自同一个 warp 的内存请求合并到一个全局内存事务中 [图 4.44（d）]。

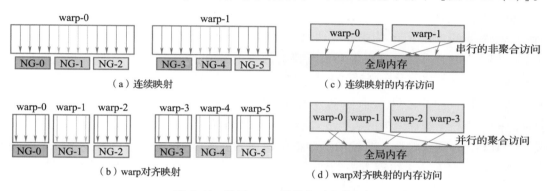

图 4.44　基于 warp 的线程对齐的例子

（5）warp 感知的内存优化

现有的工作利用大量的全局内存访问来读写嵌入，并利用大量的原子操作来聚合。然而这种方法会产生较大的开销，不能充分利用共享内存的优势。特别是当将具有 k 个邻居组的目标顶点（每个顶点都有 ngs 个 Dim 维嵌入的邻居）聚合为一个 Dim 维的嵌入时，会产生 $O(k \cdot \text{ngs} \cdot \text{Dim})$ 的原子操作和同样大小的全局内存访问。

因此，GNNAdvisor 提出了一种以 warp 为中心的共享内存优化技术。通过根据块级的 warp 组织模式自定义共享内存布局，可以显著减少原子操作和全局内存访问的次数。首先要为每个邻居组（warp）的目标顶点预留了一个共享内存空间，以便来自某个 warp 的线程可以在共享内存中缓存归约的中间结果。之后，在一个线程块中，考虑到每个顶点的邻居可以分布在不同的 warp 中，GNNAdvisor 指定一个 warp（称为 leader）来将每个目标顶点的中间结果复制到全局内存中。具体过程为：每个 warp 都有 3 个属性，node-SharedAddr（邻居组聚合结果的共享内存地址）、nodeID（目标顶点的 ID）和 leader（一个布尔类型的标志，表示当前 warp 是否为 leader warp，用于将结果从共享内存中复制到全局内存），主定制例程（major customization routine）根据相对于线程块的索引位置处理不同的 warp。这种共享内存的定制成本较低，并且只在 GPU 内核执行之前的图初始化过程中执行一次。

在 GNNAdvisor 的设计中，当目标顶点具有 k 个邻居组时，它会产生 $O(\text{Dim})$ 原子操作和全局内存访问。为此，可以将原子操作和全局内存访问节省 $k \cdot \text{ngs}$ 倍，从而显著提高聚合操作的速度。

5. TLPGNN

图神经网络（GNN）计算包括常规的神经网络操作和一般的图卷积操作，它们占据了总计算时间的大部分。尽管最近有一些研究来加速 GNN 的计算，但它们仍然面临着繁重的预处理、低效率的原子操作和不必要的内核启动等限制。GNN 与传统图算法的一个主要区别是顶点或边的特征向量，这些特征向量的维度可能非常大。在这种新增加的工作负载下，GPU 上 GNN 的运行时特征与传统的图算法有很大的不同。

Fu Qiang 等人[36] 发现，GPU 中的原子操作，特别是原子写入，会极大地损害 GNN 计算的性能，并且 GPU 内存的合并访问对 GNN 的性能会有较大提升。基于此，他们设计了一种轻量级的以 warp 为中心的两级并行 GNN 计算模型 TLPGNN，如图 4.45 所示。在第一层中，TLPGNN 通过将每个顶点映射到一个 warp 来实现顶点之间的并行性，即 warp-vertex 映射。顶点并行的好处有两方面：①由于各个顶点的工作量相互独立，可以避免原子操作；②它可以消除每个线程束（warp）中的分支发散（branch divergence）——当一个线程束中的线程进入不同的控制路径时，就会发生分支发散。在第二层中，TLPGNN 通过将特征向量的每个维度映射到一个 warp 中的线程来实现特征的并行。在这种情况下一个线程束中的线程会访问连续的全局内存，这可以使内存访问合并，其中一个线程束中的所有线程请求的内存地址只落在几个缓存行中。

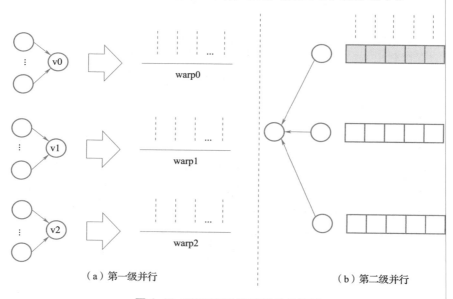

（a）第一级并行　　　　　　　　（b）第二级并行

图 4.45　TLPGNN 的两级并行模型

此外，针对顶点并行性导致的负载分布不均衡问题，TLPGNN 还实现了一种混合动态负载分配技术。它可以根据输入图的性质在硬件实现和软件实现的动态负载分配策略之间进行切换。除了混合动态负载分配策略以外，TLPGNN 还使用内核融合（kernel fusion）来减少启动核（launched kernel）的数量以及使用寄存器缓存来缓存频繁访问的图索引边界和中间的聚合结果。

（1）TLPGNN 的两层并行模型

CUDA 编程模型提供了一个具有不同级别（即线程、warp 和块）的线程层次结构，以并行化运行在 GPU 上的计算任务，而在 GNN 的图卷积计算中存在大量的并行机会。为了释放 GPU 的全部功能，Fu Qiang 等人认为找到工作负载和 GPU 线程层次结构之间的最佳映射关系至关重要。由于 CUDA 编程模型具有多层次结构，TLPGNN 将 GNN 的图卷积中的计算分为两级：在第一层中，计算的粒度是由图中的实体（即顶点和边）来衡量的，每个顶点或边都有一定数量的计算任务与之相关，并且可以将其分配到 CUDA 线程层次结构的一个级别；在第二层中，TLPGNN 关注单个顶点或边的具体计算任务。TLPGNN 会根据不同层次的计算选择不同的并行策略和 CUDA 线程层次之间的映射关系。

第一层是顶点并行，在第一层中与每个顶点或边相关的工作负载可以独立于其他顶点或边进行处理，这些工作可以并行执行。一般存在两种不同类型的并行性：顶点并行性和边并行性。顶点并行是指并行处理多个顶点，而边并行是并行处理多条边。虽然边并行可以避免顶点并行中边分布不均匀导致的工作负载不均衡，但是原子操作带来的巨大开销会极大地损害性能。因此，TLPGNN 选择在设计中使用顶点并行。

下一步是决定如何将与图中顶点关联的工作负载映射到其线程层次结构中的底层 GPU 的执行单元。在以顶点为中心的处理模式中，每个顶点的工作负载分配给一个线程、线程束或 CTA。Fu Qiang 等人认为，将每个顶点映射到线程束（warp）［如图 4.45（a）所示］优于其他一些方法，这样可使得 GNN 图卷积性能更好。

一方面，由于顶点的边分布不均匀，为图中的每个顶点使用一个 CUDA 线程将导致在每个线程内发散执行。更具体地说，在每个线程中，处理邻居数量较少的顶点的线程在任务完成后会变得空闲。同时它的内存访问模式对 GPU 来说也不是最优的，这会导致大量无用数据从全局内存加载到缓存。另一方面，将一个顶点映射到整个 CTA 会给内核带来同步开销。也就是说，为了避免竞争并保证结果的正确性，在同一个 CTA 中协调 warp 来完成单个顶点的计算需要额外的同步操作，并且需要原子操作来更新顶点的结果特征。

而 warp 是 GPU 硬件的最小处理单元，可以在 32 个线程的多个数据上执行 SIMD 指令。将每个顶点分配到单个 warp 意味着每个 warp 运行的工作负载不会相互干扰，这意味着可以避免任何可能的同步开销。由于 warp 中的每个 CUDA 线程工作在相同的顶点上，因此它们将遵循相同的控制路径，消除由于输入图的边分布不均匀而导致的分支发散。

TLPGNN 引入第二级特征并行有两个好处：首先，与每个顶点相关的计算可以在内部并行化；其次，由于 TLPGNN 将每个顶点分配给一个 warp 来处理，在每个 warp 有 32 个线程的情况下，它们就可以并行执行。顶点内的计算可以表示为一个嵌套循环，循环顺序有两种选择：先边再特征或先特征再边。前一种循环方案首先在要处理的顶点的每条边上进行迭代，然后针对特征维度轴上的每个索引，计算该边生成的消息索引中的值并更新顶点结果的特征的对应索引。后者的过程正好相反。由于每个 warp 有 32 个线程，嵌套迭代的内部循环可以部分并行化。如图 4.46 所示，按照先特征再边的顺序，每个 warp 可以在一个步骤中处理由边生成的相同维度的最多 32 条消息；在一个维度完成后，它会移动到下一个维度。在这种并行策略中，多个边同时处理，特征维度按顺序处理。所以 Fu Qiang 等人也称它为边并行（edge parallelism）。而在先边后特征的处理顺序中，每个 warp 处理每个步中一条边生成的相同消息中的连续 32 个元素；在一条边完成后，它会移动到下一条边。可以注意到，在此设计中，忽略了边并行，因为所有边都是顺序处理的，并且多个特征维度是并发处理的。所以 Fu Qiang 等人称它为特征并行（feature parallelism）。

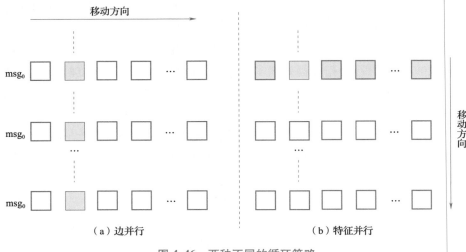

图 4.46　两种不同的循环策略

TLPGNN 的图卷积内核设计采用了特征并行的循环方案，主要有以下两方面的原因。一方面，在边并行方案中，一个线程束中的所有线程处理相同维度的消息，然后需要根据这些值更新结果特征相同的元素。因此，每个线程必须读写相同的内存地址，引入原子操作开销以避免产生读写冲突。相反，在特征并行方案中，同一个线程始终处理不同的维度，这意味着它们需要更新结果特征的不同元素，这样就可以避免原子操作带来的同步开销。另一方面，为了计算来自不同边的同一维度上的元素值，线程需要访问分布在全局内存中不同地址的数据，产生分散的内存访问。然而，特征并行中的内存访问模式是完美合并的，因为所有线程都处理单个消息的连续段。所以选择利用特征并行可以避免原子开销并且合并内存访问。

（2）混合负载均衡

针对顶点并行可能导致的负载不均衡问题，TLPGNN 采用了一种基于软件和硬件的混合负载均衡技术。TLPGNN 利用 GPU 动态地将块分配给 SM 执行这一特性来实现基于硬件的任务分配。具体来说，TLPGNN 使用与输入图的顶点数量相同的 warp 数量，并且每个 warp 只处理一个顶点。然后，GPU 硬件将以动态模式调度这些 warp 执行，其中硬件资源将在一个线程块完成后释放，然后分配给下一个新块。由于最小调度单元为块，如果一个块中存在多个 warp，则会导致块内负载不均衡。因此，每个块中的 warp 数量成为这种方法的可调参数。warp 数目越少，工作负载越平衡，但硬件调度开销越大，而warp 数目越多，工作负载越不平衡，但硬件调度开销越低。

基于软件的动态负载分配可以理解为任务池模型。所有需要处理的顶点被放入一个任务池。每个 warp 每次从任务池中获取固定数量的任务，并在这些顶点上执行计算。完成当前工作负载后，它会检查池中是否还有剩余的任务。如果存在，那么这个 warp 会继续从任务池中取出任务，直到池为空。具体来说，如图 4.47 算法 4.6 所示，TLPGNN 在全

算法 4.6：基于软件的动态负载分配
参数：warp 的数量：nwarp； 图中的顶点数量：nvertex； 每次迭代时要处理的顶点数量：step；
1　**begin**
2　　初始化全局变量 G←0；
3　　**for** warp ∈ Kernel **do in parrallel**
4　　　　sindex←AtomicAdd（G, $step$）；
5　　　　**while** sindex<nvertex **do**
6　　　　　　**for** v ∈（sindex, min（sindex+step, nvertex））**do**
7　　　　　　　　Processing vertex v；
8　　　　　　sindex←AtomicAdd（G, step）；
9　　　　　　workload again.

图 4.47　基于软件的动态负载分配

局内存中维护一个初始化为 0 的全局变量，用于记录未完成顶点的起始位置，然后每次 warp 读取它，并且原子地向该变量添加一个预定义的整数。返回值表示在这次迭代中要处理的顶点的起始索引。在完成预定义数量的连续顶点的工作后，每个 warp 在下一个循环中重复相同的操作，直到全局变量超过顶点总数。此实现在开始时为所有输入使用固定数量的 warp，这通常是所有 SM 可以并行运行的最大 warp 数。由于所有的硬件资源都是一次性分配的，因此没有硬件调度开销。

经过测试，Fu Qiang 等人发现不同的图数据适合不同的任务分配方式。首先，当输入图的顶点总数较高时，基于软件的方法优于基于硬件的方法；这是因为基于硬件的方法需要分配过多的块，导致较高的硬件调度开销。其次，当平均顶点度数较高时，基于软件的方法优于基于硬件的方法。较高的平均度数意味着每个顶点上定义的工作负载较重，那么原子操作的开销与顶点上的计算相比可以忽略不计。因此，TLPGNN 利用基于启发式的判别来确定使用哪种方法：当顶点数大于一百万或平均度数大于 50 时，采用基于软件的动态负载分配方法，否则采用基于硬件的负载分配方法。

（3）内核融合

Fu Qiang 等人发现，在图卷积中使用更少的内核可以减少内存使用和数据传输。而现有的大多数工作，如 DGL、FeatGraph，都使用多个内核来实现。一般来说，有两种类型的基本内核可以被认为是图卷积计算的构建块：ApplyEdge 和 ApplyVertex。ApplyEdge 负责计算每条边产生的消息，将源点、目标点和边的特征作为输入。ApplyVertex 用于聚合每条边的消息，并为每个顶点生成新特征。大多数 GNN 模型的图卷积可以表示为这两种类型的组合。图注意力网络（GAT）更为复杂，它计算每条边的注意力系数，然后对所有注意力进行 softmax 操作以加权聚集所有邻居特征。因此，可以用一个 ApplyEdge 来获取注意力系数，用两个 ApplyVertex 实现 softmax 和聚合操作来表达图卷积中的计算。

但使用独立的内核意味着 ApplyEdge 内核为所有边生成的消息需要写入全局内存，这可能导致显著的计算和内存瓶颈，特别是当每个边生成高维消息时。为了解决这个问题，TLPGNN 将 GNN 模型中的图卷积计算融合到单个内核中。融合的内核共同生成并聚合每个边的消息，而无须显式地存储这些消息。这样做可以避免冗余内存的使用，如果输入图有大量的边或模型使用较长的消息，则可能会产生较多的冗余内存使用。此外，考虑到 GPU 中全局内存操作的昂贵开销，该算法可以大幅减少内存操作的总数据传输量，从而极大地提升 GPU 的整体性能。

（4）寄存器缓存

由于每个 SM 有大量的寄存器，每个线程最多可以使用 255 个寄存器，并在每个时钟周期内执行 4 个寄存器访问。TLPGNN 将索引边界数据和中间规约结果放入寄存器中，进而大大地提高了整体的性能。

在迭代顶点的边表之前，warp 中的每个线程都需要读取边表的起始索引，并且在每次迭代之后，还需要通过读取结束索引来检查是否已经结束。由于索引边界被频繁访问，所以使用寄存器缓存这两个值将在很大程度上减少不必要的全局内存请求。此外，GNN 模型使用归约操作将来自所有边的消息聚合为单个结果特征，而在每次迭代中将产生的特性更新到全局内存中会导致过多的读取和存储事务。因此，将中间结果缓存在寄存器中，可以消除这些内存访问中的大部分。遍历边表后，只需要一次写操作。

4. 4. 3　单机 CPU-GPU 异构图计算系统

随着图数据规模的不断扩大，GPU 的内存渐渐无法完全容纳整个图。使用有限的内存处理那些超过 GPU 内存容量的大尺度图称为核外（out-of-core）或者内存外（out-of-memory）图处理。解决这个问题主要有两种方法：基于图分割的方法以及基于统一内存的方法。大多数现有的解决方案都使用了图分割策略。这种方案首先将大图进行分割，使每个部分都能放到 GPU 内存中，然后在迭代处理的过程中逐步地加载所需的部分。由于图计算应用具有计算/访存比较低的性质，这种方法的数据传输开销较大。一种优化方法是数据预取，将数据从 CPU 读取的过程与 GPU 计算的过程重叠，一定程度上减少延迟。但是更有效的方法是直接减少 CPU 与 GPU 之间的数据交换。为了达到这个目标，Graphie 和 GraphReduce 跟踪顶点/边的活跃度，只将那些活跃的（下一次要处理的）顶点或者边加载到 GPU 内存中，能显著减少数据交换。但是因为稀疏图的性质，有时候活跃的部分也包含很多不活跃边，导致许多不必要的数据传输。

相比于显式地追踪元素的活跃度并管理数据移动，一个更高效的方法是使用统一内存（unified memory）。统一内存技术将 CPU 和 GPU 的内存映射到同一个内存空间中，允许 GPU 使用通用的访存指令访问 CPU 内存中的数据（依然需要两者之间的数据传输）而无须显式的内存复制指令。与之前的零复制（zero-copy）技术不同的是，统一内存会将 CPU 中整个内存页的数据全部加载到 GPU 中。这在局部性较好的程序中显然能大大提高效率。然而由于图算法访存模式的不规则性，统一内存依然无法彻底解决非活跃边的传输问题。

1. Subway

与之前的研究加载活跃点和边不同的是，Subway[37] 将活跃的顶点和边生成子图，再将其加载到 GPU 中。由于在迭代过程中活跃子图可能经常改变，所以几乎每一次迭代都要重新生成子图。为此 Subway 提出了一种快速生成子图的算法，能够在每次迭代开始前以较低的代价生成子图，加快处理。在此基础上，Subway 还在处理 GPU 内的子图时采用异步的方式，延迟 GPU 内的子图与 CPU 内存中的其他图数据的同步（在局部收敛后再同步），以达到减少迭代次数，进而减少子图生成次数以及 GPU 与 CPU 之间的数据交换。

（1）快速子图生成算法

Subway 采用 CSR 的格式来表示图。与一般的图处理不同的是，它在 GPU 中保存顶点数组，而在 CPU 内存中保存相应的边数组。由于边数据占图的主要部分，所以 GPU 一般情况下可以完全容纳顶点数据，同时又能减少顶点更新时与 CPU 的数据交换。

为了简洁地表示子图，同时在处理时能够快速访问数据，Subway 采用了 SubCSR 格式来存储子图数据，这是一种用 CSR 的方式来表示图的顶点和边的子集的一种数据结构。图 4.48（b）就是图 4.48（a）中的 3 个活跃顶点的 SubCSR 表示。它与 CSR 的主要区别在于用两个数组来代替 CSR 中的顶点偏移数组：①子图的顶点数组用来表示子图中的顶点在整个图的顶点数组中的下标索引，数组中的 2、6、7 就代表这 3 个顶点是原图中的索引是 2、6、7（v_2、v_6、v_7）；②子图偏移数组表示子图中顶点对应的边在子图边数组中的起始位置，这个类似于 CSR 中的顶点数组，而子图边数组只包含活跃顶点对应的边。利用 GPU 编程库（如 thrust 等）提供的并行规约和前缀和等操作，可以根据活跃顶点和顶点的度等数据简单快速地生成对应的 SubCSR。

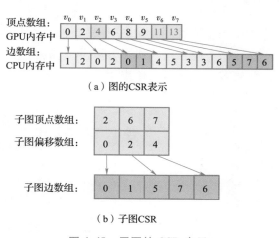

（a）图的 CSR 表示

（b）子图 CSR

图 4.48　子图的 CSR 表示

虽然图处理过程中的平均活跃顶点的比例较低（一般在 10% 以下），但是其峰值较高，甚至有些算法能达到 100%（所有的顶点都是活跃顶点，如 PageRank）。为了解决 SubCSR 有时过大，仍然无法全部装入 GPU 的问题，Subway 会采用传统的基于图分割的方法。根据 GPU 内存的容量将一个过大的 SubCSR 分区，使得每个 SubCSR 分区都小于但非常接近 GPU 内存的容量，能够装入 GPU 处理。这种做法除了图分割开销以外，不会增加额外数据传输开销。

（2）异步子图处理

在生成子图以后，如果仍然大于 GPU 的内存，则将其再次划分，每一部分串行地迭代处理。在一次子图迭代中，只有当子图中的所有顶点在当前范围内完全收敛以后，才会执行其他部分（有分割）或者再次生成子图（无分割）。这样做的好处在于：一方面在子图处理的过程中，会更新不属于该子图的顶点的值（因为不属于该子图，所以下次迭代不会计算该顶点，虽然它也是活跃顶点），所以轮到该顶点所属子图的处理时，能够直接利用之前迭代的结果，加快收敛；另一个更重要的方面是，这样做能使子图中的顶点值更加接近于最终的收敛状态，减少外部完整图的迭代次数，而外部的迭代会重新生成子图，有相对较大的开销，所以这种做法能减少子图的生成次数。同时因为同一个子图的迭代过程只需要加载一次数据，所以这种异步处理的方法也能显著减少 CPU 与 GPU 的数据传输。

但是有一点需要注意的是，这种异步处理方法会改变顶点处理的优先级（会更倾向于处理同一个子图中的顶点），所以可能不适合所有的图算法，尤其是那些对顶点的处理顺序比较敏感的算法，如 PageRank 等。对于这种情况可能需要对算法做一定的处理，例如将 PageRank 做累计更新的改进，使其不依赖于顶点的求值顺序，才能使用这种优化策略。

Subway 提出了一种快速生成子图的方法，在每次迭代之前将子图加载到 GPU 中处理，以减少 CPU 与 GPU 之间的数据传输。同时，Subway 采用异步图处理的策略，先迭代处理子图内的数据直到收敛，再重新生成子图，可以显著减少整体迭代迭代次数，减少子图的生成频率，如图 4.49 算法 4.7 所示。但是由于这种方法会改变顶点处理顺序，不适合所有图算法，所以 Subway 将其作为一种可选的优化策略，程序员可以根据图算法的特点来选择是否使用。

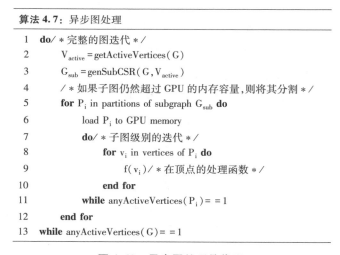

图 4.49　异步图处理伪代码

2. LargeGraph

由于图算法中顶点之间的依赖关系，一个顶点要达到收敛状态，就需要每个活跃顶点将其状态（或者值）沿着路径依次传播，最终使所有顶点都能收到其状态的改变。在现有的基于 GPU 的大图处理系统中（如 Subway[37]），一条路径的顶点可能分别存在于 GPU 与 CPU 上。所以在每一轮沿着路径传播状态时，需要不断在 GPU 与 CPU 之间传输数据，从而产生较高的数据同步开销和传输开销。同时由于一个顶点只能从其直接邻居处获取数据，所以当其邻居都没有更新时，它会获取邻居的旧数据来计算。当然这种计算是无效的，这使得 GPU 的大量线程处于闲置状态，或者花费大量资源处理无效数据，降低了计算效率。

与现有的系统不同的是，LargeGraph[38] 提出了一种依赖感知的数据驱动执行策略，可以显著加速活跃顶点沿图路径的状态传播，同时具有较低的数据访问开销和较高的并行性。具体来说，LargeGraph 根据顶点之间的依赖关系，只加载和处理来自活跃顶点所在路径相关的图数据，以减少访问开销。由于现实中图数据的幂律性，大多数顶点可能使用几条路径来传播它们的状态，所以 LargeGraph 会在 GPU 中动态的识别并维护使用频率较高的路径，以加速状态的传播，实现更快的收敛。而对于其他的路径，则会尝试在 CPU 中处理。

（1）依赖感知的执行策略

为了高效地动态识别依赖链，在开始计算前会将图数据划分为多个不相交的路径。如图 4.50 所示，对于任意两条路径，除了源顶点与尾顶点以外，这两条路径不存在其他相同的顶点。这样一来，活跃顶点相关的依赖链就由这些路径组成，如图 4.51 所示。例如，顶点 v_0 到 v_{20} 的依赖链就由 L_0 和 L_3 组成。通过这样的图分解，可以在执行时高效地识别出相关路径子集，能够在每一轮处理开始时动态地找到活跃顶点的依赖链。

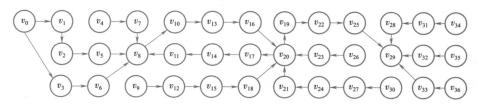

图 4.50　一个简单的图数据

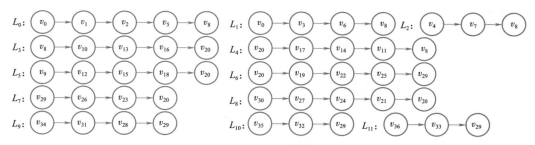

图 4.51　对应图的路径划分

具体来说，在每次迭代处理开始时，LargeGraph 将活跃顶点所在的路径设置为初始路径。然后，根据路径之间的依赖性，迭代地生成其他活跃路径（路径的源顶点位于已经存在的活跃路径上），直到所有符合条件的路径都被生成。例如 v_1 是活跃顶点，那么 L_0 则是初始路径。由于 L_3 的源点 v_8 是 L_0 的终点，所以 L_3 也是活跃路径。相应的，L_4、L_6、L_7 都是活跃路径。剩余的则是非活跃路径，它们相关的顶点和边不用被处理，因为其中的顶点在本次迭代中不会被更新。LargeGraph 会将活跃路径动态地组合在一起，形成逻辑块，然后利用 CPU 或者 GPU 对其进行调度处理。

需要注意的是，经常被使用的路径会被放到同一个块中（如果可能的话），在 GPU 上并行处理。而那些不常使用的路径也会被放到一个块中，由 CPU 来处理。由于在处理过程中路径的使用频率是一直变化的，所以 GPU 会动态地维护经常被使用路径的列表。这样做的好处有两个：首先，利用 GPU 的高并行性与内存的高带宽，可以快速地对常用路径上的顶点进行频繁的状态更新，大多数的状态都可以通过这些路径达到其他顶点；其次，由于 GPU 中的数据是经常被使用的（而不是全部），所以能较为有效地提高 CPU 与 GPU 之间带宽的利用率和 GPU 内存的利用率。

（2）逻辑块的动态产生与调度

为了高效地产生逻辑块，LargeGraph 利用一个位图（bitmap）在每轮处理前表示路径是否活跃，能够较好地节省空间以及快速地判断是否为活跃路径。为了保证更好的局部性，在 LargeGraph 中 CPU 和 GPU 处理的逻辑块的大小是不同的。对于那些在 GPU 中处理的块（使用频率高的），它们的大小被设置为 SM 共享内存的一半；而对于那些在 CPU 中处理的块（使用频率较低的），相应的大小则被设置为最后一级缓存大小的一半。这样做既可以保证更好的局部性，又可以在处理一个块的同时加载另一个块，以此掩盖数据加载延迟，使 CPU 和 GPU 可以在处理完一块数据以后，能够立刻处理下一块。

由于不同使用频率的路径会在不同的设备上处理，LargeGraph 会在每轮迭代开始时动态地计算路径的使用频率。当一条路径的开始顶点具有多条来自活跃顶点的入边时，它就可能会被访问和处理多次。所以 LargeGraph 用连接到一条路径开始顶点的活跃顶点数目来近似地表示路径的使用频率。在每轮处理中，使用频率最高的路径将会被组合在一起，形成频繁使用块，直到块的数目达到目标值（可由用户指定）。

如图 4.52 所示，对于每个逻辑块，LargeGraph 使用 3 个数组来存储图数据。E'_{ldx} 保存着路径上顶点的索引（按照在路径上的先后顺序）。S'_{val} 和 E'_{val} 分别保存 E'_{ldx} 中对应顶

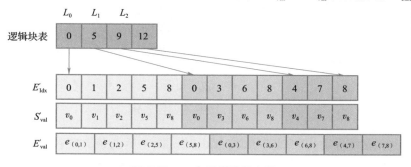

图 4.52 一个逻辑块的存储

点的边的值。同时，这个块还维护一个逻辑块表，其中每一项都是一条路径开始顶点在 E'_{Idx} 中的位置。由于同一个 warp 中的线程所处理的路径是顺序存储在同一个块中的，并且能够放进一个 SM 的共享内存中，所以在线程访问数据时是联合访问的，能够有效地利用 GPU 带宽。

由于路径的使用频率是不断变化的，所以 GPU 中的逻辑块可能会被频繁地换入换出，这种现象称为抖动（thrashing），尤其是在路径使用频率相差不大的情况下。为了进一步减少 CPU 与 GPU 之间的数据交换，LargeGraph 在 GPU 中创建了一个工作列表 W_f^G，用来保存那些使用频率较高的路径，即使它们已经不是活跃路径了。这是基于时间局部性的考量，这些路径在以后可能会被使用。这些不活跃的数据只有在 GPU 内存已满，并且即将读取的块的使用频率大于该块时，才会被换出 W_f^G。当 GPU 处理完一个逻辑块时，它首先会尝试从 W_f^G 中取一个要处理的块，如果无法从中获取（可能 W_f^G 没有更多活跃块），才会从 CPU 中获取，这有些类似内存的缓存功能。

3. EGraph

在动态图分析的许多应用中，通常需要生成许多定时迭代图处理（timing iterative graph processing，TGP）作业，对动态图的相应快照（snapshot）进行处理，以获得不同时间点的结果。对于这种高吞吐量的应用程序，人们希望能够在 GPU 上并发地运行这些 TGP 作业。虽然前面已经介绍了一些基于 GPU 的图处理系统，但对于基于 GPU 的存外动态图处理来说，由于 CPU 和 GPU 之间的数据传输量较大，并发运行的作业之间存在干扰，将导致数据访问开销很大，进而导致整个 GPU 的利用率较低。在 TGP 作业访问不同的快照进行自己的处理时，他们具有很强的时间和空间相似性，因为图的不同快照之间大部分数据是相同的，只有少部分是随时间变化的。而 EGraph[39] 正是利用了这种时间和空间相似性来降低 CPU 与 GPU 之间的数据传输成本，它提出了一个加载-处理-切换（loading-processing-switching，LPS）执行模型，可以集成到现有的 GPU 存外静态图处理系统中，使其能够在 GPU 的帮助下高效地并发执行动态图处理中的 TGP 作业。

（1）空间相似性与时间相似性

一种简单的 TGP 执行模型就是串行执行，在这种模型下 TGP 作业将每个快照逐个作为独立的静态图处理，但是无法充分利用 GPU 资源。与串行处理模型不同，多个 TGP 作业也可以同时处理相应的快照。但是，对于现有的解决方案来说，这些 TGP 作业是在它们自己的快照上独立运行。由于每次图的批量更新通常只影响整个图的一小部分，所以在快照之间，未更改的内容占了整个图的很大一部分。当不同的作业访问各自图快照的顶点和边时，可能会重复将相同的图数据从 CPU 加载到 GPU，导致 CPU 与 GPU 之间的数据传输冗余。由于数据访问时间占了图算法执行时间的大部分，这种并发处理方式的吞吐量也比较低。

实际上，大部分未更改的部分通常由多个作业共享。在每次迭代中由不同的作业访问的图分区之间存在显著的重叠，这些共享分区由每个独立的作业重复遍历以获取它们自己的结果。不同的作业在处理相应的快照时访问大量的共享分区，成为空间相似性。

此外，由于 TGP 作业使用相同的算法来处理同一个动态图的连续不同快照，一个作业处理过的共享分区会在短时间内被其他作业再次处理，这称为时间相似性。这两种相似性显示了 TGP 作业之间强烈的潜在依赖关系，EGraph 正是基于此来实现 TGP 作业的高效并发执行。

（2）LPS 执行模型

为了充分利用 GPU 上 TGP 作业之间的相似性，减少 CPU 与 GPU 之间的数据传输开销，EGraph 提出了 LPS 执行模型。不同快照之间的共享数据可能会被不同的作业沿着不同的路径重复访问，所以每个分区的加载顺序对并发处理的性能至关重要。同时，由于作业具有不同的处理行为（例如作业的提交时间和收敛速度等），使得多个作业无法直接使用同一个共享分区。因此，如何统一不同作业的数据访问行为是一个需要解决的问题。

为了解决这两个问题，EGraph 将多个快照之间的共享部分提取出来，划分为多个作业的共享分区，这些分区将按照图拓扑结构的通用顺序（common order）从 CPU 一次传输到 GPU，然后触发相关的作业并发处理。通过这种方式，对大多数未更改的图分区的访问就可以由多个 TGP 作业共享。同时，EGraph 还设计了一种高效的切换机制来确保 GPU 的负载均衡。

在 LPS 执行模型中，为了降低存储成本，要处理的图快照集（即 G_T）会被组合成一个统一的快照 G_T^{unified}（每个共享分区只维护一个副本），统一的快照由共享分区和非共享分区组成。在每次迭代中，G_T^{unified} 的图数据分区（存储在主机内存中）以通用顺序从主机内存逐个传输到 GPU 中，然后触发相关作业分别更新其私有顶点状态。对于每个共享分区，都会触发相关的 TGP 作业并发处理它们。通过这种方式，每个共享分区只会被分配给 GPU 一次，由多个作业处理，在 GPU 内存中只维护该分区的一个副本，这样就可以平摊该分区的存储和访问成本。

LPS 执行模型分为 3 个阶段：动态图加载、并发处理与同步、负载均衡切换。EGraph 会重复执行这 3 个阶段，直到所有作业都完成。

● 动态图加载。在每次迭代中，G_{shared} 集的每个共享分区都会被顺序地加载到 TGP 作业中。为了加载每个共享分区 $G_{\text{shared}'}^i$，LSP 模型会执行以下操作：$L^i \leftarrow \text{Load}(G_{\text{shared}}^i, \bigcup_{J_t \in J} S_t^i)$，其中，操作符 $\text{Load}(*)$ 会从主存中根据参数 " * " 加载指定数据到 GPU 内存中，S_t^i 是作业 J_t 关于共享分区 $G_{\text{shared}'}^i$ 的私有顶点状态，L^i 是加载到 GPU 内存中的数据。通过这种方式，GPU 内存只用加载每个共享分区的一个副本，例如 $G_{\text{shared}'}^i$。它有效地降低了 CPU 与 GPU 之间冗余数据传输的开销。

● 并发处理与同步。在共享分区 $G_{\text{shared}'}^i$ 被加载以后，相应的 TGP 任务会被激活，执行 $S^{i\text{new}} \leftarrow \bigcup_{J_t \in J} \text{Proc}(G_{\text{shared}}^i, S_t^i)$ 来并发地处理该共享分区。$\text{Proc}(G_{\text{shared}}^i, S_t^i)$ 表示作业 J_t 被激活以处理 G_{shared}^i 并更新其位于 S_t^i 中的顶点状态。只有当前分区已被相关作业处理完毕，才能加载下一个分区。这样，每个加载的共享分区可以同时为多个相关作业服务。

每个共享分区的传输成本通过多个作业摊销，保证多个作业的高效并发处理。当每个作业在 GPU 中完成对当前共享分区的处理后，其同步消息将存储在缓冲区中，直到所有相关作业完成对该分区的处理。这些累计的消息按规则分批发送，以同步每个作业的顶点状态，从而降低通信成本。

- 负载均衡切换。在作业并发执行的过程中，有些作业可能需要处理比其他作业更多的活跃顶点，导致 SM 之间的负载不均衡。此时，LPS 会使用切换操作将负载较多的作业中未处理的活跃顶点分配给负载不足的作业，以协助完成负载较多的作业。

（3）EGraph 整体架构

EGraph 由主机部分（CPU）和设备部分（GPU）组成。其中主机部分负责对原始图进行预处理，维护图数据（统一的快照），调度图分区的加载顺序，并将图数据传输到 GPU 中进行图的更新或处理。设备部分负责接收图数据，更新或处理动态图，并在处理多个作业时保证负载均衡。同时 EGraph 还支持扩展至多个 GPU，在这种情况下只需要将逻辑分区均匀地分配到不同的 GPU 上进行处理，每个 GPU 保存所有顶点的状态，并且在多个 GPU 和主机之间进行顶点状态同步。

EGraph 在预处理时首先将原始图的静态分区划分为细粒度的块，这样做有助于降低CPU 与 GPU 之间的冗余数据传输。然后，在图更新阶段，EGraph 仅将受图更新影响的块（即包含删除边或添加边的源顶点或目标顶点的块）分配给 GPU 进行顶点或边的插入和删除，其中每个顶点用哈希表 H_v 来索引包含该顶点块的 ID。通过这种方式，EGraph 可以降低图更新时 CPU 与 GPU 之间的数据传输成本。

为了支持上述过程，EGraph 包含 5 个组件：图预处理器、加载调度器、更新管理器、处理管理器和交换管理器。

- 图预处理器。它用于将原始图的静态分区以细粒度的方式划分为小块。
- 加载调度器。在执行阶段，EGraph 收集相关 TGP 作业的活跃片段，以构造用于图处理的逻辑分区。然后，加载调度器用于以通用的加载顺序将逻辑分区从主机内存加载到 GPU 全局内存中。这样，多个 TGP 作业就可以共享使用分区。此外，为了最大限度地利用已被加载的逻辑分区，EGraph 还为 TGP 作业设计了一种高效的加载调度策略。
- 更新管理器。在主机上，对于每次图数据的批量更新，更新管理器根据这些更新识别出需要更新的数据块，然后将他们传输到 GPU 中进行相应的图更新。
- 处理管理器。处理模块支持 TGP 作业在 SMs 上高效地并发处理。当作业需要发送消息同步顶点状态时，通信模块也用于将较小的消息合并，以减少 CPU 与 GPU 之间的通信开销。此外，管理模块使用基于值的内存管理来最大限度地利用 GPU 内存，避免图更新或处理时的内存抖动问题。
- 交换管理器。对于正在处理的逻辑分区，交换管理器动态地确保相关作业的负载均衡。当发生负载不均衡时，它将针对相关作业触发交换操作。

（4）TGP 作业的逻辑分区策略

使用上述的动态图加载策略，在有依赖关系的图遍历中具有相同深度的分区会被任意给定一个顺序。因此这种处理可能仍然会受到加载的逻辑分区以及整个 GPU 利用率低的影响。首先，对于不同的 TGP 作业，每个共享逻辑分区的访问频率不同，并且会随时间动态变化。例如，一些具有高度数顶点的逻辑分区会被多个 TGP 作业重复访问，而其他仅有低度数顶点的逻辑分区只会被很少的 TGP 作业访问。当共享逻辑分区被任意地加载到 GPU 内存中时，可能会导致加载的分区只被几个甚至一个作业处理，导致性能较差。其次，非共享分区的加载对于 TGP 作业的收敛至关重要，因为只有在处理这些非共享分区时，才能激活其他分区，为不同的 TGP 作业产生单独的结果。因此，为了提高TGP 作业的 GPU 利用率，应尽快加载非共享逻辑分区。

为了解决上述问题，EGraph 进一步提出了一种有效的在遍历过程中深度相同的逻辑分区调度策略。它给每个这样的逻辑分区一个优先级 $P_{ri}(G^i)$，并动态调度它们以获得这些分区的有效加载顺序。为了实现这一目标，需要遵循两个原则：①将更多作业要处理的共享逻辑分区加载到 GPU 内存中；②应该尽快加载非共享逻辑分区。基于这两个原则可以得到下面的公式：

$$P_{ri}(G^i) = N(G^i) + \beta \cdot \frac{\sum_{J_t \in J} A_t(G^i)}{|J|} + K$$

其中，$N(G^i)$ 是处理逻辑分区 G^i 的作业数；$A_t(G^i)$ 表示分区 G^i 中由当前迭代的作业 J_t 激活的活跃顶点的数目；J 是所有工作的集合；$|J|$ 则是所有工作的数目。$N(G^i)$ 和 $A_t(G^i)$ 的初始值在预处理时获得，并在执行时不断更新。$0 \leq \beta < \dfrac{|J|}{\sum_{J_t \in J} A_{\max}}$ 是预处理时为了保证 $N(G^i)$ 值最高的分区首先加载而设置的比例因子。$A_{\max}$ 是任何逻辑分区中活跃顶点的最大数量。当 $N(G^i)$ 相同时，期望先加载非共享逻辑分区。因此，使用 K 来确保这一原则（即对于非共享逻辑分区，$K=1$，对于共享逻辑分区，$K=0$）。这样一来，每个加载的分区可以被尽可能多的作业共享，从而提高了 TGP 作业的吞吐量。此外，优先加载非共享逻辑分区允许作业充分利用 GPU。

（5）基于值的内存管理策略

现有的一些基于 GPU 的内存管理方案虽然提出了充分利用内存资源的方案，但主要集中在静态图的优化上，没有考虑图演化对内存管理的影响。因此，使用现有的内存管理，EGraph 可能会出现 CPU 与 GPU 数据传输成本过高和内存抖动等问题。首先，由于真实的图更新可能作用于高度数顶点的特征，这些顶点可能在图更新过程中被频繁访问。其次，由于幂律分布，这些更新后的高度数顶点也将被频繁地用于后续的图处理。以上两个事实表明，将高度数顶点与低度数顶点同等对待可能会导致内存抖动，从而增加 CPU 与 GPU 的数据传输成本。因此，应该将访问频率最高的图数据（包括高度数顶点）缓冲在 GPU 的全局内存中，以提高全局内存利用率。

为了解决这个问题，EGraph 提出了一种内存管理方案，以确定哪些数据是最常被访问的。它遵循两个基本规则：①具有较高平均度数的顶点将被赋予更高的优先级；②下一个图更新中与较多图更新相关的部分将被分配更高的优先级。在执行过程中，EGraph 尝试在 GPU 内存中缓冲访问最频繁的部分。当一个数据块需要被缓冲，而缓冲区已满时，EGraph 首先从缓冲区中交换出优先级最低的数据块，并将其传输回主机。然后，优先级更高的块可以交换到缓冲区中进行后续操作。通过这种方法，可以充分利用 GPU 的内存，也可以有效地避免内存抖动。

4.4.4 单机多 GPU 图计算系统

1. Groute

利用多 GPU 并行地执行同一个图算法显然比单个 GPU 的效率要高得多。但是很多算法用的是 BSP 编程模型，但是这种同步的方法不适合多 GPU 的低延迟、异步通信。Groute[40] 提出了一种多 GPU 的异步编程模型和运行时环境，通过异步执行和高效通信来促进多 GPU 上应用的工作负载均衡，提高利用率。

一个多 GPU 顶点系统由一个主机（host，主要是 CPU）和几个 GPU 设备（device）通过低延迟、高带宽的总线连接，如图 4.53 所示。这样的结构能够实现高效的数据传输，充分利用多 GPU 的计算和内存资源。

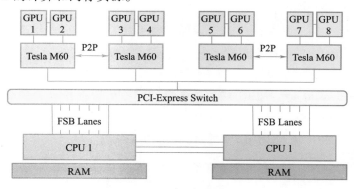

（a）可交换的PCIe总线

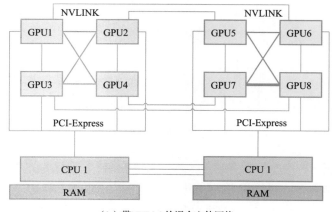

（b）带NVLink的混合立体网络

图 4.53　多 GPU 顶点的连接图

（1）GPU 之间的通信

GPU 之间的通信既可以由主机（CPU）发起，也可以由设备（GPU）发起。由主机发起的内存传输（称为对等传输，peer transfer，PT）是由显式的内存复制命令来实现的；而由设备发起的传输（称为直接访问，direct access，DA）可以同构 GPU 之间的内存访问来完成。需要注意的是，并不是所有的 GPU 之间都是可以直接访问的，如图 4.53（a）的 1 号与 5 号 GPU，两者处于不同的 board，无法直接通信。但是所有的 GPU 都是可以和 CPU 直接通信的，所以两个没有直接互联的 GPU 之间的数据传输便要通过 CPU 来进行：发送数据的 GPU 将数据发送给 CPU，而后接收数据的 GPU 再从 CPU 处取回数据，显然这样会有较大的延迟。

统一虚拟寻址（unified virtual addressing，UVA）技术将主机以及各个设备的内存映射到同一个地址空间，所以由设备发起的内存传输可以使用通用的访存指令来完成，不必显式地指定源 GPU 与目的 GPU。相比于对等传输，直接访问要更加灵活，但是直接访问对内存对齐、访问合并、活跃线程数目，以及访存顺序非常敏感。完全的合并比完全随机访存的性能要高近 20 倍。

在如图 4.53（a）所示的拓扑结构中，一个 GPU 同一时间只能与一个目标通信，这样就阻碍了异步系统之间的快速响应，尤其是要传输较大的数据时。这时可以像计算机网络那样分包传输。但分包又会带来一定的额外开销，而开销又会随着包的大小变化，所以选择适合算法的包的大小很重要。

GPU 之间的通信还要解决多点传输问题。可以使用英伟达联合通信库（NVIDIA collective communication library，NCCL）在总线上创建一个环形拓扑，如图 4.54 所示，每个 GPU 都与一个目标顶点通信。因为 GPU 有两个内存复制硬件，所以可以同时输入和输出。这样一来，GPU 和总线的带宽都可以得到充分利用。

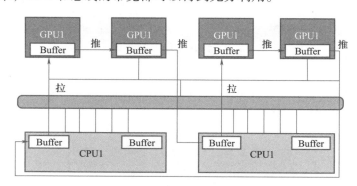

图 4.54　直接访问的环形拓扑

表 4.2 是 Groute 的编程模型及接口。其中 Context 代表运行时环境，可以通过其获得系统运行时的各种信息，如 GPU 的设备信息等。Endpoint 除了指 CPU、GPU 这种物理设备外，还代表路由器（Router），一种为了实现复杂通信模式而抽象出来的一种虚拟设备。每个终端都有 Send 和 Receive 方法，用来在一个链接（Link）上进行数据的发送和

接收。当一个路由器（Router）被创建时，程序员需要指定相应的路由策略（Routing Policy），来确定当路由器收到一个数据时，它应该将其传输到哪些终端。创建连接（Link）时的参数指定了该连接支持的缓冲区个数以及分包大小。

表 4.2 Groute 的编程模型及接口

结构	描述
基础结构	
上下文（Context）	表示运行时环境的单例
终端（Endpoint）	可以进行通信的实体（GPU，CPU，Router）
片段（Segment）	封装了元数据、缓冲区及其大小的对象
通信设置	
Link（Endpoint src, Endpoint dst, int packet_size, int num_buffers）	从源顶点 src 到目的顶点 dst 的连接，使用了多缓冲区以及分包策略。缓冲区数目和包的大小分别是 num_buffers 和 packet_size
Router（int num_inputs, int num_outputs, RoutingPolicy policy）	将多个终端连接在一起的路由器，用于支持动态通信
通信调度	
EndpointList RoutingPolicy（Segment message, Endpoint source, EndpointList router_dst）	一个程序员定义的函数，根据消息的发送方以及路由器的目的终端列表来决定消息的目的列表。路由器会根据终端的可用性来选择合适的目的顶点
异步对象	
PendingSegment	代表正在接受的消息片段
DistributedWorkList（Endpoint src, EndpointList workers）	管理所有工作内容的分配，由一个路由器及各个 GPU 连接组成

为了方便程序员在多 GPU 上开发异步程序，Groute 在标准 C++和 CUDA 的基础上实现了一个轻量级的运行时环境。如图 4.55 所示，该运行时环境由 3 层组成：最底层的低级接口包括顶点拓扑结构的底层管理和 GPU 之间的通信；中间层利用拓扑结构优化内存传输路径，实现了 Groute 的通信结构；顶层的高级接口实现了一些异步应用中常用的集合操作。同时为了能够使程序员更加灵活地使用，Groute 的 3 层都可以被直接访问。

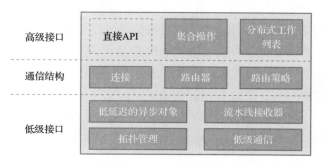

图 4.55 Groute 库的结构

（2）分布式工作列表

分布式工作列表维护一个全局的列表，其中包含要处理的工作项（work-items），同时允许在处理工作项时生成的新内容加载到该列表中。例如，BFS 算法要遍历顶点，找到其邻居，然后邻居又成为接下来要遍历的顶点。由于每个设备可能包含输入数据的不同部分，因此有些特定的工作职能由具有相应数据的设备来处理，而这些工作项是由其他设备所生成的。所以，分布式工作列表需要所有设备都能够直接或者间接地通信。Groute 通过路由器和总线拓扑来实现分布式工作列表的管理。

图 4.56 是一个设备中的工作列表实现。结合之前所述的环形拓扑，第 K 个 GPU 将会收到第 $K-1$ 个 GPU 发来的数据。经过路由器传输以后，接收器会将数据过滤：将自己可以处理的数据放到本地工作列表中，那些无法处理的放到远程工作列表中，发送给下一个 GPU。本地的工作处理过程中可能产生新的工作项，根据同样的原则将其分离，放到本地列表或者传给下一个 GPU。为了消除每次分配缓冲区的开销，本地工作列表使用循环无锁缓冲区，所以需要几个变量来指示当前列表的状态。

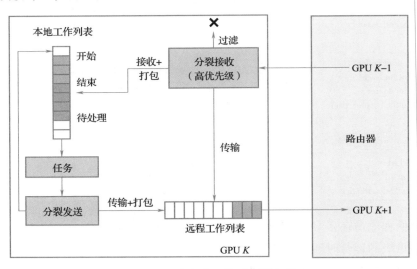

图 4.56　分布式工作列表的实现

（3）软优先级调度

异步的工作列表可能产生错误或者多余的数据传播。因为 GPU 之间没有同步，所以某些 GPU 的工作可能具有滞后性，他们之后传播的信息可能是过时的，而这些信息可能会使其他 GPU 做一些无用的工作。无效消息的传播可能会影响系统的最终效率。例如，在 BFS 算法中，源点与某个顶点之间有多条路径，所需的仅仅是最短的路径。假如最短路径上的 GPU 计算得较慢，之前长路径的结果已经被传播了，虽然可能经过几次迭代不会影响最终的结果，但是中间可能产生一些多余的计算工作。

为了解决这个问题，可以给工作项加上优先级。给那些可能是无效的工作（如 BFS 中的较长路径）赋较低的优先级。在 GPU 处理过程中总是先计算优先级较高的工作，延后处理优先级较低的。这样在处理到较长路径时更短的路径已经计算过了，因而可以将其丢弃并阻止其继续传播。

2. Gunrock

Gunrock[41] 提出了一种以数据为中心的编程抽象，围绕图处理过程中活跃顶点或者边的子集，称为边界（frontier）。通过对边界中数据的迭代处理，以实现相应的图算法。该系统主要面向那些有迭代、收敛特点的图计算，如 PageRank、BFS、SSSP 等。Gunrock 将复杂的任务调度、工作效率优化等策略结合起来，集成到其核心库中，实现简单灵活的 API，供程序员编程使用。程序员只需要知道这些 API 的功能，而不用明白其中的实现原理，从而可以专注于自己的算法实现，高效地开发图算法。

Gunrock 集成了很多优化策略，如内核融合（kernel fusion）、推-拉遍历、优先队列等，这些优化策略涉及内存效率、负载均衡等多个方面，甚至针对特定算法提供优化接口，从而达到了很高的性能，不弱于那些针对特定算法的实现。

Gunrock 提出了 3 种不同的步骤：前进（advance）、过滤（filter）和计算（compute）。每种步骤都以不同的方式操作边或者顶点，如图 4.57 所示。

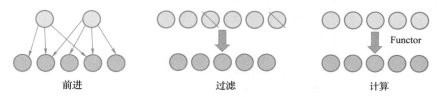

图 4.57　从当前边界到新边界的 3 种操作

前进：前进操作通过访问当前边界的邻居来产生新的边界，供下次迭代使用。前进操作的输入和输出边界既可以是边边界（edges frontier），也可以是顶点边界（vertices frontier）。利用前进操作可以实现许多功能，例如访问当前边界中的顶点并更新其值；边边界与顶点边界之间的相互转换；访问顶点或者边来更新源点与目的顶点的值等。

过滤：过滤操作是将当前边界按照一定的准则来生成其子集。例如，将边界中重复或者已访问过的边或者顶点剔除；或者将顶点边界按照某种规则分为两部分（例如，前面提到的 SSSP 算法的 near-far pile 方法）。程序员可以指定自己的过滤规则来达到自己的目的。

计算：计算操作是在所有顶点或者边上执行的操作。程序员可以指定自己的想要的操作，然后 Gunrock 会在所有元素上并行地执行该操作。许多简单的图原语可以通过一个计算操作完成，如计算一个图的度分布，只需将一条边的两个端点的度分别加一。

Gunrock 的图原语就是通过一系列这些操作组合起来的。每一步内部的处理是并行的，但是每一步之间是串行的——前一步执行完毕下一步才可以执行，直到元素收敛或者算法达到程序员指定的其他结束标准（例如，指定最大迭代次数等）。

下面以单源最短路径算法为例，来看看 Gunrock 的 3 种操作的具体功能。首先，前进操作负责计算当前顶点边界相关的边的列表，并且保证计算任务的负载均衡，无须程序员实现；其次，计算操作用新的距离更新邻居顶点（如果距离更短的话）；最后，过滤操作移除冗余的顶点来产生最终的新边界，供下次迭代使用。这便是 SSSP 算法的一次迭代的过程，其中 Gunrock 会利用各种优化技术和负载均衡技术来保证算法的效率。

（1）Gunrock 的 API 以及内核融合策略

图 4.58 的代码是 Gunrock 的 API。程序员可以自己实现两类 4 个函数，其中 CondEdge 和 CondVertex 是条件类函数，分别处理边和顶点。Cond 函数返回一个布尔值，用于过滤操作，来判断一条边或者一个顶点是否需要去除。ApplyEdge 和 ApplyVertex 是应用类函数，实现在每个元素上要执行的操作。在编译时这 4 个函数会被集成到前进或者过滤内核中，提供内核融合机制。将多个操作集成到同一个 GPU 内核中的好处是，当前一个操作的结果被下一个操作需要时，在同一个内核中的线程可以直接通过寄存器文件或者共享内存的方式直接使用。而如果这些操作不在同一个内核中，可能就需要昂贵的全局内存读写来进行数据交流，这样无疑会增加内存访问，增加延迟，导致效率降低。

```
__device__bool
CondEdge(VertexId s_id, VertexId d_id, DataSlice * problem,
         VertexId e_id=0, VertexId e_id_in=0)
__device__void
ApplyEdge(VertexId s_id, VertexId d_id, DataSlice * problem,
          VertexId e_id=0, VertexId e_id_in=0)
__device__bool
CondVertex(VertexId node, DataSlice * p)
__device__void
ApplyVertex(VertexId node, DataSlice * p)
gunrock::oprtr::advance::Kernel
        <AdvancePolicy, Problem, Functor>
        <<<advance_grid_size, AdvancePolicy::THREADS>>>(
            queue_length,
            graph_slice->ping_pong_working_queue[selector],
            graph_slice->ping_pong_working_queue[selector^1],
            data_slice,
            context,
            gunrock::oprtr::ADVANCETYPE)
gunrock::oprtr::filter::Kernel
        <FilterPolicy, Problem, Functor>
        <<<filter_grid_size, FilterPolicy::THREADS>>>(
            queue_length,
            graph_slice->ping_pong_working_queue[selector],
            graph_slice->ping_pong_working_queue[selector^1],
            data_slice)
```

图 4.58　Gunrock 的 API

（2）Gunrock 的优化策略

Gunrock 将 Merrill 等人在 BFS 算法中的 CTA+warp+scan 的负载均衡策略以及 Davidson 等人在 SSSP 算法中的邻接表分割策略相结合，并用基于拉操作（pull-based）的优化策略将其扩展，集成到 Gunrock 内核中。根据图数据的不同特点使用不同的策略：对于那些度数较大的顶点采用粗粒度的策略，而度数较小的顶点采用细粒度的策略，能达到较好的效果。同时，Gunrock 还支持用户自定义的粗/细粒度切换的度阈值。通过以数据为中心的方式，灵活地操作边界，Gunrock 整合并提供以下不同的优化策略供程序员选择。

- 幂等（idempotent）与非幂等（non-idempotent）。幂等操作是指那些重复执行多次和执行一次的结果一致的操作，例如，$x = 1$ 操作无论执行多少次 x 的值始终为 1，所以它是幂等的。而 $x++$ 操作每次执行都会令 x 的值增加 1，所以它是非幂等的。在图计算中，一个顶点可能被多条边相连，所以在执行前进操作产生下一个边界时，可能会出现顶点的重复。对于有些图算法（如 BFS），这些操作是幂等的，即多次计算的结果是一致的，不会产生准确性问题。对于这种算法，Gunrock 提供高效的过滤操作来减少（而不是消除）这种重复，避免多次计算造成的浪费。而有些图算法的重复计算是非幂等的，多次计算会导致结果错误。Gunrock 在内部也会使用原子操作来避免产生重复的元素，保证计算结果的准确性。

- 推与拉遍历（push and pull traversal）。基于推的遍历是指通过一个访问过的顶点，找到并更新其邻居顶点，代表将访问状态或者顶点的值"推"给其邻居。而基于拉的遍历是指对于一个尚未访问过的或者需要重新计算值的顶点，找到其对应的邻居顶点，从邻居中获取并计算自己的值（或访问状态），代表将自己所需的数据从邻居中"拉"过来。有些时候，基于拉的遍历比基于推的要更高效，因为基于推的需要访问一个顶点的所有邻居，才能正确传播其状态，但是基于拉的则只需要访问到一个被访问过的邻居便可以更新自己的状态，减少了边的访问。因此，在未访问的顶点比当前活跃的顶点数目要少时，拉操作往往更加高效。Gunrock 可以将当前边界转化为顶点位图，然后生成一个由未访问顶点组成的新边界，进而可以实现高效的拉操作，这往往是那些以顶点为中心的架构所无法实现的。

- 优先队列（priority queue）。通常直接的批量同步并行（BSP）编程模型实现没有对元素附加优先级，换句话说，当前边界中的所有元素是以相同的优先级被处理的。而有时按照一定的策略为元素附加优先级，先处理那些优先级较高的元素会在总体上可以提高性能。例如 SSSP 算法将元素根据距离不同划分为 near 集合与 far 集合，并且优先处理 near 集合中的元素。Gunrock 允许用户自己定义 near 与 far 的优先级划分函数，并在下次迭代中只处理 near 集合中的元素，当 near 中元素处理完毕时利用增量重新划分 near 与 far 集合。

4.4.5　多机 GPU 图计算系统

由于 GPU 的高计算性能以及高带宽，分布式 GPU 系统在科学计算等方面有较为广泛的应用。如图 4.59 所示是一个典型的分布式 GPU 架构：其中每个顶点由一个（或多个）CPU 以及多个 GPU 组成，顶点内的 CPU 和 GPU 通过 PCIe 接口或者 NVLink[42] 连接；而顶点之间通过网络或者英特尔 Omni-Path 连接。和单 GPU 以及单顶点多 GPU 相比，利用分布式 GPU 系统实现图计算是一件有挑战性的工作。因为它不仅要关注单个 GPU 内部线程之间的负载均衡问题，还要保证不同顶点、不同 GPU 之间的负载均衡。同时顶点之间的数据传输开销是很大的，所以一个好的分布式系统需要减少不必要的数据交换，以减少传输开销。同时由于 GPU 复杂的内存层次架构，使得无法将原来的基于 CPU 的分布式图计算系统直接应用到 GPU 当中。有关多机的 GPU 图计算研究较少，下面主要介绍几个相关的系统。

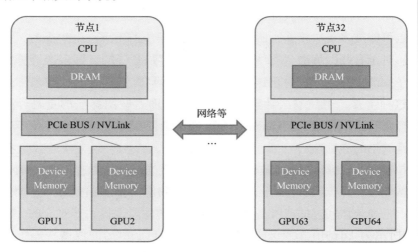

图 4.59　典型的分布式 GPU 架构

1. Lux

Lux[43] 是一个分布式的多 GPU 系统，它通过在多 GPU 的集群上利用聚合内存带宽（aggregate memory bandwidth）来实现快速图处理。即利用 GPU 的内存层次结构来最小化图计算过程中的数据传输。此外，Lux 还分别实现了基于推和拉的执行模型，同时提出了一个性能预测模型，可以定量地预测 Lux 的执行时间，并根据应用和输入图的特点，自动选择合适的执行模型。除此以外，Lux 还引入了一种动态重分区策略，利用程序执行过程中的执行时间等动态地调整各个 GPU 的工作划分，实现了良好的负载均衡，同时只会产生较小的开销。

（1）Lux 的执行模型

Lux 适用于那些可以迭代计算的图应用：这些应用会迭代地修改图的一个子集，并在达到收敛条件或者一定的迭代次数后终止，而大多数图算法都属于此类应用。

如图 4.60 算法 4.8 所示，Lux 将图计算抽象为 3 个无状态的函数，通过实现这 3 个函数，图计算可以被分解为 init、compute 和 update 这 3 个操作。

算法 4.8：Lux 所需的 3 个无状态函数

```
interface Program(V,E){
    void init(Vertex v,Vertex v^old);
    void compute(Vertex v,Vertex u^old,Edge e);
    bool update(Vertex v,Vertex v^old);
}
```

图 4.60　Lux 所需的 3 个无状态函数伪代码

图 4.61 所示为 Lux 中基于拉的执行模型伪代码，其中 $N^-(v)$ 是顶点 v 所有入边的源点的集合。在每次迭代的开始，Lux 对每个顶点都执行 init 函数，来初始化顶点的状态。然后对每条边 (u,v) 执行 compute 函数，用 u^{old}（上次迭代中顶点 u 的值）来计算 v 的新值。该 compute 函数是可以并行执行的。最后 Lux 对每个顶点执行 update 函数，并在迭代的最后将更新提交（不同顶点需要同步数据）。如果此时没有任何顶点被更新，则迭代结束。

在拉模型中，每个顶点都会从它的入边邻居中获取数据并更新，这有利于 GPU 共享内存的聚合访问，因为对于每一个顶点 v，Lux 可以用同一个线程块来计算，这样 v 和其入边邻居都可以放入到 GPU 的共享内存中，供该线程块中的所有线程使用，避免了对 GPU 设备内存的访问。但是由于基于拉的模型对图的所有边都会执行 compute 函数，这对于那些每次迭代中活跃顶点数较少的图算法来说，显然是比较浪费的。所以，Lux 还实现了基于推的执行模型。

图 4.62 所示为 Lux 中基于推的执行模型伪代码，其中 $N^+(u)$ 是顶点 u 所有出边的终点的集合，F 是活跃顶点的集合（例如那些在每次迭代中有更新的顶点）。与基于拉的模型类似，基于推的模型开始时也需要将所有顶点初始化。但是在计算阶段，基于推的模型只需要对活跃顶点集 F 中的顶点及其对应边进行 compute 操作，对于那些活跃顶点较少的算法来说，这样能大大减少 compute 的执行次数。由于顶点的出边邻居可能比较分散，会导致不同线程（块）更新同一个顶点值，需要原子操作来保证结果的正确性，这样一来就会产生额外的同步开销。总体来说，基于拉的模型适合 GPU 的计算特性，一般来说速度更快；而基于推的模型更适合那些每次迭代中活跃顶点数量较少的图应用。

算法 4.9：基于拉的执行模型

```
1    while not halt do
2        halt = true
3        for all v ∈ V do in parallel
4            init(v, v^old)
5            for all u ∈ N^-(v) do in parallel
6                compute(v, u^old, (u,v))
7            end for
8            if update(v, v^old) then
9                halt = false
10           end if
11       end for
12   end while
```

图 4.61　基于拉的执行模型伪代码

算法 4.10：基于推的执行模型

```
1    while F ≠ {} do
2        for all v ∈ V do in parallel
3            init(v, v^old)
4        end for
5        for all u ∈ F do in parallel
6            for all v ∈ N^+(u) do in parallel
7                compute(v, u^old, (u,v))
8            end for
9        end for
10       F = {}
11       for all v ∈ V do in parallel
12           if update(v, v^old) then
13               F = F ∪ {v}
14           end if
15       end for
16   end while
```

图 4.62　基于推的执行模型伪代码

（2）Lux 中的图划分策略

零复制内存是 CPU 主存中的一部分，它可以让 CPU 和 GPU 来共同访问。Lux 就使用了零复制内存来进行 CPU 与 GPU 之间以及不同顶点 GPU 之间的通信。当 GPU 内存足够时，Lux 会将整个图的数据（划分后）存储到多个 GPU 的设备内存中。而当图数据过大，GPU 内存无法同时容纳时，Lux 便会将尽可能多的数据存储到 GPU 内存中，而剩余的部分则存储在各个顶点的零复制内存区。

为了更快地对图进行划分，以及更好地评估数据的传输量，Lux 采用了一种高效的边分区策略，即将数量大致相等的边分配给各个 GPU，这些分区是按照顶点的编号来顺序划分的。Lux 用第一个和最后一个顶点的编号来对各个分区进行区分，同时每个分区还保留其内顶点的所有边，来保证边数量的平衡。而使用边分区策略也可以更好地利用 GPU 的内存聚合访问优化。例如多个 GPU 线程同时对连续的内存地址进行访问时，GPU 会自动将其合并成一个范围内存请求，由底层内存进行更有效的处理。而 Lux 通过连续的顶点进行边划分，可以最大限度地利用合并访问。

图 4.63 是 Lux 边分区的一个例子，一个图被分为 4 个分区，每个分区用 P_i 表示。其中入边邻居集 INS 和出边邻居集 ONS 分别代表分区 P_i 中所有边的原顶点集合和目的顶点集合。同时 INS(P_i) 代表了 P_i 中的输入顶点，ONS(P_i) 是 P_i 中可能更新的顶点，同样也是每个分区所拥有的顶点。同时，Lux 还会维护一个更新集 UDS，它是每个顶点可能需要从其他顶点获取的数据。例如，顶点 1 拥有顶点 1、4、5（ONS 中的前两个），需要顶点 2、3、8。所以更新集就代表系统运行中传输的数据。

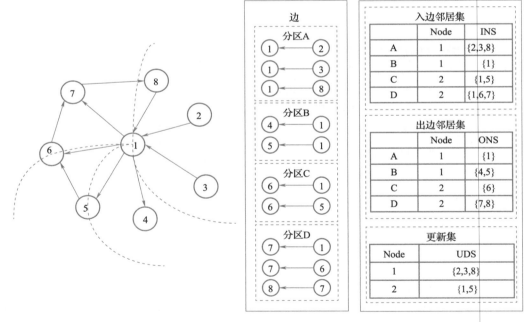

图 4.63　Lux 的边分区例子：2 个顶点 4 个分区

Lux 在图加载时根据顶点的度数进行初始划分。之后 Lux 将分区决策广播给所有的 GPU，这些 GPU 可以并发地从并行文件系统中读取图数据。其中可能会改变的顶点属性存储到零复制内存区，可以被同一顶点上的其他 GPU 访问。在计算过程中，GPU 的每个线程负责一个顶点。为了平衡线程之间的工作负载，Lux 采用了 Merrill 等提出的基于扫描的收集方法。

（3）动态负载均衡

在程序开始时，Lux 会通过上述的边分区策略来生成初始分区，而在此后则使用一种快速动态重分区方法来保证负载均衡。该方法会监视程序的运行时性能，在检测到工作负载不均衡时重新计算分区。动态重分区包括全局重分区阶段（在多个顶点之间平衡工作负载）和局部重分区阶段（在一个顶点的多个 GPU 之间平衡工作负载）。

Lux 假设对于每一个顶点 v_i，都存在一个与处理 v_i 所需时间成正比的权重 w_i，而对于每一个分区，处理该分区的总时间近似于该分区所有顶点的权重之和。在每次迭代结束，Lux 会收集各个分区 P_i 的执行时间 t_i，用来判断是否需要重分区。一次迭代的整个重分区阶段分为以下几个步骤。

步骤 1。对于每一个顶点 N_j，Lux 会收集其平均执行时间 $t(N_j) = \mathrm{avg}_{P_i \in N_j}\{t_i\}$ 并计算 $\Delta_{\mathrm{gain}}(G) = \max\{t(N_j)\} - \mathrm{avg}\{t(N_j)\}$，代表进行全局重分区可能带来的性能提升。同样的，Lux 也会计算全局重分区的开销 $\Delta_{\mathrm{cost}}(G)$，这通常用在不同顶点传输的子图数据量除以网络带宽来表示。由于一次重分区将会使未来多次迭代受益，所以 Lux 引入了因子 α，来将重分区开销分摊到多次迭代上。因此，当 $\alpha\Delta_{\mathrm{cost}}(G) < \Delta_{\mathrm{gain}}(G)$ 时，Lux 认为进行全局重分区会带来性能提升，并转到步骤 2，否则转到步骤 3。

步骤 2。全局重分区。Lux 对那些需要在不同顶点中移动的子图发起顶点间复制请求。在收到新的子图后，每个顶点会重新计算 INS 并以此来更新其 UDS。在全局重分区以后，Lux 则会执行局部重分区并执行步骤 4。

步骤 3。在不执行全局重分区的情况下，Lux 会分析局部重分区是否有益。这个过程与步骤 1 类似，其中 $\Delta_{\mathrm{gain}}(N_j) = \max_{P_i \in N_j}\{t_i\} - \mathrm{avg}_{P_i \in N_j}\{t_i\}$，代表局部重分区可能带来的好处。同样的，Lux 根据 $\alpha\Delta_{\mathrm{cost}}(N_j)$ 是否小于 $\Delta_{\mathrm{gain}}(N_j)$ 来判断是否执行局部重分区，如果执行则转到步骤 4，否则转到步骤 5。

步骤 4。局部重分区。在这一步中，Lux 对那些需要在不同 GPU 之间移动的子图发起顶点内复制请求，然后更新每个分区的 INS 和 ONS。

步骤 5。结束重分区并进行下一次迭代。

在整个重分区过程中，主要的开销为数据的传输开销，而重新计算 INS、ONS 和 UDS 的开销是可以忽略不计的。

2. D-IrGL

Gluon[43] 是一个可用于分布式图分析的通信优化框架，程序员可以在他们熟悉的编程框架上编写应用程序，然后通过轻量级的 API 将这些应用程序与 Gluon 连接起来。Gluon 便可以使这些程序在异构的集群上运行，并通过图划分等策略优化通信。Gluon 可以很方便地与其他单顶点的图计算系统集成起来，形成相应的分布式版本。还可以与单顶点的 GPU 系统集成，形成基于 GPU 的分布式图计算系统。Gluon 主要使用两种方法来优化顶点间的通信：基于图划分策略的结构不变性和时不变性。

（1）利用结构不变性优化通信

图 4.64 是一个出边划分策略（OEC）的例子。原始图有十个顶点 A-J，其中顶点 {A,B,E,F,I} 被分配给主机 h_1，其他被分配给 h_2。每个主机为分配给它的顶点创建一个代理顶点，称为主顶点（master），它保存着该顶点的准确值。而有的边［如边（B,G）］的两个顶点跨越了不同主机（顶点 B 在主机 h_1，而顶点 G 在主机 h_2），则 OEC 分区会在该条边的源顶点（B）所在主机（h_1）上，为目标顶点 G 创建一个代理顶点，称为镜像顶点（mirror），并且在 h_1 上创建一条从 B 到 G 的边。即这种分区策略会将每一个顶点 N 分配给（且只分配给）一个主机，则该主机上的顶点成为 N 的主顶点，而其他主机虽然未被分配 N，但是它也可能使用到顶点 N，所以其他主机也可能存在 N 副本，称为 N 的镜像顶点。而在每个主机获得的子图中，所有的边连接的顶点都在该主机上有一个代理。这样一来，每个主机执行计算时便可以直接获取所需的所有数据，而无须在计算时进行数据传输，而每台主机也就不会意识到其他分区或者主机的存在，在每次计算完毕后统一进行数据同步，从而将计算与通信独立开来，有利于 Gluon 与其他图计算框架的集成。

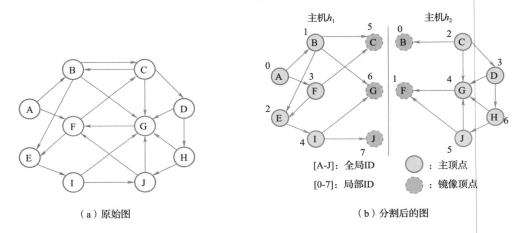

（a）原始图　　　　　　　　　　（b）分割后的图

图 4.64　将一个图划分为两部分

如图 4.65 所示，图划分的策略大致可以分为以下四类。

● 无约束顶点划分（UVC）：这种策略可以将一个顶点的出边和入边分给不同的主机。

● 笛卡儿顶点划分（CVC）：一种受约束的顶点划分策略，只有主代理（主顶点）可以同时拥有输入边和输出边，而镜像代理可以有输入边也可以有输出边，但是不能同时拥有两者。

● 入边划分（IEC）：只有主代理可以拥有入边，其他代理（镜像代理）只能拥有（该顶点的）出边。

● 出边划分（OEC）：这种策略是 IEC 的镜像，即只有主代理可以拥有出边，其他代理只能拥有入边。

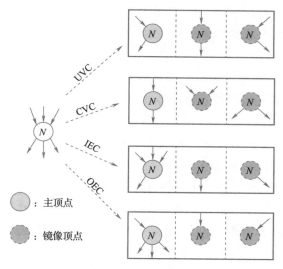

图 4.65　不同的分区策略

其中一些分区策略只能在满足特定条件的图应用上使用。例如基于拉的算法，只有当对活跃顶点进行的操作是规约操作时，才可以使用 UVC、CVC 或 OEC，否则只能使用 IEC，因为只有主代理上才有本地计算所需的入边。其他策略所有主机都可能用户入边，所以只有经过规约操作后才能得到正确的结果。

每种分区策略都需要不同的通信优化模式来进行数据同步，但它们可以由两种基本模式组成：第一种是规约模式，即镜像顶点与主顶点通信，并将顶点数据在主顶点上组合，将得到的值写入到主顶点；第二种是广播模式，即主顶点将其数据广播给各个镜像顶点，对于某些分区策略，可能只涉及一部分的镜像顶点的通信。

不管是基于拉的还是基于推的应用，数据的流向都是从边的源顶点到目的顶点的，所以一条边的源顶点数据会被读取，而目的顶点会被写入，这样就可以引入两个不变量（invariants）：如果一个代理顶点（在其主机上）没有出边，则在计算阶段不会读取其数据；如果一个代理顶点没有入边，则在计算阶段不会对其写入（更新）。这两个不变量就可以确定以下不同分区策略的通信模式。

- UVC。由于一个顶点的主顶点和镜像顶点都可能拥有入边和出边，所以它的任何代理顶点都可能读取和写入。所以在一轮计算结束时，镜像顶点的数据需要传给主顶点，执行规约操作产生最终的结果。这个结果将写入主顶点并广播到所有镜像顶点，因此，规约（reduce）和广播（broadcast）操作都是需要的。

- CVC。只有主顶点可以同时拥有入边和出边，而镜像顶点只能有其一。因此，镜像顶点要么读取数据，要么写入数据。而在一轮计算结束后，拥有入边的镜像顶点会将它们的数据传给主顶点进行规约。然后最终的结果写入主顶点，并广播给那些拥有出边的镜像顶点（只有出边才会需要读取数据）。虽然 CVC 策略也同时需要规约和广播，但是需要通信的镜像顶点会大大减少，从而减少数据传输。

- IEC。只有主顶点有入边，所以所有数据写入都是在主顶点上进行的，所以可以直接得到最终结果（而无须规约操作），然后主顶点将数据广播给其他镜像。所以 IEC 只需要广播操作。

- OEC。在 OEC 中所有镜像顶点都没有出边，所以不需要从它们读取数据，它们（镜像顶点）也就不用获取最新的数据，可以在下一轮迭代之前重置为下一轮规约操作的初始值（如 0）。因而只需要规约操作。这样一来可以将计算与通信分离，并根据不同的图划分策略选择不同的通信方案，大大减少通信量。

（2）利用时不变性优化通信

在大图处理过程中，往往每轮迭代都有许多顶点（数百万）数据需要同步。同时由于不同主机处理自己的子图时会使用顶点的局部 ID，而在数据同步时显然需要全局 ID 来让其他分区知道数据属于哪些顶点。所以就需要局部 ID 到全局 ID（发送时）以及全局 ID 到局部 ID（接收时）的转换，同时发送数据时还要带上顶点的全局 ID。这样就会增加传输开销与数据转换开销。而 Gluon 实现了一种被称为地址转换的记忆化（memorization of address translation）的优化技术，可以让不同主机之间不需要全局 ID 就可以进行数据交换，进而降低甚至消除这种额外开销。

如图 4.66 所示，在分区完毕以后，每个主机将其所拥有的镜像顶点生成 mirrors 数组，并通知给其他主机。例如主机 h_1 通知 h_2 它拥有镜像顶点 C、G、J。在通知完毕以后，所有主机都可以形成 masters 数组，例如，masters[h_2] 就是那些在主机 h_2 上的有镜像而主顶点在 h_1 上的顶点。然后各个主机将全局 ID 转化为局部 ID，这种转化每次图划分只会进行一次，如果以后不再重新划分，则整个程序运行时只进行一次。然后每个主机都保存着它与其他各个主机进行数据交换的顶点数组。然后在每次广播或者规约操作时，它可以获取对应主机 h_x 的 mirrors[h_x] 或 masters[h_x] 数组，然后按照该数组顺序将数据发送到目标主机。同时目标主机将其写入到对应的 masters 或者 mirrors 数组中。整个过程都是顺序进行的，所以不用传递全局 ID，也不用进行额外的全局-局部 ID 转换。

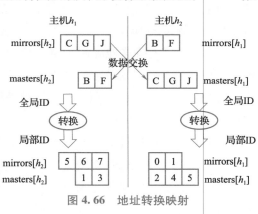

图 4.66 地址转换映射

上面的方法虽然可以避免额外的数据传输开销，但是很多图应用在每轮迭代中活跃顶点的数据可能较少，所以每次数据传输可能只需要传输镜像顶点的一部分。而如果直接使用上述方法的话，目标主机可能无法得知哪些顶点需要更新。所以 Gluon 引入了一个位数组，它跟踪主机中的顶点值是否发生改变。在发送数据时，发送方根据位数组生成对应 mirrors 数组的更新位数组，连同更新数据发送给目标主机。目标主机则根据更新位数组中值为 0 或 1，来判断对应的数据是否需要更新。同时 Gluon 会根据数据传输是否密集来选择不同的策略。如果更新密集，则不传输更新位数组，而是将整个 mirrors[h_x] 的数据发送到目标主机；如果更新比较稀疏，则发送更新位数组；如果更新非常稀疏，则可以利用传统的方法同时传输全局 ID。

3. Pangolin

目前图模式挖掘（graph pattern mining，GPM）问题受到越来越多的关注，例如 motif 计数问题等。GPM 系统需要为这些问题的编程算法以及在并行系统上运行这些算法提供统一的接口。然而，现有的系统甚至可能需要数小时才能在中等大小的图中挖掘简单的模式，这极大地限制了它们在现实世界中的可用性。例如，Arabesque[44] 提出了一种以嵌入为中心（embedding-centric）的编程模型，而不是普通图分析系统中常用的以顶点为中心的模型。在 Arabesque 中，计算同时应用于单个嵌入（即子图）。它提供了一个简单的编程接口，大大降低了应用程序开发的复杂性。然而，与手工优化的实现相比，现有系统效率较低。例如，对于一个 270 万个顶点和 2 800 万条边的图，Arabesque 和 RStream[20] 计算 3 个团分别需要 98s 和 39s，而自定义求解器（Kclist）[45] 只需要 0.16s。这种巨大的性能差距极大地限制了现有 GPM 框架在实际应用中的可用性。

造成这种性能不佳的第一个原因是现有的 GPM 系统很少支持或者不支持对特定应用的定制优化。最先进的系统关注于通用性，并为用户提供高层次的抽象以方便编程。因此，它们对用户隐藏了尽可能多的执行细节，这大大限制了算法自定义的灵活性。GPM 算法的复杂性主要是由于嵌入的组合枚举和同构测试来发现规范模式。手动优化实现利用应用特定的知识来积极地修剪枚举搜索空间或省略同构测试或两者兼而有之。图挖掘框架需要支持这种优化，以匹配手动优化的应用的性能。

性能差的第二个原因是并行操作和数据结构的效率较低。对并行处理器编程需要关注同步开销、内存管理、负载均衡和数据局部性之间的权衡。然而，现有的 GPM 系统要么针对分布式平台，要么针对核外平台，因此并没有对共享内存的多核或众核架构进行很好的优化。

为此，Xuhao Chen 等人[46] 提出了 Pangolin，这是一种高效的存内 GPM 框架，提供了一个灵活的以嵌入为中心（embedding-centric）的编程接口。Pangolin 基于扩展-规约-过滤（extend-reduce-filter）模型，支持特定应用的定制优化。应用开发人员可以实现有效的剪枝策略以减少枚举搜索空间，并应用定制的模式分类方法来消除一般的同构测试。为了充分利用并行的硬件，Pangolin 优化了并行操作和数据结构，并提供了辅助用例供用户组合更高层次的操作。Pangolin 是一个建立在 Galois[46] 并行库和 Lonestar GPU[47] 之上的轻量级层，针对共享内存的多核 CPU 和 GPU。Pangolin 实现了利用局部性、减少内存消耗、减轻动态内存分配和同步开销等优化。

（1）Pangolin 的框架设计

图 4.67 是 Pangolin 系统的概述。Pangolin 为用户提供了一个简单的 API 用于编写 GPM 应用。

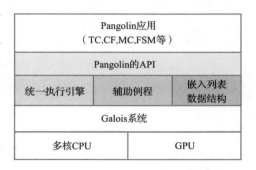

图 4.67　Pangolin 共享部分的框架

统一执行引擎（unified execution engine）遵循以嵌入为中心的模型。辅助例程（helper routines）中封装了一些重要的通用操作提供给用户，这些辅助例程针对 CPU 和 GPU 都进行了优化。嵌入列表数据结构（embedding list data structure）也针对不同的体系结构进行了优化，以利用硬件特性。Pangolin 在保证高性能和高效率的同时，屏蔽了面向架构的编程复杂性。

（2）Pangolin 的执行模型

Pangolin 的执行模型分为 3 个部分，即扩展-规约-过滤（extend-reduce-filter）。首先，将所有单边嵌入初始化嵌入的工作列表。然后，引擎以迭代的方式工作。在每个迭代中，有 3 个阶段：扩展（extend），规约（reduce）和过滤（filter）。Pangolin 在每个阶段都暴露了必要的细节，以实现比现有系统更灵活的编程接口。

扩展阶段获取输入工作列表中的嵌入，并使用顶点（顶点诱导，vertex-induced）或边（边诱导，edge-induced）对其进行扩展。然后，新生成的嵌入形成下一层的输出工作列表。嵌入大小随着级别的增加而增加，直到达到用户定义的最大值。图 4.68 显示了基于顶点扩展的第一次迭代的一个例子。输入工作列表由所有 2 顶点（即单边）的嵌入组成。对于工作列表中的每个嵌入，Pangolin 都会添加一个顶点以生成 3 顶点的嵌入。例如，第一个 2 顶点嵌入 {0,1} 被扩展为两个新的 3 顶点嵌入{0,1,2}和{0,1,3}。

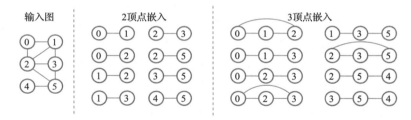

图 4.68　顶点扩展的例子

在顶点/边扩展之后，规约阶段会从嵌入工作列表中提取出一些基于模式的统计信息，例如模式频率或支持度。规约阶段首先将工作列表中的所有嵌入根据其模式进行分类，然后计算每个模式类别的支持度，形成模式-支持度对。所有的对一起构成一个模式映射。图 4.69 显示了规约操作的一个例子。3 种嵌入方式可分为两类：三角形和楔形。在每个类别中，这个例子用嵌入的数量来计算支持度。结果，Pangolin 的模式映射是 {[triangle,2]，[wedge,1]}。在规约之后，可能需要一个过滤阶段来删除用户不感兴趣的嵌入，例如，FSM 在此阶段删除不频繁的嵌入。

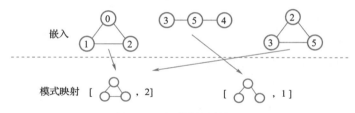

图 4.69　规约操作的例子

规约和过滤阶段不是所有应用都必需的，用户可以将它们禁用。如果使用它们，它们也会在初始化单边嵌入之后和进入主循环之前执行。因此，不频繁的单边嵌入会被过滤掉，只在主循环开始之前收集频繁的单边嵌入。如果启用了规约阶段，但禁用了过滤阶段，则只需要在最后一次迭代中执行规约操作，因为在之前的迭代中不会使用由规约生成的模式映射。

（3）Pangolin 中对特定应用程序的优化

Pangolin 的 API 和执行模型通过对枚举搜索空间进行剪枝和消除同构检测来支持特定于应用程序的优化。

● 有向无环图（DGA）。在典型的 GPM 应用中，输入图是无向的，而在一些基于顶点诱导的 GPM 应用中，一种常见的优化技术是定向，它将无向的输入图转换为有向无环图（DAG）。与在无向图中枚举候选子图不同，该方向大大减少了组合搜索空间。三角形计数（triangle counting，TC）、寻找团（clique finding，CF）和 motif 计数等都采用了定向策略。图 4.70 是 DAG 构建过程的一个例子。在这个例子中，顶点按 ID 排序。边从 ID 较小的顶点指向 ID 较大的顶点。一般情况下，顶点可以按任意顺序进行排序，从而保证输入图被转换为 DAG图。Pangolin 是根据顶点的度数在顶点之间建立排

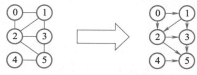

图 4.70　将一个无环图转换为 DGA 图

序：每条边指向度数较高的顶点，当两个顶点的度数相同时，边由 ID 较小的顶点指向较大的顶点。在 Pangolin 中，定向操作通过在运行时设置一个标志来启用。

● 剪枝。在一些应用中，如 MC 和 FSM，在确定新的嵌入项是自同构的规范嵌入还是重复嵌入之前，可能需要扩展嵌入中的所有顶点。然而，在三角形计数和寻找团等应用中，可以在扩展现有嵌入之前提前检测重复嵌入。在 TC 和 CF 中，通过扩展顶点获得的所有嵌入都将导致重复嵌入，除了最后一个顶点。所以只有当前嵌入的最后一个顶点能够得到扩展。这种激进的剪枝策略可以显著减少搜索空间。Pangolin 中的 toExtend 函数允许用户指定这种"急切地（eager）"剪枝策略。

● 消除同构检测。Pangolin 通过记忆化（memorization）避免了每个阶段的冗余计算，这是计算量和内存使用量之间的一种权衡策略。由于 GPM 应用程序通常需要大量内存，所以 Pangolin 只在需要少量内存以及它可以显著降低复杂度的情况下才进行记忆化。例如，在 FSM 的过滤阶段，Pangolin 避免了同构检测来获取每次嵌入的模式，因为它已经在规约阶段完成了。通过同构检测后在每次嵌入中维护一个模式 ID，并建立模式 ID 和模式支持度之间的映射关系，避免了重复计算。与计算和存储密集型的同构检测相比，仅存储模式 ID 和较小的模式支持映射是相对轻量级的。在 MC 中，用户可以很容易地为每一层的 ID 添加记忆。在这种情况下，当它进入下一层时，可以用前一层中的模式 ID 来识别每个嵌入的模式，计算量比一般的同构检测小得多。

● 自定义模式分类。在规约阶段，嵌入根据其模式被分类为不同的类别。为了得到嵌入的模式，一种通用的方法是将嵌入转换为与其同构的规范图。像 Arabesque 和

Rstream 一样，Pangolin 使用 Bliss 库来获取用于嵌入的规范图或模式。这种图同构方法适用于任何大小的嵌入，但由于需要频繁动态分配内存，消耗了大量内存，因此开销很大。对于较小的嵌入，例如顶点诱导的 3 顶点和 4 顶点嵌入，以及边诱导的 2 边和 3 边嵌入，规范图或模式可以非常高效地计算。

（4）Pangolin 在 GPU 上的优化策略

由于图中可能存在的 k-嵌入数量随着 k 的增加呈指数增长，嵌入的存储空间快速增长，很容易成为性能瓶颈。现有系统大多使用结构数组（array-of-structures，AoS）来组织嵌入，导致局部性较差，尤其是在 GPU 计算中。而 Pangolin 使用数组结构（SoA）在内存中存储嵌入。SoA 布局特别有利于 GPU 上的并行处理，因为对嵌入的内存访问被完全合并了。

图 4.71 说明了嵌入列表的数据结构。左边是前缀树，它说明了图 4.68 中的嵌入扩展过程。顶点中的数字是顶点的 ID。中间的 ID 属于第一级 L_1，右侧的属于第二级 L_2。L_0 是一个虚拟的级别，实际上并不存在，但可以用于解释关键思想。右侧展示了该前缀树的相应存储。为简单起见，这里面只有顶点诱导的情况。给定最大规模 k，嵌入列表包含 k-1 个级别。每层有两个数组，索引数组（idx）和顶点 ID 数组（vid）。在两个数组的相同位置，一个元素的索引和顶点 ID 是一对（idx，vid）。在级别 L_i 中，idx 是指向前一个级别 L_{i-1} 中相同嵌入顶点的索引，vid 是该嵌入的第 i 个顶点 ID。

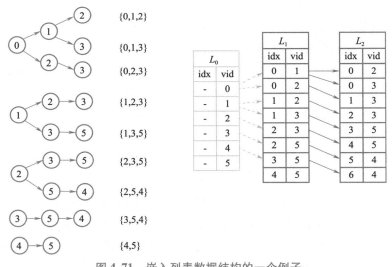

图 4.71 嵌入列表数据结构的一个例子

每个嵌入都可以通过从上一层列表进行回溯来重建。例如，为了获得 L_2 层的第一个嵌入，它是一个 {0,1,2} 的顶点集，而在开始时可以使用一个空顶点集。从 L_2 的第一个元素（0,2）开始，这表示最后一个顶点的 ID 是 2，而前一个顶点的位置是 0。先把 2 放到顶点集 {2} 中，然后回到 L_1 层，得到第 0 个元素（0,1）。再将 1 放入顶点集 {1,2}，由于 L_1 是最底层，它的索引与 L_0 层的顶点 ID 相同，因此将 0 放入顶点集 {0,1,2}。

对于边诱导的情况，策略类似，但需要在每层多一列 his 来表示历史信息。每一项都是一个三元组（vid,his,idx），表示一条边而不是一个顶点。其中，his 表示这条边的源顶点在哪个层次，vid 是目标顶点的 ID。这样，Pangolin 可以用 his 回溯源顶点，并重建嵌入内部的边连通性。Pangolin 为 vid、his 和 idx 使用了三个不同的数组，这也是一种 SoA 布局，并且这种数据布局可以改善时间局部性，提高数据重用度。

（5）避免数据结构实体化（materization）

现有的 GPM 系统首先会将所有候选嵌入收集到一个列表中，然后调用用户定义的函数（如 toAdd）从列表中选择嵌入。这将导致候选嵌入列表的物化。相比之下，Pangolin 使用 toAdd 函数在将嵌入候选项添加到嵌入列表之前丢弃它，从而避免了候选嵌入项的实体化。这样可以减少内存分配，从而降低了内存使用量和执行时间。

（6）动态存储分配

与常规的图计算应用相比，GPM 应用需要更多的动态内存分配，因此内存分配可能成为性能瓶颈。内存分配的一个主要来源是嵌入列表，随着嵌入列表的增加，需要为每一轮的嵌入分配内存。在生成嵌入列表时，由于不同的线程写入同一个共享嵌入列表，因此会出现写冲突。为了避免频繁的重分配（resize）和插入操作，Pangolin 使用检查-执行（inspection-execution）技术来生成嵌入列表。

生成过程有 3 步：首先，Pangolin 只计算当前嵌入列表中每个嵌入新生成的嵌入数量；其次使用并行前缀和来计算每个当前嵌入的起始索引，并为所有新嵌入分配对应的内存量；最后，Pangolin 根据开始索引编写新的嵌入来更新嵌入列表。这样，每个线程可以同时写入共享嵌入列表而不会发生冲突。

尽管检查-执行策略需要对嵌入进行两次迭代，但是这样会带来两个好处：一方面，GPU 可以进行重新计算，因为它具有强大的计算能力，另一方面，改进访存模式以更好地利用访存带宽，这对 GPU 来说更重要。

（7）可扩展的分配器

FSM 中的模式归约（pattern reduction）是经常调用动态内存分配的另一种情况。因为为了计算每个模式的域支持度，需要收集与同一模式相关的所有嵌入，这种收集需要调整每个域顶点集的大小。由于 GPU 基础架构目前尚缺乏对 CUDA 内核内部高效动态内存分配的支持，为了避免内核的频繁调整大小操作，Pangolin 计算所需的内存空间并预分配内核使用的位向量。这种预分配需要比实际需要更多的内存，所以 Pangolin 的 GPU 实现只支持较小输入的 FSM。

4. DiGraph

DiGraph[11] 在多 GPU 支持的机器上提出了一种新颖高效的迭代有向图处理系统。与现有系统相比，其独特之处在于它以 3 种新颖的方式利用了顶点之间的依赖关系。第一，它将有向图表示为一组不相交的热/冷有向路径，并将路径作为基本的并行处理单元，以帮助顶点状态沿着路径在 GPU 上高效传播，以获得更快的收敛速度和更高的利用率。第二，它尝试根据它们的依赖图的拓扑顺序将路径调度到 GPU 进行并行处理。然后，许多路径在处理一次后沿着路径的顺序收敛，从而获得较低的再处理开销。第三，在每个流式多处理器上进一步开发了路径调度策略，以根据顶点依赖性对顶点状态传播产生更大影响的路径（即热路径）进行特权执行，从而缩短收敛时间。接下来分3部分对DiGraph展开介绍。

（1）基于路径的图表示

DiGraph采用并行方法来分解有向图。具体来说，它首先将图划分为若干个子图，然后将它们平均分配给CPU线程以将它们划分为路径。如图4.72算法4.11所示，每个CPU线程重复选取具有未访问的局部边的顶点（即v_{root}）为根，并以深度优先的顺序遍历其子图的边，将子图划分为路径，直到所有边都已访问，其中每次遍历$d=0$。请注意，遍历的深度，即d（默认情况下其最大值为DMAX=16）是有界的（见第3行），以使生成的路径的长度不会太偏斜。当有一组邻居要访问时，首先选择度数最高的那个，目的是将高度顶点之间的边一起划分为热路径（见第5~17行）。一个CPU线程每次遍历递归访问的边依次加入同一个边队列（由指针p指向）构成路径（见第9行和第11行）。注意边队列是它的每次遍历共享的，还有一个辅助数组，通过记录它的每条路径的第一个顶点在队列中的偏移量来表示它的每条路径的范围。当生成一条新路径时（见第14和第19行），它只需要记录边队列的偏移量来存储这条路径的第一个顶点。通过这种方式，边被分成一组不相交的热/冷路径。顶点也按照它们在路径上的原始顺序存储，确保沿着路径的有效状态传播和顶点处理的高局部性。请注意，每个线程只划分其局部子图（见第4行），不会产生通信成本。确保生成的路径满足DiGraph定义的约束，以减少再处理成本（见第14行）。

算法4.11：CPU上基于路径的图分区

```
1    procedure GraphP(Vroot,p,d)
2        Set the vertex vroot as visited
3        if It has unvisited local edges ∧ d<DMAX then
             /* Get vroot's successors in local subgraph */
4            Ssuc←GetLocalSuccessors(vroot)
5            Sort(Ssuc)/* Sort them based on degrees */
6            for each v∈Ssuc do
7                if<vroot,v>is unvisited then
8                    Set the edge<vroot,v>as visited
9                    /* Insert into the queue pointed by p */
                     Insert(p,<vroot,v>)
10                   if v is unvisited then
11                       GRAPHP(v,p,d+1)
12                   else
13                       Set the vertex v as an inner one
14                       NewPath(p)
15                   end if
16               end if
17           end for
18       else
19           NewPath(p)
20       end if
21   end procedure
```

图4.72　基于路径的图分区伪代码

（2）基于依赖感知的路径处理

图分区之后是路径分配，虽然系统在路径划分阶段尽量均分路径任务，但是由于图数据符合幂律分布的特点，不同路径的度数，通信量等有很大的差异，导致并行处理的过程中，有的很快处理完，有的处理的很慢。为此 DiGraph 使用了如下策略。①多GPU 上的依赖感知路径调度。路径在 CPU 上异步调度，并行执行，计算量大的路径可以拆分到多个 CPU 上执行，计算量小的多个路径可以共用一个 CPU。②使用工作窃取策略确保处理器之间的负载均衡。某些处理器可能会在运行时通过早期收敛路径释放。因此，应该动态窃取过载处理器到空闲处理器的路径，以保证处理器之间的负载均衡。③处理器上的异步路径处理。由于图幂律分布的属性，不同路径上的工作负载相差很大，可能导致水桶效应，采用异步处理的方式，可以避免极端任务影响整个系统。

（3）处理器上的路径调度

图上不同的路径对状态传播有不同的影响，并会导致不同数量的无用工作。首先，更多的顶点状态传播是通过具有更高平均顶点度数的路径（如热路径）完成的。其次，活动顶点的数量也在不同的路径上倾斜。因此，处理器上路径的低效处理顺序会导致更多的冗余工作，并且由于更活跃的顶点最近状态的传播速度较慢，顶点会被激活更多次以根据其邻居的陈旧状态更新自身。处理器需要高效的软路径调度策略，根据路径对状态传播的重要性分配其路径的处理顺序，低优先级的路径被推迟到后面的阶段，从而通过减少数量来缩短总执行时间的冗余工作。否则，低优先级路径的处理会迭代。

4.5　本章小结

图计算系统是实现许多关键应用的基础设施。它们通过提供高效、可扩展的计算能力，使得大规模图数据的处理和分析成为可能。当前的图计算系统已经取得了显著的进展，但仍然面临着一些挑战，如更高效的图划分方法、更丰富的算法支持、更灵活的编程模型等。目前，图计算系统逐渐成为热门的研究领域。越来越多的科研工作者提出新的图计算系统，以满足不断增长的大规模图计算需求。这可能包括更紧密地与机器学习框架和其他数据处理系统集成，支持更多的硬件加速设备，以及提供更丰富的可视化和调试工具等。

4.6　习题 4

1. 列举常见的图计算系统，并简要介绍。
2. 概述分布式图计算系统和单机图计算系统的优缺点。
3. 解释 Ligra 中 Pull/Push 两种遍历模式。
4. 简述 Galois 中的优先级调度策略。
5. 请简述 GraphBolt 中用到的增量处理技术。

6. 简述 Pregel 中的 BSP 计算模型。

7. 简述 GraphLab 中使用的异步 GAS 模型。

8. 简述 CGraph 中提出的空间相似性和时间相似性。

9. 简述分布式外存图计算系统的弊端。

10. CUDA 框架把 GPU 的硬件分为哪几个级别。

11. 为什么图计算应用会产生负载均衡问题？针对 GPU 该如何解决？

参考文献

［1］ KYROLA A, BLELLOCH G, GUESTRIN C. GraphChi：Large-scale graph computation on just a PC ［C］//Proceedings of the 10th USENIX Symposium on Operating Systems Design and Implementation （OSDI 12）. Berkeley：USENIX, 2012：31-46.

［2］ ROY A, MIHAILOVIC I, ZWAENEPOEL W. X-Stream：Edge-centric graph processing using streaming partitions［C］//Proceedings of the Twenty-Fourth ACM Symposium on Operating Systems Principles. ACM, 2013：472-488.

［3］ LIN Z, KAHNG M, SABRIN K M, et al. MMap：Fast billion-scale graph computation on a pc via memory mapping［C］//2014 IEEE International Conference on Big Data（Big Data）. IEEE, 2014：159-164.

［4］ FU Z, PERSONICK M, THOMPSON B. MapGraph：A high level API for fast development of high performance graph analytics on GPUs［C］//Proceedings of workshop on GRAph data management experiences and systems. 2014：1-6.

［5］ ZHENG D, MHEMBERE D, BURNS R, et al. FlashGraph：Processing billionnode graphs on an array of commodity SSDs［C］//Proceedings of the 13th USENIX Conference on File and Storage Technologies （FAST 15）. Berkeley：USENIX, 2015：45-58.

［6］ HAN W S, LEE S, PARK K, et al. TurboGraph：A fast parallel graph engine handling billion-scale graphs in a single PC［C］//Proceedings of the 19th ACM SIGKDD International Conference on Knowledge Discovery and Data Mining. ACM, 2013：77-85.

［7］ ZHU X, HAN W, CHEN W. GridGraph：Large-scale graph processing on a single machine using 2-level hierarchical partitioning［C］//Proceedings of the 2015 USENIX Annual Technical Conference（USENIX ATC 15）. Berkeley：USENIX, 2015：375-386.

［8］ CHI Y, DAI G, WANG Y, et al. NXGraph：An efficient graph processing system on a single machine ［C］//Proceedings of the 2016 IEEE 32nd International Conference on Data Engineering. IEEE, 2016：409-420.

［9］ VORA K, GUPTA R, XU G. KickStarter：Fast and accurate computations on streaming graphs via trimmed approximations［C］//Proceedings of the 22 International Conference on Architectural Support for Programming Languages and Operating Systems. 2017：237-251.

［10］ MARIAPPAN M, VORA K. GraphBolt：Dependency-driven synchronous processing of streaming graphs ［C］//Proceedings of the Fourteenth EuroSys Conference 2019. 2019：1-16.

［11］ ZHANG Y, LIAO X, JIN H, et al. DiGraph：An efficient path-based iterative directed graph processing system on multiple GPUs[C]//Proceedings of the Twenty-Fourth International Conference on Architectural Support for Programming Languages and Operating Systems. 2019: 601-614.

[12]　SHUN J, BLELLOCH G E. Ligra: A lightweight graph processing framework for shared memory[C]// Proceedings of the 18th ACM SIGPLAN Symposium on Principles and Practice of Parallel Programming. ACM, 2013: 135-146.

[13]　SHUN J, DHULIPALA L, BLELLOCH G E. Smaller and faster: Parallel processing of compressed graphs with Ligra+[C]//Proceedings of the 2015 Data Compression Conference. IEEE, 2015: 403-412.

[14]　NGUYEN D, LENHARTH A, PINGALI K. A lightweight infrastructure for graph analytics[C]//Proceedings of the 24 ACM Symposium on Operating Systems Principles. ACM, 2013: 456-471.

[15]　KULKARNI M, PINGALI K, WALTER B, et al. Optimistic parallelism requires abstractions[J]. Communications of the ACM, 2009, 52 (9): 89-97.

[16]　LOW Y, GONZALEZ J E, KYROLA A, et al. GraphLab: A new framework for parallel machine learning[J/OL]. arXiv preprint arXiv: 1408. 2041, 2014.

[17]　GONZALEZ J E, LOW Y, GU H, et al. PowerGraph: Distributed graph-parallel computation on natural graphs[C]//Proceedings of the 10th USENIX symposium on operating systems design and implementation (OSDI 12). Berkeley: USENIX, 2012: 17-30.

[18]　YUAN P, XIE C, LIU L, et al. PathGraph: A path centric graph processing system[J]. IEEE Transactions on Parallel and Distributed Systems, 2016, 27 (10): 2998-3012.

[19]　MAASS S, MIN C, KASHYAP S, et al. Mosaic: Processing a trillion-edge graph on a single machine [C]//Proceedings of the Twelfth European Conference on Computer Systems. 2017: 527-543.

[20]　WANG K, ZUO Z, THORPE J, et al. RStream: Marrying relational algebra with streaming for efficient graph mining on a single machine[C]//Proceedings of the 13th USENIX Symposium on Operating Systems Design and Implementation (OSDI 18). Berkeley: USENIX, 2018: 763-782.

[21]　DEAN J, GHEMAWAT S. MapReduce: simplified data processing on large clusters[J]. Communications of the ACM, 2008, 51 (1): 107-113.

[22]　VALIANT L G. A bridging model for parallel computation[J]. Communications of the ACM, 1990, 33 (8): 103-111.

[23]　MALEWICZ G, AUSTERN M H, BIK A J, et al. Pregel: A system for large-scale graph processing [C]//Proceedings of the 2010 ACM SIGMOD International Conference on Management of Data. ACM, 2010: 135-146.

[24]　GONZALEZ J E, XIN R S, DAVE A, et al. GraphX: Graph processing in a distributed dataflow framework[C]//Proceedings of the 11th USENIX Symposium on Operating Systems Design and Implementation. Berkeley: USENIX, 2014: 599-613.

[25]　CHEN R, SHI J, CHEN Y, et al. PowerLyra: Differentiated graph computation and partitioning on skewed graphs[J]. ACM Transactions on Parallel Computing (TOPC), 2019, 5 (3): 1-39.

[26]　SUNDARAM N, SATISH N R, PATWARY M M A, et al. GraphMat: High performance graph analytics made productive[J/OL]. arXiv preprint arXiv: 1503. 07241, 2015.

[27]　ZHU X, CHEN W, ZHENG W, et al. Gemini: A computation-centric distributed graph processing system [C]//Proceedings of the USENIX Symposium on Operating Systems Design and Implementation. Berkeley:

USENIX, 2016, 16: 301-316.

[28] YANG Y, LI Z, DENG Y, et al. GraphABCD: Scaling out graph analytics with asynchronous block coordinate descent[C]//Proceedings of the 2020 ACM/IEEE 47th Annual International Symposium on Computer Architecture. IEEE, 2020: 419-432.

[29] ROY A, BINDSCHAEDLER L, MALICEVIC J, et al. Chaos: Scale-out graph processing from secondary storage [C]//Proceedings of the 25th Symposium on Operating Systems Principles. ACM, 2015: 410-424.

[30] NVIDIA Fermi Compute. Architecture Whitepaper[R/OL]. NVIDIA, [2023-4-16].

[31] Merrill D, Garland M, Grimshaw A S. Scalable GPU graph traversal[C]// Proceedings of the 17th ACM SIGPLAN Symposium on Principles and Practice of Parallel Programming. ACM, 2012: 117-128.

[32] FREDMAN M L, TARJAN R E. Fibonacci heaps and their uses in improved network optimization algorithms[J]. Journal of the ACM (JACM), 1987, 34 (3): 596-615.

[33] WANG K, FUSSELL D S, LIN C. A fast work-efficient SSSP algorithm for GPUs[C]//Proceedings of the 26th ACM SIGPLAN Symposium on Principles and Practice of Parallel Programming. ACM, 2021: 133-146.

[34] ZHAO Q Z. Tigr: Transforming irregular graphs for GPU-friendly graph processing[J]. ACM SIGPLAN Notices: A Monthly Publication of the Special Interest Group on Programming Languages, 2018, 53 (2): 622-636.

[35] WANG Y, FENG B, LI G, et al. GNNAdvisor: An adaptive and efficient runtime system for GNN acceleration on GPUs[C]//Proceedings of the 15th USENIX Symposium on Operating Systems Design and Implementation (OSDI 21). Berkeley: USENIX, 2021: 515-531.

[36] FU Q, JI Y, HUANG H H. TLPGNN: A lightweight two-level parallelism paradigm for graph neural network computation on GPU[C]//Proceedings of the 31st International Symposium on High-Performance Parallel and Distributed Computing. 2022: 122-134.

[37] SABET A H N, ZHAO Z, GUPTA R. Subway: minimizing data transfer during out-of-GPU-memory graph processing [C]//Proceedings of the Fifteenth European Conference on Computer Systems. 2020: 1-16.

[38] ZHANG Y, PENG D, LIANG Y X, et al. LargeGraph: An efficient dependency-aware GPU-accelerated large-scale graph processing [J]. ACM Transactions on Architecture and Code Optimization, 2021, 18 (4): 1-58.

[39] ZHANG Y, LIANG Y X, ZHAO J, et al. EGraph: Efficient concurrent GPU-based dynamic graph processing[J]. IEEE Transactions on Knowledge and Data Engineering, 2023, 35: 5823-5836.

[40] BEN-NUN T, SUTTON M, PAI S, et al. Groute: An asynchronous multi-GPU programming model for irregular computations[C]//Proceedings of the 22nd ACM SIGPLAN Symposium. ACM, 2017: 235-248.

[41] WANG Y, DAVIDSON A, PAN Y, et al. Gunrock: A high-performance graph processing library on the GPU[C]//Proceedings of the 21st ACM SIGPLAN Symposium on Principles and Practice of Parallel Programming. ACM, 2016: 1-12.

[42] DATHATHRI R, GILL G, HOANG L, et al. Gluon: a communication-optimizing substrate for distributed heterogeneous graph analytics[C]//Proceedings of the 39th ACM SIGPLAN Conference on Program-

ming Language Design and Implementation. ACM, 2018: 752-768.

[43] JIA Z, KWON Y, SHIPMAN G, et al. A distributed multi-GPU system for fast graph processing[J]. Proceedings of the VLDB Endowment, 2017, 11 (3): 297-310.

[44] TEIXEIRA C H C, FONSECA A J, SERAFINI M, et al. Arabesque: A system for distributed graph mining[C]//Proceedings of the 25th Symposium on Operating Systems Principles. ACM, 2015: 425-440.

[45] CHEN X, DATHATHRI R, GILL G, et al. Pangolin: An efficient and flexible graph mining system on CPU and GPU[J]. Proceedings of the VLDB Endowment, 2020, 13 (8): 1190-1205.

[46] BORTHAKUR D. The hadoop distributed file system: Architecture and design[J]. Hadoop Project Website, 2007, 11 (2007): 21.

[47] BURTSCHER M, NASRE R, PINGALI K. A quantitative study of irregular programs on gpus[C]//Proceedings of the 2012 IEEE International Symposium on Workload Characterization. IEEE, 2012: 141-151.

第 5 章

图计算硬件加速技术

现有的图计算软件系统可以加快图计算收敛迭代速度，提高内存访问效率。然而，在图计算系统中，内存墙问题会导致加速结构性能下降，高访问延迟，大量数据传输和巨大的能耗。基于 FPGA 平台的图计算硬件加速架构具有灵活性，可以通过模板化的 FPGA 硬件模块快速重新配置工作，从而实现新旧算法在系统中的更替。例如，ForeGraph 是一种基于多 FPGA 架构的大规模图处理框架。在 ForeGraph 中，每个 FPGA 板只存储整个图的一个分区，从而减少了分区间的通信。顶点和边按顺序加载到 FPGA 芯片上进行处理，同时硬件开发人员可以利用 FPGA 的可编程互连特性配置基本模块，使芯片能够执行不同的图处理和图算法功能。然而，由于 FPGA 芯片在存储资源规模上的限制，传统的基于 FPGA 的图计算加速架构无法支持大规模图处理，也无法推广应用。基于 ASIC 平台的图计算硬件加速结构通常比 FPGA 平台的图计算硬件加速器具有面积更小、性能更快和功耗更低的优点，这是因为基于 ASIC 的图计算加速器的电路设计可以优化电路结构，并且是针对专门图计算应用进行特定优化。FPGA 和 ASIC 都可以实现高性能和低功耗的电路设计，可以满足图计算的高性能和低能耗的需求。同时，它们也可以通过定制设计实现特定的应用要求，适用于特殊需求的应用场景（如动态图、异质图和超图应用）。尽管现在有很多基于 FPGA 和 ASIC 的图计算加速器，但是它们还是无法有效加速图计算收敛效率。

为了有效地解决上述问题，一些新兴架构已经被提出来，这些架构不同于传统的冯·诺依曼架构系统（如基于 CPU 的平台）。其中，存内处理（PIM）是一种解决内存墙问题的解决方案。近年来，出现了多种基于 PIM 的架构，旨在消除处理器和存储器之间的数据传输延迟和能耗损失。此外，PIM 还能减轻缓存污染、高带宽使用和不必要的数据传输。但是基于 PIM 的图计算加速结构也存在着设计复杂性高、适应性有限和扩展性差的问题。相比之前的硬件架构，ReRAM 具有快速读写、高密度存储和可靠性的优点，可以将图计算转化成矩阵计算来进一步提高图计算性能。

5.1 基于 FPGA 的图计算加速技术

5.1.1 FPGA 背景介绍

随着大数据技术的发展，图计算已成为处理大规模数据的重要方法之一。图计算可以用来描述复杂的关系网络，并进行有效的搜索和分析。然而，图计算的高时间复杂度使得它在大规模数据处理时的性能表现不佳。为了提高图计算的性能，人们开始研究使用专用硬件来加速图计算的技术。其中，基于 FPGA 的图计算加速技术是一种目前最热门的研究方向。基于 FPGA 的图计算加速技术是指使用可编程逻辑门阵列（FPGA）来实现图计算算法的技术[1]。FPGA 由若干个逻辑门组成，可以用来实现复杂的数字逻辑电路。通常情况下，FPGA 包含输入端口、输出端口和中间变量。现有研究表明，内存访问延迟过高、并行度不足等问题导致传统 CPU 架构在处理图应用时往往面临着严重的性能与能源损耗。FPGA 作为一种介于通用芯片（如 CPU、GPU）与定制化芯片（ASIC）之间的计算平台，一方面，提供了大量的计算资源以保证较高的并行度，另一方面，提供了较好的可重构性以保证较低的能源损耗。在使用 FPGA 时，需要使用特定的硬件描述语言来描述逻辑门的组合和连接方式。例如，使用 VHDL 或 Verilog 语言描述 FPGA 的逻辑结构。描述完成后，需要使用编译器将硬件描述语言转换为 FPGA 的可编程逻辑门的配置文件。最后，可以将配置文件下载到 FPGA 中，使 FPGA 可以执行相应的图计算算法。

使用 FPGA 实现的图计算算法可以在硬件层面实现，避免了软件实现的图计算算法所需要的软件中间层。这使得 FPGA 在图计算领域具有很高的执行效率。目前，基于 FPGA 的图计算加速技术已被广泛应用于各种领域，例如社交网络分析、自然语言处理等。使用 FPGA 实现的图计算算法可以大幅提升算法的执行效率，使得大规模图计算问题得到有效解决。随着 FPGA 技术的不断发展，基于 FPGA 的图计算加速技术也将得到更广泛的应用。并且将继续发挥重要作用，为大规模图计算问题提供有效解决方案。

1. 基于 FPGA 的图遍历算法实现

图遍历的基本思想是从图中的某一个顶点出发，通过访问与其相邻的顶点来遍历整张图[2]。用 FPGA 来实现图遍历，需要考虑图的存储，即图的信息需要存储在 FPGA 的内存中，可以使用邻接矩阵或邻接表等方式来存储。其次是遍历算法的实现，即常用的图遍历算法有深度优先搜索、广度优先搜索等。可以使用 FPGA 的逻辑单元来实现算法的流程。然后是状态记录，即在遍历过程中，需要记录每个顶点的状态（是否已访问），可以使用 FPGA 的寄存器来存储这些信息。最后是输出结果，即遍历完成后，需要将遍历结果输出，可以使用 FPGA 的输出端口来实现。用 FPGA 实现图遍历的优点在于能够快速实现复杂的逻辑功能，并且在运行时间方面具有较高的效率。但是，FPGA 实现的图遍历也存在一些缺点，如开发难度较大、灵活性较差等。

图遍历算法一般分为串行和并行图遍历算法两大类，下面首先介绍经典的串行广度优先搜索（BFS）算法。它的基本思想是从起点开始，沿着路径搜索图中的所有顶点。与深度优先搜索（DFS）相比，BFS 更适合用于寻找最短路径。BFS 算法通常使用队列来存储待访问的顶点，每次取出队列中的第一个顶点进行访问。当一个顶点被访问时，将它的所有相邻顶点加入队列，如果该顶点还未被访问过，则将其标记为已访问。这样可以保证每个顶点只被访问一次。

串行 BFS 算法的步骤包括：①初始化，将起点加入队列，并将其标记为已访问；

②从队列中取出第一个顶点，并将其标记为已访问；③将该顶点的所有相邻顶点加入队列，如果该顶点还没有被访问过，标记为已访问；④重复步骤②和③，直到队列为空。基于 FPGA 的 BFS 算法的时间复杂度是 $O(n+m)$，其中 n 是顶点数，m 是边数。

串行 BFS 算法使用单个处理器或单核 CPU 来执行，它通常使用递归或队列来实现。在串行 BFS 算法中，每个顶点只会被遍历一次，并且每个顶点的所有相邻顶点都会被添加到队列中。

与串行 BFS 算法不同的是，并行 BFS 算法充分考虑到了图数据之间并行性。并行 BFS 算法的基本流程如下：①将图划分为多个部分，每个处理器负责处理一个部分，这一步需要使用图划分算法，例如分块法、边分割法等；②初始化，每个处理器都有自己的队列，并将起点加入队列；③循环处理，每个处理器不断从自己的队列中取出第一个顶点，并将其标记为已访问；④扩展顶点，将该顶点的所有相邻顶点加入队列，如果该顶点还没有被访问过，标记为已访问；⑤同步，在每个处理器之间交换信息，以确保每个顶点都被访问一次；⑥重复步骤③到⑤，直到所有处理器的队列都为空。

在并行 BFS 算法中，需要使用某种方法来确保每个顶点只被访问一次。常用的方法有两种：第一种是全局标记法，即使用一个全局数组来存储每个顶点的状态，0 表示未访问，1 表示已访问，每次访问一个顶点时，需要将其在全局数组中的状态更新为已访问；第二种是局部标记法，即使用每个处理器的本地数组来存储已访问的顶点，并在每个处理器之间交换信息。

串行 BFS 算法适用于小规模图，因为它不需要额外的硬件资源。对于大规模图，串行 BFS 算法的速度会变慢，因此需要使用并行 BFS 算法来加快遍历速度。并行 BFS 算法的时间复杂度是 $O(n+m)$，其中 n 是顶点数，m 是边数。但是，并行 BFS 算法的常数较大，因此实际执行效率可能不如串行 BFS 算法。

基于 FPGA 的 BFS 算法的优势在于可以在硬件层面实现 BFS 算法，执行效率比软件实现的 BFS 算法要高得多。因此，基于 FPGA 的 BFS 算法通常用于需要高性能的应用，例如在网络设备或者计算机系统中实现高速路由算法。

如图 5.1 所示是一个简单的例子，仅展示了 FPGA 上 BFS 算法的基本流程。在实际应用中，可能需要对该算法进行更复杂的优化。例如，可以使用多个 FPGA 并行执行 BFS 算法，以提高执行效率；或者

```
// 查找结束，否则，按 BFS 算法的流程处理
    if( node = = goal_node ) result < = 1;
    elsebegin
    // 将当前节点加入队列
    queue[ tail ] < = node;
    tail < = tail+1;
    // 从队列中取出一个节点
    node < = queue[ head ];
    head < = head+1;
    // 更新节点状态
    visited[ node ] < = 1;
    // 处理当前节点的相邻节点
    for( i = 0;i<8;i = i+1) begin
        neighbor < = graph_data[ node * 8+i ];
        if( neighbor! = 0&&visited[ neighbor ] = = 0) begin
            // 将相邻节点加入队列
            queue[ tail ] < = neighbor;
            tail < = tail+1;
            // 更新节点状态
            visited[ neighbor ] < = 1;
        end
    end
```

图 5.1　FPGA 上 BFS 算法的基本流程

使用特殊的硬件结构，如二叉堆，来优化 BFS 算法的执行效率。

基于 FPGA 的 BFS 算法与软件实现的 BFS 算法的基本流程是一样的，但是实现方式有所不同。软件实现的 BFS 算法通常使用编程语言来实现，基于 FPGA 的 BFS 算法需要使用硬件描述语言描述逻辑电路的组合和连接方式，并使用编译器生成 FPGA 的可编程逻辑门的配置文件。

在实际应用中，基于 FPGA 的 BFS 算法的执行效率通常要高于软件实现的 BFS 算法。这是因为 FPGA 可以在硬件层面实现 BFS 算法，避免了软件实现所需要的软件中间层。不过，基于 FPGA 的 BFS 算法的常数较大，因此实际执行效率可能会比较低。总的来说，基于 FPGA 的 BFS 算法是一种高效的图搜索算法，适用于需要高性能的应用场景。

2. 基于 FPGA 的图挖掘算法实现

图挖掘技术是一种对图结构数据进行分析和挖掘的过程，可以用来发现隐藏的关系和模式。图挖掘算法可以分为 3 类：基于结构的算法、基于属性的算法和基于社区的算法。

- 基于结构的算法：这类算法依赖图结构的特征，如顶点度数、边的权重等来进行图挖掘。常见的算法包括最短路径算法、最小生成树算法、网络流算法等。
- 基于属性的算法：这类算法依赖图中顶点和边的属性信息，如顶点标签、边的关系类型等来进行图挖掘。常见的算法包括关键词搜索算法、协同过滤算法等。
- 基于社区的算法：这类算法依赖图中顶点之间的相似性或关系密度来寻找图中的社区结构。常见算法包括谱聚类算法、模块度最大化算法等。

基于 FPGA 的图挖掘加速技术是一种使用 FPGA 硬件加速器来提高图挖掘算法性能的方法。随着社交网络、互联网和云计算等数据源的不断增长，图挖掘已成为一种重要的数据挖掘技术。由于大规模图数据的特点，传统的图挖掘算法存在着计算复杂度高、效率低等问题。基于 FPGA 的图挖掘加速技术可以通过在 FPGA 上实现图挖掘算法的核心部分来显著提高算法的运行速度和效率。

3. 基于 FPGA 的图学习算法实现

基于 FPGA 的图学习算法通常采用图学习的多软核体系结构[3]，这种方法适用于并行的图学习算法，可以充分利用 FPGA 的优点来实现高性能的图聚合操作。这种架构的基本组织是 P 个采用互连结构的核心，一个单独的 DRAM 接口将核心连接到外部存储器，在外部存储器中存储整个图，如图 5.2 所示。

面向图学习的多软核体系结构中的每个核心都有本地内存，对图学习算法来说，本地内存中存储了两种特殊类型的信息。一种是核心分区中的顶点子集，包括是否访问顶点的标志、访问 DRAM 中的顶点邻居列表的基地址，以及这些邻居列表的长度；另一种是使用数据缓冲区来临时保存准备探索的顶点和准备发送的邻居的队列。

面向图学习的多软核体系结构解决信息传递使用的是通过互连传递的消息在自治软核之间交换信息，以实现算法的并行化。这些消息一般包括两种基本类型：①可能由源核 ID、目标核 ID 和顶点 ID 组成的顶点信息；②同步信息，例如图学习算法的屏障标记。基于特定的设计，还可以添加其他类型的消息。

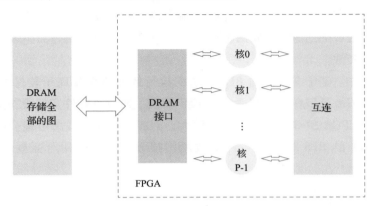

图 5.2　面向 BFS 的多软核体系结构示意图

该体系结构具体核心的结构设计为，核心接收来自互连的消息并将消息发送到互连。如果接收到的消息具有顶点信息，那么它将转到顶点数组以确定是否以前访问过该消息。否则，消息将发送到同步控件。当一个顶点还没有被访问时，访问控制使用来自顶点数组的邻居指针和邻居列表的长度信息来访问 DRAM。DRAM 的返回值是这个顶点的邻居，然后对邻居进行缓冲以等待输出。输出控制负责将顶点消息发送给它们各自的所有者，并将屏障消息发送给系统中的所有核心进行同步。

该体系结构存在以下两种约束。①分布式同步：当一个核心从所有其他核心获得屏障标记时，它就到达了它的屏障。每个核心根据这个条件决定自己的同步，并且一个核心可以在与其他核心不同的时间到达屏障，称这种现象为"浮动"障碍。②消息一致性策略：如果一个顶点消息总是在来自同一发送核心的屏障标记消息之前被处理，那么屏障的正确操作就得到了保证，即称这种约束为消息一致性策略。为了确保这种情况的发生，一个核心应该在发送属于另一个核心的当前级别的所有邻居顶点之后，才向该计算核心发送屏障标记。接收端的核心应该只处理其当前级别的顶点，然后处理相应的标记消息。

这种基于 FPGA 的多软核广度优先搜索消息传递架构，通过使用足够的执行线程，可以克服长的内存访问延迟，从而实现优化的 I/O 性能。使用消息传递来实现屏障，使得该体系结构中的核心能够以独立和分布的方式做出同步决策，从而降低了同步开销。此外，使用优化技术还可以在 FPGA 上实现高运算时钟频率的设计，所获得的吞吐量性能与其他最先进的多核系统相当，但只消耗 FPGA 上的一小部分逻辑资源。

5.1.2　主流 FPGA 图计算加速器

基于 FPGA 的图计算加速技术是当前图计算领域中非常具有前景的一种技术。它利用 FPGA 的高效率、高并行度和可编程性等优势，对大规模图数据进行处理。基于

FPGA 的图计算加速技术可以在更低的功耗和更快的速度的前提下实现对大规模图数据的处理，而且还具有较高的灵活性和可扩展性。

在基于 FPGA 的图计算加速技术中，通常使用基于队列的 BFS 算法作为主要的处理方法。BFS 算法是一种广泛应用于图计算中的算法，并且在 FPGA 平台上的实现方式非常简单。除了 BFS 算法以外，基于 FPGA 的图计算加速技术还可以应用于其他类型的图计算算法，如最短路径算法和图分析算法等。

在实际应用中，基于 FPGA 的图计算加速技术可以用于多种不同的领域，如社交网络分析、生物信息学、交通网络分析等。这些应用领域中的图计算问题一般具有很大的规模和复杂度，需要对大量的图数据进行处理。未来，基于 FPGA 的图计算加速技术将在更多的领域中得到广泛的应用，并对图计算的研究和实际应用产生更深远的影响。下面介绍几种主流的 FPGA 图计算加速器。

1. GraphStep

因为许多应用都是围绕不规则的稀疏图组织的，这些图结构很大，传统的微处理器中，图结构超出了片上缓存容量，使得主存带宽延迟成为限制性能的主要因素。GraphStep[4] 为稀疏图算法提出了一种面向图处理的 FPGA 并发系统架构，该架构通过轻量级网络将专用图处理顶点互连，并将图顶点存储在相对应的小型分布式内存中，从而提供了一种可扩展方法来映射图计算应用，以便利用 FPGA 嵌入式内存的高带宽与低延时来加速图处理。

GraphStep 与面向对象软件架构或仓库软件架构密切相关。作为一个并发系统架构，GraphStep 为构思任务和管理任务中的并行性提供了一个总体组织。在 GraphStep 体系结构中，计算被组织成一个由边连接的顶点图，每个顶点都是一个对象。

严格的、面向对象的方式只能通过对象的方法访问对象。大多数方法都是通过来自边（连接对象）的消息来调用的，尽管方法也可以自我调用或全局调用。方法具有有界长度和原子性，自调用方法可用于在单个顶点上执行递归操作。为了响应方法调用，对象可以更改其状态并沿其每条边发送消息，或者可以将消息生成到全局 reduce 操作中。图计算为一系列同步步骤，计算模型是一个接收-更新发送序列：①图顶点接收输入消息；②图顶点等待屏障同步进行；③图顶点执行更新操作；④图顶点发送输出消息。

这个序列计算是保证语义正确性和可扩展性的基础。图顶点操作看起来是并发的，因为所有顶点都在同步事件之间执行它们的更新和交换消息，而不管它们是如何在物理处理引擎上进行序列化的。通过强制在执行每次更新之前接收步骤的消息集，确定性计算得到了保证。取名为 GraphStep 也是为了强调这个逐步操作。中央控制器可以执行全局广播并减少对图或图中顶点的一个活跃子集的操作。广播操作实际上是每个顶点上的一个指定方法调用。

总的来说，GraphStep 系统结构提供了一种高层次的方法来捕获从详细的硬件实现中抽象出来的广泛的图处理任务，可以高效地将系统体系结构中的任务映射到具有嵌入式存储器的 FPGA 集合，以实现性能随 FPGA 数量的扩展而增长。GraphStep 是对计算密集型系统架构的补充，提供了捕获数据密集型应用程序的自然方法。

2. CyGraph

CyGraph[5] 是 2014 年由 OsamaG 等人提出的一种高效并行的 GFS 可重构体系结构。在对大规模的图结构执行广度优先搜索的时候，往往受到内存带宽的限制。CyGraph 采用优化方法充分利用内存带宽，并且利用了基于 CSR 格式的自定义图表示法，对传统的 BFS 算法进行了重构。这让 CyGraph 比之前发布的基于 FPGA 的图计算系统速度提高了 5 倍。

CyGraph 系统没有采用传统的、简单的邻接矩阵的方法存储图，因为对于大规模的图，这种存储方法会造成大量的空间浪费。CyGraph 采用了 CSR 的图存储格式，如图 5.3 所示，只存储邻接矩阵的非零值，这种存储方式由两个向量组组成：①列索引数组，包含顶点相邻列表，其大小以非零边的数目为限；②行偏移量数组，包含每个顶点的邻接列表开始的索引。

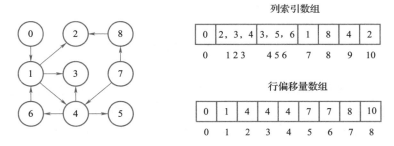

图 5.3　CyGraph 的 CSR 存储格式

下面介绍一种并行广度优先搜索常用的实现方法：分级同步 BFS。该算法设置 Q_c 和 Q_n 两个 FIFO 的队列，分别表示当前顶点集合和下一级顶点集合。其伪代码如图 5.4 所示。

此算法有大量的内存读请求和写请求。CyGraph 针对性地提出了一种定制化的图表示方法，在进行广度优先搜索时，充分利用内存带宽；还进行了效率优化，这种优化减少了内存请求的数量，提高了系统的吞吐量。

在传统的分级同步 BFS 算法中，每访问一个顶点，都必须读取它的级别并检查其有没有被访问过，然后再去读取行偏移数组。CyGraph 使用的计算平台可以为每个内存请求获取 64 位值，所以 CyGraph 对 CSR 中表示的行偏移量的数组宽度修改为 64 位。对于每个元素 $R[i]$，使用行索引的最低有效位作为访问标志，其余位的作用如下：首先，如果顶点 i 被访问过，$R[i]$ 的最低有效位为 0，剩余位用来存储顶点级别；其次，

```
Qn. push( root)
current_level←1
while not Qn. empty( )do
    Qc←Qn
    while not Qc. empty( )do
        v←Qc. pop( )
        level←Levels[ v]
        if level = 0 then
            Level[ v]←current_level
            i←R[ v]
            j←R[ v+1]
            for i<j;i←i+1 do
                u←C[ i]
                level←Levels[ u]
                if level = 0 then
                    Qn. push( u)
                end
            end
        end
    end
end
current_level←current_level+1
end
```

图 5.4　分级同步 BFS 算法伪代码

如果顶点 i 没有被访问过，则使用 63 到 32 位的 MSB 位作为行索引，使用 31 到 1 的位作为邻居数总和，如图 5.5 所示。

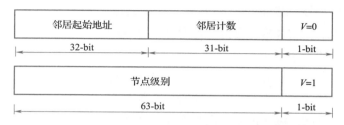

图 5.5　CyGraph 中 CSR 存储的行偏移量表示

对 CyGraph 进行的优化可以描述为以下几个方面。

- 行索引的当前/下一个队列：CyGraph 利用前一次迭代中获取的数据，将顶点 $R[i]$ 的行索引推到下一个队列中，而不是将顶点的 ID 推到下一个队列中。

- 重新排列指令：不同于以往访问当前顶点，把它的邻居推到下一个队列的做法，CyGraph 首先访问当前顶点的邻居，然后把它们推到下一个队列。

- 自定义图表示：自定义图表示使得 CyGraph 可以在一个内存请求中查找一个顶点是否被访问以及它的邻接索引。

3. HitGraph

HitGraph[6] 是一种基于以边为中心思想的加速图处理的 FPGA 框架，所有的边都以流的方式顺序遍历，它采用了以边为中心的图算法和硬件资源约束作为输入，通过设计空间探索确定体系结构参数，然后生成寄存器传输的 FPGA 设计。HitGraph 使用了新的优化算法增加了数据重用和并行性，包括以下 3 方面：①优化的数据布局，减少非顺序外部存储器访问；②有效的更新合并和过滤方案，减少 FPGA 和外部存储器之间数据通信；③分区跳跃方案，减少非平稳图算法的冗余边遍历。HitGraph 的设计加速了稀疏矩阵的矢量乘法（spMV）、PageRank（PR）、单源点最短路径（SSSP）和弱连接元件。HitGraph 在吞吐量方面相比高度优化的多核实现，取得了 37.9 倍的加速，即便是与最先进的 FPGA 框架相比，HitGraph 也取得了 50.7 倍的加速。

以顶点为中心的范式和以边为中心的范式都被广泛用于设计图处理框架。其中，以顶点为中心的范式，它跟踪由所有活跃顶点组成的边界，这些活跃顶点的属性如果最近已经更新，需要发送到它们的邻居顶点。每个顶点都有一个指针，用于定位存储在外部存储器中的输出边。然后，在每次迭代中，只有活跃顶点遍历它们的外向边来更新它们邻近顶点的属性。然而，以顶点为中心的范式的一个关键问题是，遍历活跃顶点的边需要通过指针随机访问外部内存。FPGA 中基于指针的存储器访问已被证明是低效的，传统的存储器控制器已经无法有效地加速。与以顶点为中心的范式相比，以边为中心的范式完全消除了随机存储器对边的访问。边中心范式可以灵活地表示具有不同图结构、顶点属性和图更新函数的各种图算法。一般的以边为中心的范式计算遵循散射-聚集编程模型。每次迭代计算都包括一个散射相位和一个聚集相位。在散射阶段，遍历每个边以根据边的源顶点生成更新。在聚集阶段，前一个散射阶段产生的每个更新都应用于相应的目标顶点。以边为中心的范式的优势在于，它顺序遍历散射阶段的所有边。以边为中心的范式的这种流式特性使 FPGA 成为一个理想的加速平台。然而，以边为中心的范式可能导致一些算法有冗余的边遍历，其中不是所有的边都必须遍历每个迭代。这样的图算法称为非平稳图算法。但是，对于边数大于顶点数的大规模图，以边为中心的范式仍具有比以顶点为中心的范式更好的性能。

图 5.6 描述了 HitGraph 系统架构，由外部存储器（即 DRAM）和 FPGA 组成。外部存储器存储所有图数据，包括顶点、边和更新。在 FPGA 上，有 $p(p \geqslant 1)$ 个处理引擎并行工作，以保持较高的处理吞吐量。每个 PE 都是基于目标图算法定制的，并具有多流水线体系结构。内存控制器处理由 PE 执行的外部内存访问。在散射阶段，PE 从外部内存读取边并将更新写入外部内存；在聚集阶段，PE 从外部内存读取更新并将更新后的顶点写入外部内存。

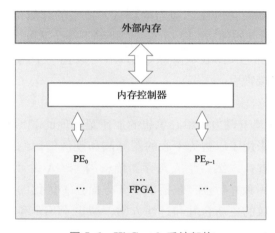

图 5.6　HitGraph 系统架构

HitGraph 的开发流程如图 5.7 所示。首先，用户通过输入来定义以边为中心的图算法的参数，并指定 FPGA 设计的硬件资源约束。然后，基于用户输入，框架执行设计空间探索，以确定体系结构参数，以最大限度地提高处理吞吐量。最后，设计自动化工具输出 FPGA 加速器的 Verilog 代码。

HitGraph 的优化。由于顶点数据在每次迭代中都会被重复访问和更新，因此 HitGraph 使用 FPGA 的片上 RAM 对它们进行缓冲，这样可以提供对 PE 的细粒度低延迟访问。对于整个顶点阵列不适合片上 RAM 的大型图，HitGraph 使用轻量级的图划分方法对图进行划分，使得每个分区的顶点数据适合片上 RAM。

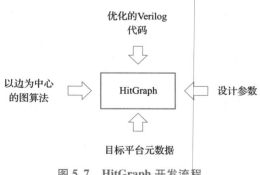

图 5.7　HitGraph 开发流程

HitGraph 提出了一个分区跳跃方案，以减少冗余的边遍历的非平稳图算法，以边为中心的范式需要在每次迭代的散射阶段遍历图的所有边。对于非平稳图算法来说，这会导致大量冗余的边遍历，在迭代过程中不需要遍历非活跃顶点的边。HitGraph 将活跃分区定义为在其区间内至少有一个活跃顶点的分区。对于每个分区，维护一个 1 位的状态标志，以指示该分区是否处于活跃状态。在散射阶段，HitGraph 检查每个分区的状态标志。如果分区处于活跃状态，则会遍历其分片中的边；否则，将直接跳过此分区。在聚集阶段，当一个顶点的属性被更新时，这个顶点所属的分区将在下一次迭代中被标记为活跃的。

HitGraph 可以同时使用分区内并行和分区间并行来充分利用 FPGA 的并行性。分区间的并行性意思是不同的 PE 并行处理不同分区，分区内并行性的意思是并发的处理每个 PE 中不同的边或更新的分区。还可以进行数据布局优化，如果访问的内存位置与上一次访问的内存位置相邻，将内存访问定义为顺序内存访问；否则，该内存访问为非顺序内存访问。非顺序内存访问可能导致额外的访问延迟以及额外的内存功耗。因此，需要优化数据布局，以减少非顺序内存访问的数量。

HitGraph 还通过更新合并和更新过滤减少 FPGA 和外部存储器间的数据通信。在散射阶段，HitGraph 将具有相同目标顶点的更新组合在一起，然后将它们写入外部存储器，这是更新合并的方法。另外 HitGraph 提出一种非平稳图算法的更新过滤方案，为每个顶点分配一个附加的 active_tag，以指示在当前迭代中该顶点是否处于活跃状态。在散射阶段，对于每个生成的更新。HitGraph 检查生成更新所基于的源顶点的 active_tag。如果基于活跃顶点生成更新，则将其标记为有效更新；否则，该更新无效。所有无效的更新都被丢弃，不会写入外部内存，从而减少了数据通信。

4. Gramer

图挖掘对于复杂图结构的分析至关重要，现有的图加速器大部分都是将随机访问的数据保存在片上存储器中，为的是避免片外通信，但是图挖掘的过程中会出现大量的随机访问，分别来自顶点维度和边维度，这将导致性能和能效的显著降低。

Gramer[7] 发现在图挖掘中产生的最随机的内存请求来自于处理真实世界的图时访问一小部分有价值的数据。为了最大限度地利用这种扩展局部性，Gramer 包含了一个专门的内存阶层，有价值的数据永久驻留在高优先级的内存中，其他数据根据轻量级替换策略保存在一个类缓存的内存中。Gramer 设计了特定的流水线处理单元，最大限度地提高了计算的并行性。另外，Gramer 还配备了工作窃取机制，可以减少负载的不平衡。

由于现有的图加速器大多都不是为了加速图处理应用而设计的，所以不能有效地解决图挖掘问题。图处理过程中，几乎所有的随机访问都显示在顶点数据上，早期的图处理加速器设计里面就是使用专门的片上存储器来保存这些顶点数据，通过这种方法，不规则的顶点访问就不会导致任何片外通信。但是在图挖掘问题中，存在对顶点数据和边数据的随机访问，图挖掘问题就变得复杂得多。片上的存储器一般不会太大，势必会导致无法存储全部的随机访问数据。

过去的加速器在解决这类问题时采用的方法是图划分，将图划分成几个片，适应存储器的大小，但是这个方法在图挖掘问题中并不适用，因为图挖掘运行在包含多个顶点的嵌入上，这些顶点具有不规则的 ID，盲目地将图划分应用于图挖掘会导致嵌入请求的数据跨越多个切片，反而导致了更多的内存访问。Gramer 的组织架构如图 5.8 所示。

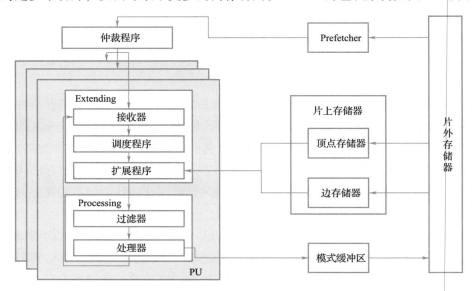

图 5.8　Gramer 的组织架构

- Prefetcher。

Prefetcher 执行下一行预取以将初始嵌入从芯片外存储器传输到 PU。使用仲裁程序以循环方式将每个初始嵌入分派到 PU。

- Extending。

Extending 模块分为 3 个核心部分：接收器递归地从片外存储器读取初始嵌入，或者从 Processing 模块读取中间嵌入；调度程序验证接收到的嵌入，并为扩展程序的每个扩展周期安排一个有效的嵌入，这将生成内存请求；DFS 模型和专门设计的嵌入扩展流水线设计，避免片外存储器访问中间嵌入。

- 片上存储器。

片上存储器包含一个顶点存储器和一个用于隔离顶点和边访问的边存储器。这种设计有效地避免顶点和边之间频繁的数据抖动。为了利用扩展局部性，将顶点存储器和边存储器进一步分为高优先级存储器和低优先级存储器。Gramer 提出了基于成本效益的优先级启发式算法，准确地识别有价值的数据存储在高优先级存储器，并设计了一个新的替换策略，以有效地整合 Gramer 的启发式算法与硬件实现。

- Processing。

Processing 的作用是在接收到来自 Extender 的嵌入之后，过滤器将基于规范机制检查它的自同构，并通过用户定义的原语验证它。

● 模式缓冲区。

从 Process 模块获得的用户期望的输出结果将存储在模式缓冲区中，并进一步按顺序写回到片外存储器。

Gramer 图挖掘加速器为图挖掘的不规则嵌入枚举提供了有效的内存访问，它提供了一个位置感知的片上内存阶层，可以处理片上图挖掘中出现的最随机的内存访问，减少片外通信开销。与此同时，Gramer 还提供了一个特定的图挖掘流水线，可以做到最大的计算并行性，为每个 PU 提供一个工作窃取机制，从而改善负载平衡。

5. FAST

FAST[8] 是第一个专门用于子图匹配的 CPU-FPGA 异构加速器。在 FPGA 上实现子图匹配是一项艰巨的工作，面临严格流水线设计和片上内存资源有限的挑战。FAST 通过一种新颖的软件/硬件协同设计解决了挑战，该设计在 CPU 和 FPGA 之间灵活调度任务，以充分释放这两种设备的功能。在 FAST 中，CPU 负责调度任务并维护要由 FPGA 处理的辅助候选搜索树（CST）。CST 是分区的，因此每个分区能适应有限的 FPGA 资源。在 FPGA 方面，FAST 提出了一种三步子图匹配算法来支持流水线执行的大规模并行。具体来说，根据匹配顺序，生成器扩展部分结果并找到新的子图，然后验证器组件检查新生成的中间体的验证条件，然后同步器获取并报告结果。每个步骤一次可以处理多个部分结果，从而充分利用 FPGA 流水线。FAST 还提出了仅靠 BRAM 的匹配机制来缓存部分结果，以避免昂贵的外部存储器访问。利用 CPU-FPGA 协同设计架构的主内存，FAST 可以轻松支持十亿规模的图。

FAST 系统的总体架构如图 5.9 所示。主机端，即 CPU，负责构造和划分辅助数据结构 CST，并通过 PCIe 总线将它们卸载到 FPGA。它还共享一小部分匹配任务，以提高吞吐量。内核端，即 FPGA card1，是连接到主机的 PCIe，专注于子图匹配任务。

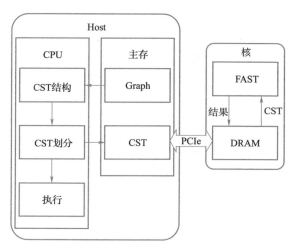

图 5.9　FAST 系统的总体架构

当查询和数据图被读入主机的主存时，系统启动执行如下任务。①CPU 基于 q 和 G

构造 CST，根据标签和度数等图属性裁剪大量假阳性，其中 q 表示查询图，G 表示数据图。②由于受到 FPGA 片上资源的限制，CST 通常太大而无法完全加载到 BRAM 中。主机端对 CST 进行分区以满足大小约束。③一旦分区的 CST 满足大小约束，通过 PCIe 总线从主机的主存转移到 FPGA 的 DRAM 上。④在内核端，FAST 将分区的 CST 从 DRAM 读取到 BRAM 上并运行子图匹配。搜索完整个 CST 的搜索空间后，将结果刷新到 DRAM 中。只要存在未处理的 CST，FAST 就重复此过程。⑤在主机端，当所有 CST 被分区和卸载时，CPU 共享一小部分匹配任务以提高总吞吐量。⑥当 FPGA 完成处理时，CPU 接收终止信号并将结果提取到主存。

- CST 结构。

FAST 采用了索引枚举框架，即构造一个辅助数据结构，然后基于该数据结构计算所有嵌入。按照传统的技术，查询图首先转换成生成树。给定一个查询图 q 和一个数据图 G，在它们之上建立一个辅助数据结构，称为候选搜索树（CST）。

- CST 划分。

由于受到 FPGA 片上资源的限制，CST 通常太大而无法完全加载到 BRAM 中。一般情况下，BRAM 的读取延迟为 1 个周期，而 DRAM 的读取延迟为 7~8 个周期。实验表明，当从 DRAM 而不是 BRAM 访问 CST 时，性能急剧下降。另一方面，对 CST 的访问是随机和不可预测的，这就消除了从 DRAM 预取数据到 BRAM 的可能性。因此，有必要对 CST 进行分区，并将它们一个一个地卸载到 FPGA 上。除了 CST 的大小，还对 CST 中的候选人设置了限制，即 DCST。其原因是，一个邻接列表的最大访问端口数量受到 FPGA 的限制。

- 匹配任务的调度。

完成 CST 分区后，主机端共享一小部分匹配任务，以进一步提高整体吞吐量。考虑到 CPU 和 FPGA 之间的负载平衡，首先需要估算 CST 的工作负载（W_{CST}）。由于现实世界图的幂律特性，不同 CST 中搜索空间的大小往往会有很大的差异。可以使用嵌入在 CST 中的数量来估计 W_{CST}，用动态规划算法以自底向上的方式计算。

FAST 是第一个 CPU-FPGA 协同设计的子图匹配加速框架。FAST 的 BRAM 匹配过程大大减少了在 FPGA 上 BRAM 和 DRAM 之间昂贵的数据传输。此外，利用 CST 的工作负载估计方法，FAST 的框架可以扩展到多 FPGA 环境。实验结果表明，FAST 的框架明显优于最先进的算法。

6. GraVF

GraVF[9] 是一种基于 FPGA 的分布式图处理的高级设计框架，它利用了以顶点为中心的范式，这种范式是自然分布的，并要求用户仅为目标应用程序定义非常小的内核及其相关的消息语义。为了在硬件上执行用户应用程序，如图 5.10 所示，GraVF 结合了用户提供的图处理内核和消息类型定义，形成了底层的执行架构。这种体系结构包括一个固定的网络，由相同的处理单元（PE）组成，具体来说，GraVF 会为每个用户自定义的算法生成特定的计算核函数，并根据用户定义的数据类型调整存储大小。图中的每个顶点都被分配给一个处理元素，该处理元素存储顶点的数据，并在每次接收到该顶点的消息时运行顶点内核。网络负责将消息传输到包含目标顶点的处理元素，并将其存储到下一个超步。它还实现了超步之间的障碍同步。在网络的每个端点，PE 结构如图 5.10 所示，处理元素由 Apply 和 Scatter 组件组成，用户提供的应用程序和散射内核（如阴影所示）连接在这些组件中。所有步骤都是流水线式的，对用户内核实现的延迟或吞吐量没有限制。

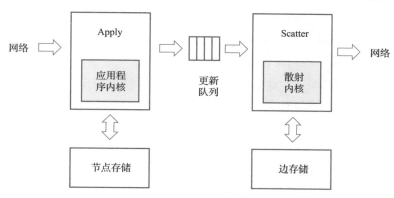

图 5.10 GraVF 架构

（1）消息传递和障碍同步

在 PE 之间实现超步的同步，GraVF 实现了一个类似于"浮动障碍"的分布式障碍算法。该算法依赖于这样的观察：在一个完全流水线式的系统中，超步实际上在时间上是物理分离的，这一点并不需要正确；只要每个处理阶段接收并处理了来自所有处理元素的在前一个超步中发送的所有消息，就足以启动下一个超步。因此，当每个处理元素完成一个超步时，它向所有 PE 发送一个障碍标记。接收端的仲裁程序仅需要传递以当前超步为目的地的消息，并阻塞下一个超步的消息，直到接收到来自所有 PE 的屏障标记。在 GraVF 中，每个发送 PE 的消息都被分成单独的队列。仲裁程序以循环方式从具有可用消息的队列中选择消息以转发到应用程序组件。一旦屏障标记到达队列的前端，就不会从该队列撤回进一步的消息，直到所有队列都显示屏障标记。然后，仲裁程序将同时撤回所有障碍标记，并向应用组件发出障碍信号。最后，浮动屏障还用于检测终止：每个 PE 跟踪它收到的最后两条消息，如果两者都是障碍消息，那么上一个超步中的这个 PE 上没有激活任何顶点，在这种情况下，PE 发出不活跃的信号，如果所有 PE 同时发出不活跃的信号，那么在前一个超步中根本没有发送任何消息，系统就会停止。

（2）自由死锁队列大小

队列的大小很重要，因为当达到队列容量时可能会导致死锁。每个顶点可以在每个超步发送一条消息给它的每个邻居，最多可以发送 $|V|^2$ 条消息（在完全连接图的最坏情况下）。这代表了在真正的同步系统中避免死锁所需的最大存储。但是，在 GraVF 的体系结构中，可以利用应用程序的流水线特性和 Scatter 组件来减少存储需求。在流水线中，存储可以随意上下移动，因此将 PE 的主存储容量移动到 Apply 和 Scatter 组件之间

的 FIFO 队列中。对于每个超步的全系统 $|V|$ 更新总数，Apply 组件每个顶点只能发出一个更新。对于浮动屏障，最多可以有两个超步的重叠，因此选择每个 $PE = 2|V|/n$ 来更新队列大小，以保证不会发生死锁，因为更新队列永远不会满。由于只有散射分量将每个更新转换为顶点邻居的多个消息，这种转移缓冲负担的新方法大大降低了总体存储需求（从 $|V|^2$ 降到 $2|V|$）。

使用两个示例算法 PageRank 和 BFS 来评估 GraVF 的性能。PageRank 和 BFS 在算法特性方面代表了两个极端：PageRank 顶点内核包含几个浮点操作，总延迟大约为 100 个周期，并且发送尽可能多的消息，每个图中的每个边有一个超步；相比之下，BFS 顶点内核是组合的（0 周期延迟），每个顶点在算法整个运行过程中只向其邻居发送一次消息。为了探索 GraVF 的缩放行为，在 AlphaData ADM-PCIE-7V3 平台上的 Xilinx Virtex 7（xc7vx690tffg1157-2）FPGA 上合成并运行具有 1~32 个处理元素的系统，研究了强缩放（将一个给定的图大小划分为越来越多的 PE）和弱缩放（每个 PE 有固定数量的顶点，图的大小随着系统的增长而增长）。GraVF 在两种算法上获得了很强的扩展性，即达到了线性扩展的水平。在 32 个 PE 时，GraVF 每个周期处理 2124 条边，相当于每秒 30—35 亿条边的遍历速度。

7. ForeGraph

ForeGraph[10] 是一种基于多 FPGA 结构的大规模图处理框架。ForeGraph 为了保证数据访问的局部性，将图划分为小分区，并对每个分区进行签名。通过最小化不同 FPGA 板之间的通信开销，ForeGraph 可以拓展到大型图。为了避免随机数据访问，顶点和边按顺序加载到 FPGA 芯片上。每个分区进一步划分为更小的分区，并分配给 FPGA 芯片上的不同处理单元（PE），从而消除了冲突。这种多 FPGA 结构可以提供足够的片内 BRAM 资源和片外带宽，对于提高基于 FPGA 的大规模图处理系统的性能至关重要。

ForeGraph 的总体架构如图 5.11 所示。ForeGraph 由几块 FPGA 板组成，每块板上都有一块 FPGA 芯片来执行处理逻辑和一块片外存储器来存储图数据。所有电路板通过总线（例如 PCIe）、定向光纤连接或其他可用结构来实现互连。图右侧显示了详细的处理逻辑。该逻辑包括一个互连控制器、一个片外内存控制器、一个数据控制器、一个调度器和几个处理单元（PE）。

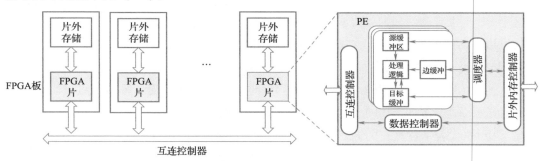

图 5.11　ForeGraph 的总体架构

- 互连控制器。FPGA 板之间的数据传输由互连控制器控制。
- 片外内存控制器。片外存储器的数据读/写内存控制器由片外存储器来安排。控制器可以通过使用现有的 IP 核心生成器来实现（例如 Xilinx Vivado 中的内存接口生成器）。在执行图算法时，加载到处理元件的数据都是通过这个控制器从片外存储器获得的。
- 数据控制器。数据控制器连接片外内存控制器和互连控制器，在板间传输数据时，包装和计算内存地址和目标板 ID。
- 处理单元（PE）。PE 是在 FPGA 板上执行图算法的核心逻辑。使用相应的边将更新从源顶点传播到目标顶点。因此，每个 PE 分别包含存储源顶点和目标顶点的源缓冲区和目标缓冲区。源缓冲区和目标缓冲区都是使用通用的双端口 BRAM 实现的。还有另一个边缓冲区存储从片外存储器加载的边。边在更新时从片外存储器顺序加载。顶点和边都被发送到处理逻辑，结果将被计算并写入到目标缓冲区。不同的图算法只在处理逻辑上有所不同。当目标缓冲区中所有顶点的更新完成后，结果将被写入到片外存储器中，新的顶点和边将被加载到这些缓冲区中。假设片外存储器的带宽大约是每板 10GB/s，处理逻辑运行在 200MHz 左右的频率。ForeGraph 使用 8 字节来表示边（源顶点和目标顶点分别为 4 字节）。基于单个 PE（200MHz×8 字节 = 1.6GB/s）的吞吐量远小于片外存储器的带宽这一事实，使用多个 PE 可以充分利用片外存储器的带宽。
- 调度器。调度器将片外内存控制器和 PE 中的数据缓冲区连接起来。当从片外存储器加载顶点和边时，调度程序将数据发送到相应的 PE。

ForeGraph 提供更大的片内 BRAM 大小和片外带宽，这对于加速大规模图处理是必不可少的。同时考虑了 FPGA 之间的划分和通信方案，以保证局部性和减少冲突。ForeGraph 与最先进的设计相比，速度提高了 5.89 倍，与以前基于 FPGA 的系统相比，平均吞吐量提高了 2.03 倍。使用具有随机存取功能的片上图存储器是加速大规模图处理的一种有前途的方法，但仍然受到片上图存储器大小的限制。

8. AccuGraph

AccuGraph[11] 是一种新型的加速器，它可以同时处理多个原子操作，在保证正确性的同时并行处理顶点更新和数据冲突。考虑到现实世界图通常遵循幂律分布，设计了一个专门的累加器来区分低度和高度顶点的处理。在内部，它并行地执行多个低度顶点以获得高效的边级并行性，并限制高度顶点的顶点并行性以避免频繁的同步。为了保持体系结构的平衡，AccuGraph 加速器是建立在一个高通量的片上存储器，以提供有效的顶点访问累加器。内存根据重新排列机制均匀地分配请求，并以无序的方式处理请求，以确保有效的吞吐量。

AccuGraph 加速器架构如图 5.12 所示，该加速器是按流水线设计的，共有六个阶段。

这些阶段基本上服务于以下两个主要目标。

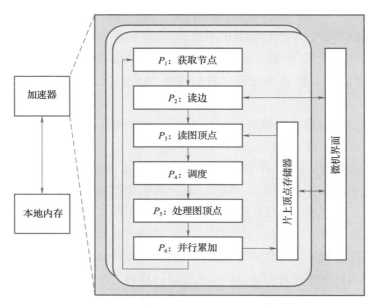

图 5.12　AccuGraph 加速器架构（P_i 表示第 i 个流水线阶段）

（1）如何设计一个有效的累加器

累加器通常受到现实世界图中的稀疏拓扑和幂律度分布的影响。为了达到理想的性能，预计累加器将有效地处理两个低度和高度顶点。在处理低度顶点时，预计累加器将同时处理多个顶点以实现有效的并行性。由于顶点度数在整个过程中是可变的，累加器应该在输入顶点和最终结果之间建立一个动态关系，以确保正确性。在处理高度顶点时，应减少调度顶点的数量，避免随机访问。因此，累加器应该动态地感知程度的变化，并区分不同顶点的过程。此外，同一高度顶点的多个累积之间存在显著的同步开销，这就需要一种有效的同步机制。

（2）如何有效地使用累加器

虽然累加器可以提供高执行效率，但片上内存可能是一个潜在的性能瓶颈。为了与累加器的吞吐量保持一致，需要将片上存储器划分为独立的部分来处理多个访问。此外，考虑到顶点访问的随机性，顶点的地址值可能遵循一个不平衡的分布。因此，在每个周期中，多个请求将被发送到相同的内存部分，从而导致显著的吞吐量降低。为了确保高吞吐量，需要一种专门的机制来动态平衡片上内存的内存请求。

由于累加器的宽度是固定的，所以通常需要考虑两种情况，即不同度数的倾斜图顶点可以大于或小于累加器的宽度，涉及不同的并行设计。

● 低度顶点的累加设计。众所周知，自然图的大多数顶点只有很少的度数，通常不超过一个典型的累加器的固定端口数。显然，为了实现高并行性，需要同时处理多个低度顶点的更新值。

● 高度顶点的累加设计。也有许多高度顶点超出了累加器的宽度。通过将这些边分成多个部分并同时处理其中一个部分，多次调用累加器被认为是一种有用的方法，但是这会增加开销。首先，迭代地读取临时顶点数据，并在与累积的结果合并后将其写回，这可能导致额外的同步。其次，图的边按顺序存储在公共数据结构中（如 CSR/CSC 或邻接列表），这意味着这些边分布在许多连续的缓存器中。当多个顶点与高度顶点同时处理时，它们的边可能位于不相邻的缓冲区中，从而导致性能下降。AccuGraph 提出了一种有效积累的潜在设计来解决这些问题。对于第一个问题，相同目标顶点的更新值按顺序排列。它保证了同一个高度顶点的多次累加结果也是连续生成的。因此，可以在累加器发送不同的顶点之前延迟顶点数据的写回。对于第二个问题，低效率主要来自于顶点调度的固定粒度。在不考虑顶点度数差异的情况下，该算法调度固定数量的顶点，并在每个循环中同时访问它们的边。可行的方法是顺序访问所有的边，并根据被访问的边动态调度顶点，而不是基于调度的顶点访问边。

虽然上述累加器可以提供合理的执行效率，但内存访问可能是一个潜在的性能瓶颈。在实际应用中，每个顶点的邻居都是不连续的，导致了顶点访问的显著随机性。因此，顶点数据通常存储在片上存储器中（例如，FPGA 中的 BRAM），以提高存储器性能。尽管它可以有效地减少顶点访问的延迟，但是片上存储器的吞吐量很难与累加器的吞吐量保持一致。例如，假设累加器使用 DDR4-2400 内存以 250MHz 运行。在每个周期中，加速器将接收 16 个 32 位边并根据它们的源顶点生成内存请求，这意味着片上内存需要同时处理 16 个随机读取请求。尽管如此，标准 RAM 模块在每个周期中只能处理一个读写请求。考虑到典型 FPGA 芯片片上存储器的容量和频率的限制，存储器分区是实现这种多端口存储器的最实用的方法。

将顶点数据存储在片上存储器中可以避免在主存中进行昂贵的随机访问，但这可能需要大量超出芯片容量的资源。假设 4 字节的顶点数据和 8M 的顶点宽度，片上存储器要求大于 32MB，这对大多数 FPGA 不切实际的。在不损失使用片上内存好处的前提下实现对大规模图的处理，可以将图划分为若干个部分，每次处理一个部分。

为了确保每个图部件中需要处理的所有顶点数据都可以保存在片上存储器中，Accu-Graph 使用了一种基于源的分区机制。分区机制的工作原理如下。首先，根据输入图的顶点 ID 将图的顶点划分为 K 个部分。K 的值取决于顶点的数目和片上存储器的容量。对于每个部分，每个顶点的外边也包括在内。在输入图被划分之后，AccuGraph 加速器在每次迭代中依次处理每个图部分。由于每个边都被划分到包含目标顶点的图部分，因此不需要对任何边进行两次处理。图分区确实会产生一些额外的内存开销，因为相同的目标顶点数据可能会被多次读写。

总而言之，AccuGraph 是一个流水线图处理加速器，为的是实现大规模的并行顶点更新。AccuGraph 加速器提供了一个并行累加器，可以同时调度和处理多个目标顶点，而不会失去边级并行性。此外，该累加器具有度感知能力，可以自适应地调整不同类型图的顶点平行度。为了更好地支持图加速器的有效使用，AccuGraph 还包含了顶点访问并行化和基于源的图划分。通过对各种图算法的评估表明，AccuGraph 加速器平均可以达到 2.36GTEPS 的吞吐量，与基于 FPGA 的图加速器 ForeGraph 及其单片机版本相比，可以达到 3.14 倍的加速。

9. FP-GNN

FP-GNN[12] 提出了一种自适应 GNN 的加速器框架（AGA），该框架采用统一的处理模块来同时支持聚合和组合两个阶段，并提出了一种自适应图划分策略（AGP）来缓解内存瓶颈，消除 GNN 层之间的图重划开销。此外，FP-GNN 还针对聚合和组合两个阶段提出了多种工作流优化方案，以实现工作负载平衡和特征稀疏消除。FP-GNN 在 Xilinx VCU128 FPGA 上实现，并在各种 GNN 配置和平台上进行了全面的实验。结果表明，与 CPU 相比，FP-GNN 平均加速比为 665 倍，能效为 3 180 倍，与 GPU 相比，FP-GNN 平均加速比为 24.9 倍，能效为 138 倍。

下面介绍 FP-GNN 加速器框架的硬件结构。AGA 的硬件结构由片外存储器、内存控制器、DMA、DMA 控制器、片上缓冲区、处理模块和工作流控制器组成。对于片外主存，FP-GNN 选择高带宽存储器（HBM）或多通道 DRAM（MCDRAM）为加速器提供足够的存储带宽。有几种不同类型的片上缓冲区：边缓冲区（EB）存储由源顶点 ID、目标顶点 ID 和边权重形成的边，以便为聚合阶段提供边信息；源顶点缓存（SNC）消除了来自所有处理模块（processing module，PM）的冗余源顶点请求，并利用时间源顶点重用于聚合阶段；Node Buffer（NB）存储目标顶点特征，这些特征将在聚合阶段收集或在组合阶段转换；当顶点特性以 CSR 格式存储时，地址索引缓冲区（AIB）存储索引指针，并为 DMA 控制器提供顶点地址；权重缓冲（WB）存储的权重矩阵，将在组合阶段乘以顶点特征；系数缓冲区（CB）存储可以在两个阶段中使用的顶点系数；输出缓冲区（OB）存储中间结果或最终输出。请注意，EB 和 OB 分别在每个 PM 中实例化，而 SNC、NB、WB 和 CB 由所有 PM 共享。片内缓冲区和片外存储器之间的数据传输是通过 DMA 控制器控制的 DMA 向内存控制器发送请求来完成的。

FP-GNN 设计了一个统一的 PM 来执行聚合和组合阶段，并且在芯片中存在 M PMs。这样就可以将整个片上计算资源用于每个阶段或灵活地分配给两个阶段。每个 PM 由 EB、任务调度器、向量处理单元（VPU）、处理单元（PE）阵列、OB 和输入输出多路复用器（MUX）组成。任务调度器为 VPU 和 PE 阵列分配 EB 中的边，并控制 MUX 为它们传输输入数据。PE 数组有 R 行和 C 列，不同的目标顶点被分配到不同的行以利用顶点级的并行性，同一行中的每个 PE 处理同一顶点的不同特性以利用特性级的并行性。每个 PE 执行简单的操作，例如乘法和加法，而复杂的操作，例如除法和非线性转换是由 VPU 中的算术逻辑单元（ALU）执行的。工作流控制器通知每个 PM 中的任务调度器执行聚合或组合操作，DMA 控制器填充片上缓冲区。

对于大规模数据集，片上存储器不能缓冲所有顶点的特性，因此图划分对于片上和片外数据的有效交换是必不可少的。在这一部分中，FP-GNN 提出了一种自适应图分区（AGP）策略来缓解内存瓶颈和消除 GNN 层之间的图重分区开销。

AGP 策略是从 GraphChi 提出的区间碎片划分发展而来的。不同的是，FP-GNN 根据 PE 阵列中的行数来划分顶点间隔，而不是根据片上缓存中的顶点数来划分顶点间隔。

因此，分区大小不会随着顶点特征维数的变化而变化。首先根据目标顶点对分片中的边进行排序，然后根据源顶点对同一目标顶点的边进行排序。在聚合阶段，将边从片外存储器流到 EB，并将具有相同目标顶点的边分配给一个 PE 行。每个线程收集具有相应目标顶点的边。为了使吞吐量最大化，在片外存储器上执行多线程读取。但是，分片中的边分布是不平衡的，这会导致任务线程之间的工作负载不平衡。更糟糕的是，多线程读取是未对齐的，这大大降低了片外存储器访问效率。

为了解决这些问题，FP-GNN 提出了如图 5.13 所示的硬件感知的边水平方法。根据每个任务线程上的边数，硬件感知的边均衡算法将高度顶点的边分配给低度顶点的任务线程，直到所有线程达到相同的边数。以图中分片 0 的 T_2 为例，当顶点 V_2 完成计算时，T_2 开始处理顶点 V_0 的聚合。然后 V_0 的部分和通过柱方向的 PE 之间的连接从 T_0 传递到 T_2。通过硬件感知的边均衡，多线程读取可以实现片外存储器带宽的最大化。由于硬件感知的边平衡可以在对同一目标顶点的边进行排序时执行，因此 AGP 的图分区开销为 $2|E|$。

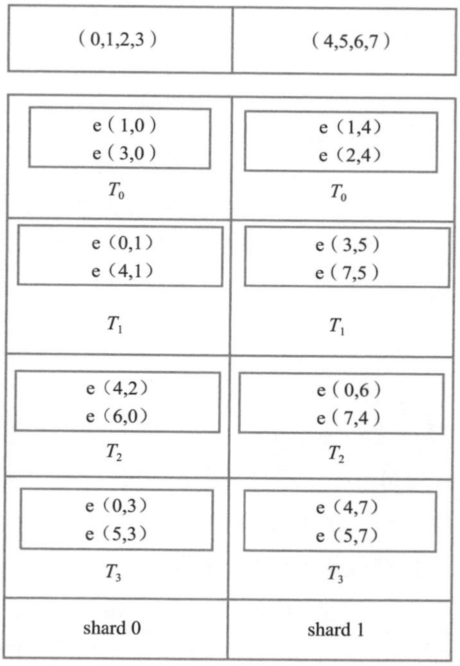

为了减少冗余的源顶点传输，FP-GNN 进一步发展了源顶点缓存技术，如图 5.14 所示。来自 PM 的所有不在 NB 中的源顶点请求将被发送到 SNC。SNC 首先合并顶点请求以消除冗余顶点访问。当遇到缓存丢失时，SNC 将源顶点 ID 发送到 DMA 控制器。然后 DMA 控制器将顶点 ID 转换为地址并发送给 DMA。如果缓存空间已满，

(0,1,2,3)	(4,5,6,7)
e(1,0) e(3,0) T_0	e(1,4) e(2,4) T_0
e(0,1) e(4,1) T_1	e(3,5) e(7,5) T_1
e(4,2) e(6,0) T_2	e(0,6) e(7,4) T_2
e(0,3) e(5,3) T_3	e(4,7) e(5,7) T_3
shard 0	shard 1

图 5.13　负载均衡策略

Cache Controller 将替换 ID 最小的顶点。由于同一目标顶点的边按照源顶点排序，ID 较小的顶点将被其他顶点重用。

AGP 通过根据 PE 阵列中的行数划分顶点间隔，解耦了片上存储器大小与图分区大小之间的相关性，使得分区大小不随层数变化，而且图划分的一次性执行可以使后续 GNN 推理的多次运行受益。通过硬件感知的边均衡，AGP 可以实现对齐的多线程存储器访问，提高片外存储器的带宽利用率。此外，基于硬件的间隔交错任务调度消除了 GNN 层之间的图重分配开销，源顶点缓存技术减少了冗余的片外源顶点访问。

10. GraSU

现有的基于 FPGA 的图处理加速器，通常都是为静态图设计的，而很少有工作利用 FPGA 来加速处理动态图。然而实际上，在现实世界中，图数据常常会随着时间而变化。为了加速动态图的图处理性能，GraSU[13] 利用 FPGA 来加速动态图的图更新过程，其利用了动态图更新过程中存在的空间相似性来进行快速更新。GraSU 采用差异化的数据管

理，将高价值数据保存在片上 UltraRAM 中，将绝大多数低价值数据驻留在片外存储器中，从而将大量的片外通信转换为快速的片上内存访问，从而提高了访存性能。

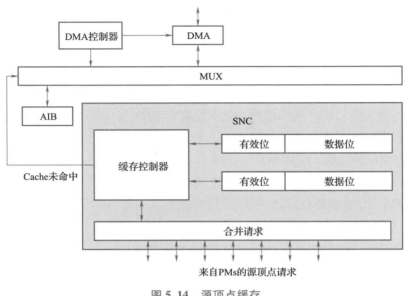

图 5.14　源顶点缓存

使用传统的基于 FPGA 的图加速器框架实现的图更新框架，顶点通常存储在片上 BRAM 中，而边数据存储在片外存储器上（通常是 DRAM）。在这种框架下，图更新操作一般分为 3 个基本步骤：首先，读取待更新边的源顶点索引，从片外存储器加载边表并存储到与 PE（图更新处理引擎）相连的寄存器中；其次，将更新的边添加到边表中（或从边表中删除）；最后，将边表写回到片外存储器。这种图更新处理框架的性能受限于过多的片外通信，因为真实场景下可能存在大量的边更新，使得片外存储器上的边数据被 PE 重复地访问。而 GraSU 的作者观察到，动态图更新过程中是呈现空间相似性的，即大多数随机访存只与几个顶点的边有关。因此 GraSU 利用 FPGA 上差异化的数据管理来将昂贵的片外通信开销转化为快速的片上内存访问。对于每一个顶点，用变量值 value 来衡量其价值，对于每一批图更新，高价值顶点相关的边数据驻留在片上 UltraRAM 中，大部分低价值顶点相关的边数据存储在片外。

而要实现差异化的数据管理，GraSU 着重解决了两个问题：第一，由于动态图是不断变化的，需要设计一个可以有效衡量 value 值的策略；第二，由于边数据被分别保存在片上和片外两种存储器中，需要设计新的数据寻址机制，保证在 FPGA 上的时间和空间效率。基于 FPGA 的动态图更新库 GraSU 的系统框架主要分为以下五个模块。

● 动态图组织（dynamic graph organization）。GraSU 采用大多数动态图系统使用的 PMA 格式存储动态图数据[14]，其好处是可以快速地更新，其带来的代价是 PMA 满了之后的重组。为了防止一个 PMA 段内包含不同价值级别的边，强制每个 PMA 段只包含一个顶点的边。而由于 FPGA 不能有效地支持动态内存分配，GraSU 通过预先分配多余内存空间来实现逻辑上的 PMA 空间翻倍。

- 增量价值测量器（incremental value measurer，IVM）。IVM 模块负责为图更新量化每个顶点的 value 值，并进一步通知价值感知内存管理器（value-aware memory manager，VMM），将高价值顶点的边分配到片上 UltraRAM 中。由于数据值是动态变化的，IVM 采用基于图更新历史的增量价值测量，不断提高测量精度。每完成一批图更新时，都会调用 IVM 模块。

- 边更新调度（edge update dispatcher，EUD）。当高价值数据已经保存在片上 Ultra-RAM 中时，EUD 模块启动。它会从片外存储中读取一批边更新，并根据每个边更新的时间戳顺序，将它们有序地分发到适当的 PE 中去。

- 更新处理逻辑（update handling logic，UHL）。UHL 模块确保每个边更新都能正确添加或从边数组中删除。UHL 是一个 3 阶段流水设计，包括读边、更新边和写边。读阶段通过向 VMM 发送读请求来加载待更新边的边数据。更新阶段执行具体的插入或删除操作。写阶段将更新后的边数据通过 VMM 写回。

- 价值感知内存管理器（value-aware memory manager，VMM）。VMM 模块负责准确和高效地定位请求的边数据。而为了在内存空间开销和数据寻址效率之间取得良好的平衡，VMM 采用了位图索引结构来减少空间开销，并使用位图辅助的寻址解析机制来支持快速而准确的差异化数据访问。当 VMM 模块接收到读请求时，VMM 将获取源顶点的边数组地址作为初始的片上（或片外）地址。之后，VMM 在边数据中定位目标段，将该段加载到 UHL 相应的寄存器中。当 VMM 模块接收到写请求时，根据目标段的地址，UHL 关联的写缓冲区中的内容将被写回。

GraSU 要实现差异化的数据管理模式，两个关键的技术就是顶点价值的度量和边数据的寻址机制。

量化顶点价值最直觉的方法是使用顶点的度数。这种方法的确有用，但准确性远低于理想情况。原因有两方面：其一，一些低度顶点随着更新批次的进行可能被插入很多边从而变成高度顶点，类比一个默默无闻的演员因为新作品而大火；其二，一些高度顶点的边的增长速度可能比其他顶点要慢，类比一个"超级传播者"被隔离后，病毒传播链被切断。这两种现象都表明了一个问题，那就是顶点的价值不仅取决于顶点目前的度数，还取决于其历史的更新频率。因此 GraSU 提出了如下的增量方法来量化一个顶点的价值，其中所有顶点的价值被初始化为其度数，然后根据其上一轮的更新次数进行增量修改。

$$\text{Value}^i(v) = \begin{cases} \text{Deg}(v) \times F^{i-1}(v) & 0 < i < N \\ \text{Deg}(v) & i = 0 \end{cases}$$

因此，测量一个顶点的价值需要得到顶点的度数和更新频率，而这两个值在图更新时是动态变化的，这会引入潜在的运行时开销。而由于动态图更新和图计算之间的交错性，可以将这个开销隐藏在图计算之中，因为图计算通常需要对顶点进行迭代计算，其执行时间会比价值测量的时间要长。

在设计如何访问高价值数据和低价值数据的机制之前，需要先确定哪些数据是高价值数据，应该被存储在 UltraRAM 上。GraSU 的策略是在 UltraRAM 上存储尽可能多的高价值数据，因此高价值数据的计算如下所示：

$$\tau = \underset{k}{\arg\max} \left\{ \sum_{i=0}^{k} \text{Size}(\text{EdgeOf} f(v_i)) \right\}, \text{where } k \in [0, |V|),$$

$$v_i \in \text{VSet}, \sum_{i=0}^{k} \text{Size}(\text{EdgeOf}(v_i)) \leqslant |\text{OnchipMem}|$$

$$S_{\text{HVD}} = \{\text{EdgeOf}(v_i) \mid i \in [0, \tau], v_i \in \text{VSet}\}$$

然后，GraSU 提出了一种简单有效的基于位图索引的方法来进行内存寻址。如图所示，位图中的每一位代表一个顶点，对应位为 1 代表该顶点的边数据存储在片上，为 0 代表该顶点的边数据存储在片外。当一个顶点的所有边数据加载到 UltraRAM 上时，它在位图中的位就被设置为 1，并且其在偏移数组中的偏移值被修改为在 UltraRAM 中的新偏移值。当高价值数据需要被写回片外存储器时，需要在偏移数组中计算它们原始的偏移值。具体来说，扫描位图找到需要被写回的顶点 v 后面第一个为 0 的顶点 v_0 和第一个为 1 的顶点 v_1，那么原始的偏移值：

$$\text{offset}(v) = \text{offset}(v_0) - (\text{on\_chip\_offset}(v_1) - \text{on\_chip\_offset}(v))$$

当处理读写请求时，通过位图可以定位其在片上（片外）的起始位置，对于在片上的高价值顶点，其度数可以直接通过与下一个顶点的偏移差得到，对于在片外的顶点，其度数需要计算下一个顶点的原始偏移值，再计算偏移差得到。价值感知数据访问管理的一个例子如图 5.15 所示。

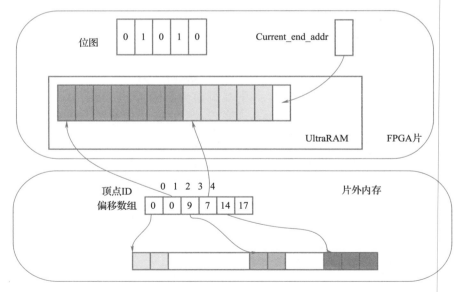

图 5.15　价值感知数据访问管理的一个例子

GraSU 用于在 FPGA 上实现高吞吐量的更新，可以很容易地与任何现有的基于 FPGA

的静态图加速器集成，只需几行代码修改就可以处理动态图。GraSU 具有两个关键设计：增量值度量和价值感知差分内存管理。前者能够准确地量化数据值，而其开销可以完全隐藏在正常的图计算之后。后者利用图更新的空间相似性，将高价值数据保留在芯片上，从而将图更新中产生的大多数片外数据通信转化为快速的片上存储访问。将 GraSU 集成到最先进的静态图加速器 AccuGraph 中，以驱动动态图处理。在 Xilinx AlveoTM U250 板上的实现表明，AccuGraph 的动态图版本在更新吞吐量方面比 Stinger 和 Aspen 这两个基于最先进 CPU 的动态图系统平均高出 34.24 倍和 4.42 倍，平均进一步提高了 9.80 倍和 3.07 倍的整体效率。

11. ExtraV

ExtraV[15] 是一个近存储图处理框架，它基于新颖的图虚拟化概念，有效地利用存储端的缓存一致性硬件加速器来实现性能和灵活性。ExtraV 由四个主要部分组成：主机处理器、主存储器、AFU（加速器功能单元）和存储器。AFU 是一种硬件加速器，位于主机处理器和存储器之间。使用一个允许主存访问的连贯接口，它执行各种算法通用的图遍历函数，而运行在主机处理器上的程序（称为主机程序）管理整体执行以及更多特定于应用程序的任务。图虚拟化是图处理的一种高级编程模型，它允许设计人员专注于特定于算法的函数。图虚拟化是通过加速器实现的，它使主机程序产生一种错觉，即图数据以一种适合主机程序内存访问行为的布局存在于主存中，即使图数据实际上以多级压缩形式存储在存储器中。

ExtraV 系统由 4 个主要部分组成：CPU、内存、AFU 和存储器，如图 5.16 所示。AFU 位于存储器前面，处理独立于任何图处理算法的常见工作。例如，假设在 CPU 上运行的图处理程序试图检索一个由满足某个条件的顶点组成的边列表，主机程序向 AFU 发送一个请求，根据主机程序的请求，AFU 首先解释所请求顶点的图数据，然后从存储器中检索相应的边列表数据。当边列表数据从存储器到达主机程序时，它解压边列表。如果需要应用过滤，它将结果传输到主存，主机程序就可以按照它想要处理的顺序看到内存上的边列表。所有这些工作对于

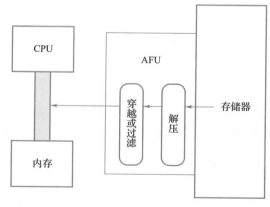

图 5.16　ExtraV 框架

主机程序是不可见的。因此，在主机处理器上运行的图处理程序不需要任何关于 AFU 所做工作的知识，也不需要知道数据存储在存储器中的格式。通过将 AFU 放置在靠近存储器的地方，ExtraV 不仅将计算密集型工作负载卸载到硬件上，而且还减少了芯片外的数据流量。虽然同样的功能也可以作为软件驱动程序实现，但这会导致未经过滤的数据从存储器传输到内存，并使计算返回到 CPU，造成性能损失。

现实世界图中的边数通常比顶点的边数大得多，因此可以假设主存储器不能存储整

个图，但可以存储顶点的属性。存储的图数据采用 CSR（压缩的稀疏行）形式，但是进一步压缩了边列表。主存储器存储临时数据和顶点属性。例如 BFS 算法中的前继顶点的状态值或 PageRank 算法中单个顶点的 PageRank 值。可选地，内存还存储一些使用相干接口在处理器和 AFU 之间共享的值，作业队列和过滤器位图是两个在两者之间共享的项。

运行在 CPU 上的程序处理特定于应用程序的算法部分。例如，它可以将一个顶点的 PageRank 值传播给它的邻居，或者检查是否已经访问了某个顶点。虽然特定于应用程序的部分也可以在 AFU 中执行，但是访问主存上的顶点属性将消耗大量带宽。由于 AFU 的可用带宽明显小于主机处理器（PCIe 的可用带宽约为 3GB/s），因此在主存中处理如此大的数据在主机处理器端要高效得多。此外，为特定于应用程序的算法设计自定义硬件将需要大量的硬件和设计工作。因此，通过将特定于应用程序的代码留给主机处理器，任何新的算法或对现有算法的改进都可以很容易地由软件实现，从而获得算法的灵活性和内存访问效率。

ExtraV 系统使用一个相干的硬件加速器，以获得显著的加速与近存储处理。ExtraV 显著提高了内存图处理的性能，通常的图处理功能在存储设备前面的加速器功能单元（AFU）上实现和执行，而更多的应用程序特定任务则作为软件实现，在主机处理器上运行以获得灵活性。ExtraV 的关键技术是图虚拟化编程模型。为了减小存储带宽的基本限制，在图遍历中应用了一种扩展和过滤方案，该方案对图数据进行处理、过滤，然后只将需要的结果反馈给主机处理器。AFU 还处理多版本遍历，以提供对过去状态的访问和简单的修改。ExtraV 系统是基于支持 CAPI 的 POWER8 处理器和 Xilinx 超大规模 FPGA 加速卡的原型。加速器功能的设计和实现使用的是高级综合流。在多图算法和数据集上的系统性能结果表明，与基于软件的最新实现相比，ExtraV 系统获得了显著的加速效果。

12. FNNG

FNNG[16] 是一个基于 FPGA 的加速器，支持 k 最邻图的构造，FNNG 配备了基于块的调度技术来利用顶点之间固有的数据局部性。FNNG 还采用了无用计算中止技术来识别多余的无用计算。它保留了计算单元内所有顶点的现有最大相似度值。FNNG 由采样模块、计算模块和更新模块 3 个部分组成，它们对应于图构造算法的 3 个阶段。考虑到在一个空间相近的顶点集合中共享邻居的概率很高，FNNG 提出将这些顶点划分为一个块，并在块的粒度上执行该算法来重用块内顶点邻居的向量数据，从而减少片外存储器访问的次数。FNNG 还能够识别和去除大量无用计算，从而减轻在 KNN 图构造过程中的高计算开销。

FNNG 通过分析经典图构造算法的各个阶段，找出了算法的性能瓶颈，发现算法效率低下的直接原因是在计算阶段存在大量不规则的向量访问和无用的计算。不规则向量访问：按顶点指数的顺序测量两个顶点的平均邻域重叠（两个顶点的邻域重叠定义为两个顶点的公共邻点数除以两个顶点的邻点数），可以发现，由于邻域重叠非常低，两个顶点的邻居之间几乎没有数据重用的顶点指数的顺序，由于这些高维向量数据分散在内存中，当芯片缓存容量有限时，这些大量的不规则访问将更加严重地影响算法的执行效率。无用的计算：在算法的实际执行过程中，大部分耗时的向量计算被丢弃，严重浪费了机器的计算资源，在图的构造中，据统计，超过 90% 计算属于无用计算，这对于图结构的更新是毫无帮助的。

图 5.17 所示为 FNNG 硬件加速器总体架构。图中所有顶点被划分为多个分区，每个分区的数据（邻居列表、向量数据和抽样列表）被放置在一台 HBM PC 中。FNNG 主要由采样模块（SM）、计算模块（CM）和更新模块（UM）3 部分组成。

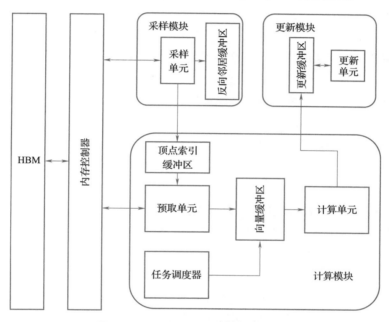

图 5.17　FNNG 硬件加速器总体架构

- 采样模块。采样模块由多个采样单元组成。这个模块负责对所有顶点的邻居进行采样。具体来说，每个采样单元的邻居读取器从芯片外 HBM 读取顶点邻居列表。然后，下面的采样器只选择邻居的一部分进行后续计算，并将这些采样的邻居写回内存。添加反向邻居缓冲区来临时存储反向邻居。由于片上存储资源的限制，将每个采样单元的反向邻居缓冲区的大小设置为较小。当反向邻居缓冲区满时，它的所有反向邻居将被刷新到内存中。由于图在抽样阶段被遍历，利用这个机会记录抽样单元中每个顶点的邻域信息，这些信息被组织并存储在顶点索引缓冲区中。经过采样阶段，可以得到所需的顶点顺序。注意，这里的顶点顺序不是严格的 BFS 或 DFS 遍历顺序。为了减少额外的遍历开销，只需要确保空间闭合顶点集可以划分为一个块。对于块中顶点的顺序没有要求。测试表明，在所有迭代中单独遍历顶点的整个时间不到总时间的 4%。

- 计算模块。该模块的主要作用是在块粒度上进行相似度计算，以减少内存访问的次数。计算阶段分为两个部分：向量预取和向量计算。在向量预取部分，FNNG 将块内所有顶点邻居的向量数据预取到向量缓冲区中。由于块中的向量数据相对较大，选择 UltraRAM 作为向量缓冲区（例如，Xilinx U280 的 960×288Kb）。在向量计算部分，FNNG 处理每个顶点邻域粒度的所有数据。任务调度器负责向计算单元发送顶点的邻居向量数据。需要使用多个计算单元进行并行计算。每个计算单元由一个向量寄存器和一个处理器组成。向量寄存器有许多行用于缓存计算单元中处理器所需的数据。处理器包含多个 PE，每个 PE 用于处理顶点对的相似度值的计算，通过简单地修改 PE 内部的计算逻辑，可以支持不同的相似度量，大大提高了 FNNG 的通用性。

- 更新模块。一般来说，对于每对计算相似值的顶点，算法都会更新这两个顶点的邻居列表，从而导致大量的片外内存读写。为了减少这些开销，FNNG 以块粒度执行邻域更新。具体来说，使用更新缓冲区来缓存块内所有要更新顶点的临时邻居列表。当一个块的计算完成后，邻居阅读器加载这些顶点的邻居列表，并将它们与临时邻居列表合并。在块内的邻居列表合并完成后，这些顶点的新邻居列表将被写回 HBM，更新缓冲区将被清除。由于片上资源有限，将更新缓冲区的容量设置为较小。更新单元一旦达到容量，就开始更新缓冲区中顶点的邻居列表。

下面介绍两种 FNNG 的优化技术。

- 基于块的调度（BS）。FNNG 处理块粒度上的所有顶点。通过将块内所需的所有向量数据预取到向量缓冲区，可以大大减少高延迟的片外内存访问量。一旦一个顶点的邻居向量数据被完全加载，调度器立即将这些数据调度到一个免费的计算单元进行处理，而不需要等待块中所有顶点的邻居向量数据被加载。为了重叠向量预取和后续的向量计算，FNNG 保留了两个向量缓冲区。当使用来自一个向量缓冲区的数据进行计算时，预取单元从 HBM 加载下一个块的向量数据，以最大限度地提高流水线的效率。

- 无用计算中止（UCA）。处理器内部的每个 PE 每次只负责一个顶点对的计算，并且这些计算是按维数进行的。FNNG 缓存 PE 中这个顶点对的现有邻居的最大相似度值。在处理数据的每个维度之后，PE 将比较计算的中间结果和最大值。当当前顶点对的计算被确定为无用时，PE 将直接中止计算并等待下一个处理。早期中止计算的中间结果不需要转移到更新单元。当更新顶点的邻域时，即在其邻域列表中添加一个新的最近邻，同时也更新该顶点的最大相似度值。

为了提高基于块调度的数据利用率，FNNG 设计了以下几种改进方法。

- 基于 NST 网络的计算体系结构。把一个顶点的采样邻居的计算分配给一个计算单元。这些采样邻居的向量数据被缓存到向量寄存器的每一行。具有两个新邻居的两条线或具有新旧邻居的两条线连接到一个 PE，这种类型的连接称为 NST 网络（从 N 条线路中选择两条线路）。对于每个时钟，向量寄存器的线将一维相同的数据传输给连接到它们自己的 PE。在每个时钟上计算的中间值由 PE 累积并临时存储，直到计算出向量的所有维数。利用 NST 网络连接向量寄存器和处理器，对每个顶点的处理只需传输相邻顶点的向量数据一次。因此在计算单元内没有数据冲突，底层的硬件延迟非常低。此外，NST 网络不需要额外的 FIFO 来支持连接。

● 多级计算流水线。当图的 k 值较大时，顶点的采样邻居的个数上限也较大。可以通过仅缓存部分数据维度来减少向量寄存器的资源开销，但是还需要来减少处理器的资源消耗。为了简化这个方程，假设新旧采样邻居的上限都是 S_{max}。可以计算一个计算单元中处理器中的 PE 数，如下：

$$\text{NUMBER}_{pe} = \frac{3S_{max}^2 - S_{max}}{2}$$

随着图的 k 值的增长，计算单元内处理器中的 PE 数量呈二次幂增长。为了处理 k 很大的极端情况，使 NST 网络更加实用，FNNG 进一步提出了一种多级计算流水线，以降低处理器的资源消耗。其基本思想是将顶点的邻居划分为多个批处理，并且一些 PE 可以在多个批处理之间重用。例如，每个顶点的采样邻居被划分为 b 批，相应地，计算机单元需要配备 b 个向量寄存器和 b 个处理器。计算单元内的其他 $b-1$ 个向量寄存器通过一个单独的 NST 网络连接到第一个向量寄存器。在每个阶段，一批新的数据被传输到计算单元的第一个向量寄存器，而每个向量寄存器将自己的缓存数据传输到下一个向量寄存器。第一个处理器只处理新的一批数据，其余的 $b-1$ 个处理器负责新的一批数据和前一批数据之间的计算。在每个顶点的所有批量数据传输完成后，计算单元可以直接开始处理下一个顶点的邻居。数据利用率也是 100%。最后，一个计算单元中新的 PE 数可以计算如下：

$$\text{NUMBER}'_{pe} = \frac{(6b-3)S_{max}^2 - bS_{max}}{2b^2}$$

减少的 PE 数量的百分比可以计算如下：

$$P_{reduce} = \frac{(3b^2 - 6b + 3)S_{max} + (b - b^2)}{3b^2 S_{max} - b^2} \times 100\%$$

当 $b = S_{max}$ 时，P_{reduce} 的值是最大值。这意味着计算阶段的数量越多，计算单元中的 PE 数量就越少。然而，在实践中，为了简化计算单元的内部结构，不能把 b 的值设置得太大。

为了提高无用计算中止的资源利用率，FNNG 设计了如下改进方法。虽然 NST 网络是直接和实用的，它迫使计算单元内的 PE 同步终止，使提出的 UCA 优化技术失效，浪费计算资源。通过观察知道每个计算单元中处于睡眠状态的 PE 是均匀分布的。当 PE 处于睡眠状态时，邻近的 PE 仍在运行的可能性很大。基于这种观察，提出了工作负载本地共享：计算单元中几个相邻的 PE 形成一个局部区域，处于休眠状态的 PE 可以为仍在运行的局域网中的 PE 共享工作负载。具体来说，为每个局部区域添加一个协调器。协调器监控局部区域内所有电磁脉冲的状态，并根据这些电磁脉冲的状态分发接收到的向量数据。通过在局部区域内而不是在整个计算单元内共享 PE 的工作负载，协调器引入的额外硬件开销是可以容忍的。实际上，只使用包含不超过 8 个 PE 的局部区域。

FNNG 是第一个用来加速在各种相似度度量下 k 最近邻图构造的基于 FPGA 的加速器。FNNG 在块粒度上优先处理一组在空间上更接近的顶点，并中止无用的计算，显著减少了内存访问和计算开销，从而更有效地构造图。实验结果表明，FNNG 在性能方面明显优于目前最先进的 CPU 和 GPU 图构造方法。

13. ACTS

ACTS[17] 是新兴的基于 FPGA 的图加速器，通过设计专门的图处理流水线和特定于应用程序的内存子系统来解决传统框架内存带宽利用不足造成性能下降的问题，从而最大限度地利用带宽并有效地利用高速片上内存。为了有效地使用有限的片上存储器（BRAM），一些基于 FPGA 的解决方案在预处理期间采用某种形式的图切片或分区，将顶点属性数据转移到 BRAM 中。虽然这已经证明在小图处理上的性能优越性，但这种方法在处理更大的图时会失效。例如，一个最近发布的基于 FPGA 的高性能图加速器 GraphLily[18]，在具有 3M 顶点和 28M 顶点的图之间经历了高达 11 倍的性能降低。ACTS 支持高带宽存储器（HBM），没有离线划分图以改善空间位置，而是在活跃边处理后对在线生成的顶点更新消息（基于目标顶点 ID）进行划分。这将优化读取带宽，即使在图大小缩放时也是如此。

为了提高灵活性，ACTS 允许用户通过定义两个计算函数（Process_Edge 和 Apply）以边为中心表示图算法。此外，ACTS 透明地处理所有必要的数据移动和片内外通信，以支持这些操作。ACTS 在 FPGA 中整合了专用的逻辑基础设施，并利用 BRAM 和 HBM 资源在图分析期间实时重构顶点更新的内存访问。这使得 ACTS 的图流水线可以从 FPGA 的高片外带宽利用率和片内并行性中获益。这个重构过程发生在它的分割阶段，这是 ACTS 和现有技术之间的根本区别。在这个阶段，在 FPGA 的 BRAM 和 HBM 资源之间进行一些顺序传递，将更新从低位置重构为高位置，然后传播到图流水线的其余部分。值得注意的是，ACTS 中的不同阶段是以同步的方式实现的，这意味着在下一次迭代更新活跃顶点/边列表之前，图中的每个活跃顶点/边都会被处理。ACTS 上的图计算包含以下几个阶段。

- 处理阶段。处理阶段从活跃子图生成顶点更新消息。在这个阶段，将边从 HBM 读入 BRAM，并将它们相应的源顶点属性读入 UltraRAM。然后检查与活跃顶点对应的边，并执行必要的用户定义的边函数以生成顶点更新消息。顶点更新元组的格式为<dst, value>，其中 dst 是边的目标顶点，Value 是要应用于该目标的消息。此 Value 是通过处理顶点属性和边权重生成的。只有当处理完所有活跃顶点时，此阶段才会终止。

- 分区阶段。分区阶段将处理阶段产生的低位顶点更新转换为细粒度的高位顶点更新分区，以便流水线的下一阶段（即应用阶段）可以从 FPGA 中的高 BRAM 并行性中获益。这一点很重要，因为应用阶段有许多随机内存访问，是图处理流水线的主要瓶颈。由于 FPGA 的 BRAM 容量有限，分区过程需要 HBM 来存储分区数据。为了在任意大小的图上维护低开销的在线分区，ACTS 引入了一种递归行为来管理 DRAM 访问延迟的影响。递归行为允许顺序传递更新，因为它们在 BRAM 和 HBM 之间以多通道分区流的形式移动，并保持用户定义的粒度，其中分区数据从 BRAM 传递到 HBM。

在分区阶段，可能需要生成大量的分区，特别是在分析大型图时。这是因为给定 FPGA 的 BRAM 容量是固定的，并且与生成的每个顶点更新分区相关联的顶点属性必须适合片上存储器（即 BRAM 或 URAM）。由于 ACTS 在预处理过程中没有对图进行切片以重构 BRAM 位置，从处理阶段生成的顶点更新的 BRAM 位置可能非常低。因此，在线分区技术需要使用 DRAM（它提供比 BRAM 大得多的容量）来存储分区过程中的分区输出。为了减少分区过程中的 DRAM 访问延迟，设计了一个递归分区策略，当分区顶点更新消息时，该策略允许连续轮转，以生成具有高局部性的分区。递归性质是递归分区策略的新颖之处，它可以合并基分区或桶分区作为分区算法。

● 应用阶段。在这个阶段中，分区阶段中的顶点更新分区使用用户定义的应用函数更新所有相关的顶点。由于分区阶段生成了细粒度的、高位置的顶点更新块，应用阶段可以从 FPGA 板的高 BRAM 并行性中受益。

总结来说，ACTS 是一种基于推送式边中心计算方式的装备了 HBM 的 FPGA 的加速器。ACTS 通过两种重要方式解决了现有基于 FPGA 的框架带宽使用开销过大的问题。①它消除了离线切片的要求，并将其嵌入到聚集-应用-散射（GAS）抽象中。这允许 ACTS 维护顶点属性数据的最佳读取带宽使用，使其能够更有效地扩展到更大的图。②ACTS 通过集成一个更紧密耦合的启发式模型来优化边数据的读取带宽使用，该模型在处理稀疏有源边界时有效地捕获不同级别的稀疏性。这使得它能够优化数据传输效率，并保持以边为中心的高片内存并行性优势。ACTS 相对于最先进的支持 HBM 的 FP-GA 图加速器 GraphLily 的几何平均加速比为 3.6 倍，相对于最先进的 GPU 图处理加速器 Gunrock[19] 的几何平均加速比为 1.5 倍。与 Gunrock 相比，几何平均功率减少了 50%，平均能耗延迟乘积减少了 88%。

5.2　基于 ASIC 的图计算加速器

5.2.1　ASIC 背景介绍

基于 ASIC 平台的图计算加速器设计一般能够获得比 FPGA 更高的性能，因为基于 ASIC 的图计算加速器加速框架能够运行在更高的频率下，并为加速设计添加更多的计算资源和存储资源，在不限制硬件资源类型和数量的情况下提供高效的硬件组织。ASIC 设计主要是利用大容量的片上存储单元缓存被不规则访问的数据，同时辅以图分块方案处理大规模图数据。基于 ASIC 的图计算框架的设计原则是为不规则的细粒度访存定制存储子系统，其优点是性能高。然而，片上存储单元非常耗费面积和功耗。同时随着图规模的增大，图分块数据的不断增多，图数据分布更加稀疏，导致性能会急剧下降。根据统计报告[20] 所述，Facebook 的用户（社交网络的顶点）高达 20 亿，并且每年以 17% 的速度增长，那么利用大容量的片上存储和图数据分块处理的 ASIC 解决方案会面临急剧的性能下降。本节对典型的基于 ASIC 架构的图计算加速器进行基本介绍。

5.2.2　主流 ASIC 图计算加速器

1. Graphicionado

Graphicionado[21] 是第一款在 ASIC 平台上实现的图计算硬件加速器，采用以顶点为中心的编程模型（vertex-centric program model，VCPM）进行设计。在 Graphicionado 的设计中包含了片外存储、片上缓存和计算流水线三个层次的优化。Graphicionado 利用预取器提高片外带宽的利用率，供给充足的数据给片上存储。片上存储则提供细粒度的访存以消除不规则细粒度访存对性能和能效的影响。在片上存储快速为计算流水线提供数据的基础上，Graphicionado 设计了图计算专用的计算流水线以进行流水作业并保证计算的正确性。

Graphicionado 总结了目前的通用处理器处理图计算问题低效的原因：①低效的内存访问粒度造成的片外内存带宽浪费，例如加载和存储 64 字节的 cacheline 数据，而只对一部分数据（例如，4 字节）进行操作；②低效的片上内存使用，例如硬件缓存对特定于图的数据类型无关，不能有效地保留芯片上的高局部性数据；③执行粒度不匹配，例如使用 x86 指令计算和通信数据，而不是利用特定领域的数据类型进行图分析；④较低的内存级并行度，内存带宽难以得到充分的利用。Graphicionado 主要从缓存设计、流水线设计、并行架构设计等方面对图计算性能进行优化。

在缓存设计方面，Graphicionado 从专用化的角度出发，使用了高速暂存存储器（scratchpad memory）来替代传统的 Cache 架构。与传统的 Cache 架构不同，Graphicionado 使用的缓存架构与内存之间没有直接的映射关系，因而也不存在 Cache 命中检测、数据块实时替换等操作。Graphicionado 将待处理的图按目标点排序的方式进行划分，并保证每个划分内所有的点数据均可存放于片上缓存中。当且仅当当前划分被处理完毕时，片上缓存的数据才被写回并替换为下一待处理划分。一方面，通过将点数据访问转移至片上缓存，Graphicionado 显著提升了顶点数据的访问精度，有效减少了内存带宽的浪费；另一方面，通过这种静态替换的方式，Graphicionado 有效缓解了数据块频繁替换问题，显著降低了访存延迟。

在流水线设计方面，Graphicionado 以 GraphMat 的编程模型为基础，针对图计算设计了专用的流水线架构。如图 5.18 所示，Graphicionado 摒弃了传统的指令集架构（instruction-set-architecture）方式，将图计算中所有的计算操作抽象为加速器中的执行模

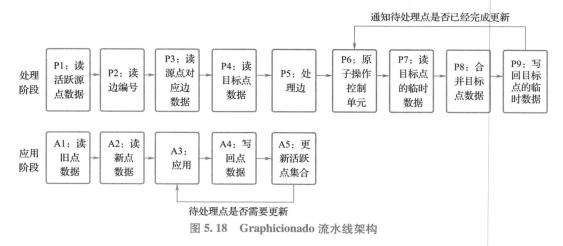

图 5.18　Graphicionado 流水线架构

块，整个流水线架构分为处理阶段和应用阶段。在处理阶段，流水线依次完成源点数据读取、边数据读取、目标点数据读取、边计算、原子更新等操作。Graphicionado 通过将所有活跃点依次送入流水线处理阶段来完成图计算中一次迭代的所有计算。在应用阶段，流水线一次完成旧点数据读取、新点数据读取、点数据比较、更新等操作。Graphicionado 在一次迭代计算完成后，通过调用应用阶段流水线将新的点数据写回内存并生成下一轮迭代的活跃点集合。通过将图计算流水化的方式，Graphicionado 有效减少了传统 ISA 中取值与译码的开销，从而提升整体的指令效率。

在并行架构设计方面，Graphicionado 通过增加流水线的方式实现访存的并行化，如图 5.18 所示。虽然这种方式在软件架构中实现较为简单，但在实际的硬件设计中却容易带来较大的性能损失。例如，当不同流水线同时需要写或者读取同一个数据时，为了保证计算的准确性，这些操作往往需要强制串行化从而降低整体的计算性能。为此，在设计并行架构时，Graphicionado 将执行阶段的流水线拆分为源点与目标点相关的模块。如图 5.19 所示，假定流水线个数为 n，则源点相关的模块中的流水线 i 仅处理编号中最后 $\log_2(n)$ 位为 i 的源点。目标点相关模块中的流水线与之同理。通过这种任务划分机制，可避免多条流水线同时访问同一点数据的情况，从而有效地提升内存级并行度。

总的来说，Graphicionado 是一个专门用于图处理的基于 ASIC 平台的加速器。基于许多软件处理框架中使用的定义良好的流行顶点编程模型，Graphicionado 允许用户以高性能、节能的方式处理图分析，同时保留软件图处理模型的灵活性和易用性。Graphicionado 流水线经过精心设计，通过以下方式克服现有通用处理器的低效率：① 有效地利用片上临时存储器；②平衡流水线设计以实现更高的吞吐量；③以最小的成本和复杂性实现高内存级别的并行性。与运行在 16 核 Haswell Xeon 服务器上的最先进的图分析软件框架相比，Graphicionado 在相同的内存带宽下实现了更高的加速（1.76~6.54 倍），而消耗的能量不到 2%。

2. GraphDynS

GraphDynS[22] 的设计动机是依赖数据的不规则执行行为导致现有通用架构执行低效，并且现有的传统图处理应用加速架构无法解决所有的不规则性。GraphDynS 的设计理念是通过解耦合硬件数据通路实时获取数据依赖，并根据数据依赖对不规则的执行行为进行动态调度，以消除不规则性对性能的影响。GraphDynS 的具体实现主要包含了解耦合的编程模型、解耦合数据通路和感知数据依赖的动态调度机制。尽管图计算应用固有地具有高度并行性，但是由于依赖数据的不规则执行行为，现有通用处理器架构执行该类应用时表现得非常低效。图遍历的不规则性主要表现在以下方面。

● 负载不规则性。处理逻辑单元之间的工作负载明显不均匀。VCPM 将程序的执行划分给多个处理逻辑单元，其中不同的激活顶点归属于不同的处理逻辑单元。每次迭代中的每一个激活顶点通常具有不同的度数（邻居顶点），从而导致每个激活顶点要处理的边数有所不同。由于 VCPM 根据激活顶点对工作负载进行划分并将其分配到不同的处理逻辑单元中，因此工作负载在不同处理逻辑单元之间会有很大差异。对于典型的图计算应用算法，由不规则性导致的负载不均衡会使 GPU 的利用率降低 25.3%~39.4%。

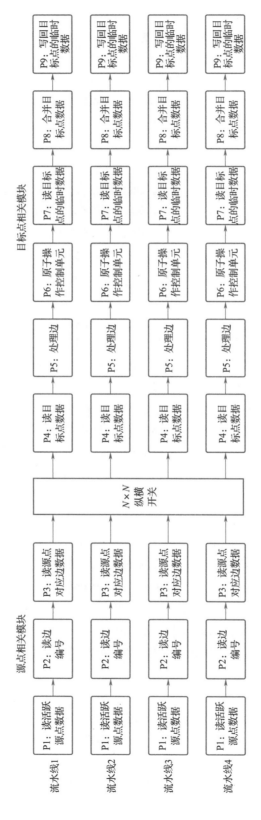

图5.19 Graphicionado并行架构

● 遍历不规则性。在每次迭代中被遍历的邻居顶点是不规则的。这是因为在每次迭代中被处理的激活顶点都是不固定的并且邻居顶点与激活顶点之间的链接也是随机的。由于被遍历的邻居顶点是不可预测的，访问邻居顶点属性数据的间接访问会引入大量的不规则细粒度访问，这不仅对现有预取机制提出了挑战，而且还可能导致严重的写后读（RAW）冲突。不规则细粒度访问包括对偏移数据、第一条边数据和邻居顶点属性数据的访问。这种不规则细粒度访问导致 Cache 利用效率低并需要更多的内存带宽。例如，在运行于 CPU 的图计算应用中，L2 Cache 的命中率仅为 10%。此外，被每个线程处理的激活顶点可能会具有相同的邻居顶点，因此当多个线程修改相同顶点的属性数据时，需要采用昂贵的原子操作避免读后写冲突。先前的研究表明原子操作会导致性能降低多达 32.15 倍。

● 更新不规则性。每次迭代被更新以及被激活的顶点都是不规则的。尽管实际上更新和激活的顶点数量可能很少，但是在程序执行过程中需要检查所有顶点是否需要更新。因此，更新不规则性会引入大量不必要的计算和访存。

虽然 Graphicionado 相对于运行在传统通用 CPU 上的 GraphMat 提高了 1.76～6.54 倍的性能并只消耗 1%～2% 的能耗，但遍历不规则性的原子开销、负载不规则性和更新不规则性尚未在其工作中提及。它们导致 Graphicionado 出现如下的问题。①负载不规则性导致 Graphicionado 流水线内的负载不平衡。因为激活顶点平均拥有十个以上的邻居，所以流水线的后端比前端的工作量多 10 倍以上。除此之外，Graphicionado 基于哈希的方式将负载分配给不同的流水线，导致在大多数的运行时间中，只有一半的流水线有工作量需要处理。②Graphicionado 处理读后写冲突的方式会导致 Graphicionado 流水线出现严重的停顿。该停顿在 PageRank 算法中，将导致了 20% 以上的额外执行时间。③由更新不规则性引发的额外计算和访存会导致 Graphicionado 增加 20% 的执行时间和 40% 的能耗。实际上，这些不规则性是由依赖于数据的不规则执行行为引起的，该行为依赖于迭代内和迭代之间的中间结果。因此，GraphDynS 提出了感知数据依赖的动态调度机制来完全解决这些不规则性。

GraphDynS 主要包括散射（scatter）阶段和应用（apply）阶段。如图 5.20 所示，该架构包含了数据依赖可视化的硬件通路设计和感知数据依赖的动态调度方案。为了实现数据依赖可视化的硬件通路设计，GraphDynS 首先基于 VCPM 提出了解耦合的编程模型，然后基于解耦合的 VCPM 解耦合数据通路，最后从解耦合的数据通路中获取数据依赖。为了消除所有不规则性对性能的影响，GraphDynS 针对三种不规则性分别提出了感知数据依赖的动态调度机制和具体的硬件实现。

GraphDynS 基于 VCPM 的编程模型进行了优化，目的是提高 GraphDynS 架构设计的实用性，因为 VCPM 已经被许多的图计算框架和加速器架构设计所

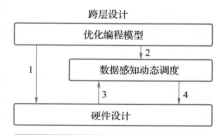

图 5.20　GraphDynS 架构设计概览

使用。GraphDynS 所提出的编程模型与 VCPM 具有相同的可编程性，并且对 VCPM 的优化对用户来说是透明的。具体优化包括：①将散射阶段和应用阶段解耦为 3 个执行过程以重叠负载调度、负载处理和顶点数据更新，以及促进数据通路的解耦合；②在运行过程中确定负载大小以实现均匀的负载分配；③在运行过程中获取数据预取指示以进行精确的预取。为了在运行时获取数据依赖，GraphDynS 将散射阶段和应用阶段分别解耦为 Dispatching、Processing 和 Updata 三个子阶段。

- Dispatching 子阶段。负载被分派到处理逻辑单元中。在散射阶段，每个激活顶点的边表处理负载被分配到处理逻辑单元中。在应用阶段，顶点处理负载被分配给处理逻辑单元。

- Processing 子阶段。负载被处理。在散射阶段，Process_Edge 函数被执行以处理边表处理负载。在应用阶段，Apply 函数被执行，以处理顶点处理负载，并判断顶点是否需要更新和激活。

- Updata 子阶段。顶点数据被更新。在散射阶段，Reduce 函数被执行，以更新临时的顶点属性。在应用阶段，更新顶点并为下一次迭代的执行激活被修改的顶点。

为了避免因负载不规则性而导致的负载不平衡，GraphDynS 还优化了 VCPM 编程模型以导出负载大小信息。关键思想是通过应用阶段的偏移数组来确定每个激活顶点的出度（即边表大小），并在下一次迭代的散射阶段中使用它。每个处理单元的负载大小取决于散射阶段中的激活顶点数和每个激活顶点的出度，以及应用阶段中的顶点数。激活顶点数和顶点数可以直接在原 VCPM 中获得，因为激活顶点是在每次迭代之前确定的，而顶点数在指定数据集之后就是固定的。然而，每个激活顶点（例如，边表计数器 edgeCnt）的边数取决于每次迭代中激活顶点的顶点 ID，所以无法在原始 VCPM 中获得。因此，研究人员修改 VCPM 编程模型，在应用阶段中读取偏移数组 OffsetArray，以进行 edgeCnt 的计算。如图 5.22 算法 5.2 所示，它在应用阶段的处理阶段依次访问偏移数组 OffsetArray 中的元素。通过当前顶点和后续顶点 offset，就可以计算每个激活顶点的 edgeCnt。在应用阶段，v. propoffset 和 edgeCnt 作为激活顶点所需的信息，用于激活被更改的顶点。因此，用于提示负载调度的负载大小就可以被动态地获取了。

对图计算应用进行定量分析后，观察到许多激活顶点仅具有 4~8 条边，它们所需的存储空间小于一条大小为 64 字节的 Cachline。因此，对边表数据的访问具有有限的数据局部性。并且在解决了对顶点属性的不规则访问之后，边表数据的访问成了新的瓶颈。为了解决这个问题，GraphDynS 提出了一种精确的预取技术。精确的预取意味着确定的预取地址和数据预取数量，因此仅预取必要的数据。精确预取有助于最大化内存请求数，以便更有效地利用内存带宽并掩盖访存延迟。

所有被顺序访问的数据都可以进行精确预取，例如激活顶点数据和顶点属性数据。因为在需要这些数据之前，它们的访存地址和预取量就已知。为了精确地预取边表数据，需要获取所有激活顶点的精确预取指示，包括 offset 和 edgeCnt。如图 5.21 算法 5.1 中所述，所有激活顶点的 offset 和 edgeCnt 已经从解耦合的编程模型获取，因此可以进行边数据的精确预取了。

算法 5.1：解耦合的编程模型——散射阶段

```
1    for each active vertex u do
2        dispatch(u. prop, u. offset, u. edgeCnt) to PE
3    end for
4    for e(u,v)←EdgeArray[u. offset: u. offset. edgeCnt] do
5        edgeProResult←Process Edge(u. prop, e. weight);
6        v. Prop←Reduce(u. Prop, edgeProResult);
7    end for
```

图 5.21　解耦合的编程模型——散射阶段伪代码

算法 5.2：解耦合的编程模型——应用阶段

```
1    for each vertex list do
2        dispatch(start id vListStartID and size vListSize of vertex list) to PE;
3    end for
4    for vid←UListStartID: UListStartID+UListSize do
5        edgeCnt←OffsetArray[vid+1]−OffsetArray[vid];
6        applyRes←Apply(V_vid. tprop, V_via. tProp, V_vid. cProp);
7        if v_vid. prop! =applyRes then
8            v_vid. prop←applyRes;
9            activatev_vid with v_vid. prop, Off setArray[vid], edgeCnt;
10       end if
11   end for
```

图 5.22　解耦合的编程模型——应用阶段伪代码

如图 5.23 所示，GraphDynS 由以下 4 个硬件组件组成，分别为分配器（dispatcher）、处理器（processor）、更新器（updater）和预取器（prefetcher）。

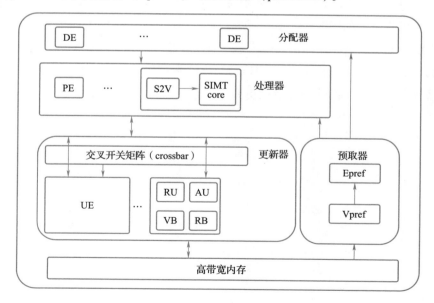

图 5.23　GraphDynS 硬件架构

分配器将工作负载分配给处理器，由 16 个分配元件（dispatching element，DE）组成。处理器从分配器接收负载并处理负载，由 16 个处理元件（processing element，PE）组成。每个 PE 都由一个 Scalar2Vector（S2V）和一个 16 通道的单指令多线程（single instruction multiple-threads，SIMT）核心组成。S2V 单元用于将工作量从标量转换为 SIMT 向量。使用单精度浮点加法器、乘法器和比较器构造 PE。预取器从 HBM 中预提取图数据，由顶点预取器（vertex prefetcher，Vpref）和边预取器（edge prefetcher，Epref）组成。Vpref 将激活顶点和顶点数据预取到顶点预取缓冲区（VPB）。Epref 将边表数据预取到边表预取缓冲区（EPB）。更新器从处理器接收中间计算结果，并更新顶点属性数据或激活顶点，由具有 128 个单向传输端口的交叉开关（crossbar switch）和 128 个更新元件（updating element，UE）组成。UE 由一个顶点缓存器（vertex buffer，VB，256KB 双端口片上 eDRAM）、一个记录被修改顶点的位图（RB，一共 256 个条目）、规约单元（reduce unit，RU）和激活单元（activate unit，AU）组成。VB 用于缓存所有临时顶点属性数据。为了处理大规模的图，即在 VB 无法缓存所有临时顶点属性数据的情况，可使用图分块方案将图分成多个分块并逐个分块进行处理。RB 用于指示准备更新的顶点。RU 用于执行 Reduce 函数，由一个称为 Reduce Pipeline 的微体系结构计算流水线组成。AU 用于激活顶点，它由四个缓冲区队列组成，用于存储激活顶点数据。

根据 GraphDynS 硬件组件的功能，在散射阶段和应用阶段中，各个组件的执行过程描述如下。散射阶段，如图 5.24（a）所示，首先，在步骤 S1 中，DE 从 VPB 中读取激活顶点数据，然后在步骤 S2 中将边表处理负载分配到 PE 中。接下来，在步骤 S3 中，PE 从 EPB 读取边数据，然后在步骤 S4 中执行 Process_Edge 函数以处理边数据处理负载。最后，在步骤 S5 中，UE 从 VB 读取临时顶点属性数据，执行 Reduce 函数并将结果写入 VB。应用阶段，如图 5.24（b）所示，首先，DE 在步骤 S1 中生成顶点列表作为顶点处理负载，然后在步骤 S2 中将顶点负载分配到 PE 中。接下来，在步骤 S3 中，PE 从 VPB 读取顶点数据，然后在步骤 S4 中执行 Apply 函数以处理顶点处理负载。最后，UE 更新顶点属性，并在步骤 S5 中激活被更新的顶点以进行下一次迭代。

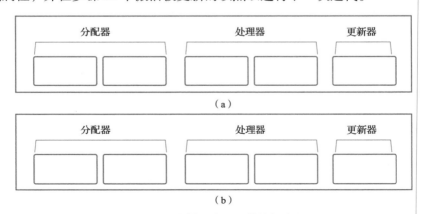

图 5.24　散射和应用硬件执行流程

为了在运行时实时获取数据依赖信息，GraphDynS 基于硬件组件将数据分为 3 个子数据通路，然后在子数据通路上获取数据依赖。如图 5.23 所示，DE 将负载分配到 PE，S2V 单元以循环展开的方式将负载转换为向量负载。预取器精确地从片外存储器中预取图数据，处理器和分配器从 VPB、EPB 和 VB 等片上存储器中访问数据，并且 RU 单元访问 VB。为了减轻遍历不规则性对性能的影响，GraphDynS 使用数据的类型信息、访问大小和访问地址来安排数据访问，以减少不规则访问和提高数据访问吞吐量并消除原子停顿。如图 5.23 所示，在散射阶段，如果某顶点的临时顶点属性已被修改，则 RU 在 RB 中标记该顶点需要在应用阶段中被更新。在应用阶段，预取器预取顶点数据，并通知分配器将顶点处理负载分配到 PE 进行更新计算。然后，AU 更新顶点属性并激活该顶点。为了消除更新不规则性导致的冗余更新，本文使用临时属性数据的修改状态来动态选择需要被更新的顶点，然后预取它们的顶点属性并进行更新处理。

需要从子数据通路获取的数据依赖包括：散射阶段激活顶点的边表偏移地址和长度、激活顶点的出度和中间变量访存的地址；应用阶段的顶点数目、需要被修改或被更新的顶点编号。如上所述，在散射阶段，激活顶点的边表偏移和长度已经保存于激活顶点数据中，即 offset 和 edgeCnt。因此，在 Vpref 预取激活顶点数据之后，就能获得激活顶点的边表偏移地址和边表长度。同样，DE 读取激活顶点数据之后，就能知道激活顶点的出度，即 edgeCnt。中间变量访存的地址由 PE 计算得到，通过交叉开关送给 UE。Apply 阶段的顶点数目是在数据集选定之后，就是固定值，所以可以在初始化硬件的时候进行配置和获取。对于需要被修改或被更新的顶点编号，默认是检查所有的顶点并决定是否更新。需要注意的是，GraphDynS 对需要处理的顶点负载进行了优化，即 RB 在散射阶段记录了被修改的顶点，所以应用阶段被处理的顶点数目和需要更新的顶点可以根据 RB 中的指示进行获取。

利用数据依赖可视化的数据通路提供的运行时信息，GraphDynS 提出了一种基于数据依赖的动态调度方案，可以基于所提出的数据通路调度负载、数据访问和数据更新。下面介绍 GraphDynS 如何解决负载、遍历和更新的不规则性。

● 均匀的负载分配。为了实现负载均衡，GraphDynS 在管理子数据通路上根据负载大小将负载平均分配给每个 PE。与 Graphicionado 不同，GraphDynS 会批量处理 PE 中低出度激活顶点的边列表，并将高出度激活顶点的边列表均匀地分配给每个 PE。这样，负载调度操作的次数被大大减少，并且分配给每个 PE 中的负载也比较均匀。

● 负载处理向量化。为了提高负载处理的吞吐量，GraphDynS 使用 SIMT 执行模型扩展了 PE 的执行单元。PE 内的 S2V 单元根据循环展开方式将边或顶点列表的处理任务进行展开，以便将负载从标量转换为向量。此外，GraphDynS 还将小于 SIMT lane 数的小型负载列表组合在一起，以提高 SIMT 的执行效率。这种优化不仅提高了处理吞吐量，而且还提高了计算效率。

● 调度阈值和矢量化配置。为了提高工作量的分配和处理效率，SIMT lane 数（nSIMT）、边列表大小（eListSize）、eThreshold 和顶点列表大小（vListSize）的值需要被恰当地设置。在大部分的迭代中超过 60% 的激活顶点具有 5 个以上的邻居顶点，并且高达 99% 的激活顶点具有 3 个以上的邻居顶点。此外，激活顶点平均具有 10 个以上的邻居顶点。因此，考虑到 SIMT 的效率和顶点的出度分布，GraphDynS 将 nSIMT 设置为 8。为降低分配器的逻辑复杂度并消除由高出度激活顶点引发的负载不平衡，GraphDynS 将 eThreshold 设置为 128。考虑到 PE 的数据访问粒度和 EPB 的访问延迟，GraphDynS 将 eListSize 设置为 16。为了简化对 VB 的访问，GraphDynS 将 vListSize 设置为 8。

• 精确预取边数据。GraphDynS 利用精确边数据预取指示设计了一个支持精确预取的预取器。它不仅能精确预取顺序访问的数据，也能精确预取边表数据。如下步骤是精确预取所有激活顶点的边列表数据的过程。步骤①：Vpref 使用激活顶点数组的基地址和激活顶点数将激活顶点访问请求发送给 HBM。步骤②：Vpref 将接收到激活顶点数据缓存在 VPB 中，其中每个激活顶点的数据包含了 offset 和 edgeCnt。步骤③：Vpref 将 offset 和 edgeCnt 发送到 Epref。步骤④：Epref 使用 offset 和 edgeCnt 构建边表数据访问请求并发送到 HBM。步骤⑤：Epref 将接收到的边表数据缓存在 EPB 中。

GraphDynS 的精确预取设计能够立即开始预取边表数据。因为在 GraphDynS 中对 offset 的访问不依赖于激活顶点的 ID，因此 offset 数据可以提前被从激活顶点数据的访问中获得。除此之外，因为预取器知道需要预取的边数据的精确数目（即 edgeCnt），所以它不仅可以有效地预取边数据，而且也不会引起额外的存储空间需求和不必要的数据访问。除此之外，由于一次片外的数据请求可以获取多个激活顶点数据，因此 GraphDynS 可以使用这些 offset 和 edgeCnt 来合并对边数据的片外访问，并最大限度地提高片外访存的请求率。因此，GraphDynS 能够更好地利用带宽。

• 向量化片上数据访问。为了提高片上缓存的访问效率和吞吐量，GraphDynS 对片上缓存的数据访问进行了向量化。GraphDynS 以 SIMT 的粒度在预取缓冲区中组织数据，然后再组织对顶点缓冲区的访问。

• 零延迟原子更新机制。之前的工作表明，原子操作是另一个限制性能提升的主要瓶颈。散射操作导致多个线程同时更新同一个顶点的临时属性，需要原子操作保障程序执行的正确性。特别是对于具有幂律度分布的图，原子操作的开销尤为严重。另外，基于全顶点遍历的算法，例如，PageRank 中的原子开销变得非常严重。在更新顶点的临时属性期间，它会引入许多停顿，从而导致严重的性能下降。

GraphDynS 提出了一种基于微体系结构流水线优化的存储规约（store-reducing）机制。关键思想是缩短被更新数据与算术单元之间的距离，然后选择最新的数据送入运算单元中进行运算。特别的，GraphDynS 首先通过存储规约机制将微架构流水线与数据之间的距离缩短到 5 个周期。然后，GraphDynS 定制微架构流水线以进一步缩短到一个周期的距离。最后，GraphDynS 通过比较源操作数和目的操作数的访问地址来选择最新数据送到微架构算术单元内。

具体实现过程如下：GraphDynS 首先将 v. tProp 的读取、规约和写入操作转换为 VB 的存储操作，然后在 RU 中执行 Reduce 函数；每个 PE 执行存储操作，以将 v. tProp 的存储地址和边处理结果 edgeProResult 发送到更新器中；更新器中的交叉开关根据 v. tProp 的存储地址将每个线程的中间计算结果路由到相应的 UE；最后，RU 从 VB 读取 v. tProp，执行 Reduce 函数，并将 v. tProp 写入 VB。

为了避免 RU 内部的流水线停顿，GraphDynS 设计了一个具有三级流水级且支持无阻塞原子操作的微架构流水线来执行 Reduce 函数。如图 5.25 所示，由于指定了图算法之后就决定了具体的 Reduce 操作，因此去除了传统五级流水线的指令获取和指令解码阶段。该微架构流水线的流水级执行如下。①RD 流水级，根据 v. tProp 的地址从 VB 中读取 v. tProp 值。用从 VB 读取的 v. tProp 还是用从 WB 流水级返回的结果设置操作数寄存器 1 取决于 RD 流水级和 WB 流水级的地址比较结果。如果这两个地址相等，则将 WB 流水级返回的结果设置到操作数寄存器 1。否则，将读取的 v. tProp 设置到操作数寄存器 1。v. tProp 的地址将传递到 EXE 流水级。②EXE 流水级，浮点算术逻辑单元 FALU 计算结果。与 RD 流水级相似，FALU 的操作数寄存器 1 也由地址的比较结果确定。如果这两个地址相等，则 WB 流水级返回的结果将发送到 FALU 中。否则，操作数寄存器 1 的值将发送到 FALU 中。该地址将继续传递到 WB 流水级。由于 Reduce 操作的简单性，执行阶段仅消耗一个周期。③WB 流水级，新计算得到的 v. tProp 被写入 VB。同时，计算结果和地址返回到 RD 流水级和 EXE 流水级。将该微架构流水线集成到每个 RU 中，以便在保持原子性的同时移除停顿。

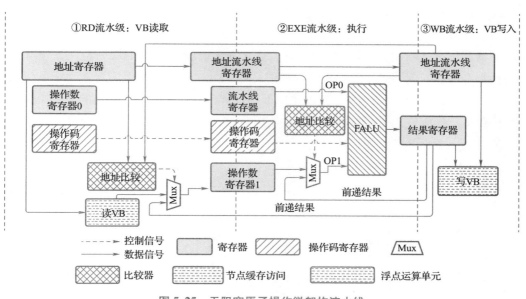

图 5.25　无阻塞原子操作微架构流水线

● 精确更新。在应用阶段，没有必要更新所有顶点。为了不必要的更新，GraphDynS 在数据更新子数据通路上根据 RU 对顶点临时属性的修改状态来精确选择需要更新的顶点。然后，为了减少由于随机更新而导致的不规则内存访问，GraphDynS 在 UE 中合并了这些间歇访问以更有效地使用带宽。精确更新的实现主要包括选择就绪更新的顶点和合并间歇性片外访存。

　　● 选择就绪更新的顶点。对于大多数图算法而言，Reduce 函数的结果可以指示顶点是否就绪更新。因此，它提供了一个机会，可以通过 RU 的处理结果来选择需要更新的顶点。散射阶段 Reduce 函数的结果会作为 Apply 函数的输入，对临时顶点属性的修改会使大多数算法在应用阶段的 Apply 操作结果 applyRes 发生变化，所以 Reduce 函数对顶点的临时属性的修改状态就指示了顶点是否需要在应用阶段被更新。根据 RU 的指示，GraphDynS 在散射阶段用就绪位图（RB）记录了就绪更新的顶点。接下来，GraphDynS 仅在应用阶段更新这些就绪更新的顶点。这样，就可以消除不必要的计算和访存。

　　● 合并间歇性片外访问。为了减轻不规则更新导致的访存带宽压力，GraphDynS 合并了激活顶点的间歇性片外写回访问请求。是否需要更新激活顶点数组是由算法 4.13 的 Updating 子阶段的 IF 条件语句决定的，即由依赖数据的条件语句所决定的。这种数据依赖引发了间歇性的片外访存，导致了片外带宽的利用率低下。由于该条件语句只有一条分支，因此可以将该分支转换为条件存储操作（condition-store）。然后每个 UE 使用两组以双缓冲区方式工作的缓冲区队列来缓存激活顶点数据，并在缓冲区队列已满或应用阶段结束时将其写入片外内存。因此，缓冲区队列提高了片外访问效率。

　　总的来说，GraphDynS 首先提出解耦合的以顶点为中心的编程模型和定制的硬件设计解耦合数据通路，以此在运行时提取数据依赖。然后，GraphDynS 利用感知数据依赖的动态调度机制精心地调度负载处理和数据访问，并消除不必要的更新操作。具体地来说，为了减轻负载不规则性，分配器利用负载大小信息来均衡多个 PE 之间的负载，并且处理器利用 SIMT 执行模型来处理矢量负载。为了改善遍历的不规则特性，预取器利用各种数据的访问偏移量和长度来实现精确预取并向量化片上内存访问。此外更新器基于对 Reduce 操作简单性的观察，定制了微架构计算流水线来实现零延迟的原子操作。为了解决更新不规则性，更新器利用顶点的临时属性的修改状态来实现精确更新，以及合并对激活顶点数据的间歇性片外访问。

3. GAA

　　GAA[23] 专注于图计算应用程序的加速器设计，提出了一种模板化的架构，专门针对具有不规则内存访问模式、异步执行和非对称收敛的以顶点为中心的图应用程序进行了优化。所提出的体系结构解决了现有 CPU 和 GPU 系统的局限性，同时提供了一个可定制化模板。

　　尽管 CPU 和 GPU 在图处理方面表现出了令人瞩目的性能，但是在迭代图并行应用程序中，它们仍然无法解决非对称收敛、异步访问、不规则模式带来的内存瓶颈以及负载均衡等问题。更重要的是，众所周知，CPU 和 GPU 的能耗相对较高。随着摩尔定律的终结，在传统架构上使用纯软件解决方案往往很难填补通用架构与特定图的计算之间的显著差距，以寻求图处理的最高性能。

　　GAA 利用聚集–应用–散射（gather-apply-scatter，GAS）模型来构成电路。每个阶段都作为一个硬件模块实现，并与连接不同模块的电线并行运行。为了支持各种图算法，可以集成一个可重构块供用户灵活定义更新功能。GAA 加速器具有以下特点。

- 同时处理十个顶点和数百个边以实现高水平的内存级并行性。这是通过维护多个顶点和边的部分状态来完成的，同时等待对低延迟内存请求的响应。
- 无标度图通过动态负载平衡来处理。例如，可以将数百个边状态分配给单个高度顶点，或者在执行期间可以分布到多个低度顶点。
- 同时处理的顶点和边之间的同步是在专门为图处理设计的同步单元（SYU）模块中完成的。该模块确保顺序一致性与可忽略不计的性能开销。此外，它可以在没有集中瓶颈的情况下以分布式方式工作。
- 活跃列表管理器（ALM）模块维护活跃（尚未收敛）顶点集。该模块能够同时从/写入分布式活跃列表（AL）数据结构，而不需要昂贵的锁定机制。
- 内存子系统针对稀疏图数据结构进行了优化。

GAA 单个加速器的架构如图 5.26 所示。GU 为每个顶点 v 实现了聚集操作。由于从邻居收集和积累数据需要几个内存负载操作，每个操作对系统内存都有很长的延迟，为此 GU 中提出了一种延迟容忍架构。聚集单元（gather unit，GU）中包含有限的本地存储缓冲区，并且在所有并发处理顶点之间共享。在提出的 GU 微架构中，使用基于信用的机制将可用的边集合动态分配给多个顶点。应用单元（apply unit，APU）是使用聚集状态中获得的数据对每个顶点执行计算的模块。这个阶段的计算通常被流水线化成多个周期，这样不同的顶点可以在不同的流水线阶段被处理。散射单元（scatter unit，SCU）为每个顶点 v 实现散射操作。应用程序特定的分发函数决定如何将 v 的更新数据传播给它的邻居们。与 GU 类似，多个顶点和边被并行处理以消除内存访问延迟，并且利用基于信用的机制动态地将本地存储分配给顶点。GU、APU 和 SCU 对顶点的处理提高了处理的并行性，消除了内存访问延迟。

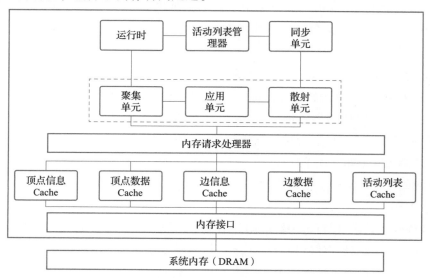

图 5.26　GAA 单个加速器的架构

（1）异步执行中的同步问题

SY 尽管工作效率更高，但由于潜在的同步开销，异步访问可能运行得更慢。竞争条件是可能的，因为一个顶点更新的数据可能同时被它的邻居读取。这与同步执行相反，在同步执行中，读取器和写入器保证被隔离。此外，某些算法可能需要更严格的顺序一致性属性来实现更快的收敛（例如交替最小二乘）或保证正确性（例如吉布斯抽样），同步问题的解决会造成相当大的开销。同步单元（sync unit，SYU）是关键模块，它允许在提议的架构中对所有顶点进行无竞争和顺序一致的执行。SYU 负责顶点之间的协调，以处理写后读（RAW）和读后写（WAR）依赖关系，并且不会发生冗余激活。确保顺序一致性的基本思想是在每个顶点开始执行之前为其分配一个唯一的等级值。等级值单调递增，因此较早开始执行的顶点具有较低的等级和较高的优先级。CAA 使用边一致性模型，通过强制相邻顶点之间的排序来实现顺序一致性，因为顶点只允许更新自己的数据和连接到它的边的数据。

（2）专用内存子系统

GAA 采用 CSR 进行图拓扑的存储，在这种格式中，连接到每个顶点的边的索引被连续地存储在一个数组中，称为边信息（edgeInfo），该数组的偏移量存储在一个单独的数组中，称为顶点信息（vertexInfo）。此外，GAA 按顶点和边定义应用程序特定的数据结构，这些数据结构被表示为顶点数据（vertexdata）和边数据（edgedata）。如前所述，活跃列表（AL）也需要存储在主存储器中。不同对象类型的访问模式可能会有很大差异。例如，由于索引的连续存储，边信息访问往往具有良好的空间局部性。另一方面，由于访问邻居数据的随机性，顶点数据和边数据访问对于非结构化图通常具有较差的时间和空间局部性。为了解决上述问题，GAA 从细分化角度对传统 Cache 架构进行改进。相较传统 Cache 架构无差别地处理所有种类的数据，往往面临数据频繁冲刷 Cache 导致命中率下降的问题，该架构对图应用中所有的数据进行细粒度的划分，将传统的统一 Cache 细分为多个子 Cache 以保存不同类型的图数据，这样能够解决不同模式的访问差异问题。

最后为了提高吞吐量，GAA 通过紧密集成少量的 AU 并根据它们的索引静态地将顶点和边分配给 AU 来实现细粒度并行性。GAA 的集成加速单元如图 5.27 所示。内存子系统也根据这个分配以块的方式进行分区。全局排名计数器（GRC）和全局终止检测器（GTD）用来解决多个 AU 运行时的同步问题。GRC 和 GTD 是多 AU 系统中唯一的集中模块。两者都实现了非常简单的操作，这些操作不在影响性能的关键路径中。因此，分布式执行方式发生不会产生新的瓶颈。

4. HyGCN

图神经网络的混合执行行为给应用的加速带来极大挑战，规则与不规则的计算与访存模式共存使得传统处理器结构设计无法对其进行高效处理。图聚合阶段遍历高度不规则的执行行为导致频繁的数据替换，使得 CPU 无法从其多层次缓存结构与数据预取机制中获益。然而面向传统图计算和神经网络应用的加速结构无法高效地应对图神经网络。

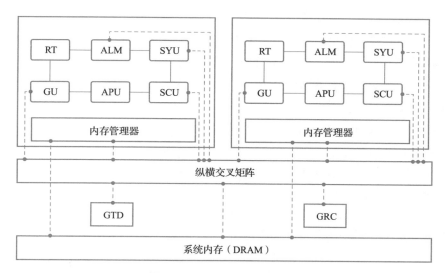

图 5.27　GAA 集成加速单元

对于图计算加速结构而言，它们主要面向动态稀疏计算和不规则访存进行设计，且处理的图结构中顶点特征属性很小，因此不具备加速图更新阶段密集计算的能力，并且无法有效挖掘图更新阶段的规则性和较好的空间局部性。对于神经网络加速结构而言，它们主要面向静态密集计算和规则访存进行设计，尽管已有一些工作将神经网络加速结构向稀疏矩阵运算进行扩展，但图神经网络所处理图的稀疏度至少比传统神经网络所处理的图高 2 倍。因此神经网络加速结构不具备应对不规则访存和不规则计算的能力，无法高效执行图神经网络的图聚合阶段。另外，图计算加速结构和神经网络加速结构均只能针对图神经网络中的单一阶段进行加速，无法融合两个阶段的执行，不足以应对图神经网络应用的加速需求。因此为图神经网络专门设计相应的加速结构势在必行。

HyGCN[24] 为全球首款面向图神经网络应用的专用加速结构。HyGCN 的设计理念是利用混合架构分别处理不规则的执行行为。HyGCN 使用混合架构来高效地执行 GCN，首先，HyGCN 构建了一个新的编程模型，以利用硬件设计的细粒度并行性。其次，HyGCN 提出了一种具有两个高效处理引擎的硬件设计，以缓和聚合阶段不规则性，并利用聚合阶段的规律性。最后，HyGCN 通过引擎间流水线进行阶段间融合和基于优先级的片外存储器访问协调来优化整个系统。HyGCN 在计算、片上访存和片外放存等多个层次进行了优化。

（1）细粒度编程模型

建立编程模型的目标是挖掘可用的并行性并为程序员实现硬件透明性[26]。对于 Aggregation（聚合）阶段，有基于聚集方式和散射方式的处理方法。由于基于散射方式的方法通常会产生大量的原子操作，并且在处理完所有顶点之后都需要进行同步，因此会降低并行度和引发昂贵的同步开销。相反，基于聚集方式的方法可以更简单地控制程序行为并保留程序并行度。因此，HyGCN 在设计中选择基于聚集方式的处理方法。但是，此处理方法会导致密集的内存访问和顶点计算。为了解决这个问题，HyGCN 采用以边为中心的并行处理方式来挖掘边级别的并行性。每个顶点拥有许多入边（邻居），这些邻居顶点可以以边到边的流水线执行方式进行聚合。这样，每个顶点内部不同特征元素的计算可以视为子负载，并分配给每个计算单元以进行并行处理。对于 Combination（组合）阶段，情况相对容易一些。由于每个顶点的计算实际上就是多层感知机。每个顶点的特征向量为多层感知机的输入，因此 HyGCN 采用以矩阵向量乘为中心的并行方式挖掘矩阵向量乘级别的并行性。

如图 5.28 算法 5.3 所示是 HyGCN 针对图神经网络提出的以边和矩阵向量乘（MVM）为中心的细粒度并行编程模型。对于每个顶点 $v \in V$ 中，首先读取采样后的邻居顶点索引，它是顶点 v 所有邻居的子集。每个索引对应于连接 v 和邻居顶点 u 的边，即 $e(u,v)$。通过遍历 v 的所有采样边，可以通过 Aggregate 函数以 Element-wise 的方式将相应邻居顶点的所有特征向量聚合到顶点 v 上，从而产生为顶点 v 产生 Aggregation 特征向量。接着，Aggregation 特征向量作为 Combine 函数的输入，进行一系列 MVM 操作。因此，该编程模型可以挖掘边级别、顶点内并行性和矩阵向量乘级别的并行性。

算法 5.3：以边和矩阵向量乘为中心的编程模型

```
1     initial SampleNum
2     initial SampleIndexArray
3     for each node ∈ V do
4         agg_res←init( );
5         sample_idxs←SampleIndexArray[ u. nid ];
6         for each sample idx in sample_idxs do
7             e( u,u)←EdgeArray[ sample_idx ];
8             agg_res←Aggregate( agg_res,u. feature);
9         end for
10        v. feature←Combine( agg_res,weights,biases);
11    end for
```

图 5.28　以边和矩阵向量乘为中心的编程模型伪代码

（2）混合架构设计

如图 5.29 所示，HyGCN 混合架构由图遍历加速引擎、神经网络加速引擎和引擎间的协调器组成。图遍历（Aggregation）引擎旨在高效执行不规则的访问和计算。为了挖掘边级别的并行性，任务调度器（eSched）被设计，用于将边处理负载分配到 SIMD 核上。为了支持采样操作，研究人员在图遍历引擎中引入了采样器 Sampler。Sampler 使用高斯分布或预定义的分布模型从每个顶点的边列表中采样边（邻居）。前者被采样的边索引由 Sampler 动态生成，而后者则是预定义的，可以直接从片外存储器中读取。为了减少数据访问的延迟，HyGCN 采用了嵌入式 DRAM（eDRAM）来缓存各种数据以提高数据重用性。边数据缓存用于缓存边数据以挖掘边数组中的空间局部性。输入缓存用于缓存 X_K-1 顶点特征向量，即上一层/迭代的结果或者原始的输入特征向量。而 Aggregation 缓存用于缓存临时的 Aggregation 结果，以利用时间局部性。为了掩盖 DRAM 访问延迟，边数据缓存和输入缓存都采用了双缓冲技术。需要注意的是，HyGCN 还设计了一个稀疏性消除器（sparsity eliminator）来避免由于稀疏性导致的冗余顶点特征向量的访问。

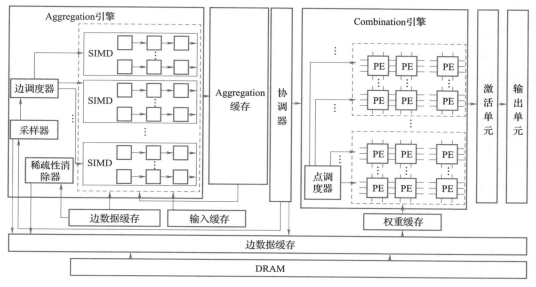

图 5.29　HyGCN 混合架构

神经网络变换（Combination）引擎旨在最大限度地提高规则访问和计算的效率。为了利用并行性和数据重用性，HyGCN 采用了著名的脉动阵列设计，并对其进行了修改以支持图神经网络的新特征。权重缓存用于缓存权重矩阵以利用其时间局部性，而输性缓存用于合并输出特征向量的写访问。同样，HyGCN 还利用双缓冲技术来掩盖片外访问延迟。神经网络变换引擎将来自图遍历引擎的每个顶点 v 的 Aggregation 特征向量和来自权重缓存的权重矩阵作为输入来执行 MVM 操作。vSched 负责分配负载给神经网络变换引擎。在矩阵向量乘操作之后，激活单元执行激活操作（ReLU 操作）以生成顶点 v 的新特征向量。与 TPU 的脉动阵列不同，HyGCN 设计的脉动阵列是多颗粒的。在不同的优化目的下，它可以以多个较小的阵列集合进行工作或所有较小的阵列组合成大型阵列进行工作。

为了提高带宽利用率，预取器显式预取图数据和参数数据。例如，输入特征向量的预取如下：①预取器预取当前处理顶点的边；②接收到这些边数据之后，稀疏消除器从这些边数据中获取邻居顶点的索引；③启动预取器利用邻居顶点的索引立即预取特征向量。

（3）图遍历引擎设计

为了优化图遍历的计算，HyGCN 引入了顶点分散处理模式。目的是减少顶点处理延迟并消除负载不平衡。为了优化内存访问，HyGCN 采用静态图分块方法来挖掘数据的重用性，并采用动态稀疏性消除技术来减少不必要的数据访问。

- 消除负载不规则-顶点分散处理模式。SIMD 核有两种处理模式可以并行处理边。

第一种是顶点集中处理模式，每个顶点的工作量都分配给单个 SIMD 核处理。该模式可以同时产生多个顶点的 Aggregation 特征向量，即定期处理一组顶点。但是，单个顶点的处理延迟（称为顶点处理延迟）较长，并且先完成的顶点必须等待未完成的顶点，从而导致 SIMD 核之间负载不平衡。此外，还失去了为每个元素并行执行 Aggregation 的并行性，即顶点内并行性。因此，HyGCN 使用如图 5.30 所示的第二种处理模式，即顶点分散处理模式。它将每个顶点的特征向量处理分配给所有 SIMD 核，每个 SIMD 核完成特征向量中一个元素的 Aggregation。如果一个顶点的处理任务不能使用完所有 SIMD 核，则可以将剩余顶点的处理任务分配给空闲的 SIMD 核。因此，所有 SIMD 核总是忙碌而不会出现负载不平衡。此外，因为特征向量的所有元素都可以并行执行，即已经利用了顶点内的并行性，因此单个顶点的顶点处理延迟小于多个顶点同时处理的平均延迟。此外，得到的 Aggregation 特征向量还可以立即作为后续神经网络引擎执行的输入数据。

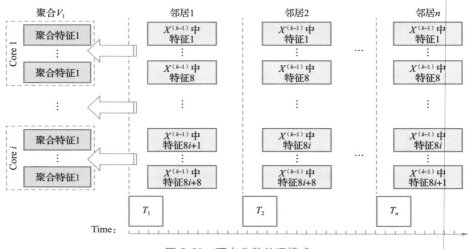

图 5.30　顶点分散处理模式

- 消除遍历不规则-滑动窗口机制。为了提高片外带宽利用率，HyGCN 借鉴 Interval（间隔）和 Shard（分片）的抽象概念来对图神经网络中的图数据进行划分。每个 Interval 中的顶点序号连续，在片外顺序存储，因此这些顶点的特征向量可以被连续地读进输入缓存中，在神经网络引擎执行 MVM 的时候可以重复利用它们，能够有效提升带宽利用率。

在图分块的基础上，HyGCN 进一步尝试消除引发冗余访问的稀疏性。HyGCN 为消除稀疏性，提出了一种基于窗口滑动收缩的稀疏性消除机制，窗口尺寸与 Shard 一致。对于每个顶点 Interval，窗口逐渐向下滑动，直到有边出现在窗口最顶行才会停止。然后，从该窗口底部行的相邻行开始创建下一个新窗口，每个窗口的停止条件都相同。执行过程中不断生成新窗口，并向下滑动。为减少固定大小的窗口底部存在的稀疏，HyGCN 在每个窗口滑动结束之后还会进行窗口收缩。具体而言，每个窗口从底部行向上收缩，直到底部行遇到有效边为止。由于窗口收缩，最终 Shard 的大小通常会有所不同。

每个窗口中访存获取的邻居顶点特征，能够被多个顶点的聚合操作的输入所共享，也进一步降低了片外访存需求。上述窗口滑动收缩的过程，动态消除图神经网络中图数据的稀疏性，从而减少冗余的片外访存操作。

图神经网络可以利用基于图分块方法的特征数据重用机制和稀疏消除机制消除冗余访问，并且收益远大于开销。然而，上述机制在图计算应用的开销则是难以被收益所偿还的。这是因为神经网络中每个顶点的属性特征是一个具有数千个元素的向量，而图计算应用中的属性特征数据很小，每个顶点通常只有一个元素。此外，当使用采样器 Sampler 操作时，这些优化可以获得更好的效果。因为 Sampler 操作会增加稀疏性，而在 Aggregation 阶段仅需要处理被采样的邻居。

（4）神经网络加速引擎设计

神经网络加速引擎的设计基于著名的脉动阵列。如图 5.31 所示，为了使其配合图遍历引擎的处理模式，神经网络加速引擎集成了多个小脉动阵列。每一个小脉动阵列在 HyGCN 中被称为脉动模块。这些脉动模块可以被组合形成大脉动阵列，以提供多粒度的使用方式。其中包括每个模块单独工作的独立工作模式和所有模块一起工作的协同工作模式。

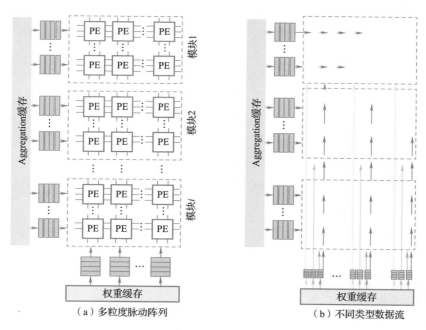

图 5.31 神经网络加速引擎设计

● 独立工作模式。如图 5.32（a）所示，在此模式下，每个脉动模块彼此独立工作。它们每个都处理一小组顶点的 MVM 操作。在这种情况下，每个模块的权重参数都可以直接从权重缓存访问并在模块内重复使用。此模式的优点是较低的顶点处理延迟，因为一旦 Aggregation 特征向量准备好，就可以立即处理这小组顶点的 Combination 操作，而无须等待更多的顶点完成 Aggregation 操作。此模式与图 5.30 中图遍历引擎的顶点分散处理模式非常匹配。因为顶点分散处理模式可以快速且有序地遍历 Aggregation 特征向量。

● 协同工作模式。如图 5.32（b）所示，除了独立工作模式之外，这些脉动模块可以进一步组装在一起以同时处理更多的顶点。此模式要求在执行 Combination 操作之前将一大组顶点的 Aggregation 特征向量组合在一起，然后再进行处理。协同工作模式的优势在于权重参数可以从权重矩阵缓冲区逐渐流向所有的脉动模块，也就是所有脉动模块都可以重用参数，这有助于降低能耗。

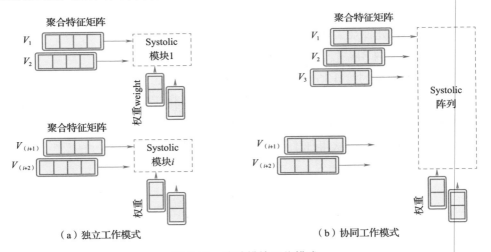

（a）独立工作模式　　　　　　　　　（b）协同工作模式

图 5.32　脉动模块工作模式

无论神经网络引擎选择了哪种工作模式，在处理不同顶点时，权重都可以在权重矩阵缓冲区和脉动模块中被复用。但是，传统的神经网络（尤其是 MLP），如果没有批处理技术，就无法复用权重。除此之外，多粒度脉动阵列是 HyGCN 为了适应不同的应用需求所提出的设计。这两种模式都能够有效挖掘图更新阶段中 MVM 并行性以及顶点间运算并行性，同时还能够提升权重数据的重用率。

（5）混合架构协调方案

为了融合 Aggregation 阶段和 Combination 阶段的执行，通过协调器将图遍历引擎和神经网络引擎的执行进行解耦，并以流水线执行方式来加快二者的计算效率以及协调它们对 DRAM 的访问。

● 两个引擎的流水线执行。为了复用图遍历引擎产生的聚合结果，在两个引擎之间添加了聚合缓冲区。该缓冲区可以由图遍历引擎写入，也可以由神经网络引擎读取。在生成最终的聚合结果之前，聚合缓冲区用于存储中间计算结果。这些临时结果将由图遍历引擎读取以进行特征向量的聚合操作。为了提高这两个引擎的并行度，HyGCN 为聚合缓冲区实现了乒乓缓冲机制。其中聚合缓冲区被分为两个块。这样，聚合和更新的执行就被解耦了，从而实现了引擎间的流水线。

为了适应不同程序的需求，HyGCN 提供了低延迟优先流水线和低效能优先流水线。

在低延迟优先流水线工作模式下，神经网络引擎工作在独立工作模式。图遍历引擎逐个处理所有的顶点。当一小组顶点的聚合后特征向量的被计算出来，则立即被神经网络引擎继续进行处理。与低延迟优先流水线相比，低能效优先流水线在神经网络引擎工作在协同工作模式下，神经网络引擎每次处理一大组顶点。尽管顶点的平均处理延迟更长，但是由于合并使用所有脉动模块，权重被复用次数更多，因此可以减少能耗。

● 协调两引擎的片外访存。在实际的应用场合中，图遍历引擎和神经网络引擎需要的片外带宽因图神经网络模型不同而不同，因此很难在设计阶段确定两个引擎之间的内存带宽比率。此外，片外存储系统的分离会增加配置开销并导致带宽浪费。因此，HyGCN 使用统一片外存储为两个引擎供应数据。

由于两个引擎都在运行时访问此片外存储，这导致访问位置的频繁切换，从而导致片外访存效率低下。HyGCN 架构设计中总共有四个缓存会产生访问片外存储器的操作：图遍历引擎中的边数据缓存和输入缓存，以及神经网络引擎中的权重缓存和输出缓存。如图 5.33（a）所示，由于 HyGCN 采用块处理方式和流水引擎间的执行，这些访问操作通常会并发产生。如果依次处理这些访问请求，则不连续的地址将大大降低 DRAM 中 Row Buffer 的命中率。

如图 5.33（b）所示，为了解决此问题，HyGCN 预定义了访问优先级，并重新组织这些不连续的请求。该优先级的设定由处理顶点所需数据的顺序决定。然后，数据的访问请求逐批执行。因此，当前批处理中的低优先级访问将在下一批高优先级访问之前进行处理，而不是始终先进行高优先级访问。通过改进的连续性，可以显著提高 DRAM 行缓冲区的利用率。为了配合上述的批处理数据请求，首先利用双缓冲区缓存上述的数据，然后重新映射这些访存请求的地址，以使用访存地址的低位对 DRAM Channel 和 Bank 进行索引。这样，可以进一步利用 DRAM Channel 和 Bank 的并行性。

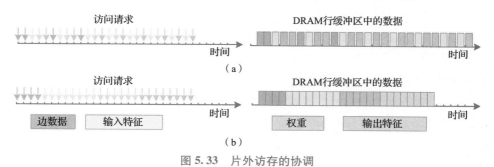

图 5.33　片外访存的协调

HyGCN 的设计动机是混合的执行行为导致现有通用架构执行低效，并且现有的图计算应用加速架构无法利用变换规则性，以及传统神经网络加速架构无法解决不规则性。HyGCN 的设计理念是通过混合架构，即利用图遍历引擎和神经网络变换引擎分别消除不规则性对性能的影响和利用规则性提高执行效率。HyGCN 的具体实现主要包含了图遍历引擎、神经网络变换引擎和引擎间的优化机制。为了克服图神经网络顶点遍历过程中特有的不规则访问，HyGCN 提出了窗口滑动收缩机制减少了不规则访问并提高了带宽的利用效率。为了利用图神经网络变换过程中特有的变换规则性，HyGCN 设计了多粒度脉动阵列并提出了两种工作方式用于权衡顶点的处理延迟与处理功耗。

但是为了提高性能和能效，相对于通用架构，HyGCN 牺牲了部分通用性和灵活性。相对于 CPU 和 GPU 而言，HyGCN 只支持图神经网络的推理，并不支持图神经网络的训练。由于 HyGCN 的功能部件被进行了定向的精致优化，导致其无法持续高效地加速不断演化的图神经网络模型，也无法支持具有复杂激活函数的图神经网络。

5. EnGn

虽然 HyGCN 解决了 GPU 和 CPU 在处理图神经网络问题时的不足，但它主要针对图卷积网络（GCN），利用脉动阵列在 GCN 中执行神经网络计算操作，没有设计运行一般的 GNN 架构，如图递归网络、图注意力网络等。这是因为 HyGCN 采用的脉动阵列在处理 GRU 或 LSTM 单元的 GRN 时受到资源利用率较低的影响。此外，GNN 模型采用的真实世界大规模图的固有性质，如幂律分布、顶点的可变特征长度，显著影响 GNN 模型的性能并且留下了一个大的潜在空间来优化数据局部性、片上内存层次结构、任务划分和调度。而 HyGCN 更适合中等规模的图，没有考虑图的这种固有特征，这极大地限制了实现的性能和能源效率。

为了解决上述问题，加速基于 GNN 的实际大规模图处理应用，一种面向大规模图神经网络处理的高吞吐量、高能量效率的边中心加速器 EnGN[26] 被提出。然而，设计这样的加速器是一项艰巨的任务，必须解决现实世界 GNN 算法中存在的如下一些障碍。①如何定制一个统一的体系结构，有效地支持不同的 GNN 模型和流量，而不限于 GCN。可以观察到，数据流和工作集的维度（例如顶点）在不同 GNN 层的传播期间在大范围内动态变化，需要可重新配置的体系结构和互连以避免硬件和存储器带宽不足。②包含数百万个顶点的大图对片上存储空间有限的节能紧凑 GNN 加速器的设计提出了巨大的挑战。特别是，当百万个顶点的海量图被分割成稀疏连通的子图时，会产生密集的随机和不规则的片外内存访问，导致局部性较差，在聚合和更新阶段很难利用。③幂分布在大型真实世界图中创建了高度但不平衡的连接稀疏性。加速器必须能够处理稀疏分布不平衡的问题，这会导致处理单元利用率低、局部性差，以及硬件中的冗余内存访问问题。

EnGN 是一种以边为中心的数据流模型，将常见的图神经网络计算模式抽象为特征提取（feature extraction），聚合（aggregate）和更新（update）3 个阶段。在特征提取阶段，神经网络来压缩图中每个顶点的属性。聚合阶段通过聚合在特征提取中生成的每个顶点的邻居属性，来产生统一的输出特征，其中聚合函数的选择包括各种算术运算，如 max，min 和 add。在传播迭代结束时，更新阶段会利用学习到的参数进一步压缩聚合阶段中获得的输出特征，并在输出之前将非线性激活函数或 GRU/LSTM 函数应用于图的每个顶点。

EnGN 的整体架构如图 5.34 所示。统一的 EnGN 处理模型只开发了一个定制的 EnGN 加速器，它采用 32 位定点来保持 GNN 推理的准确性，并集成了一个神经图处理单元（NGPU）来在一个统一的架构中执行特征提取、聚合和更新操作。它有一个同构处理单元（PE）阵列，阵列大小为 128×16。每个 PE 单元包含一个本地寄存器堆来存储临时结果，并充当 PE 间通信的中介。环-边-缩减（ring-edge-reduce，RER）阵列中同一列的每个 PE 连接到环形网络中的邻居进行聚合操作，并且 RER 阵列中同一行中的每个 PE 可以处理一个顶点属性，这意味着 NGPU 可以同时处理 128 个顶点。然而，这种处理并行性需要相当大的内存带宽。因此，为了避免性能下降，EnGN 对顶点数据和边数据的内存访问模式进行了优化。对于大型图中的源顶点数据访问，EnGN 采用了图分块策略（graph tiling）并确保源顶点获取仅引起对连续内存地址的访问。对于聚合和更新阶段的随机目标顶点访问，EnGN 采用哈希边数据布局和多级缓存方法，避免了写冲突，提高了紧凑型片上缓冲区的数据命中率。在处理过程中，NGPU 的边解析器从边库中读取图的边表，并将其解析成比特流，以控制 PE 数组执行行间聚集操作。此外，如图 5.34 所示，NGPU 中的每个 PE 由 XPE 连接，以在更新阶段执行激活功能、偏置运算和舍入运算。预取器和格式转换器两个辅助模块分别用于辅助内存访问和提高输入图格式的兼容性。

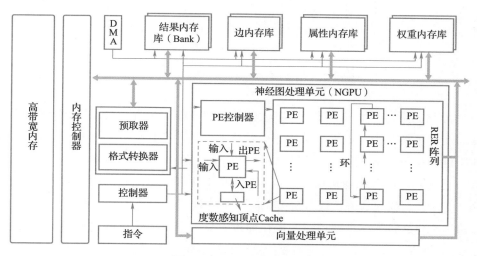

图 5.34　EnGN 整体架构

　　特征提取阶段通过使用学习到的权重矩阵将顶点的高维属性映射到低维，该阶段只是矩阵乘法操作。因此，EnGN 修改了经典的脉动阵列架构，以在 NGPU 中执行特征提取阶段。为了处理 GNN 算法的任意维度属性，EnGN 提出了图属性感知（GPA）数据流来解耦顶点的输入属性和硬件计算结构。通过这种方式，PE 数组的同一列中的每个 PE 负责顶点属性的单个维度，同一行中的每个 PE 处理单个顶点。顶点的属性按列排列并在属性库中对齐。输入顶点属性的维度与硬件架构无关，并且无论数组大小和属性维度如何，都可以连续注入 PE 数组中。然而，每列负责生成输出维度，而输出属性的维度由 GNN 模型决定。因此，当权重矩阵的列大小大于 PE 数组的列大小时，EnGN 选择将权重矩阵拆分为与 PE 数组的列大小匹配的分区。例如，图 5.35 描述了 6 列和 5 行的权重矩阵，而 PE 数组的列大小为 3，其中权重矩阵的行大小取决于输入顶点的 5-d 属性，权重矩阵的列大小由目标 GNN 模型确定。在这种情况下，权重矩阵按列分成两部分以匹配 PE 阵列的列大小。之后，将两条权重子矩阵按行顺序放置在权重库中。通过这种方式，处理单元可以处理具有任意维度属性的顶点。

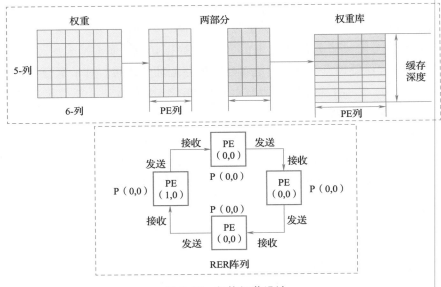

图 5.35 架构细节设计

众所周知，聚合属性和更新分布在大的稀疏连通图中的顶点会导致较差的硬件资源利用率，更重要的是由于数据局域性差而导致大量的内存访问开销。连接到环形拓扑的 RER PE 利用 RER 数据流使顶点属性在处理元素（PE）行之间流动，并执行高效的更新操作，而无须从内存中随机访问顶点和边。因此 EnGN 提出了环边缩减（RER）聚合数据流，在 PE 阵列内部进行聚合阶段，而不是将数据移到缓冲区。如图 5.35 所示，由于 PE 的每一列之间都在执行相同的操作而没有任何通信，因此阵列中同一列中的每个 PE 都通过环形拓扑的片上网络与相邻的 PE 相连。同一列中的每个 PE 只与最近的两个邻居（前，后）通信。在 EnGN 的设计中，PE 将自己的信息发送给后一个邻居，并接收来自前一个邻居的信息进行属性聚合。这样，在 PE 之间的信息流中，PE 可根据从边解析出的控制信号，选择相应的顶点进行聚合。

EnGN 采用的优化方式主要是在计算层次中减少冗余计算以及在片上访存层次中增大 Cache 容量。

● 减少冗余计算。EnGN 分析图神经网络的编程模型，同时为每一个图神经网络层实现 2 种计算顺序，并能够根据前后层的特征维度判断采用哪种执行模式，从而有效降低计算量。第 1 种计算顺序是先执行图聚合阶段后执行图更新阶段，第 2 种计算顺序是先执行图更新阶段后执行图聚合阶段。

● 增大 Cache 容量。EnGN 首先采用图分块策略（graph tiling）对图数据进行分块，使得大规模图经过划分，成为适合片上存储规模并最大化局部性的若干子图。同时，配合行导向（row-oriented）或列导向（column-oriented）的数据流处理方向选择，可最大限度重用片上的顶点数据，并减少访存开销。但现实世界的图数据规模巨大，导致仅采用图分块策略无法让子图完全适应于处理单元的寄存器堆尺寸以及长延迟的访存，因此EnGN 还设计了多层次的片上存储器。如图 5.36 所示，每个 PE 的片上存储器由寄存器堆、度数感知 Cache（degree aware cache，DAVC）和结果内存库（bank）组成，上述三者依次作为 1 级、2 级和 3 级片上存储。DAVC 的空间全部用作缓存高度数顶点，且用目的顶点的 ID 作为行标签，以确定在 DAVC 是否命中。如果命中，则顶点数据会直接从 DAVC 中读出并送往处理单元中的目的顶点寄存器中，否则 EnGN 进行 3 级片上访存。

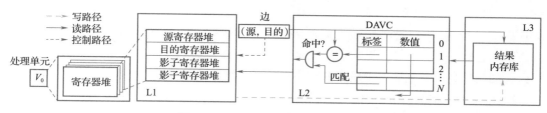

图 5.36　EnGN 的 3 级片上存储结构

EnGN 是一种高通量和节能的加速器，专门用于大图神经网络处理。为了提供高吞吐量的处理能力，解决 GNN 算法中的任意维数变化问题，EnGN 提出了环边缩减更新数据流，并设计了相应的 RER PE 数组硬件架构，在 GNN 的特征提取、聚合和更新阶段同时进行高通量处理。同时，所提出的图平铺和调度技术配合精心设计的三层内存层次结构，使 EnGN 能够有效地处理大型图。实验结果表明，与最先进的 GCN 加速器 HyGCN相比，EnGN 的加速速度提高了 2.97 倍，消耗的能量减少了 6.2 倍。同时，与 CPU 和GPU 相比，EnGN 的平均性能分别提高了 1802.9 倍和 19.75 倍，能源效率分别提高了1326.35 倍和 304.43 倍。

6. ReGNN

现有的 GNN 加速器都遵循着每个顶点的领域聚合计算模式。通过分析，研究人员观察到邻居聚合操作的简单实现会导致冗余计算和通信，为了解决这个问题，研究人员提出了一种新的冗余消除 CNN 加速器，简称为 ReGNN[27]。ReGNN 由算法和架构协同设计支持。ReGNN 首先采用一种用于 GNN 的动态冗余消除的邻居消息传递算法，然后设计了一种新的架构来支持所提出来的算法，并将冗余消除转化为性能改进。ReGNN 也是一种可配置的流水线架构，可以配置以支持不同的 GNN 变体。在相同计算中，ReGNN提供了与传统 GNN 相同的精度。ReGNN 是第一个可以消除 GNN 计算冗余的加速器，与之前所提出的最先进的加速器相比，性能有着显著的提升。

现实世界的大型图数据一般无法放入内存中，为了解决这一问题，一些研究利用GNN 的顶点程序抽象，将消息传递层的数据流抽象为边更新（EdgeUpdate）、聚合（Aggregation）和顶点更新（VertexUpdate）3 个重要阶段。一般来说，EdgeUpdate 通过神经网络计算每条边的消息，而 Aggregate 则收集每个目标顶点的相邻消息。最终，VertexUpdate 将每个目标顶点的旧顶点特征和聚合特征结合起来，使用神经网络生成每个目标顶点的新顶点特征。EdgeUpdate 和 VertexUpdate 阶段充当神经网络，通常由矩阵向量乘法（MVM）表示。聚合阶段维护大多数图处理行为，它严重依赖于固有的随机和稀疏的图结构。每个目标顶点的处理都需要聚合来自其所有源邻居的特征。ReGNN 的设计者认为每个顶点独立进行邻居消息传递的方式为 EdgeUpdate 和 Aggregation 引入了大量冗余计算。这是因为当顶点共享一些相同的邻居时，在 EdgeUpdate 中为特定顶点生成的这些邻居的中间结果可以被具有相同邻居的其他顶点重用。如果某些顶点具有相同的邻居集，则特定顶点的相同邻居的中间聚合结果也可以在其他顶点的聚合阶段重用。然而，现有的 GNN 加速器往往忽略了 GNN 的这一特征，因此在执行过程中涉及大量冗余计算。每个顶点的特征维数一般都比较大。例如，512，1024，2048。因此，EdgeUpdate 计算（MVM）是昂贵的。此外，将顶点特征从片外存储器传输到片上存储器的开销也很大。因此，如何提高片上存储器中数据的重用性是提高性能的关键。

ReGNN 为了消除 GNN 中的冗余计算，提出了一种动态冗余消除的消息传递算法，在一个阶段内消除 EdgeUpdate 和 Aggregation 的计算冗余。提出的算法可以识别和消除计算冗余，执行相同的计算，并提供与传统 GNN 相同的模型精度。虽然该算法可以消除冗余计算，但它会导致大量的不规则计算和内存模式，这严重阻碍了高效的架构设计。为了解决这个问题，ReGNN 设计为一种定制的高效冗余消除 GNN 加速器，目的是有效地支持所提出的动态冗余消除的消息传递算法，并进一步缓解这些不规则情况。ReGNN 还可以通过所提出的动态调度算法对不规则冗余消除任务进行动态调度，以最大化并行性。此外，通过冗余感知批量执行、通信高效预取、邻居变换方案和可配置缓存管理方案等设计机制，ReGNN 可以最大限度地重用原始顶点特征、EdgeUpdate 和 Aggregate 的中间结果，以减少通信冗余。

ReGNN 另一个目标是使体系结构能够支持 GNN 的代表性变体。为此，ReGNN 设计了一种可配置的流水线架构，通过控制命令消除典型 GNN 算法的计算冗余。

（1）GNN 中的冗余计算

图数据的一个重要特征是图的结构是不规则的，顶点可能有大量的重叠邻居。因此，消息传递模型的简单实现可能导致冗余的 EdgeUpdate 和 Aggregate 计算以及通信。

● 通信开销。给定图 5.37（a）所示的输入图，该图的 GNN 层的消息传递流如图 5.37（b）所示。例如，源顶点（v_2, v_3, v_4）的消息应该传递到目标顶点 v_1，而源顶点（v_1, v_3, v_4）的消息应该传递到目标顶点 v_2。在目标顶点 v_1 的执行过程中，需要将（v_1, v_2, v_3, v_4）的特征发送到片上内存执行，而对于目标顶点 v_2，需要将（v_1, v_2, v_3, v_4）的特征发送到片上内存执行。如果分别执行 v_1 和 v_2，（v_1, v_2, v_3, v_4）的特性需要发送到片上内存执行两次。

● EdgeUpdate 冗余。通过分析消息传递层的计算模型，研究人员发现，如果某些目标顶点存在重叠的源顶点，则在对目标顶点与重叠的源顶点之间的边进行 EdgeUpdate 时，将存在冗余的 EdgeUpdate 操作。如图 5.37（c）所示，目标顶点 v_1 和 v_3 具有相同的邻居 v_2。v_1 和 v_3 的聚合特性的单独实现涉及对 v_2 执行两次 EdgeUpdate 操作。显然，

这样的过程为 v_2 创建了一个冗余的 EdgeUpdate 操作。

● Aggregation 冗余。研究人员还观察到，当聚合重叠的邻居时，有相当大的冗余。图 5.37（d）显示了一个例子，其中一些顶点有一些共同的邻居。具体来说，v_1 和 v_2 共享一组邻居（v_3, v_4），而 v_3 和 v_4 同样也共享一组邻居（v_1, v_2）。因此，如果分别对每个顶点进行聚合操作，（v_3, v_4）和（v_1, v_2）都会聚合两次。这显然使（v_3, v_4）和（v_1, v_2）的聚合操作变得多余。

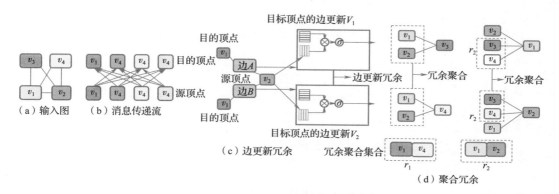

图 5.37 通过实例分析消息传递机制

现实世界的图通常具有聚类特征，并且有许多密集的子图，因此可以认为聚合冗余会导致 GNN 中的大量计算。此外，随着 GNN 变得更广泛和多层次，GNN 中的冗余占所有计算的很大一部分。具体来说，ReGNN 的实验表明，在现代 GNN 中，高达 84%的聚合是冗余的，完全可以避免以加速训练和 GNN 的推理。

（2）ReGNN 对冗余解决方案

图中每个顶点的特征维数一般都很大，例如 512、1 024、2 048。EdgeUpdate 的计算（矩阵向量乘法，MVM）是很昂贵的。一般来说，边的数量要比顶点的数量大得多。因此，重复使用中间结果以避免 EdgeUpdate 的冗余，会带来很多好处。同时，将顶点的特征从片外存储器传输到片内存储器的开销也很大。因此，重复使用已传输的顶点特征和中间结果，以减少通信冗余，可以提高性能。

请注意，一个聚合集包含许多原始顶点。原来的方法是将所有这些顶点的特征向量转移到片上存储器，然后对这些顶点进行 EdgeUpdate 和聚合。实际上，一个聚合集的中间聚合结果只是一个特征向量，而不是多个特征向量。因此，重用聚合集的中间结果，避免聚合冗余，不仅可以减少聚合计算，还可以减少片外通信。

ReGNN 由算法和架构协同设计支持。①研究人员首先设计了一个动态冗余感知图表示，使算法能够识别 EdgeUpdate 和 Aggregation 的冗余。基于所设计的图表示，提出了一种消除消息传递过程中的 EdgeUpdate 和 Aggregation 冗余，最小化通信冗余的优化算法。此外，该算法还可以缓解 EdgeUpdate 和 Aggregation 计算的不规则性，提高进程间和进程内的并行性。②ReGNN 是一种用于低延迟 GNN 执行的加速器架构，可以支持所提出的动态消除冗余消息传递算法。此外，ReGNN 可以适应于支持不同的 GNN 变体。

● 冗余消除的邻居消息传递。如图 5.38 伪代码所示，GNN 动态冗余消除的消息传递算法有 4 个阶段：动态调度、冗余消除 EdgeUpdate、冗余消除 Aggregation 和 VertexUpdate。

```
1     for k max number of layers K do
2         for each v ∈ V do
3             (euList, aList) ← Dispatch(v)
4             for each reserved vertex u in the euList do
5                 e_(u,v) ← EdgeUpdate(h_v^{k-1}, h_u^{k-1}, W_edge);
6                 Store e_(u,v) and modify the state in formation of U.
7                 Shuffle e_(u,v) into aList;
8             end for
9             for each vertex list vl in the aggregation work list of aList do
10                for each reserved u in the neighbor list of ul do
11                    a_v^k ← Aggregation(a_v^k, e_{u,v}, h_u^{k-1})
12                end for
13                Store e_(u,v) and modify the state in formation of U.
14                Shuffle e_(u,v) into aList;
15            end for
16            if u is reserved then
17                h_v^k ← VertexUpdate(a_v^k, h_v^{k-1}, W_vertex)
18            end if
19        end for
20    end for
```

图 5.38　GNN 动态冗余消除的消息传递算法伪代码

● 动态调度。为了避免工作负载的不规则和不平衡，ReGNN 引入了动态调度机制。动态调度阶段旨在通过基于状态信息遍历所有冗余集邻居和原始邻居以及每个冗余集邻居中的所有原始顶点来调度 EdgeUpdate 工作和聚合工作。①EdgeUpdate 工作负载。如果未存储遍历顶点的 EdgeUpdate 中间结果，则这些顶点将被分配并保留到顶点列表 euList 中，用于后续 EdgeUpdate。如果已存储遍历顶点的 EdgeUpdate 中间结果，则只需要为以下聚合获取遍历顶点的中间结果。②聚合工作负载。对于每个冗余集邻居，需要对每个原始顶点的所有 EdgeUpdate 结果进行聚合。对于每个目标顶点，需要对所有冗余集邻居和原始邻居进行聚合。聚合工作负载保留在 aList 中。

● 冗余消除 EdgeUpdate。EdgeUpdate 阶段旨在根据边权重对 euList 中的每个顶点进行 EdgeUpdate。由于在调度阶段只将未执行 EdgeUpdate 操作的顶点调度到 euList 中，可以消除 EdgeUpdate。此阶段的结果与 List 中的现有工作负载相结合，形成新的聚合工作。同时，缓存了已进行 EdgeUpdate 的每条边的结果，以便它们可以用于为其他目标顶点执行 EdgeUpdate。

● 冗余消除 Aggregation。聚合阶段旨在对 aList 中的每个工作进行聚合。aList 中的每个工作也是一个列表，其中包含一组需要聚合的顶点。此阶段的结果与 aList 中的现有工作相结合，形成新的聚合工作。同时，缓存每个聚合集的中间结果。在执行包含这些聚合集的其他目标顶点时，可以获取和重用结果。因此，消除了冗余聚合集的聚合冗余。

● VertexUpdate。它结合了每个目标顶点的旧顶点特征和聚合特征，根据顶点权重生成新的顶点特征。

（3）冗余感知的批量执行

ReGNN 利用冗余感知的批量执行来减轻通信冗余。顶点间隔和边分片的想法被用来划分 ReGNN 重新设计的图结构。然后，一个特定的分区在一个批量中被执行。因此，在这个批量中的顶点特征只需要从片外存储器到片内存储器中提取一次。这减少了计算所需的片上存储器的峰值，因为只有一部分图需要被加载一次。此外，在消息传递过程中，特定顶点的 EdgeUpdate 操作和特定冗余聚合集的 Aggregate 操作被执行一次，然后被重复用于该批量中的所有目标顶点。

ReGNN 的整体架构如图 5.39 所示，包含三个核心执行引擎，分别为冗余消除协调器（re-coordinator）、冗余消除聚合器（re-aggregator）和灵活更新器（flexible updaters）。一个中央控制器（central controller）被用来配置这些引擎的流水线执行流程，以支持各种有或者无 EdgeUpdate、ER 和 AR 的 GNN。这些引擎的执行流水线符合所提出的动态冗余消除的消息传递算法，该算法可以在一个阶段消除冗余。

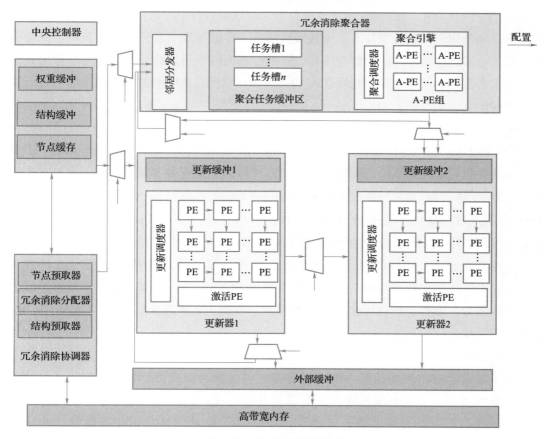

图 5.39　ReGNN 整体架构

● 冗余消除协调器。冗余消除协调器识别计算冗余，将冗余感知的 EdgeUpdate 和 Aggregation 任务的不规则计算解耦并组装成多个规则的 EdgeUpdate 和 Aggregation 任务，以利用高度并行的计算引擎的任务内规则性。具体来说，只有没有进行 EdgeUpdate 操作的顶点被送到更新器执行。

在聚合任务方面，只有未聚合的目标顶点和聚合冗余集才会被发送到冗余消除聚合器执行。冗余消除协调器包含一个结构预取器（Spref）、一个冗余消除分配器和一个顶点预取器（Vpref），其中 Spref 旨在从高带宽内存（HBM）预取结构和状态信息，冗余消除分配器旨在调度不规则计算，Vpref 旨在将顶点属性预取到相应的缓冲区执行。冗余消除分配器通过遍历所有冗余集邻居和原始邻居，将 EdgeUpdate 工作调度到更新器和聚合工作中，针对特定目标顶点的冗余消除聚合器，每个冗余集邻居中的所有原始顶点会收集和聚合它们邻居的状态信息来更新自身状态。

● 冗余消除聚合器。冗余消除聚合器被设计用来支持 ReGNN 提出的冗余消除聚合算法，它可以同时执行目标顶点和聚合冗余集的聚合任务。它包含了一个邻居分发器（neighbor shuffler）、一个聚合任务缓冲区（aggregation buffer）和一个聚合引擎（aggregation engine）。邻居分发器的设计使冗余消除聚合器能够重复使用原始顶点的特征、EdgeUpdate 的中间结果和 Aggregate 的冗余聚合集，以减少运行中的通信冗余。基于邻居分发器，不规则的聚合任务被组装成规则的聚合任务，存储在聚合器任务缓冲区中。聚合引擎获取聚合器任务缓冲区中的聚合任务，并进行相应的执行。此外，它还可以被配置为将冗余聚合集的中间结果存储到缓存或 DRAM 中，以便这些中间结果可以在随后执行其他顶点时重复使用。

● 灵活的更新器。ReGNN 有 2 个更新器来灵活支持 GNN 变体。对于带有 EdgeUpdate 阶段的 GNN 变体，更新器 1 执行 EdgeUpdate，而更新器 2 执行 VertexUpdate。更新器 1 接收并执行从冗余消除协调器调度的更新任务。如果它是 EdgeUpdate，并且正在执行的 GNN 变体具有 ER，可以配置它来存储中间 EdgeUpdate 结果。此外，更新器支持多粒度使用，可以组合在一起用于 VertexUpdate，以支持没有 EdgeUpdate 的 GNN，并进一步避免更新者空闲。更新器中的 MVM 操作采用了众所周知的脉动阵列。

● 中央控制器。ReGNN 可以灵活地配置这些引擎的流水线执行流程以支持各种 GNN。它由一个中央控制器和六个微配置开关（SW0～SW5）组成。中央控制器可以异步发出控制命令来管理所有可配置的交换机。这些微可配置开关可以与控制命令一致，以匹配目标执行流。

（4）缓冲区管理

为了减少数据访问的延迟，ReGNN 使用芯片上缓冲区来缓存各种数据和中间结果以改进数据重用。除了更新器缓冲区和聚合器缓冲区外，还有权重缓冲区、结构缓冲区和中间缓存。权重缓冲区用于存储 GNN 的权重，结构缓冲区用于存储结构和状态信息，而中间缓存用于存储冗余消除聚合器和更新器生成的中间结果。为了隐藏访问延迟，ReGNN 采用了双缓冲技术，以允许对所有缓冲区使用不同的操作进行重叠执行。

如前所述，GNN 算法的执行取决于 EdgeUpdate、ER 和 AR 的存在。使用一个 3 位配置字（s1、s2 和 s3，见表 5.1），分别表示 EdgeUpdate、ER 和 AR 的存在，来表示一个 GNN 变体。有 6 个微配置开关，根据配置字配置引擎的流水线执行流，以支持各种 GNN。通过该机制，可以将执行流配置为符合不同 GNN 变体的消除冗余消息传递算法的不同流水线。这些开关的配置见表 5.1。

表 5.1　C 交换机配置

Switch	Input	Configuration Word			Output
		s1	s2	s3	
SW 0	Prefetcher	0	x	x	—
		1	x	x	Update Buffer 1
SW 1	Aggregator	x	0	x	—
		x	1	x	Neighbor Shuffler
SW 2	Update 1	0	x	x	Output Buffer
		1	x	x	Neighbor Shuffler
SW 3	Aggregator	0	x	x	Update Buffer 1，Update Buffer 2
		1	x	x	Update Buffer 2
SW 4	Updater 1	0	x	x	Update 2
		1	x	x	—
SW 5	Prefetcher	0	x	x	Neighbor Shuffler
		1	x	0	—
		1	x	1	Neighbor Shuffler

注："-"表示无输出的控制信号。"x"表示无关信号。"s1"中的 0 和 1 分别表示无 EdgeUpdate 和有 EdgeUpdate 更新的 GNN。"s2"中的 0 和 1 分别表示不带 AR 和带 AR 的 GNN。"s3"中的 0 和 1 分别表示不含 ER 和含 ER 的 GNN。

● 支持 EdgeUpdate。图 5.40（a）-1 描述了不含 EdgeUpdate 的 GNN 变体的执行流程，其中包含 2 个流水阶段：①Aggregation，使用内部邻居分发器和聚合引擎执行聚合操作；②VertexUpdate，使用由两个更新器组装的更新模块来更新目标顶点。为了支持图 5.40（a）-2 所示的带有 EdgeUpdate 的 GNN 变体，在聚合之前需要更新每条边的特征，重新配置 ReGNN，包括 3 个阶段：①EdgeUpdate，②Aggregation，③VertexUpdate。此时，两个更新器被配置为分别执行 EdgeUpdate 和 VertexUpdate。

● 支持聚合冗余。如果 GNN 算法中存在 AR，冗余消除聚合器对目标顶点和冗余汇聚进行聚合，集合的中间聚合结果被重用于对目标顶点进行聚合。这样，聚合器可以被重新配置，以将集合的中间聚合结果发送给邻居分发器，以便片上重用。图 5.40（b）-2 为存在 AR 时重新配置的执行流程。与图 5.40（b）-1 中没有 AR 的情况相比，在聚合引擎和邻居分发器之间有一条额外的路径。

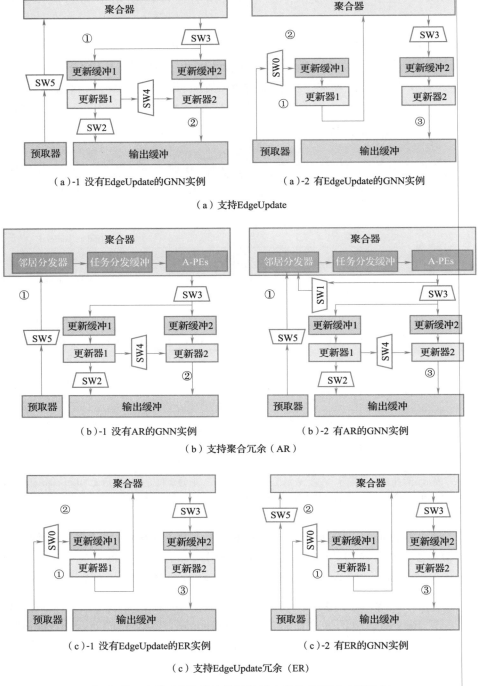

（a）-1 没有EdgeUpdate的GNN实例　　　（a）-2 有EdgeUpdate的GNN实例

（a）支持EdgeUpdate

（b）-1 没有AR的GNN实例　　　（b）-2 有AR的GNN实例

（b）支持聚合冗余（AR）

（c）-1 没有EdgeUpdate的ER实例　　　（c）-2 有ER的GNN实例

（c）支持EdgeUpdate冗余（ER）

图 5.40　支持 GNN 变体的灵活流水线执行流的典型示例

● 支持 EdgeUpdate 冗余。如果 ER 存在于 EdgeUpdate 阶段，则可以对每个源顶点执行或不执行 EdgeUpdate。如果已经执行了 EdgeUpdate，则该源顶点的中间 EdgeUpdate 结果应传输给邻居分发器，以便后续聚合。否则，源顶点的顶点特征应该被发送到更新器 1 进行

EdgeUpdate。从图 5.40（c）可以看出，对于不存在 ER 的 GNN（图 5.40（c）-1），冗余消除协调器仅将顶点特征传输给更新器 1 进行 EdgeUpdate。如果 ER 存在，SW5 被重新配置，将中间结果发送到冗余消除聚合器。

　　为了进一步减少片外存储器的通信，ReGNN 设计了一种缓存管理方案，将顶点属性缓存到片上存储器中。ReGNN 的缓存管理方案是可配置的，以支持不同种类的 GNN 变体。①对于具有 ER 的 GNN 变体，ReGNN 使用顶点缓存存储 EdgeUpdate 的中间结果。对于没有 ER 的变量，ReGNN 缓存原始顶点属性。②对于具有 AR 的 GNN 变体，ReGNN 也使用顶点缓存来存储冗余集的中间聚合结果。为了提高缓存命中率，ReGNN 同时考虑了顶点度数信息和冗余集中的元素数量。一些缓存条目为高优先级顶点保留。原始顶点的优先级设置为顶点的度数，而冗余集合的优先级设置为其元素的数量。

　　（5）ReGNN 冗余消除分析

　　接下来分析如何利用 ReGNN 消除 GNN 消息传递中的计算和通信冗余。图 5.41 显示了一个端到端执行两个批量的示例。研究人员为批量 1 的目标顶点 v_1 和 v_2 进行消息传递，为批量 2 的目标顶点 v_8 和 v_9 进行消息传递。研究人员还假设 EdgeUpdate 阶段、ER 和 AR 都存在。

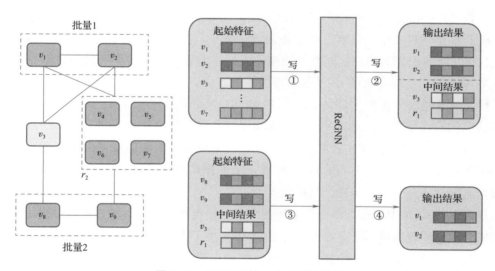

图 5.41　ReGNN 的一个说明性示例

　　● 计算消除分析。ReGNN 可以通过重用冗余聚合集的中间 EdgeUpdate 结果和聚合结果来消除消息传递中的计算冗余。①在没有 EdgeUpdate 冗余消除的情况下，每个顶点 $v_3 \sim v_7$ 将在每次有 3 条边时冗余执行 EdgeUpdate 3 次。相比之下，ReGNN 在处理批量 1 时仅对每个顶点执行 EdgeUpdate，然后重用所有目标顶点中的 EdgeUpdate 结果。②在没有聚合冗余消除的情况下，由于 $v_4 \sim v_7$ 由目标 v_1、v_2 和 v_9 共享，因此它们中的每一个都将被聚合 3 次。在 ReGNN 中，$v_4 \sim v_7$ 被视为冗余集，并且 r_1 的聚合结果在批量 2 的处理中重用之前仅聚合一次。

- 通信减少分析。ReGNN 可以减少消息传递中的通信冗余。①通过批量执行和邻居分发技术，在处理批量 1 时，$v_3 \sim v_7$ 的原始特征的 DRAM 访问不需要分别为 v_1 和 v_2 重复读取，而这些 DRAM 访问可以合并 v_1 和 v_1。②可以批量减少冗余元素特征的 DRAM 读取操作。在批量 1 中，ReGNN 需要访问 $v_1 \sim v_2$ 的原始特征进行消息传递，并返回 v_1 和 v_2 的 VertexUpdate 的结果，以及 v_3 的中间 EdgeUpdate 结果和 r_1 的聚合结果。在处理批量 2 时，ReGNN 读取 r_1 的中间聚合结果，而不是 $v_4 \sim v_7$ 的原始特征，以及 v_2 的中间 EdgeUpdate 结果。该过程引入了中间结果的写开销，但与减少读操作和计算来相比，它们是微不足道的。③可配置缓存管理技术通过缓存访问进一步减少 DRAM 访问。

现有的典型 GNN 大多利用基于神经网络的邻域消息传递机制，该机制通过聚合来自相邻源顶点的特征消息来更新目标顶点表示。研究发现邻域聚合的简单实现会导致冗余计算和通信。ReGNN 作为一种新颖的冗余消除 GNN 加速器，首先提出了优化冗余消除的邻域消息传递算法，该算法可以识别和消除计算冗余。然后，设计了一种新颖的架构来支持所提出的算法，并将冗余消除转换为性能提升。ReGNN 执行相同的计算并提供与传统 GNN 相同的准确度。

7. GCNAX

尽管已经提出的专门的 GCN 加速器来提供比通用处理器更好的性能，但先前的加速器不仅没有充分利用计算引擎，而且还强加了减少吞吐量和能源效率的冗余数据访问。因此，优化计算引擎和内存之间数据的整体流程，即最大化利用率和最小化数据移动的 GCN 数据流对于实现高效的 GCN 处理至关重要。GCNAX[28] 通过充分探索 GCN 数据流的设计空间并通过分析框架评估执行周期和 DRAM 访问的数量，提出了一种用于 GCN 的灵活优化的数据流，它同时提高了资源利用率并减少数据移动。与之前使用刚性循环顺序和循环融合策略的 GCN 数据流不同，GCNAX 所提出的数据流可以重新配置循环顺序和循环融合策略以适应不同的 GCN 配置，从而提高效率。GCNAX 加速器能根据提议的数据流定制计算引擎、缓冲区结构和大小。

任何现代 GCN 中的推理都需要遍历数十万个顶点和边，这对硬件平台提出了重大挑战。通常，卷积层通过两个主要阶段在 GCN 中占据了大部分执行时间：聚合和组合。组合阶段的计算模式类似于传统的神经网络。然而，聚合阶段依赖于图结构，通常是稀疏的和不规则的。这种差异对 GCN 架构的设计提出了新的要求。具体来说，它需要 GCN 加速器同时缓解聚合阶段的不规则性，并利用组合阶段的规律性。不幸的是，现有的图分析和神经网络加速器无法处理混合执行模式，因为它们经过优化以减轻不规则性或孤立地利用规律性，而不是同时解决这两种模式。

HyGCN 利用两个专用的计算引擎，即聚合引擎和组合引擎，分别加速聚合和组合阶段。然而，通过严格遵循两个阶段，HyGCN 有两个主要缺点：导致更多计算和数据访问的低效执行顺序，以及由于两个引擎之间的工作负载不平衡，计算引擎的利用率不足。由于某些数据集在聚合阶段的计算量比组合阶段多得多，因此早期完成引擎必须空闲等待较慢的引擎完成。另一方面，AWB-GCN 是一种加速 GCN 和稀疏密集矩阵乘法

（SpMM）内核的架构，并解决了处理现实世界图的工作量不平衡问题。然而，AWB-GCN 会产生自己的效率低下，因为循环优化技术不是针对 GCN 处理精心定制的，从而导致冗余数据访问。

　　研究人员提出了 GCNAX，一种新型的加速器架构，其数据流为 GCN 加速的吞吐量和能源效率进行了优化。为了找到具有最大利用率和能源效率的最佳数据流，研究人员进行了广泛的设计空间探索，列举了 GCN 数据流的合法设计变体。虽然事先的 GCN 加速器在通用处理器上表现出了更好的性能，由于技术、硬件资源和系统设置的差异，很难比较这些实现的效率。为了解决这个问题，研究人员首先根据 3 种优化技术将这些实现分类为各种数据流：循环交换；循环平铺；循环融合。然后评估了这些数据流在相同硬件响应下的吞吐量和能量效率。

　　研究人员观察到不同的 GCN 配置需要数据流的不同设计选择才能达到最佳效率。因此，研究人员设计了一种灵活优化的数据流，可以重新配置循环顺序和循环融合技术以适应不同的 GCN 配置，在此基础上设计了 GCNAX 的硬件加速器来支持灵活的数据流。GCNAX 采用基于外积的 SpMM 方法，它是 GCN 中的关键计算模式，以减轻零分布不平衡引起的工作负载不平衡。此外，计算引擎、缓冲区大小和结构是根据数据流的执行顺序和平铺大小量身定制的。

　　GCNAX 的系统架构如图 5.42 所示。它由一个 SparseMat 缓冲区（SMB）、输入/输出 DenseMat 缓冲区（IDMB/ODMB）、一个 DenseRow 预取器（DRP）、一个 MAC 阵列和一个控制单元组成。软件调度器用于重新配置不同数据集的循环顺序和循环融合策略，并为控制单元生成相应的命令。加速器的状态机器按照接收到的命令定义的顺序对 SpMM 进行操作。

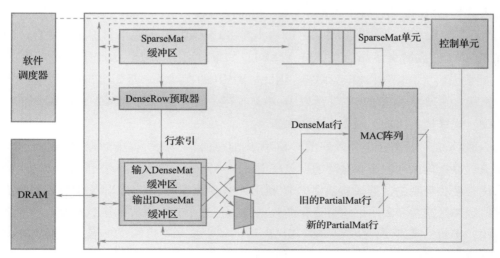

图 5.42　GCNAX 的系统架构

　　为了处理 SpMM，稀疏矩阵的一部分被从 DRAM 中取到 CSC 格式的 SMB 中，输入/输出矩阵的一部分被取到密集格式的 IDMB 和 ODMB。首先，一个旧的 PartialMat 行从

ODMB 中被取到等待累积的 MAC 阵列中。同时，一个元素值从 SMB 被发送到 FIFO，而其 CSC 格式的行索引被发送到 DRP。然后，DRP 根据收到的索引和 PartialMat 行的索引，从 IDMB 获取相应的输入 DenseMat 行。由于所需的输入 DenseMat 行在收到 Sparse-Mat 元素的索引之前是不知道的，所以在 SparseMat 元素的到达时间和输入 DenseMat 行到 MAC 阵列之间存在一个延迟。Look-Ahead 的 FIFO 是用来隐藏这个延迟的。它不是直接将稀疏矩阵元素发送到 MAC 阵列，而是将其发送到 FIFO。同时，DRP 计算所需的行索引并预取行到 MAC 阵列。然后，MAC 阵列将在 SparseMat 元素和 DenseMat 行之间进行外积，生成的行将与旧的 PartialMat 行一起被累积。

在可能的情况下，PartialMat 行在 MAC 阵列中始终保持，直到它的相关计算完成。在完成当前 PartialMat 行后，将生成的新的 PartialMat 行刷新到 ODMB，并根据数据流定义的执行顺序进入下一个 PartialMat 行。当输出 DenseMat 可以作为后继 SpMM 的输入 DenseMat 时，这是启用循环融合时的情况，IDMB 和 ODMB 在逻辑上与两个 SpMM 的计算序列交换。

GCNAX 采用了一个 1×16 的 MAC 阵列，使用双精度浮点乘法器。SMB/IDMB/ODMB 的大小是根据模块的大小来决定的。例如，由于 SMB 用于存储两个 SpMM 中的矩阵 X 和 A，SMB 的大小应该足够大，以容纳由模块大小定义的 X 和 A 的数据块。具体来说，由于 X 的数据块大小为 Tn0×Tc0（32K），而 X 的密度从 0.011% 到 89.1% 不等，由于使用双精度浮点数字（每个数据元素 8 字节），所以每个数据块中非零值的存储大小不会超过 32KB×8＝256KB。此外，当不启用循环融合时，A 的块大小为 Tn0×Tm（4M），但 A 的密度不超过 0.21%，因此每个块中的非零值的存储大小将不超过 256KB。考虑到稀疏矩阵的 CSC 格式为存储行指数和列指针引入了开销，而且非零值的分布也不均匀，研究人员为 SMB 提供了额外的 64KB 来支付这笔开销，这样 SMB 的容量为 320KB。ID-MB 用于存储 SpMM1 中 W 的数据块（Tk×Tc0×8B＝2KB）。如果不启用循环融合，IDMB 存储 SpMM2 的数据块（Tn1×Tc1×8B＝2KB）；如果启用循环融合，IDMB 在 SpMM2 中存储 O 的数据块（Tm×Tc1×8B＝2KB）。因此，IDMB 的存储需求是 2KB，这是上述 3 个数值中最大的一个。由于 DRP 将预取 DenseMat 行，研究人员将 IDMB 的大小增加一倍，为 4KB。同样地，ODMB 的大小为 256KB。

GCNAX 是一种基于能量效率的 GCN 优化加速器架构。所提出的架构的显著特点是数据流可以重构循环顺序和循环融合策略以适应不同的 GCN 配置，平铺大小是基于跨数据集优化精心定制的，同时提高了资源利用并减少数据移动。GCNAX 加速器定制计算引擎、缓冲区结构和大小以支持优化的数据流。在五个真实世界的图数据集上评估提出的架构，实验结果表明，GCNAX 将 DRAM 访问减少了 8.1 倍和 2.4 倍，分别比 HyGCN 和 AWB-GCN 实现了 8.9 倍、1.6 倍的加速和 9.5 倍、2.3 倍的能量节省。

8. GROW

GCN 的一个独特特性是，它的两个主要执行阶段——聚合和组合表现出截然不同的数据流。因此，先前的 GCN 加速器通过将聚合和组合阶段转换为一系列稀疏密集矩阵乘法来解决这个研究领域。然而，先前的工作经常遭受低效的数据转移的影响，而使得处理器的性能并不能得到充分的利用。GROW 是一种基于 Gustavson 算法的 GCN 加速器[29]，用于构建基于行乘积的稀疏密集 GEMM 加速器。GROW 共同设计了在 GCN 的局部性和并行性之间取得平衡的软件/硬件，实现了显著的能效改进。

在 GCN 推理中，图卷积层通常通过两个主要阶段占据大部分执行时间：聚合和组合。组合阶段的数据流类似于传统 DNN 算法的数据流，表现出密集的计算和高度规则的内存访问。因此，针对密集线性代数优化的现有机器学习（ML）加速器（例如，GPU 或 TPU）非常适合于加速 GCN 的这一计算密集型阶段。相反，聚合阶段表现出典型的图处理特征，表现出高度稀疏和不规则的内存访问模式。GCN 数据流的这种相互冲突和异构性的需求对 GCN 加速器提出了独特的挑战，因为为了提高效率，必须同时利用聚合的不规则性和组合的规则数据流。HyGCN 上的开创性工作是 GCN 的首批领域专用加速器之一，分别使用两个单独的加速器引擎进行聚合和组合。虽然 HyGCN 的工作卓有成效，但由于两个引擎之间的负载不平衡，HyGCN 可能会受到性能利用不足的影响。因此，AWB-GCN 和 GCNAX 加速器采用了可以处理聚合和组合阶段的统一计算引擎。这两项工作背后的关键直觉是，通过改变图卷积层矩阵乘法运算的执行顺序，可以将图卷积层的聚合和组合阶段置换为两个连续的稀疏-稠密 GEMM（SpDeGEMM）运算。这使得为 SpDeGEMM 量身定做的单一、统一的微体系结构设计可以同时执行聚合和组合阶段，成功地解决了 HyGCN 的负载不平衡问题。然而，之前基于 SpDeGEMM 的统一 GCN 加速器由于不能利用聚合和组合的独特稀疏模式而存在不足，导致内存带宽利用率的显著浪费。GROW 设计人员的一个关键发现是，图卷积层的两个 SpDeGEMM 的输入稀疏矩阵表现出截然不同的稀疏级别，即稀疏的异质混合，其中聚合的稀疏矩阵通常比组合的稀疏矩阵稀疏几个数量级，这为减少内存流量和数据移动提供了独特的机会。然而，现有的用于 SpDe-GEMM 的 GCN 加速器未能抓住这样的机会，因为它们在处理这两个 SpDeGEMM 时都采用了严格的计算数据流。因此，研究人员提出了基于行平稳 SqDeGEMM 数据流的 GNN 加速器 GROW（ROW-stationary SqDeGEMM dataflow），其有以下 4 个主要特征。

• GROW 基于为 SpDeGEMM 量身定制的统一微架构，从而能够无缝执行聚合组合两个阶段。然而，与之前的 SpDeGEMM 加速器不同，GROW 共同设计了软件/硬件架构来最小化其数据移动，显著提高了内存绑定 SpDeGEMM 的性能。

• GROW 采用基于行乘积矩阵乘法（又名 Gustavson 的算法）的行平稳数据流，允许对聚合和组合的异构稀疏模式进行灵活和细粒度的适应。与 GCNAX 相比，GROW 的行平稳数据流大大减少了内存带宽浪费，尤其是在支配 GCN 推理时间的聚合阶段。

• 虽然 GROW 的行平稳数据流有助于更好地适应 SpDeGEMM 稀疏矩阵的异构稀疏模式，但它确实会导致密集矩阵的更不规则重用。GROW 采用图划分算法，一种针对 GCN 邻接矩阵的软件级预处理技术（即聚集中的稀疏矩阵），显著提高了行平稳数据流的局部性。

• 结合 GROW 的图划分算法，提出了一种多行平稳提前执行模型，这是一种与图划分方案共同设计的硬件微架构，以最大化内存级并行性和整体吞吐量。

GROW 全面解决了之前 GCN 加速器高效片上缓冲区使用率和片外内存带宽利用率的挑战，图 5.43 展示了其整体架构。

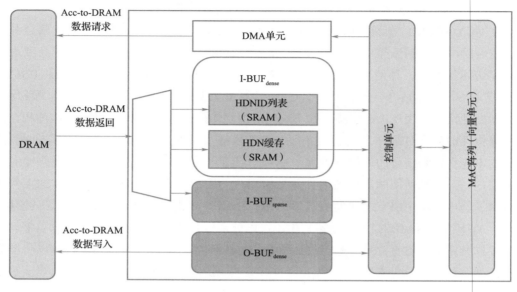

图 5.43　GROW 整体架构

GROW 由包含基于向量的处理器、三组片上 SRAM 存储空间（I-BUF$_{sparse}$、I-BUF$_{dense}$和 O-BUF$_{dense}$）的计算引擎组成，以最大化局部性，DMA 单元协调片上/片外数据移动和主控制单元。控制单元用聚合和组合阶段的稀疏（A 和 X）和密集（XW 和 W）矩阵填充 I-BUF 稀疏和 I-BUF$_{dense}$ 缓冲区，并使用向量处理进行基于行乘积的 GEMM 操作，其输出以行粒度存储在 O-BUF$_{dense}$ 中。I-BUF$_{dense}$ 在功能上分为两个子块，一个捕获高局部密集矩阵行的高级顶点（HDN）缓存和基于内容可寻址内存（content addressable memory，CAM）的缓冲区存储前 N 个高度顶点的 ID 列表。稀疏矩阵 A 和 X 以 CSR 格式压缩，而矩阵 XW 和 W 以密集方式存储而不压缩。如前文所述，聚合阶段占执行时间的大部分，尤其是对于大规模图数据集，构成了 GCN 推理的最重要的性能瓶颈。为了解决这个问题，GROW 设计了基于行的数据流执行方式。

（1）SpDeGEMM 的行平稳数据流

与使用基于外积（或内积）的数据流的 GCNAX（或 AWB-GCN）不同，GROW 采用基于 Gustavson 算法的行积 GEMM 数据流，如图 5.44 所示。在逐行乘积 SpDeGEMM 数据流中，来自左侧（LHS）矩阵（稀疏的元素）的每一行的所有非零元素与来自右侧（RHS）矩阵（密集的元素）的对应行的非零元素相乘，其中 RHS 矩阵的行索引由 LHS 矩阵的非零值的列索引决定。结果累积到输出矩阵的相应行（密集、蓝色的元素）。由于 LHS 矩阵和输出矩阵中的第 n 行在行乘积过程中都是平稳的，因此将此数据流称为行平稳，以将其与纯输出平稳数据流区分开来。

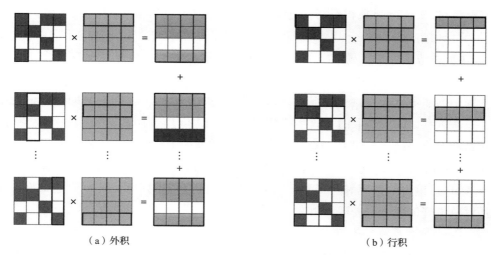

（a）外积 （b）行积

图 5.44 外积和行积数据流对比

行乘积的一个关键优势是双重的。首先，输出矩阵的多行可以在没有任何数据依赖的情况下并行计算，允许多个处理引擎计算输出矩阵的不同行，而不必彼此同步。其次，在任何给定的时间里，只有（一维）单一的输出行被计算，所以 LHS 矩阵（**A** 和 **X**）和输出矩阵所需的片上缓冲空间可以被配置得比外积法相对更小（但有更好的效用），外积法需要（二维）输入/输出模块被存储在片上。这种特性有助于在获取稀疏矩阵 **A** 的有效工作集时更好地利用内存带宽。图 5.45 比较了在采用 GCNAX 的二维平铺策

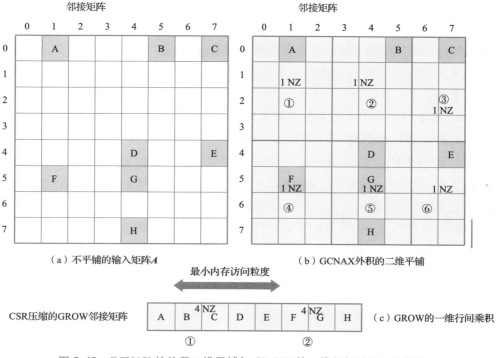

图 5.45 GCNAX 的外积二维平铺与 GROW 的一维行间乘积之间的差异

略与 GROW 的一维行间乘积时可用于处理 SpDeGEMM 的非零（NZ）元素的数量。在 GCNAX 的任何给定模块中，用于 SpDeGEMM 的非零元素的数量通常少于 2 个。然而，GCNAX 不能适应这种稀疏模式，在聚合和组合时都采用了二维平铺窗口。这导致了片外内存带宽的严重浪费，因为每 64 字节的最小内存访问粒度所获取的有效字节数（即特定平铺中的非零元素数）变得很小，如图 5.45（b）所示。与 GROW 的行静止数据流相比，每次内存访问所获取的有效字节数和 SpDeGEMM 所利用的有效字节数要高得多，而且很密集。这是因为 CSR 压缩格式以密集的方式压缩了连续行中的所有非零元素，如图 5.45（c）所示，所有这些元素将在很短的时间内被行静止 SpDeGEMM 计算处理。矩阵 A 的 CSR 压缩有效数据和行间乘积 SpDeGEMM 的这种排列方式导致了更高的片外带宽效用以及更好的片上缓冲区利用率。

（2）行平稳数据流的挑战

尽管如此，对行乘积（相对于内/外乘积）的一个重要权衡是，RHS 矩阵（XW 和 W）在不同输出行的推导中表现出不规则的重复使用，其位置性严格取决于 LHS 矩阵内部的稀疏性如何表现。对于组合阶段的（$X×W$），这个问题不大，因为 GCN 中的权重矩阵 W 通常很小，可以完全存储在芯片上。此外，组合阶段所占的执行时间相对较少，特别是对于大规模的图数据集。然而，聚合阶段（$A×XW$）是不同的，因为 RHS 矩阵 A 的大小与图顶点的数量成正比，其数量可能达到几百万，必须在不同的迭代中分层存储在芯片上。这种特性使得有效平衡内存位置性和并行性的智能缓存策略变得至关重要。下面详细介绍 GROW 的软/硬件联合设计，该设计最大限度地提高了位置性和并行性，以实现高效率。

（3）利用图划分增强局部性

众所周知，关键应用领域中的真实图服从指数分布。在 GCNS 的情况下，这意味着邻接矩阵 A 内只有少量的行（或列）占非零的大部分，而其余的大多数行（或列）仅包含少数非零。

GCNS 的关键方法是利用图数据集的幂律分布，以最有效的方式捕捉那些少数 HDN 的内存访问的（高）局部性。I-BUFdense 包含：一个 HDN 缓存，在聚合过程中只捕捉高度顶点的 RHS 矩阵访问的工作集；一个 HDN ID 列表缓冲器，存储前 N 个 HDN 的 ID 列表。图 5.46 展示了一个例子。ID=0,3,4 的顶点被确定为 HDN。前 N（$N=3$）个高阶顶点的顶点 ID 最初以数组形式存储在 DRAM 中，DMA 单元将其获取并转发给 I-BUF-dense 控制器，以便它在 GCN 推理开始时将 HDN 的顶点 ID 信息存储在 HDN ID 列表缓冲器中（关于如何获得 HDN 的顶点 ID 的细节将在后面讨论）。I-BUFFdense 控制器随后从乘法矩阵控制器中获取相应的 HDN 的行，对照邻接矩阵第一行的非零值的列 ID 检查 HDN ID 列表缓冲区，发现 5 个 XW 行请求中有 3 个可以从 HDN 缓存中得到服务［即邻接矩阵第一行中蓝色的"H"（Hit）元素］。因此，控制器直接从 HDN 缓存中获取 3 个 HDN 的对应行（ID=0,3,4），同时要求 DMA 单元从 DRAM 中流入（HDN 缓存遗漏的）两个低度顶点（LDN）的行（ID=2,5）。总的来说，一旦 HDN 缓存被填充了 0,3,

4 行，GROW 可以实现总共 13 个 HDN 缓存的命中，同时得出 0~5 的 6 个输出行，并将它们存储在 HDN 缓存中。一旦邻接矩阵 **A** 的目标行（CSR 压缩）的非零点被取到 I-UF-sparse 内，处理引擎就开始执行 SpDeGEMM，一次一行〔从图 5.46（b）中的第一行到最后一行〕直到所有行都被处理。

（a）输入图（没有图划分）　　（b）邻接矩阵（稀疏，A）　　（c）乘数矩阵（密集，XW）

图 5.46　利用图划分增强局部性

由于 HDN 缓存旨在捕获仅 HDN 顶点的局部性，而无须适应 LDN 顶点的使用，因此可以将 HDN 缓存视为 HDN 顶点的暂存器。当输入图规模较小时，GROW 的基于暂存的缓存微架构有效地利用了图的幂律分布，实现了高 HDN 缓存命中率（Cora 高达 80%）以及显著的加速与 GCNAX。不幸的是，许多现实世界的 GCN 应用程序，如社交网络分析或电子商务，都是基于大规模图数据集，该数据集包含静态大小的 HDN 缓存的大量高度顶点，以充分捕获局部性。因此，GROW 的缓存机制的有效性在于如何智能地利用有限的 HDN 缓存空间来充分捕获邻接矩阵 **A** 中固有的整体局部性，而不管其大小如何。

为了解决上述问题，GROW 使用图划分算法将图划分到多个集群中，允许 GROW 在 GCN 推理中实现高集群内的时间局部性。像 Metis 或 Graclus 这样的图分区方法被设计用于在输入图顶点上构造分区，使得集群内顶点的边数量比集群间顶点大得多。通常，图划分有助于更好地捕获图的聚类和社区结构，是一种广泛应用于图分析的图预处理技术。图 5.47 展示了在图 5.46（a）的输入图上应用图划分算法的效果，如图所示，图划分只改变了特定顶点的顶点 ID 分配方式，但它对邻接矩阵的影响是深远的，特别是对于 GROW 的缓存策略。方法的关键是只在集群内选择用于 HDN 缓存的前 n 个高程度顶点，而不是跨整个邻接矩阵。考虑图 5.47（b）所示的例子，其中图分区将集群 0（顶点 ID=0，1，2）的非零值分组在邻接矩阵的左上角，而集群 1 的非零值分组在右下角（顶点 ID=3，4，5）。通过跟踪每个集群的前 n 个 HDN 顶点，GROW 可以在第一个（和第二个）集群的基于行积的 GEMM 计算期间缓存顶点 ID=0，1，2（和 ID=3，4，5），导致比基线输入图更高的 HDN 缓存命中率。一般来说，GROW 的 HDN 缓存与图分区可以显著提高 HDN 缓存的命中率（高达 17 倍）。

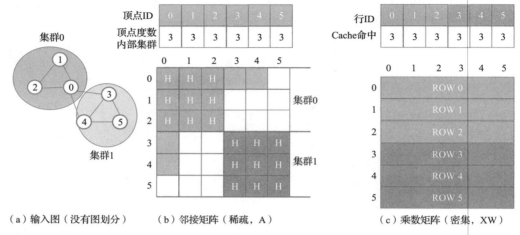

（a）输入图（没有图划分）　（b）邻接矩阵（稀疏，A）　（c）乘数矩阵（密集，XW）

图 5.47　图分区有助于将 HDN 缓存命中的数量增加到 18

（4）通过超前执行提高并行性

虽然 GROW 的图分区有助于显著减少 HDN 缓存未命中的数量，但任何给定输出行的派生导致 HDN 缓存未命中的可能性仍然很高。除了小规模的 Cora 和 Citeseer 之外，平均有 81%的输出行每行都经历了一次以上的 HDN 缓存未命中，如图 5.48 所示。因此，仅对单个输出行进行 Growth 主动工作将是非常不理想的，因为服务 HDN 高速缓存未命中的延迟将直接暴露给处理引擎，从而有效地阻止其他输出行的派生，并导致严重的性能开销。

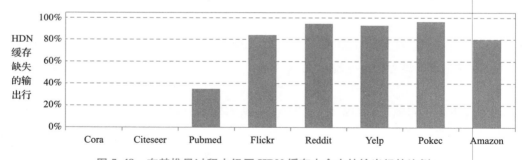

图 5.48　在其推导过程中经历 HDN 缓存未命中的输出行的比例

（5）具有多行平稳数据流的数据流并行

为了解决上述挑战，GROW 采用多行平稳数据流的数据流并行方案作为最大化内存级并行性并隐藏 HDN 缓存未命中的延迟的一种手段。GROW 的多行平稳数据流的设计目标是同时处理多个输出行的推导，这是通过配置 I-BUF$_{parse}$ 和 O-BUF$_{dense}$ 缓冲足够大，可以跟踪多个输出行的推导过程来实现的。假设顶点 ID = 0，3，4 的 4 路多行窗口（即，最多 4 个输出行可以由处理引擎积极工作）确定为 HDN ID 列表。在执行第一个输出行时，GROW 控制单元经历 HDN 缓存未命中。当执行第一个输出行时，GROW 控制单元会遇到 HDN 缓存缺失，而不是等待 HDN 缓存缺失被解决，控制单元通过获取第二行邻接矩阵的（压缩的）非零值，如图 5.49（b）所示，提前运行到第二行。由于 A 第二行的两个非零元素都是 HDN 缓存命中，因此可以在等待第一行的缓存丢失被服务时很快完成第二个输出行的推导。假设第一行的缓存未命中没有及时服务，即使第二行已经完成了它的执行，GROW 可以保持提前运行到第三个输出行的推导，如图 5.49（c）所示，进一步隐藏第一行 HDN 缓存未命中的延迟惩罚。在等待第三行缓存丢失被解决时，GROW 再次运行到第四行处理，如图 5.49（d）所示，在运行中启动另外两个 HDN 缓存丢失，最大化内存级并行性并隐藏其延迟。

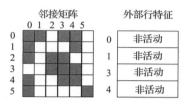

（a）初始状态。示例假设HDN Cache已经存储
了前三个高度顶点（ID=0、3、4）的对应
条目。[head=0，tail=0]

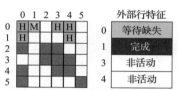

（b）如果在第一个输出行派生过程中发生
HDN缓存未命中，则执行将提前到第
二个输出行。由于HDN的命中，第二
行快速导出。[head=1，tail=0]

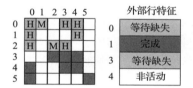

（c）当第二输出行完全导出时，执行会提前
到第三输出行。第一个输出行仍然等到
HDN缓存缺失来解决。[head=2，tail=0]

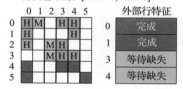

（d）在Cache缺失被解决时第一个输出行被导出。
执行提前运行到第四个输出行，同时等待第
三个输出的Cache缺失解决[head=3，tail=0]

图 5.49　GROW 的多行静态先行执行模式的示例

总体而言，与仅主动导出一行相比，GROW 的多行平稳提前执行模型实现了显著的性能提升。

图卷积网络（GCN）已成为各种应用领域的关键技术，其中输入数据是关键（例如电子商务、社交网络分析、广告等）。GROW 提出了一种基于 Gustavson 算法的推理 GCN 加速器。GROW 基于软件（图分区）和硬件（多行平稳提前执行）协同设计，有效地平衡了局部性和并行性以获得高性能。与之前基于 SpDeGEMM 的 GCN 加速器不同，GROW 能够智能地利用 GCN 的聚合和组合阶段表现出的异构稀疏级别，大大减少了内存绑定 SpDeGEMM 算法的内存流量。与 GCN 加速器 GCNAX 相比，GROW 将内存流量减少了 2 倍，性能、能源效率和性能/面积平均提高了 2.8 倍、2.3 倍和 8.2 倍。

9. BDFS-HATS

BDFS-HATS[30] 是 2018 年在 MICRO 上提出的利用硬件加速器实施在线遍历调度策略，挖掘图上的结构信息，进行图分析加速的图计算系统。它的创新之处在于提出使用硬件加速器可以实现更多成熟的遍历调度优化策略，在提高系统局部性的同时，避免带来太昂贵的预处理开销。

图计算系统都存在着非常昂贵的内存访问开销，其原因大致分为 3 类：首先，这些算法的计算与通信比率很低，因为它们对它们处理的每个顶点或边执行的指令很少（通常只有 10 条）；其次，它们的时间局部性较差，因为图的不规则结构导致看似随机的访问，很难提前预测；最后，它们的空间局部性较差，因为它们对小（例如，4 或 8 字节）对象执行许多稀疏访问。正因为这些缺点，传统观点认为图算法的随机访问特性很难优化，而 BDFS-HATS 经过深入分析得出结论：许多现实世界的图都具有丰富的结构，这部分图结构为图算法提供了重要的潜在局部性，为图算法优化提供了可能。然而使用当前的软件图处理框架，利用潜在局部性进行遍历调度的开销实在太大，即使是微不足道的遍历调度也会增加令人望而却步的开销。所以现有的方案大多摒弃了这部分局部性，转而采用顶点排序策略，按照顶点在内存中的排列顺序处理图。BDFS-HATS 的关键思想是硬件加速支持更复杂的在线遍历调度，允许系统在无须昂贵的预处理的情况下改进局部性。接下来，分别介绍系统的两个主要内容：BDFS（一个有界深度优先遍历调度策略）和 HATS（一个专用的硬件调度单元）。

（1）BDFS

现有的许多图计算框架都使用顶点排序调度，它的优点是简单、有很好的空间局部性，但缺点是时间局部性很差，访问邻居顶点的空间局部性也很差。因此提出了 BDFS，旨在不改变图的布局情况下改善时间局部性，无须像软件预处理那样带来很大的开销。图 5.50 是基于 BDFS 策略实现的 PageRank 算法的伪代码。

```
def PageRank(Graph G):
    iterator = BDFS(G)
    while iterator.hasNext():
        (src, dst) = iterator.nextoG.vertex_data[dst].newScore+=
        G.vertex__data[src].oldscore/G.vertex_data[src].degree

    def BDFS::next():
    active = Bitvector(G.numvertices)
    active.setAll1()
    for root in range(G.numvertices):
        if active[root]:
            active[root] = False
            BDFS::explore(root, 0)

    def BDFS::explore(int dst, int curDepth):
    for src inG.neighbors(dst):
        yield(src, dst)
            if curDepth < maxDepth:
                if active[src]:
                    active[src] = False
                    DFS::explore(src, curDepth+1)
```

图 5.50　基于 BDFS 的 PageRank 算法的伪代码

图 5.50 中所有顶点在每次迭代中都处于活跃状态，因此位向量被初始化为全为 1。

BDFS 从第一个顶点（ID 0）开始处理。此后，它从当前顶点的邻居中选择下一个要处理的顶点，忽略不活跃的顶点。这种探索以深度优先的方式进行，始终保持在远离根顶点的 maxDepth 级别内。一旦根顶点的探索完成，BDFS 扫描活跃位向量以找到下一个未访问的顶点。重复此操作，直到所有顶点都被访问。

BDFS 中的主要调度结构是 LIFO 堆栈和活跃位向量。BDFS 只需要一个小堆栈，这导致主内存访问几乎为零。虽然位向量得到不规则访问，但它比顶点数据小得多。例如，在 PageRank 中，位向量比顶点数据小 128 倍，每个顶点存储 16B。BDFS 的真正开销不是额外的内存访问，而是需要查找下一个顶点的调度逻辑。尽管 BDFS 具有线性时间复杂度［O(边数+顶点数)］，但由于大多数图算法每条边执行的指令很少，因此它在软件方面相对昂贵。即 BDFS 不仅执行的指令比顶点排序的指令多 2~3 倍，而且这些额外指令具有限制指令级并行性的数据相关分支。这些开销已经超过了 BDFS 的局部性改进，所以要利用 BDFS 改善性能不能仅依靠软件处理方式，还需要之后介绍的 HATS 硬件组件来协同执行。

（2）HATS

BDFS 有效地减少了缓存未命中，但是当在软件中实现时，它的开销抵消了其更高局部性的好处。为了解决这个问题，提出了硬件加速遍历调度（HATS）。HATS 是一个简单的专用引擎，用于执行遍历调度。其系统架构如图 5.51 所示，每个计算核都增加了一个 HATS 引擎，它配置该引擎以执行遍历（例如，传递 CSR 结构的地址）。每个 HATS 引擎在其核心之前运行，并通过 FIFO 缓冲区将边与计算核进行通信。该设计有效地将图算法的遍历调度部分卸载到 HATS 引擎，并将核心专门用于边和顶点处理。例如，在图 5.50 的伪代码中，核心在 PageRank( ) 函数内每条边执行操作，而 HATS 引擎执行其他所有操作。

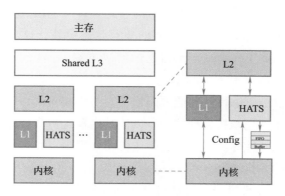

图 5.51　BDFS-HATS 系统结构

BDFS-HATS 在通用处理器上提出并评估 HATS，其中 HATS 被实现为固定功能硬件或使用片上可重构逻辑。关注通用处理器有两个原因。首先，所有的图算法都需要遍历调度，所以很自然地专门处理这个公共部分，将算法特定的边和顶点处理留给可编程内核。其次，专门的遍历调度器在系统范围内施加的开销可以忽略不计，其成本与之前的间接预取器相似。与预取器不同，HATS 减少了内存延迟和带宽。因此，HATS 增加了少量的定制化，从而在不牺牲通用处理器的可编程性和低入门成本的情况下，为重要的应用领域获得巨大的性能提升。也就是说，HATS 可以应用于其他系统架构，例如，用特定算法的加速器替换通用内核。一般性的，HATS 支持基于推和拉的遍历，以及全主动和非全主动算法。这让 HATS 可以加速绝大多数图处理算法，包括 Ligra 等最先进的框架。HATS 采用 CSR 图格式，这是迄今为止最常用的格式。通过少量添加，HATS 可以支持其他 CSR 变体。此外，HATS 的可重构逻辑实现允许在没有开销的情况下支持其他图格式。

BDFS-HATS 指出现有采用顶点序进行图分析的图计算系统没有很好地利用图的结构信息改善算法局部性，因此提出了 BDFS 遍历策略，同时设计了 HATS 硬件加速单元，在无须昂贵预处理开销的前提下，改善了算法局部性，取得了较好的效果。

10. DepGraph

DepGraph[31] 是 2021 年发表在 HPCA 上的以通用多核处理器为基础，搭配新颖的微架构设的，软硬件协同的，旨在优化迭代图处理的图计算系统。它的创新之处在于实现了一种有效的依赖驱动异步执行方法，该方法包含了在标准处理器内核上具有依赖驱动架构的新型硬件-软件协同设计。

企业应用中有大量场景都需要进行迭代图处理，为当前的图计算框架带来了新的挑战：在迭代图算法中，由于每个顶点与其直接邻居之间的依赖关系，顶点状态之间通常存在长依赖链（即，每个顶点的新状态只能在收到新状态后更新该邻居时才能作用于其直接邻居）。为了影响间接邻居，每个顶点的新状态需要迭代地依次通过多跳路径上的顶点。因此，一个顶点的新状态需要沿着多跳图路径传播很多轮才能到达它的间接邻居，其中还需要高同步成本来沿着依赖链在不同的核心上传播这个新的顶点状态。在邻居的新状态到达之前，许多顶点都是不活跃的。此外，一个顶点的陈旧状态可能会被它的邻居（可能有很多）读取以进行不必要的顶点状态更新，这会浪费处理器的很多时间。针对这些问题，一些工作尝试给出自己的解决方案：提出了针对特定域的加速器，例如 Graphicionado、GraphR 和 GraphDynS，并且它们虽然可以获得图处理的高性能，但牺牲了通用处理器提供的可编程性和低入门成本。与之相对的，一些硬件加速器，例如 HATS、PHI，集成到了通用众核处理器中，以使其内核支持高性能图处理通过确保更快的收敛和更好的数据局部性等。但是它们中迭代图处理顶点状态传播的顺序性质远不能充分利用众核处理器的并行潜力。

DepGraph 从挑战中发现机遇，观察到当顶点按照依赖链顺序被异步处理时，只需要很少的更新（更新操作指允许其他顶点使用一轮中新计算的顶点状态来更新它们在同一轮中的状态），并且大多数顶点状态传播仅发生在一小组图路径上。具体来说，在处理图数据时，只有起源于活跃顶点的依赖链上的数据需要被载入。如果沿着依赖链异步处理的话，需要进行的更新会更少，因为顶点的状态本身就是沿着依赖链传播的。从高效状态传播的角度，应该使用"运行时路径生成"动态生成源于活跃顶点的路径。此外，图数据一般符合幂律分布的特点，大部分状态传播发生在小部分路径上。基于这些观察，在这项工作中设计了一个有效的依赖驱动的可编程加速器 DepGraph，它可以集成到众核处理器中，使其核心通过驻留在每个核心和核心之间的二级缓存来加速迭代图处理。接下来将分别介绍依赖驱动的异步执行方法，以及 DepGraph 的微架构。

依赖驱动的异步执行方法。依赖驱动的异步执行方法规定，每一轮图处理时，每个处理核心使用本次迭代的活跃顶点作为起始顶点，沿着不相干的路径依次检索和异步处理其他顶点，而不同路径上的顶点则尽可能在核上并发处理。然后，顶点的新状态可以在同一轮中传播给路径上的其他顶点，同时通过并行处理不同路径上的顶点，实现良好的并行性。通过这种方法，所有顶点的状态，可以在一轮中沿着依赖路径依次根据其前驱体的新状态进行更新。此外，由于同一依赖链上的顶点由同一核心处理，该链上的所有状态传播都在一个核心上进行，这就减少了内存访问成本和同步成本。不同的互不相干的路径之间可能存在着依赖关系，为了最大限度地实现沿不同路径的状态传播的并行化，在运行时，在每个核路径上的头顶点和尾顶点之间建立直接依赖关系。直接依赖关系的影响是根据具体的迭代图应用实现来计算的。这样一组直接依赖关系被存储在一个叫作 hub-vertices 的数组中，其中每个条目代表一个生成的直接依赖关系。这个枢纽索引作为捷径，使 hub-vertices 的新状态能够更快地传播（即在更少的回合内收敛），大大提高了迭代图处理的并行度。不过要使用"路径依赖"，必须满足两个条件：①图算法要使用聚集–应用–散射（GAS）模型；②算法的边处理函数是一个线性表达，即乘法、加法组合。

如图 5.52 所示，DepGraph 在通用多核处理器的基础上进行修改，每个 DepGraph 引擎都与多核处理器的一个内核相耦合，并通过二级缓存访问内存子系统。也就是说，DepGraph 引擎发出指令，从二级缓存中访问数据。如果数据不存在于 L2 高速缓存中，则从 L3 高速缓存或主存储器中检索数据。DepGraph 是一个软硬件联合设计，它依赖于现有的软件图处理系统。在核心上运行的现有软件图处理系统对图进行预处理（例如，将图划分为分区，并将其分配给核心进行并行处理），调用 DepGraph 提供的 API 来初始化 DepGraph 引擎，然后处理图边/顶点，平衡工作量（例如，通过工作量窃取方案）等。在预处理阶段划分图时，软件系统也会在图划分中找到枢纽顶点和核心顶点（基于用户指定的参数）以及初始活跃顶点，这可以通过遍历图来实现，并将这些顶点的信息传递给 DepGraph 引擎。从上面运行的图处理系统中获得活跃顶点后，每个核心的 DepGraph 引擎使用分配给该核心的分区中的活跃顶点作为起始顶点，沿着依赖链预取其他顶点（和边）。然后，DepGraph 将获取的顶点和边传给图处理系统，后者反过来用用户定义的函数，以异步方式处理顶点和边。有了获得的枢纽顶点和核心顶点，DepGraph 在运行时生成并维护一个枢纽索引，以加速状态传播，通过核心路径，最大限度地提高图处理的有效数据并行性。具体来说，每个核心中的 DepGraph 引擎为接收到的 hub-vertices 和 core-vertices 生成 hub 索引中的条目，并将这个部分 hub 索引写入 L2 缓存，然后传输到主存储器。整个枢纽索引由不同内核的所有 DepGraph 引擎在内存中维护，并由它们重新使用，以实现高效的图处理。因为一旦生成静态图，枢纽索引就不会改变，所以当枢纽索引中的条目在缓存中被复制时，不存在缓存不一致的问题。枢纽索引中被驱逐的条目只是被直接丢弃。

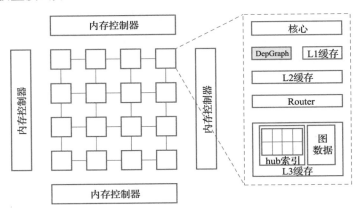

图 5.52　**DepGraph** 架构

DepGraph 是第一个在通用处理器内核上进行异步图处理的图计算系统，它使多核处理器中的每个内核都能通过有效地匹配顶点状态传播的顺序性而有效地支持图处理。通过依赖感知的图数据预取，它使计算核心能够沿着依赖链有效地传播顶点的新状态。DepGraph 还引入了一个全新的概念：hub 索引，即为核心路径维护了一套快速捷径，从而进一步加速了大多数传播，也最大限度地提高了有效的并行程度。

11. TDGraph

TDGraph[32] 是 2022 年在 ISCA 上提出的以拓扑结构驱动的，针对流式图进行高性能处理的图计算系统，它和前面介绍的 LCCG 一样都出自华中科技大学图计算团队。TDGraph 的创新之处在于提出了一种高效的拓扑驱动的增量执行方法，以实现更有规律的状态传播和更好的数据局部性。它把受图更新影响的顶点作为根，沿着图的拓扑结构预取其他顶点，并在运行时同步它们的增量计算。这样一来，来自受不同图更新影响的多个顶点的大部分状态传播可以沿着图拓扑一起进行，这有助于减少冗余计算和数据访问成本。此外，通过对顶点状态访问的有效凝聚，TDGraph 进一步提高了缓存和内存带宽的利用率。

现实世界的图常常随着时间的推移不断发展，这种类型的图被称为流图。流图上的边会随着时间动态删除或添加，导致很多针对静态图进行优化处理的经验失效。而现有的专门针对流图进行处理的方案，大多都采用增量计算的技术，以提高效率。增量计算会根据图的更新，增量地完善图突变前计算的结果。然而，对于流式图处理，这些软件系统仍然存在大量的冗余计算，并且由于以下两个原因，在多核处理器上存在高数据访问成本。

首先，受图更新影响的顶点的状态传播是沿着图的拓扑结构不规则地进行的，这导致了冗余的计算开销。具体来说，当在一个批次中处理多个图的更新（例如，边的删除和边的添加）时，不同受影响的顶点（例如，删除的边或添加的边的目的顶点）的新状态会沿着不同的图路径单独传播给它们的邻居。因此，不同受影响顶点的状态传播在不同时间不规则地通过同一顶点。每个受影响顶点的状态传播可能会沿图的拓扑结构反复地诱导处理其邻居。因此，与这些受影响顶点的共同邻居相关的图数据被反复加载并多次处理。

其次，流式图处理存在着严重的不规则内存访问。在流式图的增量计算中，通常只有一小部分顶点处于活跃状态并需要被处理，而这些顶点的状态通常非常稀疏地分散在主存储器中，这就产生了许多对其状态的随机数据访问。此外，流式图处理中的顶点状态访问通常指的是每次非常小的数据元素（例如，每个顶点状态 4 个字节，这比缓存行小得多）。因此，大部分进入最后一级缓存（LLC）的顶点状态实际上是不需要的。这最终导致了缓存和内存带宽的利用不足。

针对以上问题，在深入分析了流式图处理的特点后，总结出了两项特点：首先，来自不同受影响顶点的状态传播通常会沿着图的拓扑结构通过一大批共同顶点，这意味着大多数传播可以根据图的拓扑结构，通过同步处理这些共同的顶点而一起进行；其次，由于幂律特性，大多数顶点状态的访问都是指一小部分顶点。这就提供了有效整合大多数顶点状态访问的机会，开发出名为 TDGraph 的拓扑驱动的可编程加速器，它增强了多核处理器以实现高性能的流图处理。下面首先介绍拓扑驱动的增量执行方法的主要思想，然后介绍 TDGraph 的硬件软件协同设计。

（1）拓扑驱动的增量执行方法

为了规范源自受图更新影响的顶点的状态传播，系统首先根据图拓扑跟踪这些受影响的顶点与其后继顶点之间的依赖关系。然后，基于此跟踪信息，将一些受影响的顶点指定为根，以沿图拓扑检索其他顶点，并同步驱动它们的增量处理以进行常规状态传播。具体地说，对于每个受影响的顶点，它首先跟踪状态传播（源自受影响的顶点）以根据图拓扑动态地通过该顶点。之后，对于每个受影响的顶点，只有当所有需要通过它的状态传播都被它累积后，这个顶点才被用作根来检索其他顶点的边，沿着图拓扑通过深度优先遍历上进行增量处理。通过这种方式，每个受影响的顶点的新状态与其所有受影响的前辈的新状态一起累积，沿着图拓扑一起同步传播到它们的共同邻居。然后，可以减少加载和处理这些公共顶点的冗余开销。此外，允许受影响顶点的新状态沿着图拓扑传播得更快。

● 顶点状态合并。在流图处理中，大多数顶点状态访问通常指的是真实世界图的一小组经常访问的顶点。为了在访问这些频繁访问的顶点的状态时实现更好的数据局部性，可以将这些顶点状态的存储合并到一个连续的内存区域，即称为 Coalesced_States 的内存数组。哈希表还用于索引每个经常访问的顶点，这有助于从 Coalesced_States 的正确位置有效地检索其对应的状态。然后，当这些状态之一被访问时，只有经常访问的顶点的状态被交换到 LLC 的相同缓存行中。一次片外通信可以服务于多次传播（在现有解决方案中需要多次访问主存储器）。当更多的状态传播（源自受影响的顶点）需要到达某个顶点时，该顶点将被访问更多次。因此，使用每个顶点在状态传播过程中所经过的数量（源自受影响的顶点）来近似该顶点的访问频率。为了识别频繁访问的顶点，使用参数 $\alpha(0 \leqslant \alpha \leqslant 1$，其值由用户指定）来捕获频繁访问的顶点与最新图快照中所有顶点的比率。由于图的幂律特性，α 的适当值通常很小，默认情况下 α 的值为 0.5%。

- 运行时开销。拓扑驱动的增量执行方法的纯软件实现具有高运行时成本。首先，它需要通过图的不规则遍历来动态获取源自受影响顶点的图数据；其次，它会引入额外的指令，并且由于这些指令的数据相关分支，还会导致低指令级并行性；第三，它需要经常索引经常访问的顶点的状态。

（2）TDGraph 架构

前面介绍了纯软件方式实现拓扑驱动增量执行方式具有很高的运行成本，TDGraph 通过软硬件协同解决这一问题。如图 5.53 所示，每个 TDGraph 引擎包含两个轻量级硬件单元，即拓扑驱动遍历单元（topology-driven traversing unit，TDTU）和顶点状态合并单元（vertex states coalescing unit，VSCU）。在执行时，运行在核心上的现有软件流图处理系统调用 TDGraph。然后，TDTU 预取并同步图数据的增量处理，这些图数据源自受图更新影响的顶点。TDTU 获取的图数据被传递给现有的软件流式图处理系统，该系统依次处理这些图数据。对频繁访问顶点状态的访问由 VSCU 合并。

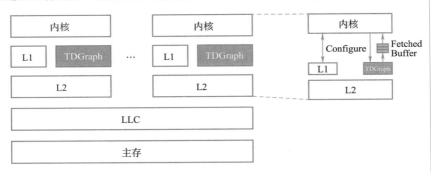

图 5.53　TDGraph 架构

- 软件层操作。一个现有的软件流图处理系统（在核心上运行）用于应用图更新，将图分成块以在核心上并行处理，初始化 TDGraph 所需的数据结构（例如 Coalesced_States 数组），调用 TDGraph 提供的 API 用于配置 TDGraph、识别频繁访问的顶点、处理 TDGraph 预取的图数据、确保负载平衡（例如，利用工作量窃取策略）等。注意，受图更新影响的顶点也被现有软件系统设置为初始活跃顶点，驱动流图的增量计算，这些受影响的顶点的信息用于配置 TDGraph。

- 硬件层操作。对于分配给配对核心的每个块，TDTU 跟踪受影响的顶点与其在该块中的后继顶点之间的依赖关系。然后，根据跟踪的依赖关系，TDTU 分配这些顶点的遍历顺序以同步受影响顶点的状态传播。之后，TDTU 以分配的顶点为根，以深度优先的方式遍历该块中的边，目的是将与这些访问过的边关联的图数据预取到预取缓冲区的

FIFO 队列中。这些预取的图数据将由运行在配对核心上的软件流式图系统处理。TD-Graph 提供了一个低级 API，称为 TD_fetch_edge( )，使软件系统能够从预取缓冲区中获取图数据，该 API 转换为 TDGraph 提供的 ISA 指令 TD_FETCH_EDGE。VSCU 的操作。对于分配给配对核心的每个块，VSCU 将这个块中频繁访问的顶点的状态合并到内存数组 Coalesced_States 中（它的每个条目存储一个顶点的状态）。对于每个顶点状态访问（例如，与该核配对的 TDGraph 引擎的 TDTU 需要预取一个顶点的状态），VSCU 首先识别该顶点是否为频繁访问的顶点。如果是，VSCU 在 Coalesced_States 中生成该顶点状态的地址，用于访问该状态数据。否则，VSCU 在内存数组 Vertex_States_Array 中提供此顶点状态的地址。请注意，为软件流图处理系统提供了一个低级 API，即 TD_update_state( ) 来更新顶点状态。该 API 是使用 TDGraph 提供的 ISA 指令 TD_UPDATE_STATE 实现的。对于频繁访问的顶点，此 API 会在 Coalesced_States 的相应条目中更新其状态数据。对于另一个顶点，此 API 更新其在 Vertex_States_Array 中的状态数据。也就是说，在处理时，频繁访问的顶点的状态只写入到 Coalesced_States 中的相应条目。当处理结束时，Coalesced_States 中的顶点状态被写回到 Vertex_States_Array。

- 软硬件协同。当软件流图处理系统对图应用了一批图更新时，该软件系统识别顶点集受图更新的影响，然后将这些顶点设置为初始活跃顶点，其中内存中的位向量 Active_Vertices 用于指示顶点是否活跃。当运行在内核上的线程需要处理软件系统分配的块（每个块包含与连续范围的顶点相关联的图数据）时，该线程需要调用一个 APITD_configure( ) 来配置这个 core 的 TDGraph 引擎。之后，TDGraph 获取该块中的每个顶点的状态传播信息（源自受影响的顶点）。TDGraph 根据跟踪信息，反复选择本块中合适的活跃顶点作为根，预取本块中的图数据图拓扑，直到没有活跃顶点。这些预取的图数据存储在 Fetched Buffer 中。通过调用 API，即 TD_fetch_edge( )，运行在该核上的线程可以高效地从 Fetched Buffer 中获取图数据，进行增量计算。线程也可以调用 APITD_update_state( ) 来更新 Coalesced_States 正确位置的频繁访问的顶点的状态。

与现有的解决方案不同，TDGraph 支持有效的拓扑驱动的增量执行方法，以实现流式图处理中更有规律的状态传播和更好的数据定位。具体来说，TDGraph 以一些受影响的顶点为根，沿着图的拓扑结构预取其他顶点，以有效传播受影响顶点的状态，并根据图拓扑结构的跟踪信息，同步传播这些顶点的状态。这样，大多数状态传播可以定期一起进行，减少与这些传播所穿越的共同顶点相关的图数据的冗余加载和处理。此外，TDGraph 将经常被访问的顶点状态合并到相同的缓存行中，以实现这些状态的联合访问，从而实现更高的内存带宽和缓存资源利用率。

12. GRASP

GRASP[33] 是 2020 年在 HPCA 上提出的针对幂律图进行图分析的单机图计算系统，它的创新之处在于将领域专用缓存管理引入图计算领域。GRASP 增强了现有的缓存插入和命中提升策略，为包含热顶点的缓存块提供优先处理，以保护它们免受抖动，同时设计灵活的缓存策略，根据观察到的访问模式最大化缓存效率。自然界的图，如社交网络、计算机网络、金融网络、语义网络和航空公司网络，其顶点度数遵循倾斜的幂律分布，即图上的一小部分顶点有很多连接（称为热顶点），而大多数顶点有相对较少的连接（称为热顶点）。热顶点导致大部分的片外内存访问，表现出高度重用性。不幸的是，由于以下两个原因，片上缓存难以利用高重用性。

- 缺乏空间局部性。热顶点稀疏地分布在属性数组的整个内存空间中。此外，状态值数组中每个元素的大小远小于缓存块的大小。因此，不可避免地，热顶点与冷顶点共享缓存块中的空间。这导致缓存未充分利用，因为相当一部分缓存块容量被冷顶点占用。

- LLC 中的抖动。属性数组的访问模式非常不规则，严重依赖于图结构和应用程序。在访问状态值数组中的给定的热顶点的状态值时，可能会访问许多其他不相关的缓存块，从而导致抖动。由这些不相关的访问分配的任何块都将触发 LLC 的抖动，可能会取代持有热顶点的块。

为了应对上述两个挑战，GRASP 依赖倾斜感知重排序技术，通过在连续的内存区域中分离热顶点来改善空间局部性。如图 5.54（a）显示了通过这种技术重新排序后属性数组中热顶点放置的逻辑视图。GRASP 的设计由以下 3 个硬件组件组成。①软件–硬件接口：GRASP 接口由一些可配置的寄存器组成，软件在应用程序初始化期间使用属性数组的边界填充这些寄存器，如图 5.54（b）所示，一旦填充，GRASP 不依赖于软件的任何进一步干预。②分类逻辑：GRASP 根据预期的重用逻辑将 Property Array 划分为不同的区域，如图 5.54（c）所示，GRASP 实现简单的基于比较的逻辑，它在运行时对缓存请求是否属于这些区域之一进行分类。③专门的缓存策略：GRASP 为每个区域制定专门的缓存策略，以确保热点顶点免受抖动，同时保持缓存其他块的灵活性，分类逻辑告知选择将哪个策略应用于给定缓存块。图 5.55 显示了 GRASP 如何与系统中的其他硬件组件交互。

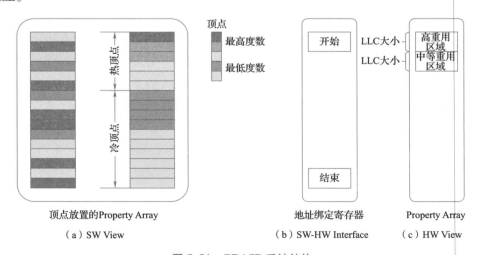

顶点放置的Property Array

（a）SW View

地址绑定寄存器

（b）SW-HW Interface

Property Array

（c）HW View

图 5.54 GRASP 系统结构

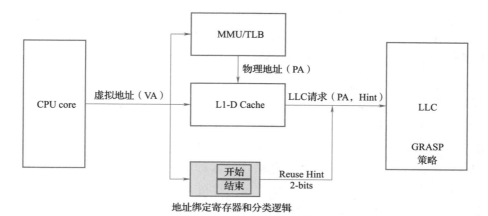

图 5.55　虚拟到物理地址转换

（1）软件-硬件接口

GRASP 的接口由每个属性数组的一对地址绑定寄存器（address bound registers ABR），组成；一个应用程序可以维护一个以上的属性阵列，每个阵列都需要一对专用 ABR。ABR 是应用程序上下文的一部分，并暴露给软件。在应用程序启动时，整体框架用整个属性数组的开始和结束虚拟地址填充每个 ABR 对。设置这些寄存器会激活图分析的自定义缓存管理。当 ABR 未由软件设置时（即其他应用程序的默认情况），专门的缓存管理基本上被禁用。虚拟地址的使用使 GRASP 接口独立于现有的 TLB 设计，允许 GRASP 执行地址分类与 TLB 执行的通常的虚拟到物理地址转换并行。

（2）分类逻辑

GRASP 的分类逻辑组件负责利用 ABR 中可用的属性数组的边界来可靠地识别硬件中包含热顶点的缓存块。

①识别热顶点。理论上，所有热点顶点都应该被缓存。在实践中，不太可能所有热顶点都适合大型数据集的 LLC。在这种情况下，为所有热点顶点提供优先级是无益的，因为它们会在 LLC 中相互竞争。为避免此问题，GRASP 优先考虑仅包含热顶点子集的缓存块，这些缓存块仅由基于可用 LLC 容量的最热顶点组成。方便的是，由于应用了倾斜感知重新排序，最热的顶点位于连续区域中属性数组的开头，如图 5.54（a）所示。

②精确定位高重用区域。GRASP 在属性数组中标记了两个 LLC 大小的子区域：属性数组开头的 LLC 大小的内存区域被标记为高重用区域；在高重用区域之后立即开始的另一个 LLC 大小的内存区域被标记为中等重用区域。最后，如果应用程序指定了多个属性数组，GRASP 在标记区域之前将 LLC 大小除以属性数组的数量。

③分类 LLC 访问。在运行时，如果一个进行 LLC 访问的内存地址属于任何属性阵列的高重用区域，则 GRASP 将其归类为高重用；GRASP 通过比较该地址与每个属性阵列的高重用区域的界限来确定。同样，如果一个地址属于中等重复使用区域，则该地址被归类为中等重复使用。所有其他的 LLC 访问都被归类为低重复使用。对于非图应用，

ABR 不被初始化，所有的访问都被归类为 Default，有效地禁用了领域专用的缓冲区管理。GRASP 将分类结果（高重复使用、中等重复使用、低重复使用或默认）编码为 2 位重复使用提示，并将其与每个缓存请求一起转发给 LLC，以指导专门插入和命中策略。

（3）专门的缓存策略

GRASP 实现了专门的缓存策略，以保护与高重复使用的 LLC 访问相关的缓存块免受抖动。一种简单的方法是将高重用缓存块固定在 LLC 中。然而，固定分配会牺牲任何可能被其他缓存块（例如中等重用缓存块）暴露的时间重用的机会。为了应对这一挑战，GRASP 采用了一种灵活的方法，通过使用针对 LLC 未命中的专门插入策略和针对 LLC 命中的命中提升策略来增强现有的缓存替换策略。GRASP 的专门策略为高重用块提供优先处理，同时保持在其他缓存块中利用时间重用的灵活性。

（4）插入策略

标记为高重用的访问，包括属于高重用区域的最热顶点集，被插入到 MRU 位置的缓存中，以保护它们免受抖动。标记为中等重用（moderate reuse）的访问，与高度重用（high reuse）区域相比可能表现出较低的重用性，被插入到 LRU 位置附近。这种插入策略允许中等重用缓存块有机会在不引起抖动的情况下体验命中。最后，标记为低重用的访问，包括图数据集的其余部分，包括包含了顶点的属性数组的长尾，被插入到 LRU 位置，从而使他们成为立即替换的候选者，有机会被选中。

（5）提高命中率策略

与高度重用的 LLC 访问关联的缓存块在命中时立即提升到 MRU 位置，以保护它们免受抖动。LLC 命中分类为中等重用或低重用的块是一个有趣的案例。一方面，这些块被进一步重用的可能性非常有限，这意味着它们不应该直接提升到 MRU 位置。另一方面，通过经历至少一次命中，这些块表现出时间局部性，这是不能完全忽略的。GRASP 将这些区块放置在适中的位置，并在每次命中后，逐步将其推向 MRU 位置。

GRASP 增强了现有的缓存策略，通过保护热顶点免受缓存抖动来最大限度地重用热顶点，同时保持足够的灵活性以根据需要捕获其他顶点的重用。GRASP 通过利用轻量级软件支持来精确定位热顶点，从而使硬件成本可以忽略不计，从而消除了对最先进的缓存管理方案所采用的存储密集型预测机制的需求。在一组具有大型高偏斜图数据集的不同图分析应用程序中，GRASP 在所有数据点上优于先前的域不可知方案，与性能最佳的先前方案相比平均加速 4.2%（最大 9.4%）。GRASP 在低/无偏斜数据集上保持稳健，而之前的方案始终会导致速度放缓。但是采用该方案可能导致无意中破坏图中固有的社区结构，这可能会抵消通过减少热顶点的足迹而获得的性能提升。

13. LCCG

LCCG[34] 是面向并发图处理的软硬件协同图计算加速器。它的创新之处在于开发了一种新颖的拓扑感知执行方法，根据图拓扑动态调整多个作业的图遍历，使大量作业共享图数据访问，提高计算单元利用率。

在当前的企业级开发中，存在很多针对同一个图进行并发迭代处理的应用场景，它们被称为并发图处理（concurrent graph processing，CGP）作业。CGP 作业存在不规则的遍历顺序以及激烈的资源竞争问题，使得底层内存子系统的利用率不足，最终导致整个系统的吞吐量很低。针对这些问题，有的方案尝试使用 ASIC（专用集成电路）加速 CGP 作业，它的缺点是灵活性差，编程负担大。也有一些方案利用（通用的）多核处理器（可以保证灵活性和可编程性）加速 CGP 作业的图计算，但是它们都是针对单个任务加速，不能满足现在数据中心多任务并行的需求。为了弥补现有方案的缺陷，LCCG 首先深入分析了 CGP 任务的执行特点，发现尽管图数据访问大体上是随机的，但在 CGP 作业中却存在显著的数据局部性。具体来说，很大一部分相同的图结构数据需要被不同的作业频繁访问，这显示了作业间的时间局部性。此外，各种作业对不同状态的访问通常指的是相同的顶点，这体现了作业间的空间局部性。这部分局部性编程优化提供了思路，所以在通用多核处理器优化方案的基础上提出了 LCCG。它是一个软硬件协同的解决方案。硬件方面有拓扑感知遍历规则化机制（规范 CGP 作业的图遍历，以解决不规则数据访问的挑战）、预取和索引机制（进一步隐藏了 CGP 作业的内存延迟，并有效地支持这些作业的合并访问）。软件方面有拓扑感知执行方法，它根据图拓扑动态探索所有 CGP 作业的活跃顶点的公共遍历路径，然后预取这些探索路径上的图数据以驱动相应的作业一起同步处理这些数据。其核心思想是拓扑感知执行方法，根据图拓扑对不同作业的公共图数据的遍历路径进行规则化。通过这样做，对相同图结构数据的访问可以完全由 CGP 作业共享，CGP 作业之间访问顶点状态的模式相似，所以能够合并不同作业顶点状态的存储和访问。

（1）拓扑感知的数据访问规则化

受 CGP 作业之间时间局部性的启发，LCCG 提出了在线正则化策略。它动态探索源自 CGP 作业的活跃顶点的公共遍历路径，然后沿着这些路径有效地同步这些作业的数据访问，以实现更规律的数据访问。具体来说，为了生成不同作业的公共遍历路径，该策略根据动态图拓扑以活跃顶点为根顶点，以广度优先的方式反复探索图，直到图上 CGP 任务的所有活跃顶点都已被访问。一旦生成了公共遍历路径，每个作业都会获取并处理与遵循这些生成的遍历路径的顶点相关联的图数据。为了有效地规范作业的数据访问，将这些公共遍历路径上的顶点划分为分区，然后将这些分区分配给这些作业以一种新颖的同步方式处理。具体来说，只有当前分区已经被所有对应的作业处理过（作业需要处理它在该分区中的活跃顶点）时，才允许分配下一个分区。然后，这个新分配的分区驱动相应的作业访问与该分区中相同顶点关联的状态，并一起处理该分区。请注意，每个作业仅根据其自己的活跃位向量处理每个分区中的活跃顶点，并且不同的作业可以在其图处理的不同迭代中共享每个分区的数据访问。这样，与相同顶点关联的图数据可以被更多作业定期访问和处理，从而使 CGP 作业的不规则访问能够通过作业间时间局部性和作业间空间局部性得到充分整合和共享。需要注意的是，如果 CGP 作业在处理生成的公共遍历路径上的图数据后仍然有活跃顶点，则需要重复路径生成过程以备将来处理。通过上述策略，CGP 作业的活跃顶点可以更规律地沿着图拓扑被它们访问。

（2）顶点状态合并

不同的 CGP 作业通常可以同时处理相同的图结构数据，因此这些作业将同时访问关联顶点的状态，这就是 CGP 作业的空间局部性。因此可以合并不同作业对同一顶点状态的存储和访问，以减少内存访问。合并顶点状态的存储和访问需要保证不同作业的同一个顶点的状态放在一起，而因为作业是动态提交和完成的，所以这又涉及动态管理，如果不仔细设计，可能会产生很大的开销。为了克服这一挑战，可以只合并热顶点的存储和访问，即具有最高度数的顶点，因为 CGP 作业发出的大多数顶点状态访问都指向热顶点。用户可以指定参数 $\alpha(0 \leq \alpha \leq 1)$ 来识别热顶点，其中所有顶点的前 α 个度数最高的顶点被认为是热顶点。由于现实世界的图表显示幂律属性，α 的适当值通常很小（默认设置为 0.5%）。

拓扑感知执行的软件实现具有显著的运行时开销，这是由以下原因造成的。首先，拓扑感知遍历正则化需要通过不规则地遍历图来探索动态作业的公共遍历路径。其次，它还会生成额外的指令，这些指令具有数据依赖分支，从而限制了并行性。紧接着，它需要对大部分边进行热顶点状态的索引操作，需要进行不规则访问。纯软件方式实现的拓扑感知策略带来了严重的运行时开销，阻碍了利用作业间局部性带来的显著性能提升，所以 LCCG 采用了软硬件协同的策略，下面介绍了硬件部分的实现。

（3）TATR 和 PI 机制

LCCG 在通用多核处理器处理方案的基础上设计了新的硬件机制：拓扑感知遍历规则化（topology-aware traversal regularization，TATR）和预取和索引（prefetching and indexing，PI），如图 5.56 所示。TATR 用于规范不同 CGP 作业的遍历路径，而 PI 用于沿规范化的遍历路径预取图数据，并实现对不同 CGP 作业的热顶点状态的高效联合访问。此

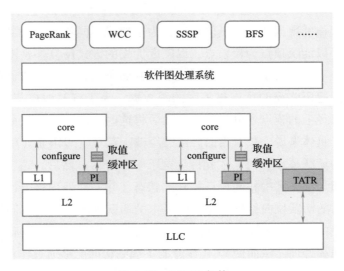

图 5.56　LCCG 架构

外为了便于编程，LCCG 在现有的软件图处理系统基础上进行扩展（例如 Ligral），其软件组件包括：①初始化 LCCG 所需的数据结构；②利用这些数据结构的信息配置 LCCG 的硬件单元（即 TATR 和 PI）；③处理由 LCCG 预取的图数据。TATR 和 PI 分别从 LLC 和 L2 高速缓存中访问图数据，并在虚拟地址上进行操作，其中 PI 可以像之前的工作一样通过其配对的内核的 L2 TLB 快速获得物理地址，TATR 使用标准的虚拟内存转换。当所需的数据没有保持在高速缓存中时，就从主内存中检索数据。

在核心上运行的现有软件图处理系统对图进行预处理，例如，转换图格式和识别热顶点。在执行时，软件图处理系统还调用 LCCG 提供的 API 来配置 LCCG，获取/处理与活跃顶点相关的数据，确保负载平衡。此外，对于并行执行，运行每个作业的软件图处理系统将 TATR 探索到的分区中的顶点均匀地划分为大块（每个大块是这个分区中顶点的一个范围）用于 PI，然后将这些大块分配到这个作业运行的核心上。软件图处理系统使用这些块的信息配置相应核心的 PI 单元。然后，像现有的硬件解决方案一样支持图处理作业的执行。请注意，作业可以在不同时间提交，每个作业一旦提交就可以立即执行。操作系统只执行其传统的操作，例如，进行线程调度和分页输出。

TATR 从活跃顶点开始，探索 CGP 工作的共同遍历路径。之后，这些探索过的路径上的顶点被自适应地组织成分区，其中与每个分区的顶点相关的图数据被确保适合 LLC。然后，TATR 将每个分区顶点的 ID 写入每个作业的内存分区表中，以驱动该作业的执行。请注意，分区是由 TATR 分配给 CGP 作业以同步方式处理的。具体来说，只有当当前分区被所有 CGP 作业处理完毕后，才能分配和处理下一个分区。其次是 PI 的操作，PI 从其配对的核的块中重复抽取顶点，并检查这个顶点对于在这个核上运行的作业是否是活跃的。如果它是这个作业的活跃顶点，PI 就把这个顶点的每条边和这条边的配对顶点的状态预取到 FIFO Fetched Buffer 中，以便由这个作业来处理。此外，PI 单元还负责对顶点状态的访问进行过滤。也就是说，对热顶点状态的访问被指向合并状态表（存储热顶点的状态）中的状态，而其他顶点的状态则不被考虑（即仍然参考顶点状态阵列）。为了让软件图处理系统能够在综合状态表的正确位置更新热顶点的状态，LCCG 提供了一条名为 LC_UPDATE_STATE 的 ISA 指令，它通过 API 暴露给软件图处理系统，即 LC_update_state( )。

总的来说，LCCG 提出了一个以局部性原理为中心的可编程加速器，它可以从根本上解决 CGP 作业的不规则访问问题，从而实现这些作业的高吞吐量。通过规范化 CGP 作业的图遍历，充分整合图数据的存储和访问，LCCG 可以将执行 CGP 作业的数据访问成本降到最低，并实现更高的内核利用率。

14. Fifer

Fifer 是 2021 年发表在 MICRO 上的，基于可重构架构的适用于不规则应用的软硬协同的实用图计算系统。它的创新之处在于，使用粗粒度的可重构阵列（coarse-grain reconfigurable arrays，CGRAs）结构[35]。如图 5.57 所示，这种结构兼具"通用核心的可编程性"和"专用设计的高性能"。同时，针对 CGRA 负载不均衡的缺点，Fifer 引入了动态时间流水线 dynamic temporal pipelining，让多个处理子任务可以时分复用同一个 CGRA，通过动态调度避免负载不均衡。

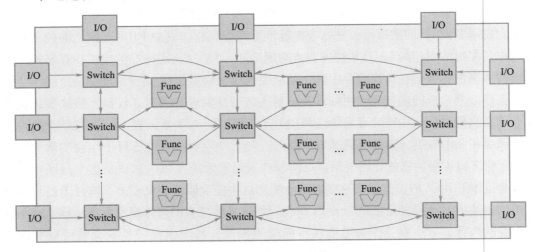

图 5.57　CGRAs 架构

从实现架构上来讲，现有的图计算系统可分为基于通用处理器和基于专有架构两类。通用架构设计规范，向下兼容，有丰富的优化库可以使用，可编程性强，同时也可以较为方便地移植应用。这样做的代价是具有很多冗余的功能，面对不规则应用存在资源利用率较差的问题。而针对特定应用的加速器，会设计一些特殊的硬件以应对不规则应用带来的不可预测的计算延迟和内存访问。这样做的好处就是取得很高的计算效率。不足之处就是可编程性差，难以利用已有的优化技术；以及可移植性差，针对一个应用设计的优化技术难以迁移到其他应用。

而 CGRA 将两者结合，提出了一种空域上的并行计算模式。将所有功能模块都分布在不同的空间，通过模块之间的组合使用实现复杂的功能。使用时，各个功能模块是固定的（具备有限的操作配置空间），程序执行时会沿着路径在功能网格上流动。通过这样的方式，节省了取指令和解码指令的时间，当算法和应用变换时，再次通过配置，重构为不同的计算通路去执行不同的任务。CGRA 优点就是兼具"通用核心的可编程性"和"专用设计的高性能"。缺点是 CGRAs 只在处理规则数据时比较高效，在处理不规则任务时，会频繁地死机，造成负载不均衡。Fifer 的主要贡献为：①将图应用中不规则的数据访问和控制与规则的计算进行解耦；通过从不规则的应用中，提取规则的计算部分，解决 CGRAs 对不规则数据的处理瓶颈问题；②运用时间流水线技术，以解决 CGRAs 的负载不均衡问题。接下来对这两个方面分别展开介绍。

（1）从不规则的应用中提出规则的计算子任务

Fifer 认为不规则应用中也包含了大量的规则计算，只不过其中穿插了一些不规则的内存访问和不规则控制流，并为此设计了分区和映射两个步骤将不规则应用划分为不同计算子任务。分区模块设计一个专门的长期任务来负责载入程序。该任务长期活跃，所以能够及时发现载入过程中产生的问题，并交由空闲的专用单元进行子任务处理，从而将这部分的不规则的访问和其他快速处理的规则访问分割开。如果一个任务负载过多，即超出了一个专用单元的处理能力，那么可以将一个计算任务进一步划分，以规避过多负载对整体性能的影响。分区完成后需要将任务映射为 CGRA 的配置。具体来说，首先为每个任务生成了中间表达，它展示了对数据及它们的依赖的低水平操作；接着一个自动化工具会检查中间表达生成数据流图 DFG，它里面记载了可以被功能单元使用的真实操作，数据流图通过队列接收输入和输出；最后，一个"比特流生成"步骤把数据流图转化为比特流，配置 CGRA，获取计算结果。

（2）实现对 CGRA 的时分复用

要实现时分复用，首先需要做到对流水线的快速重配置，载入新配置分为 3 个步骤：载入缓存新配置、更新当前运行阶段的配置、激活新配置。Fifer 引入了一个双缓冲区配置单元，它支持载入新配置的并行化操作。通过这种并行措施可以减少重配置操作的关键操作带来的开销。其次，时分复用还需要有调度器进行调度重配置。为此，Fifer 设计一个高效的调度器以分摊重配置开销。该调度器采用了的简单策略：即它会一直保持当前处理单元的配置，直至它的输出队列满了，或者输入队列空了。当系统必须选择新的任务配置时，调度器会进行预估所需资源和各执行单元可用资源进行评估，把子任务分给资源恰好能满足的处理单元，提高资源利用率。最后，同一个处理单元上不同子任务有时需要在时间流水线中通信。Fifer 允许一个 producer 和一个 consumer 进行通信，并提供了一个位于处理单元内部的队列供他们通信。在队列缓冲区（queue buffer）添加更多头/尾指针，内部队列可以提供高带宽，适合同一个处理单元内部不同任务频繁通信的情况，当然原来 CGRA 跨处理单元通信的能力还是得以保存。

总的来说，与通用计算架构相比，可重构的空间架构可以极大提高计算效率。但是图应用的不规则带来的不可预测的内存访问和控制流阻碍了空间架构的性能表现。Fifer 通过动态时域流水线扩展了空间可重构架构，允许创建流水线并行应用，弥补了 CGRA 负载不均的缺点，提高了图计算系统的效率。

5.3　基于 PIM 的图计算加速技术

5.3.1　PIM 背景介绍

正如之前所讲的那样，图计算属于典型的不规则应用，它具有访存密集而计算稀疏、随机的内存访问模式和缓存命中低等特点。这些都导致了图计算中的内存访问开销占比较高。而 PIM（processing-in-memory）正是解决这个问题的合理方法。其实早在 20 世纪 90 年代，PIM 的概念就已经被提出来了，但是由于当时的内存技术还不完善，同时缺乏应用场景，基于 PIM 的尝试效果不佳。但是由于当前大规模图处理的广泛应用以及三维堆叠技术（3D stacking technology）的出现，使得 PIM 成了现代数据处理领域的一种可行解决方案。

　　传统的芯片设计大多是在二维方向上不断增加晶体管数量，而三维堆叠技术则允许芯片在三维上堆叠多层，这大大增加了芯片的有效面积。而镁光的混合内存立方体（hybrid memory cube，HMC）则是最著名的三维内存堆叠技术之一，它将多层内存芯片以及一个逻辑层单独封装，并通过硅穿孔技术（through-silicon via，TSV）将他们堆叠起来，如图 5.58 所示，为 PIM 设备的设计与使用提供了重要的技术支持。

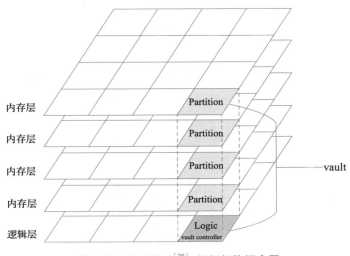

图 5.58　HMC2.0[36] 组织架构概念图

　　虽然 PIM 可以提供高带宽和大量的处理单元，但是将其应用到图计算上面仍然面临着许多困难。例如，原来图计算中的工作负载不均衡、内存冲突等问题，在 PIM 中仍然存在。针对这些问题，目前提出了多种解决方案。

5.3.2　主流的基于 PIM 的图计算加速器

1. Tesseract

　　Tesseract 是第一个比较全面的基于 PIM 的大规模图处理加速器[36]，它采用新型的内存硬件架构，设计了不同内存分区之间的高效通信方法。Tesseract 采用以顶点为中心的编程模型，易于程序员编程使用。为了解决内存的随机访问问题，它还设计了两种符合内存访问模式的硬件预取器。

　　如图 5.59 所示是 Tesseract 的体系结构的概念图，它利用 HMC1.0 的规范，选择了有 8 个 8GB 的 DRAM 层的 HMC 作为基础。图 5.59（b）所示的 HMC 由 32 个垂直切片（vault）、8 个 40GB/s 的高速串行链路作为片外接口，以及连接它们的交叉开关网络组成。而每个 vault 由一个 16-bank 的 DRAM 分区和一个专用内存控制器组成。为了能够在内存中执行计算，Tesseract 在每个 vault 的逻辑芯片上设置了一个单 issue（single-issue）的有序（in-order）核心。由于这个有序核心较小，所以一个 Tesseract 核心能够放到 vault 中。

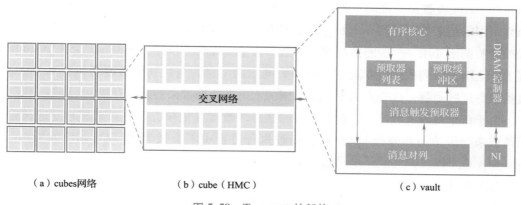

（a）cubes网络　　　　（b）cube（HMC）　　　　（c）vault

图 5.59　Tesseract 的架构

在 Tesseract 的系统中，主机处理器（CPU）仍然拥有不带 PIM 功能主存，而 Tesseract 则像一个加速器，它可以访问的内存是映射到 CPU 不可缓存的内存区的一部分。这就消除了 CPU 的缓存和 Tesseract 所利用的 3D 堆叠内存的缓存之间的一致性问题。另外，Tesseract 不支持虚拟内存，也就无须在内存中进行地址转换。而由于 CPU 可以访问包括 Tesseract 在内的整个内存空间，所以它负责在 HMC 的 vault 之间分配输入图。CPU 可以利用一个自定义的 malloc 调用来将一个对象（顶点或者边的列表）分配给指定的 vault。

（1）基于消息传递的远程函数调用

在对数据进行计算时，Tesseract 没有采用远程内存访问的方式（即利用内存访问的方式获取数据并对其进行计算），而是通过远程函数调用的方式，将计算交给拥有待处理数据的核心。Tesseract 支持两种远程函数调用：阻塞式的函数调用和非阻塞式的函数调用。

在阻塞式的函数调用中，如果本地核心需要对其他顶点（或边）数据进行计算，它会向目标核心发送一个包含需要执行的函数地址以及相应参数的数据包，并等待其响应。而当数据包到达目标顶点以后，网络接口则将参数存储到一个特殊的寄存器中，并向目标核心发出一个中断。然后目标核心执行该函数并将返回值写入到一个特殊寄存器并切换回正常执行模式。最后，目标核心将返回值传输给本地核心。为了保证原子性，一个远程函数调用不会被另外一个远程函数调用抢占。另外，有些中断可能会修改那些被远程函数调用访问的数据，而执行计算的核心会将这些中断暂时屏蔽。

由于这种调用方式是阻塞式的，本地核心需要等到远程函数执行完毕并返回才能进行下一步操作。同时由于采用中断式的执行方法，如果有多个远程函数调用发送到同一个目标核心，可能会导致频繁的上下文切换，导致额外的开销。所以 Tesseract 又提出了非阻塞的远程函数调用。

非阻塞的远程函数调用没有返回值，本地核心可以在发出调用请求以后继续执行自己的工作，而不必等待目标核心执行完毕。同时为了让本地核心了解函数是否执行完毕，Tesseract 设置了一个同步的 barrier，并保证在 barrier 执行完毕后，之前所有的远程函数调用的结果是可见的。此外，由于非阻塞的远程函数调用可以延迟执行，因此可以缓冲这些调用并用一个中断执行所有函数。为了实现这个目标，Tesseract 为每个 vault 设置了一个消息队列来存储非阻塞远程函数调用的消息。当队列已满或者执行 barrier 后，批量执行这些函数，这样有助于减少频繁的上下文切换带来的延迟开销。

由于每个顶点的数据只能被它所属的核心修改（其他核心需要对该核心发送函数调用请求来间接访问和修改），并且在函数执行过程中不会被其他函数调用抢占，所以 Tesseract 不用锁或者其他同步原语来保持数据同步。

（2）预取策略

为了提高内存带宽的利用率，Tesseract 开发了两种数据预取机制：列表预取和消息触发预取。列表预取器针对那些步长不变的顺序访问（例如一些图算法中遍历顶点列表或者某个顶点的边列表）产生的跨步访问模式。Tesseract 采用了一种基于参考预测表（RPT）的跨步预取器，提前预取多个缓存块以利用较高的内存带宽。

由于图计算中存在大量的随机访问，而这种随机访问大多发生在远程函数调用中，所以 Tesseract 又提出了一种消息触发预取机制，如图 5.60 所示，其关键思想是在执行函数调用之前预取非阻塞远程函数调用所要访问的数据。为此，Tesseract 为每个非阻塞远程函数调用数据包添加了一个可选字段，表示要预取数据的内存地址。一旦包含预取地址的请求包被放到消息队列中，就会触发一个消息触发预取请求，预取器将相应的数据取出，并将该消息标记为就绪。当消息队列中的就绪消息超过预定数目时，消息队列就会发出一个中断，让核心处理就绪消息。而当遇到 barrier 或者消息队列已满时，则会处理所有消息。

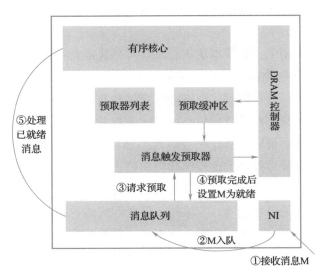

图 5.60　消息触发预取机制

消息触发的预取策略利用了非阻塞式远程函数调用达到核心以及核心处理该消息的

时间差来进行数据预取，并且这种预取是准确的而不是基于预测的，所以这种预取策略的效果较好。此外，为了利用新的设计，Tesseract 还提供了多个编程原语，包括两种远程函数调用原语 get 和 put 等。

作为第一个基于 PIM 的大规模图计算加速器，Tesseract 利用新的内存架构，并以此设计了新的编程接口，供开发者使用。同时它还提出了新颖的数据处理方法即远程函数调用，并设计了相应的预取策略，有效地利用了内存的高带宽优势，隐藏远程访问延迟。其性能大大优于传统的高性能系统。更重要的是，Tesseract 实现了与内存容量成比例的性能，这是以较低的成本处理不断增加的数据量的关键。

2. GraphH

虽然 Tesseract 利用了预取器来尝试解决图计算的局部性问题，但是并没有过多考虑图数据的访问模式。因此，由于存在不可预测的全局数据访问，导致了 Tesseract 的带宽利用率较低，在 37% 左右。而 GraphH[38] 利用基于 SRAM 的片上顶点缓冲（on-chip vertex buffers，OVB）来提高 vault 内部带宽的利用率。此外，和 Tesseract 采用的静态蜻蜓形 HMC 网络连接不同，GraphH 采用了可重配置的双网格连接，可以提高 HMC 之间的全局访问带宽。同时，GraphH 采用以边为中心的编程模型，并使用索引映射间隔块（index mapping interval-block，IMIB）的方法对图数据进行划分并平衡 vault 之间的工作负载。

图 5.61 是 GraphH 的总体架构，与 Tesseract 类似，GraphH 也是由 16 个 cube（HMC）组成。在每个 HMC 中有 32 个 vault，它们通过交叉开关（crossbar switch）互相之间以及与外部进行连接。vault 由逻辑层和内存层组成，用于执行图计算的操作。而主机处理器（host processor）负责数据分配和互联配置。

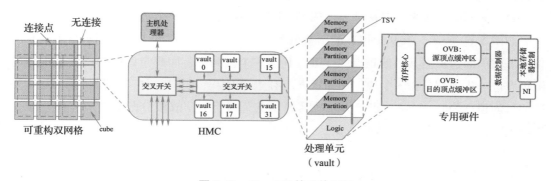

图 5.61　GraphH 的总体架构

为了克服图计算中的随机访问带来的延迟，GraphH 引入了片上顶点缓冲（OVB）作为处理核心与内存之间的桥梁。由于 GraphH 采用了以边为中心的编程模型，相应的 OVB 也分为两种：源顶点缓冲区与目的顶点缓冲区，它使用 SRAM 并集成到 vault 的逻辑层。GraphH 工作时不是直接访问存储在 DRAM 中的顶点数据，而是先将其加载到 OVB 中，处理核心可以直接以随机访问的方式访问 OVB 中的顶点值。在目的顶点缓冲区中的所有顶点都被更新以后，GraphH 将其中的数据刷回 DRAM 中，并以相同的方式处理其他顶点。

（1）可重构的双网格连接

根据镁光 HMC2.1 的规范，每个 cube 有 8 个高速串行链路，提供高达 480GB/s 的聚合链路带宽。关于 cube 之间的连接方案的研究有很多，不过大多是预先建立连接的静态模式。在这样的静态连接模式下，每个 cube 可能与 3 到 4 个相邻的 cube 连接，共享这480GB/s 的外部链路带宽，分到每个 cube 的只有 120GB/s 左右。但是，cube 内部的带宽高达 320GB/s，这种静态互联的方式无法充分利用 cube 内部的带宽。

为了避免静态连接的缺点，GraphH 采用了如图 5.61 所示的可重构双网格连接（RDMC）。一个网格由 24 个元连接（两个相邻 cube 之间的连接）和 48 个连接点（joint）组成，每个网格都有独立的数据路径和专用带宽。每个元连接可以通过全双工的方式提供高达 480GB/s 的物理带宽。元连接两侧的连接点可以和其他 cube 或者元连接相连。这样一来，两个 cube 之间就可以独占 480GB/s 的带宽。另外，GraphH 利用主机处理器中的查找表（LUT），将系统处理方案所需的所有配置存储起来，可以为任意两个 cube 之间建立一个独占的数据路径。而这种可重构的方式是通过一个与 4 个链路和4 个元连接相连的交叉交换器实现的。这个交换器可以在图处理的过程中动态地连接到不同的元连接。与静态连接方案相比，这种可重构的连接方案降低了路由器的使用成本，并最大限度地提高了两个 cube 之间的可用带宽。

（2）基于间隔块的图划分策略

GraphH 采用了 NXGraph 提出的一种基于间隔块的图划分方法。这种方法将图中的所有顶点划分为 P 个互不相交的区间，并将边根据其目的顶点划分到相应的区间中。另外，每个区间中的边根据其源顶点所属的区间进一步划分为 P 个块。

如图 5.62 所示，有 9 个顶点的图被分为 3 个区间：I_1、I_2 和 I_3，它们平分了这 9 个顶点。图中的边根据其目的顶点同样被分到这 3 个区间中，而每个区间内部，根据边的源顶点进一步地划分为 3 个块。例如块 $B_{3,1}$ 有边 {7,0}、{7,1} 和 {7,2}。因为这 3 条边的目的顶点为 0、1、2，属于 I_1，而其源顶点 7 属于 I_3，故被分配到块 $B_{3,1}$ 中。在这种分区方法中，当分区 I_x 利用块 $B_{x,y}$ 更新分区 I_y 时，其他分区和块不会被访问。

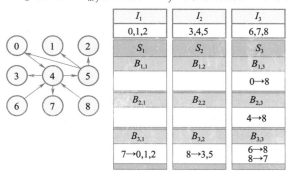

图 5.62　一个间隔块图划分的例子

（3）GraphH 的处理流程与任务分配策略

在 GraphH 的预处理和数据加载步骤中，顶点集被划分为 16 个大小相等的区间，然后分配给 16 个 cube（HMC），接下来迭代中循环处理每个 cube 中的数据。为了平衡各个 cube 之间的工作负载，GraphH 采用一种索引映射间隔块（index mapping interval-block，IMIB）的方法来划分区间。IMIB 包括两个步骤：①压缩，GraphH 通过删除空白顶点的方式来压缩顶点索引，例如，顶点 $v_1 \sim v_7$、v_9、v_{11}（v_8、v_8 为空白顶点）会被映射为 $v_1 \sim v_9$；②散列，在将顶点映射到压缩索引后，再利用模函数将其划分为三个区间，$I_1 = \{v_1, v_4, v_7\}$，$I_2 = \{v_2, v_5, v_8\}$，$I_3 = \{v_3, v_6, v_9\}$。

通过这种方法可以平衡各个区间和块的大小，避免出现有的 cube 中的边过多或过少导致工作负载不均衡的情况。同时这种策略只需要扫描所有的边，无须额外的计算，所以预处理的开销较小。

为了利用 vault 级的并行，GraphH 将区间中的顶点进一步划分为 32 个不相交的子集，每个 vault 负责用相应的入边更新这样的子集。因此，每个 vault 都要保存所有的源点数据。而 vault 中有限的内存空间很难存储大图数据，所以 GraphH 使用 4 个 8×8 和 8 个 4×4 的 crossbar 交换器，使用标准虚拟输出队列来在 32 个 vault 之间共享图的源顶点。通过这种方式，每个 vault 都可以直接读取其他 vault 中的源顶点数据。

GraphH 采用 PIM 的概念，实现了基于 HMC 阵列的图计算系统。并将多种硬件如顶点缓冲区集成到逻辑层中，避免了图处理过程中的随机数据访问。此外，GraphH 还采用可重构的双网格连接的方式提高 cube 之间带宽的可用性，并通过索引映射间隔块的方法平衡 cube 和 vault 之间的工作负载，达到了优于 Tesseract 的效果。

3. GraphQ

Tesseract 和 GraphH 都是针对单个 PIM 顶点（每个顶点由 16 个 HMC 组成）进行优化，虽然多个顶点的远程更新能够比较方便地映射为单个顶点内的更新，但是由于顶点之间较小的通信带宽（6GB/s）明显低于 cube 之间（120GB/s）和 vault 之间（360GB/s）的带宽，所以顶点间的通信时间会占据总时间的较大部分。为了解决带宽不匹配的问题，GraphQ[39] 通过对顶点的处理顺序进行重排序，实现了 cube 的数据处理以及 cube 之间通信的重叠。此外 GraphQ 还提出了一种混合执行模型，将每个 PIM 顶点内部的处理改为异步，让顶点间的通信与顶点内部的处理重叠，巧妙地隐藏了数据传输延迟。GraphQ 还采用异构核心，使之更符合图计算的处理逻辑，简化了 cube 之间的通信，消除了可能存在的冲突。

（1）可预测的 cube 内部通信

和 Tesseract 使用远程函数调用的方式来让远程 cube 执行相应操作不同的是，GraphQ 让源 cube（需要进行操作的顶点所在 cube）在本地执行规约操作，这样就需要从边的源顶点获取数据。同时，GraphQ 会把发送到同一个 cube 的消息聚合到一起，让 cube 可以方便地批量处理这些消息。

如图 5.63 所示，一个图按源顶点划分为 4 部分，分配到四个 cube。同时 GraphQ 还将整个矩阵分块，块的划分也遵循了有助于 cube 批处理消息的原则。规约操作是在目的顶点所在的 cube 执行的，所以需要其他 cube 将源顶点数据发送到该 cube 上。

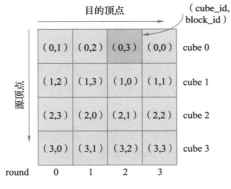

图 5.63　GraphQ 的执行过程

此外，GraphQ 使用（cube_id，block_id）对来标识批处理消息的来源和目的，并使用按轮的处理模型。批处理消息的发送顺序由 cube 的处理顺序决定（图 5.63 中从左到右）。例如，cube1 首先处理块（1，2），这样会生成 cube1 到 cube2 的批处理消息。其他 cube 同样按照顺序执行，这就组成了一轮。每次迭代被分为 M 轮（M 为 cube 的数量），每轮之间是同步的，即每个 cube 在执行完一轮以后要等待其他 cube 的完成。可以看出，在每一轮的处理中，每一个 cube 只会为一个 cube 生成批处理消息，同时每一个 cube 也只会得到一个 cube 的批处理消息。根据这个原则，就能很容易地判断每轮中有哪些 cube 对之间需要进行通信。同时，上一轮的批处理消息可以与这一轮的计算重叠进行，并且每个 cube 在一轮中只接收一个批处理消息，因此只需要一个接收缓冲区。

（2）解耦 cube 内部数据的移动

图 5.64 是 cube 的内部架构，其中 cube 之间和 cube 内部的数据通信是分开处理的。对于 cube 之间的通信，要发送的消息是在内存中的批处理消息缓冲区中生成的，并由运行时系统中的路由器发送到其他 cube。而 cube 内部的消息由消息队列和本地路由器处理，因为消息的来源和目的是同一个 cube。

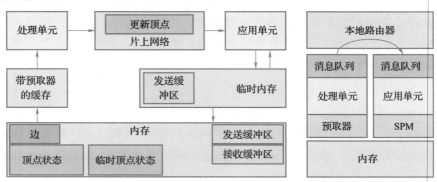

图 5.64　GraphQ 中 cube 的内部架构

GraphQ 通过引入处理单元（PU）和应用单元（AU）来将顺序访问和随机访问分开处理。其中 PU 执行边处理函数（processEdge）并生成更新消息，包括对顶点或边数组的连续读取。而 AU 接收来自 PU 的消息，并执行规约（reduce）和应用（apply）操作，这涉及对计算过程中对顶点的随机访问。此外，GraphQ 还将 AU 的私有缓存替换为临时内存（scratchpad memory，SPM），作为 ID 连续的顶点的缓冲区。SPM 可以提供比 L1 级缓存更高的带宽和更低的延迟。对于那些目标顶点无法完全放入 SPM 的大图，GraphQ 会将其再次分区处理。

（3）顶点间的延迟处理

由于顶点之间的低带宽，每次迭代中会产生较大的（顶点间）数据传输时延，由于该时延较长而使得其无法与迭代中的计算完美重叠，会导致在一轮迭代中 cube 执行完计算以后，需要等待其他顶点的消息，这个等待时间甚至占总时间的 82%～91%。为了解决这个问题，GraphQ 提出了一个带宽感知的执行模型，可以在等待数据的空闲时间内继续执行计算。当一个顶点完成一次迭代中的处理内容并等待远程消息时，它们可以根据本地的子图进行更多次的迭代。将常规的迭代称为全局迭代，它由多个局部迭代组成。在一次全局迭代中，第一次局部迭代会在收到其他顶点的更新数据后开始执行，此外的其他几次局部迭代仅仅根据顶点本地的子图进行运算处理。换句话说，在全局迭代之前，每个顶点会在各自的 cube 中"异步地"执行几次局部迭代。这个混合执行模型通过在每次迭代中进行更多的计算来掩盖较长的通信延迟。

但是这种执行模型在局部迭代中的计算没有基于全局的顶点更新，而是根据本地的旧数据进行的，所以可能会导致最后的结果出错。ASPIRE 中定义了这种可以容忍旧值的异步迭代算法，只要算法保证迭代最终会全局同步，也即最终的结果不是根据本地数据生成的，这种异步迭代算法就会产生正确的结果，不需要重新计算。GraphQ 中每次全局迭代都会同步信息，并且 GraphQ 中评估的四种图算法（BFS、WCC、PageRank 和 SSSP）都属于这种算法，所以最终会产生正确的结果。

GraphQ 通过运行时系统和硬件架构协同，生成静态的、结构化的通信模型，消除了不规则的数据移动，使得 cube 之间的信息传输成为可预测的固定对之间的点对点传输。同时 GraphQ 还将计算与通信结合，掩盖了顶点之间、cube 之间的通信延迟，有效提高了 PIM 系统的扩展性。

4. SISA

在图挖掘领域有许多重要的问题和算法，但在计算机体系结构中很少受到关注。其中一个大类是图模式匹配，它专注于寻找特定的子图（也称为 motif 或 graphlets），例如，k 团列表（k-clique listing），最大团列表（maximal clique listing），k 星团挖掘（k-star-clique mining），以及许多其他问题。另一类是图学习，例如无监督学习或聚类（unsupervised learning or clustering）、链路预测（link prediction）等。这些问题时间复杂度通常是 $O(n^2)$，其中 n 为图顶点的数目，并且许多是 NP 完全问题（NP-complete）。因此，它们的性能通常与 BFS 或 PageRank 等"低复杂度"的问题有显著差异。

　　以顶点为中心的编程模型并不能有效地表达图挖掘问题。它只暴露局部图结构：为任何顶点 v 执行顶点内核的线程只能访问 v 的邻居。虽然这对于 PageRank 等算法已经足够了，但图挖掘通常需要图结构的非局部信息，而以顶点为中心的模型获取这些信息是比较困难甚至是根本不可行的。Besta 等人[40] 提出一种高性能的新设计，适用于许多图挖掘问题，并且很容易使用 PIM 来进行加速。首先，他们发现许多图挖掘算法的很大一部分可以用简单的集合运算来表示，如交集∩或并集∪，集合包含顶点集或边集。据此他们设计出了一种以集合为中心的编程模型，在这种模型中，开发人员在给定的算法中识别集合和集合操作。然后，这些集合操作被映射到一个简单但有较强表达能力的指令组，这个指令组提供丰富的存储与性能的权衡选择，并且可以被卸载到 PIM 单元中，Besta 等人称这些指令为 SISA（set-centric ISA），因为是"以集合为中心"的 ISA 扩展，能够在众多图挖掘算法和 PIM 硬件之间提供简单的接口。总的来说，跨层设计由三个关键元素组成：①一个新的以集合为中心的编程模型和相应图算法的表述；②以集合为中心的 ISA 扩展及其指令、实现的集合操作和集合组织（set organization）；③PIM 加速。该设计的优势在于观察到这些概念（集合代数/符号、集合表示/算法、PIM）可以组合在一起，只需要少量的 HW 扩展就可以为图挖掘提供高效的架构。

　　（1）SISA 的跨层设计由 3 个关键元素组成

　　● 以集合为中心的公式。SISA 依赖于图挖掘中以集合为中心的算法公式，虽然一些算法默认使用丰富的集合表示法（rich set notation），但许多其他算法，例如 Danisch 等人的 k 团列表则没有使用。Besta 等人正是在这种情况下开发了这样的公式。其中的关键步骤是两个嵌套循环，通常用于标识两个顶点集之间的连接，使用这两个集合的一个交集。集合可以用不同的方式表示，并且集合操作可以用不同的集合算法执行。以集合为中心的公式隐藏了这些细节，让人们更加关注给定的图算法做了什么，而不是它是如何完成的。

　　● 以集合为中心的 ISA 指令。SISA 实现了集合操作。这些指令支持所有操作的变体，例如，有一个用于合并和加速集合交集的指令。同时 SISA 还提供了一个轻量级的软件层，包括集合上的迭代器和用于 SISA 指令的 C 风格包装器。为了可编程性和性能，许多 SISA 指令会自动选择最佳的集合操作变体。

　　● 集合的组织。SISA 指令处理顶点和边集。因此，SISA 的一个核心部分是高性能的集合组织。Besta 等人用 DBs 或 SAs 表示集合。其中 DBs 采用大容量的按位 PIM 处理，利用较高的 DRAM 内部带宽（SISA-PUM）。而 SAs 则使用接近内存（near-memory）的 PIM，例如 UPMEM 架构中的 DRAM 内核，或三维堆叠 DRAM 中的逻辑层，它利用 TSV 带宽（SISA-PNM）。此外 SISA 还会帮助选择最有益的集合表示。为了最大化性能，SISA 将最大的邻域（neighborhood）数据用稠密的位向量存储，但会保持在用户指定的存储预算内。

　　（2）硬件实现

　　为了获得最优的可编程性和性能，Besta 等人使用硬件或一组算法自动地在 SI-

SA-PUM 和 SISA-PNM 之间进行选择。为此，系统使用一个专用单元，称为 SISA 控制器单元（SCU）。SCU 的主要任务是在不同的内存加速器上适当地调度 SISA 集合指令的执行，从而根据两个给定集合的表示方式，使用给定集合操作的最有利变体。SCU 可以是一个额外的单元，也可以由占用逻辑层专用核心的进程模拟，后者可以避免对硬件进行修改。SCU 接收来自 CPU 的 SISA 指令，并将其合理地调度到 SISA-PNM 和 SISA-PUM 上执行。两个位向量总是用 SISA-PUM 处理，而在其他情况下，SCU 使用 SISA-PNM。SCU 还可以选择最有利的集合算法。例如，每当两个集合的大小相似时，最好使用基于合并的交集将它们相交，其中输入集合是流式的，它们可以利用较高的顺序带宽来传输。

SCU 使用专用的内存 SM 结构维护集合元数据（set metadata，SM）。SM 包含了逻辑集合 ID 和集合地址之间的映射，以及表示的类型和给定集合的基数。这些信息用于指导 SCU 的决策。最后，SCU 有一个小的暂存器，即集合元数据缓存（set metadata buffer，SMB），用于缓存元数据。

（3）集合的表示

SISA 中最关键的问题是如何表示集合。Besta 等人观察到，在每个图算法中，有两种根本不同的数据结构类别。一类是顶点邻域 $N(v)$，它们维护输入图的结构。这样的集合有 n 个，它们的总大小为 $O(m)$，每个单邻域都是静态的（即静态图），并已排序。另一个类是辅助结构，这些集合用于维护某些算法状态。它们通常是动态的，也可能是无序的，它们的数量（在给定的算法中）通常是一个较小的常量，总大小是 $O(n)$。虽然 SISA 支持对任何特定集合使用任何集合表示，Besta 等人对不同情况给出了一些建议，这些建议往往可以提升性能。在邻域较小的情况下应该使用 SAs，而较大的情况下应该使用 DBs。这种方法节省内存。例如，对于 $|N(v)|=n/2$，DB 只占用 n 位，而 SA 使用 $16n$ 位（32 位字长）。

辅助集的优势在于稠密存储的位向量。这是因为这样的集合通常是动态的，更新或删除需要 $O(1)$ 时间。在实际的算法中通常有少量这样的集合，所需的存储空间不会过多，例如，对于平均度数为 100 的图，假设使用 32 个线程和 Bron-Kerbosch 算法，辅助集 P、X 和 R［空间复杂度是 $O(Tn)$，其中 T 是线程数］，CSR 的顶部小于 3%。对其他算法和数据集进行了分析和验证。例如，在子图同构（subgraph isomorphism，SI）中，存储复杂度是（TnP）（其中 P 是子图的大小），这在实践中也是可以忽略不计的，因为 P 通常很小。为了控制空间使用，用户可以预先指定，超过一定数量的 DBs 时，SISA 开始只使用 SAs。

用户还可以选择集合表示。为了可编程性，SISA 提供了一个预定义的图结构，其中小的和大的邻域分别被自动创建为稀疏数组和稠密的位向量（在 SISA 程序开始时）。对于某个特定邻域 $N(v)$，当 $|N(v)|\geq t\cdot n$ 时，该邻域被存储为 DB。其中 $t\in(0,1)$ 是一个用户参数，控制使用 DBs 或 SAs 的"偏差"，并且它不超过用户设置的存储预算限制（当仅使用 SAs 存储时，SISA 默认的存储限制为图大小的 10%）。例如，$t=0.5$ 表示

连接到那些连接到至少一半其他顶点的顶点邻域会被存储为 DB。

- SISA-PUM。首先，使用 SISA-PUM 处理 DBs 表示的集合的交集、并集和差集。SISA-PUM 依赖于 DRAM 批量按位方案。具体而言，Besta 选择了 Ambit，一种新颖的设计，通过对 DRAM 电路的进行微小的扩展，而不对其接口进行任何更改，可以在 DRAM 中完全实现节能的批量按位操作。然而，SISA 是通用的，也可以使用其他设计。Ambit 的关键扩展是修改三个选定的 DRAM 行的解码器，使一个放大器直接连接到三个 DRAM 单元。这使得逻辑与和逻辑或可以在其中的两行执行，并即计算第三行中的结果（逻辑非操作通过包含单行双接触 DRAM 单元来执行）。更重要的是，对于 SISA-PUM 而言，只有三个指定的 DRAM 行被修改为这种方式。每当运行的代码请求原位内存操作时，Ambit 使用最新的 RowClone 技术将存储输入集的行复制到这两行，原地计算结果，并再次使用 RowClone 将结果复制到目标（未修改）DRAM 行。现在，SISA-PUM 无须任何修改就使用了 Ambit 的执行模型和接口：集合的交操作和并操作分别用逻辑与和逻辑或进行处理；集合的差使用集合交操作来处理。

- SISA-PNM。没有批量按位处理的集合操作使用依赖于处理单元和 DRAM 之间高带宽的 SISA-PNM。从存储为 DB($A \cup \{x\}$，$A \setminus \{x\}$）的集合中添加或删除一个元素是通过对特定内存单元的单个 DRAM 访问来进行的。SAs 上的其他集合操作采用流或随机访问，也使用小型有序内核执行。SISA 依赖于 TSV 的高带宽，以实现由数据流和随机访问主导的集合操作的高性能。

Besta 等人开发了第一个用于宽图（broad graph）挖掘的硬件加速器，提出了一种以集合为中心的编程模型，在图挖掘算法中识别和暴露集合操作，产生了以集合为中心的算法公式，并使算法达到较小的时间复杂度。

将以集合为中心的 ISA 算法映射到 SISA，形成了一个以集合为中心的图挖掘 ISA 扩展。SISA 可以扩展到多个方向，例如，使用 CISC 类型的集合指令，该指令接受多个参数，以方便使用循环展开进行向量化等优化。由于集合代数的通用性，Besta 等人预测 SISA 可以用于图挖掘之外的问题和一般静态图计算，例如动态图处理，或图之外的数据挖掘。另外，Besta 等人选择原位和逻辑层 PIM 进行硬件加速，并自动选择最有益的指令变体，与手工调整的并行图挖掘算法基准相比，最大化加速比。然而，基于集合代数的接口可以使用其他硬件后端来实现 SISA 指令，例如，可以使用 GPU 后端来实现快速的基于 SIMD 的集合求交、在 FPGA 上实现集合操作、在缓存中执行集合操作，或者使用 ReRAM 来实现高效的内存模拟矩阵向量乘法。

5.4 基于 ReRAM 的图计算硬件加速技术

5.4.1 ReRAM 背景介绍

电阻式随机存取存储器（resistive random access memory，ReRAM），是以非导性材料

的电阻在外加电场作用下，在高阻态和低阻态之间实现高低阻态可逆转换为基础的非易失性存储器。

　　ReRAM 结构看上去像一个三明治，绝缘介质层（阻变层）被夹在两层金属之间，形成由上、下电极和阻变层构成金属-介质层-金属（metal-insulator-metal，MIM）三层结构，如图 5.65 所示。这种 MIM 三明治结构在偏压变化时电阻会在高、低两种状态间切换。ReRAM 利用偏压变化在介质中产生导电细丝（SET，高阻态变为低阻态，写"1"）或使导电细丝破裂（RESET，低阻态变为高阻态，写"0"）来实现信息的写入，信息的读取则依靠测量电阻的大小来实现，不同的电阻值代表不同的存储状态。即使去掉电极上的电压信号，电阻值仍然会继续保持，因此可以实现非易失性存储。

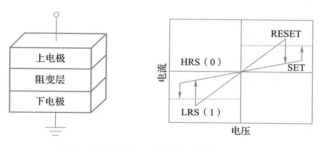

图 5.65　ReRAM 结构与存储原理示图

　　ReRAM 是当下最有前景的新型非易失性存储技术之一，其器件结构简单，操作方式简捷，具有尺寸易于缩小、高速度、低功耗、低成本、易与 CMOS 工艺兼容等诸多特点。ReRAM 的单元面积小，读写速度是 NAND 的 1 000 倍，同时功耗可以降低 15 倍[41]。ReRAM 工艺也更为简单。从密度、能效比、成本、工艺制程和良率各方面综合衡量，ReRAM 存储器在目前已有的新型存储器中具备明显优势。

　　基于 ReRAM 的存内计算架构可以在其交叉开关（cross bar，CB）架构中有效地执行矩阵向量乘法运算。通过在 ReRAM 单元的电阻中写入图结构的边数据，当一组顶点数据被转换为模拟电压信号时，交叉开关结构可以立即执行矩阵向量乘操作，并在其位线上产生模拟电流信号。研究表明，图计算可以转换为矩阵向量乘形式，以充分利用 ReRAM 大规模并行性，并将计算复杂度为 $O(n^2)$ 的矩阵向量乘操作转换为 $O(1)$[42]。

　　下面介绍 ReRAM 应用于图计算加速的系统设计。

5.4.2　主流的基于 ReRAM 的图计算加速器

1. GraphR

　　GraphR[43] 的关键设计是仍然将大多数图数据存储在压缩的稀疏矩阵表示中，并以未压缩的稀疏阵列表示处理子图。

　　支持小数据块上的矩阵向量乘法可以增加计算和数据移动之间的比率，并减轻存储系统的压力。凭借其矩阵矢量乘法能力，ReRAM 自然可以在稀疏子矩阵（子图）上执行低成本的并行密集运算，从而在不增加硬件和能源成本的情况下享受优势。

（1）矩阵存储与运算

如何存储矩阵并进行矩阵乘法运算？ReRAM 组成的忆阻器交叉开关阵列引起了图计算应用的极大兴趣，因为它们可以在一个恒定的时间步长内自然地执行阵列大小的矢量矩阵乘法。

在一个理想的交叉开关中，忆阻器是线性的，并且忽略了所有的电路阻变，将输入矢量电压 V_{in} 施加到交叉开关的行，并在列处用跨阻抗放大器（trans-impedance amplifiers，TIA）感测输出电压 V_{out}，得到 $V_{out} = V_{in}GR_s$，其中 R_s 是反馈电阻，G 是每个交叉点器件的电导矩阵。对于模拟计算应用，ReRAM 通过保持稳定、连续的线性电导状态以表示矩阵值，如图 5.66 所示。

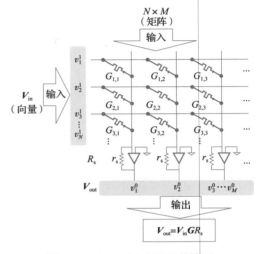

图 5.66　ReRAM 交叉开关阵列

图计算的通用顶点编程模型遵循"像顶点一样思考（TLAV）"的原则，如图 5.67 所示。在每次迭代中，计算可以分为两个阶段。在第一阶段，使用 processEdge 函数处理每条边，基于边权重和活跃源顶点 V 的属性（V. prop），它计算每条边的值。在第二阶段，每个顶点聚合所有传入边的值（E. value），并生成一个属性值，该属性值将作为其更新的属性应用于顶点。

图 5.68 显示了执行图 5.67 中的程序的过程。例如，在一个 16×16 的矩阵中 V_7、V_1、V_2 和 V_{15} 各自执行 processEdge 函数，结果存储在 V_4 的对应边中。处理完所有边后，V_4 执行 reduce 函数以生成新属性并更新自身。在图处理中，processEdge 函数中的操作是乘法，为了生成每个顶点的新属性，本质上需要的是乘法累加（MAC）操作。此外，每个顶点的顶点程序相当于稀疏矩阵向量乘法（SpMV）。假设 A 是稀疏邻接矩阵，X 是包含所有顶点的 V. prop 的向量，所有顶点的顶点程序可以在矩阵视图中并行计算为 A^TX。ReRAM 交叉开关可以有效地执行矩阵向量乘法。因此，只要顶点程序可以用 SpMV 形式表示，就可以加速它。

```
1  // 计算边权值
2  for each edge E(V, U) from active vertex V do
3    E. value = processEdge(E. weight, V. prop)
4  end for
5
6  // 对算得的值进行累和
7  for each edge E(U, V) to vertex V do
8    V. prop = reduce(V. prop, E. value)
9  end for
```

图 5.67　以顶点为中心的两阶段编程模型

从图 5.68 中可以看到矩阵和向量的大小分别为 $|V| \times |V|$ 和 $|V|$，其中 V 是图中的顶点数。在理想情况下，如果给定一个大小为 $|V| \times |V|$ 的 ReRAM 交叉开关（CB），每个顶点的顶点程序可以并行执行，新值（即图 5.67 中的 V. prop）可以在一个周期内计算。更重要的是，存储 A^T 的存储器可以直接执行这样的存储器内计算而无须数据移

动。不幸的是，这是不现实的，CB 的大小非常有限（例如，4×4 或 8×8），为了实现这一想法，需要使用由小 CB 组成的图引擎（GE）以某种方式处理子图，这也是 GraphR 架构的最终设计目标。

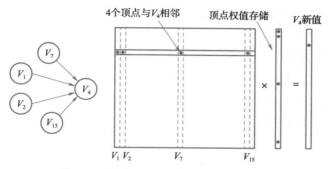

图 5.68　执行图 5.67 所示的程序示意图

面临的问题有 3：第一，图并非以邻接矩阵存储，而是以 COO 三元组压缩矩阵格式存储（row, column, value ≠ 0），因此为了执行内存计算，需要将数据转换为矩阵格式；第二，现实世界中的大型图可能不适合内存大小；第三，需要仔细确定子图处理的顺序，因为这会影响缓冲临时结果以减少的硬件成本。

（2）GraphR 系统结构

事实上，每个内存 ReRAM 存储图的一个块（block），而 ReRAM 的图计算引擎（graph engine，GE）以滑动窗口方式来处理子图。GraphR 架构同时具有内存和计算模块，每次都会将一个大型图块以压缩的稀疏表示形式加载到 GraphR 的内存模块中，如图 5.69 所示的粗线框。

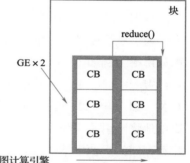

图 5.69　GraphR 块内系统执行示意图

如果内存模块可以容纳整个图，那么只有一个块，否则，图将被划分为多个块。在 GraphR 内部含多个 GE，每个 GE 由流应用模型中的多个 CB、"扫描"和处理（类似于滑动窗口）子图组成。为了实现内存计算，图数据由控制器转换为矩阵格式。通过预处理的边列表，子图的中间结果存储在缓冲器中，并使用简单的计算逻辑来执行归约。

图 5.70 显示了一个 GraphR 顶点的体系结构。GraphR 是一个基于 ReRAM 的内存模块，可执行高效的近数据并行图处理。它包含两个关键组件：内存 ReRAM 和图引擎（GE）。内存 ReRAM 以原始压缩稀疏表示形式存储图数据。GE 在矩阵表示上执行有效的矩阵向量乘法。GE 包含多个 ReRAM 交叉开关（CB）、驱动器（DRV）、采样和保持（S/H）组件，这些组件放置在网格中，它们与模数转换器（ADC）、移位和加法单元（S/A）和简单的算法和逻辑单元（sALU）连接。输入和输出寄存器（RegI/RegO）用于缓存数据流。

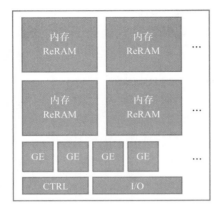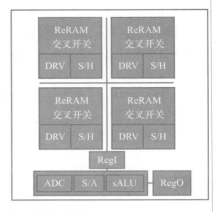

图 5.70　GraphR 单顶点体系结构

驱动程序（DRV）用于将新的边数据加载到 ReRAM 交叉开关进行处理，以及将数据输入到 ReRAM 交叉开关中用于矩阵向量乘法。采样和保持（S/H）用于在转换为数字形式之前对模拟值进行采样和保持。模数转换器（ADC）将模拟值转换为数字格式。因为 ADC 具有相对较高的面积和功耗，所以 ADC 不连接到 GE 中 ReRAM 交叉开关的每个位线，而是在这些位线之间共享。如果 GE 周期为 64ns，可以有一个工作在 1.0GSps 的 ADC 来转换一个 GE 内八个 8 位线交叉开关的所有数据。sALU 单元用于定制算法和逻辑。sALU 执行 ReRAM 交叉开关无法有效执行的操作，如比较。sALU 执行的实际操作取决于算法，可以进行配置。

数据格式 ReRAM 单元不支持高分辨率。最近的工作报告了 ReRAM 编程的 5 位分辨率。为了减轻驱动程序的压力，本节保守地假设 4 位 ReRAM 单元。为了支持更高的计算分辨率，例如 16 位，采用了移位和加法（S/A）单元。16 位固定点数 M 可以表示为 $M=[M_3, M_2, M_1, M_0]$，其中每个段 M_i 是 4 位数字。可以从四个 4 位分辨率 ReRAM 交叉开关，即 $M_3<<12+M_2<<8+M_1<<4+M_0$ 以获得 16 位结果。当绕过 sALU 和 S/A 时，可以简单地将图引擎视为内存 ReRAM 矩阵。PRIME 中采用了重用 ReRAM 交叉开关进行计算和存储的类似方案。

I/O 接口用于分别将图数据和指令加载到内存 ReRAM 和控制器中。在 GraphR 中，控制器是可以执行简单指令的软件/硬件接口：①基于流应用执行模型协调存储器 ReRAM 和 GE 之间的图数据移动；②将存储器 ReRAM 中预处理坐标列表（本节中假设，但也可以与其他表示一起使用）中的边转换为 GE 中的稀疏矩阵格式；③执行收敛检查。

（3）数据流流程

图 5.71 显示了核心外设置中 GraphR 的工作流程。GraphR 顶点可以用作内存中的图处理加速器。每个块的加载由核外图处理框架在软件中执行。集成很容易，因为它已经包含了将块从磁盘加载到 DRAM 的代码，只需要将数据重定向到 GraphR 顶点。由于边列表是按一定顺序预处理的，因此加载每个块只涉及顺序磁盘 I/O。在 GraphR 顶点内，数据被初始加载到内存 ReRAM 中，控制器以流应用方式管理 GE 之间的数据移动，流应用执行的伪

代码如图 5.72 所示。GraphR 的边列表预处理需要基于架构参数仔细设计。

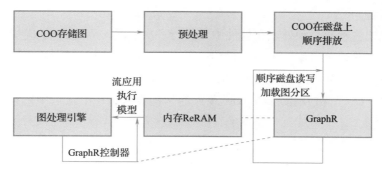

图 5.71　GraphR 工作流程

```
1  while( true) {
2  load edges for next subgraph into GEs;
3  process( processEdge) in GE;
4  reduce by sALU;
5  if( check_convergence( ) )
6  break;
7  }
```

图 5.72　GraphR 流应用执行的伪代码

（4）控制流应用执行

在 GraphR 中，所有的 GE 都处理一个子图，处理顺序很重要，因为它会影响硬件资源需求。如图 5.73 的流应用执行模型所示，子图是以流式方式处理的，而 reduce 的聚合（累和）过程是由 sALU 实时执行的。该模型有两种变体：整列处理为主与整行处理为主。在执行期间，RegI 和 RegO 用于存储源顶点和更新的目标顶点。在图 5.73 的整列为主的顺序处理中，具有相同目标顶点的子图被一起处理。所需的 RegO 大小与子图中目标顶点的数量相同。而在整行为主顺序中，具有相同源顶点的子图一起处理。所需的 RegO 大小是具有相同源顶点的所有子图的目标顶点总数，因此整行为主的流式处理需要更大的 RegO。相对地，在另一方面，整行为主的顺序导

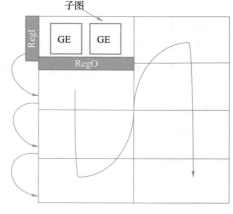

图 5.73　GraphR 图引擎（GE）执行顺序

致更少的 RegI 读取，对于具有相同源顶点的所有子图只需要一次读取，因为整列为主的顺序处理需要更少的寄存器，而在 ReRAM 中，写入成本高于读取成本，因此在 GraphR 中使用整列为主的顺序处理。

（5）图预处理

为了支持流应用执行模型和从协调列表表示到稀疏矩阵格式的转换，需要对边列

表进行预处理，以便将连续子图的边存储在一起。它还确保了块/子图加载时的顺序磁盘和内存访问。

给定一些架构参数，预处理在软件中只执行一次。图 5.74 说明了这些参数和应该生成的子图顺序，此顺序由流应用模型确定。C 是 CB 的尺寸；N 是 GE 中 CB 的数量；G 是 GraphR 顶点中的 GE 数；B 是块中的顶点数（即块大小）。此外，V 是图中的顶点数。在这些参数中，C、N 和 G 指定 GraphR 顶点的架构设置，B 由顶点中内存 ReRAM 的大小决定。

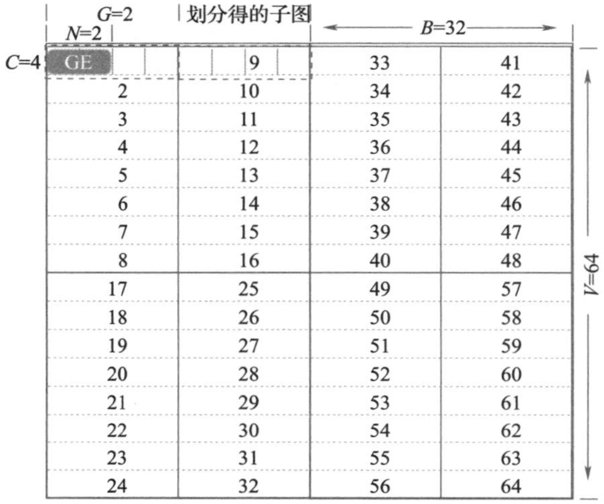

图 5.74　图预处理的参数设定示例

在本例中，图有 64 个顶点（$V=64$），每个块有 32 个顶点（$B=32$），因此图被划分为 4 个块，每个块将从磁盘加载到 GraphR 顶点。此外，$C=4$，$N=2$，$G=2$，因此子图大小为 $C\times(C\times N\times G)= 4\times(4\times2\times2)= 4\times16$。因此，每个块被划分为 16 个子图，每个子图的数量是全局子图的顺序。GraphR 的目标是根据这个顺序生成一个有序的边列表，以便可以顺序加载边。

在提出算法之前，假设原始边列表首先基于源顶点排序，然后对于具有相同源的所有边，它们按目的地排序。换言之，在矩阵视图中，边按行主要顺序存储。假设在有序边列表中，子图中的边按列主要顺序存储。考虑到矩阵视图中的问题，每个边 (i,j) 首先计算全局顺序 ID$(I_{(i,j)})$，因此可用一个 3 元组表示：$(i,j,I_{(i,j)})$。该全局顺序 ID 考虑了所有零，例如，如果全局顺序中的两条边之间有 k 个零，则它们的全局顺序 ID 的差异仍然为 k。然后，所有 3 元组可以按 $I_{(i,j)}$ 排序。如果按照这个顺序输出它们，就得到了有序的边列表。该程序的空间和时间复杂度分别为 $O(V)$ 和 $O(V\log V)$，采用通用方法。这里的关键问题是计算每个 (i,j) 的 $I_{(i,j)}$。将 $I_{(i,j)}$ 简单地表示为 I，它可以以分层方式计算。

让 B_I 表示包含 (i,j) 的块的全局块顺序。

假设块也按列主顺序处理：$B(0,0)\rightarrow B(1,0)\rightarrow B(0,1)\rightarrow B(1,1)$。块 B 的坐标为：

$$B_i = \left\lfloor \frac{i}{B} \right\rfloor, \quad B_j = \left\lfloor \frac{j}{B} \right\rfloor$$

根据整列为主顺序，可求得 B_I：

$$B_I = B_i + (V/B) \times B_j$$

假设 B 可以分割 V，类似地，C 可以分割 B，$C \times N \times B$ 可以分割 B。否则，可以简单地填充零以满足条件，这不会影响结果，因为这些零与实际边不对应。B_I 对应的块以以下全局顺序 ID 开头：

$$\text{start\_global\_ID}(B_I) = B_I \times B^2 / (C^2 \times N \times G) + 1$$

接下来计算 SI，即 (i, j) 的全局子图 ID。从块 $B_I(B_i, B_j)$ 开始的边坐标为：

$$i' = i - B_i \times B, \quad j' = j - B_j \times B$$

子图从对应块开始的相对坐标为：

$$\text{SI}_{i'} = \left\lfloor \frac{i'}{C} \right\rfloor, \quad \text{SI}_{j'} = \left\lfloor \frac{j'}{C \times N \times G} \right\rfloor$$

然后计算 SI：

$$\begin{aligned} \text{SI} &= (S_{i'} + S_{j'} \times B/C) + \text{start\_global\_ID}(B_I) \\ &= (S_{i'} + S_{j'} \times B/C) + B_I \times B^2 / (C^2 \times N \times G) + 1 \end{aligned}$$

最后，从其对应的子图（SI）计算 SubI，即 (i, j) 的相对阶。坐标为：

$$\text{SubI}_i = i - (B \times B_i) - (S_i \times C)$$

$$\text{SubI}_j = j - (B \times B_j) - (S_j \times C)$$

由于假设子图中的边以列长顺序存储，因此 SubI 为：

$$\text{SubI} = \text{SubI}_i + (\text{SubI}_j - 1) \times C$$

计算 SI 和 SubI，得到：

$$I = (\text{SI} - 1) \times (C^2 \times N \times G) + \text{SubI}$$

计算是以模拟方式进行的，其他的使用指令或专用的数字处理单元。这提供了优异的能量效率。GraphR 中的所有磁盘和内存访问都是顺序的，这是由于预处理和调度顶点的灵活性降低。这是一个很好的权衡，因为在 ReRAM 中 CB 执行并行操作是非常节能的。GraphR 是第一个使用 ReRAM 中的 CB 执行图处理的架构方案，将其集成为核心外图处理系统的嵌入式加速器。体系结构、流应用执行模型和预处理算法都是新的贡献。此外，GraphR 是通用的，因为它可以加速所有可以以 SpMV 形式执行的顶点程序。

（6）映射过程

算法映射到 GE 时的两种模式：并行 MAC 和并行加法运算。在一个算法中，如果 processEdge 函数执行一个乘法，可以在每个 CB 单元中执行，称为并行 MAC 模式。并行化程度约为 $(C \times C \times N \times G)$。

PageRank 是这种模式的一个很好的例子。它执行以下迭代计算：

$$\vec{PR}_{t+1} = r\boldsymbol{M} \cdot \vec{PR}_t + (1 - r)\vec{e}$$

$\overrightarrow{PR}_t$ 表示在 PageRank 的第 t 次迭代，M 是概率转移矩阵，r 是随机浏览的概率，$\vec{e}$ 是停留在每一页的概率向量。

在 CB 中，这些值已经用 r 进行了缩放。sALU 被配置为在 reduce 函数中执行 add 操作以添加 PageRank 值。为了检查收敛性，将新的 PageRank 值与上一次迭代中的值进行比较，如果差值小于阈值，则算法收敛。

在一个算法中，如果 processEdge 函数执行加法（可以一次针对每个 CB 行执行加法），则称为并行加法运算（add-op）模式。op 指定在 sALU 中实现的 reduce 中的操作。并行化度约为（$C×N×G$）。单源最短路径（SSSP）是这种模式的典型例子，processEdge 执行加法，reduce 执行最小值操作。

在 SSSP 中，每个顶点 v 都被赋予一个距离标签 $dist(v)$，该距离标签 $dist(v)$ 保持从源到顶点 v 的最短已知路径的长度。距离标签在源处初始化为 0，在所有其他顶点处初始化为 ∞。然后 SSSP 算法迭代地应用松弛算子，松弛算子定义如下：如果（u,v）是一条边且 $dist(u)w(u,v)<dist(v)$，则 $dist(v)$ 的值更新为 $dist(u)w(u,v)$。通过将此运算符应用于与其连接的所有边，可以松弛活跃顶点。每个松弛可以降低某个顶点的距离标签，并且当在图中的任何位置都不能执行进一步的降低时，所得到的顶点距离标签指示从源到顶点的最短距离，而不管松弛的顺序如何执行。图的广度优先编号是 SSSP 的一种特殊情况，其中所有边标签均为 1。

GraphR 支持算法使用 COO 数据表示，并提出以整列为主方式的流处理作为新的执行模型。GraphR 的关键设计是，如果图算法的顶点程序可以用稀疏矩阵向量乘法（SpMV）表示，则可以通过 ReRAM 交叉开关来高效地执行。GraphR 由两个组件组成：内存 ReRAM 和图引擎（GE）。核心图计算以稀疏矩阵格式在 GE（ReRAM 交叉开关）中执行。对于由 GE 处理的小子图，执行并行操作的增益掩盖了稀疏性造成的浪费。然而，GraphR 存在高内存覆盖、COO 布局导致的随机访问开销、稀疏邻接矩阵的零计算，以及较差的可扩展性。

2. GraphSAR

使用 ReRAM 交叉开关可以在一次操作中处理多个边，但它仍然存在以下两个主要问题。①写开销过大。GraphR 通过将每条边顺序写入 ReRAM 交叉开关，将边列表转换为邻接矩阵。与 ReRAM 上的读取/计算相比，将数据写入 ReRAM 会导致更高的能耗和更长的延迟，尤其是在需要多级单元时。②块内并行性差。在 GraphR 中，子图中的边不会被并行处理，因为边被顺序地写入 ReRAM 交叉开关。内存中的处理是一种很有希望的解决方案，可以克服向 ReRAM 交叉开关写入数据的沉重开销。然而，使用邻接矩阵直接存储所有子图会导致严重的内存开销。

GraphSAR[44] 的提出旨在解决上述问题。如图 5.75 所示，GraphSAR 是一种基于 ReRAM 的内存中稀疏感知处理大规模图的加速器。对边的计算在内存中执行，消除了传输边的开销。此外，考虑到稀疏性，对图进行了稀疏感知并进行图划分。具有低密度的子图被分成较小的子图，以最小化存储空间的浪费。

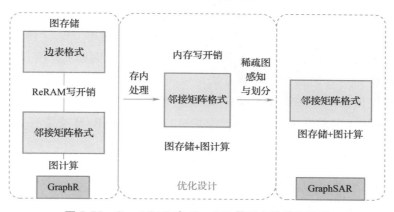

图 5.75　GraphSAR 在 GraphR 基础上的优化设计

（1）图的划分

GraphSAR 的图划分方案包含混合中心模型与稀疏图感知两部分。虽然 GraphR 可以从处理一个块中的多条边中获益，但并行性不适用于只有一条边的块，并且会受到低密度块的影响。因此可以直接处理具有一条边的块中的唯一边，并将较大的稀疏块划分为几个较小的块。只有一条边的块存储在边列表中（具有多条边的区块存储在块列表中）。然后，在边和块上执行迭代，相应地使用以边/块为中心的模型。GraphSAR 采用这种混合中心模型来分别处理具有多条边和一条边的块。

（2）稀疏感知图分区

为了以邻接矩阵的形式处理边，可以使用邻接矩阵格式存储所有非空块。然而，在大多数非空块是稀疏的（仅包含 1 条边）情况下，使用邻接矩阵格式存储所有非空的 8×8 块，就会浪费大量的内存空间。根据混合中心模型，图可以分别存储在边列表（只有一条边的块中的边）和块列表（有多条边的）中。因此，可以通过使用边列表而不是 8×8 邻接矩阵来存储所有单个边来节省存储空间。

首先将图分成大小为 8×8 的块。然后，对于只有一条边的块，将这些边存储到边列表中。只将密度大于给定阈值的块（在 GraphSAR 中选择阈值为 0.5）存储到块列表中。对于零元素超过半数的块，GraphSAR 将块划分为 4 个不相交的较小块（例如，大小为 8×8 的块被划分为大小为 4×4 的 4 个不相连的块），并重复上述步骤，直到这些块被分配到块列表或边列表。通过这种方式，可以确保图以具有超过一半非零元素的小邻接矩阵或边列表的形式存储。采用稀疏感知图划分方案后的内存空间需求与将所有边存储到边列表中相比，平均只需要 1.63 倍的内存空间。

（3）轻量级图聚类

在 GraphSAR（和 GraphR）中跳过空子图。因此，将图中的聚类边减少非空子图是提高 GraphSAR 和 GraphR 性能的一种很有前途的方法。在原始边列表中一起出现的顶点通常具有局部性，可通过重新映射每个顶点的索引来提出轻量级图聚类方法。

图 5.76 显示了这种轻量级图聚类方法的示例，当加载原始边列表时，将索引指定给从 0 开始的每个新顶点。顶点 0 和 2 是边列表中的前两个顶点，映射 0→0 和 2→1，以这种方式处理整个边列表。在示例中，可以将非空子图的数量从 6 减少到 4。这种索引映射可以由哈希表维护，并在加载边的同时进行处理。因此，时间复杂度仅为 $O(\#edges)$。与使用边列表存储所有边相比，聚类方法可以将内存需求进一步减少。通过使用块列表和边列表存储图，GraphSAR 可以在存储这些子图的内存中处理子图。因此，Graph-SAR 与 GraphR 的不同之处在于计算边数据并将其存储在 ReRAM 交叉开关中。

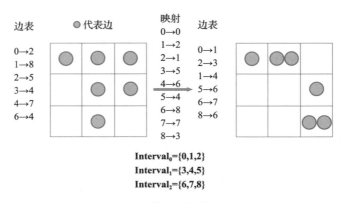

图 5.76 轻量级图聚类方法示例

如图 5.77 所示为 GraphSAR 架构的俯视图。将 GraphSAR 组织成具有外围电路的存储库，用作内存和计算部分。每个存储体由多个垫（ReRAM 交叉开关）组成，Graph-SAR 可以通过外围电路在这些垫上执行基于矩阵向量乘法的计算。每个矩阵的大小可以

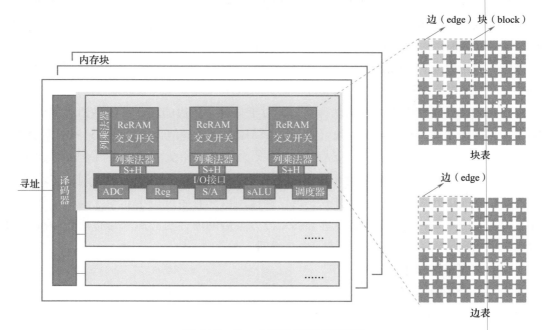

图 5.77 GraphSAR 架构的俯视图

相对较大且矩阵的阶数为 2 的整数次幂，例如，512×512 或 1 024×1 024，而后可以通过选择矩阵中的字线和位线来对较小大小的矩阵（例如，4×4 或 8×8）执行乘法。每个组件和外围电路的详细功能如下。

- ReRAM 交叉开关。边以边列表和块列表格式存储在 ReRAM 交叉开关中，如图 5.77 右侧所示。不同尺寸的边和块存储在不同的内存块（bank）上，用于对齐。ReRAM 交叉开关和 sALU 都使用寄存器文件中的数据进行计算。顶点数据在运行时加载到寄存器文件。注意，块列表中的块稀疏地分布在图上，可以将每个块视为连接多个顶点的"边"，有四种类型的"边"，8×8、4×4、2×2，以及原始的单个边。可以将这四种类型的"边"分别视为四个子图（如上所述，为了对齐目的，分别存储不同大小的块）。这样，GraphSAR 可以采用 GraphR 中的类似调度方案，而无须额外的调度/路由开销。
- ALU（sALU）单元。sALU 是一个简单的定制算法和逻辑单元，它位于 ReRAM 交叉开关的输出端口。向每个矩阵添加 8 个 sALU，可以选择来自不同位线的结果，并通过多路复用器发送到这些 sALU。
- 调度程序。调度器负责 GraphSAR 中的顶点数据加载和调度。由于图被划分为不同大小的块，因此调度器还负责选择字线和位线。
- 采样和保持（S/H）。S/H 在转换为数字值之前对模拟电流进行采样和保持。
- 模数转换器（ADC）。ADC 用于将模拟数据转换为数字数据。在位线之间共享 ADC。
- 移位和加和单位（S/A）。GraphR 提到，由于 ReRAM 单元的精度较低，因此使用 Shift 和 Add 单元来减轻驱动器的压力。

与 GraphR 相比，GraphSAR 可以直接在存储图的内存中处理图，从而消除了将图从边列表转换为邻接矩阵的开销。内存设计中的处理还可以提供按比例计算单元的内存容量，而不是 GraphR 中固定数量的处理单元（图引擎）。

（4）处理流程

通过使用稀疏性感知划分方法，将图划分为块和边。GraphSAR 扫描块列表中的块和边列表中的边，以基于混合中心模型执行图算法。列表中的块和边的顺序与 GraphR 中的顺序相同，其中数据以面向列的顺序存储，从而减少了寄存器的使用和写入成本。有两种主要的图算法：基于矩阵向量乘法的算法和基于非矩阵向量乘法算法。GraphSAR 以不同的方式处理它们，在此不妨使用 PageRank 和广度优先搜索作为这两种算法的示例，以描述 GraphSAR 中的详细处理流程。

- 基于矩阵向量乘法。这里以 PageRank 为例。对于块列表中的块（具有多条边的块），GraphSAR 首先根据图 5.77 中提出的外围电路从大纵横中选择 4×4 个单元。然后，将每个源顶点的值发送到相应行的输入端口。ReRAM 交叉开关执行矩阵向量乘法运算以计算每个目标顶点的秩值。对于边列表中的边，GraphSAR 仅使用 sALU 计算目标顶点的秩值。
- 基于非矩阵向量乘法。这里以广度优先搜索为例。对于块列表中的块，GraphSAR 按顺序激活每一行。当一行被激活时，通过选择相应的列，相应的源顶点的值被传递给邻居，每个输出端口上的 sALU 在源顶点和目标顶点之间进行比较操作。对于边列表中的边，GraphSAR 还是仅使用 sALU 计算目标顶点的秩值。

（5）单位 ReRAM 单元实现

GraphSAR 还展示了在运行某些算法时如何避免对高精度 ReRAM 单元的要求。以 PageRank 为例来描述 GraphSAR 和 GraphR 之间的差异，如图 5.78 所示。在 PageRank 算法中，在发送到目标顶点之前，每个源顶点的秩值乘以一个因子（除以输出度，再乘以 PageRank 因子）。GraphR 将顶点的因子存储到 ReRAM 交叉开关中的相应行，并且在交叉开关的处理期间，每个顶点的秩值乘以因子。请注意，同一源顶点到不同目标顶点的因子是相同的，因此可以直接将该值存储在内存中，而不是每次计算。这样，GraphSAR 只需要使用 1 位单元格存储子图的连通性。这种实现适用于所有未加权的图算法，因为同一源顶点的所有输出边传播相同的值，边仅表示顶点之间的连通性。像"单源最短路径"这样的算法在这种情况下不适用，因为一个顶点的外边具有不同的值。

GraphSAR 是一种用于 ReRAM 上大规模图处理的稀疏感知处理内存结构。频繁写入 ReRAM 会导致大量开销，尤其是当向 ReRAM 写入数据并且仅对这些数据执行一次计算时（如 GraphR）。与 GraphR 相比，GraphSAR 实际上通过直接处理内存中的边来利用 ReRAM 内存的处理功能，通过消除向 ReRAM 写入数据的开销，使内存空间开销得以减少。

3. GraphA

像 GraphR 这样早期工作的一个缺点是，它们没有考虑资源的最佳使用等基本问题。更好地对架构上的图进行分类和映射可以提高利用率并减少开销，这在以前的工作中没有考虑过。在先前工作中使用的这些结构，具有复制写源顶点、不可缩放性、高零计算和对数据的高随机访问的缺点。由于 ReRAM 内存中的写入能量很高，因此内存布局以及如何在 ReRAM 交叉开关上执行映射方法太关键了。GraphSAR 通过其提出的稀疏感知分区技术，在一定程度上减少了邻接矩阵的开销，但它在处理所有算法时仍有很高的开销。

基于 ReRAM 架构的 GraphA[45] 可以加速图处理算法效率，这是因为它提出一种新的映射方法来执行图处理算法。

如图 5.79 所示为 GraphA 系统架构，其中包括 ReRAM 图引擎（RGE）和 ReRAM 库架构的详细信息。每个 RGE 包含连接到 I/O（输入/输出）接口组件的多个耦合 ReRAM 阵列，每个 ReRAM 阵列负责存储数据或计算操作，使用字线译码器（wordline decoder，WLD）进行交叉开关阵列译码。数模转换器（DAC）用于将二进制输入转换为模拟电压，换言之，新数据通过 DAC 加载并馈送到 ReRAM 交叉开关。模数转换器（ADC）用于将位线的 MAC 操作的电流输出转换为二进制值。采样和保持（sample&hold，S+H）组件暂时保持每个 ReRAM 交叉开关的电流输出，直到其最终被传送到 ADC。Reg 模块存储中间数据或顶点属性。移位和加法（S/A）单元用于移位、加法运算和组合结果。简单 ALU（sALU）操作一系列算术或逻辑运算，如电阻存储器阵列输出的结果比较。内存是架构的主要内存。考虑使用多个 sALU 来执行每个 RGE 的比较操作。该体系结构由多个存储体组成，每个存储体都有多个 ReRAM 交叉开关。

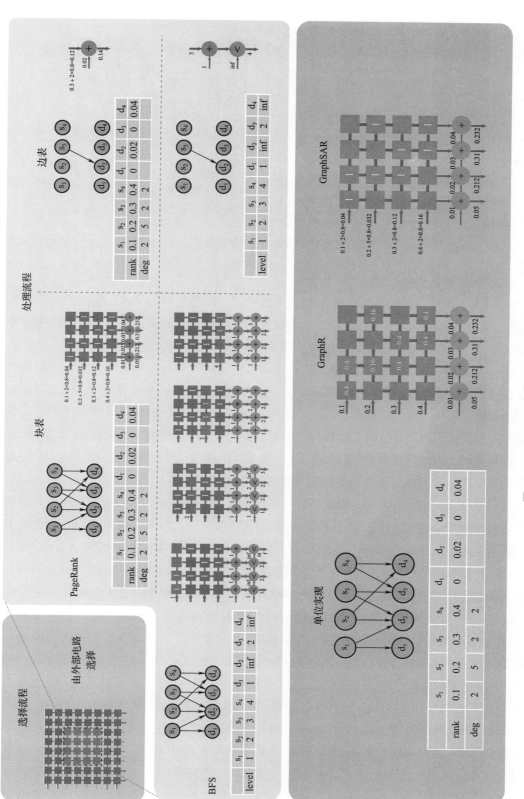

图5.78　GraphSAR各部分执行流程

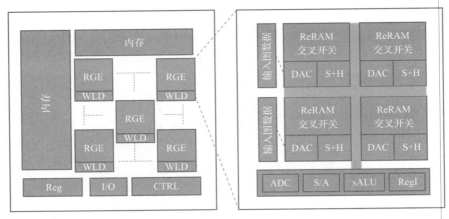

图 5.79　GraphA 系统架构

（1）存储格式优化

GraphA 使用了一种优化的 CSR 结构和重组格式，以降低空间成本，提高图处理算法的速度。在 GraphA 中，图不必从一开始就转换为矩阵格式。相反，格式是根据应用程序和体系结构正确选择的。在解释如何将数据映射到 ReRAM 内存之前，需要注意的是，所提出的 GraphA 架构中的进程执行模型被认为是基于列执行和行执行的混合执行模型的组合。换句话说，根据存储器组上的数据映射，它确定应该处理哪个矩阵类别，以及应该传递哪个矩阵。同样，由于处理模型是以块为中心的，它可以减少 ReRAM 阵列上的写入开销，增加数据读取次数，并减少数据写入次数。而 ReRAM 存储器中的读操作比写操作更快，能耗更低，因此将实现显著的加速。另一个重要问题是并行度对程序执行的影响。也就是说，基于图依赖性，通过减少通信开销并加快整体执行，程序可以以串行方式运行，而不是以并行方式运行。例如，如果图的一部分中有许多依赖项，则会增加并行执行过程中的协调和同步。因此，GraphA 在 RGE 中串行处理部分图，以减少通信开销并在子图中实现更高的速度。此外，GraphA 使用以顶点为中心和聚集-应用-散射（gather-apply-scatter，GAS）编程模型将图应用程序转换为体系结构。使用自定义图数据结构，如 CSR 格式，以减少随机访问内存的影响，此外，对于 COO 格式，CSR 具有较少的源顶点索引写入成本。在 GraphA 中，CSR 得到了改进，以获得更好的体系结构性能、增强的处理速度和减少 ReRAM 上的写入开销。这种新颖的格式描述为：在移动到下一行之前，图数据将填充到 ReRAM 交叉开关的每个存储行的最大空间。换句话说，如果以 CSR 格式表示图，每个顶点都有很多列中编程的数据。通过这种方式，这些数据将被置换、合并，然后在所提出的方法中映射成一行。因此，该映射将减少字线电荷的数量，从而减少能量消耗并提高整体速度。

图 5.80 给出了所提出的映射方法的说明。图 5.80（a）显示了随机图及其 CSR 图布局的示例，图 5.80（b）显示了 CSR 格式是如何映射到 ReRAM 交叉开关的，这是按照 CSR 结构中顶点的默认顺序，映射的关系是同一个顶点的第一条边表示所在的矩阵存储中的位置。图 5.80（c）显示了 ReRAM 阵列中提出的映射模型。该映射是根据交

叉开关尺寸准备的，因此首先，从上到下，CSR 目标顶点将被映射到 ReRAM 阵列的每一行或字线（WL）中。换言之，非零图数据将在交叉开关中顺序映射。初始数据映射完成后，将扫描剩余数据，以找到具有不同排列的顶点的正确位置，考虑每行中的空单元格，将剩余数据放入该行。在找到排列的最佳映射后，图的数据将被映射到交叉开关阵列中。这种映射使读取、写入或更新 ReRAM 阵列上的数据的 WL 电荷数量最小化。每个交叉开关索引在其下方显示，索引一等于行号，索引二显示顶点的起始位置。例如，为了读取图 5.80（b）中顶点 1 的相邻顶点的数据，必须对两条字线进行充电，而在图 5.80（c）中，通过对存储器交叉开关的两条字线进行充电，读取相邻顶点 0、1 和 2 的数据，然后可以对图数据执行所需的操作。换言之，读取图 5.80（b）中顶点 0 和顶点 2 的数据需要对两条字线充电，而对图 5.80（c）中的这些数据只有一条字线需要充电。此外，值得注意的是，转换图格式和确定存储器是否用于存储数据或 PIM 计算的操作由控制器执行。在下一步中，根据加法运算或基于 MAC 的算法，决定如何将图数据映射到 RGE 的存储单元。在图算法中，如页面排序、图属性编程到存储单元中，另一个数据序列作为输入向量通过字线输入到矩阵（ReRAM 交叉开关）中，以执行矩阵向量乘法（MVM）。在不同类型的算法中，多个字线和位线被激活，矩阵向量乘法操作并行且非常快速地执行。此外，BFS 等其他算法可以在 RGE 中顺序运行。

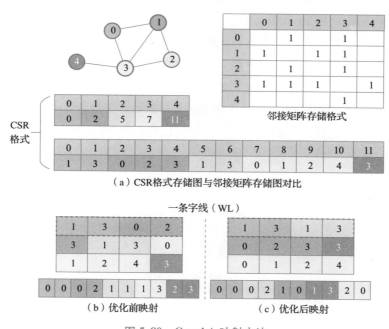

图 5.80　GraphA 映射方法

（2）图预处理

预处理步骤也十分重要。这一部分中描述了每个子图的图划分和重新排序。当图较大且不适合内存时，图分区可用于计算的并行化和在计算资源之间划分图。此外，适当的图划分可以帮助有效地利用可用的 ReRAM 交叉开关，大型图可以被拆分成多个矩阵。

如前一节所述，在将图映射到 GraphA 的内存后，必须将它们正确放置在 RGE 中以处理图。首先，基于子图的输出边的数量和应尽可能映射到同一矩阵的子图相关性的数量来执行分类操作。除了减少外部通信外，这一想法还减少了 RGE 之间的不规则通信。然后，根据顶点之间的连接，可以将它们均匀地映射到多个 RGE 中，以便在 RGE 之间分配和平衡任务。此架构使用工作量窃取来平衡任务。另一个需要考虑的要点是图的程度。具有更高阶顶点的图具有更多的内存访问。根据图算法和数据集的类型，可以使用数据复制来减少部分内存的读写开销，并提高并行化速度。

为了以适当的形式划分图，首先用常规方法将输入图分割成多个子图，然后根据预处理阶段考虑的有界性分配每个部分，使其与其他超级图具有最小的外部连接。该分类由 C（电导=离开部分的边数/部分度数之和）指定；C 越低越好。由于图的划分是一个 NP 困难问题，研究人员试图根据图的流程找到最佳的 C。因此，分区减少了不规则的流量和外部通信。例如，如图 5.81 所示，一个图由两种不同的方法划分。图 5.81（a）中的图被划分为两个子图，C 值等于 0.375，而图 5.81（b）中的图被更好地划分，C 值为 0.143。换句话说，除了更好的交叉比利用率，图 5.81（b）给出了更低的外部通信。因此，立方体间通信量将减少。此外，应该对图进行分组，以便将不同的目标顶点映射到分离的交叉线中，以便以最大的并行性进行分区，避免冲突。不同的 RGE 编号用于不同的数据集，以将图拟合到 RGE 中。如前所述，图可以非常大且稀疏。这种稀疏性增加了能耗和不必要的零计算。在内存中写入无用的零意味着浪费大量的能量。为了减少稀疏性，研究人员重新标记图以处理具有高并行化速度、资源的最佳使用的图，并尽可能地改进它以使其更密集。为了重新标记，首先将一个大的图分成更小的子图，每个子图再被分成若干更小的图。请注意，图应适合 ReRAM 交叉开关的大小。此外，图在某种程度上被分割成子图，这样，图的有用活跃顶点将以高利用率映射到交叉开关中。

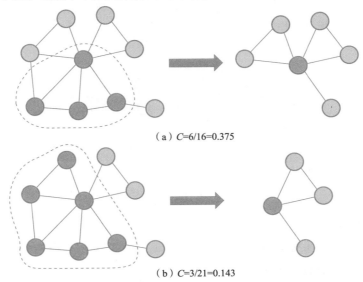

（a）$C=6/16=0.375$

（b）$C=3/21=0.143$

图 5.81　不同划分方法对外部通信的优化

（3）算法设计

如图 5.82 所示为如何实现图的重新标记算法。首先，根据输入参数对整个图进行分区，然后使用 MrgNewSubG 函数将协调的顶点合并到一个子图中。在合并每个子图并识别超级顶点之后，它们将在分配-重新标记模块的帮助下重新标记，然后根据新的位置将每个重组的子图映射到 ReRAM 交叉开关。GraphA 重标记算法的时间和空间复杂度为 $O(n)$ 和 $O(|V|)$。

GraphA 这种新的基于 ReRAM 的 PIM 加速器通过设计优化映射和适当的重组获得了出色的结果。方法通过提供新的预处理和适当的执行流程，获得了更好的性能。使用上述方法，图处理速度更快，无用计算减少，能耗更少。此外，通过将顶点划分并放置在一起，通信也减少了。

仿真结果表明，与最先进的 GraphR 架构相比，GraphA 的加速和节能分别为 5.3 倍和 6 倍，与 GraphSAR 架构相比分别为 3.6 倍和 2.7 倍。这些改进仅通过增加 5.7% 的预处理成本来实现。随着预处理时间的稍微增加，图变得更加密集，并且与普通图相比可以占用更少的块。此外，通过重组存储数据，研究人员已将其大小减少到 24%。此外，所提出的 GraphA 架构也可在 CF 算法等人工智能应用中很好地工作。

4. ReaDy

动态图卷积网络（DGCN）已成为分析不断变化的图数据的有效方法。典型的 DGCN 不仅结合了图卷积网络（GCN）来提取结构信息，还结合了递归神经网络（RNN）来从进化的图数据中捕获时间信息。DGCN 为这两种内核的高效实现带来了独特的架构挑战。GCN 内核从单个快照中聚合相邻顶点的特征，以获得每个顶点的表示特征。RNN 内核通过收集快照中每个顶点的表示特征来捕获时间。乍一看，实现 DGCN 模型的一个可行方案是直接利用现有的 GCN 和 RNN 加速器来分别处理 GCN 和 RNN 内核。不幸的是，DGCN 表现出独特的动态不规则性和顶点间局部性，因此将现有的 GCN 和 RNN 解决方案应用于 DGCN 无法有效地加速 DGCN。而 ReaDy[46] 是第一个具有集成两者架构的 DGCN 加速器，基于新兴 PIM 特色的 ReRAM 架构。

（1）系统结构

ReaDy 是一种新颖的集成架构，能够同时运行 DGCN 的 GCN 和 RNN 内核。具体而言，ReaDy 配备了无冗余调度机制，以减轻 GCN 内核的内在动态不规则性，提高硬件利用率。此外，ReaDy 还包括位置感知数据流策略，以利用 RNN 内核固有的顶点间数据位置，减少对顶点和权重参数的多余数据访问。从整体来看，ReaDy 通过内核间流水线进一步增强了整个系统，以减少中间结果的芯片外访问，显著提高了 DGCN 的整体效率。

由于 DGCN 的复杂执行模式，一个有效的架构应该能够使 GCN 和 RNN 内核都得到有效实现。从矩阵向量乘法（MVM）的角度观察到 DGCN 的 GCN 和 RNN 内核具有操作相似性，这可以理解为等价于一组矩阵运算。最近的研究表明，与基于 CMOS 的架构相比，电阻式随机存取存储器（ReRAM）可以作为执行 MVM 操作的基本计算逻辑，具有高性能和低能耗。因此，有动机使用基于 ReRAM 的集成架构来构建 GCN 和 RNN 内核，该架构能够执行 MVM，并启用内存中处理（PIM）功能，从而提供显著的性能和能源效益。

```
输入：Graph, part_number and bound_size
// #RGE_Cores
// bound_size crossbar_size, ID
输出：new labels for graph
function MrgNewSubG(v)
    return uMNS = in allNeighboursVertices of v
                        out = out_deg[v], in = in_deg[v]
                        find_coordinated_vertices(v, in, out)
end function
start
if(part_number! = NULL)
    // #part can be larger than #RGEs and consecutively partition
    subgraphs = find_proper_subgraph(part_number)
    if(part_number>#RGEs)
        subgraphs = find_subsubGraph(subgraph)
    end if
else
    // find proper subgraph based on the number of RGEs
    subgraphs = find_proper_subgraph(#RGE Cores)
end if
// loop check id of supernodes that was merged
for allVertices v in subgraphs. subg in ascending degree do
    if!subAttached(v)
        u = MrgNewSubG(v)
        if(!repVertex)
            ID = ID+1
            subAttched(v) = true
        end if
        new_mrgSubgraph = v+u;
    end if
end for
// the last loop assigns new labels to vertices
for allVertices v in V(subgraphs) do
    assign relabels(subgraphs. new mrgSubgraph)
        allVertices v, stack s_labels
        labeled(new_mrgSubgraph. size)
        // start node is envoy of each new_mrgSubgraph
        push s_labels, start_node = new_mrgSubgraph
        while(s_labels! = empty)
            v = pop s_labels
            if(v not in labeled)
                labeled[v] = true
                for all unlabeled neighbours ul of v
                        push s_labels, ul
            end if
        end while
    updated_label[v] = relabel
    relabel[bound_size_rw]++
    if(relabel+1%bound size = =0)
        bound_size_rw++
    end if
end for
return V// reorganized graph
end
```

图 5.82　优化的图标记算法的伪代码

然而，在 ReRAM 交叉开关阵列上实现这一想法也会带来一些挑战。首先，DGCN 的 GCN 内核表现出动态不规则性，即每个顶点都需要聚合来自其所有源邻居的特征，这些特征在不同的图快照中有所不同。这会导致 ReRAM 阵列上的硬件效率相当低。其次，DGCN 中的 RNN 内核涉及大量数据依赖性，因为每个顶点的处理需要先前快照中的相应特征。这可能导致较差的数据局部性和多余的片外数据访问。最后，DGCN 中的 GCN 和 RNN 内核高度依赖于数据，因此经常交替执行。这可能会对即时结果施加大量移动，并进一步降低底层硬件的资源利用率。DGCN 加速器 ReaDy 具有集成架构，能够在相同的底层硬件上运行 GCN 内核和 RNN 内核，以提高整个系统的效率。

ReaDy 的新设计有 3 个：第一，提出了一种轻量级但有效的调度机制，通过充分利用真实世界图[47]中的潜在时间局部性来减少顶点特征冗余；第二，为 RNN 内核提出了一个具有局部性的数据流执行模型，该模型通过参数融合来利用顶点间的局部性；第三，设计了一个内核间流水线，以最大的计算并行度消除对中间数据的大量片外内存访问。

（2）内核设计

基于离散时间动态图（DTDG）表示来设计 ReaDy，因为它与静态图上的现有解决方案更兼容。在 DTDG 中，动态图被视为以规则间隔采样的离散快照序列（$G_1, G_2, \cdots, G_t$）。G_t 表示时间戳 t 处的图快照。

如图 5.83（a）所示为基于 DTDG 的基本 DGCN 推理过程。在第 k 次迭代中，GCN 内核提取所有顶点的表示向量信息，例如快照 G^k 的 Z^k。然后，提取的信息 Z^k 被馈送到 RNN 内核以生成隐藏状态向量 H^k，其包含图结构和时间信息。第 k 次迭代中的 DGCN 计算可形式化如下：

$$Z^k = \text{GCN}(G^k)$$

$$H^k = \text{RNN}(H^{k-1}, Z^k)$$

①GCN 内核。图 5.83（b）显示了一个典型的 GCN 过程，其定义如下：

$$z_v^k = \text{Relu}(A^k x_v^k W_{\text{com}})$$

其中，A^k 是图 G^k 的邻接矩阵上的归一化拉普拉斯矩阵，x_v^k 是时间戳 k 处顶点 v 的初始特征向量，W_{com} 是组合权重参数矩阵。GCN 内核通常包含聚合阶段和组合阶段。在聚合阶段，每个顶点将从其前一个相邻顶点收集局部特征。然后，组合阶段将基于聚集的特征将每个顶点转换为新的特征。

②RNN 内核。图 5.83（c）给出了一个典型的 RNN 过程。使用最流行的长短期记忆（LSTM）作为示例，如下所述：

$$i_v^k = \text{sigmoid}(W_i z_v^k + U_i h_v^{k-1} + b_i)$$

$$f_v^k = \text{sigmoid}(W_f z_v^k + U_f h_v^{k-1} + b_f)$$

$$o_v^k = \text{sigmoid}(W_o z_v^k + U_o h_v^{k-1} + b_o)$$

$$c_v^k = f^k \circ c_v^{k-1} + i_v^k \circ \tanh(W_c z_v^k + U_c h_v^{k-1} + b_c)$$

$$h_v^k = o_v^k \circ \tanh(c_v^k)$$

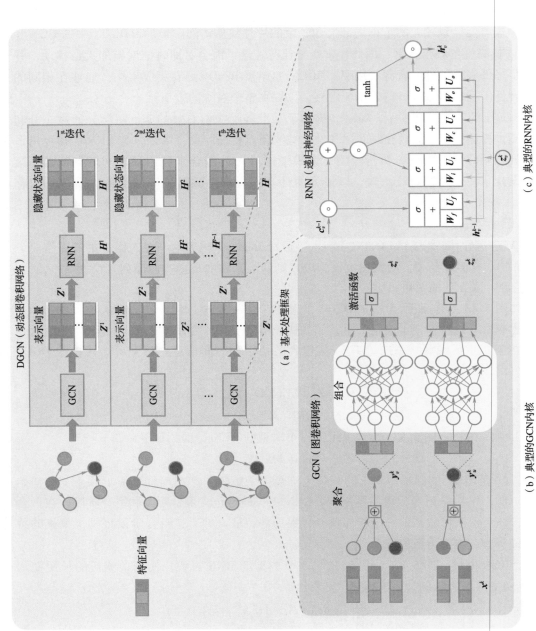

图5.83　DGCN推理的说明性示例

LSTM 通过将表示向量 z_v^k 与 4 个输入权重矩阵 W_i、W_f、W_o、W_c 相乘，涉及 4 个输入矩阵乘法。此外，LSTM 还通过将隐藏向量 h_v^{k-1} 与 4 个隐藏权重矩阵 U_i、U_f、U_o、U_c 相乘而具有 4 个隐藏矩阵乘法。符号 f、o 和 c 分别表示时间戳（k）处顶点(v)的遗忘门、输出门和单元状态特征。在快照中，8 个矩阵乘法之间没有数据相关性，而在不同的快照中，时间戳 k 处的隐藏状态取决于时间戳 $k-1$ 处的隐藏。LSTM 还包括一些元素添加（+）和产品（。），以及诸如 sigmoid 函数的激活功能。

图 5.84 描绘了 ReaDy 的总体架构。在高级别上，ReaDy 采用分层体系结构。ReaDy 芯片由多个处理引擎（PE）组成，这些处理引擎通过基于网格的芯片互连连接。每个 PE 包括多个计算单元（CU）。ReaDy 能够与一个大型片外存储器连接，用于存储大型图，这些图通过存储器控制器顺序地流到 PE 中。

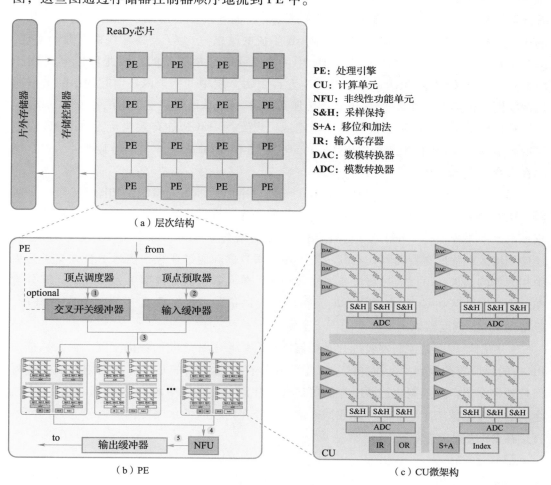

图 5.84　ReaDy 总体架构

- 片外存储器。片外存储器用于存储输入和输出数据。输入数据包括一系列图快照和权重参数。对于图快照，顶点特征以密集矩阵格式存储，从而能够将其直接映射到 ReRAM 交叉开关中，以避免格式转换开销。由于图结构的稀疏性，每个快照的边数据以压缩稀疏列（CSC）[48] 格式存储，以节省空间。

至于权重参数，它们以密集矩阵形式存储在片外存储器中，并以分层方式加载到片上交叉开关阵列中。这背后的原因是权重参数的输入数据取决于图结构的聚合顶点特征的结果。由于图的大小通常显著大于交叉开关阵列的总大小，因此将所有层的权重参数存储到交叉开关阵列中，如前面的工作中所述，将导致大多数交叉开关阵列存储其他层的权重，但实际上不会在当前层中使用它们。注意，一旦完成了中间时间戳的相应计算，就可以删除它们的隐藏特征。

● PE。如图 5.84（b）所示，PE 由顶点调度器、顶点预取器、一组片上缓冲区、非线性功能单元（NFU）和多个 CU 组成。顶点调度器控制顶点的调度顺序，以减少顶点数据加载开销。预取器预取顶点数据以隐藏内存访问延迟。片上缓冲器包括交叉开关缓冲器（用于缓存需要映射到交叉开关的数据）、输入缓冲器（用于临时存储交叉开关的输入数据）和输出缓冲器（用于存储 CU 生成的结果）。为了支持非线性函数的实现，NFU 也包含在 PE 中。请注意，ReaDy 中的所有 PE 都是同质的，因此可以同时用于 DGCN 的 GCN 内核和 RNN 内核。ReaDy 允许由每个层中的两个内核引起的中间数据通过网状网络中的确定性 X-Y 路由直接传递到下游 PE，从而避免了显著的片外数据移动。

● CU。CU 由一些基本的计算逻辑组成，以支持 DGCN 的有效执行。由于 MVM 是 GCN 内核和 RNN 内核中的主要操作，ReaDy 采用 ReRAM 交叉开关作为其硬件结构，能够在一个周期内计算一个 MVM 操作。

具体而言，CU 中的 ReRAM 交叉开关阵列以平面矩阵布局组织，如图 5.84（c）所示。DAC 连接到交叉开关的每个字线，以将其输入数据转换为电压。交叉开关位线上的累积电流由采样保持（S&H）电路读出，并馈送给共享 ADC。除了交叉开关阵列之外，还使用输入和输出寄存器（IR/OR）来缓存中间数据。通过在数字信号下合并交叉开关中相邻列的结果，可以通过移位和加法（S+A）单元基于低分辨率单元实现高计算分辨率。索引缓冲区在 GCN 内核执行期间被触发，以记录映射到交叉开关上的顶点的 ID，以帮助 PE 的调度器识别要调度的下一个顶点。

● 控制器。存储控制器管理片外存储器和 ReaDy 芯片之间的数据交互。输入数据由 PE 中的预取器预取到片上缓冲区，以隐藏片外存储器访问的延迟。输出结果成批地写回片外存储器，以强制执行顺序存储器访问。注意，每个层中的 GCN 内核和 RNN 内核之间的直接数据产生了非芯片外数据通信，并且在内核间流水线控制下通过芯片内网络直接在 PE 之间传播。

（3）工作流程

总体而言，ReaDy 以逐个快照的方式执行 DGCN，以分离不同快照的数据依赖性。对于每个快照，ReaDy 根据 GCN 内核和 RNN 内核的工作负载为其分配一定数量的 PE。从整体的角度来看，两个内核都被流水线化以同时执行，从而避免了中间数据的移动。为了利用每个快照中的顶点级并行性，ReaDy 采用 SIMD 模型，将顶点处理工作负载分配给不同的计算单元。

具体而言，在 GCN 内核中，首先对稀疏图数据操作每个顶点的特征，以从其前一个相邻顶点收集局部特征。一个图被划分为与分配的 PE 数量一样多的连续顶点块，每个 PE 有一个块。为了避免无效的计算，顶点特征被加载到交叉开关阵列中，相应的边被用作输入。PE 中的调度器被设计为确定顶点的调度顺序以利用局部性。在聚集相邻特征之后，将聚集的顶点特征与权重参数组合以进行特征提取。最后，生成的结果由 NFU 激活，并传递给下游 PE 进行 RNN 内核处理。

在 RNN 内核中，关于当前快照和历史快照捕获的顶点特征有两个主要计算。对于当前快照中捕获的顶点特征，相应的 PE 接收由上游 PE 生成的组合顶点特征，并从片外存储器加载输入权重矩阵。由于所有顶点共享相同的权重参数，因此 ReaDy 将权重矩阵加载到 ReRAM 交叉开关阵列中以实现重用，从而使权重参数只能加载一次。对于历史顶点特征的计算，利用了与当前特征类似的处理模式。唯一的区别是，关联的 PE 首先基于上游 PE 处理的顶点索引从片外存储器加载其隐藏特征。注意，要加载的隐藏特征是在调度器设置顶点调度顺序时确定的，由此 ReaDy 利用预取机制来隐藏片外存储器的访问延迟。

总而言之，ReaDy 的 3 个设计如下：①ReaDy 定制顶点调度顺序，以在 GCN 阶段将动态稀疏图结构与基于规则交叉开关的 ReRAM 阵列解耦；②ReaDy 还利用每个快照中的顶点间位置，以在 RNN 阶段最大化数据重用；③ReaDy 通过内核间流水线融合 GCN 内核和 RNN 内核，整体提高了整体效率。

使用图 5.85（a）中的一个样例图来说明 GCN 内核的无冗余调度。如图 5.83（b）所示，每个顶点需要同时聚合其邻居的特征。在基于 ReRAM 的图处理加速器[49] 中广泛采用的以边为中心的映射中，必须将边数据映射到交叉开关中，并将顶点数据作为交叉开关的输入。然而，现实世界中的图通常是高度稀疏的，这导致 ReRAM 交叉开关对零值权重的计算非常无效，如图 5.85（b）中阴影圆圈所示。GCN 作用于每个顶点可以涉及 100~1 000 个特征维度的图。如图 5.85（c）所示，ReaDy 遵循 ReFlip[50] 中的以顶点为中心的映射，该映射将顶点特征映射到交叉开关中，并将边数据作为输入。为了适应紧密耦合的交叉开关结构，交叉开关的输入边需要指向相同的目标顶点，而每行交叉开关单元存储底层边的源顶点特征。通过这种方式，可以更充分地利用交叉开关单元，以消除稀疏图结构导致的无效计算。然而，由于不同的目标顶点与不同的源顶点相邻，因此顶点数据会按需加载到交叉开关中。这可能会导致源顶点的冗余加载。如图 5.85（d）所示，在顶点索引有序调度之后，④加载 3 次。这样的冗余数据负载会严重危害纵横式阵列的计算优势。注意，不同的目标顶点可能共享相同的源，在快照内更改目标顶点调度顺序不会影响调度精度。例如，按照图 5.85（e）中改进的调度顺序，ReaDy 仅产生 5 个负载（没有任何冗余），而索引排序调度需要 10 个负载。最小化负载数量的问题可以表述为最大化相邻调度顶点的共享源顶点的数量：

$$\text{Maximize} F(\phi) = \sum_{i=1}^{n-1} S(\phi(i), \phi(i+1))$$

其中，ϕ 是调度顺序，$\phi(i)$ 表示 ϕ 中第 i 个调度顶点的索引，$S(v, u)$ 是顶点 v 和 u 之间的共享源顶点的数量，n 是顶点的数目，$F(\phi)$ 是调度顺序 ϕ 下共享源顶点总数。这个问题相当于最大旅行商问题（maxTSP），这是 NP 困难问题。由于动态图在不同快照之间频繁变化，应用这些早期解决方案可以减少冗余数据负载的数量，但它们的预处理开销仍然太高，将严重抵消所获得的总体效益。幸运的是，现实世界图中的许多顶点共享邻居或与一组顶点具有密集连接（例如社区图）。这使人们能够简化查找下一个顶点的过程，即使用简单的度量来优化调度顺序：当前调度顶点的相邻顶点中具有最大度数边的顶点必须被选择为下一个要调度的顶点。原因有两方面：首先，相邻顶点通常关联更紧密，以增强共享邻居的可能性；其次，具有最大度数边的顶点通常有更多的机会被共享。这样，调度顺序的时间复杂度与顶点度呈正相关，顶点度可以接近 $O(1)$，并且可以很容易地实现为 PE（如图 5.84 所示）中的顶点调度器。图 5.85（e）说明了具有这种度量的调度实例。之后①被处理，⑤具有最大度数的边将被调度，依此类推。此调度顺序仅产生 5 个负载，这是最小的。

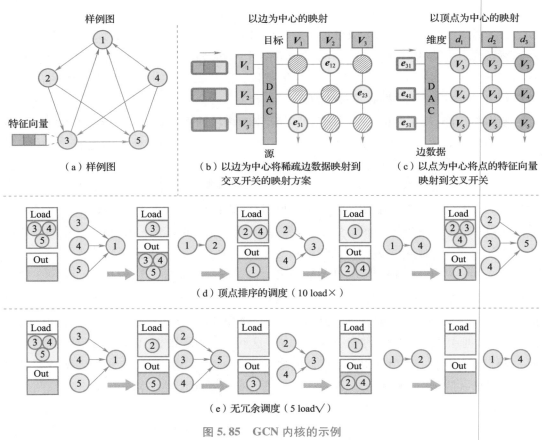

图 5.85 GCN 内核的示例

使用图 5.86 中的示例来说明 ReaDy 如何利用 RNN 内核中的位置。RNN 操作通常涉及快照之间的大量数据依赖性，以捕获历史信息。例如，快照的处理通常需要上一个快照中的顶点隐藏特征。这会导致数据重复使用不佳。幸运的是，这样的数据依赖关系只存在于快照之间。快照内处理没有这种依赖性限制。与通常具有小批量（通常为 1~10）的传统 RNN 应用程序不同，DGCN 中的每个快照都包含大量（多达数百万）顶点。这显示了一个重要的快照内数据位置。因此，有动机提出一种局部感知数据流执行模型，通过利用快照中的顶点间数据重用来减少多余的数据访问。如图 5.86 所示，数据流执行涉及两个方面。一方面，对于顶点特征，输入权重矩阵 W_i、W_f、W_o、W_c 和隐藏权重矩阵 U_i、U_f、U_o、U_c 在每个顶点具有相同的表示和隐藏向量。ReaDy 将相应的输入和隐藏权重矩阵分别融合为一个大矩阵 W_{fuse} 和 U_{fuse}。这允许权重矩阵最大化顶点向量的共享，从而改进顶点数据的重用。另一方面，对于权重参数，不同的顶点在快照中共享相同的权重矩阵。ReaDy 将融合的权重矩阵映射到交叉开关中，并将顶点特征作为交叉开关的输入。这使得每个快照只能加载一次权重矩阵，从而增强了权重参数的重用。

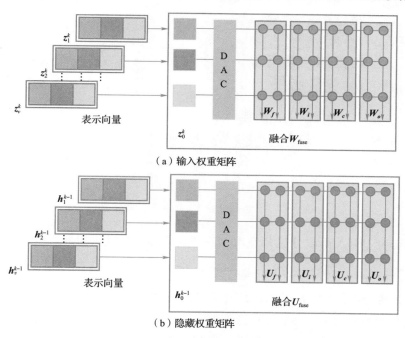

（a）输入权重矩阵

（b）隐藏权重矩阵

图 5.86 RNN 内核的位置感知数据流

图快照的数量通常很容易达到数千或更多[51]。因此，在加速器上同时部署所有快照是不切实际的。为了保持加速器的可扩展性，ReaDy 一次处理一个 DGCN 快照。每个快照都包含大量顶点。这为利用基础架构的计算并行性提供了机会。为了保持 PE 间的并行性，执行所有 PE 以并行运行快照的操作。对于快照，GCN 和 RNN 内核遵循逐阶段执行：GCN 内核的输出将是 RNN 内核的输入。ReaDy 还支持 PE 间流水线，以最大化并行性并减少中间数据移动。具体来说，ReaDy 提出了一个内核间流水线来重用 GCN 内核的聚合结果。

然而，由于不规则的图，GCN 内核中的不同顶点具有不同的工作负载。相反，RNN

内核中的所有顶点都具有相同的固定执行模式和相同的工作量。由于这种不匹配的工作负载，可能会在两个内核之间引入流水线暂停。为了解决这个问题，ReaDy 使用 FIFO 缓冲机制来缓存来自 GCN 内核的不同时间到达的顶点特征，然后将它们通过流水线传输到 RNN 内核。因此，GCN 和 RNN 内核的执行可以解耦，允许设计人员单独设计内核间流水线以保持效率。

如图 5.87 所示为 ReaDy 中 DGCN 流水线的实例。PE 分配给不同的内核。例如，将 PE#0—#3 分别分配给 GCN 内核的聚合操作，将 PE#4 分配给 GCN 内核的组合阶段，将 PE#5 和 PE#6 分配给 RNN 内核的输入和隐藏权重乘法。第一次完成的聚合计算 PE#0—#3 之间的数据将流入空闲流水线，用于后续处理。此外，由于 RNN 内核的隐藏权重乘法需要历史顶点特征数据，一旦聚合操作完成，预取器将被触发以发出存储器请求，以隐藏芯片外存储器访问延迟。

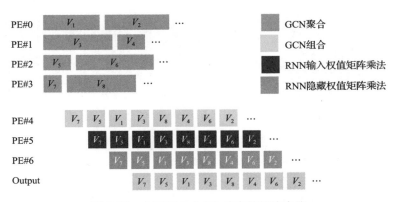

图 5.87　分配了 7 个 PE 的内核间流水线

为了向每个 DGCN 阶段分配 PE，ReaDy 提出了基于负载量的近似估计：

$$R_{\text{gcn-aggr}} : R_{\text{gcn-com}} : R_{\text{rnn-input}} : R_{\text{rnn-hidden}} = m \times \overline{d}_{\text{in}}(1+\varepsilon) : \| \boldsymbol{W}_{\text{com}} \| : \| \boldsymbol{W}_{\text{fuse}} \| : \| \boldsymbol{U}_{\text{fuse}} \|$$

其中，m 是顶点特征维度，$\overline{d}_{\text{in}}$ 是图的平均度数，$\| \boldsymbol{W} \|$ 是权重参数个数，ε 指示 GCN 内核的数据负载开销的启发式参数。在这项工作中，$\varepsilon = 4$ 是根据经验设置的，代表了产生良好结果的最佳点。注意，冗余空闲调度可以显著减少数据负载开销。此外，ReaDy 以循环方式将不同快照中的 GCN 内核分配给不同的 PE。这实现了 PE 间磨损均衡，提高了 ReaDy 的耐久性。鉴于超过 1 012ReRAM 写入耐久性，ReaDy 至少能够实现数百万 DGCN 推理。

DGCN 加速器 ReaDy 是一个统一 GCN 和 RNN 计算的架构，其允许在 ReRAM 交叉开关上统一运行 GCN 内核和 RNN 内核。为了充分利用集成架构的硬件潜力，ReaDy 采用了 3 项技术创新。首先，ReaDy 采用了无冗余调度机制来缓解 GCN 内核的动态不规则性。其次，ReaDy 的位置感知数据流执行旨在最大化 RNN 内核的顶点间数据重用。最后，ReaDy 包括一个内核间流水线，通过消除对过多中间数据的片外存储器访问来最大化整体效率。基于 ReRAM 的 ReaDy 在性能和能效方面均显著优于最先进的 CPU、GPU

和加速器解决方案。

5. PRIME

本节提到，新兴的金属氧化物电阻随机存取存储器（ReRAM）已显示出其用于主存储器的潜力。此外，凭借其交叉开关阵列结构，ReRAM 可以有效地执行矩阵向量乘法，并已被广泛研究用于加速神经网络（NN）的应用。在 PRIME[52] 中，ReRAM 交叉开关阵列的一部分可以配置为 NN 应用程序的加速器或更大内存空间的普通内存。其中的微体系结构和电路设计实现可变形功能，而无须额外的面积开销。PRIME 还为软件开发人员提供软件/硬件接口，以在 PRIME 上实现各种 NN。得益于 PIM 架构和使用 ReRAM 进行神经网络计算的效率，PRIME 将其与以往的神经网络加速工作区别开来，显著提高了性能并节约了能源。

具体而言，PRIME 提出了一种 ReRAM 主存储器架构，它包含一部分存储器阵列（全功能子阵列），可按需配置为 NN 加速器或普通存储器。这是一种用于加速神经网络应用的新型 PIM 解决方案，它具有内存数据移动的优势，同时也具有基于 ReRAM 的计算效率。其中包含一组电路和微体系结构，以实现内存中的神经网络计算，并通过精心设计实现了低面积开销的目标，例如将外围电路用于内存和计算功能。基于对使用 ReRAM 交叉开关阵列进行神经网络计算的技术的实际假设，PRIME 通过一种输入和突触合成方案以克服精度挑战。除此之外，其包含了一个软件/硬件接口，允许软件开发人员配置全功能子阵列以实现各种 NN，同时编译时优化了 NN 映射，并利用 ReRAM 内存的库级并行性进一步加速。

（1）硬件神经网络中的加速

人工神经网络（ANN）是一系列受人脑结构启发的机器学习算法。通常，它们被表示为互连神经元的网络，包括输入层、输出层，有时还包括一个或多个隐藏层。图 5.88（a）显示了一个简单的神经网络，它有两个神经元的输入层，两个神经元组成的输出层，没有隐藏层。输出 b_j 计算为

$$b_j = \sigma \left(\sum_{\forall i} a_i \cdot w_{i,j} \right)$$

其中，a_i 是输入数据，$w_{i,j}$ 是突触权重，σ 是非线性函数，对于 $i = 1, 2$，$j = 1, 2$。在大数据时代，机器学习被广泛用于学习和预测大量数据。随着深度学习的出现，卷积神经网络（CNN）和深度神经网络（DNN）等一些神经网络算法开始在广泛的应用中显示出其强大和有效性。先前的研究致力于用基于 CMOS 的神经元和突触构建神经形态系统。然而，由于用于实现大量神经元和突触的数千个晶体管所占据的巨大面积，这样做会带来实质性的设计挑战。或者，ReRAM 正在成为一个有希望的候选者，可以为神经网络计算构建区域高效的突触阵列，因为它采用了交叉结构。最近，Presioso 等人使用完全可操作的神经网络制造了一个 12×12ReRAM 交叉开关原型，成功地将 3×3 像素黑白图像分类为 3 类[54]。

图 5.88（b）显示了使用 2×2ReRAM 交叉开关阵列执行图 5.88（a）中的神经网络的示例。输入数据 a_i 由字线上的模拟输入电压表示。突触权重 $w_{i,j}$ 被编程到交叉阵列中

的细胞电导中。然后，流向每条位线末端的电流被视为矩阵向量乘法的结果。在感测到每条位线上的电流之后，神经网络采用非线性函数单元来完成执行。用 ReRAM 交叉开关阵列实现 NN 需要专门的外围电路设计。例如，模拟计算需要数模转换器（DAC）和模数转换器（ADC）。此外，由于具有正和负权重的矩阵被实现为两个分离的交叉矩阵，因此需要 S 形单元和减法单元。

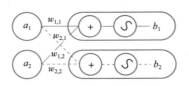
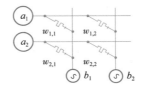

（a）具有一个输入/输出层的ANN　　　（b）使用交叉开关阵列进行计算

图 5.88　用 ReRAM 交叉开关阵列实现神经网络

　　PRIME 是一种可变形的基于 ReRAM 的主存储器架构，其中一部分 ReRAM 交叉开关阵列通过 NN 计算功能启用，称为全功能子阵列。当 NN 应用程序运行时，PRIME 可以使用全功能子阵列执行它们，以提高性能或能效；当不执行 NN 应用程序时，可以释放全功能子阵列以提供额外的内存容量。

　　大多数先前的工作集中于协处理器架构，其中数据以传统方式从主存储器访问，如图 5.89（a）所示。由于许多神经网络应用需要高内存带宽来获取大容量输入数据和突触权重，因此存储器和处理器之间的数据移动既耗时又耗能。如报告所述，在 Diannao 设计中，DRAM 访问消耗了总能量的 95%[54]。然而，由于输入和输出数据的传输，该问题仍然存在。因此，尝试在 PIM 架构中加速 NN，通过调整主存储器中的一部分 ReRAM 交叉开关阵列作为 NN 加速器，将计算资源移动到存储器侧。它利用了主存储器的大内部带宽，并使数据移动最小化。

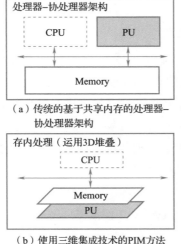
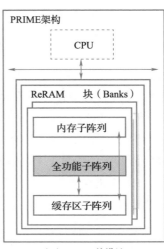

（a）传统的基于共享内存的处理器–
协处理器架构

（b）使用三维集成技术的PIM方法　　　（c）PRIME的设计

图 5.89　PRIME 的设计原理

在基于 ReRAM 的主存储器 PRIME 中进行处理时，通过利用 ReRAM 的计算能力和 PIM 架构，有效地加速 NN 计算，如图 5.89（c）所示。虽然大多数以前的 NN 加速方法需要额外的处理单元（PU），如图 5.89（a）和图 5.89（b）中所示，但 PRIME 直接利用 ReRAM 单元执行计算，而不需要额外的 PU。为了实现这一点，如图 5.89（c）所示，PRIME 将 ReRAM 库划分为 3 个区域：内存（mem）子阵列、全功能（FF）子阵列和缓冲区子阵列。内存子阵列仅具有数据存储能力（与常规存储器子阵列相同），其微体系结构和电路设计类似于最近的性能优化 ReRAM 主存储器设计。全功能子阵列具有计算和数据存储能力，可以在两种模式下工作。在存储器模式中，全功能子阵列用作常规存储器；在计算模式下，它们可以执行 NN 计算。

需要一个 PRIME 控制器来控制全功能子阵列的操作和重新配置。缓冲区子阵列用作全功能子阵列的数据缓冲区，它们通过专用数据端口连接到 FF 子阵列，因此缓冲区访问不会消耗内存子阵列的带宽。虽然不用作数据缓冲区，但缓冲区子阵列也可以用作普通内存。从图 5.89（c）中可以发现，对于 NN 计算，全功能子阵列享有内存内数据移动的高带宽，并且可以在缓冲区子阵列的帮助下与 CPU 并行工作。下面详细介绍了全功能子阵列、缓冲区子阵列和 PRIME 控制器的微体系结构和电路设计。这些设计与基于 ReRAM 的计算的技术假设无关。一般来说，假设输入数据具有 P_{in} 位，突触权重具有 P_w 位，输出数据具有 P_o 位。在实际假设下，基于 ReRAM 的神经网络计算的精度是一个关键挑战。

（2）全功能子阵列

全功能子阵列的设计目标是以最小的面积开销支持存储和计算。为了实现这一目标，应最大限度地重用存储和计算的外围电路。

①微体系结构和电路设计。设计解码器和驱动器、列复用器（MUX）和读出放大器（readout amplifier，RA）以在全功能子阵列中实现 NN 计算功能，如图 5.90 所示。

解码器和驱动器如图 5.90A 所示，为支持 NN 计算的 ReRAM 中列复用器如图 5.90B 所示，传感放大器如图 5.90C 所示，缓冲区连接如图 5.90D 所示，整个图显示了字线、数据线、全功能子阵列和缓冲区子阵列之间的通信。全功能子阵列能够访问缓冲区子阵列中的任何物理位置，以适应 NN 计算中的随机存储器访问模式（例如，在两个卷积层的连接中）。为此，在缓冲区连接单元中采用了额外的解码器和多路复用器。此外，在某些情况下，允许数据传输绕过缓冲区子阵列，例如，当一个矩阵的输出正好是另一个的输入时，绕过缓冲区子阵列后，使用寄存器存储中间数据。

该设计有两个好处。首先，设计通过在存储器和计算功能之间共享外围电路来有效地利用外围电路，这显著减少了面积开销。例如，在典型的基于 ReRAM 的神经形态计算系统[53] 中，DAC 和 ADC 用于输入和输出信号转换；在基于 ReRAM 的存储器系统中，读和写操作需要 RA 和写驱动器。然而，RA 和 ADC 提供类似的功能，而写驱动程序和 DAC 提供类似功能。在 PRIME 中，通过略微修改电路设计，重用 RA 和写驱动器来服务 ADC 和 DAC 功能。其次，使全功能子阵列能够灵活有效地在内存和计算模式之间转换。

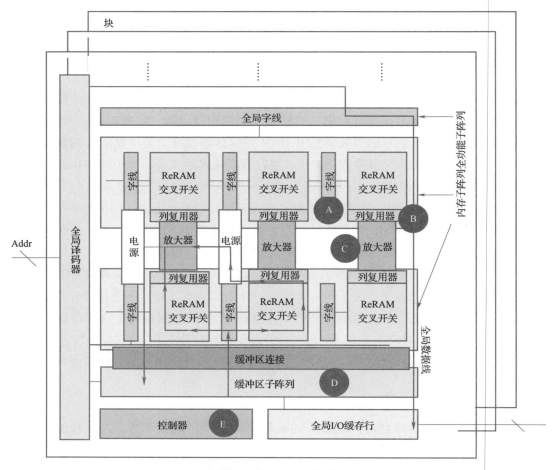

图 5.90　PRIME 架构

②两种模式之间的变形。在计算模式下，全功能子阵列将 NN 的输入数据从缓冲区子阵列提取到字线解码器和驱动器的锁存器中。在存储正和负权重的交叉开关阵列中进行计算之后，它们的输出信号被馈送到减法单元，然后差分信号进入 S 形单元。RA 将模拟输出转换为数字信号，并将其写回缓冲区子阵列。在存储器模式下，输入来自读/写电压选择，输出绕过减法和 S 形单位。内存和计算模式之间的变形涉及几个步骤。在全功能子阵列从存储模式切换到计算模式之前，PRIME 将全功能子阵列中存储的数据迁移到内存子阵列中的特定分配空间，然后将用于计算的突触权重写入全功能子阵列。当数据准备就绪时，外围电路由 PRIME 控制器重新配置，全功能子阵列切换到计算模式，可以开始执行映射的 NN。完成计算任务后，全功能子阵列通过重新配置外围电路的封装步骤切换回存储器模式。

缓冲区子阵列的目标是双重的。首先，它们用于缓存全功能子阵列的输入和输出数据。得益于 ReRAM 交叉结构提供的矩阵向量乘法的大规模并行性，计算本身需要很短的时间。此外，数据输入和输出可能是串行的，它们的延迟成为潜在的瓶颈。因此，有必要缓存输入和输出数据。其次，全功能子阵列可以与缓冲区子阵列直接通信，而不需要 CPU 的参与，这样 CPU 和全功能子阵列就可以并行工作。

（3）NN 算法实现

MLP/全连接层使用矩阵向量乘法。ReRAM 交叉开关阵列用于实现矩阵向量乘法：权重矩阵在 ReRAM 单元中预先编程；输入向量是由驱动器驱动的字线上的电压，而后在位线处累积输出电流；突触权重矩阵分为两个矩阵，存储正权重和存储负权重，它们被编程为两个交叉开关阵列；减法单元用于从正部分的结果中减去负部分的结果。

电路设计支持两种激活功能：sigmoid 和 ReLU。sigmoid 由图 5.90B 中的 sigmoid 单元实现，ReLU 由图 5.90C 中的 ReLU 单元实现。在某些情况下，这两个单元可以配置为旁路。

卷积层的计算描述如下：

$$\boldsymbol{f}_i^{\text{out}} = \max\Big(\sum_{j=1}^{n_{\text{in}}} \boldsymbol{f}_j^{\text{in}} \otimes \boldsymbol{g}_{i,j} + \boldsymbol{b}_i, 0 \Big), \quad 1 \leqslant i \leqslant n_{\text{out}}$$

其中，$\boldsymbol{f}_j^{\text{in}}$ 是第 j 个输入特征图，$\boldsymbol{f}_i^{\text{out}}$ 是第 i 个输出特征图，$\boldsymbol{g}_{i,j}$ 是两者的卷积核，$\boldsymbol{b}_i$ 是偏置项，n_{in} 和 n_{out} 分别是输入和输出特征图的编号。为了实现 n 个卷积运算 $\boldsymbol{f}_j^{\text{in}} \otimes \boldsymbol{g}_{i,j}$ 加上 $\boldsymbol{b}_i$ 的求和，j 个卷积核 $\boldsymbol{g}_{i,j}$ 的所有元素如果不能容纳在一个 block 或多个 block 的 ReRAM 单元中，则需要预先编程，并且将 $\boldsymbol{f}_j^{\text{in}}$ 的元素作为输入电压。我们还在 ReRAM 单元中写入 $\boldsymbol{b}_i$，并将相应的输入视为"1"。每个 block 将输出全部或部分卷积结果。如果使用更多的 block，则需要一个步骤才能获得最终结果。接下来，max（ ）函数由图 5.90C 中的 ReLU 逻辑执行。

池化层为了实现最大池化功能，采用了图 5.90C 中的 4∶1 最大池化硬件，它能够支持 n∶1 最大池化，并支持 $n>4$ 的多个步骤。对于 4∶1 最大池，首先，四个输入 $\{a_i\}$ 存储在寄存器中，$i=1,2,3,4$；其次，使用 ReRAM 执行 $\{a_i\}$ 和六组权重 [1, $-1,0,0$]，[1,0,-1,0]，[1,0,0,-1]，[0,1,-1,0]，[0,1,0,-1]，[0,0,1,-1] 的点积，以获得（$a_i - a_j$）的结果，$i \neq j$；然后，将其结果的符号存储在代码寄存器中；最后，根据代码，硬件确定最大值并输出。平均池比最大池更容易实现，因为它可以使用 ReRAM 完成，不需要额外的硬件。为了执行 n∶1 平均池，只需要在 ReRAM 单元中预先编程权重 [$1/n, \cdots, 1/n$]，并执行输入和权重的点积，以获得 n 个输入的平均值。

（4）系统层级设计

图 5.91 显示了支持 NN 编程的 PRIME 软件栈，这允许开发人员轻松地为 NN 应用程序配置全功能子阵列。从软件编程到硬件执行，有 3 个阶段：编程（编码）、编译（代码优化）和代码执行。在编程阶段，PRIME 提供应用程序编程接口（API），以便开发人员：①将 NN 的拓扑映射到全功能子阵列，映射拓扑；②将矩阵权重编程为矩阵与 Program_Weight（ ）；③配置全功能子阵列的数据路径；④运行计算；⑤处理结果。NN 的训练是离线完成的，因此每个 API 的输入都是已知的（NN 参数文件）。

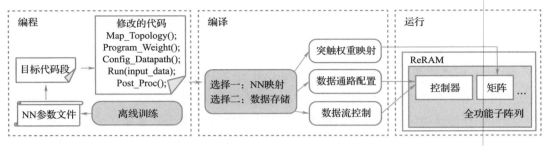

图 5.91　PRIME 的软件视角：从源代码到执行

（5）编译时优化

①NN 映射优化：在编译时优化 NN 拓扑到物理 ReRAM 单元的映射。对于不同规模的 NN，优化有所不同。

● 小型 NN：复制。当 NN 可以映射到单个全功能矩阵时，它是小规模的。尽管可以简单地将一个小规模的神经网络映射到一个矩阵中的一些单元，但这个矩阵中的其他单元可能会被浪费。此外，非常小的 NN 的加速并不明显，因为外围电路的延迟可能超过 ReRAM 单元上矩阵向量乘法的延迟。优化是将小型 NN 复制到矩阵的不同独立部分。此外，如果有另一个全功能矩阵可用，也可以复制到第二个矩阵的映射，然后这两个矩阵可以同时工作，只要缓冲区子阵列有足够的带宽。

● 中等规模 NN：拆分合并。当神经网络不能映射到单个全功能矩阵，但可以适合一个内存块的全功能子阵列时，它是中等规模的。在编译时的映射过程中，一个中等规模的神经网络必须被拆分成小规模的神经网络，然后将它们的结果合并。

● 大型 NN：块间通信。大规模神经网络不能映射到单个块的全功能子阵列。直观地说，可以将其划分为几个中等规模的神经网络，并在几个阶段将每个中等神经网络依次映射到同一个块。这种解决方案需要在每个阶段重新编程全功能子阵列，而重新编程的延迟开销可能会抵消加速。或者，PRIME 允许使用多个块来实现大规模 NN。这些块可以相互传输数据，并以流水线方式运行，以提高吞吐量。

②存储体级并行性和数据放置。由于全功能子阵列驻留在每个存储体中，PRIME 本质上继承了存储体级别的并行性以加快计算速度。例如，对于小规模或中等规模的神经网络，由于它可以安装在一个存储体中，所以所有存储体的全功能子阵列可以配置相同并并行运行。考虑到每个存储体中的全功能子阵列是一个 NPU，PRIME 总共包含 64 个 NPU（8 个存储体×8 个芯片），因此可以并行处理 64 个图像。为了利用存储体级别的并行性，操作系统需要在每个存储体中放置一个图像，并将图像均匀分布到所有存储体。由于当前页面放置策略向 OS 暴露内存延迟或带宽信息，PRIME 向 OS 暴露存储体 ID 信息，因此每个图像都可以映射到单个存储体。对于大型 NN，只要能够将一个或多个副本映射到备用块，它们仍然可以从块级并行中受益。

（6）运行时优化

当为 NN 应用程序配置全功能子阵列时，存储空间由操作系统保留和监督，以便其他用户应用程序不可见。然而，在运行时，如果没有或很少使用它们的交叉开关阵列进行计算，并且页面未命中率高于预定义阈值（这表明内存容量不足），则操作系统能够将保留的内存地址释放为正常内存。然而，在运行时，如果没有或很少使用它们的交叉开关阵列进行计算，并且页面未命中率高于预定义阈值（这表明内存容量不足），则操作系统能够将保留的内存地址释放为正常内存。

可以使用硬件或软件方法动态跟踪页面未命中率曲线。PRIME 为计算或内存灵活配置一系列内存地址，粒度是交叉开关阵列：当阵列被配置用于计算时，它存储多位突触权重；当阵列用作普通存储器时，它将数据存储为单个位单元。操作系统与存储器管理单元（MMU）一起工作，以保存全功能子阵列的所有映射信息，并基于页未命中率和全功能子阵列用于计算的利用率的组合，决定何时释放以及释放多少预留的存储器空间。

基于 ReRAM 的 PRIME 提出了一种新的处理方法，该方法大大提高了神经网络（NN）应用的性能和能效，受益于 PIM 架构和基于 ReRAM 神经网络计算的效率。在PRIME 中，部分 ReRAM 内存阵列具有 NN 计算能力。它们既可以执行计算以加速 NN 应用程序，也可以用作内存以提供更大的工作内存空间。PRIME 还提出了从电路级到系统级的设计。在电路重用的情况下，PRIME 对原始 ReRAM 芯片产生了微不足道的面积开销。实验结果表明，对于使用 MLP 和 CNN 的各种神经网络应用，PRIME 可以实现高速率和显著节能。

6. ReGNN

图神经网络（GNN）是新兴的图计算应用，它兼有图计算和神经网络的计算特性。传统的图加速器和神经网络加速器无法同时满足 GNN 应用的这些双重特性。ReGNN[55]是一种基于 ReRAM 的 PIM 架构，用于 GNN 加速。

通用处理器在运行 GNN 应用程序时面临两大挑战：①GNN 的混合执行模式会导致密集的内存访问和数据处理；②图中顶点的度数通常服从幂律分布。此特性通常会导致图数据处理过程中多个核之间的负载不平衡。

基于 ReRAM 的 PIM 加速器因为可以提供内存计算的高并行性，可以高效处理大规模图数据。GNN 可以分为组合阶段和聚合阶段。在组合阶段，为了线性更新顶点的特征向量，对特征向量和权重矩阵执行 MVM 运算。ReRAM 可以高效、低能耗地处理这些MVM 操作。在聚合阶段，当 GNN 基于图结构对相邻顶点的特征向量进行累加时，累加操作可以很容易地转换为 MVM 操作，因此也可以通过 ReRAM 进行加速。

基于 ReRAM 的 GNN 加速器存在以下 3 个问题。①基于 ReRAM 的 APIM 架构仅支持非常有限的计算模式。ReRAM 交叉开关阵列可以以高性能和低能耗加速 MVM 操作。然而，诸如 max 操作之类的非 MVM 操作通常由复杂的外围电路处理，这会导致更高的延迟、更多的能量消耗和大量的面积开销。②基于 ReRAM 的 APIM 架构在聚合顶点的高维特征向量时通常会遇到高延迟。当 APIM 阵列执行 MVM 操作时，输入特征向量应通过DAC 逐位转换为电压向量。顶点的高维特征严重加剧了这种序列化操作，并在很大程度上抵消了基于 ReRAM 的 APIM 的 MVM 操作带来的性能提升。③图顶点的幂律分布通常会导致不同处理单元之间的负载不平衡。为了聚合不同度数的顶点的特征，聚合引擎单一的执行方式容易造成负载不均衡的问题。落后执行器的延迟可能比最快的执行器高几倍。

ReGNN 引入了一个异构 PIM 架构来加速 GNN 推理，由用于加速 MVM 运算的模拟 PIM（APIM）模块和用于加速非 MVM 聚合运算的数字 PIM（DPIM）模块组成。ReGNN 因而可以有效地处理不同阶段的 GNN。为了在 GNN 的聚合阶段有效地处理顶点，ReGNN 根据顶点的度数和特征向量的维度设计了一个顶点调度器和不同的子引擎。此外，子引擎设计了新的数据映射策略，以充分利用许多多维顶点聚合过程中的数据并行性。

图 5.92 展示 ReGNN 的整体架构。ReGNN 由两个处理引擎组成：聚合引擎（aggregation engine）和组合引擎（combination engine）。前者用于执行基于图结构的遍历和聚合相邻顶点的特征向量；后者用于执行密集且规则的 MVM 操作。ReGNN 还利用了两个引擎之间的子图执行流水线，使用控制器（Ctrl）与它们通信并建立执行流水线。不同引擎生成的输出存储在 eDRAM 缓冲区中以供进一步处理。

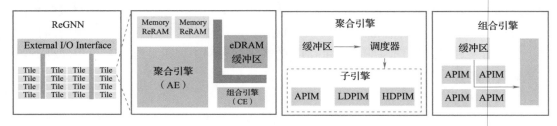

图 5.92 ReGNN 整体架构

聚合引擎旨在减少图结构的不规则数据访问，并高效地执行顶点之间的聚合操作。为了减少数据映射到交叉数组的延迟，使用缓冲区临时存储输入数据，以便数据获取和处理的延迟可以部分重叠。由于大多数顶点都有少量的相邻顶点，只有少数顶点具有高度数，ReGNN 设计了 3 个子引擎来对不同度数的顶点进行聚合操作：处理低度顶点的子引擎（LDPIM），高度顶点的最大值子引擎（HDPIM）和处理高度顶点的均值/求和子引擎（APIM）。相应地，ReGNN 在聚合引擎中提出了一个顶点调度器来提高计算并行性，并根据顶点的度数和维数将聚合任务分配给不同的子引擎。

组合引擎旨在使用模拟计算模式加速 MVM 操作。由于 MVM 是组合阶段的主导操作，因此组合引擎类似于传统的 APIM 加速器。对于 GNN 推理，每一层的权重是固定的，并且组合阶段中的所有顶点共享相同的权重矩阵。因此，可以预先以离线方式将权重矩阵映射到 ReRAM 阵列。在组合引擎中，还使用了一个缓冲区来暂存输入的聚合结果。

（1）聚合引擎

为了提高聚合引擎的处理效率，ReGNN 针对不同度数的顶点设计了 3 个聚合子引擎，如图 5.93 所示，并提出了一种顶点调度器，根据计算并行性将不同的聚合任务分配给不同的子引擎。下面详细阐述 3 种子引擎的数据映射和处理方案。

- 处理低度顶点的子引擎。在现实世界的图结构中，存在很大比例的低度顶点。

图 5.93（b）显示了 LDPIM 中的数据映射方案，它可以充分利用顶点间和顶点内的并行性。对于低度顶点 V_3 和 V_4，可以将它们的特征向量合并到交叉数组的不同列中，然后同时聚合所有行的操作数。在理想情况下，聚合的延迟仅由顶点的度数决定，并行度是特征维度和顶点数量的乘积。这种计算模式的原理是将复杂的聚合操作拆分成一系列的查找和 NOR 逻辑操作，然后在行级别实现高并行。因此，DPIM 阵列中合理的映射方案可以最大化计算并行度。

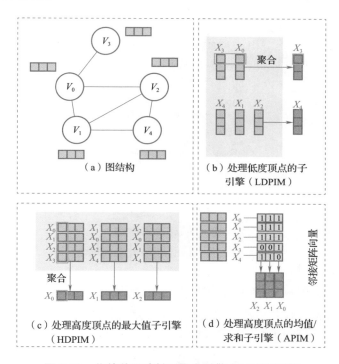

图 5.93　将简单图映射到聚合引擎中不同子引擎

LDPIM 可以通过将大多数算术运算转换为 NOR 逻辑运算来支持它们。在这个子引擎中，使用 LDPIM 进行通用聚合操作，包括低度顶点的最大值/求和/均值运算。求和和均值都是用加法运算符实现的。由于传统 DPIM 中的定点加法已经成熟，ReGNN 主要研究基于 NOR 的多个定点操作数的最大值运算。图 5.94（a）显示了 LDPIM 中两行的最大值操作示例。首先，对同一行的两个操作数逐位进行异或运算（步骤 1），每次异或运算需要 6 个 NOR 周期。然后，从最高有效位开始逐位扫描结果，直到找到第一个 1（步骤 2）。如果数字是 XOR 结果的第 N 位，检查第一个操作数的第 N 位是否为 1（步骤 3）。如果为真，则第一个操作数较大，不需要其他操作。否则，该操作数应标记为 1（蓝色列）并最终应由另一个操作数替换。通过这种方式，确保行首位置的操作数始终是最大值。在步骤 4 中，将此行异或结果的后续位全部设置为 0，以避免后续步骤中可能出现的比较。对于第二行，做同样的工作来找到最大数量（步骤 5~8）。最后，如果蓝色列中的值为 1，交换两个操作数的位置，并且较大的值都位于行的第一个位置（步骤 9 和 10）。

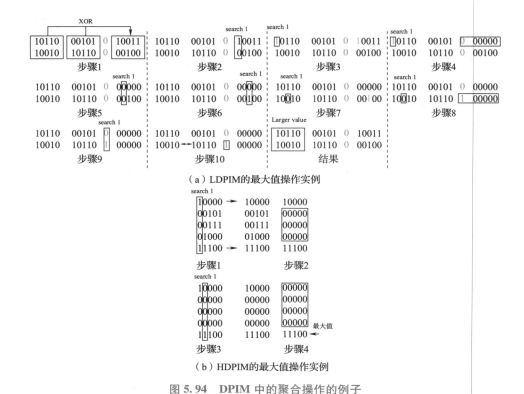

（a）LDPIM的最大值操作实例

（b）HDPIM的最大值操作实例

图 5.94　DPIM 中的聚合操作的例子

由于每次只处理同一行中的两个数字，因此每个聚合操作需要对度数为 N 的顶点进行 $N-1$ 次计算。对于具有多维特征向量的多顶点聚合任务，LDPIM 利用顶点间并行性来同时处理大量顶点，并利用顶点内并行性来处理多维特征向量。因此，顶点的数量和特征向量的维数对聚合延迟没有影响。LDPIM 子引擎中的算法复杂度仅由顶点的最大度决定，即 $O(N)$。例如，在图 5.93（b）中，V_3 和 V_4 可以并发处理（顶点间并行），三维特征向量也可以并行处理（顶点内并行）。

● 处理高度顶点的最大值子引擎。在现实世界的图中，大量的高度顶点通常对图处理的效率有显著影响。前面提到的 LDPIM 无法高效处理此类顶点。为此，ReGNN 专门设计了一种数据映射方案，对高度顶点进行最大值聚合操作，如图 5.93（c）所示。操作数放在 HDPIM 阵列的同一列中，并进行并行比较。这样，处理延迟与顶点的度数无关，仅由顶点数（M）和特征向量维数（K）的乘积决定。HDPIM 子引擎中的算法复杂度变为 $O(MK)$。图 5.94（b）显示了在 HDPIM 中对多个顶点数执行最大值聚合操作的过程。首先，从最高有效位开始依次搜索 1 的值（步骤 1）。找到该值后，将不匹配行的数据设置为 0（步骤 2）。然后，继续比较匹配行的下一位，直到只剩下一行或比较最低有效位（步骤 3 和 4）。注意到 HDPIM 的交叉结构与 LDPIM 一致，因此聚合引擎中的 DPIM 阵列可以重新配置以满足实践中不同的资源需求。

● 处理高度顶点的均值/求和子引擎。由于均值和求和聚合操作可以很容易地转换为 MVM 操作，因此可以通过 APIM 数组有效地加速它们。由于图的邻接矩阵是固定的，为了最大化数据重用，ReGNN 将表示邻接矩阵中高度顶点的向量映射到 APIM 数组。特征向量需要逐位转换为电压信号并应用于阵列进行计算，如图 5.93（d）所示。假设维度为 K，使用 N 位顶点数，总共需要 $N×K$ 次 MVM 操作来聚合所有特征向量。在大多数 GNN 中，特征向量的维度都非常大。为了降低计算成本，利用顶点调度程序在特征的度数和维度之间进行权衡。低度和高维顶点在 LDPIM 中执行，其他顶点在 APIM 中执行。APIM 子引擎可以提供数组级并行性，它是顶点度数和顶点数的乘积。它提供了 3 个子引擎中最高的效率。由于邻接矩阵又大又稀疏，映射整个邻接矩阵会浪费大量的 ReRAM 资源。为了解决这个问题，ReGNN 在这个子引擎中采用了小型 APIM 数组（8×8）。这样就可以将大的邻接矩阵拆分为 8×8 的子块，并将非零子块映射到 APIM 数组中。

（2）组合引擎

组合引擎的主要功能和结构类似于用于神经网络加速的传统 APIM。它仅支持 MVM 操作的常规和密集计算。GNN 的网络结构决定了层数，每一层对所有顶点使用相同的权重矩阵。由于在 GNN 推理中权重矩阵没有变化，因此可以提前将其映射到 ReRAM 阵列中以隐藏写入延迟。一旦聚合引擎输出结果，它们将被传输到组合引擎中的缓冲区以进行 MVM 操作。在组合引擎中，还有一些激活函数单元和 sALU，用于执行小规模但复杂的非 MVM 操作。ReRAM 阵列产生的部分求和结果由移位/加法（S/A）单元处理输出更高分辨率的结果，结果由 APIM 中的输出寄存器（OR）缓存以供进一步处理。

ReGNN 是一种基于 ReRAM 的异构架构，用于处理 GNN 推理。ReGNN 高效地支持 GNN 模型中的最大值/均值/求和等多种聚合操作。ReGNN 还设计了 3 个聚合子引擎和一个度感知顶点调度器来根据顶点度数和特征向量的维度来处理聚合任务。ReGNN 在 GNN 推理过程中充分探索了引擎间、顶点间和顶点内的并行性。

7. REFLIP

图卷积网络（GCN）的最大性能限制因素之一在于其具有两种类型的计算内核：组合和聚合。这两种计算内核对于性能都至关重要。组合内核执行类似神经网络（NN）的操作，以将每个顶点的特征转换为新的特征。这些基于神经网络的操作计算量大，内存访问规律。另一方面，聚合内核作用于图结构，从其前任邻居那里收集每个顶点的局部特征。由于图通常遵循幂律度分布，聚合内核中基于图的操作通常计算稀疏且内存访问不规则。

现有的 GCN 加速器通常遵循分而治之的设计理念来构建两种不同类型的硬件，以分别加速这两种类型的内核。这种混合架构可以显著提高每个内核的性能。然而，很少从整体的角度考虑内核间的交互，因此由于以下原因，GCN 的整体效率仍然受到影响。首先，这种混合架构无法轻松解决组合和聚合阶段之间的动态工作负载变化，从而导致加速器资源利用不足。其次，考虑到内核间数据依赖性，这两个阶段的调度顺序必须固定。由于每个 GCN 层中的不同调度顺序可以在这两个阶段中产生不同的计算量，因此选择固定的调度顺序可以显著减少跨不同 GCN 层执行细粒度软件优化的机会。

幸运的是，从矩阵向量乘法（MVM）的角度来看，GCN 中的组合核和聚合核在操作上具有相似性，因为两者都可以等价地理解为一组矩阵运算。因此，考虑设计一个统一的架构，该架构能够有效地执行 MVM，以从整体上加速两种类型的内核。先前的研究已广泛证明 ReRAM 这样的基于交叉开关的架构非常适合执行原位 MVM 操作。下面以 REFLIP 为例讨论如何通过使用具有 PIM 特征的交叉开关架构来统一组合和聚合架构。

在交叉开关架构中采用 GCN 并非易事。有许多基于 ReRAM 的神经网络和图处理技术可以分别用于加速组合和聚合内核，但同时应用它们仍然具有挑战性。NN 加速器将所有层的权重参数映射到交叉开关中。然而，GCN 层中的特征不仅受权重参数影响，而且还受稀疏图数据影响。这使得传统的 NN 加速器架构不适合 GCN。另一方面，图处理加速器将图的底层图诱导相邻矩阵映射到交叉开关中。由于图稀疏性，由此产生的交叉效率可能相当低。此外，与经典图算法相比，GCN 通常具有 100～1 000 倍的顶点维度[24]。聚合这样一个多维顶点可以增大执行的无效计算量。

REFLIP 具有 3 大重要设计。首先，REFLIP 利用具有 PIM 特征的交叉开关架构来构建一个统一的架构，该架构可以在 GCN 中以高效的方式同时执行组合和聚合内核。其次，为 GCN 特殊设计了了算法映射，旨在最大化从统一架构中获得的潜在性能增益，包括组合内核的逐层权重映射和聚合内核的以顶点为中心的映射。最后，REFLIP 引入了软件/硬件协同优化来提升真实世界图的性能，结合了专门的执行模型来权衡交叉开关的加载成本和计算效率。REFLIP 还包括专门的硬件单元，以显著减少模拟和数字数据之间的中间信号转换次数。

REFLIP 本质上是一种数据并行架构，其中组合和聚合内核可以在 GCN 的所有层上交替执行。它允许在每一层中的组合和聚合内核之间使用不同的调度顺序，从而实现灵活的设计。下面首先介绍 REFLIP 架构，然后描述 REFLIP 下 GCN 的工作流程。

（1）REFLIP 的架构

图 5.95 描绘了 REFLIP 的架构。总体上，REFLIP 芯片由许多通过总线连接的处理

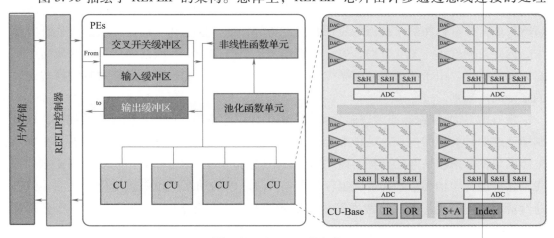

图 5.95 REFLIP 的架构

引擎（PE）组成。每个 PE 由多个计算单元（CU）组成。REFLIP 可以连接片外存储器以支持处理大型图，这些图通过中央控制器按顺序流入 PE。下面详细描述它的每个主要组件。

- 片外存储。片外存储器用于存储输入图数据和输出数据。输入数据包括顶点特征、权重参数和边数据。权重参数可以以密集矩阵格式存储。这允许它们直接映射到 ReRAM 交叉开关中，以避免格式转换开销。由于其稀疏性，边数据以压缩存储格式存储。输出数据，包括中间层的隐藏特征和最终结果，以矩阵形式存储。请注意，中间层中的隐藏特征一旦被处理就可以被移除。

- 执行引擎（PE）。一个 PE 由一组片上缓冲区、一个非线性和池化函数单元（NFU/PFU）以及多个 CU 组成。共有 3 个片上缓冲区。输入缓冲区临时存储交叉开关的输入数据（由控制器预取以避免 CU 停顿）。交叉开关缓冲区缓存需要映射到交叉开关的数据。输出缓冲区存储 CU 生成的结果。为了保持通用性，还包括 NFU 和 PFU。

对于 PE 间互连，早期基于 ReRAM 的加速器采用数据流驱动模型，将具有不同工作负载的 PE 分配到不同层进行并行处理。该模型假定所有层所需的数据必须驻留在交叉开关中。然而，GCN 是不同的，因为它们不仅存储权重参数，还存储图数据，这使得 GCN 推理的面积效率相当低。为了解决这个问题，REFLIP 采用单指令多线程（SIMT）模型并行化不同 PE 中的层内工作负载，以便为每一层利用顶点内和顶点间数据并行性。因此，以这种方式使用的交叉开关只需在每次迭代中存储一个（而不是所有）层的所需数据，从而显著提高面积效率。底层模型选择的转变使得 PE 之间可以很容易地通过总线互连，而无须像往常一样使用片上网络，从而简化了片上架构设计。

- 计算单元（CU）。CU 的基线设计主要有多个交叉开关阵列，以平面矩阵布局组织。交叉开关的每条字线都耦合到 DAC，DAC 将输入数据转换为电压。采样保持（S&H）电路读取交叉开关位线上的累积电流并将其馈送到共享 ADC。图数据通常太大而无法容纳交叉开关，不可避免地会产生大量中间数据以及额外的数模信号转换开销。为了解决这个问题，REFLIP 通过利用 GCN 局部性进一步提出了一种改进的 CU 架构。输入和输出寄存器（IR/OR）用于缓存中间数据。移位和加法（S+A）单元用于通过合并交叉开关中相邻列的结果来支持高计算分辨率。

- 控制器（controller）。控制器协调片外存储器和 REFLIP 芯片之间的数据移动。为了掩盖片外内存访问的延迟，输入数据被预取到片上缓冲区。输出结果被分批写回片外内存，以强制执行顺序内存访问。为了支持某些 GCN 中所需的数据采样，控制器还包括一个预定义的采样机制。

一个自然的问题出现了：这样一个统一的架构是否可以建立在传统的计算单元（如 FPGA）或其他 PIM 技术（如 HMC）上？由于 GCN 由两种不同类型的 MVM 内核组成（组合内核是密集的，聚合内核是稀疏的），这里的关键是基本的硬件构建块是否允许两种类型的内核高效地实现。

由于聚合内核中的不规则和动态内存访问，数据移动在 HyGCN 中占整体能耗的

$75.09\%^{[34]}$，这让 PIM 解决方案的优势更为突出。PIM 技术分为两大类：近数据处理（NDP）和使用内存处理（PUM）[36]。基于 NDP 的解决方案（例如，HBM 或 HMC）可以提高不规则聚合的内存效率。然而加速计算密集型组合时，由于散热限制，它在 PE 中的并行性可能会受到限制。而 PUM 在内存效率和并行性方面代表了一种一石二鸟的解决方案。由于 GCN 应用程序以 MVM 操作为主，inDRAM 或 in-SRAM 单元需要数百个逻辑操作（例如，按位与或非）来执行 32 位 MVM，而 ReRAM 单元仅需要一次模拟操作。因此，REFLIP 采用 ReRAM 作为硬件设计的基本构建块。

（2）REFLIP 工作流

总的来说，REFLIP 根据其输入和输出特征长度确定 GCN 每层两种类型内核的调度顺序。如果输入特征大于输出特征，首先执行组合内核，因为输入维数可以通过组合内核来减少，以减少将在聚合内核中执行的计算量，反之亦然。

在组合阶段，所有顶点共享相同的权重参数，这些参数映射到交叉开关以实现可重用性。具体来说，权重参数和顶点特征将首先分别加载到交叉缓冲区和 PE 的输入缓冲区中。之后，将交叉缓冲区中的权重参数加载到 CU 中，并将顶点特征（缓存在 IR 中）作为输入馈送。最后，得到的顶点特征由 CU 生成，返回给 OR，并写回内存。在聚合阶段，每个顶点特征作用于稀疏图数据，该稀疏图数据从其前任邻居收集局部特征。特别是，顶点特征和边数据首先分别加载到交叉缓冲区和 PE 的输入缓冲区中。为了避免无效计算，REFLIP 采用翻转数据映射方案。CU 处理后，生成的结果由 NFU 激活并缓存在输出缓冲区中（将被写回片外存储器）。

● 层间权重映射。对于使用基于 MLP 的神经网络的组合，权重参数通常映射到交叉开关中，顶点特征作为交叉开关的输入。这使得能够充分利用交叉结构的并行性。然而，与传统的 NN 应用程序不同，GCN 中的特征不仅通过权重参数而且还通过稀疏图数据进行操作。因此，对于 GCN 层，交叉开关用于存储其权重参数和图数据。通常，图表太大而无法放入交叉开关中。如果所有层的权重参数都映射到交叉开关（如基于 ReRAM 的 NN 加速器，则仅使用当前层中的权重参数。由于可用的交叉开关资源有限，这将阻止同一层中的后续聚合内核。

为了解决这个问题，REFLIP 引入了权重参数的逐层映射，随着 GCN 层的进行，这些参数被迭代加载和处理。然而，由于每层权重参数的大小通常小于总的交叉开关大小，因此交叉开关的利用率可能仍然会受到影响。观察到 GCN 的组合阶段表现出大量的顶点间并行性，这可能是传统神经网络的批处理级并行性的百倍甚至万倍。这使得能够充分利用层内的顶点间平行性来提高交叉开关利用率。

具体来说，REFLIP 允许在 PE 中复制和冗余存储权重参数的多个副本。此复制过程由 REFLIP 控制器并行完成。之后，将顶点平均划分到每个对应的 PE 副本中，进行并行层内组合。通过这种方式，REFLIP 利用顶点间并行性来提高 PE 的存储和计算效率。请注意，将每层权重参数加载到 PE 中的开销可以显著分摊，因为权重参数在顶点之间共享且高度可重用。

● 以顶点为中心的映射。对于每个顶点，聚合内核需要通过其传入边聚合所有相邻的顶点特征。在基于 ReRAM 的图处理加速器中广泛采用的一种直观映射是将边数据以子矩阵形式映射到交叉开关中，并将顶点数据作为交叉开关的输入。然而，现实世界的图通常遵循幂律度数分布。由于边数据非常稀疏，ReRAM 交叉开关将遭受零值权重的大量无效计算。幸运的是，与在单属性顶点上运行的传统图算法不同，GCN 作用于图，其中每个顶点可以具有 100~1 000 个特征维度。当一个顶点在一个层中聚合时，它所有邻居的特征也必须聚合。这为在交叉开关中利用这种聚合并行性提供了机会。

REFLIP 提出了聚合阶段的以顶点为中心的映射。基本思想是将顶点特征映射到交叉开关中，并将边数据作为交叉开关的输入。特别是，为了适应紧耦合的交叉开关结构，交叉开关的输入边必须全部指向相同的目标顶点，而每一行的交叉开关单元包含输入边的源顶点特征。这样，可以更有效地使用交叉开关单元来利用特征之间的顶点内的平行性。

图 5.96 说明了传统图映射与 REFLIP 的以顶点为中心的映射之间的差异，其中 e_{ij} 表示从 V_i 指向 V_j 的边。考虑 V_1 处的聚合。传统映射引入了大量零值单元，如图 5.96（b）所示，导致 16（4×4）次无效计算。然而，这些浪费的单元格在以顶点为中心的映射的情况下完全用于并行处理顶点的多个特征，如图 5.96（c）所示。对于 V_1，它的四个特征是同时处理的，没有任何无效计算。

为了有效地在交叉开关上部署以顶点为中心的映射，一个图被划分为几个连续的顶点块，这些块具有相同数量的 PE。每个 PE 处理一个块。在 PE 中，它的 CU 以循环方式从块中加载顶点特征。在 CU 中，不同的顶点与不同的交叉开关行相关联。每列包含同一顶点的不同特征。为了进一步保持效率，REFLIP 还提出了差分边列表管理。

● 执行模式。为了最大化以顶点为中心的映射方案的效率，适当的执行模型是至关重要的。对于图 5.97（a）和图 5.97（b）中给出的样例图，图 5.97（c）和图 5.97（d）显示了两个基本变体。行优先执行模型以行优先顺序流式传输边数据。因此，每个源顶点只被加载到交叉开关中一次，但输入边可能无效。例如，图 5.97（c）中的 T1 处不存在输入边 e_{11}，这导致交叉开关输入无效。列优先执行模型避免了无效边，但需要为每条边重复加载顶点特征。例如，V_3 在图 5.97（d）中重复加载 6 次。因此，在交叉开关效率和交叉开关加载开销之间有一个有趣的权衡。

利用图的幂律度分布，REFLIP 提出了一种混合执行模型，以利用双方优点。关键思想是度数高的顶点采用行优先模型，度数低的顶点使用列优先模型。有两个原因。首先，一个高度的源顶点意味着更多的边可以被行优先模型中的更多目标顶点共享，从而以最小的加载开销获得更高的计算效率。其次，低度数的源顶点表示较少的入射边，在列优先模型中需要较少的顶点加载，允许限制加载开销和最佳计算效率。用于识别高度顶点的阈值 θ 根据经验设置为 10%。

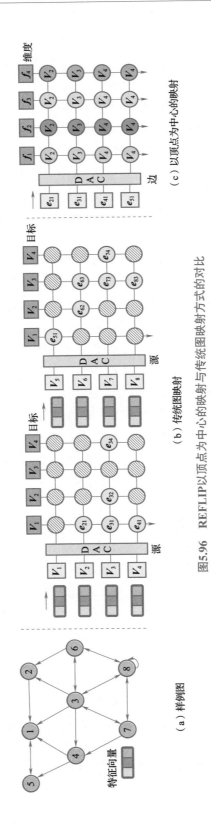

图5.96　REFLIP以顶点为中心的映射与传统图映射方式的对比

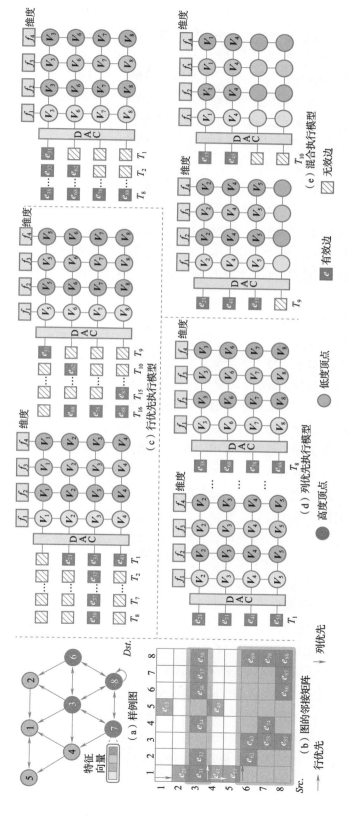

图5.97　REFLIP有效支持以顶点为中心的映射的执行模型

图 5.97（e）显示了 $\theta = 50\%$ 的示例。因此，V_3，V_6，V_7 和 V_8 是高度顶点，它们的出边［图 5.97（b）中有灰色阴影］采用行优先模式而其他的边采用列优先模式。这些顶点是高度可重用的（例如 V_3 在 T_1、T_2 和 T_8 处多次重用）。此外，大量无效边被移除，即图 5.97（b）中没有阴影的空白网格。这种混合模型显著提高了交叉开关效率，但在图 5.97（e）中可能仍会出现一些无效输入边（在左下角）和未使用的交叉开关单元（在右下角）。由于它们的布局通过以顶点为中心的映射进行了规则化，可以禁用相应的字线以完全消除不必要的计算，从而最大限度地提高能效。

为了确保对片外存储器的顺序边访问，REFLIP 对图数据使用混合压缩存储格式。对于高度顶点，它们的边以压缩稀疏行（CSR）格式维护。对于剩余的低度顶点，它们的边以压缩稀疏列（CSC）格式存储。因此可以确保对边数据的顺序片外访问。

从整体上看，REFLIP 完全利用局部性来最小化数据写入的数量。在组合中，交叉开关仅加载一次重量参数。在聚合中，这种混合模型使大多数特征数据（来自高度顶点）仍然只加载一次。考虑超过 10^{12} 次的 ReRAM 写入寿命，REFLIP 至少能够实现数亿次 GCN 推理。

（3）局部性感知的硬件设计

对于组合，REFLIP 将权重参数映射到交叉开关中。由于权重参数的大小大于交叉开关，因此它们通常被水平划分为多个交叉开关（如图 5.98（a）中的横向箭头所示）。对于聚合，REFLIP 将顶点特征映射到交叉开关中。特征尺寸通常也比交叉开关的尺寸长。因此，功能在多个交叉开关上水平划分。这些水平交叉开关由相同的输入（即用于组合的顶点特征和用于聚合的边数据）共享，显示出显著的局部性。然而，在最初的交叉开关架构中，每个交叉开关都有其专用的 DAC。因此，这些相同的输入数据将被重复转换，导致不必要的大量 DAC 开销。

电压缓冲器［在图 5.98（b）中］能够为水平交叉开关共享输入数据的 DAC 转换。通过将运算放大器的输出连接到其反相输入，并将信号源连接到非反相输入来构建单位电压缓冲器。CU 中的一个 DAC 单元可以被同一行的交叉开关共享。电压缓冲器用作交叉开关输入。因此，可以显著减少数模转换的次数。

GCN 输出数据的局部性：类似地，权重参数和顶点特征被垂直划分为多个交叉开关［如图 5.98（a）中的纵向箭头所示］。每个垂直交叉开关都会产生一个需要减少的中间结果。然而，在现有的交叉开关架构中，这些中间结果一般都是先转换成数字数据，再进行数字化还原。事实上，这些垂直交叉开关的输出通常可以对应于相同的目标顶点（对于组合和聚合），显示出输出数据的显著局部性。

因此，考虑以模拟方式减少这些中间结果，以便可以消除这些中间结果的大量 ADC 转换开销。电流缓冲器［如图 5.98（c）所示］设计为连接到垂直交叉开关的位线上。电流缓冲器由电流镜电路组成。它将交叉开关的输出电流复制到一个降流器，该降流器旨在根据基尔霍夫电流定律累积 CU 中交叉开关产生的模拟电流。

由于工作负载不平衡，REFLIP 允许垂直交叉开关写入不同的目标顶点以进一步提高效率。这意味着垂直交叉开关可能会更新不同的位置。然而，现有的缩减机制专为常规密集 NN 数据设计，通过简单地将同一位线中的所有中间结果累加在一起来计算最终结果，从而产生不正确的输出。因此，REFLIP 专门设计了一个动态缩减控制器，它可以根据顶点索引准确地识别垂直交叉开关的位线是否更新了相同的目标顶点。如果不是这种情况，则通过依次打开（和关闭）开关［即图 5.98（d）中的 $S_1, S_2, \cdots, S_n$］，依次写入不同垂直交叉开关产生的中间结果为了保持正确性。

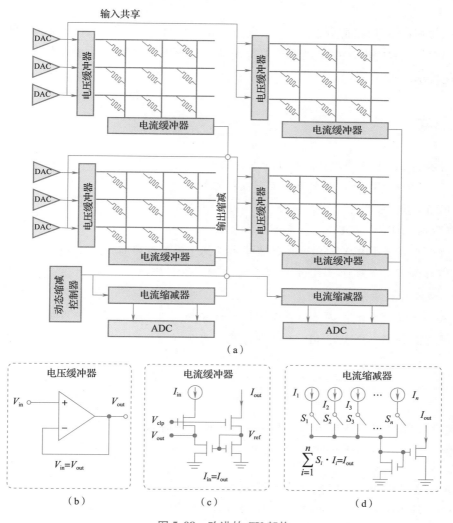

图 5.98　改进的 CU 架构

请注意，由于以下原因，这些模拟缓冲器是高效且准确兼容的。首先，这些附加模拟电路本身的误差通常保持在 0.15% 以内的较低水平。其次，GCN 算法还可以抵御硬件漏洞。在这项工作中，在实际的 GCN 推理过程中考虑了模拟缓冲区的所有错误。结果表明，GCN 推理的精度损失（平均 0.6%）几乎可以忽略不计，也可以通过在考虑硬件非理想性的情况下重新训练模型来进一步降低精度损失。

REFLIP 是一种用于图卷积网络的支持 PIM 的加速器。REFLIP 具有以下关键设计。首先，REFLIP 采用统一架构，利用具有 PIM 特征的交叉架构同时支持组合和聚合内核。其次，REFLIP 使用新颖的 GCN 特定映射方案来最大化统一架构的并行性。最后，结合了软件/硬件协同优化，以提高处理真实世界图的性能和能效。

5.5　本章小结

本章对图计算硬件加速技术进行了全面的介绍和总结，详细介绍了目前主流的基于 FPGA、ASIC、PIM 和 ReRAM 的图计算加速器，并分析了这些加速器的优缺点以及所使用的优化技术。

5.6　习题 5

1. 什么是 3D 堆叠技术？它都有哪些应用？
2. 基于 PIM 的图计算框架设计有哪些难点？
3. FPGA 是什么？
4. FPGA 与 CPU、GPU 有什么不同？
5. 为什么基于 FPGA 的图计算加速技术受到了关注？FPGA 的优点是什么？
6. FPGA 加速的图计算任务有哪些？如何使用 FPGA 加速图计算任务？FPGA 在图计算领域有什么局限性？
7. 相较于软件系统，基于硬件架构的图计算加速器有什么优势与劣势？
8. 简单的实现一个基于 FPGA 的图计算加速器（采用内存并行与计算并行方式）。

参考文献

［ 1 ］ GUO J, SHAO C, WANG J, et al. Programming and developing environment for FPGA graph process-ing：Survey and exploration［J］. Journal of Computer Research and Development，2020，57 (6)：1164-1178.

［ 2 ］ GUI C Y, ZHENG L, HE B, et al. A survey on graph processing accelerators：Challenges and opportu-nities［J］. Journal of Computer Science and Technology，2019，34：339-371.

［ 3 ］ WANG Q, JIANG W, XIA Y, et al. A message-passing multi-softcore architecture on FPGA for breadth-first search［C］//Proceedings of the 2010 International Conference on Field-Programmable Tech-nology. IEEE，2010：70-77.

［ 4 ］ DELORIMIER M, KAPRE N, MEHTA N, et al. GraphStep：A system architecture for sparse-graph al-gorithms［C］//Proceedings of the 2006 14th Annual IEEE Symposium on Field-Programmable Custom Computing Machines. IEEE，2006：143-151.

［ 5 ］ ATTIA O G, JOHNSON T, TOWNSEND K, et al. CyGraph：A reconfigurable architecture for parallel breadth-first search[C]//Proceedings of the 2014 IEEE International Parallel & Distributed Processing Symposium Workshops. IEEE, 2014: 228-235.

[6] ZHOU S, KANNAN R, PRASANNA V K, et al. HitGraph: High-throughput graph processing framework on fpga[J]. IEEE Transactions on Parallel and Distributed Systems, 2019, 30 (10): 2249-2264.

[7] YAO P, ZHENG L, ZENG Z, et al. A locality-aware energy-efficient accelerator for graph mining applications[C]//Proceedings of the 2020 53rd Annual IEEE/ACM International Symposium on Microarchitecture. IEEE, 2020: 895-907.

[8] JIN X, YANG Z, LIN X, et al. FAST: Fpga-based subgraph matching on massive graphs[C]//Proceedings of the 2021 IEEE 37th International Conference on Data Engineering. IEEE, 2021: 1452-1463.

[9] ENGELHARDT N, SO H K H. GraVF: A vertex-centric distributed graph processing framework on fpgas [C]//Proceedings of the 2016 26th International Conference on Field Programmable Logic and Applications. IEEE, 2016: 1-4.

[10] DAI G, HUANG T, CHI Y, et al. ForeGraph: Exploring large-scale graph processing on multi-FPGA architecture[C]//Proceedings of the 2017 ACM/SIGDA International Symposium on Field-Programmable Gate Arrays. ACM, 2017: 217-226.

[11] YAO P, ZHENG L, LIAO X, et al. An efficient graph accelerator with parallel data conflict management [C]//Proceedings of the 27th International Conference on Parallel Architectures and Compilation Techniques. 2018: 1-12.

[12] TIAN T, ZHAO L, WANG X, et al. FP-GNN: Adaptive FPGA accelerator for graph neural networks [J]. Future Generation Computer Systems, 2022, 136: 294-310.

[13] WANG Q, ZHENG L, HUANG Y, et al. GraSU: A fast graph update library for FPGA-based dynamic graph processing[C]//Proceedings of the 2021 ACM/SIGDA International Symposium on Field-Programmable Gate Arrays. ACM, 2021: 149-159.

[14] BEAN A, KAPRE N, CHEUNG P. G-DMA: Improving memory access performance for hardware accelerated sparse graph computation[C]//Proceedings of the 2015 International Conference on ReConFigurable Computing and FPGAs (ReConFig). IEEE, 2015: 1-6.

[15] LEE J, KIM H, YOO S, et al. ExtraV: Boosting graph processing near storage with a coherent accelerator[J]. Proceedings of the VLDB Endowment, 2017, 10 (12): 1706-1717.

[16] LIU C, LIU H, ZHENG L, et al. FNNG: A high-performance FPGA-based accelerator for k-nearest neighbor graph construction[C]//Proceedings of the 2023 ACM/SIGDA International Symposium on Field Programmable Gate Arrays. ACM, 2023: 67-77.

[17] JAIYEOBA W, ELYASI N, CHOI C, et al. ACTS: A near-memory FPGA graph processing framework [C]//Proceedings of the 2023 ACM/SIGDA International Symposium on Field Programmable Gate Arrays. ACM, 2023: 79-89.

[18] HU Y, DU Y, USTUN E, et al. GraphLily: Accelerating graph linear algebra on HBM-equipped FPGAs [C]//Proceedings of the 2021 IEEE/ACM International Conference On Computer Aided Design. IEEE, 2021: 1-9.

[19] WANG Y, DAVIDSON A, PAN Y, et al. Gunrock: A high-performance graph processing library on the GPU[C]//Proceedings of the 21st ACM SIGPLAN Symposium on Principles and Practice of Parallel

Programming. ACM, 2016: 1-12.

[20] WILSON R E, GOSLING S D, GRAHAM L T. A review of Facebook research in the social sciences [J]. Perspectives on psychological science, 2012, 7 (3): 203-220.

[21] HAM T J, WU L, SUNDARAM N, et al. Graphicionado: A high-performance and energy-efficient accelerator for graph analytics[C]//Proceedings of the 2016 49th Annual IEEE/ACM International Symposium on Microarchitecture. IEEE, 2016: 1-13.

[22] YAN M, HU X, LI S, et al. Alleviating irregularity in graph analytics acceleration: A hardware/software co-design approach[C]//Proceedings of the 52nd Annual IEEE/ACM International Symposium on Microarchitecture. IEEE, 2019: 615-628.

[23] OZDAL M M, YESIL S, KIM T, et al. Graph analytics accelerators for cognitive systems[J]. IEEE Micro, 2017, 37 (1): 42-51.

[24] YAN M, DENG L, HU X, et al. HyGCN: A gcn accelerator with hybrid architecture[C]//Proceedings of the 2020 IEEE International Symposium on High Performance Computer Architecture. IEEE, 2020: 15-29.

[25] ZHU R, ZHAO K, YANG H, et al. Aligraph: A comprehensive graph neural network platform[J/OL]. arXiv preprint arXiv: 1902. 08730, 2019.

[26] LIANG S, WANG Y, LIU C, et al. EnGN: A high-throughput and energy-efficient accelerator for large graph neural networks[J]. IEEE Transactions on Computers, 2020, 70 (9): 1511-1525.

[27] CHEN C, LI K, LI Y, et al. ReGNN: A redundancy-eliminated graph neural networks accelerator[C]//Proceedings of the 2022 IEEE International Symposium on High-Performance Computer Architecture. IEEE, 2022: 429-443.

[28] LI J, LOURI A, KARANTH A, et al. GCNAX: A flexible and energy-efficient accelerator for graph convolutional neural networks[C]//Proceedings of the 2021 IEEE International Symposium on High-Performance Computer Architecture. IEEE, 2021: 775-788.

[29] HWANG R, KANG M, LEE J, et al. GROW: A row-stationary sparse-dense GEMM accelerator for memory-efficient graph convolutional neural networks[C]//Proceedings of the 2023 IEEE International Symposium on High-Performance Computer Architecture. IEEE, 2023: 42-55.

[30] MUKKARA A, BECKMANN N, ABEYDEERA M, et al. Exploiting locality in graph analytics through hardware-accelerated traversal scheduling[C]//Proceedings of the 2018 51st Annual IEEE/ACM International Symposium on Microarchitecture. IEEE, 2018: 1-14.

[31] ZHANG Y, LIAO X, JIN H, et al. DepGraph: A dependency-driven accelerator for efficient iterative graph processing[C]//Proceedings of the 2021 IEEE International Symposium on High-Performance Computer Architecture. IEEE, 2021: 371-384.

[32] ZHAO J, YANG Y, ZHANG Y, et al. TDGraph: A topology-driven accelerator for high-performance streaming graph processing[C]//Proceedings of the 49th Annual International Symposium on Computer Architecture. ISCA, 2022: 116-129.

[33] FALDU P, DIAMOND J, GROT B. Domain-specialized cache management for graph analytics[C]//Proceedings of the 2020 IEEE International Symposium on High Performance Computer Architecture. IEEE, 2020: 234-248.

[34] ZHAO J, ZHANG Y, LIAO X, et al. LCCG：A locality-centric hardware accelerator for high throughput of concurrent graph processing[C]//Proceedings of the International Conference for High Performance Computing, Networking, Storage and Analysis. 2021：1-14.

[35] TAN C, AGOSTINI N B, GENG T, et al. DRIPS：Dynamic rebalancing of pipelined streaming applications on CGRAs[C]//Proceedings of the 2022 IEEE International Symposium on High-Performance Computer Architecture. IEEE, 2022：304-316.

[36] Hybrid Memory Cube：HMC Gen2[R/OL]. Intel, 2018.

[37] BINDSCHAEDLER L, MALICEVIC J, LEPERS B, et al. Tesseract：distributed, general graph pattern mining on evolving graphs[C]//Proceedings of the Sixteenth European Conference on Computer Systems. 2021：458-473.

[38] DAI G, HUANG T, CHI Y, et al. GraphH：A processing-in-memory architecture for large-scale graph processing[J]. IEEE Transactions on Computer-Aided Design of Integrated Circuits and Systems, 2019, 38：640-653.

[39] ZHUO Y, WANG C, ZHANG M, et al. GraphQ：Scalable PIM-based graph processing[C]//Proceedings of the 52nd Annual IEEE/ACM International Symposium on Microarchitecture. IEEE, 2019：712-725.

[40] BESTA M, KANAKAGIRI R, KWASNIEWSKI G, et al. SISA：Set-centric instruction set architecture for graph mining on processing-in-memory systems[C]//Proceedings of the 54th Annual IEEE/ACM International Symposium on Microarchitecture. IEEE, 2021：282-297.

[41] 刘成. 相变存储薄膜的结构转变与性能研究[D]. 上海：华东师范大学, 2022.

[42] HU M, STRACHAN J P, LI Z, et al. Dot-product engine for neuromorphic computing：programming 1T1M crossbar to accelerate matrix-vector multiplication[C]//Proceedings of the DAC. IEEE, 2016：53.

[43] SONG L, ZHUO Y, QIAN X, et al. GraphR：Accelerating graph processing using ReRAM[C]//Proceedings of the 2018 IEEE International Symposium on High Performance Computer Architecture. IEEE, 2018：531-543.

[44] DAI G, HUANG T, WANG Y, et al. GraphSAR：A sparsity-aware processing-in-memory architecture for large-scale graph processing on ReRAMs[C]//Proceedings of the 24th Asia and South Pacific Design Automation Conference. 2019：120-126.

[45] GHASEMI S A, JAHANNIA B, FARBEH H. GraphA：An efficient ReRAM-based architecture to accelerate large scale graph processing[J]. Journal of Systems Architecture, 2022, 133：102755.

[46] HUANG Y, ZHENG L, YAO P, et al. ReaDy：A ReRAM-based processing-in-memory accelerator for dynamic graph convolutional networks[J]. IEEE Transactions on Computer-Aided Design of Integrated Circuits and Systems, 2022, 41 (11)：3567-3578.

[47] MUKKARA A, BECKMANN N, ABEYDEERA M, et al. Exploiting locality in graph analytics through hardware-accelerated traversal scheduling[C]//Proceedings of the 51st Annual IEEE/ACM International Symposium on Microarchitecture. IEEE, 2018：1-14.

[48] GABBAY S M, LEENDERS R T A J. CSC：The structure of advantage and disadvantage[J]. Corporate Social Capital and Liability, 1999：1-14.

［49］ HUANG Y, ZHENG L, LIAO X, et al. RAGra: Leveraging monolithic 3D ReRAM for massively-parallel graph processing［C］//Proceedings of the 2019 Design, Automation & Test in Europe Conference & Exhibition. IEEE, 2019: 1273-1276.

［50］ HUANG Y, ZHENG L, YAO P, et al. Accelerating graph convolutional networks using crossbar-based processing-in-memory architectures［C］//Proceedings of the 2022 IEEE International Symposium on High-Performance Computer Architecture. IEEE, 2022: 1029-1042.

［51］ SKARDING J, GABRYS B, MUSIAL K. Foundations and modeling of dynamic networks using dynamic graph neural networks: A survey［J］. IEEE Access, 2021, 9: 79143-79168.

［52］ Chi P, Li S, Xu C, et al. PRIME: A novel processing-in-memory architecture for neural network computation in ReRAM-based main memory［C］//Proceedings of the International Symposium on Computer Architecture. ISCA, 2016: 27-39.

［53］ CHEN Y. ReRAM: History, status, and future［J］. IEEE Transactions on Electron Devices, 2020, 67 (4): 1420-1433.

［54］ ZHAO Y, LIU F, GAO H, et al. Development of DNN accelerator and its application in avionics system ［C］//Proceedings of the 10th Chinese Society of Aeronautics and Astronautics Youth Forum. Singapore: Springer Nature Singapore, 2023: 170-177.

［55］ LIU C, LIU H, JIN H, et al. ReGNN: a ReRAM-based heterogeneous architecture for general graph neural networks ［C］//Proceedings of the 59th ACM/IEEE Design Automation Conference. ACM, 2022: 469-474.

第 6 章

图计算性能评测

数据密集型超级计算机应用对于高性能计算任务越来越重要，但不适用于那些为三维物理模拟设计的平台。而如果没有一个有意义的基准测试，就无法准确评估这些应用的性能，也不利于应用的发展。因此，在图计算发展中，一套标准高效的基准测试与相应的性能评价指标显得尤为重要。与本书前 5 章相同，本章同样将图计算性能评测分为以遍历为基础的图算法与图学习两部分讨论。来自学术界、工业界和国家实验室的多位高性能计算专家组成的指导委员会为图算法应用建立了一个大规模基准测试 Graph500，包含了标准 Graph500 与 Green Graph500。本章 6.1 节与 6.2 节分别介绍 Graph500 与 Green Graph500 两套基础测试程序，两者服务于不同的目标：Graph500 主要关注性能评测，而 Green Graph500 关注性能功耗比。对于图学习，一套高质量大规模的数据集尤为重要，本章 6.3 节将详细介绍开放图基准（open graph benchmark，OGB）数据集。

6.1 Graph500 性能评测和优化

6.1.1 Graph500 性能评测

大规模图问题的性能特性与物理应用（physics applications）的性能特性有很大不同，复杂的图应用程序表现出的空间与时间连续性通常很低，并且同现实世界物理应用与行业基准（industry benchmarks）的数据相比，大规模图问题的数据集更大：与定义 Top500 榜单的 LINPACK 基准测试相比，一个示例图问题的数据规模是它的 6900 倍，时间局部性为 2.6%，空间局部性为 55%[1]。

Graph500 是一套基准测试程序，用来测试高性能集群的图计算性能。Graph500 主要利用图论分析超级计算机在模拟生物、安全、社会以及类似复杂问题时的吞吐量，并进行排名。Graph500 榜单分为 3 类，分别是宽度优先搜索榜单（BFS list）、单源最短路径榜单（SSSP list）和 Green Graph500 榜单。其中 BFS list 与 SSSP list 重点评价集群的计算性能，而 Green Graph500 重点评价集群的能效。

Graph500 计算的问题是在一个庞大的无向图中采用广度优先搜索算法进行测试。Graph500 基准测试于 2010 年首次引入，它在 R-MAT[2] 生成器生成的图上运行图算法，该生成器模拟真实世界中具有高度随机连接且顶点度分布极端不均衡的幂律图。该基础测试最初只包括 BFS 内核，已在大型超级计算机上得到广泛认可、实现和优化，2017

年，Graph500 引入了新的内核 SSSP。测试包括两个计算核心：首先是生成带检索的图并以系数矩阵的 CSR（compressed sparse row）或 CSC（compressed sparse column）方式压缩存储；其次是采用并行 BFS 以及 SSSP 方法进行检索。

Graph500 根据输入图大小定义了如表 6.1 所示的 6 个问题类别。

表 6.1　Graph500 定义的问题类别

图大小	顶点数	内存消耗
Toy	2^{64}	17GB
Mini	2^{29}	137GB
Small	2^{36}	1.1TB
Medium	2^{39}	17.6TB
Large	2^{39}	140TB
Huge	2^{42}	1.1PB

Graph500 定义的基准测试和相关指标由 Graph500 指导委员会制定，该基准测试具有以下特性。

1）应用范围广泛：基准测试必须反映影响许多应用的一类算法，而不是单一的过渡点应用（transitory point application）。

2）反映现实问题：基准测试的结果应该映射回实际问题，而不仅仅是展示一个理论或"纯计算机科学"的结果。

3）反映真实的数据集：与图问题映射到现实问题相似，由于面向现实问题的应用程序的性能高度依赖于输入数据，只有当图数据集表现出现实世界的模式时，该数据集才能在现实应用中发挥其相应的价值。

Graph500 测试基准所提议的数据集如表 6.2 所示，包含了关键的商业和科学问题。

表 6.2　Graph500 测试基准提议数据集

领域	数据/特征	描述
网络安全	150 亿日志/天（大型企业）	端到端连接的全数据探测
医疗信息	50 万患者记录 20~200 记录/病人 数十亿的个人记录	实体信息
数据增强	PB 级的数据（或更多）	例子：拥有数亿个应答器数以万计的船只，数以万计的军队，大量散装货物的海洋领域感知数据
社交网络	近乎无限	例子：脸书
抽象网络	PB 级数据	例子：人脑的 25B 神经元，每个神经元约有 7K 个连接

Graph500 测试基准定义了新的性能指标——每秒遍历边数（TEPS）来评估使用各种架构、编程模型、高级语言与框架实现的 BFS 与 SSSP 搜索算法性能。定义 $\text{Time}_k(n)$ 为 Graph500 中 BFS 与 SSSP 内核运行的测量执行时间，m 为遍历的图中无向边的数目，则每秒遍历边数定义为：

$$\text{TEPS}(n) = m/\text{Time}_k(n)$$

6.1.2　Graph500 的 BFS 和 SSSP 算法优化

1. BFS 优化

文献［3］中对 Graph500 基准测试程序的计算性能优化作了总结，如 2011 年发布的 version1.2 版本的 Graph500 基准测试程序中 BFS 算法的顶点访问函数 visit 开始使用 bitmap 数据结构来表示，增大了 visit 的空间局部性，减少访存的次数，并将自底向上（bottom-up）的搜索方式加入遍历程序中，通过自顶向下（top-down）与自底向上相结合的混合 BFS 算法，避免了多线程搜索时的原子操作。2013 年日本中央大学[4] 针对单节点 NUMA 的体系结构特征，提出了内存绑定和线程绑定的优化技术，并对任务进行划分，使得在多线程并行执行的时候，各线程在搜索时尽量减少对远程内存的访问，以减少访存开销。同年，Yasui 等人[4] 提出了基于度感知（degree-aware）的优化方法，达到了单节点上 37.66GTEPS 的速度，并在 2013 年 11 月的 Graph500 排行榜中排到第 50 位，实现了单节点最快的良好性能。2015 年国防科技大学刘衡竹团队[6] 结合流处理器结构的特征提出面向图计算的流加速 SAU，通过使用 SRF 替代 Cache 来提高 Graph500 的计算速度[6]。2016 年东京工业大学 Koji Ueno 等人[8] 在 Beamer[7] 设计的混合 BFS 算法的基础上，设计了一种顶点数重排序和负载平衡的优化技术，用于缩放到极端节点数的优化集，优化后的 Graph500 的程序运行在 K-computer 上实现了 2015 年、2016 年 Graph500 排名第一。2017 年日本九州大学高等数学软件实验室 Macieg Bessta 等人[5] 提出基于稀疏矩阵稠密向量乘积（SpMV）的向量化图表示方法 SlimSell 以提高 BFS 算法的计算速度。文献［3］也提出了自己的优化方法，从程序的内存和访存两个方面进行优化，在提高 Graph500 基准测试程序的计算效率的同时减小程序运行过程中对内存空间的消耗。在内存优化方面，采用压缩生成图变量数据类型的方法使得优化后的生成图能更加适合 BFS 算法的搜索；在访存优化方面，对生成图数据的格式分配程序进行降维处理，使得数据传输时增加了每个缓存行（cacheline）上的有效数据，提高了 CPU 的寻址能力。

图分区也是 BFS 算法优化的重要方式。当前超级计算机的设计目的主要是为了典型的 HPC 任务，通常是浮点密集型的科学和工程计算应用。虽然超级计算机为 HPC 应用提供了前所未有的容量和性能，但数据密集型应用在容量和性能方面的扩展性问题仍未得到解决。图数据的偏斜性（度分布的不均衡）会导致严重的负载不平衡和不必要的通信，这是 BFS 算法在超级计算机上高效运行的最大挑战之一，所以需要设计良好的图分区方法来解决这个问题。

研究者们提出了各种划分图的解决方案，包括一维划分上的重顶点（高度数顶点）委派[9,10] 和二维划分[11,12]。

一维划分只会产生由 BFS 算法中源顶点（记为 u）分割的图，每个进程都拥有一个连续区间中的顶点子集，进程向源顶点的邻居顶点（记为 v）的所有者进程发送消息以更新邻居。尽管一维划分实现简单，但是由于顶点度分布的极端不均衡，它具有显著的负载不平衡问题。为了解决这个问题，Yasui 等人[4] 提出了度感知的方法（degree-aware）。

该方法为每个节点上度数较高的顶点（记为 H）创建代理节点，H 顶点和正常顶点之间通过这些代理节点来连接。这种全局分布重顶点的邻接列表策略有效地解决了大规模幂律图的负载不均衡问题。

　　二维划分首先由 Yoo 等人[13] 引入到图遍历中。在这种划分策略中，进程会构建大小为 $R×C$ 的虚拟网格。顶点的分配方式与一维划分相同，并且在行和列上设置逻辑代理顶点。二维划分策略将行上的源代理顶点和列上的目标代理顶点相连。因此，在遍历期间通信被限制在列和行上，并且可以通过 MPI 中的高效集合操作来加速通信。

　　一维与二维划分都旨在大规模图上解决负载平衡和冗余通信问题，但是这些图划分方法在超大规模图上将面临扩展性不佳的问题。一维划分的方法需要全局委托太多的重顶点；而二维分区的方法同样在行和列上有太多的顶点需要委托。大规模图和超级计算机的出现对图划分方法的扩展性提出了新的挑战。

　　方向优化是优化 BFS 的关键技术，由 Beamer 等人[14] 提出，并被广泛用于 BFS 算法中。并且被广泛用于高效地实现 BFS。它基于这样的观察，即当边界很大时，从 v 到 u 即自底向上）而不是传统方向（自顶向下），反向遍历图需要接触的边较少。自顶向下的方法和自底向上的方法是互补的，因为当边界最大时，自底向上的方法将处于最佳状态，而自顶向下的方法将处于最差状态，反之亦然。自顶向下方法或自底向上方法的运行时间大致与它们检查的边数成正比。自顶向下的方法将检查边界上的每条边，而自底向上的方法可以检查连接到未访问顶点的每条边。当边界的大小增加时，自顶向下方法的每一步时间相应地增加，以跟踪边界中的边数，但是自底向上方法的每一步时间下降。图 6.1 展示了这两种迭代算法的伪代码。

　　当边界很大时，从自顶向下方法过渡到自底向上方法能够减少工作量，因为在自顶向下步骤期间发生的所有边检查（边界中的所有边）可以被跳过。图 6.2 给出了一个简

```
function breadth-first-search( vertices, source)
    frontier←{ source}
    next←{ }
    parents←[ -1, -1, ⋯ -1]
    while frontier ≠ { } do
        top-down-step( vertices, frontier, next, parents)
        frontier←next
        next←{ }
    end while
    return tree
function top-down-step( vertices, frontier, next, parents)
    for v ∈ frontier do
        for n ∈ neighbors[ v] do
            if parents[ n] =-1 then
                parents[ n]←v
                next←next ∪ { n}
            end if
        end for
    end for
```

图 6.1　两种迭代算法的伪代码

单的例子，具体地说明了从自顶向下过渡到自底向上方法所节省的边检查。由于边界当前处于深度 1，执行自顶向下方向的遍历需要检查从深度 1 处的顶点引出的每一条边。相比之下，执行自底向上方向的遍历可能会检查进入深度为 2 或更大的顶点的每条边。在自底向上遍历中，深度为 2 的顶点一旦找到深度为 1 的邻居，就能够提前终止对父节点的搜索。深度为 3 的顶点离边界太远了，视它的边检测为不成熟的。将主连通分支（深度-1）之外的顶点的边检查称为断开。在这个简单的例子中，当边界在深度 1 时，尽管有浪费的检查，但是自底向上的方法比自顶向下的方法检查更少的边。

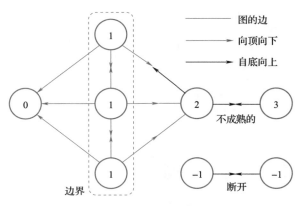

图 6.2 两种迭代遍历边的示例

为了高效地实现大规模并行 BFS，文献 [15] 中提出了以下四种新技术。

1）3 级度感知的 1.5 维图划分。现实世界中的许多图都暴露出严重的偏斜度，从而导致图处理中的负载不平衡和冗余通信。Graph500 基准测试中采用的 R-MAT 图生成算法也模拟了这些特性。针对这些问题，面向大规模图遍历的图划分方法被提出，包括度感知的一维划分和二维划分，如图 6.3 所示，这两种划分方法都受到图规模的限制。文献 [15] 中提出了 3 层度感知的 1.5 维图划分，同二维划分，该工作中进程被组织成 $R \times C$ 的虚拟网格，其中行被映射到超节点。根据度数将图中的顶点划分为三个等级：极重（E），重（H），轻（L），如图 6.4 所示。度数级别最高的顶点（E）被委派到所有节点上，因为 E 顶点几乎在每个节点上都会有邻居顶点，为 E 顶点创建全局代理有助于减少通信。第二级顶点（H）遵循二维划分中的委托策略，H 顶点在遍历期间倾向于接触每个超节点上的邻居。这些 H 顶点明显多于 E 顶点，如果像 E 顶点那样设置全局代理，则会导致大量不必要的通信。考虑到分层网络拓扑，不创建代理会导致重复的数据在超节点之间流动，从而产生网络瓶颈。受二维划分委托策略的启发，将 H 顶点委托到行和列上，它有助于消除向同一超节点的重复发送，同时避免代价高昂的全局代理。第三级顶点（L）的处理与一维分区相同。因为一个 L 顶点有少量的边连接到它，其中很少有多个目的顶点驻留在同一个进程上，为 L 顶点设置代理效益较小。这种新颖的划分方法确保了可伸缩性并减少了通信。

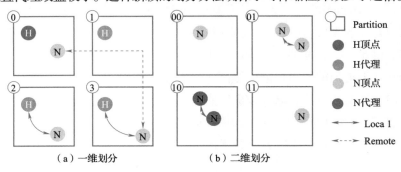

（a）一维划分　（b）二维划分

图 6.3　一维划分与二维划分策略

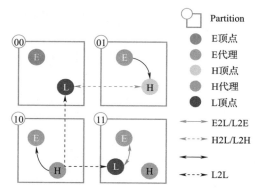

图 6.4　1.5 维图划分策略

2）子迭代方向优化。在密集迭代中，Huanqi Cao 等人采用自底向上而不是传统的自顶向下的遍历方向。通常，只有两到 3 个最密集的迭代会使用自底向上的方法。由于顶点度数的不均衡，包括 E 和 H 在内的枢纽顶点比度数较低的 L 顶点更早地被密集访问。为此，Huanqi Cao 等人提出了子迭代方向优化，对不同的度感知子图应用不同的迭代方向策略。对于包含跨节点（H2L，L2H，L2L）的边的子图，他们通过比较活跃源顶点和未访问的目的顶点在所有顶点中的比率来估计最优方向，这个比率直接反映了需要通信的消息数量。而对不跨节点边的子图（EH2EH，E2L，L2E），仅使用活跃源点比率来选择方向。子迭代方向优化策略可以在早期迭代中通过自底向上的方式高效地访问 E 和 H，同时防止迭代所有的 L。另外通过应用自底向上迭代，还消除了后期迭代中 L 顶点对 E 或 H 的不必要访问。

3）核心子图分割。在 Graph500 生成的图中，E 和 H 顶点形成的 EH2EH 被视为核心子图，通常包含超过 60% 的边，其计算迭代方向应该是自底向上的。核心子图的自底向上过程包括从目标顶点的局部随机读取和向源顶点的顺序写入；由于缺乏局部性，随机读取的性能较差。为优化核心子图的计算，文献［15］提出按源分割子图，按目标索引存储，通过优化调度计算单元，实现一定的性能提升。

4）带 RMA 的片内排序。桶排序是边消息传递中需要的多用途元核（meta-kernel）。基于 RMA 机制，Huanqi Cao 等人设计了基于 RMA 的片上排序算法（OCS-RMA），以满足随机消息桶排序的需要。OCS-RMA 将内核划分为生产者和消费者，并使用 RMA 发送来自生产者和消费者的消息。由于新的灵活的片上通信，用 OCS-RMA 替换 ShenTuSW26010 上类似的元内核能够提高 47.0% 带宽利用率。

结合上述四种优化方法，该工作最终实现了每秒 180 792 千兆遍历边（GTEPS），较 2021 年 6 月的 Graph500 BFS 列表中为 102 956GTEPS 的性能表现领先 1.75 倍。它还展示了前所未有的图大小，包含 281 万亿条无向边，是目前 Graph500 列表中最大边的 8 倍。

2. SSSP 优化

Graph500 的 SSSP 内核于 2017 年首次被引入，然而在全尺寸实验上世界顶级超级计算机都没有结果，主要的原因是现有的 SSSP 算法在大规模数据下效率较低。一方面，R-MAT 生成器生成的图数据中边的权值服从［0，1）均匀分布，并且顶点的度数极度不均衡，这使得一对顶点之间的最短距离可能包含大量极短边而不是一条普通边。因此，在大多数并行 SSSP 算法中的单个 SSSP 运行期间，顶点的暂定距离（即当前顶点与根顶点的最短距离）会被重复更新；当图规模增大时，SSSP 生成的树会更深，如果使用 Bellman-Fold 和 Δ–stepping 等流行的 SSSP 算法，实际遍历的边数会随着图规模的增大而超线性增长，扩展性较差。另一方面，在大规模并行系统上实现超大规模的 Graph500 SSSP 内核面临着负载不均衡、大量无规则 all-to-all 通信等问题，根据 Graph500 BFS 以及通用图处理框架的一些研究，复制代理顶点状态是缓解这些问题的一个关键思想。通过复制计算顶点中某些具有较高度数顶点的状态（被复制的顶点称为代理顶点），一些全局通信中需要 all-to-all 的消息传递可以转换为本地消息聚合，另外不规则的 all-to-all 通信也可以被转换为基于代理顶点状态的 all-gather 与 reduce-scatter 操作。然而，与 BFS 不同，Graph500SSSP 由于边权分布的特点通常需要更多轮迭代，而基于限制访问活跃顶点数目的 SSSP 优化算法又使得这些通信趋于稀疏，因此探索稀疏性的潜在优化也是一个值得考虑的问题。

文献［16］中提出了一种 SSSP 优化实现技术，包括一种高效的 SSSP 算法——Hyper-Stepping，以及为提高通信效率的自适应密集/稀疏模式选择方法。

Hyper-Stepping 算法结合了现有的高度优化的 Δ–stepping 算法[17] 和 PDH-SP 算法[18]。SSSP 优化算法的关键思想是在一次迭代中仅访问一部分活跃顶点，相较于其他顶点而言，这些顶点的暂定距离较小，并且忽略具有较大暂定距离的顶点，因为这些顶点很容易在之后地迭代中进行更新。Δ–stepping 算法根据参数 Δ 将图数据中的边分为长边和短边，同时根据各个顶点的暂定距离将所有顶点划分到不同的 Δ–bucket 中，尽管优化的 Δ–stepping 算法仅在遍历完包含短边的 Δ–bucket 中的顶点后遍历长边一次，但在使长边最多遍历一次的同时短边仍然会被重复遍历，并且随着图规模的增长，遍历次数也会很多。PDH-SP 算法采用了活跃顶点的动态滑动窗口来控制迭代中访问的活跃顶点的数量，在每次迭代之前，计算所有活跃顶点中最小的暂定距离 M，并根据暂定距离和所有活跃顶点的出度计算启发数 Δmax，在此次迭代中，仅访问暂定距离小于 $M+\Delta max$ 的活跃顶点而忽略其他顶点，因为在此后的迭代中较大暂定距离的顶点很容易被更新。受 PDH-SP 算法的启发，Hyper-Stepping 算法将 Δ–stepping 中对短边 Δ–bucket 中顶点的完全迭代替换为一个受限的滑动窗口，进一步限制一次迭代中访问的活跃顶点的数目。实验证明，相比于 Δ–stepping 和 PDH-SP 算法，Hyper-Stepping 算法在大规模图数据上的表现更好，TEPS 数更高。

在使用代理顶点来优化通信的模式下，根据需要更新的顶点的数量，可以将需要更新的数据表示为稀疏数组（顶点 ID，顶点状态）和固定大小的稠密顶点状态向量，Yuanwei Wang 等人提出了一种自适应选择稀疏或稠密模式的方法：在更新代理顶点的过程中，除了稠密表示之外再保留一个稀疏表示附加缓冲区来记录更新的顶点 ID 及其暂定距离对（顶点 ID，顶点状态），若更新后的顶点在某个点填满了缓冲区，之后的更新只会修改稠密向量，这样的计算顶点将自己标识为稠密。在局部计算后，检查同步中的顶点状态，若出现标识为稠密的顶点，则通信使用稠密模式。

6.2　Green Graph500 性能功耗比评测与优化

人类活动引起的碳排放量增加导致的气候变化已经被认为是世界最严重威胁之一，应对气候变化已经成为人类共识。计算作为数字经济的核心载体，在引起人们生产生活方式积极转变的同时，所产生的计算能耗同样不可忽略。而数据密集型或"大数据"计算在 HPC 任务和数据中心中又发挥着越来越重要的作用，因此低碳低能耗也将成为影响高性能计算的重要因素，能源感知大数据计算已成为必要。Green Graph500 正是在低碳背景下，为量化高性能图计算集群的能源消耗而提出的。它旨在通过公开能源使用与排放的数据，明确集群能耗和碳排放量，帮助图计算在效率方面做出改进与优化。作为 Graph500 的补充，Green Graph500 数据是与 Graph500 榜单合作收集的，并且基准测试和性能指标与 Graph500 相同。Green Graph500 榜单收集每瓦特性能指标，供数据中心运营商和供应商分析，以比较其架构上数据密集型计算任务的能耗。

BFS 计算具有内存访问不规则以及计算访存比较低等特点，为了提高 BFS 的性能，计算机系统需要大的存储器带宽，更具体地，需要用于随机访问的大的存储器带宽。而尽管 DRAM 具有低成本和大容量存储的特点，被广泛用作当今大多数计算机系统中的存储设备，但是 DRAM 在处理随机存取时比顺序存取带宽低很多，并且它们的单通道性能是有限的（例如，DDR4 为 19.2GB/s）。为了提高存储器带宽，最近的研究提出了新出现的存储器技术，例如，HMC（超存储器立方体）[20] 和 HBM（高带宽存储器）[21]。HMC 将多个 DRAM 层和逻辑层堆叠成单个堆栈并与计算单元相连，形成的串行链路提供高达 240GB/s 的带宽。类似地，HBM 技术也将多个 DRAM 层和逻辑层堆叠成单个堆栈，但计算单元与多个存储器通道相连，这样，HBM 可以轻松地扩展其带宽，增加堆栈，从而增加内存通道。HBM 提供的扩展内存通道，使得为带宽关键型应用（如BFS）构建高效的加速器成为可能。由于具有多个存储器通道，HBM 可以补偿底层DRAM 设备的随机存储器访问的弱点。

另一方面，对于一个包含数百万个顶点的大图上的 BFS 算法，其算法迭代过程中可能包含数十万个活跃顶点，这些活跃顶点的算法逻辑可以完全并行执行。FPGA 的大规模并行特性使其非常适合 BFS 算法的处理，同时，在计算期间产生的冲突可以使用 FP-GA 的片上存储器资源来解决。此外，FPGA 供应商已经提供了 HBM 增强型 FPGA 板，具有更高的内存带宽，这为在 FPGA 环境中加速图处理提供了新的机会。因此，HBM 增强型 FPGA 允许更多的计算并行性，以充分利用 FPGA 资源。这两方面的原因使得构建基于 FPGA-HBM 的加速器成为可能。

利用 FPGA 在功耗和灵活性上的优势，Chenhao Liu 等人[19] 提出了一个基于 FP-

GA-HBM 的 BFS 加速器 ScalaBFS，通过构建多个处理单元来充分利用 HBM 的高带宽来提高效率。ScalaBFS 加速器的实现需要解决以下两个方面的问题。一是在片内存储器容量有限的情况下，需要尽量减少片外存储器访问。这是因为片上存储器的大小，即 BRAM 和 URAM 的性能总是有限的，特别是在 FPGA 上，存储块是均匀分布的。在 BFS 算法中，无法将所有的数据（顶点数据和图数据）放入 FPGA 的片内存储器，这意味着必须从外部存储器读取数据。由于外部存储器访问是相当昂贵的，需要尽可能地减少外部存储器访问。二是最大化计算并行性以匹配高 HBM 带宽。这是由于在有限外部存储器带宽的限制下，先前的工作只能实现有限的计算并行性。换句话说，由于外部存储器带宽已经饱和，因此无法充分利用小尺寸 FPGA 上的资源。在 HBM 增强型 FPGA 上，探索高计算并行性以匹配高 HBM 带宽成为可能。

为了尽量减少片外存储器的访问，需要使来自外部存储器的输入图数据以及片上存储器开销最小。为满足这个条件，Chen-hao Liu 等人将输入图数据分为两种类型：顶点数据和图数据。顶点数据指的是距离数组，而图数据指的是邻接矩阵。ScalaBFS 利用片上存储器资源（BRAM 和 URAM）来存储所有顶点数据。这是因为在 BFS 算法中顶点数据会被频繁地修改以跟踪状态，相反，图数据永远不会改变。另外随着 FPGA 技术的进步，现代 FPGA 在 BRAM 和 URAM 方面拥有越来越大的片上存储器容量，更大的片内存储器容量允许存储更多的（数百万）顶点数据。此外，ScalaBFS 还提出了一个新的 BFS 算法来最小化中间状态的大小，如图 6.5 所示。提出的算法的关键思想是使用 3 个位图（即当前边界、下一边界和访问过的位图），以跟踪顶点数据在 BFS 执行期间的状态。每个顶点只占用 3 个位。当前边界中的位指示其对应顶点在当前迭代中是否活动（1 表示活动，0 表示不活动）。类似地，下一边界中的位指示其对应顶点是否将在下一迭代中被激活。访问过的位图中的位指示对应的顶点之前是否被访问过（1 表示访问过，0 表示未访问过）。

为了最大化计算并行性以匹配高 HBM 带宽，ScalaBFS 将图数据划分为多个子图，

```
输入：Directed graph G, and root vertex r.
输出：Array Level[0⋯|V|−1], distances of vertices from r.
    foreach i ∈ [0, |V|−1] do
    Level[i]←∞, current_frontier[i]←0;
    next_frontier[i]←0; visited_map[i]←0;
    Level[r]←0; bfs_level←0;
    current_frontier[r]←1; visited_map[r]←1;
    // push mode(Top-Down).
    while ∃i ∈ V, such that current_frontier[i] = 1 do
    foreach vertex i whose current_frontier[i] = 1
    do
        foreach outgoing neighbour v of i do
            if visited_map[v] = = 0 then
                next_frontier[v]←1;
                visited_map[v]←1;
                Level[v]←bfs_level+1;
    bfs_level←bfs_level+1;
    swap(current_frontier, next_frontier)
    // pull mode(Bottom-Up).
    while ∃i ∈ V, such that visited_map[i]≠1 do
foreach vertex i whose visited_map[i]≠1 do
    foreach incoming neighbour u of i do
        if current_frontier[v] = = 1 then
            next_frontier[i]←1;
            visited_map[i]←1;
            Level[i]←bfs_level+1;
    bfs_level←bfs_level+1;
    swap(current_frontier, next_frontier)
```

图 6.5 使用 3 个位图的 BFS 算法

并将每个子图放置在 HBM PC 中以实现访问局部性。首先，为了负载均衡将 ID 划分为不同区间，然后，根据顶点 ID 区间的划分结果对图数据进行划分：属于相同划分的顶点的邻接列表将被放置在相同的子图中。从邻接列表的观点来看，该划分方案水平地划分图，这种水平划分方案的原因在于它不分解邻接列表，并且更长的邻接列表意味着更多对 HBM 进行顺序访问的机会，这有助于提高处理期间存储器带宽的利用率。此外，ScalaBFS 还采用了多个计算引擎来提供大规模计算并行性。

图 6.6 给出了 ScalaBFS 的硬件架构，该架构由多个处理组（processing group，PG）、调度器（scheduler）和顶点分配器（vetex dispatcher）组成。一个 PG 由一个 HBM Reader 和一个或多个处理单元（PE）组成。图 6.6 中的调度器控制每个 PE 的处理模式（自顶向下或者自底向上），并且在每个迭代开始时将其决定通知给 PE。每个 PG 被唯一地分配给一个 HBM PC，并且 HBM Reader 被 PG 中的所有 PE 共享，通过 AXI 端口向其对应的 HBM PC 发出内存请求，以从 HBM 读取邻接矩阵。每个 PE 处理输入图的一个顶点分区。假定 PE 总数为 Q，将输入图的顶点 ID 空间划分为 Q 不重叠的区间。为了实现 PE 之间的负载平衡，将顶点 ID 以散列的方式分配到不同区间，使得第 i 个 PE 负责处理满足 $VID \% Q = i$ 的顶点。此外，每个 PE 根据 BFS 的阶段工作在混合（自顶向上或者自底向上）处理模式下，以提高硬件利用率。在 HBM Reader 发出存储器请求之后，顶点分配器收集来自所有 PC 的顶点列表的所有响应，然后根据它们的顶点 ID（记为 VID）将邻接表中的顶点分散到目的 PE。

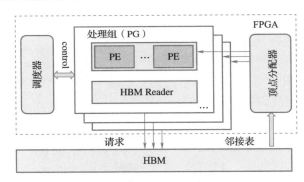

图 6.6 ScalaBFS 的硬件架构

下面对该工作中的顶点分配器的创新工作作简单介绍。顶点分配器的功能是检查输入邻居列表流中的顶点，根据它们所属的区间将它们分类，并且将它们发送回相应的 PE。实现这个目标的最直接的方法是使用 $N \times N$ 全交叉分配器，其中 N 是 PE 的数目，也是划分的子图的数目。然而，这种全交叉分配器需要 N^2 个 FIFO 来实现，当 N 足够大时，很难将其安装在 FPGA 中。例如，当 FIFO 长度为 16 且 $N = 64$ 时，顶点调度器采用完整的 64×64 交叉开关，消耗 U280FPGA 卡中一半以上的 LUT，为 PE 留下非常有限的 LUT 数量。由于顶点调度器的交换逻辑是单向的，受此启发，ScalaBFS 采用了一种多层交叉分配器，在保持相同功能的同时，只需要更少的 FPGA 资源来实现。具体来讲，首

先将 N 分解成多个（k）因子的乘积，设定：$N=C_1\times C_2\times\cdots\times C_k$，第一层即输入层使用 N/C_1 个 $C_1\times C_1$ 的分配器，根据散列函数 $\text{VID}\%C_1$ 将输入顶点分配到 C_1 组中；第二层使用 N/C_2 个 $C_2\times C_2$ 的分配器，根据散列函数 $\text{VID}\%(C_1\times C_2)$ 将输入顶点分配到 $C_1\times C_2$ 组中……最后一层即输出层使用 N/C_k 个 $C_k\times C_k$ 的分配器，将顶点分配到 $C_1\times C_2\times\cdots\times C_k$ 组中。图 6.7 展示了一个 $N=16$ 的完全交叉分配器与两层交叉分配器示意图，其中 $k=2$，$C_1=C_2=4$。

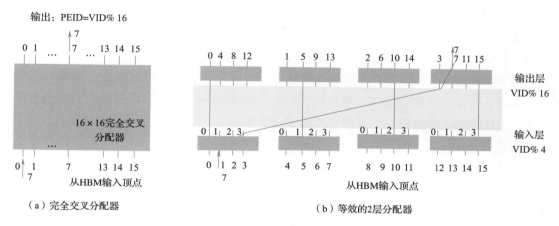

图 6.7 完全交叉分配器转换为多层分配器示意图

通过以上方法，在真实和合成的图上运行 BFS 算法，ScalaBFS 的性能达到 19.7GTEPS，与使用 V100 GPU 卡的 Gunrock 模型接近，并且其功耗更低。

6.3 图学习 OGB 精度评测和优化

开放图基准（open graph benchmark，OGB）[22] 是用来促进可扩展、可重复和稳健的图机器学习（ML）研究的一种多样化且真实的基准数据集。OGB 数据集的规模较大，包含多个重要的图机器学习任务，涵盖的领域十分广泛，从社交网络到生物网络、分子图、源代码 AST 和知识图谱。OGB 中的每个数据集都使用特定于应用程序的数据拆分和评估指标。除了构建数据集外，OGB 还对每个数据集进行了广泛的基准实验。这些实验表明，OGB 数据集对大规模图的可扩展性和真实数据拆分下的分布外泛化提出了重大挑战，这为未来的研究提供了很多潜在的机会。最后，OGB 提供了一个自动的端到端图机器学习流水线，简化和标准化了图数据加载、实验设置和模型评估的过程。

6.3.1 OGB 数据集简介

图机器学习，尤其是深度学习，是一个新兴的领域。最近，图机器学习的理论方法研究取得了重大的进展，在各种应用中产生了十分优异的效果。如何推动图机器学习的发展是目前面临的一个重要问题。高质量和大规模的数据集在推进研究中往往起着十分重要的作用，例如，计算机视觉领域的 ImageNet 和 MS-COCO，自然语言处理领域的 GLUE 和 SQuAD 等。但是，当前图机器学习研究中常用的数据集存在着一些缺点，可能会对未来图机器学习的发展造成负面影响。

OGB 之前的基准数据集存在着以下一些问题。①与实际应用中的图相比，大多数常用数据集都非常小。例如广泛使用的 Cora、Citeseer、Pubmed 数据集，在顶点分类任务中只用 2 700~20 000 个顶点。由于在这些小型数据集上开发了应用广泛模型，因此大多数模型都无法扩展到较大的图；此外，较小的数据集很难去严格地评估需要大量数据的模型，例如，图神经网络（GNNs）。②没有统一且通常遵循的实验协议。不同的研究采用自己的数据集划分、评估指标和交叉验证协议，因此比较各种研究报告的成绩较为困难。另外，许多研究使用随机分割来生成训练集和测试集，这对于真实世界的应用是不现实的或无用的，因此产生的性能结果通常过于乐观。

因此，迫切需要一套完整的可用于现实世界应用的基准测试套件，它可以将来自不同领域的各种大小的数据集组合在一起。此外，由于数据拆分以及评估指标的重要性，还需要用一种一致且可重复的方式对性能进行衡量。最后，基准测试还需要提供不同类型的任务，例如，图顶点属性预测、链接属性预测、图属性预测等。OGB 就这样应运而生。

OGB 的目标是支持和促进图机器学习的研究，这是一个快速增长且日益重要的领域。OGB 数据集涵盖了各种现实世界的应用，并跨越了几个重要领域。此外，OGB 使用流行的深度学习框架提供了一个通用的代码库，用于加载、构建和表示图，以及快速模型评估和比较。OGB 数据集具有以下 3 个特征。

1）大规模：OGB 数据集比现有基准大几个数量级，可以分为 3 个不同的尺度（小、中、大）。即使"小"的 OGB 图数据也超过 1 万个顶点或超过 100 万个边，但足够小以适应单个 GPU 的内存，使它们适合于测试计算密集型算法。此外，OGB 引入了"中"（超过 100 万个顶点或多个 1 000 万个边）和"大"（超过 100 万个顶点或 10 亿个边的顺序）数据集，这有助于开发基于小批量和分布式训练的可扩展模型。

2）多领域：OGB 数据集旨在包括代表广泛领域的图，这使通用模型的开发和演示成为可能，并且能够将它们与特定领域的技术区分开来。此外，对于每个数据集，OGB 采用特定领域的数据拆分（例如，基于时间、物种、分子结构、GitHub 项目等），比传统的随机拆分更有现实意义。

3）多任务：除了数据多样性之外，OGB 还支持三类基本图机器学习任务，即图顶点、链接和图属性预测，每个任务都需要模型对不同级别的图进行预测，即分别在图顶点、链接和整个图级别。

当前可用的 OGB 数据集根据其任务类别、应用领域和规模如表 6.3 所示。目前，OGB 包含 16 个不同的图数据集，每个任务类别至少有 4 个数据集。对于这些数据集，通过呈现更有意义以及更加标准化的拆分来解决现有数据拆分的关键问题。对每个数据集广泛的基准实验强调了该数据集提供的研究挑战和机遇，特别是将模型扩大到大型图以及在真实数据拆分场景下提高分布外泛化性能。最后，如图 6.8 所示，OGB 提出了一个自动的端到端图机器学习流水线，它本着与 OpenML 相同的精神简化和标准化图数据加载、实验设置和模型评估的过程。具体来说，给定 OGB 数据集（a），最终用户可以通过使用 OGB 数据加载器（b）和评估者（d）来开发他们的图机器学习模型（c），这两者都由 OGB Python 包提供。OGB 还托管一个排行榜（e），用于展示最先进的、可复现的图机器学习研究。

表 6.3 可用的 OGB 数据集概述

任务	顶点属性预测（ogbn-）		
规模	自然领域	社会领域	信息领域
小		arxiv	
中	proteins	products	mag
大		papers100M	
任务	链接属性预测（ogbl-）		
规模	自然领域	社会领域	信息领域
小	ddi	collab	biokg
中	ppa/vessel	citation	wikikg
任务	图属性预测（ogbg-）		
规模	自然领域	社会领域	信息领域
小	molhiv		
中	molpcba/ppa		code

图 6.8 OGB 流水线

6.3.2 OGB 依赖库与运行

OGB 包旨在通过自动化数据加载和评估部分，使研究人员易于访问如图 6.8 所示的 OGB 流水线。OGB 与 Pytorch 及其关联的图库 PyG 和 DGL 完全兼容。OGB 还提供了与库无关的数据集对象，可用于任何其他 Python 深度学习框架（如 Tensorflow 和 Mxnet）。为简单起见，解释数据加载和评估将使用 PyG 进行图属性预测任务。

OGB 数据加载器。OGB 包使获取与 PyG 完全兼容的数据集对象变得容易。如图 6.9 中的代码所示，仅用一行代码即可完成操作，最终用户只需指定数据集的名称即可。然后，OGB Package 将下载、处理、存储并返回所请求的数据集对象。此外，用户还可以从数据集对象中轻松获得标准化的数据集分割。

```
>>> from ogb. graphproppred import PygGraphPropPredDataset
>>> dataset = PygGraphPropPredDataset(name = "ogbg-molpcba")
# Pytorch Geometric dataset object
>>> split_idx = dataset. get_idx_split()
# Dictionary containing train/valid/test indices.
>>> train_idx = split_idx["train"]
# torch. tensor storing a list of training indices.
```

图 6.9　OGB 数据加载器代码示例

OGB 评估器。OGB 还可以通过 ogb. ＊. Evaluator 类实现标准化和可靠的评估。如图 6.10 的代码所示，用户首先指定要评估的数据集，然后需要了解传递给 Evaluator 对象的输入格式。输入格式取决于数据集，例如，对于 ogbg-molpcba 数据集，Evaluator 对象需要输入一个字典，其中包含 y_true（存储真实二进制标签的矩阵）和 y_pred（存储模型输出的分数的矩阵）。最终用户通过指定存储输出结果的字典，评估程序对象将返回适合已有数据集的模型性能，例如 ogbg-molpcba 的 PRC-AUC。

```
>>> from ogb. graphproppred import Evaluator
#Get Evaluator for ogbg-molpcba
>>> evaluator = Evaluator(name = "ogbg-molpcba")
#Learn about the specification of input to the Evaluator.
>>> print (evaluator. expected_input_format)
#Prepare input that follows input spec.
>>> input_dict = {"y_true":y_true,"y_pred":y_pred}
#Get the model performance.
result_dict = evaluator. eval(input_dict)
```

图 6.10　OGB 评估器代码示例

6.3.3　OGB 顶点属性预测

本小节主要介绍用于 OGB 顶点属性预测的数据集的特点以及其预测任务和数据集的拆分策略。

1. 数据集介绍

OGB 顶点预测采用了来自 3 个不同领域的 5 个数据集。这 5 个数据集分别为亚马逊产品共同购买网络 ogbn-products、蛋白质关联网络 ogbn-proteins、论文引用网络 ogbn-arxiv、论文引用网络 ogbn-papers100M 和异构微软学术图（MAG）ogbn-mag。值得注意的是，ogbn-proteins 的密度相当大，其拥有较大的平均顶点度和较小的图直径。另一方面，亚马逊产品共同购买网络 ogbn-products 比其他数据集具有更多的聚类图结构，其拥有较大的平均聚类系数。最后，异构微软学术图 ogbn-mag 具有较小的平均顶点度、聚类系数和图直径。

2. 亚马逊产品共同购买网络 ogbn-products

ogbn-products 是一个无向且未加权的图表，代表亚马逊产品联合采购网络。顶点表示在亚马逊销售的产品，两个产品之间的边表示产品是一起购买的。顶点特征是通过从产品描述中提取词袋特征来生成的，然后进行主成分分析将维度减小到 100。

预测任务：该任务是在多类分类设置中预测产品的类别，其中 47 个顶级类别用于目标标签。

划分策略：根据产品的销售排名对产品进行排序，并使用前 8% 进行训练，最后 2% 用于验证，其余用于测试。这是一个颇具挑战性的拆分过程，与现实世界的应用程序紧密匹配，其中通过手动标记网络中的重要顶点，随后使用机器学习模型对其他不太重要的顶点进行预测。

3. 蛋白质关联网络 ogbn-proteins

ogbn-proteins 数据集是一个无向、加权和类型化（根据物种）图。顶点表示蛋白质，边表示蛋白质之间不同类型的生物学意义关联。所有的边都具有 8 维特征，其中每个维度表示单个关联类型的强度，值在 0~1 之间。这些蛋白质来自 8 个物种。

预测任务：该任务是在多标签二元分类设置中预测蛋白质功能的存在，其中总共有 112 种标签需要预测。其性能表现是通过 112 项任务的 ROC-AUC 得分的平均值来衡量的。

划分策略：蛋白质顶点根据蛋白质来自的物种分成训练/验证/测试集。这使得评估模型在不同物种间的泛化性能成为可能。

4. 论文引用网络 ogbn-arxiv

ogbn-arxiv 数据集是一个有向图，表示由 MAG 索引的所有计算机科学（CS）Arxiv 论文之间的引文网络。每个顶点都是一个 Arxiv 论文，每个有向边表示一篇论文引用另一篇论文。每篇论文都有一个 128 维的特征向量，它是通过对标题和摘要中单词的嵌入进行平均得到的。

预测任务：该任务是预测 Arxiv CS 论文 40 个主题类别，其类别由论文的作者和 Arxiv 模式器手动确定（即标记）。

划分策略：基于论文发表日期进行划分，将 2017 年及以前发表的论文作为训练集，将 2018 年发表的论文作为验证集，将 2019 年以后发表的论文作为测试集。

5. 论文引文网络 ogbn-papers100M

ogbn-papers100M 数据集是由 MAG 索引的 11 100 万篇论文的有向引用图。它的图结构和顶点特征的构建方式与 ogbn-arxiv 相同。在其顶点集中，大约 150 万个是 Arxiv 论文，每个论文都标有 Arxiv 的主题区域之一。总体而言，该数据集比任何现有的顶点分类数据集大几个数量级。

预测任务：给定完整的 ogbn-papers100M 图，预测 Arxiv 中发表的论文子集的主题区域。大多数顶点（对应于非 Arxiv 论文）与标签信息无关，只给出它们的顶点特征和参考信息。任务是利用整个引用网络来推理 Arxiv 论文的标签。总共有 172 个 Arxiv 主题领域，使预测任务成为 172 类分类问题。

划分策略：划分策略和 ogbn-arxiv 相同，使用基于时间的划分策略。具体来说，训练顶点（带标签）均为 2017 年之前发表的 Arxiv 论文，验证顶点为 2018 年发表的 Arxiv 论文，模型采用 2019 年以来发表的 Arxiv 论文进行测试。

6.3.4　OGB 链接属性预测

本小节主要介绍用于 OGB 链接属性预测的数据集的特点以及其预测任务和数据集的拆分策略。

1. 数据集简介

OGB 链接属性预测目前提供了 6 个数据集，这些数据集取自不同的应用领域来预测链接的属性（顶点对）。具体来说，ogbl-ppa 是一种蛋白质–蛋白质关联网络，ogbl-collab 是作者协作网络，ogbl-ddi 是药物–药物交互网络，ogbl-citation2 是论文引用网络，ogbl-biokg 是从大量生物医学存储库编译的异构知识图谱，ogbl-wikikg2 是一个是 Wikidata 知识图谱。不同的数据集在图结构上有很大的差异，例如，生物网络（ogbl-ppa 和 ogbl-ddi）比学术网络（ogbl-collab 和 ogbl-citation2）和知识图谱（ogbl-wikikg2 和 ogbl-biokg）要密集得多，平均顶点度数更大、顶点数量更少、图直径更小。此外，协作网络 ogbl-collab 比其他数据集具有更多的聚类图结构，其平均聚类系数较高，相比 ogbl-biokg，ogbl-wikikg2 更稀疏，聚类更少。

2. 蛋白质–蛋白质关联网络 ogbl-ppa

ogbl-ppa 数据集是一个无向、无权图。该数据集中的顶点是来自 58 个不同物种的蛋白质，边表示蛋白质之间的生物学上有意义的关联。每个顶点都包含在一个 58 维的 one-hot 特征向量，该向量指示相应蛋白质来自的物种。

预测任务：对数据集的预测任务是在给定训练边的情况下预测新的关联边。评估基于模型对正例测试边在负例测试边的上的排名。具体来说，针对 3 000 000 个随机采样的负例边对验证/测试集中的每个正例边进行排名，并计算排名在第 K 位或更高的正例边的比率，发现 $K=100$ 是评估模型性能的一个很好的阈值。

划分策略：数据集根据边的生物学吞吐量分为训练、验证和测试边。

3. 作者协作网络 ogbl-collab

ogbl-collab 数据集是无向图，表示 MAG 索引的作者之间的协作网络的子集。每个顶点代表一个作者，边表示作者之间的协作。所有顶点都具有 128 维特征，这些特征是通过平均作者发表的论文的词嵌入获得的。所有边都与两种类型的元信息相关联——年份和边权重，代表当年发表的协作论文的数量。

预测任务：根据给定的过去协作来预测未来的作者协作关系。评估指标类似于 ogbl-ppa，希望该模型将真实协作的排名高于虚假协作。具体地说，在一组 100 000 个随机抽样的负面协作中对每个真实协作进行排名，并计算排名在 K 位或以上的正例边的比率。实验中发现 $K=50$ 是一个很好的阈值。

划分策略：根据时间拆分数据，以便在协作推荐中模拟实际应用。具体来说，将直到 2017 年的协作作为训练边，将 2018 年的协作作为验证边，并将 2019 年的协作作为测试边。

4. 药物-药物交互网络 ogbl-ddi

ogbl-ddi 数据集是一个同质的、未加权的无向图，表示药物-药物相互作用，网络顶点代表 FDA 批准的或实验药物，边代表药物之间的相互作用，将两种药物合用的联合效果与预期的药物彼此独立起作用的效果有很大不同。

预测任务：在已知药物相互作用的基础上预测药物相互作用。评估指标与 ogbl-collab 相似，希望该模型将真实药物相互作用的排名高于非相互作用药物对。具体来说，将大约 100 000 个随机采样的非相互作用药物中对每个真实药物相互作用进行排名，并计算在 K 位或更高处排名的真实药物相互作用的比率。实验发现 $K = 20$ 是一个很好的阈值。

划分策略：开发了一种蛋白质-靶标拆分，根据那些药物在体内靶向的蛋白质来拆分代表药物之间相互作用的边。测试集中的蛋白质（即顶点）的成分与训练集和验证集中的蛋白质的组成成分是不同的。这意味着测试集中的药物在体内的作用不同，并且具有与训练集和验证集中的药物有不同的生物学作用机制。因此，蛋白质-靶标拆分能够评估模型在多大程度上可以产生实际有用的预测。

5. 论文引用网络 ogbl-citation2

ogbl-citation2 数据集是一个有向图，表示从 MAG 提取的论文子集之间的引用网络，与 ogbn-arxiv 相似，每个顶点都是具有 128 维 Word2vec 特征的论文向量，该向量总结了其标题和摘要，并且每个有向边都表示一篇论文引用了另一篇论文。所有顶点还带有表示相应论文发表年份的元信息。

预测任务：根据给定的现有引用来预测缺少的引用。具体来说，对于每篇原始论文，将随机删除其两个参考文献，并且希望模型将缺失的两个参考文献的排名高于 1 000 个 negative 参考候选集。负例引用是从源论文未引用的所有先前论文中随机抽取的。评估指标是 Mean Reciprocal Rank（MRR），其中为每篇源论文计算负例候选文献中真实参考文献的倒数排名，然后取所有原始论文的平均值。

划分策略：模拟引文推荐中的实际应用，所以根据时间划分边。为此，使用最新论文（2019 年发表）作为要推荐参考文献的原始论文。对于每篇原始论文，从参考文献中删除两篇——所得到的两个下降边（从原始论文指向删除的论文）指向分别用于验证和测试，其余所有边均用于训练。

6. Wikidata 知识图谱 ogbl-wikikg

ogbl-wikikg 是从 Wikidata 知识库中提取的知识图谱（KG）。它包含一组三元组边（头部、关系、尾部），捕获了世界各实体之间的不同类型的关系。该 KG 中包含了 2 500 604 个实体和 535 个关系类型。

预测任务：在给定训练边的情况下预测新的三元组边。评估指标遵循 KG 中广泛使用的标准过滤指标。具体来说，用随机采样的 1 000 个负例实体（头部为 500 个，尾部为 500 个）替换其头部或尾部来破坏每个测试三元组边，同时确保生成的三元组不会出现在 KG 中。目标是将真实的头部（或尾部）实体排名高于负例实体，该排名由 Mean

Reciprocal Rank（MRR）衡量。

划分策略：根据时间划分三元组，模拟一个现实的 KG 完成方案，该方案旨在填充在某个时间戳上不存在的缺失三元组。具体来说，在 3 个不同的时间戳（2015 年 5 月，8 月和 11 月）下载了 Wikidata，并构建了 3 个 KG，其中仅保留最早出现在 5 月 KG 中的实体和关系类型。五月 KG 中的三元组被用于进行训练，并使用 8 月和 11 月 KG 中的三元组分别进行验证和测试。

7. 生物医学知识图谱 ogbl-biokg

ogbl-biokg 数据集是一个知识图谱（KG），使用大量生物医学数据存储库的数据创建。它包含 5 种类型的实体：疾病（10 687 个顶点）、蛋白质（17 499 个顶点）、药物（10 533 个顶点）、副作用（9 969 个顶点）和蛋白质功能（45 085 个顶点）。有 51 种类型的有向关系将两种类型的实体联系起来，包括 39 种药物相互作用，8 种蛋白质相互作用等。所有关系都被建模为有向边，其中连接相同实体类型（例如蛋白质–蛋白质，药物–药物，功能–功能）的关系始终是对称的，即边是双向的。KG 中的三元组来自具有各种置信度级别的来源，包括实验读数、人工策划的注释和自动提取的元数据。

预测任务：在给定训练三元组的情况下预测新的三元组。评估协议与 ogbl-wikikg 完全相同，这里只考虑针对相同类型的实体进行排名。例如，当破坏蛋白质类型的头部实体时，仅考虑负例蛋白质实体。

划分策略：采用随机分割。虽然根据时间划分三元组是一种有吸引力的选择，但要获得有关何时进行三元组的个别实验和观察的准确信息非常困难。

6.3.5 OGB 图属性预测

本小节主要介绍用于 OGB 图属性预测的数据集的特点以及其预测任务和数据集的拆分策略。

1. 数据集简介

OGB 图属性预测目前提供了来自 3 个不同应用领域的 4 个数据集，用于预测整个图或子图的属性。具体来说，ogbg-molhiv 和 ogbg-molpcba 是分子图，ogbg-ppa 是一组蛋白质–蛋白质关联子图，ogbg-code2 是源代码抽象语法树（AST）的集合。不同的数据集在图结构上有很大的差异，例如，与其他图数据集相比，生物子图 ogbg-ppa 具有更大的图顶点数量，更密集和聚类的图结构，更大的平均顶点度数、平均聚类系数和图直径。分子图 ogbg-molhiv 和 ogbg-molpcba 以及 ogbg-code2 都是树状图（事实上，AST 正是树），具有较小的平均顶点度数和平均聚类系数，较大的平均图直径。分子图和 AST 的不同之处在于 AST 具有更多定义良好的根顶点。

2. 分子图 ogbg-mol

ogbg-molhiv 和 ogbg-molpcba 是两个大小不同的分子属性预测数据集：ogbg-molhiv（小型）和 ogbg-molpcba（中等）。所有分子均使用 RDKIT 进行预处理。每个图表示一个分子，其中顶点表示原子，而边表示化学键。输入顶点特征为 9 维，包含原子序数和属性，以及其他附加原子特征，例如，形式电荷和原子是否在环中。输入边特征是 3 维的，包含键类型、键化学属性和指示键是否共轭。

预测任务：尽可能准确地预测目标分子特性，其中分子特性被标记为二元标记，例如分子是否能够抑制 HIV 病毒复制。对于 ogbg-molhiv，使用 ROC-AUC 进行评估。对于 ogbg-molpcba，由于类平衡严重偏斜（仅 1.4% 的数据为正例），并且数据集包含多个分类任务，因此使用任务的 Average Precision（AP）作为评估指标。

划分策略：采用支架分割程序（scaffold splitting），该程序根据分子的二维结构框架分割分子。

3. 蛋白质–蛋白质关联子图 ogbg-ppa

ogbg-ppa 数据集从 1 581 个不同物种的蛋白质关联网络中提取的一组无向蛋白质关联邻域，涵盖了 37 个广泛的生物分类群。从每种物种中随机选择了 100 种蛋白质，并以每个选定的蛋白质为中心构建了 2–hop 蛋白质关联邻域。然后，从每个邻域中删除中心顶点，并对邻域进行二次采样，以确保最终的蛋白质关联子图足够小（少于 300 个顶点）。每个蛋白质关联子图中的顶点表示蛋白质，边表示蛋白质之间的生物学上有意义的关联。边的特征为 7 维特征，其中每个元素取 0 到 1 之间的值，并代表特定类型的蛋白质关联的强度。

预测任务：给定一个蛋白质关联子图，该任务是一个 37 路多分类问题，预测该图源自哪个分类组。

划分策略：与 ogbn-proteins 类似，采用物种分割方法，其中验证和测试集中的邻域图是从在训练过程中未发现但属于 37 个分类组之一的物种的蛋白质关联网络中提取的。

4. 源代码抽象语法树 ogbg-code2

ogbg-code2 数据集是一个从大约 45 万个 Python 方法定义中获得的抽象语法树（AST）的集合。方法是从 github 上最受欢迎的项目的总共 13 587 个不同的存储库中提取的。Python 方法集合来自 github Code Search-Net，它是用于基于机器学习的代码检索的数据集和基准的集合。

预测任务：给定 AST 表示的 Python 方法主体及其顶点特征，任务是预测组成方法名称的子标记——顶点类型（来自 97 种类型的池）、顶点属性（例如变量名，词汇量为 10 002），AST 中的深度、预遍历索引。

划分策略：采用项目分割，其中训练集的 AST 是从 github 项目中获得的，这些项目未出现在验证和测试集中。这种划分是根据实际情况的，即在大量源代码上训练模型，然后将其用于在单独的代码库上预测方法名称。

6.3.6　OGB 算法优化

近年来，深度学习技术在许多领域都取得了显著的进展，但同时也带来了越来越复杂的深度神经网络模型。这些复杂的模型通常需要大量的计算资源和时间来进行训练和推理，因此如何优化深度神经网络模型的训练成了一个非常重要的问题。为了评估不同的模型优化技术，人们需要一些标准化的基准测试数据集和评估指标。在这方面，OGB提供了一个全面的深度学习基准测试套件，包括多个常用的图神经网络任务和数据集。OGB不仅可以用于评估不同的图神经网络模型，还可以用于评估不同的模型优化技术。下面重点介绍在OGB上的模型优化技术。

在许多图中，顶点通常与文本属性相关联，从而产生文本属性图（TAG），TAG是典型的顶点层次任务，直观地说，TAG具有丰富的文本和结构信息，这两种信息对于学习良好的顶点表示都是有益的。文本信息通过丰富的语义来表示每个顶点的属性，并且可以使用预先训练的语言模型（LM）作为文本编码器；同时，结构信息能够保持顶点之间的邻近性，连接的顶点更可能具有相似的表示。这种结构关系可以通过消息传递机制由图神经网络（GNN）有效地建模。总之，LM利用单个顶点的局部文本信息，而GNN利用顶点之间的全局结构关系。因此，学习有效顶点表示的理想方法是结合文本信息和图结构。一个直接的解决方案是级联基于LM的文本编码器和基于GNN的消息传递模块，并一起训练这两个模块。当图很小时，这种方法是有效的。然而，一旦图变得非常大，这种方法就会出现问题。这是因为计算图的大小与顶点之间的图结构和语言模型容量成比例，并且存储器复杂度与图的大小和LM中的参数数目成比例。因此，在各种顶点密集连接的真实世界TAG上，该方法的存储器成本将变得过高。为了解决这样的问题，现在已经提出了多种解决方案。这些方法减少了LM的容量或GNN的图结构的大小。这些方法虽然改进了可扩展性，但是减小LM容量或图大小将降低模型有效性，导致学习有效顶点表示的性能下降。

文献［23］提出了一种基于期望最大化的图与语言学习方法GLEM。在GLEM中，并没有同时训练LM和GNN，而是利用变分EM框架交替更新两个模块。GLEM利用变分EM框架，其中LM使用每个顶点的文本信息来预测其标签，这本质上对每个顶点的局部边缘标签分布进行建模；而GNN利用周围顶点的文本和标签信息进行标签预测。在E-Step和M-Step之间交替优化这两个模块。在E-Step中，固定LM，并且通过使用由LM学习的顶点表示作为特征和由LM推理的顶点标签作为目标来优化GNN。由此，GNN可以有效地捕获顶点的全局相关性，以用于精确的标签预测。在M-Step中，固定GNN，让LM模仿GNN推理的标签，允许GNN学习的全局知识被提炼到LM中。使用这样的框架，LM和GNN可以分别训练，从而具有更好的可扩展性。同时，在不牺牲模型性能的前提下，让LM和GNN进行有效的训练。在ogbn-arxiv，ogbn-products，andogbn-papers100M三类OGB数据集上的实验表明：配合GLEM，不同的GNN模型在节点分类任务中的性能均有提升。

文献［24］提出了网络嵌入的图神经网络（NGNN），它允许任意的GNN模型通过加深模型来增加其模型容量。然而，NGNN不是增加或加宽GNN层，而是通过在每个GNN层中插入非线性前馈神经网络层来深化GNN模型。其模型表示如下：

$$h^{l+1} = \sigma(g_{\text{ngnn}}(f_w(G, h^l)))$$
$$g_{\text{ngnn}}^k = \sigma(g_{\text{ngnn}}^{k-1} w^k)$$

$$g_{ngnn}^1 = \sigma(f_w(G, h^l) w^l)$$

将 NGNN 应用于 GCN、GraphSage、GAT、AGDN 和 SEAL，以及将该技术与不同的小批量训练方法相结合，包括近邻抽样、图聚类和局部子图抽样，通过在几个大规模图数据集上进行的用于顶点分类和链接预测综合实验得到以下结论。

1）NGNN 提高了 GraphSage 和 GAT 及其变体在顶点分类数据集（包括 ogbn-products、ogbn-arxiv、ogbn-proteins 和 reddit）上的性能。在 GraphSage 的 ogbn-products 数据集上，该方法将测试精度提高了 1.6%。此外，带有 AGDN+BoT+selfKD+C&S 的 NGNN 在 ogbn-arxiv 排行榜上排名第四，带有 GAT+BoT 的 NGNN 在 ogbn-proteins 排行榜上排名第二，模型参数更少。

2）NGNN 提高了 SEAL、GCN 和 GraphSage 及其变体在 ogbl-collab、ogbl-ppa 和 ogbl-ppi 等链接预测数据集上的性能。例如，它将 SEAL 在 ogbl-ppa 数据集上的测试 hits@100 得分提高了 7.08%，大大优于 ogbl-ppa 排行榜上所有最先进的方法。此外，NGNN 在 ogbl-ppi 数据集上对 GraphSage+EdgeAttr 的测试 hits@20 得分提高 6.22%，这也是 ogbl-ppi 排行榜上的第一名。

3）NGNN 提高了 GraphSage 和 GAT 在不同训练方法下的性能，包括全图训练、邻居采样、图聚类和子图采样。NGNN 是一种比扩展隐维更有效的提高模型性能的方法。与简单地将隐藏维度加倍相比，它需要的参数和训练时间更少，而性能却更好。

在图层面上的优化，Transformer 是一项重要内容 Transformer 最初被提议作为文本的序列到序列模型，但现在已经成为广泛模态的关键，包括图像、音频、视频和无向图。Transformer 在图学习任务上取得了首次成功[26]。然而，尽管适用于包括源代码和逻辑电路在内的基本领域，Transformer 在有向图中的使用仍然不尽如人意。虽然基于拉普拉斯算子的谱编码与有序序列的正弦位置编码有关，但它们不能捕捉图中的有向性。为了克服这一限制，文献［25］使用磁拉普拉斯算子——拉普拉斯算子的方向感知推广。实验结果表明，额外的方向性信息在各种下游任务中是有用的，包括排序网络的正确性测试和源代码理解；再加上以数据流为中心的图构造，基于磁拉普拉斯算子的模型 MagLap-Net 在 OGB Code2 上的性能比现有技术高出 14.7%。

6.4　本章小结

本章首先介绍图计算性能评测的基础概念和相关优化技术，然后重点介绍了 Graph 500 性能评测和优化、Green Graph500 性能功耗比评测与优化，最后对图学习 OBG 精度评测与优化进行了介绍。

6.5　习题 6

1. 尝试优化 Graph500 提供的 BFS 算法。

2. 尝试优化 Graph500 提供的 SSSP 算法。

3. 尝试优化 OGB 最好的顶点属性预测算法。

4. 尝试优化 OGB 最好的链接属性预测算法。

5. 尝试优化 OGB 最好的图属性预测算法。

参考文献

［1］ ANG J A, BARRETT B W, WHEELER K B, et al. Introducing the graph 500［J］. Cray Users Group, 2010.

［2］ LESKOVEC J, CHAKRABARTI D, KLEINBERG J, et al. Kronecker graphs：An approach to modeling networks［J］. Journal of Machine Learning Research, 2010, 11（3）：985-1042.

［3］ 刘树珍. 面向 Graph500 图遍历的存储结构和访存优化研究［D］. 深圳：中国科学院大学（中国科学院深圳先进技术研究院）, 2020.

［4］ YASUI Y, FUJISAWA K, SATO Y. Fast and energy-efficient breadth-first search on a single numa system［C］//International Supercomputing Conference. Cham：Springer, 2014：365-381.

［5］ BESSTA M, MARENDING F, SOLOMONIK F, et al. Slimsell：A vectorizable graph representation for breadth-first search［C］//2017 IEEE International Parallel and Distributed Processing Symposium（IPDPS）. IEEE, 2017：32-41.

［6］ 叶帅. 面向图搜索的流寄存器文件设计与协同 BFS 算法优化［D］. 长沙：国防科学技术大学, 2015.

［7］ BEAMER S, BAULUC A, ASANOVIC K, et al. Distributed memory breadth-first search re visited：Enabling bottom-up search［C］//2013 IEEE International Symposium on Parallel& Distributed Processing, Workshops and Phd Forum. IEEE, 2013：1618-1627.

［8］ UENO K, SUZUMURA T, MARUYAMA N, et al. Extreme scale breadth-first search on supercomputers［C］//2016 IEEE International Conference on Big Data. IEEE, 2016：1040-1047.

［9］ CHECCONI F, PETRINI F. Traversing trillions of edges in real time：Graph exploration on large-scale parallel machines［C］//2014 IEEE 28th International Parallel and Distributed Processing Symposium. IEEE, 2014：425-434.

［10］ PEARCE R, GOKHALE M, AMATO N M. Faster parallel traversal of scale free graphs at extreme scale with vertex delegates［C］//Proceedings of the International Conference for High Performance Computing, Networking, Storage and Analysis. IEEE, 2014：549-559.

［11］ CHECCONI F, PETRINI F, WILLCOCK J, et al. Breaking the speed and scalability barriers for graph exploration on distributed-memory machine［C］//Proceedings of the International Conference on High Performance Computing, Networking, Storage and Analysis. IEEE, 2012：1-12.

［12］ UENO K, SUZUMURA T, MARUYAMA N, et al. Efficient breadth-first search on mas-sively parallel and distributed-memory machines［J］. Data Science and Engineering, 2017, 2（1）：22-35.

［13］ YOO A, CHOW E, HENDERSON K, et al. A scalable distributed parallel breadth-first search algorithm on BlueGene/L［C］//Proceedings of the 2005 ACM/IEEE Conference on Supercomputing. IEEE,

2005: 25.

[14] BEAMER S, BULUC A, ASANOVIC K, et al. Distributed memory breadth-first search revisited: Enabling bottom-up search[C]//Proceedings of the 2013 IEEE International Symposium on Parallel & Distributed Processing, Workshops and Phd Forum. IEEE, 2013: 1618-1627.

[15] CAO H, WANG Y, WANG H, et al. 2022. Scaling graph traversal to 281 trillion edges with 40 million cores[C]//Proceedings of the 27th ACM SIGPLAN Symposium on Principles and Practice of Parallel Programming(PPoPP'22). ACM, 2022: 234-245.

[16] WANG Y, CAO H, MA Z, et al. Scaling graph 500 SSSP to 140 trillion edges with over 40 million cores [C]//Proceedings of the International Conference on High Performance Computing, Networking, Storage and Analysis(SC'22). IEEE, 2022, 19: 1-15.

[17] MEYER U, SANDERS P. Delta-stepping: A parallelizable shortest path algorithm[J]. Journal of Algorithms, 2003, 49 (1): 114-152.

[18] MEYER U. Heaps are better than buckets: Parallel shortest paths on unbalanced graphs[C]//European Conference on Parallel Processing. Cham: Springer, 2001.

[19] LIU C, SHAO Z, LI K, et al. ScalaBFS: A scalable BFS accelerator on FPGA-HBM platform[C]//Proceedings of the 2021 ACM/SIGDA International Symposium on Field-Programmable Gate Arrays (FPGA '21). ACM, 2021: 147.

[20] ZHANG J, KHORAM S, LI J. Boosting the performance of FPGA-based graph processor using hybrid memory cube: A case for breadth first search[C]//Proceedings of the 2017 ACM/SIGDA International Symposium on Field-Programmable Gate Arrays. ACM, 2017

[21] JUN H, CHO J, LEE K, et al. HBM (high bandwidth memory) DRAM technology and architecture [C]//2017 IEEE International Memory Workshop (IMW). IEEE, 2017: 1-4.

[22] HU W, FEY M, ZITNIK M, et al. Open graph benchmark: Datasets for machine learning on graphs [J]. arXiv preprint arXiv: 2005. 00687, 2020.

[23] ZHAO J, QU M, LI C, et al. Learning on large-scale text-attributed graphs via variational inference [J]. arXiv preprint arXiv: 2210. 14709, 2022.

[24] SONG X, MA R, LI J, et al. Network in graph neural network [J]. arXiv preprint arXiv: 2111. 11638, 2021.

[25] LI Y. CHOI D, CHUNG J, et al. Competition-level code generation with alphacode[J]. arXiv preprint arXiv: 2203. 07814, 2022.

[26] GEISLER S, LI Y, MANKOWITZ D J, et al. Transformers meet directed graphs[J]. arXiv preprint arXiv: 2302. 00049, 2023.

第 7 章　图计算发展趋势与展望

7.1　图遍历发展趋势与展望

图遍历是按照某一遍历方式访问图的所有边与顶点的过程，从而归纳出图的一些结构特性等，是最基础的图处理方式，是大多数图算法的基础功能模块。典型的算法有广度优先搜索（BFS）、单源最短路径（SSSP）等。在这些基本图算法的基础上可以开发出适应具体行业要求与业务背景的应用。

数十年来，大量的工作专注于提升图算法的执行速度。已有的工作大部分都是基于两个方面：①基于算法的改进；②基于并行计算和分布式计算的优化提升。基于算法的改进往往是致力于开发新的算法或者优化算法执行流程，从而减少图算法的执行开销。并行计算方法和分布式计算方法则是通过提供更多的计算资源来提升算法执行速度。

图遍历平台的发展趋势总体上可以代表图遍历的发展趋势。最早的图计算并没有专用系统，只能在已有的通用计算系统上建立图计算应用。典型的便是一些建立在 MapReduce 上的图计算系统。MapReduce 是一个云计算与大数据领域的分布式并行计算框架，图遍历出现之初就与分布式计算密不可分。分布式系统由多个处理顶点组成，每个顶点都有自己的内存。分布式系统天然适合大图的处理。它的性能瓶颈主要在图划分策略和机器间的通信机制上。分布式系统还提出了容错的问题。随着单机性能的发展与算法的优化，单机图计算系统成为可能。相比分布式系统，单机图计算系统部署成本更低但是可扩展能力更差，更依赖硬件性能的提高。为了应对日益庞大的图数据规模，核外系统将存储层次从内存扩展到了外存，包括：固态硬盘、串口设备、闪存、HDD 等。核外系统的性能瓶颈主要在 I/O 数据传输的管理上。

构建异构平台可以显著提高图遍历系统的性能。异构平台可以引入适应图遍历特性的计算设备，包括 GPU、FPGA、专用加速器等。GPU 提供了大规模并行度和高内存访问带宽，利用 GPU 加速图处理被证明是一个有前途的解决方案。但是开发适应 GPU 特性的图计算系统需要考虑包括数据布局、内存访问模式、工作负载映射和特定 GPU 编程在内的各种问题。GPU 采用的 SIMD（single instruction multiple data）执行模式会面临访存歧义问题，导致图遍历系统不能充分利用 GPU 提供的并行性。FPGA 与专用加速器等方法可以依据图遍历的特性定制专用的计算流水线、访存子系统、存储子系统和通信子系统。

利用新兴硬件与技术来加速图计算应用。随着硬件技术的不断发展，大量新型硬件不断涌现，这给图计算应用的加速带来了机遇与挑战。图遍历类应用通常为数据访问密集型应用，而 HMC 与 ReRAM 等新兴存储硬件对降低图计算任务的数据访问开销带来了机遇，能够在性能和能耗方面取得良好的效果。同时，远程直接内存访问（RDMA）以及 Smart NIC 等新型硬件为降低分布式图数据访存开销也带来了可能。然而，如何有效利用这些新型硬件的特征来高效加速图计算任务的执行仍待发掘。其次，随着 GPU 架构的不断更新和换代，其存储性能和计算能力也在不断地提升，并且其计算资源类型愈发丰富，这给基于 GPU 的异构图计算系统的研发和设计带来了新的可能。此外，利用 FPGA 来开发高能效图计算加速器已成为了研究热点。许多 FPGA 供应商均提供了 FPGA 开发环境，其上丰富的资源和敏捷的开发环境给图计算加速器的设计和开发提供了新的机会。以上新兴硬件为提高图遍历类应用的执行性能带来了新的机遇与挑战。

现实的图应用往往具有复杂特征，而现有研究工作主要面向简单图计算。例如，很多现实应用的图数据是随时间动态变化的，而现有的研究大多限于静态图结构。频繁更新的图结构对现有图计算加速器和系统软件带来极大挑战，动态图计算是一个热门研究课题。例如，Twitter 用户可以随时更新和删除发布的消息，同时还可以在此消息上添加和删除评论。再次，不同的应用领域对图的属性有不同的要求，常见于 Web 服务器链接和道路连接。此外，可能许多值与一个顶点或一条边相关联。更复杂的是图结构中图的属性可以是向量、集合，甚至是另一个图。而现有研究难以有效支持对以上动态变化、异质且复杂图数据的处理，是未来亟须研究的问题。

7.2 图挖掘发展趋势与展望

数据挖掘是指从大量的数据中通过算法搜索隐藏于其中信息的过程。图挖掘是在以图表示的数据集上进行数据挖掘的技术。相比于传统数据挖掘使用的数据结构，图在表示信息时灵活性更强，更能包容客观世界中多种多样的关系类型，可表示的信息更为全面。图容纳隐藏信息的潜力更大。图挖掘正是在这样的背景下应运而生的。

图挖掘解决的问题有一个从简单到复杂的过程。频繁子图挖掘是一个经典的问题，是图挖掘的精髓。在 21 世纪初涌现了一批关注频繁子图挖掘的工作，之后学界将目光更多地转向图分类与图聚类。过去二十年的工作在计算效率，内存占用，准确性和支持的图规模上取得了长足的进步。

计算机科学家们同其他领域的专家们合作，将图挖掘的应用领域扩展到了生物、化学、医学和社会学等相关方向。一些常见的例子包括识别化合物的典型子结构、DNA 的分析、患者病历的分析，以及社交网络、Web 网络的分析。图挖掘同样还是知识工程的重要基础之一，图挖掘在预测与推理上有重要价值。图数据结构在信息表示上的普适性为图挖掘在其他领域的应用提供了乐观的前景。图挖掘的需求还促进了图学习的出现。下面是图挖掘的一些未来发展方向。

1. 不确定模式的图挖掘

大多数图挖掘加速器旨在解决模式已知为先验的图挖掘问题，例如，子图匹配、团发现。这些加速器中生成的执行计划必须遵循模式的指导。然而，仍然有大量图挖掘应用程序无法提供先验模式，例如，频繁子图挖掘。为了解决这些问题，现有模式感知图挖掘加速器的一个简单的解决方案是首先枚举特定大小的所有可能模式，然后挖掘所有这些模式。然而，这会造成不必要的工作量，因为对于每个模式，图数据都被反复遍历和计算，并且图中可能只存在一小部分模式。尽管现有工作采用以嵌入为中心的模型可以支持此类问题，但大量的中间结果值很容易耗尽加速器的所有存储容量。在图挖掘加速器上利用以嵌入为中心和模式感知模型的权衡可能是应对挑战的一种可能方法。

2. 动态图支持

在现实世界中，图结构往往是动态变化的，这种图称为动态图。随着顶点、边和标签的添加、删除或修改，挖掘动态图需要不断更新已挖掘的匹配集。有效计算匹配集中的这些变化具有挑战性，因为单个图更新可以创建新匹配并删除现有匹配。在每次更新时简单地重新计算整个图是非常昂贵的。现有的研究使用增量计算方法和基于更新的探索方法枚举所有更新的匹配，该方法从图更新（例如，新添加的边）开始探索子图。然而，它的方法是模式不感知的，会导致不必要的探索和大量同构测试的开销。因此，未来将继续探索动态图挖掘的增量编程方法，以进一步提高性能。

3. 时序图支持

时序图通过省略时间信息来聚合网络上发生的交互。虽然分析静态图很有用，但这样做完全忽略了图上发生的动态信息。例如，在电子邮件交换网络的情况下，静态图呈现两个用户"连接"，而不管他们之间交换的电子邮件数量如何。这会导致严重的信息丢失。另一方面，时序图通过维护所有交互及其各自时间戳的列表来保留此信息。因此，与静态网络相比，时序图捕获更丰富的信息。时序图挖掘可用于社交和通信网络上的用户行为表征、预测结构生物学中的肽结合、检测金融交易网络中的欺诈，以及检测组织网络中的内部威胁。尽管时序图挖掘的用途如此广泛，但现有的软件框架提供了次优的 CPU 性能。这是因为其工作负载的高计算复杂性和不规则内存访问。时序图挖掘为计算和内存密集型静态图挖掘问题增加了时间维度。此外，对图结构和时间边的访问会导致不规则的内存访问，从而对内存系统的性能产生负面影响。虽然很多工作已经设计了多种加速技术来加速静态图处理，之前没有针对时序图挖掘的工作。此外，与之前研究的图挖掘问题相比，时序图挖掘表现出独特的工作负载特征，因为它处理时间属性以及结构约束。

4. 新型硬件支持

近年来，出现了新的计算和存储设备，例如，FPGA、HMC、HBM 和 ReRAM，提供了大量的带宽和并行资源，使得解决图挖掘程序中的大量访存问题成为可能。此外，开源 ISA、方便的基于云的硬件开发工具和敏捷的芯片开发方法促进了硬件开发。这些机会激发了对特定领域图挖掘加速器的一系列研究，在不同的架构上追求极致的性能和能效。

7.3　图学习发展趋势与展望

图学习是一种广泛应用于图结构数据分析和处理的机器学习算法。随着大规模图数据的不断涌现，图神经网络技术受到越来越广泛的关注。未来，图学习将在以下几个方面得到发展。

1. 图学习算法模型的可解释性和多样性

目前，大多数图学习模型都是黑箱模型，很难理解模型的决策过程。在某些情况下，特别是在涉及医疗、金融、司法和安全等领域的应用中，模型的可解释性非常重要。这些领域的应用往往涉及对预测和决策过程的深入理解和解释。进一步拓展图神经网络模型与其他机器学习模型融合也是未来的算法模型发展方向之一，例如将图学习模型与自然语言处理算法进行融合，可以更好地处理文本数据的图结构，支持更多的应用场景。通过这种方式，图神经网络算法模型的百家齐放和可解释性才能支撑越来越多的军用、商用和民用的场景。

2. 处理更复杂的关联关系数据

大多数图学习模型仅适用于静态图数据，难以处理更加复杂的关联关系数据。并且大部分的研究都是局限于提高图学习的训练和推理效率，而不关注真正的应用场景，这无疑是闭门造车。现实场景中大部分的关联关系数据都是动态、异质和重叠的数据，例如社交网络中的人物关系是随着时间不断改变的，异质图顶点和边可以有多种不同的类别，且顶点相连关系更为复杂，但数据表达能力更强，适用场景更广。如何高效地支持这些复杂的关联关系数据决定了未来图学习能否真正落地产业化。

3. 多类图学习算法的统一支持框架

目前图学习加速系统和加速器大多只针对单类别算法进行加速支持。并且只考虑了单类图学习的性能瓶颈，并提出专门的加速结构来加速该类瓶颈。但随着图学习的高速发展，不仅算法种类会有所增加，并且每种类别中的具体算法也会不断革新，这就使得每一类算法特性和性能瓶颈都会出现不同的区别，例如 GCN 模型主要的计算核是图聚合操作和更新操作，但 GAT 模型主要的计算核是注意力系数生成与计算，以及矩阵拼接和更新，这使得即使都是支持静态图学习算法的两个模型，它们的特性和性能瓶颈都发生了变化。因此，未来的图学习加速结构是否能高效适应与支持后续的新型算法成为一个亟须克服的难题。另外，如何能够让加速结构高效地同时对多个阶段产生加速作用也是一个值得思考的问题。因此提升图学习加速结构设计对多类图学习算法支持的灵活性是另一个极具应用价值的研究方向。

4. 图学习系统安全性

目前大部分的研究还是关注于提出新型的图学习算法模型与加速结构，但随着图学习的不断发展，其安全性问题也变得越来越突出。首先是模型安全：图学习模型的安全性问题包括模型盗用、模型投毒和模型欺骗等。未来的研究将集中在如何保护模型的知识产权，防止模型被盗用，如何检测和防范对模型的投毒攻击，以及如何保护模型免受欺骗攻击。其次是数据隐私保护，图学习模型的训练需要大量的数据，并且这些数据通常包含敏感信息。未来的研究将集中在如何保护这些数据的隐私，例如，如何在保护数据隐私的同时，有效地训练图学习模型。最后是对抗攻击，GNN 模型容易受到对抗攻击，例如，添加噪音、修改图结构等。未来的研究将集中在如何提高 GNN 模型对对抗攻击的鲁棒性，例如，如何设计鲁棒的图卷积层和对抗训练算法。

总的来说，图学习作为推动认知智能时代发展的重要应用之一，具有极高的研究价值与产业前景。相信本书对图学习发展趋势的探讨能够让读者清晰地了解该领域的未来研究方向，并对相关研究人员在模型设计与加速系统设计过程中有所启发。

7.4 本章小结

图通过点和边对事物和事物的关系进行抽象，是一种面向未来的数据结构。图数据的高灵活性意味着广泛的应用前景和极高的处理难度。图计算往往是存储密集、读写密集和计算密集的，大数据时代爆炸式增长的图数据规模更对硬件、系统和算法提出了更高的要求。近二十年来，图计算硬件系统经历了从磁盘到内存、从单机到多机、从同构到异构的演化。图计算算法也经历了从传统到深度、从轻量到重量的进化。如今随着存储、读写、通信、计算等软硬件条件的成熟，图计算早已不再受限于早期的社交网络和智能社区，而是在金融风控、生物制药、商品推荐等诸多领域有着广泛的应用。在可见的将来，随着相关软硬件技术的协同进步，图计算将在更多领域蓬勃发展，有望成为下一代人工智能的基石。